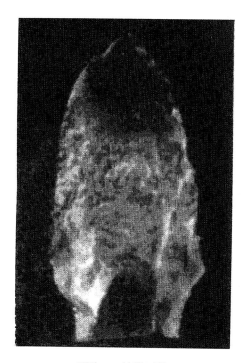

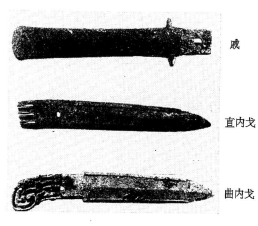

照片2　二里头商代青铜戚和戈

（选自《考古》1976年第4期）

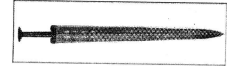

照片1　峙峪石镞

（选自杨泓《中国古兵器论丛》）

照片3　越王勾践剑

（选自《中国大百科全书·考古》）

照片4　藁城出土的商代铁刃铜钺

（选自《中国大百科全书·考古》）

照片5　元至正辛卯铳

（军事博物馆藏）

照片 6　元至顺三年铳
（历史博物馆藏）

照片 8　山海关关城
（选自张立辉《山海关长城》）

照片 7　洪武十年大铁炮
（山西博物馆藏）

照片 9　明神威大将军炮
（山海关城上展品）

照片 10　金山岭长城障墙
（军事科学院藏）

照片 11　清威远将军铜炮
（山海关城楼内展品）

照片 12　江南制造总局炮厂厂房
（选自《中国近代工业史资料》第一辑上册）

照片 13　吴淞口炮台的阿姆斯特朗海岸炮
（选自《清末海军史料》上）

照片14　威海卫东泓炮台

照片15　"操江"号螺轮蒸汽兵轮船

照片16　"平远"号钢甲舰

卢嘉锡　总主编

中国科学技术史

军事技术卷

王兆春　著

科学出版社

1998

内 容 简 介

本书是我国第一部关于军事技术史的学术专著。全书十一章，包容了从祖先炎黄到辛亥革命前上下五千年的我国军事技术发展的历史。它包括兵器、战车、战船、军事工程和军事通信的起源，取得的主要成果，运用于军事的基础理论与基础技术，元代中国火器的西传，明清时期对西方军事技术的吸收与运用，19世纪末到20世纪初中国军事变革的概况等。既有历史通览和综述，又有分门别类的论析，并引用典型的战例，显示军事技术在战争和军事建设中的作用。

本书内容丰富、史料翔实、图文并茂，书中还附有参考文献、人名索引、书名索引等。可供军事史、科技史的研究和教学人员，以及想了解科学技术史的读者阅读、参考。

图书在版编目（CIP）数据

中国科学技术史：军事技术卷/卢嘉锡总主编；王兆春　著. -北京：科学出版社，1998.8

ISBN 978-7-03-006030-3

Ⅰ.中…　Ⅱ.①卢…②王…　Ⅲ.①自然科学史-中国②军事技术-技术史-中国　Ⅳ.N092

中国版本图书馆 CIP 数据核字（97）第 05639 号

科学出版社 出版
北京东黄城根北街 16 号
邮政编码：100717
http://www.sciencep.com
北京厚诚则铭印刷科技有限公司 印刷
新华书店北京发行所发行　各地新华书店经售

＊

1998 年 8 月第 一 版　开本：787×1092 1/16
2022 年 4 月第六次印刷　印张：27 1/4　插页：2
字数：652 000
定价：**238.00** 元
（如有印装质量问题，我社负责调换）

《中国科学技术史》的组织机构和人员

顾　问（以姓氏笔画为序）

王大珩	王佛松	王振铎	王绶琯	白寿彝	孙枢	孙鸿烈	师昌绪
吴文俊	汪德昭	严东生	杜石然	余志华	张存浩	张含英	武衡
周光召	柯俊	胡启恒	胡道静	侯仁之	俞伟超	席泽宗	涂光炽
袁翰青	徐苹芳	徐冠仁	钱三强	钱文藻	钱伟长	钱临照	梁家勉
黄汲清	章综	曾世英	蒋顺学	路甬祥	谭其骧		

总主编　卢嘉锡

编委会委员（以姓氏笔画为序）

马素卿	王兆春	王渝生	艾素珍	丘光明	刘钝	华觉明	汪子春
汪前进	宋正海	陈美东	杜石然	杨文衡	杨熺	李家治	李家明
吴瑰琦	陆敬严	周魁一	周嘉华	金秋鹏	范楚玉	姚平录	柯俊
赵匡华	赵承泽	姜丽蓉	席龙飞	席泽宗	郭书春	郭湖生	谈德颜
唐锡仁	唐寰澄	梅汝莉	韩琦	董恺忱	廖育群	潘吉星	薄树人
戴念祖							

常务编委会

主　任　陈美东

委　员（以姓氏笔画为序）

华觉明	杜石然	金秋鹏	赵匡华	唐锡仁	潘吉星	薄树人	戴念祖

编撰办公室

主　任　金秋鹏

副主任　周嘉华　杨文衡　廖育群

工作人员（以姓氏笔画为序）

王扬宗　陈晖　郑俊祥　徐凤先　康小青　曾雄生

总　　序

　　中国有悠久的历史和灿烂的文化，是世界文明不可或缺的组成部分，为世界文明做出了重要的贡献，这已是世所公认的事实。

　　科学技术是人类文明的重要组成部分，是支撑文明大厦的主要基干，是推动文明发展的重要动力，古今中外莫不如此。如果说中国古代文明是一棵根深叶茂的参天大树，中国古代的科学技术便是缀满枝头的奇花异果，为中国古代文明增添斑斓的色彩和浓郁的芳香，又为世界科学技术园地增添了盎然生机。这是自上世纪末、本世纪初以来，中外许多学者用现代科学方法进行认真的研究之后，为我们描绘的一幅真切可信的景象。

　　中国古代科学技术蕴藏在汗牛充栋的典籍之中，凝聚于物化了的、丰富多姿的文物之中，融化在至今仍具有生命力的诸多科学技术活动之中，需要下一番发掘、整理、研究的功夫，才能揭示它的博大精深的真实面貌。为此，中国学者已经发表了数百种专著和万篇以上的论文，从不同学科领域和角度，对中国科学技术史作了大量的、精到的阐述。国外学者亦有佳作问世，其中英国李约瑟（J. Needham）博士穷毕生精力编著的《中国科学技术史》（拟出 7 卷 34 册），日本薮内清教授主编的一套中国科学技术史著作，均为宏篇巨者。关于中国科学技术史的研究，已是硕果累累，成为世界瞩目的研究领域。

　　中国科学技术史的研究，包涵一系列层面：科学技术的辉煌成就及其弱点；科学家、发明家的聪明才智、优秀品德及其局限性；科学技术的内部结构与体系特征；科学思想、科学方法以及科学技术政策、教育与管理的优劣成败；中外科学技术的接触、交流与融合；中外科学技术的比较；科学技术发生、发展的历史过程；科学技术与社会政治、经济、思想、文化之间的有机联系和相互作用；科学技术发展的规律性以及经验与教训等等。总之，要回答下列一些问题：中国古代有过什么样的科学技术？其价值、作用与影响如何？又走过怎样的发展道路？在世界科学技术史中占有怎样的地位？为什么会这样，以及给我们什么样的启示？还要论述中国科学技术的来龙去脉，前因后果，展示一幅真实可靠、有血有肉、发人深思的历史画卷。

　　据我所知，编著一部系统、完整的中国科学技术史的大型著作，从本世纪 50 年代开始，就是中国科学技术史工作者的愿望与努力目标，但由于各种原因，未能如愿，以致在这一方面显然落后于国外同行。不过，中国学者对祖国科学技术史的研究不仅具有极大的热情与兴趣，而且是作为一项事业与无可推卸的社会责任，代代相承地进行着不懈的工作。他们从业余到专业，从少数人发展到数百人，从分散研究到有组织的活动，从个别学科到科学技术的各领域，逐次发展，日臻成熟，在资料积累、研究准备、人才培养和队伍建设等方面，奠定了深厚而又坚实的基础。

　　本世纪 80 年代末，中国科学院自然科学史研究所审时度势，正式提出了由中国学者编著《中国科学技术史》的宏大计划，随即得到众多中国著名科学家的热情支持和大力推动，得到中国科学院领导的高度重视。经过充分的论证和筹划，1991 年这项计划被正式列为中国科学院"八五"计划的重点课题，遂使中国学者的宿愿变为现实，指日可待。作为一名科技工作者，我对此感到由衷的高兴，并能为此尽绵薄之力，感到十分荣幸。

《中国科学技术史》计分 30 卷，每卷 60 至 100 万字不等，包括以下三类：

通史类（5 卷）：

《通史卷》、《科学思想史卷》、《中外科学技术交流史卷》、《人物卷》、《科学技术教育、机构与管理卷》。

分科专史类（19 卷）：

《数学卷》、《物理学卷》、《化学卷》、《天文学卷》、《地学卷》、《生物学卷》、《农学卷》、《医学卷》、《水利卷》、《机械工程卷》、《建筑卷》、《桥梁技术卷》、《矿冶卷》、《纺织卷》、《陶瓷卷》、《造纸与印刷卷》、《造船与航海卷》、《军事技术卷》、《计量科学卷》。

工具书类（6 卷）：

《科学技术史词典卷》、《科学技术史典籍概要卷》（一）、（二）、《科学技术史图录卷》、《科学技术年表卷》、《科学技术史论著索引卷》。

这是一项全面系统的、结构合理的重大学术工程。各卷分可独立成书，合可成为一个有机的整体。其中有综合概括的整体论述，有分门别类的纵深描写，有可供检索的基本素材，经纬交错，斐然成章。这是一项基础性的文化建设工程，可以弥补中国文化史研究的不足，具有重要的现实意义。

诚如李约瑟博士在 1988 年所说："关于中国和中国文化在古代和中世纪科学、技术和医学史上的作用，在过去 30 年间，经达过一场名副其实的新知识和新理解的爆炸"（中译本李约瑟《中国科学技术史》作者序），而 1988 年至今的情形更是如此。在 20 世纪行将结束的时候，对所有这些知识和理解作一次新的归纳、总结与提高，理应是中国科学技术史工作者义不容辞的责任。应该说，我们在启动这项重大学术工程时，是处在很高的起点上，这既是十分有利的基础条件，也是面对更高的社会期望，所以这是一项充满了机遇与挑战的工作。这是中国科学界的一大盛事，有著名科学家组成的顾问团为之出谋献策，有中国科学院自然科学史研究所和全国相关单位的专家通力合作，共襄盛举，同构华章，当不会辜负社会的期望。

中国古代科学技术是祖先留给我们的一份丰厚的科学遗产，它已经表明中国人在研究自然并用于造福人类方面，很早而且在相当长的时间内就已雄踞于世界先进民族之林，这当然是值得我们自豪的巨大源泉，而近三百年来，中国科学技术落后于世界科学技术发展的潮流，这也是不可否认的事实，自然是值得我们深省的重大问题。理性地认识这部兴盛与衰落、成功与挫折、精华与糟粕共存的中国科学技术发展史，引以为鉴，温故知新，既不陶醉于古代的辉煌，又不沉沦于近代的落伍，克服民族沙文主义和虚无主义，清醒地、满怀热情地弘扬我国优秀的科学技术传统，自觉地和主动地缩短同国际先进科学技术的差距，攀登世界科学技术的高峰，这些就是我们从中国科学技术史全面深入的回顾与反思中引出的正确结论。

许多人曾经预言说，即将来临的 21 世纪是太平洋的世纪。中国是一个太平洋国家，为迎接未来世纪的挑战，中国人应该也有能力再创辉煌，包括在科学技术领域做出更大的贡献。我们真诚地希望这一预言成真，并为此贡献我们的力量。圆满地完成这部《中国科学技术史》的编著任务，正是我们为之尽心尽力的具体工作。

卢嘉锡

1996 年 10 月 20 日

目　　录

总　序

绪　论 ……………………………………………………………… 1

　　一　中国军事技术史的研究对象和内容 ………………………… 1

　　二　中国军事技术史的分期 ……………………………………… 1

　　三　军事技术与社会诸方面发展的关系 ………………………… 3

　　四　军事技术与军事系统其他诸方面的关系 …………………… 5

　　五　军事技术的发展规律 ………………………………………… 7

上　编　冷兵器时代的军事技术

第一章　石兵器阶段的军事技术 …………………………………… 13

　第一节　兵器和原始城堡的出现 ………………………………… 13

　　一　史前生产工具的演进 ………………………………………… 13

　　二　古史传说中的兵器和原始城堡 ……………………………… 15

　第二节　石兵器的基本类型 ……………………………………… 19

　　一　原始的射远兵器 ……………………………………………… 19

　　二　原始的格斗兵器 ……………………………………………… 22

　　三　原始的卫体兵器 ……………………………………………… 25

　　四　原始的防护装具 ……………………………………………… 25

第二章　青铜兵器阶段的军事技术 ………………………………… 27

　第一节　青铜兵器的创制与发展 ………………………………… 27

　　一　青铜兵器及其冶铸技术的发展 ……………………………… 27

　　二　射远兵器 ……………………………………………………… 28

　　三　格斗兵器 ……………………………………………………… 31

　　四　卫体兵器 ……………………………………………………… 37

　　五　防护装具 ……………………………………………………… 38

　第二节　战车和车战的兴衰 ……………………………………… 40

　　一　战车的构造 …………………………………………………… 41

　　二　战车的乘员编制和兵器装备 ………………………………… 42

　　三　车战及其技术和战术 ………………………………………… 45

　第三节　军事筑城的兴起 ………………………………………… 48

　　一　筑城概况 ……………………………………………………… 48

　　二　筑城技术的初创 ……………………………………………… 49

　　三　攻城器械 ……………………………………………………… 51

　　四　守城器械 ……………………………………………………… 52

　第四节　战船和水军的兴起 ……………………………………… 53

　　一　舟楫的军事应用和战船的出现 ……………………………… 53

　　二　战船的乘员、装备和水战战术 ……………………………… 55

第五节　《考工记》中的兵器制造问题 ……………………………………… 57
　　一　青铜兵器的合金配比和冶铸技术 …………………………………… 57
　　二　材料的精选 …………………………………………………………… 58
　　三　设计和制造方法的创新 ……………………………………………… 59
　　四　设计和制造中蕴含的科学知识 ……………………………………… 59
　　五　工艺的规范 …………………………………………………………… 60
　　六　成品的检验 …………………………………………………………… 60
　　七　兵器配发和使用的原则 ……………………………………………… 61

第三章　钢铁兵器阶段的军事技术 ………………………………………………… 62
　第一节　钢铁兵器的创制与发展 …………………………………………… 62
　　一　钢铁兵器冶铸技术的提高 …………………………………………… 62
　　二　射远兵器 ……………………………………………………………… 64
　　三　抛石机——礮 ………………………………………………………… 67
　　四　格斗兵器 ……………………………………………………………… 68
　　五　卫体兵器 ……………………………………………………………… 71
　　六　防护装具 ……………………………………………………………… 72
　　七　新型战车的创制 ……………………………………………………… 75
　第二节　军事筑城的发展 …………………………………………………… 75
　　一　城郭建筑的概况 ……………………………………………………… 76
　　二　城郭建筑的军事特色 ………………………………………………… 77
　　三　作业量的估算和工程作业图 ………………………………………… 79
　　四　长城建筑的概况 ……………………………………………………… 80
　　五　长城的守备设施 ……………………………………………………… 81
　　六　攻城器械 ……………………………………………………………… 84
　　七　守城器械 ……………………………………………………………… 85
　　八　障碍器材 ……………………………………………………………… 86
　　九　著名的攻守城战 ……………………………………………………… 87
　第三节　战船和水军的发展 ………………………………………………… 87
　　一　战船建造业的发展 …………………………………………………… 88
　　二　战船的基本类型 ……………………………………………………… 89
　　三　著名的水战 …………………………………………………………… 92

中　编　火器与冷兵器并用时代的军事技术

第四章　初级火器创制阶段的军事技术 …………………………………………… 97
　第一节　兵器制造业的发达 ………………………………………………… 97
　　一　钢铁冶炼业和冶炼技术 ……………………………………………… 97
　　二　兵器管理和制造机构 ………………………………………………… 99
　　三　钢铁兵器制造技术 …………………………………………………… 101
　第二节　初级火器的创制 …………………………………………………… 101
　　一　《武经总要》记载的火药配方 ……………………………………… 102
　　二　初级火器的创制与使用 ……………………………………………… 103
　第三节　钢铁兵器的持续发展 ……………………………………………… 109
　　一　射远兵器 ……………………………………………………………… 110

　　二　抛石机——炮 ……………………………………………… 113

　　三　格斗兵器 ………………………………………………… 115

　　四　卫体兵器 ………………………………………………… 120

　　五　防护装具 ………………………………………………… 120

　　六　装备冷兵器的战车 ……………………………………… 123

　　七　军队的兵器装备 ………………………………………… 124

　第四节　军事筑城的持续发展 …………………………………… 126

　　一　筑城规制和城址选择 …………………………………… 126

　　二　开封城的建筑 …………………………………………… 127

　　三　中小城池的建筑 ………………………………………… 129

　　四　金长城的建筑 …………………………………………… 130

　　五　攻城器械 ………………………………………………… 131

　　六　守城器械 ………………………………………………… 134

　　七　障碍器材 ………………………………………………… 137

　第五节　战船和水军的持续发展 ………………………………… 138

　　一　战船建造场的普遍设立 ………………………………… 138

　　二　主要战船的构造和战斗性能 …………………………… 139

　　三　著名的水战 ……………………………………………… 141

　　四　战船和水军技术的进步 ………………………………… 142

第五章　火铳的创制与发展阶段的军事技术 ……………………… 145

　第一节　火铳的创制 ……………………………………………… 145

　　一　火药性能的改良 ………………………………………… 145

　　二　火铳初创时期的实物 …………………………………… 146

　　三　对元火铳的几点分析 …………………………………… 148

　　四　火铳在作战中的最初使用 ……………………………… 149

　第二节　火铳的发展 ……………………………………………… 151

　　一　明初的发射火药 ………………………………………… 151

　　二　各系统制造的洪武铳 …………………………………… 151

　　三　洪武铳的种类和构造 …………………………………… 158

　　四　洪武铳的改进 …………………………………………… 159

　第三节　火铳的定型 ……………………………………………… 159

　　一　永乐至正德年间火铳的种类 …………………………… 160

　　二　永乐铳的改进 …………………………………………… 164

　　三　火铳的制造及其铭文问题 ……………………………… 165

　第四节　钢铁兵器和战车的多样化 ……………………………… 166

　　一　射远兵器 ………………………………………………… 166

　　二　格斗兵器 ………………………………………………… 168

　　三　防护装具 ………………………………………………… 170

　　四　攻守城器械和障碍器材 ………………………………… 171

　　五　战车的创新 ……………………………………………… 173

　第五节　城墙城池建筑技术的成熟 ……………………………… 176

　　一　明初都邑筑城之最——南京城 ………………………… 176

　　二　平陆都邑筑城之最——北京城 ………………………… 179

　　　三　长城建筑的发展 ……………………………………………… 180

　　　四　沿海卫所城堡的建筑 …………………………………………… 184

　第六节　战船发展的高潮及其装备的改善 ……………………………… 186

　　　一　元朝的战船和水战的规模 ……………………………………… 186

　　　二　明朝前期的造船厂 ……………………………………………… 186

　　　三　战船的种类 ……………………………………………………… 188

　　　四　明初建造战船的数量和水军的规模 …………………………… 189

　　　五　战船建造技术的提高和武器装备的改善 ……………………… 190

　第七节　火铳的发展对军事的影响 ……………………………………… 192

　　　一　军队编制装备结构的变革 ……………………………………… 192

　　　二　京军三大营的创建 ……………………………………………… 193

　　　三　国防设施的改善 ………………………………………………… 193

　　　四　新战术的创造和发展 …………………………………………… 195

第六章　火绳枪炮阶段的军事技术 ………………………………………… 197

　第一节　佛郎机炮的传入与发展 ………………………………………… 197

　　　一　佛郎机炮的传入 ………………………………………………… 198

　　　二　明廷对佛郎机炮的仿制 ………………………………………… 199

　　　三　佛郎机炮的种类和构造 ………………………………………… 199

　第二节　火绳枪的传入与发展 …………………………………………… 204

　　　一　火绳枪的传入 …………………………………………………… 204

　　　二　明廷对火绳枪的仿制 …………………………………………… 204

　　　三　赵士桢对单管火绳枪的研制 …………………………………… 207

　　　四　赵士桢创制的多管火绳枪 ……………………………………… 210

　第三节　红夷炮的引进与发展 …………………………………………… 211

　　　一　欧洲火器技术的发展 …………………………………………… 212

　　　二　欧洲传教士的东来及其桥梁作用 ……………………………… 212

　　　三　明末火器研制家群体及其贡献 ………………………………… 213

　　　四　首批红夷炮的引进 ……………………………………………… 216

　　　五　红夷炮和宁远大捷 ……………………………………………… 218

　　　六　明末朝廷对西洋大炮的购买和仿制 …………………………… 218

　　　七　崇祯年间对西洋火炮的仿制 …………………………………… 219

　第四节　传统火器的创新 ………………………………………………… 221

　　　一　单兵枪 …………………………………………………………… 221

　　　二　火炮 ……………………………………………………………… 224

　　　三　火箭类火器 ……………………………………………………… 226

　　　四　爆炸性火器 ……………………………………………………… 230

　第五节　合成军的创建及其装备的创新 ………………………………… 232

　　　一　车步骑辎合成军的编成 ………………………………………… 232

　　　二　军事训练内容的变革 …………………………………………… 234

　第六节　城墙城池建筑的创新 …………………………………………… 236

　　　一　东段长城的改建和扩建 ………………………………………… 236

　　　二　沿海卫所城堡建筑的创新 ……………………………………… 241

　　　三　欧洲棱堡建筑技术的传入 ……………………………………… 242

　　四　城防火器的更新 ……………………………………………… 244
　第七节　战船和水军装备的更新 ………………………………………… 245
　　一　战船的种类及其构造 ………………………………………… 246
　　二　战船的合理编配及其装备 …………………………………… 251
　　三　水兵营编制结构的优化 ……………………………………… 252
　　四　水战技术和战术训练的进步 ………………………………… 253
第七章　火绳枪炮阶段的军事技术论著 …………………………………… 254
　第一节　对兵器制造与使用的论述 ……………………………………… 255
　　一　从战略高度倡导兵器的发展 ………………………………… 255
　　二　坚持创新的观点 ……………………………………………… 255
　　三　坚持精益求精的思想 ………………………………………… 256
　　四　御敌保国必须善于使用火器 ………………………………… 256
　　五　使用火器必须灵活多变 ……………………………………… 257
　　六　火器布阵和作战原则的新见解 ……………………………… 258
　　七　车铳结合战术的深化 ………………………………………… 259
　　八　守城理论的发展 ……………………………………………… 259
　第二节　对钢材冶炼与火药配制的论述 ………………………………… 260
　　一　关于钢材冶炼的论述 ………………………………………… 260
　　二　关于火药配方的论述 ………………………………………… 261
　　三　关于火药配制工艺的论述 …………………………………… 263
　　四　关于火药特性及若干现象的探讨 …………………………… 264
　第三节　对欧洲火器技术的吸取和引用 ………………………………… 266
　　一　理论基础的转轨 ……………………………………………… 266
　　二　设计思想的进步 ……………………………………………… 268
　　三　造炮新法的采用 ……………………………………………… 269
　　四　射击术的发展 ………………………………………………… 270
　　五　对冲击波现象的探索 ………………………………………… 271
第八章　火器曲折发展阶段的军事技术 …………………………………… 273
　第一节　火器的曲折发展 ………………………………………………… 273
　　一　后金制造和使用红衣炮的高潮 ……………………………… 273
　　二　清初各方制造和使用的火炮 ………………………………… 275
　　三　康熙初期的火器制造 ………………………………………… 277
　　四　南怀仁铸炮与"平定三藩"之战 …………………………… 277
　　五　收复雅克萨之战中使用的枪炮 ……………………………… 278
　　六　火器营的建立及火器制造的滑坡 …………………………… 281
　第二节　枪炮的种类及其研制者 ………………………………………… 282
　　一　重型火炮 ……………………………………………………… 282
　　二　轻型火炮 ……………………………………………………… 283
　　三　短管炮 ………………………………………………………… 283
　　四　单兵枪 ………………………………………………………… 285
　　五　火器研制者 …………………………………………………… 286
　第三节　钢铁兵器和战船建造的徘徊 …………………………………… 287
　　一　射远兵器 ……………………………………………………… 287

二 格斗兵器 ································ 288

三 防护装具 ································ 289

四 攻守城器械 ······························ 290

五 战船 ·································· 290

六 武器装备的规制 ·························· 292

第四节 城墙城池建筑的尾声 ······················ 293

一 东北的柳条边 ·························· 293

二 边防的其他设施 ·························· 293

三 沿海要塞的建筑 ·························· 294

四 虎门要塞的建筑 ·························· 295

五 山地石碉的建筑 ·························· 298

下 编 火器时代的军事技术

第九章 前装枪炮阶段的军事技术 ···················· 303

第一节 "师夷长技以制夷"的提出及其初步实践 ··········· 303

一 英军在军事上的长技 ······················ 303

二 "师夷长技以制夷"的提出 ·················· 305

三 "师夷长技以制夷"的最早实践者 ·············· 306

第二节 军事技术研究的新进展 ···················· 309

一 火药的改进 ···························· 310

二 "自来火药"的试制成功 ···················· 310

三 用新法铸造火炮 ·························· 311

四 用新法铸造炮弹 ·························· 312

五 新型炮架和搬运器械的制成 ·················· 313

六 先进射击术的引用 ························ 313

七 新型战舰的试造 ·························· 313

八 新式炮台的建筑 ·························· 314

九 新式地雷的研制 ·························· 315

十 新式水雷的创制 ·························· 316

第三节 太平天国革命对军事技术发展的推动 ············· 317

一 太平天国的兵器制造 ······················ 317

二 太平天国对先进军事技术的引用 ················ 318

三 太平军对军事工程的发展和创新 ················ 319

第四节 清军装备的前装枪炮 ····················· 322

一 湘军的武器装备 ·························· 322

二 淮军的武器装备 ·························· 324

三 中外混编武装和英法侵略军的武器装备 ············ 325

四 清军在第二次鸦片战争中的军事技术 ············· 326

第十章 后装枪炮阶段的军事技术 ···················· 328

第一节 晚清兴办的兵工厂 ······················ 328

一 兴办兵工厂的时代背景 ···················· 328

二 容闳对兴办兵工厂的贡献 ···················· 330

三 兵工厂兴办的概况 ························ 331

　　　　四　几个主要的兵工厂 ……………………………………………… 332
　　第二节　兴办兵工厂的军事技术家 …………………………………… 337
　　　　一　近代军事技术家群体的形成 ………………………………… 337
　　　　二　杰出的军事技术家及其主要成就 …………………………… 337
　　第三节　机械化炼钢与火药制造 ……………………………………… 343
　　　　一　机械化炼钢厂及其产品 ……………………………………… 343
　　　　二　机械化火药厂及其产品 ……………………………………… 344
　　第四节　后装击针枪的仿制 …………………………………………… 348
　　　　一　步枪 …………………………………………………………… 348
　　　　二　多管枪 ………………………………………………………… 350
　　　　三　机枪 …………………………………………………………… 351
　　　　四　枪弹 …………………………………………………………… 352
　　第五节　后装线膛炮的仿制 …………………………………………… 353
　　　　一　后装线膛炮 …………………………………………………… 353
　　　　二　管退炮 ………………………………………………………… 355
　　　　三　炮弹 …………………………………………………………… 356
　　第六节　炮台要塞建筑的兴起和发展 ………………………………… 358
　　　　一　炮台要塞的设计原则 ………………………………………… 358
　　　　二　沿海和沿江的炮台要塞 ……………………………………… 359
　　　　三　边防要隘建筑的炮台 ………………………………………… 366
　　　　四　野战工事的建筑 ……………………………………………… 368
　　第七节　蒸汽舰船的建造 ……………………………………………… 369
　　　　一　明轮蒸汽兵轮船"恬吉"号 ………………………………… 369
　　　　二　螺轮蒸汽兵轮船"操江"号 ………………………………… 370
　　　　三　大型兵轮船"海安"号和"驭远"号 ……………………… 370
　　　　四　铁肋兵轮船"威远"号 ……………………………………… 371
　　　　五　快速兵轮船"开济"号 ……………………………………… 372
　　　　六　钢甲巡洋舰"平远"号 ……………………………………… 372
　　　　七　穹甲舰"广乙"号 …………………………………………… 373
第十一章　火器时代的军事变革 …………………………………………… 374
　　第一节　陆军编制装备的更新和近代海军的创建 …………………… 374
　　　　一　甲午战争前陆军编制装备的演变 …………………………… 374
　　　　二　甲午战争后陆军编制装备的更新 …………………………… 376
　　　　三　近代海军的创建及舰载火器系统的初步形成 ……………… 380
　　　　四　海军兴衰的教训 ……………………………………………… 380
　　第二节　军事技术训练和作战方式的变革 …………………………… 381
　　　　一　陆军军事技术训练的变革 …………………………………… 381
　　　　二　海军军事技术训练的兴起和发展 …………………………… 384
　　　　三　作战方式的变革 ……………………………………………… 385
　　第三节　军事技术教育的兴起和发展 ………………………………… 387
　　　　一　兴办军事技术教育的目的 …………………………………… 387
　　　　二　海军军事技术教育的兴起和发展 …………………………… 388
　　　　三　陆军军事技术教育的变革 …………………………………… 390

　　　　四　军事技术专业教育的兴起 ·· 391
　　第四节　军事技术书籍的译著 ·· 393
　　　　一　军事书籍翻译的概况 ·· 393
　　　　二　军事技术译著的分类 ·· 395
　　　　三　军事技术书籍的编著 ·· 397

参考文献 ·· 400

附　　录 ·· 404
　　一　人名索引 ·· 404
　　二　书名索引 ·· 411
　　三　中国历代尺的长度比较简表 ·· 416
　　四　中国历代升的容量比较简表 ·· 417
　　五　计量单位简表 ··· 417

后　　记 ·· 420

总　　跋 ·· 421

绪　　论

军事技术史是在特定的军事领域中科学技术发明、发展和被应用的历史。它既是科学技术史的一门分支学科，也是军事史的一门分支学科。中国军事技术史不仅源远流长，内容丰富，而且具有独自的特点。

一　中国军事技术史的研究对象和内容

中国军事技术史以中国军事技术的发生、发展及其演变规律为研究对象，主要研究各个历史发展阶段中直接运用于军事领域的技术，包括武器装备及其研制、生产所涉及的基础理论与基础技术，发挥武器装备效能的运用技术，以及军事工程、军事通信等。其中既有为军事目的而创造的专用技术，也有移用于军事的民用技术。兵器是军事技术的核心，它引发和促进战车、战船、军事工程、军事通信的发生和发展，是军事技术发展水平的主要体现。

中国军事技术在不同的历史发展阶段，以及在同一历史发展阶段中不同的地区，由于各民族的历史传统、社会发展水平、地理环境和拥有资源等各种条件的不同而不同，科学地反映这种客观存在，也是中国军事技术史研究的重要内容之一。

中国军事技术史的研究，还涉及各个历史发展阶段中著名军事技术家和统兵将领的贡献，军事技术的发展同战争、政治、经济、科学技术、军事系统内部诸方面的关系等内容。

中国军事技术随着新石器时代晚期所出现的部落战争而萌生，迄今大约已有五千年的历史。最初出现的只有用石、骨、角、木等材料制成的原始弓箭和各种锋刃器、击砸器，以及用土、石、木等材料围圈夯筑而成的墙垣、壕堑等聚落式防卫设施和原始城堡，并不完全具备上述关于军事技术所涵盖的全部内容。随着战争规模的扩大和对军事技术需求的增加，军事技术也经历了从简单到复杂、从低级到高级的漫长发展过程，其内容也不断丰富，体系也日益完备。

二　中国军事技术史的分期

军事技术史的分期问题，是对其全部发展进程进行科学总结的形式之一。中国军事技术史有多种不同的分期方法，若以兵器所用材料、能源、技术、工艺为标志，中国军事技术五千年的发展史，大体上可以划分为前后相续相衔的三个时代，每个时代又可划分为若干个发展阶段。

（一）冷兵器时代

冷兵器时代，即新石器时代晚期至五代，约公元前30世纪～公元960年（本书第一至第三章）。

其间又可划分为石兵器、青铜兵器和钢铁兵器三个阶段。冷兵器所用三种基本材料的质地虽有不同，但其基本类型却大同小异。它们都是利用人力或简单机械力，杀伤和破坏敌方的有生力量和战争设施。

在此期间，从夏代兴起的战车，至战国已开始转变为装备各种兵器的战斗车辆和运载军需给养的辎重车。自西周兴起的木质运兵船已发展至帆桨战船，并创造了车轮船。原始城堡的建筑技术，已发展至城墙城池防御体系的建筑技术。萌芽于用语言、动作传递军事信息的方式，已演进为用驿传网和烽燧系统传递军事信息的方式。战国时期，由于强弓劲弩和骑兵技术的发展，引发了以步骑战代替车战的第一次军事大变革。

（二）火器与冷兵器并用时代

火器与冷兵器并用时代，即北宋至第一次鸦片战争，公元960～1840年（本书第四至第八章）。

其间又可划分为初级火器的创制、火铳的创制与发展、火绳枪炮的发展、古代火器曲折发展四个阶段。钢铁兵器在这四个阶段中，发展到了成熟的程度。这个时代所创制的火器，是利用火药的化学能杀伤和破坏敌方的有生力量和战争设施。于是这一时代的军事技术，也就成为从使用机械能向使用化学能过渡的军事技术。或者说是军事技术所用能源第一次革命的时代。

在这个时代中，各种战斗车辆和辎重车得到了进一步的发展，出现了专用的炮车、火箭车、兵器与木质防护车厢合一的战车。帆桨战船已发展至高级阶段，车轮船已较多地用于水上作战。城墙城池式防御体系已发展至成熟的阶段，炮台要塞式防御体系已经萌芽，前者已逐渐向后者过渡。用不同颜色火药烟焰传递军事信息的方式已经采用。全国驿传网已发展至比较完备的程度，军事信息传递的速度已大为提高。明代前期和后期，由于火铳与火绳枪炮的大量使用，分别引发了第二次和第三次军事大变革。管形射击火器在战争和军事建设中的地位和作用，得到了明显的提高。

（三）火器时代

火器时代，即第一次鸦片战争后至辛亥革命前，公元1841～1911年（本书第九至第十一章）。

其间传统火器已逐渐被后装枪炮所代替，带锋刃的钢铁兵器在甲午战争后已基本上退出战争舞台。炮车、战车、辎重车都有新的发展。蒸汽舰船已在沿海取代帆桨战船，装备蒸汽舰船的海军已取代装备木质战船的外海水师。炮台要塞式防御体系已在沿海、沿江各要地和沿边的部分要隘建成。有线电和无线电通信技术已在19世纪末开始用于军事通信。后装枪炮的大量使用和炮台要塞的普遍建筑，引发了第四次军事大变革，传统的军事终于被近代军事所代替。

中国军事技术发展史的各个时代和各个阶段之间，都呈现出前后相续相衔的重叠性。以兵器为例；前一时代或阶段的兵器，都要延伸到后一时代或阶段的一定年代。每一种新型兵器，大多又是在前一时代或阶段中各种兵器发展的鼎盛时期创制而成。当新型兵器在数量和质量上还不能满足战争发展的需要时，陈旧的兵器便不会退出战争舞台。如夏代虽然创制了青铜兵器，但是石兵器仍在大量使用，而青铜兵器被钢铁兵器的全面取代却在东汉时期。我国城墙城池式防御体系之所以能延续四五千年之久，是因为其间的攻城器械和作战方式，都不足以从根本上动摇乃至摧毁坚固城池的防御能力。当大型后装攻城炮能把城墙炸得墙破砖飞之时，这种体系的丧钟便随之敲响，炮台要塞式防御体系便以它的钢筋铁骨之身，雄踞在大地之上。

三　军事技术与社会诸方面发展的关系

中国军事技术史表明，军事技术随着战争的出现而产生后，便同政治、经济、科学技术、民族文化，以及军事系统内诸方面之间有着密切的关系。

（一）军事技术与战争的关系

军事技术随着战争的出现而出现，又随着战争的需要而发展。战争的需要是军事技术发展的直接推动力，军事技术的发展又改善了战争的手段，促进了战争规模的扩大，如此相促相长，一起登阶拾级而上，直到人类社会的发展能够消灭战争时，也就是军事技术转化或回归到民用技术之日。在中国军事史中，战争推动军事技术的发展有三种表现形式。其一，为了进行大规模的战争，在战前就制造大量新型兵器。明朝永乐年间，大量制造火铳，就是为进行漠北战争所采取的重要举措。其二，在战争进行过程中，为了战胜对方而创制新型兵器，取得出敌不意的胜利。陈规创制的长竹杆火枪和经过改造的德安（今湖北安陆）城防、金军守开封使用的飞火枪和震天雷等，都是有说服力的事例。其三，由于在对敌作战中被新型兵器所挫，因而在战后大力仿制新型兵器。后金皇太极在宁远（今辽宁兴城）战败后，便大力仿制明军所使用的红夷炮。

（二）军事技术与政治的关系

军事技术的发展要受当权者的政治需要和制定的制度、政策所制约。当政治斗争发展到需要用战争解决问题时，当权者便制定促进军事技术发展的制度和政策，为夺取战争的胜利，提供良好的军事技术条件。北宋朝廷为了进行统一战争和防御游牧民族的袭扰，除要求文武大臣了解历代"器械名数，攻取之具，守拒之用"[①] 外，还采取奖励政策，因而出现了"吏民献器械法式者甚众"[②] 的局面。

与此相反，当新王朝的夺权战争和统一战争基本结束，新的统治秩序已经建立时，为了防范统兵将领发生不测事件和人民造反，当权者便推行各种限制军事技术发展的政策。明朝永乐年以后多次颁布不准擅造火铳的禁令，就是为了这种政治需要。这种奖励和禁令，推动和限制的起伏，几乎与王朝的兴亡，政权的更替，政局的稳定和动乱交织在一起。

（三）军事技术与社会经济的关系

军事技术的发展以社会经济的发展为基础，又对社会经济的发展产生反作用。经济基础

---

① 北宋·曾公亮、丁度撰，《武经总要·序》，中华书局，1959 年版，影印明正德间刊本《武经总要前集》之一之序第 3 页。以下引此书时均同此版本。

② 《宋史》卷一百九十七《兵十一·器甲之制》，中华书局，1977 年版，点校本《宋史》三十三第 4914 页。以下引此书时均同此版本。

雄厚，就能使国家对先进军事技术的需要成为可能。经济基础脆弱，先进的军事技术只不过是纸上的画饼而已。

明王朝建立后，由于制定了一系列有利于恢复和发展经济的政策，使综合国力更上一层楼，军事技术出现了繁荣发展的局面：第一代金属管形射击火器——火铳发展到了成熟的阶段，大型宝船扬帆西洋，古代筑城之最——南京城在金陵（今江苏南京）拔地而起，数十万装备精良的骑兵驰骋在漠北战场上，全国性军民合用的驿传通信网络畅通无阻。

相反，经济基础脆弱的晚清朝廷，虽然自19世纪60年代开始，曾经采用非常的手段，建立近代兵工厂，制造枪炮舰船，建筑沿海和沿江的炮台式要塞，更新陈旧的军事技术，使军事技术一时获得了超越社会经济基础可能的畸形发展。但是由于财政拮据，经费短缺，造成新兴的军事工业因得不到应有的补给而在中途陷于困境，新兴的军事技术也随之受挫。原计划组建的四支海军，也只有北洋舰队稍呈气候，随着时间的推移和舰船装备的老化，其战斗力也江河日下。军事技术虽曾出现一度活跃之势的清王朝，其军事自强之梦直到其最高统治者入殓盖棺之日也没有圆成。

军事技术对社会经济的发展也起着一定的促进作用。创建于19世纪60年代的江南制造总局，曾起过带动民用工业发展的作用，它所建造的各型客轮与货轮，促进了中国近代造船工业和交通运输业的发展。

（四）军事技术与科学技术的关系

科学技术是军事技术得以发展的前提，它为军事技术的研究提供基础理论和技术手段。军事技术是科学技术的一部分，它不能脱离科学技术而单独发展。北宋高度发展的科学技术，使军事技术因获得巨大的活力而百花齐放：新发明的指南针被迅速安置在战船上，作为舟师导航的仪器；军事技术家则从炼丹术士手中接过雏型的火药配方，配制成军用火药并把制成的火箭、火毬搬上战争舞台，拉开了火器与冷兵器并用时代的序幕。科学技术徘徊不前时，军事技术也随之滞后。当清王朝建立以后，到雍正时期，便以狭隘的民族心理和统治者的短浅目光，实行封建禁锢和闭关自守的政策，限制乃至窒息国内的科学研究，使西方科技发明信息也难以传入，失去了八旗兵入关前在军事技术上好学上进的精神。戴梓创制的连珠火铳被束之高阁，燧发枪成为皇帝打猎的玩具，陈旧的木质战船不能出海作战，边防设施也罅漏百出。

军事技术以科学技术发展为前提，并不意味着它总是处于滞后的、消极等待的状态。恰恰相反，军事技术往往表现出相当的积极性。二里头和二里冈期文化遗址出土的夏商时期的青铜镞、矛、斧等兵器，其含锡量之高，制作之精致，可与当时所用贵重的青铜礼器相媲美。唐代炼丹术士发明的火药，几乎被唯一地用于制作火器。直到18世纪，才因它所具有的爆破作用而被应用于矿山开采。

军事技术对科学技术的依赖，并不排斥它自身所应有的相对独立的体系，元、明、清三代所建立的全国性军工系统，雄辩地证明了这一点。

（五）军事技术的民族特色及其在战争中的交流

由于中华民族内部各民族所处的地理环境、资源丰瘠、科学技术水平、民族传统，以及作战对象、战略思想等各种条件的不同，反映在军事技术上的民族特色也各不相同。以宋代为例，宋朝占据黄河以南，居民多为汉族，幅地广大，资源丰富，文化发达，所以率先创制火器，用于战争。聚居于北方的契丹、党项、女真、蒙古等民族，则短于舟楫而长于弓马骑射，骑兵技术有长足的发展。金军的重装骑兵"铁浮图"曾称雄一时，西夏军的铁甲骑兵"铁鹞子"，在山地作战时如履平地。

　　军事技术的某些民族特色，往往通过各民族间的战争，产生大交流的效应。在大交流中，互相汲取对方的长处，提高本民族的军事技术，出现你追我赶和交替领先的局面。通过大交流，使具有各民族特色的军事技术，融合成为具有中华民族特色的新的军事技术。金军创制的具有民族特色的铁火炮——震天雷，超过了宋军使用的纸壳火毬。宋军创制的突火枪，又超过了金军使用的飞火枪。蒙军则以突火枪为样品，创制了金属管形射击火器——火铳。明初军事技术家又把火铳推进到新的发展阶段，从而使火铳成为具有中华民族特色的金属管形射击火器。

　　同样，在世界范围内，具有中华民族特色的军事技术成果，又通过对外战争，交流和传播到世界其他一些国家和地区。与火药发明有关的炼丹术，于公元8～9世纪传入阿拉伯后，便融合成为阿拉伯人的炼金术（al-kimiya）；12世纪传入欧洲后，又融合成为欧洲人的炼金术（al-chimia）。到16世纪，由炼金术一词演变的英文化学（chemistry）一词终于出现[①]。沿用中医药配方和具有丸药特色的火毬，以及火枪、火箭等火器传到阿拉伯后，被融合在阿拉伯人制造的"契丹花"、"中国火轮"等球形火器，以及木质管形火器"马达法"之中，成为脱胎于中国火器的阿拉伯初级火器。其他国家和民族创造的军事技术，被融合成我国军事技术的事例也屡见不鲜。欧洲人制造的火绳枪炮和后装枪炮传入我国后，明清两代的军事技术家在吸收它们的优点并加以改进后，便融合转化为近代中国的枪炮。

　　中华民族在同其他民族进行军事技术交流的过程中，同样也出现你追我赶和交替领先的局面。我国虽然在北宋初期创制了火器，但是欧洲人却在15世纪以其创制的火绳枪炮，而率先把火器技术推向一个新的发展阶段。中华各民族和世界各民族之间军事技术的互相交流和交替领先，不但促进了本民族、本地区和本国军事技术的发展，而且也推动了世界范围内军事技术的发展。或者说，世界军事技术的发展，既以各国军事技术的发展为基础，又推动各国军事技术的发展。

四　军事技术与军事系统其他诸方面的关系

　　在军事系统中，军事技术与军队编制装备、军事训练、作战方式、边海防建设、战略等方面，都存在着辩证发展的关系，既是诸方面发生变化乃至变革的积极因素，又在诸方面的推动下，向着高一级的水平发展。

（一）军事技术与军队编制装备变革的关系

　　军事技术的产生和发展，对常备军的出现、军队编制装备的变化和变革、新兴军兵种的创建，有着直接的关系。

　　随着石兵器向青铜兵器的过渡，以及青铜兵器和战车的创制，夏代已经出现了常备军，步兵成为战斗的主力，战车兵已经出现，至商周已发展至鼎盛时期。赵武灵王于周赧王十三年

　　① 冯家昇，炼丹术的成长及其西传，见《冯家昇论著辑粹》，中华书局，1987年版，第353页。

（公元前302）率先实行"胡服骑射"，步骑兵终于以新兴兵种的面貌取代了战车兵。洪武和永乐年间手铳的大量制造，使明军装备火铳的比例达到了10％，并在永乐七年底（1409）至八年初，创建了世界上最早的火器兵种——神机营。嘉靖年间佛郎机、鸟枪的大量仿制和改制，使戚继光得以创编由车、步、骑、辎重等兵种合一的合成军，并使装备火绳枪炮的比例超过40％。后装枪炮和蒸汽舰船的大量购置和仿制，使近代中国海军舰队能够在黄海和渤海上鼓轮航行。

（二）军事技术与军事训练的关系

常备军的出现，使原始的军事训练开始萌生。军队编制装备的变化，新型军兵种的创建，又促使军事训练方式不断创新和变革。春秋末战国初，吴国的水军技术迅速发展，舟师已成规模，伍子胥便以战船与战车相比附，率先提出水军训练的方法。神机营创建后，朱棣即对官兵进行火铳兵与步骑兵协同作战的阵法训练，提出了古代战阵新的布阵原则。戚继光在《纪效新书》与《练兵实纪》中，以大部分篇幅，论述了在火绳枪炮大量使用情况下的军事训练，并作出了许多明细的规定和制定了严格的训练制度。甲午战争前后，随着由步、骑、炮、工、辎重合成的新式陆军的编练，新操法、新战法兵书也纷纷问世，从而掀起了新式军事训练的浪潮。

（三）军事技术与作战方式的关系

军事技术在变革军事训练的同时，也促进了作战方式的变革。这种变革不仅表现在战国时期步骑战之取代车战，而且也极其明显地表现在明初使用火铳的各种作战方式的创造上。如用火铳击碎敌船船板的水战方式，用多排火铳兵依次齐射敌军的作战方式，用火铳进行攻守城战的方式，用火铳射击敌军骑兵的作战方式等。

（四）军事技术与边海防建设的关系

军事技术的发展为边海防设施的改善创造了条件。春秋战国时期筑城技术的提高，使军事筑城得到了空前的发展。秦始皇统一六国后，利用这种技术所建筑的万里长城，有力地阻止了北方游牧民族骑兵的内扰。明初火铳和战船的大量制造，以及沿海卫城、所城、墩台、堡寨的大量构建，改善了沿海各要点的守备能力，为剿捕来犯倭寇和拓清海疆，提供了充裕的技术条件。

（五）军事技术与战略的关系

军事技术对战略的影响，不像它对军队的编制装备和作战方式的影响那样直接，因为除军事技术外，影响战略的还有政治、经济、军事、科学技术、地理环境等多种因素。然而就军事技术这一因素而言，它与战略之间却存在着制约与反作用的关系，一定时期的军事技术，是同一时期战略思想形成的基础，是制定和实施战略的重要依据，脱离军事技术基础的战略是子虚乌有的。

春秋末期，吴国的水军技术已经相当成熟，舟师装备的大、中、小等各型战船，具有水上协同作战的能力。伍子胥便以此为依据，提出了以水军同越国争霸的战略。同样，越国也以大力建造战船，大练舟师为基础，实施以舟师制舟师，同吴国争霸的战略。

嘉靖初期，当明廷已经仿制和改制成大量佛郎机炮时，都察院右都御史汪铉以此为依据，上奏朝廷，建议在居庸关以西的长城各军事重镇，以长城沿线的墩、堡、台为依托，增配各型佛郎机炮，裁减守边兵力。朝廷采纳了汪铉的建议，实施"增炮减兵，以炮制骑"的战略。

军事技术既是制定战略的基础，又必须适应战略发展的需要。战争指导者依据对国际国内战略环境的分析，以及对敌对双方战争诸因素可能的发展变化所进行的科学预测，便对军事技术的发展提出新的要求，促使军事技术向新的战略需要的方向发展。19 世纪 60 年代，晚清朝廷和地方一些识时务的官吏，依据对资本主义各国尤其是日本侵华野心日益膨胀的分析，以及对国内武备空虚，藩篱罅漏，无法抵御外敌入侵现实的认识，提出了引进西方军事技术，进行军事自强的一系列主张。朝廷采纳了这些主张，推行"自固藩篱"的对外防御战略。

五　军事技术的发展规律

军事技术的发展既有与社会各方面的相互作用，又有自身发展的内在规律。这些规律主要有矛盾律、渐变跃变律、综合分化律和周期递减律等。

（一）矛盾律

军事技术发展的矛盾律，或相反相成、相生相克律，是通过具体的战争实践体现出来的。为了打击敌人，必须发展进攻性军事技术；为了保存自己，必须发展相应的防御性军事技术。一种新型进攻性军事技术的出现，必然会或早或迟地导致相应的防御性军事技术的产生，这种防御性军事技术又将被高一级的进攻性军事技术所突破，于是创造高一级的防御性军事技术又摆在军事技术家的面前。公元 228 年，在蜀魏攻守陈仓之战中，魏军四次采用新创制的守城器械，打退了蜀军四次采用不同的攻城器械对陈仓的进攻。军事技术中的杀伤兵器同防护装具，攻城器械同守城器械，正是围绕着进攻与防御的矛盾斗争不断向前发展的。

军事技术中的攻防特性是相对的，在特定的条件下又是不分彼此和可以互相转化的。火力射击是枪炮进攻特性最本质的体现，但攻防双方都在使用它。

存在于军事技术辩证发展过程中的攻防对立的特性，虽然在不同的国家和地区，以及在一国之内不同时期的战争、战争的不同发展阶段，其表现形式不尽相同，但两者所呈现的此长彼消，一物降一物，一浪高一浪的发展规律，却是贯穿在军事技术发展之始终的。

（二）渐变和跃变律

这一规律在兵器所用的材料和能源上反映最为明显。如石兵器用于战争后，在形制构造和杀伤、摧毁效能上逐渐有所改进和提高。当石兵器渐变到已经不能再有新的长进而满足战争发展的需要时，由人工冶炼的青铜制成的第一代金属兵器便满足了这种需要。青铜兵器的制成，标志着兵器所用材料发生了质的跃变，使兵器的杀伤和摧毁效能也随之跃上一个新台阶。同样，青铜兵器经过约 1700 多年的渐变后，又跃变到第二代金属兵器——钢铁兵器。冷兵器在材料上的两次跃变，又只能视为冷兵器发展阶段中，在使用能源上的渐变。而火药的发明并制成火器用于战争时，才导致兵器杀伤和摧毁所利用的能源发生第一次跃变。这次跃变，使兵器的杀伤和摧毁效能成百成千倍地增长，因而吹响了军事技术发展史上第一次革命的号角。

火器用于战争后，又由于新材料、新技术、新工艺的不断采用，使火器在自身的发展过程中，不断发生渐变。当利用原子能的核裂变武器（原子弹）和核聚变武器（氢弹）创制并用于战争后，使兵器杀伤和摧毁所利用的能源发生第二次跃变。这次跃变使兵器杀伤和摧毁效能成万成亿倍地增长，因而吹响了军事技术发展史上第二次革命的号角。

军事技术正是在渐变和跃变的不断进行中，从一个台阶登上另一个新台阶，从低级阶段发展到高级阶段。

（三）综合分化律

综合与分化也是军事技术发展的重要规律。自石兵器从专用生产工具分化出来后，又按作战用途分化为射远兵器、格斗兵器、卫体兵器和防护装具等四大类。每一类又分化为若干种。这种分化的结果，使兵器在形制构造、作战用途和品种上不断改进和扩大，即使用"十八般兵器"也难以表达其品类之繁多。

由于战争的需要，军事技术人员往往把具有不同战斗作用的多种进攻性兵器，或一攻一防的兵器综合于一体之中。早在公元前16～前13世纪的商代，就有人把用于直刺的矛同用于横击和勾啄的戈综合在一起，构成一种既能直刺又能后勾、横啄的戟。赵士桢创制的迅雷铳，是综合射击、喷焰、刺杀三种战斗作用于一体的五管枪。明代的冲虏藏轮车、万全车、虎头木牌，清代的大盾车、安有防盾的管退炮等，既能以装备的兵器射击和刺杀敌人，又能以车厢四壁或大面积的盾牌面，抵御敌军的箭镞和枪弹。宋代的战船不仅装备了多种兵器，而且还在舱面上建有战棚和女墙，使之综合成为攻防兼备的水上战斗堡垒。近代蒸汽舰船及其防护甲板和钢甲炮塔，则是这种综合方式的高级产物。

（四）周期递减律

周期递减律是指军事技术从产生、发展到更新所需时间不断缩减的规律。上古时代，由于社会生产力低下，技术水平较低，军事技术发展的速度极其缓慢，一种新的军事技术产生后，往往要经历漫长的发展过程，才能被另一种新的军事技术所更新，其周期之长是十分自然的。石兵器从一般石器中分化出来，大约经历了几千年。火器在公元10世纪创制后，由于科学技术发展速度的加快，其更新周期明显缩减：竹制火枪大约在初级火器创制230多年后，便成为战场上致胜的利器。从竹制管形火器的使用到金属管形射击火器的创制，最多不到200年。从19世纪60年代到辛亥革命前的半个世纪中，清军所用枪炮的更新周期，已平均缩减至五六年。中国从明轮蒸汽舰船到螺旋桨蒸汽舰船的建造，只相隔一年时间。正是这种更新周期的日益缩短，才使落后于欧美200多年的中国军事技术，减少了同它们的差距。

在大约五千年的中国军事技术发展的历史长河中，中华民族涌现了许多杰出的发明家、军事技术家和善于使用军事技术的统兵将帅，他们不但在战争实践中创造出众多的成果，而且撰写了各种军事技术论著，在不同的程度上对军事技术的某些方面作了论述，为后人探索军事技术发展的历史轨迹，留下了珍贵的资料。

近半个多世纪以来，中外一些学者辛勤耕耘，开始对历代有关军事技术的文献资料，进行整理和研究，并结合考古发掘的材料，从研究中国冷兵器史、中国火器史、中国战车史、中国军事筑城史、中国舰船史、中国海军史、中国军事史、中国战争史、中国近代战争史等方面入手①，对中国军事技术史的各个侧面，探微索隐，深入剖析，发表和出版了许多论著，获得了丰硕的成果。尤其是在《中国大百科全书·军事》卷和《中国军事百科全书》的编写过程中，许多专家学者在撰写军事技术门类各分支学科条目和中外古代兵器条目中，对中国军事技术史的内容，都有一定的反映，为从技术史的角度撰写一部系统的《中国军事技术史》创造了条件。笔者水平有限，对中国军事技术发展史中一些问题的探索还处于尝试阶段，不妥之处一定不少，受篇幅限制，挂一漏万之处也在所难免，诚恳希望专家学者和广大读者提出宝贵意见。

王兆春

1996.5.

---

① 见周纬的《中国兵器史稿》、杨泓的《中国古兵器论丛》、冯家昇的《火药的发明与西传》、王兆春的《中国火器史》等。详见书后参考文献。

上编　冷兵器时代的军事技术

我国冷兵器最初出现于原始社会晚期，先后经历了石兵器阶段（新石器时代晚期，约公元前30世纪～前21世纪）、青铜兵器阶段（夏朝至春秋，约公元前21世纪～前476）、钢铁兵器阶段（战国至五代，约公元前475～公元960）等三个发展阶段。在北宋初火药用于战争以前，冷兵器始终是战争中使用的基本兵器。在火药用于战争后的相当长的历史时期内，其地位虽有所下降，但仍发挥着重要的作用。

冷兵器时代的军事技术，自第一阶段萌芽后，经过第二阶段的发展，至第三阶段便具有相对完备的组成部分。

第一章　石兵器阶段的军事技术

处于萌芽状态的石兵器阶段的军事技术，主要表现在石兵器及其制造和使用技术、原始城堡及其建筑技术两个方面。它们分别由新石器时代晚期的生产工具及其制造使用技术、原始聚落及其建筑技术演进而来，在原始部落战争的推动下得到了初步的发展。

第一节　兵器和原始城堡的出现

石兵器和原始城堡，是社会发展到一定阶段的产物，决定其产生的因素则是石质生产工具制造和使用技术的提高，以及部落战争的催化。

一　史前生产工具的演进

考古界对史前（即有文字记载以前）时代考古学研究的成果表明，我国境内的古人类，大约起源于几百万年前的旧石器时代[①]。在漫长的旧石器时代（距今约 1 万年前并上溯至远古）内，我们的祖先经过艰苦的磨炼，积累了劳动经验，创造出各种原始的生产工具（见图 1-1），过着以渔猎为主的采集生活。

大约在一万年以前，我国开始进入新石器时代。在这个时代中，人类已经掌握了打击、截断、切割、雕琢、砥磨、作孔等石器制作技术[②]，制成比较规整的专用生产工具，并把石质和骨质工具安上手柄，制成复合工具。这种复合工具，在河姆渡和甘肃永昌鸳鸯池等许多文化遗址中多有发现（见图 1-2），并在渔猎和农业生产中得到了广泛的使用，从而使社会生产逐渐向栽培植物和饲养动物的方式过渡。

除生产工具外，交通工具和土木建筑技术也有一定的发展。浙江余姚河姆渡遗址（距今约 7000～5300 年）出土的柄叶连体木桨，说明当时已开始使用独木舟、竹筏和木筏等交通器材。该遗址发掘出的榫（sǔn）卯结构式建筑物，以及龙山文化（距今约 4900～4000 年）各遗址的发掘表明，当时已出现了制作土坯、日晒泥砖、石灰涂抹地面和墙壁、夯筑地基和墙垣、建筑土质围墙、打掘水井等土木建筑技术。

生产工具的改进和生产力的提高，不但促进了社会的发展，而且也使自身的用途发生了前所未有的变化。大约距今六七千年以前，活动在黄河流域的一些氏族部落，已经从母系氏族社会的初级阶段发展到繁荣阶段。母系氏族系由若干母系大家庭组成，而若干氏族则组成胞族，若干胞族又组成部落，最后又由若干部落组成部落联盟。同时，由于利益相同的氏族

---

① 关于我国境内古人类的起源有多种说法。1994 年 4 月 7 日《光明日报》的报道称：我国著名考古学家贾兰坡院士等专家，对河北省阳原县泥河湾盆地小长梁遗址发现的大量细石器使用年代的测定认为，我国境内的人类大约起源于距今四五百万年前。

② 佟柱臣，仰韶、龙山工具的工艺研究，文物，1978，(11)：56～67。

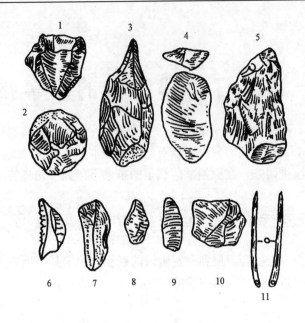

1. 西村盘状石器　　　2. 丁村石球　　　3. 丁村大三棱尖状器
4. 丁村修理台面的石器　5. 丁村砍砸器　　6. 峙峪刮削器
7. 小南海刮削器　　　8. 小南海尖状器　9. 水洞沟尖状器
10. 水洞沟刮削器　　11. 山顶洞骨针

图 1-1　旧石器时代的生产工具

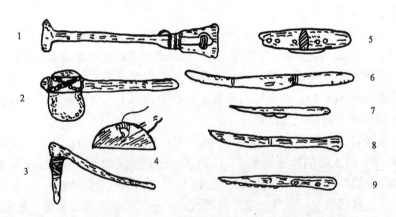

1. 安柄骨耙　　　　2. 安柄石斧　　　3. 安柄石锛
4. 石刀的使用　　　5. 石刃骨柄刀　　6. 石刃骨柄刀
7. 含小刀片骨刀梗　8. 骨刀梗　　　　9. 石刃骨匕

图 1-2　新石器时代的复合工具

成员往往聚居于一处,从而形成了许多相对定居的聚落①。这种社会组织形式,已与旧石器时代和新石器时代早期的社会组织形式不同,那时由于生产工具简陋原始,生产力低下,人类

① 如在陕西西安半坡和临潼姜寨发掘的聚落遗址(距今分别为 6600～6400 年和 5800 年)等。

必须集体群居，共同劳动，公平分配，没有剥削，没有利害冲突，人们在生产中使用的渔猎农具，虽然有时也用作防身武器，但主要是对付野兽的伤害，而不是对付他人的侵袭。而此时各部落或部落联盟之间，在平时虽然相隔一个中间地带，因而一般能够相安而处。但是，随着人口的发展和生产的需要，有时也会因为争夺水源、水草地等生存空间，以及进行婚姻掠夺和血族复仇等，产生利害纠纷，直至引起武力冲突。在武力冲突中，人们开始将一些渔猎农具用于互相间的械斗厮杀，使生产工具转化为械斗工具。这些工具此时已开始一物而二用，用于生产则为工具，用于械斗则为武器。而当时石器制作场的发展和石器制作技术的提高，为制作两用的石刀、石镰、石钺、石戈、石矛、石斧、石铲，以及石和骨制的标枪头、鱼钩、鱼叉和矢镞等锋刃器具创造了条件。

二　古史传说中的兵器和原始城堡

大约在 5000 年前，我国阶级社会的胚胎逐渐在氏族社会末期孕育和成长起来。发生于此时的武力冲突的规模也不断扩大，开始演变为部落和部落之间的战争，其性质和目的也由争夺生存空间和血族复仇，演变为掠夺他人的财富。战争中使用的武器，除借助于带锋刃的生产工具外，已经出现一部分专用武器，这些武器的制作和使用情况，在先秦和秦汉时期有关部落战争[①]的典籍中，不乏星星点点的追述，其中尤以黄帝与蚩尤的涿鹿之战为多。

（一）古史传说中的涿鹿之战

这次战争发生在距今约 4600 多年前的华夏氏族部落集团和东夷氏族部落集团之间，是古史传说中最著名的一次部落战争。

华夏部落集团中有黄帝和炎帝两大氏族。两者同属一源。据《国语·晋语四》说："昔少典娶于有蟜氏，生黄帝、炎帝。黄帝以姬水成，炎帝以姜水成。成而异德，故黄帝为姬，炎帝为姜"[②]。有些史学家以此为据，经过多方考证，推断出黄帝部落集团大致发祥于陕西北部，尔后沿着北洛水南下，进至与黄河汇流的地方，进而东渡黄河，进入晋西南地区，再沿中条山、太行山向东北迁徙，进入约相当于现在黄河北岸的河北，甚至燕山以北的地区。黄帝氏族的首领为黄帝，又称有熊氏、轩辕氏。

炎帝部落集团大致发祥于渭水上游，尔后沿渭水与黄河，向东迁徙至约相当于现在黄河两岸的河南、河北、山东的接壤处，甚至更南的地方。大约在 5000 多年前，发展成一个较为强大的部落，并与苗蛮部落集团聚居地域，形成犬牙交错的态势。

东夷部落集团中有太昊（hào，又作太皞）、少昊（又作少皞）和九黎等几支较大的氏族部落。太昊部落大约活动于淮河的支流颍河与涡河之间的陈。少昊与太昊联系密切而年代稍晚。九黎族生活于泰山以西及相当于今山东、河北、河南等省的接壤处。蚩尤不但是九黎族的首领，而且是东夷部落集团的大首领。

---

① 比较著名的有神农伐补遂之战、黄帝与蚩（chī）尤的涿鹿之战、黄帝与炎帝的阪泉之战，尧舜禹攻伐三苗之战等。

② 春秋·左丘明作，《国语》卷十《晋语四》，上海古籍出版社，1978 年版，《国语》下第 356 页。另一说法是少典氏、有蟜氏、黄帝和炎帝等，大致是指一些氏族的名称，并不一定是确指某一个人。因此，此段引文的含意是说少典和有蟜氏两个氏族互相通婚后，繁衍出黄帝和炎帝两个氏族。

华夏部落集团的东迁，便与东夷族部落集团相接触。双方接触后，除了进行和平交往外，也会因为利害的冲突而逐渐发生争斗，最后便酿成大规模的部落战争。华夏族部落集团和东夷族部落集团之间的战争，首先是在炎帝族部落和九黎族部落之间开始的，其原因是为了争夺黄河中下游的肥沃平原。战争初期，炎帝族部落被战败，请求黄帝族部落助战，炎黄两族部落便联合起来，同九黎族部落在涿鹿（一说在河北涿鹿南，一说在北京西南的涿县，一说在河北巨鹿县）一带展开激战，结果蚩尤战败被杀[①]，其族人或被杀，或被虏，或被融合。

（二）古史传说中的兵器

古史传说中，对涿鹿之战等几次著名部落战争中所用的兵器，虽然没有作系统的叙述，但是也有一些追记。

从《世本·作篇》的记载中可知，涿鹿之战的双方，都已经制造和使用了兵器："蚩尤作兵"，因而在作战之初，兵器处于优势，使炎帝氏族部落处于被动地位；又说黄帝的部下"挥作弓"，"夷牟作矢"；《管子·地数第七十七》则认为蚩尤之时，已有剑、铠、矛、戟、戈等兵器[②]；《吕氏春秋·孟秋纪》认为，"未有蚩尤之时，民固剥林木以战"[③]，以此说明蚩尤之前，尚无专门制造的兵器。《易·系辞下》说上古之人"弦木为弧，剡（shàn）木为矢，弧矢之利，以威天下"[④]。《山海经·海内经·般》说少昊之子般制造了弓矢。《山海经·海外南经》又说羿与凿齿在寿华之野作战时使用了弓矢和戈盾。《孙膑兵法》竹简本《势备篇》说"羿作弓弩，以势象之"[⑤]，而在《孙膑兵法》中又认为黄帝是剑的发明者。《越绝书·记宝剑第十三》中称：神农氏和赫胥氏时"以石为兵"，黄帝时"以玉为兵"，禹时"以铜为兵"，至春秋时已开始制"作铁兵"[⑥]。上述典籍虽然成书较晚，大多是根据古史传说所追记，有后人掺杂的内容，其中不乏牵强附会之处，而且各说不一，不能作为准确的依据。但是如果把这些说法同历年出土的新石器时代晚期的实物相对照，进行分析研究，便可发现它们之间也不无吻合之处。

首先，这些追述认为在黄帝和蚩尤进行作战之前，还没有使用专门制造的兵器，只是"剥林木以战"，反映了在母系氏族社会繁荣阶段发生的武力冲突中，把生产工具作为械斗工具的状况。"剥林木以战"似乎并不局限于用棍棒进行作战的意思，也有利用一般生产工具进行作战的含意，而这些生产工具已经常被发掘出来。

其次，在黄帝同蚩尤进行涿鹿之战的年代里，已经出现了石器制作场，制作专用兵器。所以"蚩尤作兵"、"蚩尤造五兵"、"挥作弓"、"夷牟作矢"等，都说明当时战争中使用的兵器已有一部分是专门制造的。

其三，"以石为兵"、"以玉为兵"、"以铜为兵"等说法，与新石器时代晚期和夏初的出土

---

①　据《史记》卷一《五帝本纪》正义引《龙鱼河图》云："蚩尤兄弟八十一人，并兽身人语，铜头铁额，食沙造五兵，仗刀戟大弩，威振天下。……天遣玄女，下授黄帝兵符，伏蚩尤。……"

②　汉·刘向校、清·戴望校正，《管子校正》卷二十三第382页《地数第七十七》，中华书局，1959年版，《诸子集成》五。以下引此书时均同此版本。

③　汉·高诱注，《吕氏春秋》卷七第67页《孟秋纪》，《诸子集成》六。

④　魏·王弼注、唐·孔颖达正义，《周易正义》卷八第57页《周易系辞下第八》，中华书局，1980年版，影印本《十三经注疏》上册第87页。以下引此书时均同此版本。

⑤　银雀山汉墓竹简整理小组，《孙膑兵法》（普及本），文物出版社，1975年版，第64页。

⑥　东汉·袁康、吴平辑录，《越绝书》卷十一《越绝外传记宝剑第十三》，上海古籍出版社，1985年版，《越绝书》第81页。

实物基本相符，反映了当时兵器材料不断改进和提高的状况。

其四，黄帝与蚩尤在涿鹿之战期间所拥有的兵器，说明我们的祖先在当时已按照作战用途的需要，仿照动物的爪、牙、角、喙（huì，鸟之咀）的样式，制成具有斩、杀、刺、击、射远等作用的兵器，发挥其特有的作用和效果，也为冷兵器基本类型的形成奠定了基础。

（三）古史传说中的城堡

在《周礼》、《尚书》、《左传》、《史记》等经典史籍中，对史前已经出现的原始城堡和宫室，也有不少记述，而南宋郑樵的《通志·都邑略》，则比较系统地记载了传说中三皇五帝的都城。其中关于伏羲、神农、黄帝等三皇都城的记载是："伏羲都陈（今河南郑州）；神农都鲁（今山东曲阜），或云始都陈；黄帝都有熊（今河南新郑），又迁涿鹿。"[①] 关于少昊、颛顼（zhuān xū）、帝喾（kù）、尧、舜等五帝都城的记载是："少昊都穷桑（今山东曲阜）；颛顼都高阳（今河南濮阳）；帝喾都亳（bó，今河南偃师），亦谓之高辛；尧始封于唐（今河北唐县，故人称唐尧），后徙晋阳，即帝位后都平阳（今山西临汾）；舜始封于虞（今河南虞城县，故人称虞舜），即帝位后都蒲坂（今山西浦州）。"[①]此外，还有《淮南子·原道训》的"夏鲧（gǔn，禹之父）作三仞之城，一曰黄帝始主城邑以居"，《吕氏春秋》的"夏鲧作城"，《吴越春秋》的"鲧作城以卫君，造郭以守民，此城郭之始"的种种说法。

关于禹与阳城的关系，也有《孟子·万章上》、《竹书纪年》、《世本》、《史记·夏本纪》、《国语·周语上》、《帝王世系》、《水经注·颍水》、《括地志·阳城县》下、《太平御览》卷八十二、《册府元龟》卷五"帝王部·创业一"和卷九"统一志"、《通志》卷三、《读史方舆纪要·登封县》等多种记载，或说阳城为禹之都城，或云阳城为禹之居地，或称阳城为禹避舜之子商均之地。究竟何说为是，尚待学术界继续探讨。不过阳城是一座古城堡的所在地，大致是可能的。

近些年来，城子崖、边线王城、平粮台古城、王城岗古城等若干龙山文化时期古城堡遗址的发掘，以及学术界对这些城堡研究的深化，说明古史中关于古城堡的记载也并非子虚乌有。

城子崖古城遗址位于山东省章丘县龙山镇以东的原武河畔，是本世纪30年代发掘的第一座龙山文化时期的古城。城址平面为长方形，南北长450米，东西宽390米，残墙高2.1～3米。城墙的建筑方法是先在地平上挖一道宽约13.9米，深约1.5米的圆底基沟，尔后用生黄土按层夯实，夯层平整，层厚0.12～0.14米，夯窝为圆形圆底，夯径约0.03～0.04米，城墙建筑于填满夯土的基沟上，每夯一层内缩0.03米，属夯土版筑式城墙。据测定，该城约兴建于距今4400～4300年[②]。

边线王城遗址位于山东省寿光县城西南孙家集镇的边线王村附近，城址平面为圆角梯形，东西长各220米，总面积约48 400平方米。从已发掘的东北和东南城角看，夯土层厚约0.07～0.10米。据测定，这是一座建于4000多年前龙山文化晚期的古城堡[③]。

---

① 南宋·郑樵撰，《通志》卷四十一，《都邑略第一·三皇都》、《都邑略第一·五帝都》，浙江古籍出版社，1988年版，影印本《通志》第553页。以下引此书时均同此版本。

② 李济等编，城子崖（中国考古报告集之一），原中央研究院历史语言研究所，1934年，第24～28页。

③ 山东发现四千年前的古城堡遗址，1985年1月3日《人民日报》。

　　平粮台古城遗址位于河南省淮阳县城东南 4 公里大朱庄西南的平粮台上，城址平面为每边长近 185 米的正方形，面积 5 万多平方米，城墙顶部厚 8～10.2 米，底墙厚 13.5 米以上，现存高 3.6 米，采用小版筑堆筑法建成。夯窝为圆形圆底或椭圆形，系用 4 根木棍捆在一起夯成。南北面城墙的中段各开一门，南城门内两侧有土坯垒砌的两个门房，中间有土路，路面下铺有迄今为止发掘最早的陶制排水管道，城内有建筑在夯土台上的长方形排房。经测定，该城约建于 4500 年以前①。

　　王城岗古城的遗址位于河南省登封县告城镇西约 1 公里的王城岗上，是两座并列的古城。西城平面呈梯形，南墙的基础槽长 82.4 米，西墙的基础槽长约 92 米，北墙的基础槽残长约 29 米，东部界墙残长 65 米。东城除南墙西段、西墙南段和西南城角外，大部被五渡河冲毁。整个城址面积约 1 万平方米。仅存的夯土基础槽，夯层厚 0.1～0.2 米，或 0.06～0.08 米。西城的东南角有缺口，可能是城门。据测定，该城约兴建于距今 4532～4178 年②。

　　上述四处龙山文化时期古城遗址的发掘，对于探讨古城堡的起源和发展，具有重要的意义。

　　首先，这些古城堡遗址的发掘，为历史传说找到了一些依据。虽然迄今已经发掘的古城遗址，并不一定是古史传说中的帝王之都，但是作为古城堡及其建筑技术，确是在与古史传说大致相近的年代里萌芽和初步发展起来的。

　　其次，上述古城堡是我国新石器时代晚期的产物，它们分布在黄河中下游与黄淮之间，两处在山东，两处在河南。这些地区的社会生产力比较发达，部落战争经常发生，于是促使氏族领袖或部落联盟的首领，采取各种措施保护自己所积累的财富。为此，他们便进一步在原始聚落外围挖沟筑墙，扩大聚落的规模，提高防御能力，从而使早期聚落式的防御工程逐渐发展为原始城堡。

　　其三，上述古城堡的兴建，大约与古史传说的战争同时或其前后，虽然战争不是产生城堡的唯一因素，但为了夺取和巩固战争的胜利，除了创制各种兵器外，还必须构筑防御性的城堡。何况这种城堡，也是部落首领们进行决策、集结部众、贮备供给、指挥作战等各项活动所不可缺少的建筑工程。因此，恩格斯说：原始社会后期，"用石墙、城楼、雉堞围绕着石造或砖造房屋的城市，已经成为部落或部落联盟的中心；……"③。

　　其四，上述古城堡的发掘，表明我国古代的筑城技术，大约在距今 4700～4000 年前已经萌芽，为尔后军事筑城技术的发展，创造了良好的开端④。

---

　　①　河南省文物研究所等，河南淮阳平粮台龙山文化城址试掘简报，文物，1983，(3)：21～36。
　　②　河南省文物研究所等，登封王城岗遗址的发掘，文物，1983，(3)：8～16。
　　③　恩格斯，家庭·私有制和国家的起源，见《马克思恩格斯选集》第 4 卷，人民出版社，1972 年版，第 159 页。
　　④　据《光明日报》1996 年 3 月 26 日《'95 全国十大考古新发现（一）·三、郑州西山仰韶文化遗址》称：1993～1995 年，国家文物局考古领队培训班对郑州市北郊枯河北岸的西山遗址，进行了连续三年的发掘，认为该遗址为中国已知年代最早、建筑技术最先进的古城，绝对年代距今约 5300～4800 年。城址兴建于仰韶文化庙底沟类型时期，废弃于秦王寨类型阶段。城址平面略呈圆形，面积约 4700 平方米，西墙残存 60 余米，北墙残长 230 余米，其余地段还在勘察之中。城墙现存最高处约 3 米，宽 5～6 米，折角处宽至 8 米。城墙建筑采用方块版筑法，系经过修整的生土基面上分段逐块夯筑起来，基底较宽，向上逐渐内收，形成一级级台阶。它的发现，把中国古城堡起源的年代向前推移了四五百年，对探索中国古城堡的起源、早期文明的形成和发展具有重要意义。

第二节　石兵器的基本类型

古史中有关兵器的传说，虽然不能作为信史而加以确认，但是已经基本上反映了史前所用兵器的基本类型：对远距离有生目标进行射杀的射远兵器弓箭，对近距离有生目标进行击打、戮刺、劈砍、斩杀、击砸、钩啄的棍棒、矛、斧、钺、刀、锤、戈、匕首等格斗兵器和卫体兵器，以及用于防御的盾牌和护甲等防护装具。除易于腐朽的木、竹和部分骨质的实物外，其他石质和部分骨质的兵器，都留有丰富的遗物，使古史传说得以验证。

一　原始的射远兵器

弓箭是最早由狩猎工具转化的兵器，前节所引的古史传说，大致把弓箭的创制年代，定在距今约四五千年新石器时代晚期的黄帝时期。考古发掘的材料证明，我国早在 3 万年以前，先民就用它作为射猎远距离动物的利器了。

（一）最早的石镞

1963 年，考古工作者在山西省朔县峙峪村附近旧石器时代晚期的文化遗址中，发掘出一支石镞[1]，长 2.8 厘米，用长片薄燧石制成，加工细致，镞尖锋利（见照片 1），经放射性碳素测定，大约制于 28 945 年前，是我国迄今为止发现最早的石镞之一。从此镞加工工艺的精致程度可以判知，我们的祖先懂得制作和使用箭的年代，至少也在距今 3 万年之前。

1973～1974 年，山西省文管部门，又在比峙峪遗址较晚的山西省沁水下川文化遗址（距今约 2.4～1.6 万年）的发掘中，获得了 13 支石镞（见图 1-3）。这些石镞都用黑燧石制成，长 3～4 厘米，构造比较规范，分圆底和尖底两大类，前者有 9 支，后者有 4 支，制作工艺比较一致，都是先将一块石片的两侧压修出侧刃，前端尖锐，尾部扁薄，便于缚附在箭杆前端。经放射性碳素测定，大约制于 23 900～16 400 年以前[2]，说明当时已经掌握了比较规范性的石镞打制工艺。

从上述两处文化遗址发掘石器的总数来看，石镞数量不到 1%，说明当时所用的石镞还很少。

（二）新石器时代的箭镞

到了新石器时代，箭镞的选材、形制构造和制作工艺，都出现了新的发展趋势。在材料上，有石、骨、角等（见图 1-4），并形成了石镞和骨、角镞此长彼消的局面。在新石器时代早中期，由于磨制技术尚不成熟，所以易磨的骨镞多于难磨的石镞。如在河北省武安县磁山文化遗址[3]（距今约 7400～7100 年）中，只发现骨镞而没有发现石镞。到新石器时代晚期的

---

①　贾兰坡等，山西峙峪旧石器时代遗址发掘报告，考古学报，1972，（1）。

②　王建等，下川文化——山西下川遗址调查报告，考古学报，1978，（3）：259～287。

③　河北省文物管理处等，河北武安磁山遗址，考古学报，1981，（3）：303～338。

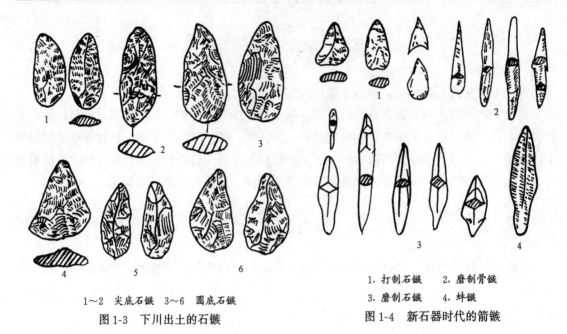

1～2　尖底石镞　3～6　圆底石镞

图 1-3　下川出土的石镞

1. 打制石镞　2. 磨制骨镞
3. 磨制石镞　4. 蚌镞

图 1-4　新石器时代的箭镞

各文化遗址，石镞的遗存数量便明显增多。如广东省曲江县石峡文化遗址[①]（距今约 5000～4000 年），曾发掘出 574 支石镞，占发掘石器的一半以上，是出土石镞最多的地方。又如山东省姚官庄文化遗址[②]（距今约 4000～3500 年），发掘出 64 支石镞和较多的骨镞，反映了两者并存而石镞不断上升的演变情况。

在形制构造上骨镞和石镞都经历了三个发展阶段。以山东省宁阳县堡头村大汶口文化墓群出土的 60 支骨镞为例，其一是选用三角形骨片，磨制成锐利的侧刃和尖锋，制成比较简单的扁平三角形骨镞；其二是选用兽骨磨制成前有尖锋后有镞铤，镞体与镞铤区分尚不明显的圆锥形骨镞；其三是镞体与镞铤区分明显的圆锥形骨镞[③]。三者的区分明显地反映了骨镞在形体构造和制作工艺上由简到繁，由粗到精的发展状况。石镞的情况也是如此，石峡文化遗址出土的 574 支石镞，也可以分为三类：其一是长三角形或棱形无铤石镞；其二是有铤石镞，但镞体与镞铤的区分尚不明显；其三是圆形有铤石镞，镞体与镞铤有明显的区分。

山东省姚官庄龙山文化遗址遗存的骨镞、角镞和石镞，更为明显地反映了箭镞在形制构造与制作工艺上的演变概况（见图 1-5）。该遗址遗存的用鹿角制成的角镞也可分为三类：其一是长三角形或棱形镞，横截面呈菱形、弧形或扁圆形，基本上是大汶口文化时期扁平三角形镞的发展；其二是圆锥形角镞，锋尖锐利，尾部有铤，可视为大汶口文化时期圆锥形骨镞的延伸物；其三是圆锥形三棱刃角镞，尖端由三棱收聚成锋，尾有铤，属于新创制的角镞，反映了角镞制作技术水平提高的状况。与此同时，该遗址遗存的用千枚岩或石灰岩制作的 64 支石镞，多数通体磨光，工艺精致，可分为两类：其一是三角形和柳叶形石镞，扁体有铤，中有脊，横截面为菱形、椭圆形和五角形，通长 3.9～10.5 厘米，与同时出土的长三角形和棱形角镞相似（见图 1-5）；其二是圆柱形石镞，尖端三棱收聚成锋，尾部有圆铤，通长 3.6～10.6

① 广东省博物馆等，广东曲江石峡墓葬发掘简报，文物，1978，(7)：1～15。
② 山东省文物考古研究所，山东姚官庄遗址发掘报告，文物资料丛刊，1981，(5)：1～84。
③ 杨泓，弓和弩，见《中国古兵器论丛》，文物出版社，1985 年版，第 190～206 页。以下引此书时均同此版本。

厘米，与同时出土的圆锥形角镞相似（见图1-5）。我国新石器时代的箭镞，在材料上，从以

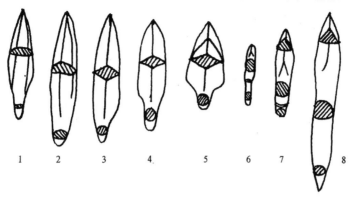

1～5　扁体有铤石镞　6～8　柱体圆铤石镞
图1-5　姚官庄出土的石镞

骨质为主到以石质为主；在形制构造上，从扁体三角形到三刃前锋并带尾铤的形状，基本上反映了箭镞发展的概况。它们制作和使用的年代，大致与古史传说的年代相当，可作为古史中关于黄帝时代制箭和用箭传说的印证。

（三）原始的弓

同原始的镞一样，原始弓创制的年代也没有确切的记载。《易·系辞下》的"弦木为弧，剡木为矢，弧矢之利，以威天下"的文字记载，可看作对上古时代弓箭制作的总结。山西峙峪村文化遗址出土的箭镞，说明弓和箭同样是在3万年前就制作使用了。从《易·系辞下》的叙述，可以判知原始的弓是用单片的木或竹制作的单体弓，配用的箭杆则是削尖了的木条或竹杆。随着年代的推移，单体竹木弓，便逐渐发展为复合弓。

（四）原始弓箭用作杀人武器的实例

考古发掘材料证明，弓箭在仰韶文化时期已经用于械斗。在陕西宝鸡北首岭仰韶文化遗址的墓葬中，曾发掘出一具无头成年男子的骨骸，其双膝间随葬着成束的骨镞，表明死者生前可能是一位斗士。在山东大汶口文化时期的一些墓葬中，也发现了随葬骨镞的类似情况。

江苏省邳县曾在大墩子大汶口文化遗址（距今约5500～4800年）中，发掘出一具中年男性的骸骨，右手握有骨匕，左肱骨下置有石斧，据此推测死者生前似为氏族中的一位斗士。有一支三角形的骨镞嵌入他的左股骨约2.7厘米深，从嵌入的深度、部位和折断情况分析，此箭的穿透力较强，而且可能是一支射中人体后折断于体内的带毒箭头[①]。

这些墓葬和骨骸的出土，为弓箭由生产工具演变为杀人武器提供了有力的佐证。邳县骨镞射入人体之深，反映了当时弓箭制作技术和杀人力度的提高与加强。随着年代的推移，弓箭在古代战争中使用了数千年，是使用年代最长的一类兵器。

---

① 南京博物院，江苏邳县大墩子遗址第二次发掘，见《考古学集刊》第1集，中国社会科学出版社，1981年版，第27～47页。

（五）飞石索

飞石索是原始人用石制球形弹丸作为抛射物的抛射武器。有单股索绳、双股索绳和带柄飞石索等三种形式。单股飞石索是在一根用麻制或皮制索绳的一端，拴系一个弹丸。抛射时，由抛射者紧握索绳的另一端，绕头顶急速甩动，然后突然松手释索，使索绳所拴系的弹丸，在惯性离心力作用下向远距离的目标抛掷。双股飞石索是用两根索绳，拴扣于一个盛放弹丸筐兜的两侧，其中一根索绳的端头有一个环。抛射时，由抛射者将有环的索绳套在一只手上，同时用另一只手抓住另一根索绳，在急速甩动中将无环的索绳突然松开，筐兜外甩，其中的石弹便借助惯性离心力的作用而飞向目标，产生击杀作用。带柄飞石索是用一根短棒代替一根带环的索绳和筐兜，按照双股飞石索的方法和原理将石弹抛出。

飞石索在旧石器时代早期已有使用，在蓝田文化遗址（距今约 100～50 万年）中曾发现过它的遗物。在丁村文化遗址（距今约 26 400 年）中，也发现过数以千计用石英岩、火成岩或石灰岩制作而用于抛射的石球，其重量从 90～2000 克不等。到新石器时代晚期便转化为专用的抛射兵器。随作弓箭使用的增多，飞石索的使用虽然减少，但并未消声匿迹，至今云南省的纳西族、南美洲的印地安人，也间或有所使用。

二 原始的格斗兵器

格斗兵器是两军近战中使用最多的兵器，形制构造也因用途不同而有所差异。原始的格斗兵器有棍棒、石矛、石斧、石钺、石戈、石刀等。

（一）棍棒

棍棒是人类最早使用的一种打击型生产工具，原始森林和遍布各地的断树折木，可以就地取来使用。随着工具使用经验的积累，对棍棒的刮削等加工技术也逐渐出现和提高。到了新石器时代晚期，人们对自然的棍棒已能进行各种简单的加工，或削尖其一端以便刺击，或在其一端嵌以蚌壳、石片以便剖割，或在其一端安上石头以便锤击。经过上述加工后的木棒，又派生出最初的矛、铲、锤等兵器。

（二）木矛、骨矛和石矛

最原始的矛是将细长木棍的一端削尖后制成的尖刺型生产工具，用于刺杀野兽，后来又有骨矛、石矛等（见图1-6）。浙江省余姚县河姆渡文化遗址第四层文化遗存中发现的 12 支硬木矛头，长 13.2～21.1 厘米，宽 1.4～2 厘米，尖锋锐利，有的后部有铤或刻有凹口，便于绑在长柄上使用[1]，反映了木矛头制作技术提高的情况。

新石器时代晚期各文化遗址发掘众多的石矛、骨矛和角矛，从多方面反映出制矛技术的提高。山东省日照市尧王城龙山文化遗址遗存的 1 支石矛，长 10.5 厘米，平面呈等腰三角形，横截面呈等边三角形，底端有圆孔，便于安柄[2]，提高了使用效果。在山东姚官庄文化遗址遗

---

① 浙江省文管会等，河姆渡遗址第一期发掘报告，考古学报，1978，（1）：39～93。

② 日照市图书馆、临沂地区文管会，山东日照龙山文化遗址调查，考古，1986，（8）：680～702。

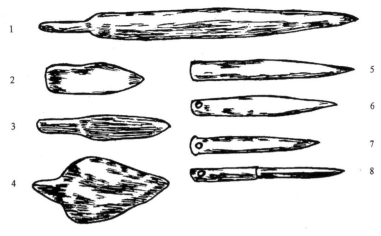

1　木矛　　2～4　石矛　　5～8骨矛

图1-6　新石器时代的矛

存的7支用千枚岩制成的精致石矛中，有1支长约15厘米，两面居中部位都有凸形脊棱，横截面呈菱形[①]。从矛的发展上看，其形制构造已经基本定型。

（三）石斧和石钺

石斧在新石器时代晚期的文化遗址中多有出土。斧身多为长方形和梯形，有的有穿孔，有的没有穿孔，一般长约10厘米，少数超过20厘米，横截面有长方形和准椭圆形。安装时，将斧头安入木柄的卯眼内，与木柄垂直正交，构成横柄斧，柄头前粗后细，便于握持和操作（见图1-7）。

石钺的形状与石斧相似而扁薄，在河姆渡、仰韶、大汶口、马家浜、马家窑、屈家岭、石峡、龙山、良渚、齐家等新石器时代的文化遗址中多有出土，在形体上有圆盘形、梯形、长方形、亚腰形、有内形和胆形等多种样式（见图1-8）。石钺的上部都有穿孔，刃部呈半圆形，弧度较大，有的上端作成双肩。石钺一般只有1个穿孔，也有上下并列的2个穿孔或成三角形排列的3个穿孔。石钺安柄的方法有好几种，通常的方法是在木柄的一端凿一凹槽，嵌入石钺后，用绳索通过穿孔，进行捆缚加固。江苏吴县草鞋山第

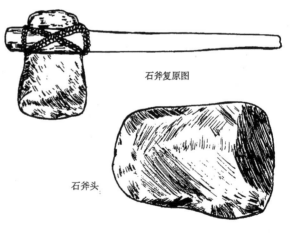

石斧复原图

石斧头

图1-7　石斧及其复原示意图

二层和常州武进寺墩文化遗址，不但发掘出较多的有内石钺，而且还发掘出玉钺。这些玉钺，研磨精细，有的还经过抛光，表面光洁，轮廓规整，质体坚硬，刃口锋利，大约制于良渚文

① 山东省文物考古研究所，山东姚官庄遗址发掘报告，文物资料丛刊，1981，（5）：1～84。

化时期（距今约 5300～4200 年），成为新石器时代晚期钺的高级制品，并成为商代制造青铜钺的模式。

1.圆形钺　　2.梯形钺　　3.长方形钺　　4.亚腰形钺
5.有内形钺　　6.胆形钺　　7.钺安柄示意

图1-8　石钺及其安柄示意图

（四）石戈

戈是我国特有的一种兵器，石戈可能源于石镰或蚌镰。广东地区新石器时代晚期的一些文化遗址，曾出土过用千层岩和灰岩制作的石戈头，形似兽角和鸟喙，在其后部安上长柄，便成为能钩割或啄刺敌人的兵器（见图1-9）。石戈作为兵器后，便成为军队的一种制式装备，到

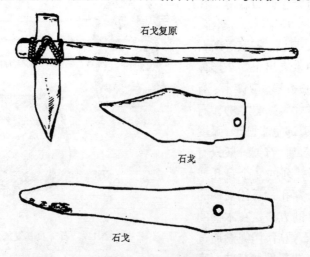

石戈复原

石戈

石戈

图1-9　石戈及其复原图

青铜时代，青铜戈得到了长足的发展。商周时期，凡与战争有关的战、伐、武等文字，常绘有戈的图形，并与防护装具干（盾）一起，组成"战争"一词的别称"干戈"。后来的"國"（繁体或甲骨等文）字，也把"戈"作为武装力量的象征，用以保卫国家周边的安全和人民在

土地上进行和平劳动。

（五）石刀

石刀是新石器时代各文化遗址普遍遗存的一种切割工具。仰韶文化早、中期大多是打制的两侧带缺口的石刀，后来便演变为长方形石刀。到龙山文化时期，长方形石刀又演变为直刃弧背的半月形石刀。山东省日照市各文化遗址出土的石刀，大多通体磨光，刀身扁薄，呈长方形或船底形，有弧形背或平直背，刃口有单面或双面，微呈弧形或平直形，靠近刀背处有相对钻成的 1～3 个圆孔。1955～1958 年，南京博物院曾 4 次发掘南京北阴阳营遗址，在遗址第 4 层新石器时代遗存中，出土了一件七孔石刀，是出土石刀中刀身磨制精细、磨光和穿孔技术较高的制品。

三　原始的卫体兵器

卫体兵器主要用于在近战中防身和拼搏，有手持的短柄骨矛、石矛和骨匕首、石匕首等。

短柄骨矛在大汶口的一些墓葬里已有发现，矛身长 15～20 厘米。横截面呈菱形，两面中部有脊，两侧刃收聚成尖锋，后部有椭圆形铤，矛头与铤有明显区分。矛身有穿孔，便于绑附短柄。

短柄骨匕首出土较多。大汶口文化遗址出土的 1 件短柄骨匕首，长 18 厘米，呈扁平或三角形，其中一面的中央有凸起的棱脊，两侧磨成利刃，收聚成锋，后部有一个大方形孔，便于使用者操持。此外，在甘肃永昌鸳鸯池新石器时代晚期的墓葬中，还发现了另一种类型的匕首和小刀。匕首由骨柄和夹刃的身部组成。手柄与身部交接处各有一个穿孔，可用结实的小绳将它们衔接绑固。身部两侧各有一个凹槽，柄后部呈半圆形，柄上有一个穿孔，可系绳钩，便于携带。匕首全长 33.5 厘米，刃长 16.5 厘米，磨制光滑，工艺精致[①]。与匕首同时发现的还有用刀柄和夹刃刀身两部分组成的 2 把小刀，刀柄用骨制成。其中一把刀身较薄，夹刃一边呈弧形，前尖后宽，有一个深凹槽，槽内镶嵌小刀片。手柄后部呈圆形，有一个小穿孔，供系绳索用。小刀通体磨光，全长 46 厘米。另一把是用骨片制成，夹刃的一边也有一个凹槽，制作工艺很精致。

四　原始的防护装具

原始的防护装具有盾牌与护甲，以防敌人进攻性兵器的伤害，由于它们易于腐烂，至今未见实物。

原始的盾牌相当简陋，大抵是用自然生成的藤条、木条和坚韧的兽皮，经过简单的编缀和制作而成，具有一定的防御作用。原始的盾牌实物虽已不存，但借助民族学，可从我国台湾省的耶美人、高山族人和云南德宏地区的景颇族人，曾经使用过的藤牌、木牌和蒙有兽皮的皮牌，推测它们的概貌。

另一类的防护装具是穿在人体上的护甲。最早的护甲可能是先民受到动物有甲壳自卫的

---

① 甘肃省博物馆文物工作队等，永昌鸳鸯池新石器时代墓地的发掘，考古，1974，（5）：299～308。

启发而制作的。古史传说中对护甲的使用也有所反映，如《管子·地数第七十七》中说蚩尤之时已有铠甲[1]。也有的说甲是夏帝少康之子帝杼创制的[2]。这些说法虽然不能确切证明原始护甲创制和使用的年代，但是如果说先民们在黄帝与蚩尤时代所进行的部落战争中，已经懂得用原始的护甲防身，当是符合历史实际的。从本世纪初我国台湾省兰屿的耶美人还穿着用藤条、藤皮编成的护甲，以及云南省的傈僳族使用整张牛皮制作护甲的情况可以推测，原始的护甲也可能是用当时容易获得的藤条、藤皮或兽皮制成的[3]。

　　从氏族械斗发展到部落战争，大约经历了数千年。其间先民们先把生产工具用作械斗武器，又从械斗中积累的经验，对一部分杀伤力较强的生产工具进行加工改造，强化其杀伤部位，用于规模更大的部落战争。再经过部落战争的使用和改进，设立专门的兵器制作场，由专人采用比较规范的工艺，制作各类专用的兵器，使之与生产工具彻底分离，并更加适应战争中的各种不同需要，为各类规范化的青铜兵器的创制奠定了基础。军事技术从此诞生了。

---

① 汉·刘向校、清·戴望校正，《管子校正》卷二十三第 382 页《地数第七十七》，《诸子集成》五。

② 唐·孔颖达撰，《尚书正义》卷二十第 143 页《费誓第三十一》引《世本》"杼作甲"，宋仲子云"少康子杼也"，《十三经注疏》上册第 255 页。

③ 杨泓，原始的甲胄，见《中国古兵器论丛》第 1~3，145 页。

第二章　青铜兵器阶段的军事技术

公元前 21 世纪建立的夏王朝，标志着我国奴隶制国家的诞生。夏王朝建立后，为了进行战争，开始组织专业人员，在改进和发展石兵器的同时，逐渐创制青铜兵器。随着兵器铸造与使用技术的日益提高，配有青铜器件的战车和马具也应运而生，城堡的建筑技术和异彩纷呈的攻守城器械层出不穷，战船建造和水上军事活动已开始兴起，我国古代军事技术由此而出现了第一次大发展的局面。工艺专著《考工记》、《孙子兵法》等兵书、《墨子》等诸子论著和各种史籍，对这一时期军事技术发展的概况，有不少的记载。随着军事技术的发展，军队按等次进行序列化的编制，开始创立并不断得到改进。早商以前的徒兵和徒兵格斗，被战车兵和具有快速冲击力的车战所代替，与之相应的战术也随之诞生和发展。

第一节　青铜兵器的创制与发展

青铜兵器由石兵器演进而来，其冶铸技术是在早期铜器冶铸技术的基础上产生的。古史传说把早期铜器及其冶铸技术的产生，追溯到黄帝至夏禹的时期[1]，与出土实物的铸造年代大抵吻合。从对早商以前铜器进行的测验表明，在距今约 5000～4000 年间，自甘肃马家窑文化至甘肃齐家文化时期的一些文化遗址中，已有原始铜器[2]。其中甘肃马家窑文化遗址发掘出一把用两块闭合范浇铸而成的锡青铜小刀，约铸于公元前 3000 年，是迄今发掘的年代最早的锡青铜锋刃器，其含锡量已达 6％～10％。甘肃广河齐家坪、武威皇娘娘台等 50 多处遗址中，已发现齐家文化早期刀、斧、匕首等 27 件铜制锋刃器，占出土铜器的 65％。稍后，甘肃清泉火烧沟文化遗址（距今约 3600 年），也出土了斧、锛、镰、凿、匕首、矛、镞等铜制锋刃器，其中一块用泥质砂岩制成的铸镞石范尤其令人注目，因为它表明了铸造铜兵器的技术水平[3]，为以后青铜兵器的大量制造和使用奠定了基础。

一　青铜兵器及其冶铸技术的发展

我国大约自夏代开始进入青铜时代，历经商周至春秋，约有 1500 多年。其间辽宁长城东部沿线的夏家店下层、山西夏县东下冯、河南偃师二里头等文化遗址（约公元前 2080～前 1580），已经出土了刀、镞、匕首、戈和戚（见照片 2）等青铜兵器。其中戈有直援、曲内、无

---

① 据《史记·孝武本纪第十二》记载："黄帝作宝鼎三，象天、地、人也。禹收九牧之金，铸九鼎。"《越绝书·记宝剑》则认为夏禹之时已经"以铜为兵。"

② 马家窑文化是中国黄河上游地区新石器时代晚期的文化。因甘肃东乡族自治县马家窑遗址而得名，距今约 5300～4050 年。齐家文化是中国黄河上游地区新石器时代晚期至青铜时代早期的文化，因首先发现于甘肃广河县齐家坪遗址而得名，距今约 4000 年左右。

③ 文物编辑委员会，甘肃省文物考古工作三十年，见《文物考古工作三十年》，文物出版社，1979 年版，第 141，142，151 页。

阑等形式，多用单范或合范铸成，曲内戈后端有突起花纹，说明夏代青铜兵器的铸造工艺已达到一定的水平。

郑州商城[①] 城北紫荆山遗址出土的各种兵器范说明，该遗址是以铸造青铜刀、镞为主的兵器铸造场，普遍使用两扇单合范、双合范和填芯，铸造斧、镞、矛等各种兵器，铸造技术已经相当成熟。此外，盘龙城遗址[②] 也出土了刀、矛、戈、钺等各种青铜兵器和玉戈等兵器。这两处文化遗址出土的青铜兵器说明，商代早中期的都城和重要城邑周围，已设有规模较大的兵器冶铸作坊，青铜兵器与民用青铜器、礼器的冶铸，已分别在不同的作坊进行[③]。盘龙城遗址发掘出的玉制和骨制兵器，反映了青铜兵器与其他材质兵器共用的特点。

商代晚期至西周早期（公元前13～前10世纪），是青铜兵器的鼎盛时期。在殷墟、台西、妇好墓、周原、丰镐等遗址的墓葬和窖藏中，都发现了大量青铜格斗兵器刀、矛、戈、戟、斧、钺、戚，以及防护装具甲胄等。这一时期的青铜兵器，在形制构造上已从单一到多样，如戈有直内无胡戈、直内短胡戈、短胡一穿戈、短胡二穿戈等形式。在合金配比上有较大的改进，殷墟早期多为铅青铜兵器，后期多为锡青铜或铅锡青铜兵器。妇好墓[④]出土的12件青铜兵器，含锡量都在8%～19%，是兵器制作技术和杀伤力提高的一个重要表现。在制造工艺上也有较大的进步，如河北省藁城出土的1件铁刃铜钺[⑤]，经鉴定直刃部是用陨铁锻成，尔后再与青铜钺身浇铸一起而成。说明当时的工匠已经掌握了一定水平的锻造和铸造技术，制成工艺水平较高的复合兵器。

为了管理兵器制造业，周王室已开始设立专职机构和官员，掌管兵器制造和城郭的营建。《考工记》中的"函人"、"弓人"、"矢人"、"桃氏"等大抵是管理制甲、造弓箭、铸剑的官员或匠师。

大约自公元前10～前5世纪，周王室已逐渐衰微并被迫东迁，名存实亡，从而导致诸侯纷争。各诸侯国为了进行争霸战争，青铜兵器的制造数量和质量有了明显的增加和提高。《考工记》、《庄子·刻意》、《战国策》、《越绝书》等文献和史籍，对此作了生动的描绘。近些年来出土的十多件吴王和越王时期铸造的青铜剑，为这些记载提供了有力的实物印证。

战国至秦汉，钢铁兵器虽然逐渐增多，但青铜兵器仍保持着一定的发展势头，其铸造技术不断进步，剑脊和剑刃含锡量不同的复合剑的出现，便是一例。复合剑分两次铸造，先铸剑柄和剑脊，后铸剑刃。剑脊含锡量较低，约占10%，质韧不易折断；剑刃含锡量较高，约占20%，质坚利于磨锐。这种刃坚脊韧的复合剑，提高了青铜剑的杀伤力[⑥]。

二 射远兵器

这一阶段的射远兵器除弓、箭已增配一些青铜器外，弩也开始登上战争舞台，并得到了

---

① 郑州商城：商代中期都城遗址，距今约3500年。
② 盘龙城：商代中期城邑遗址，位于湖北省黄陂县叶店，属郑州二里冈期下层文化，约为公元前1500年。
③ 殷玮璋，二里冈遗址与郑州商城，见《新中国的考古发现和研究》，文物出版社，1984年版，第219页。
④ 妇好墓：商代第二十三代王武丁的配偶"妇好"之墓。位于河南省安阳市小屯西北约100米处。中国科学院考古研究所于1976年春发掘。墓中出土了不少青铜兵器。
⑤ 叶史，藁城商代铁刃铜钺及其意义，文物，1976，(11)：56～59。
⑥ 韩汝玢，古代金属兵器制作技术，见《中国军事大百科全书·古代兵器分册》，军事科学出版社，1991年5月版，第105页。

初步的发展。

（一）弓

迄今为止，虽未发现商代以前的弓体，但从殷墟墓葬中发现的弛弓灰痕，并结合甲骨文、金文中有关弓的象形文字"𢎘"、"𢎛"加以考察，可推知商代的弓大致已用两层材料粘合成合体弓。到东周时，已发展成用多种材料制成的复合弓，弓的构造已基本定型。弓体系由具有弹性的弓臂和韧性的弓弦构成（见图2-1）。使用时，用臂力拉弓张弦，将能量蓄积于弓弦之中，尔后突然松开，使能量于刹那间释放，产生强劲的弹射力，将箭或弹丸射向目标。

据《考工记》郑玄注称，周代的弓系由周王室所设"五官"中的"冬官"制造。其中"弓人"和"矢人"即制造弓箭的工匠[1]。所制的弓有用于车战和守城的王弓、弧弓，用于狩猎的夹弓、庾弓，用于习射的唐弓、大弓等，它们大体仍沿袭商代弓的制式。至今尚未发现西周弓的实物，只发现保护弓弦所用的两件青铜弓形器——弓柲（bì）。其中有1件发现于北京市昌平县白浮的西周古墓中，全长为36厘米，在弧臂的钩端都铸有圆铃。另1件发现于甘肃省灵台白草坡的西周古墓中，全长34厘米，柲身面上饰有蝉纹，弧背的铃端也有圆铃，内含响丸，可发声响。从这些弓柲的构造中，可略知当时弓的构造状况。

春秋战国时期的弓，在近年来湖南和湖北的楚墓中多有出土。其中有1件出土于湖南的长沙市，全长140厘米、最宽处4.5厘米、厚5厘米，两侧安有角质珥，弓臂为竹质，中间一段用4层竹片叠成，其外粘有呈胶质薄片状的动物筋角，再缠丝涂漆，所用材料与《考工记·弓人》的记载相似。

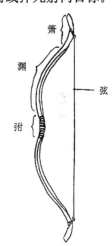

图2-1 弓的构造

（二）弩

弩是从弓直接发展而来的一种射远兵器。它由弓、弩臂和弩机三部分组成（见图2-2）。弓横安于弩臂前端，弩机安于弩臂后部。弩臂用以承弓，撑弦，并供发射者操持。弩机可以控弦、发射。它的基本特点是能把张弦安箭和释弦射箭分解为两个单独动作，既方便了射手，又提高了命中精度和增加了射程。

据考古发掘出的一些木弩构件推测，我国的弩可能起源于新石器时代晚期[2]。《礼记·缁衣》引逸书《太甲》说："若虞机张，往省括于厥，度则释。"郑氏对此作注，认为这种器械就是当时使用的弩[3]。太甲系商汤之孙，据此可以认为商代早期就已经有人用弩射远。

东周时期，青铜制的弩机被安于弩上，改善了弩的性能，从而成为军中一种强有力的射远兵器。《孙子兵法·作战篇》中"甲胄矢弩，戟盾蔽橹"等词句，已经明确地把弩列为军队装备的基本兵器之一。《史记·孙子吴起列传》说：战国时期齐国的孙膑在齐魏马陵之战中，"令齐军善射者万弩，夹道而伏"，迫使魏国大将庞涓，自刎于马陵狭道中的大树之下。这是

---

① 详细情况可参见本章第五节。
② 杨泓，弩的出现，见《中国古兵器论丛》第207页。
③ 汉·郑玄注、唐·孔颖达疏，《礼记正义》卷五十五第421页《缁衣第三十三》，《十三经注疏》下册第1649页。

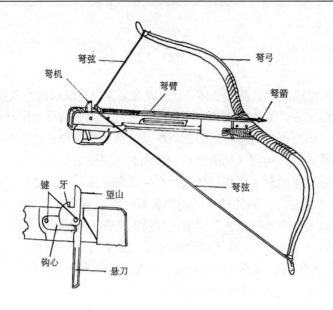

图 2-2　弩和弩机的构造

弩在作战中发挥重要作用的一个著名战例。这一时期的弩，可从湖南省长沙市扫把塘 138 号墓中出土的比较完整的木弩臂和竹弩弓中看出其构造。木弩臂长 51.8 厘米，弩机为铜制，包括悬刀（扳机片）、望山和牛（钩心）等构件，在望山下部连有钩弦的牙，它们都用青铜栓塞（枢键）组合在挖刻于弩臂上的槽内；弩弓为竹制，复原长度约 120～130 厘米；同时出土的箭为竹杆，通长 63 厘米。射弩前，手拉望山，牙即上升，钩心随之被带起，其下齿卡住悬刀的缺口，使弩机呈闭锁状态，用牙扣住弓弦，将箭安于弩臂上的矢道内，箭栝顶在两牙之间的弦上。射弩时，射手向后扳动悬刀，牙即下缩，箭便随弦的回弹而射出，射程约 80 米左右。

战国晚期又创制了用脚踏张和用手向上提拉弓弦的蹶张弩，其射程相当于擘张弩的 2～3 倍。苏秦在游说韩宣王时，曾夸耀韩国士兵所用"超足而射"的一种蹶张弩[1]。蹶张弩的普遍使用，对车战时代的战车在战场上的生存能力，构成了严重的威胁，并成为战车被淘汰的重要原因之一。

（三）箭

箭又称矢、镝，由镞、杆、羽、栝等四部分组成（见图 2-3）。镞安在箭杆前端，锋利有刃。杆是箭的主干，羽安在杆的尾部，起稳定飞行状态的作用。栝在杆的底部中央，用于扣弦瞄准，商代又称比。从考古发掘的实物中可知，我国在二里头文化时期（约公元前 21 世纪～前 17 世纪）已能制造青铜镞。

商代虽然还使用骨、角、蚌和石制的镞，但是青铜镞已经盛行。安阳殷墟出土的晚商合范铸青铜镞[2]，在形制构造方面的特点，主要是两翼夹角的逐渐增大和翼末倒刺的日趋尖锐，两侧刃已呈现出明显的血槽（见图 2-4）。这种箭镞射入人体后，既增加了受创面积，又不易

① 《史记》卷六十九《苏秦列传》，中华书局，1973 年版，点校本《史记》七第 2250 页。以下引此书时均同此版本。
② 中国科学院考古研究所安阳发掘队，1975 年安阳殷墟的新发现，考古，1976，（4）：264～272。

拔出，提高了杀伤力。又从出土的数量上看，当时使用最多的有两种：一种是长脊双翼式，脊伸出翼底，断面呈菱形，翼末倒刺尖锐，长约6.5厘米；另一种是短脊双翼式，脊较短，不伸出翼底，两翼侧刃的弧度较大，翼末倒刺也很尖锐，长约5厘米。在殷墟车马坑出土的车箱中，存有一个直径7厘米、残长56厘米的皮制圆筒平底形的箭箙（fú，盛箭器），箙内装10支尖锋朝下、尾羽朝上的铜镞箭。在殷墟妇好墓、安阳小屯车马坑等一些遗址发掘中，也出土了不少以10支为一组放在一起的箭镞，可能当时已把"十"作为一级计数单位了。

商代的青铜镞多用合范浇注，范的中部有一道连着浇口的主槽，主槽两侧斜连着三个镞的镞铤，如同植物叶子的叶脉形态。浇注时，只要将青铜液从主槽口注入，再从主槽分别流入各个镞模中，一次可铸7支，大大提高了铸造的速度和产量。

西周时期，基本上仍沿用商代的凸脊扁平双翼青铜镞，只是两翼的夹角更大些，翼尾或倒刺更锐利，甚至改为平铲状，目的是扩大中箭者的受创面积，以增强杀伤威力。甘肃灵台白

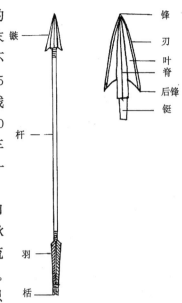

图2-3　箭和镞的构造

草坡西周墓出土的便是这类箭镞（见图2-4）。

进入春秋以后，由于战车防护装备的进一步完善和皮制甲胄的日益牢固，需要制造穿透力度更大的箭镞，于是三棱式箭镞便应运而生。这种箭镞有三条凸起的棱刃，增强了箭镞的穿透力和杀伤力。这种箭镞在春秋晚期出土较多，如在长沙浏城桥一号墓中出土的46支铜镞中，长刃和短刃的三棱镞就有29支，占出土铜镞总数的63%。战国至汉代的青铜镞，基本上承袭了这种形式。

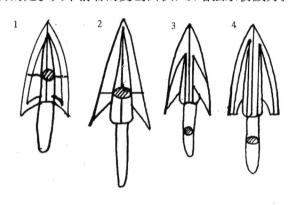

1～2　商代青铜镞　　　3～4　西周青铜镞

图2-4　商周青铜镞

三　格斗兵器

在战场上使用较多的青铜格斗兵器，主要有戈、戟、矛、刀、斧、钺、戚等。还有少量的铍和殳（kuí），它们虽然不是军队的制式装备，但也有使用的记载。

（一）青铜戈

青铜戈由戈头和柲组成，戈头分前后两部分。前部称"援"，上下有刃，前端有尖锋；后部称"内"，用以安柲，其上有穿绳缚柲用的"穿"。为了避免在钩、啄时戈头脱落，通常要在援和内之间纵置凸起的"阑"，并在援下近阑处下延成"胡"，胡上也有穿（见图2-5）。戈头横安于柲上。戈的柲多用竹和木制造，长度视用途而异，步兵单手所持戈的柲较短，一般

约1米左右；车兵使用的柲较长，最长的超过3米。柲的剖面呈前阔后尖的卵圆形，以便用于定向握持。柲的下端常套装金属"镦"（zūn，戈柄末端的金属套）。

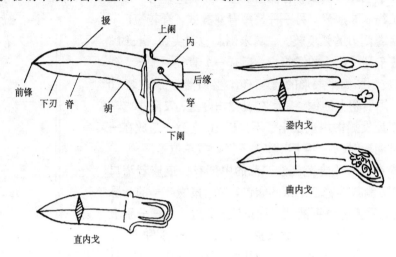

图2-5　戈的各部名称和三种式样

迄今发现年代最较早的青铜戈头，出土于河南偃师二里头遗址（见照片2，距今约3500年）[1]。其中1件为直内、直援青铜戈，通长28厘米，另1件为直援微曲内戈，通常32.5厘米，援部都比较长。为使戈头和柲的结合部位更牢固，克服在作战中容易脱落的弊病，之后又出现了銎（qióng，安柄的孔）内、曲内和直内（见图2-5）等不同装柲方式的戈头。由于直内戈在戈头的援和内之间增加了突起的阑和胡，所以结合得比较牢固，适合作战的需要，因而得到了迅速的发展。銎内戈和曲内戈便逐渐淘汰。

商代二里冈期有铭文的戈头在河南、陕西、湖北、湖南等地多有出土，它们的长度在24.6～32.3厘米之间，25厘米以上的较多；援的长度在17.3～24厘米之间，以20厘米以上的为多，与商代晚期殷墟二期妇好墓出土的7件戈头相比，平均长度要稍长一些。

从二里头期、二里冈期和殷墟二期出土的戈，可以看出商戈的变化：全长和援的长度逐渐缩短，直援、直内向短胡、单穿，再向长胡、多穿变化。穿的增多，可以使戈头牢固地绑缚在柲上。

西周仍沿袭商戈的形制，采用直内、有阑式，将戈头与柲的交角从直角扩展至钝角，使戈援上翘，以增强戈的击杀作用。这类戈多有出土，而且也都有铭文。从西周末至春秋还流行一种锋部呈等腰三角形的带胡戈，其制品在山西芮城县曾出土过2件[2]。

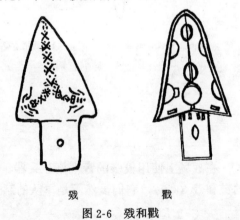

戣　　　　戳

图2-6　戣和戳

春秋以后，由于可钩、可啄、可刺的青铜戟逐

①　中国科学院考古研究所二里头工作队，偃师二里头遗址新发现的铜器和玉器，考古，1976，（4）：259～263。
②　山西省考古研究所等，山西芮城东周墓，文物，1987，（12）：38～46。

渐推广使用，取代了戈的部分作用，戈的地位开始下降，终于在战国晚期被铁戟所取代。与戈类似的还有商代至西周使用过的戣和戳（qú，见图2-6），多在四川地区使用，因此被称为"蜀式戈"。也有人据此认为它们是戈的一种，不必另外命名。

（二）青铜戟

青铜戟萌芽于商代，由戟头与竹或木柄组成。河北省藁城市台西村商代遗址（约公元前16～前13世纪）出土的1件青铜戟（见图2-7），柄长85厘米，戟头由戈和矛简单地用秘联装而成，尚不是整体铸成的戟。这是至今所见制作年代最早的戟。

西周时期，把矛的直刺和戈的援、内、胡合铸成整体的戟开始问世，其制品在河南、山东、陕西、北京等地的西周墓中，曾出土过50多件。它们在形制构造上可分为三类：一类以矛头为主体，侧面出援（图2-8）；另一类以戈体为主，延长和加宽上阑为刺锋（图2-8）；还有一类是戟刺反卷如钩的戟（图2-8），因其铸造复杂，优越性很少，故在西周末便被淘汰。

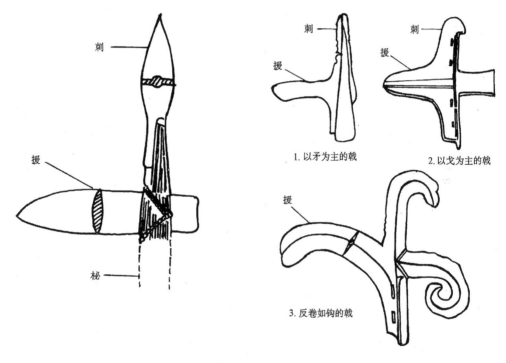

图2-7 戈矛合体戟　　　　　　　　图2-8 西周青铜戟

春秋时期大多使用长柄青铜戟。长柄用木制成，外包竹篾，并缠丝涂漆，坚固而有韧性，称为积竹戟，是车兵的主要格斗兵器。

战国时期的青铜戟，在构造上有所改进：戈援由宽变窄、由直变曲，胡援之间夹角增至110°左右，增强了戟刃的钩杀作用，并使矛、戈联装后的优越性得到充分的发挥，广泛装备步骑兵使用。此外，在吴、越、楚等南方诸侯国，还使用一种在长柄戟上增加1～2个无内的戈头，增强了戟的杀伤力。湖北省随县曾侯乙墓出土过这种戟，并在简文上把它们称作"三果戟"或"三果戟"①。到战国晚期，青铜戟逐渐被铁戟所代替。

（三）青铜矛

青铜矛系商代至战国军队的主要装备之一。它又称"鏦"（cōng）、"铤"（chán），由矛头和竹、木制的长柄组成，矛头由中空装柄的"骹"（jiǎo，又称"箭"）与矛体构成（见图2-9）。骹的截面呈圆形或菱形，两侧有环纽，用以套接木柄。骹向前沿伸成矛体的中脊，左右延成扁平式矛叶刃，向前收聚成尖锋。

在安阳市侯家村商王墓道里发现的商代矛，每10支捆在一起，似为禁卫兵所用。在殷墟西区墓葬群中发现的70多支矛，有2/3的矛叶呈亚腰形（见图2-9），似为一般士兵所用。出土的矛制品说明，从商代至战国，矛头逐渐由阔叶演变为窄叶（见图2-9）。矛柄的制作也随之精细，出现了积竹柄，长度因作战用途的不同而异。

湖北省江陵县出土的1件有"吴王夫差自（乍）用鈼"错金铭文的吴王夫差矛，以及河南省洛阳市出土的1件有"戉王者旨于赐"错金鸟篆书的越王矛，堪称春秋末战国初矛的精品。至战国晚期，青铜矛便被铁矛所取代。

（四）青铜刀

青铜刀由刀身和刀柄构成，薄刃厚脊。甘肃马家窑文化遗址出土的一件锡青铜小刀，是铜制刀类兵器的萌芽。到早商时期，刀柄与刀头有了明显的分界，几经演变之后，便成为军队的装备之一。战刀有短柄刀和长柄刀之分。短柄刀出土较多，一般长约30厘米，柄端多以马和羊等动物头像作装饰，如商代的马首刀，或制成环形，便于握持。它们大多与戈、弓、矢、盾配合使用。长柄刀需用双手握持，劈砍半径较大。此外还有背部有阑或銎孔的特型青铜刀（见图2-10），刀身较宽，刀尖翘起，刀头较长，可安长柄，背脊部分常铸有精美的花纹，为商代后期军队所使用。青铜刀在西周时期使用增多，但仍未成为主要的格斗兵器。

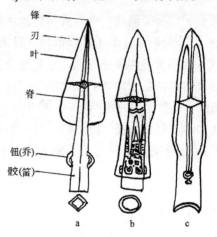

锋
刃
叶
脊
钮(乔)
骹(箭)

a　　b　　c

a、b 商代阔叶矛　　c 战国窄叶矛

图2-9　商周青铜矛头

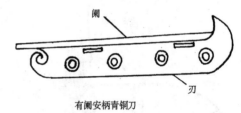

阑
刃

有阑安柄青铜刀

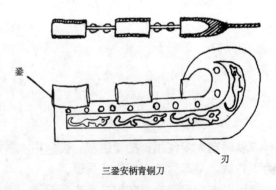

銎
刃

三銎安柄青铜刀

图2-10　商代青铜刀头

---

① 随县擂鼓墩一号墓考古发掘队，湖北随县曾侯乙墓发掘简报，文物，1979，（7）：1～14。

（五）青铜斧、钺、戚

这三种都是劈砍兵器。

青铜斧既可用作刑具，也可用于作战。商代的斧在形制上与钺相似，常把斧钺并称。斧的形体较长，刃平而微呈弧形，按装柄方式可分为直銎式和管銎式两大类（见图2-11）。此外还有称之为"斨"（qiāng）的方銎斧。《六韬·军用篇》曾提到一种大柯斧，刃长 8 寸，重 8 斤，柄长 5 尺以上[①]，但其形制构造不详。

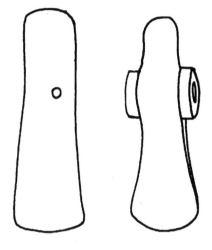

图 2-11　商代青铜斧

青铜钺在商周军队中使用较多，有时也作为礼器和断头的行刑具。钺的样式较多，大多形体宽大而厚重，刃部较宽，多为弧形，刃的两端微向上翘，装饰华丽。安阳妇好墓出土的 2 件大铜钺，都铸有"妇好"二字，长 37.3～39.5 厘米，刃宽 37.5 厘米，重 9 公斤，饰以双虎噬人头纹（见图2-12）[②]。山东省益都县苏埠屯商墓出土的"亚丑"钺，长 32.7 厘米，饰有狰狞的人面兽纹，制作十分精细。在传世的青铜钺中，还有直刃方形钺。商周时期的钺除作上述用途外，还作为统帅权威的象征。"妇好"钺就是妇好统兵出征时，借以显示其权威的钺。周武王伐纣誓师牧野（今河南淇县以南卫河以北地区）时，曾"左仗黄钺，右秉白旄"。命将出征时，常在授予军权时赐钺，如著名的"虢季子白盘"中的铭文有"赐用戉（钺），用政（征）蠻（蛮）方。"

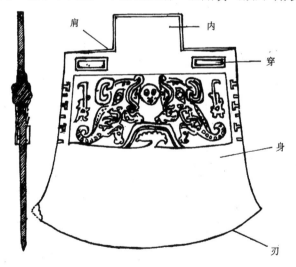

图 2-12　妇好钺及其各部名称

青铜戚是一种小于钺的兵器。又称小钺。一般长 10～20 厘米，重 0.25～1 公斤。河南省

---

① 历代度量衡单位与公制度量衡单位的换算，见书后附三至附五所列各表。

② 中国社会科学院考古研究所安阳工作队，安阳殷墟五号墓的发掘，考古学报，1977，（2）：57～96。

偃师县二里头早商遗址中曾有出土。商代后期和西周前期出土（见图2-13）的实物大致可分

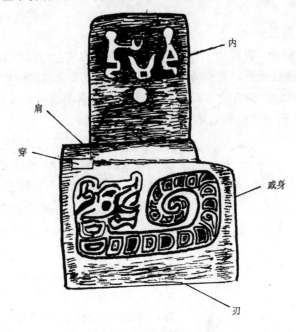

图 2-13　商代后期的青铜戚

为两大类：一类的表面比较朴素，没有或只有简单的纹饰，可能用于实战；另一类的表面有装饰物，有的在"援"部装饰有动物雕像，在"内"部也透雕有花纹。从"大乐正学舞干戚"[①]的记载可知，戚有可能是武舞中使用的道具。

（六）青铜钩、铍、殳、锤、啄锤

这几种都是格斗兵器。

青铜钩是一种曲刃短柄格斗兵器。最早出现于春秋末期的吴国，据《吴越春秋·阖闾内传》记载，吴王阖闾曾赏百金在国内寻求善于作钩的人，一时间"吴作钩者甚众"，时人称吴国制造的钩为吴钩。由于钩的杀伤力不大，所以并没有发展成军队的制式兵器。

青铜铍（pī）是古代用于直刺的兵器。又称"镀"（tán）或"铊"。由铍头、格和长柄组成，柄末安有镦。铍头与折肩的扁茎短剑相似而又有差异。铍的扁茎较长，若以格为界，扁茎与铍身为1与2之比。铍格呈一字形，扁茎在格后，是铍头的尾部，有1~2个孔；铍身在格前，是铍头的身部。铍身中部有平脊，两侧刃呈直线，向前收聚成锋，横截面呈扁六棱形（见图2-14）。铍头以扁茎插积竹柄中，深度约15厘米，通过圆孔固于柄上，这与矛用骹装柄的方法有所不同。战国时期，除齐国外，韩、魏、赵、楚、燕、秦等诸侯国都有制造。近年来发现传世和出土

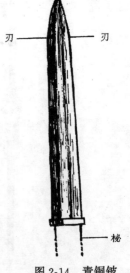

图 2-14　青铜铍

---

① 汉·郑玄注，唐·孔颖达疏，《礼记正义》卷二十第177页《文王世子第八》，《十三经注疏》下册第1405页。

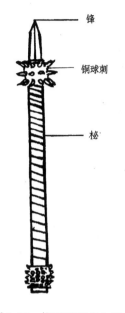

图 2-15　战国青铜有尖锋殳

的铍达 60 多件，它们在形制构造上大致相同。铍头一般长为 35～36 厘米，宽度约 3.3 厘米；秦始皇兵马俑坑中出土的完整铍，全长一般在 3.7 米以上，最长达 3.82 米，最短的也有 3.59 米[①]。西汉初期出现了铁铍头，中期以后，铍在战场上逐渐消失。

青铜殳是由新石器时代晚期的棍棒演变而来的打击兵器。湖北随县曾侯乙墓出土的殳分有尖锋和无尖锋两大类，一般长 3.3 米，使用积竹柄或木质柄，大多呈八棱形，其首端安有一个铜制殳头，称为"首"，柄尾端装有一个镈。无尖锋的殳首呈平顶圆形，有的顶上还带有一个铜钮。该墓出土的竹简"遗策"上，将这种殳称作"晋杸"。在同墓出土的 3 件有尖锋的殳首（见图 2-15）上，都有"曾侯郘之用殳"铭文。类似的殳首，在安徽省的寿县、舒城县等地，也多有出土。周代始有殳的记载，并列入"车之五兵"[②] 中，周王或诸侯出巡时，由前导卫士执殳开道。《诗·卫风·伯兮》中"伯也执殳，为王前驱"的诗句，描述了这种情景。到了战国时期，步、骑兵的地位上升，殳只用作侍卫的守备兵器，成为"步卒五兵"[②]之一。汉代以后，殳便退出兵器的行列。

青铜锤由锤球形头和木制短柄组成，春秋时期，北方的草原民族"狄人"，曾使用过一种鄂尔多斯式锤（见图 2-16）。中原地区使用较少。

青铜啄锤是一种可啄可锤的兵器。甘肃灵台白草坡西周墓曾出土一件青铜啄，援如直楔，锋部尖圆，有脊棱，椭圆銎饰有三道带纹。内部为短茎，连一球形锤。通长 21 厘米，援宽 3 厘米，厚 2 厘米，銎径 3（长）×2.1（宽）厘米，重 529 克。这种兵器使用较少。

图 2-16　鄂尔多斯式青铜锤

四　卫　体　兵　器

青铜卫体兵器主要有剑和刀。剑尤为发达。

青铜剑由剑身和剑柄组成。剑身修长，两侧出刃，至顶端收聚成锋，后装短柄。常配有剑鞘（见图 2-17）。考古部门曾在河北省青龙抄道沟、山西石楼后蓝家沟、山西保德县林遮峪等地，发掘出晚商的青铜剑。这些剑的剑身向一侧微曲，剑首铸成铃状。

西周时期，中原地区开始制剑用剑，不少地方都有出土实物。它们的形体似柳叶而较短，锋刃的长度不超过 20 厘米，两面起棱，茎部稍瘦，上有 2 个圆孔，以便安柄，大多作卫体之

① 王学理，长铍春秋，考古与文物，1985，（2）：60～67。
② 《考工记·庐人》所记"车之五兵"是戈、殳、车戟、酋矛、夷矛。《周礼·夏官·司右》所记《步之五兵》是弓矢、殳、矛、戈、戟。

用（见图 2-18）。春秋早期，出现了圆形首、柱形茎的柱脊剑。如河南省三门峡市虢国墓出土的几件带有剑首的剑[①]（见图 2-18）、洛阳市中州路春秋墓出土的象牙柄剑[②]（见图 2-18）等。它们的长度为 30～40 厘米，只能直刺，不便劈砍，因而被称为"直刺兵器"，大多也作为卫体之用。

春秋晚期至战国中期，楚国饮马黄河而与晋国争霸，吴越两国在江南迅速崛起，以及楚、吴、越三国之间互相攻伐的军事形势，促使他们根据水网地区的特点，大力发展步兵和水军，制造步战兵器、水战兵器和战船，把青铜剑的制造和使用技术，推向了新的发展阶段。剑身已明显加长，大大超过了 50 厘米（见图 2-18），可与盾配合，供步兵使用。《吴越春秋》和《越绝书》传颂了欧冶子、风胡子、干将、莫邪等一批铸剑大师，冶铸出许多"陆斩犀兕，水截蛟龙"的名剑的业迹，历史上虽未必都有其人其事，但从近年来出土的许多吴越青铜剑，表明人们对吴越地区所铸青铜宝剑的赞美之词是并不过分的。这些宝剑不但为一般士兵所使用，而且还有镌刻吴王和越王铭号的精品，诸如山西原平峙峪、安徽庐江与南陵各自出土的 1 把吴王光剑，湖北襄阳蔡坡十二号墓与河南辉县各自出土的 1 把吴王夫差剑，湖北江陵望山 1 号墓出土的 1 把越王勾践剑等 10 多柄剑。它们制作精美，达到了很高的技术水平。尤其是湖北

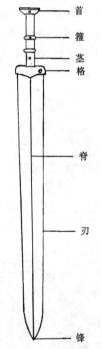

图 2-17　青铜剑及其各部名称

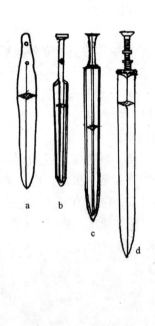

a　西周早期青铜短剑　b　春秋早期青铜短剑
c 战国青铜短剑　d　春秋晚期青铜短剑
图 2-18　中原周代青铜剑

望山的越王勾践剑，至今仍锋刃锐利，完好如新；剑身满布花纹，全长 55.7 厘米；剑格宽 5 厘米，饰有花纹，嵌有蓝色琉璃；正面近格处有两行错金的鸟篆体铭文"越王鸠浅自乍用

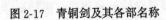

①　中国科学院考古研究所，上村岭虢国墓地，科学出版社，1959 年。
②　中国科学院考古研究所，洛阳中州路（西工段），科学出版社，1959 年。

鑢"[1]（见照片3）等8字。此剑刃部最宽部位距剑格2/3处，尔后呈弧线内收，近剑锋时再次外凸，尔后内收成锋，刃口两度弧曲的外形，利于直刺，堪称吴越青铜剑的典型制品。

越灭吴后，又亡于楚，楚军把带有吴王、越王铭文的剑带到楚国，促进了楚剑的发展，这是现在于湖北的江陵、长沙等地的楚墓中，发现吴王、越王剑和楚制精美剑的原因。

在此期间，随着车战的衰落和步战、骑战的兴起，中原各诸侯国的铸剑业也得到了发展，至战国晚期和秦初，青铜剑的长度已达81～94.8厘米，剑脊和剑刃含锡量不同的锡青铜复合剑已经广泛使用。秦兵马俑坑出土的青铜剑，剑身窄而薄，刃部锋利，表面防腐蚀技术已经达到较高的水平，虽久藏地下2000多年，至今仍乌黑发光。西汉时期，优质钢剑的锋芒毕露于世，青铜剑便悄然入鞘了。

五　防护装具

这一阶段的防护装具主要有青铜胄、皮甲和盾。

（一）青铜胄

胄是古代将士护头的装具。后来又有兜鍪（dōumóu）、头鍪、盔等称呼。安阳侯家庄晚商一座王陵墓道中发现的140多顶青铜胄说明，它的制作和使用年代大约不早于公元前14世纪。当时的胄用合范铸造，铸缝将其均分为二，左右及后部向下伸展，用以保护耳朵和颈部，胄高20厘米、重2～3公斤，表面光滑，截面呈椭圆形，胄面上铸出虎、牛、葵花等图纹，胄顶竖有装毛饰的铜管（见图2-19），似为殷王禁卫军所用。山西省柳林县曾发现另一种商代青铜胄，胄体呈半球形，仅左右两侧向下伸延出护耳部分，顶上用一个立钮代替青铜竖管，以系毛饰，可能是北方草原民族文化特征的一种反映（见图2-19）。

西周时期的青铜胄，在北京市昌平县白浮的西周墓中曾有出土，其形状与柳林的商胄近似，只是护耳部分斜向外移，顶部有的设立钮，有的设一条纵脊，上有网状镂（lòu，雕刻）孔[2]（见图2-19）。在东北和内蒙古地区，也发现过类似西周晚期到东周时期的青铜胄（见图2-19）。

春秋战国时期的皮胄，以湖北随县曾侯乙墓出土的制品为代表，胄体由18片髹漆皮甲片编组而成，上有脊梁，下有垂缘护颈，外表为黑色，编

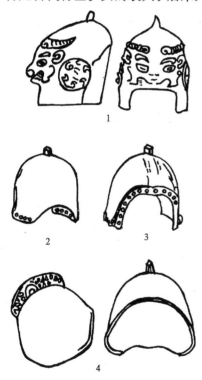

1～2　商周青铜胄　　3　东周初期青铜胄

4　西周青铜胄

图2-19　商周青铜胄

---

① 鸠浅即勾践，乍即作，鑢即剑。

② 北京文物管理处，北京地区的又一重要考古收获——昌平白浮西周木椁墓的新启示，考古，1976，（4）：246～263。

组的带子为红色，增加了皮胄外观的华美。到战国晚期，青铜胄已逐渐被铁胄所取代。

（二）皮甲和青铜甲

甲是古代将士披挂在身上的防护装具。它是从新石器时代晚期用藤木、皮革等原料所制简易的甲演变而来的。先秦时期有甲、介、函等名称。

考古发掘的材料表明，中国在商周乃至春秋战国时期，都以使用皮甲为主。商周时期已开始将原始的整片皮甲，改制成可以部分活动的皮甲，即根据防护部位的不同，将皮革裁制成相应大小和形状的各种皮革片，并把两层或多层的皮革片合在一起，表面涂漆，制成牢固、美观、耐用的甲片，然后用绳通过甲片上的穿孔，将它们编联成甲。春秋战国时期使用的皮甲，在湖南、湖北、河南的同期墓葬中多有出土，其中尤以湖北省随县曾侯乙墓出土的战国早期皮甲的资料最为丰富。经过复原后，可以看出曾侯乙墓的皮甲基本上是由甲身、甲裙和甲袖三部分组成。甲身系固定编缀，甲裙和甲袖可以根据作战的需要而上下伸缩。这种皮甲还配有一顶用皮甲片编缀的胄，在车战中与盾相配合，可以有效地防御青铜兵器的攻击。除三者具全的皮甲外，还有一种只有甲身和甲裙而没有甲袖的皮甲。

在使用的皮甲中，也发现一些开始嵌装青铜铸件的皮甲，如在河南省、北京市等地的一些西周墓中，曾发现过钉缀在甲衣上的各种青铜甲泡，在山东省胶县西庵发现过西周使用的青铜兽面胸甲。此外，在陕西省长安县的西周墓中，还出土过青铜甲片，并可以用这些甲片复原编联成甲，但总的看来，青铜甲的使用还不普遍。到了战国晚期，铁铠甲的使用逐渐增多，并在西汉时期取代了皮甲和青铜甲。

（三）盾

盾是由新石器时代晚期的简易藤牌、木牌和蒙有兽皮的皮牌演变而来。商代盾的残物，曾在河南省安阳殷墟有所发现，呈梯形，盾面微凸，高度不超过1米，宽约60～80厘米，内以木框为骨干，表面蒙覆多层织物和皮革，并在其上涂漆绘纹。西周的盾在陕西省宝鸡市曾有出土，其中有一面盾保存较好，盾体用木制造，呈梯形，高1.1米，上缘宽0.5米，上底宽0.7米，比商盾稍大。盾面髹黑褐色漆，中央镶嵌青铜装饰物[①]。在琉璃河西周墓中，还出土过一面由7个配件构成的兽面盾（见图2-20），形象狰狞。这种青铜盾饰，既有加强防护的作用，又有威吓敌人的效果。

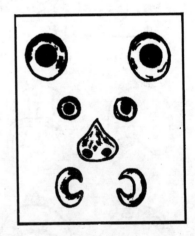

图 2-20　西周兽面盾

第二节　战车和车战的兴衰

战车是用以乘载将士作战的木质车辆，由战马驾引。古史传说在黄帝时代已经创造了车。

---

① 铜盾饰物又名钖（yáng），有圆泡、人面、兽面等形。有的在钖背铸有铭文，标明所属部队。如河南浚县西周墓出土之盾钖，背面就铸有"卫自（师）易（钖）"等字。

《吕氏春秋》关于夏末之时，商汤曾率敢死之士6000人，驱战车70乘，在郕（chéng，今山东宁阳东北）之战中大败夏军的说法，则是古文献关于最早的车战的记载①。迄今为止，尚未发掘出夏代的战车。商周至春秋战国的战车则多有出土，从中可看出其发展的轮廓。

一 战车的构造

1936年，殷墟车马坑首次出土了一辆战车，车内放列着3套兵器。战车的木质结构部分都已腐烂。自20世纪50年代起，安阳等地出土了数十辆商代至战国的车辆，有的破缺不全，有的尚属完整。若按其用途可分为战车、安车和供乘座游戏的小轮车等。若将其按年代或时期排列起来进行对比，大致可看出战车在1000多年中发展变化的情况。

战车的主要部件有独辀（zhōu，即车辕）、两轮、方形舆（舆即车箱）、长毂（gǔ，车轮中心可安插车轴的圆孔）等部分组成。车辕后端压置在车箱之下、车轴之上，辕尾稍露出箱后。车辕前端安置一根横木（即衡），在衡上缚两轭（马具，略作人字形，驾车时套在马的颈部），用来驾马（见图2-21）。车箱上无顶盖，门都开在后面，有的车箱内还放有盛箭的皮质圆筒形矢箙，两侧插有戈矛等兵器，箱身不高，便于甲士立于车上作战。车前驾2匹或4匹马。商代战车一般驾2匹马，西周战车都驾4匹马②。4匹驾马，中间的2匹叫“两服”，轭驾于车辕两侧；左右2匹叫“两骖”，以皮条系在车前；4匹马合称为“驷”。马具有铜制的马衔和马笼咀，这是御马的关键用具。此外，马体的有些部位也配有铜饰。商代战车的轮径在130～140厘米之间，安辐条18～24根；车箱宽度为130～160厘米，进深80～100厘米。由于轮径较大，车箱宽而短，又是单辕，所以重心高而不稳。为了增加战车的稳定性并保护车箱两侧不被敌车迫近，所以车毂一般都比较长。山东省西庵出土的1辆西周战车，车毂长40厘米，轴头铜害（wèi）长13.5厘米，总长度达53.5厘米。

从发展趋势看，自商代至春秋战国，战车两轮间的轨宽逐渐减小，车辕和车轴呈逐渐缩短，轮上的辐条数目逐渐增多，战车的行驶速度和机动灵活性逐渐提高。

由于当时的战车都是木质结构，所以通常都要在关键部位装配相应的青铜件，以加固和装饰战车。轮轴是战车的关键部位，其装配的车器主要有輨（guǎn）、軘（chūn）、軝（qí）、长毂饰、害饰、辖、锏、釭（gōng）、枒（即牙）饰等（见图2-22）。毂是轮轴的穿合部，又在植辐之处，承受的重量较大，故用輨、軘、軝一组车器作保护。輨为金属圆管，用以包裹车毂外周。軘即短截管，功用如輨。軝的外形如同中空的截锥体。装配时，分别从车毂的内外两侧，各依次装配一组 軝、軘、輨。有的战车所用的是輨、軘、軝铸为一体的长毂饰。战车装配长毂饰后，可以保护车毂在战斗中不致被折碰，延长了车轴的使用时间。害是车轴的轴头，加上害饰后，用辖（车轴头上穿插的销子）与轴相固连，不使脱落。西周中期以前，大多采用长约17厘米的长毂饰。西周以后又流行长约8～10厘米的短毂饰。湖北省随县曾侯乙墓出土过1件长约37.5厘米的矛状车害（见图2-22），具有较好的保护和装饰轴头的作用。

为了防止车轴的损坏，战国时期已开始在轴和毂之间装配锏（jiàn）和釭两种车器。锏是装于毂内的铁圈，釭是装于轴上的铁圈。装了这两个铁圈后，其间再涂上润滑油脂，则可消

① 汉·高诱注，《吕氏春秋》卷八第79页《仲秋纪第八·论威》，《诸子集成》六。
② 《诗·小雅·六月》：戎车既安，如轾如轩，四牡既佶，既佶且闲。

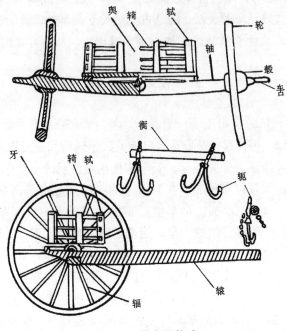

图 2-21   战车的构造

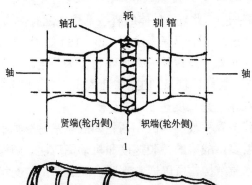

1. 青铜毂饰   2. 矛形铜车舌
图 2-22   周代青铜车器

除轴和毂之间的摩擦,有利于转动。牙饰是包在车轮辋(wǎng)上的铜片,纵断面呈 U 形,固定在辋的接缝处。辋是轮的外框,一般为双层,每层都用两个半圆形木环对接而成,内外两层的接缝错开,使 4 个接缝平均分布于辋上,尔后用 4 个牙饰将接缝紧固,不使脱落。河南省淮阳县马家冢出土的 1 辆战国晚期战车,还在车箱外面装有 80 块青铜甲板,以增强战车的防护力。

二   战车的乘员编制和兵器装备

战车按用途可分为戎路、革车、轻车、阙车和广车。戎路是国君的乘车,供国君指挥作战，其形制构造与一般战车相同；春秋中期后，军队中出现了专职将帅，戎路便演变为将帅乘座的指挥车。革车主要用于防御，是重型主力战车。轻车是轻型战车，便于在战斗中实施快速冲击。阙车是担负警戒和补充缺损的战车。广车主要用于防御，亦可用于进攻。

（一）战车的乘员和编制

从甲骨文和出土的战车互相印证中，可知商代的一乘战车，通常编3名甲士，按左、中、右次序排列：左方的甲士持弓，主射，为一车之首，称"车左"，又名"甲首"；右方的甲士执长柄戈或矛，主击刺，并有为战车排除障碍之责，称"车右"，又名"参乘"或戎右；居中的是驾驭战车的御者，只佩带宝剑。殷墟墓葬中发掘出一乘四马战车，随车出土3套兵器，1套精美华贵，2套较为一般，具有明显的等级差别和射御之分。

西周战车的乘员，在山东省西庵出土的战车及其遗存的兵器中，明显地反映出来。战车左侧有1柄戈、1柄钩戟、10枚箭镞和1领铠甲；右侧只有1柄戈（见图2-23）。这种配置方式表明，左侧的兵器和铠甲为车左所用；右侧的兵器为车右所用；车御居战车前部的正中位置。

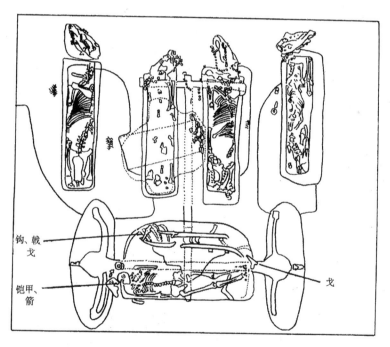

钩、戟
戈

铠甲、
箭

戈

图 2-23　西庵出土战车上遗存的兵器

上述出土的战车，印证了《左传》中有关的记载。鲁桓公三年（公元前709）春，曲沃武公出兵攻打翼侯，他的战车由"韩万御戎，梁弘为右"。又如成公二年（公元前589），在齐晋鞍（今山东济南西北）之战中，齐国的指挥车上，"邴夏御齐侯，逢丑父为右"；晋国的主将解张"御郤克，郑丘缓为右"。

西周时期每乘战车除编制3名甲士外，还编有7～10名徒兵（春秋称步卒，战国称卒）。每辆战车的甲士和配属的徒兵编在一起，再加上相应的后勤徒役人员，便是一个基本的战斗单位，称为一乘。有时，一辆战车也可载乘4人，但这只是一种临时性的搭配，并非固定的编制序列。

商代战车的编队，可从下列两处出土战车的情况知其端倪：其一是安阳小屯祭祀坑5辆战车的排列队形①，其二是安阳西北岗殷墟车马坑25辆殉葬战车的排列队形。它们可能以队为单位排列，每队有5辆战车，高一级的编制单位有5队25辆。又从甲骨文的记载可以判知，最高的编制单位有20队100辆。300辆可能是商代拥有的战车总数。

（二）战车的兵器装备

商代和西周战车的兵器装备，迄今为止，尚未发现明确的记载，但可凭借出土实物判断其大致情形。

在殷墟小屯车马坑出土的一辆战车上，三个成员各有一套兵器。其中"戎右"的一套兵器最为典型：有射远的弓矢（弓和箭箙都已朽毁，铜制弓柲和10支一组的青铜镞、石镞尚存）；有格斗的铜戈和石戈各1柄；有卫体的短柄马头刀1把；还有砥磨武器的砺石2块（见图2-24）。

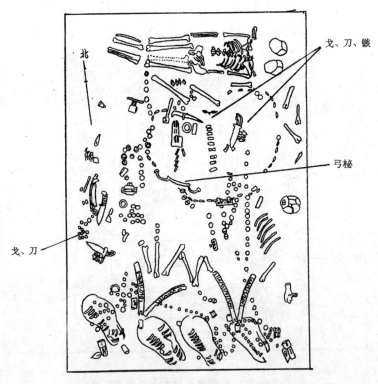

图 2-24　殷墟出土战车及其遗存的兵器

在北京昌平白浮出土的一辆西周战车上，装备的射远兵器有弓（仅存弓柲）；格斗兵器有戟1、戈9、矛2、钺1；卫体兵器有剑4、匕首1；还有斧2。它们的质量和杀伤力都比商代同类兵器有所提高。

湖北江陵藤店一号墓中出土的战车兵器更为齐全，其中有木弓1、竹弓2、箭箙1、镞36、

---

① 这5辆战车的排列位置是：前面3辆各驾二马，成纵队居中排列，后面2辆各驾四马，分列左右侧。5辆战车成山字形。每车编甲士3人，配有3把铜兽头刀、2件铜戈、2张弓和铜镞等兵器。

长胡四穿戈 1、矛 1、戈矛合体戟 1、钺 1、剑 2、皮甲 1、漆盾 1、车害 4、车伞 1、马衔 4、小马饰若干[①]，基本上包含了四大类青铜兵器。除攻击性兵器外，山东胶县西庵、北京昌平、北京琉璃河等西周至春秋的车马坑和墓葬中，还出土了铠甲和盾牌。湖北省随县擂鼓墩等一些墓葬中，还出土了一些保护驾车辕马所用的彤甲、画甲、漆甲、素甲等马甲，以及横置于车上用于指挥作战的木鼓等装备[②]。上述各遗址出土的兵器，基本上反映了春秋战国以车战为主的兵器装备状况。

商周至春秋战国时期的战车及其装备，是当时所用军事技术发展水平的集中代表：畜力驾驶的双轮战车，提高了军队的机动性和快速冲击力；战车上甲士装备长短结合、远近兼备的青铜兵器和防护装具，增强了兵器的综合杀伤力和防御能力；战车上装备的旗鼓等各种器具，保证了军队的战斗指挥和通信联络。战车及其装备的这些进步，使车战得以盛行一千多年之久。

三 车战及其技术和战术

车战是青铜时代的主要作战方式，它对战争全局的胜负起着决定性的影响。交战的双方，只要一方的战车击溃敌方的车阵，战斗便告结束，胜负便成定局。所以自夏商至春秋战国，交战各方都极为重视战车的发展，以车战较量胜负。史书对车战的记载也屡有所见。

（一）车战的概况

我国车战始于夏末商初的郎之战。入商以后，车战逐渐频繁，规模不断扩大。商王武丁一朝，曾同 40 多个方国进行作战。妇好曾一次统率 1.3 万人，征讨商朝西北的一个方国。到帝乙、帝辛时，远征人方，曾进抵淮水流域，历时 260 多天。从殷墟出土的战车及甲骨文"贞戎马，左右中人三百"[③]；"贞登射百"[③]；"登射三百"[③]等推测，似在一些战争中出动了战车。商末周武王拥战车 300 乘，率虎贲 3000 人，甲士 45 000 人，在牧野大败商军，扩大了车战的规模[④]。

春秋时期，车战频繁。周襄王二十年（公元前 632），晋楚两军在城濮（今山东鄄城西南）决战中，双方都出动了 700 乘战车，晋文公以"退避三舍"后发制人，由弱及强，各个击破的战作指导，取得了作战的胜利[⑤]。周定王十八年（公元前 589），齐晋两国在鞌（今山东济南西北）之战中，晋军出动了"八百乘"[⑥]战车，大败齐军，迫使齐国求和结盟。周简王十一年（公元前 575），晋楚两国争霸中原，在鄢陵（今河南鄢陵西北）之战中，晋军出动战车500 乘，楚郑（郑军也参加了作战）联军出动战车 530 乘，晋军根据楚军阵形和地形特点，采

---

① 荆州地区博物馆，湖北江陵藤店一号墓发掘简报，文物，1973，（9）：8～9。

② 随县擂鼓墩一号墓考古发掘队，湖北随县曾侯乙墓发掘简报，文物，1979，（7）：1～14。

③ 分别见《甲骨文合集》5805，5760，698 正等条。

④ 《史记》卷四《周本记》记载：武王灭纣时，率"戎车三百乘，虎贲（bēn）三千人，士四万五千人，以东伐纣。"虎贲，古代勇士之称。

⑤ 春秋·左丘明作、晋·杜预注、唐·孔颖达疏，《春秋左传正义》卷十六第 123 页，鲁僖公二十八年，《十三经注疏》下册第 1825 页。

⑥ 《春秋左传正义》卷二十五第 129 页，鲁成公二年，《十三经注疏》下册第 1894 页。

取加强两翼猛攻之策，击败了楚军①。

到了战国时期，虽然战车兵逐渐被步兵、骑兵所取代，但是车战仍延续了相当长的时间。

（二）车战的技术

战车及其兵器装备是否能达到技术要求，以及技术优势能否充分发挥，是决定车战胜负的关键。因此，当时的车战指挥员对参战的战车及其布列所涉及的技术问题，已有比较周密的考虑。

首先，由于战车的车体庞大，一乘驾上辕马的战车，长宽都在3米以上。纵队排列的战车，不能发挥战车长驱直进的优势和车上兵器的作用，因此横队冲击便成为战车最有效的进攻方式。宽大的战车和车下的徒兵，要求增大战车之间的横向间隔距离。同时，为了给第二横列战车能够跟进冲击，第一横列战车之间的横向间隔，必须增大到能使第二横列战车有机会前出冲击的距离。为此，两横列战车必须交错排列，前后之间的距离也必须留得足够大，这样才能避免发生前后左右自我撞击的现象。指挥员只有在充分考虑这些要素的基础上，才能部署正确的作战队形，充分发挥战车的战斗作用。

其次，指挥员还要根据战车构造及兵器的杀伤半径等技术数据，组织有效的冲击。在敌对双方战车互相接近的过程中，当接近至百米左右时，甲士便迅速射出箭镞，杀伤敌方的甲士和徒兵，减杀其战斗力，射之过早就会空发，射之过晚就会失去战机。在双方战车即将靠近时，即调整车向，同对方战车错毂而过，以避免迎面撞击而马倒车翻。双方战车错毂的距离也不能太大，而要保持在战车上甲士所持长柄戈、矛、戟的长度之内，以达到杀伤敌方甲士的目的。从当时战车的构造看，两辆错毂的战车，从车箱侧面到车轴头铜軎端点的距离约53.5厘米，两车箱的间隔距离至少是1.1米；再加上两车之间的最少间隔50厘米，从而使站立在两车箱内甲士的相对距离增加至1.6米；若再加上双方甲士位置纵深的距离，则双方甲士要想伤及对方的最短距离也在2.6米以上，这就是当时所用长柄青铜戈矛戟长达2.8米以上的依据。甲士在选用和检查兵器时，都要考虑这些技术因素。否则，战斗的恶果就会降临到自己的头上。

再次，当战斗进行至马倒车毁时，车上的甲士和车下的徒兵，便用短柄刀剑进行搏斗，直到把对方消灭，才能取得战斗的胜利。

（三）车战的战术

春秋战国时期，对车战的经验总结和战术研究，已取得了一定的成果，托名姜太公的《六韬》便是其中之一。《六韬》的成书年代，至今仍众说纷纭，但以战国后期成书说居多。就其论述车战的战术而言，该书确也反映了车战的时代特色和掌握了车战的要领。

首先，书中全面论述了战车的基本类型、形制构造、武器装备和车战的要领，以及甲士的选拔等问题。

其次，《六韬·虎韬·军用》中全面论述了各类战车的用途。其中有大型指挥车武卫大扶

---

① 《春秋左传正义》卷二十八第214页，鲁成公十六年，《十三注经疏》下册第1916页。

胥[1]，这种战车的车身高大，装备有强弩矛戟和金鼓旗帜，翼卫的士卒多，对敌军有威慑、震骇作用。武翼大橹矛戟扶胥是一种冲击型战车，车上装备了防盾和强弩矛戟。大黄参连弩大扶胥是一种主力战车，车上装备有重型弩。大扶胥冲车是中型攻击性战车，既机动灵活又具有较强的冲击力，可纵横冲击敌阵。提翼小橹扶胥、矛戟扶胥轻车和轴旋短冲矛戟扶胥等战车的车身较小，便于机动和实施快速冲击，以迅雷不及掩耳之势，突破敌阵。辎车骑寇是一种进攻敌人坚固阵地，击败敌人步骑兵的战车[2]。上述各种战车，实际上是车战时代的戎路、革车、轻车、阙车、广车等几种战车，配以不同的武器装备后而赋予的一种名称而已。它们只有在战场上协同作战，才能取得综合的效果。

再次，全面论述了车战所必须选择的战场条件。《六韬·犬韬·战车》中，指出了车战要避免十种不利的战场地形，即：有去无回的"死地"，在崎岖险路上长驱追敌的"竭地"，前面平坦而后面有险阻的"困地"，陷入险阻而难以退出的"绝地"，有坍塌、积水和黑土粘泥的"劳地"，左险右坦而要爬坡前进的"逆地"，杂草丛生而又跋涉深泽的"拂地"，车少地平而又难以同步兵协同的"败地"，后有沟渠、左有深水、右有陡崖的"坏地"，大雨旬日、道路溃陷、前不能进、后不能退的"陷地"[2]。如果在这十种地形中进行车战，必败无疑。这同《孙子兵法·九地篇》中所阐发的战场选择是一致的。

避开上述不利于车战的十种地形，就必然要选择利于战车奔驰的旷野平川。姜太公指挥的牧野之战，就是在极好的战场条件下进行的一场车战。牧野在今河南省淇县以南卫河以北，地形平坦开阔，利于车战。作战时，周师车步兵昧爽抵此，陈师布阵以待，显示了"牧野洋洋，战车煌煌"的壮观场面和严整军威。纣师虽数倍于周，但在周师300乘战车、3000虎贲、45 000甲士的冲击下，加上纣师的"前徒倒戈"，商纣王朝的大厦倾刻崩塌。此次车战战术运用的成功，被后世兵家所称颂。

最后，全面论述了战车进攻的时机。《六韬·犬韬·战车》中指出，车战必须选择八种最佳的进攻时机。即：敌之阵势不定，旌旗紊乱和人马嘶叫不息，敌军士卒往来游动不定，敌阵不稳而士卒前后观望，敌军进退犹豫不定，敌军突然受惊而骚动，敌军与我交战竟日直至天黑尚未决胜，敌军远道而来至天黑才宿营等[2]。车战指挥员必须全力捕捉这八种战机，一旦有机可乘，就指挥战车迅速出动，以迅雷不及掩耳之势，对敌发起突然冲击，夺取胜利。

指挥员如果对战车技术十分精通，对车战战术极为熟练，那么他就能够夺取得胜利。

伟大的爱国诗人屈原，在《楚辞·国殇》中，描绘了楚军在车战中战败的悲壮场面。"操吴戈兮披犀甲（盾牌手里拿，身披犀牛甲），车错毂兮短兵接（敌我车轮两交错，互相来砍杀）。旌蔽日兮敌若云（战旗一片遮了天，敌兵仿佛云连绵），矢交坠兮士争先（你箭来，我箭往。恐后争先，谁也不相让）。凌于阵兮躐余行（阵势冲破乱了行），左骖殪兮右刃伤（车上四马，一死一伤）。霾两轮兮絷四马（埋了两车轮，不解马头辔），援玉枹兮击鸣鼓（擂得战鼓冬冬响）。天时坠兮威灵怒（天昏地暗，鬼哭神号），严杀尽兮弃原野（片甲不留，死在疆场上）……带长剑兮挟秦弓，身首离兮心不怨（身首虽异地，敌忾永不变；依然拿着弯弓

① 扶胥：即戎车或战车。

② （旧题）周·吕望撰，《六韬》卷四《虎韬·军用》、卷六《犬韬·战车》，上海古籍出版社，1990年版，《四库兵家类丛书》—第726之28，40页。

和宝剑)。"[1] 辞中记录了车战中使用的武器装备：战车、犀甲、吴戈、秦弓、长剑、旌旗、鸣鼓，叙述了主将击鼓指挥作战，甲士从远距离对射，经错毂格斗一直激战到马倒车毁，将士阵亡，全军失败为止的全过程。真是一篇描绘车战场景的不可多得的文献。

由于封建生产关系在春秋战国之交得以确立和发展，田制和军制得到了改革，奴隶不能当兵和充当甲士的规定被废除，郡县征兵制开始实行，兵役扩大到农民等新制度的推广，促使军队的兵员结构发生变化，以大量步兵为主体的新兴军队开始组成，而钢铁兵器的广泛采用和射远兵器弩的改进，又使得步兵得以在宽大的正面上，有效地阻遏车阵的冲击。与此同时，由于战车车体高大笨重，驾驭困难，其机动性又受到战场地形和道路条件的限制，因此在战场上的生存能力受到了严重的威胁，高大的战车，往往是强弩射击的靶标。于是，步兵骑兵取代战车兵，步战骑战取代车战的历史性转变与过渡，在战国初期便开始发生。然而，这种转变与过渡是极其缓慢的，直到汉武帝时，大规模的骑兵战马，才在战场上最终代替四马单辕的战车。

第三节 军事筑城的兴起

我国进入文明社会后，自夏至春秋，原始城堡已逐渐发展至城墙城池体系的军事筑城。其间所建都城和城邑，规模不断扩大，守备设施相对完备，军事筑城的特色日益明显。

一 筑 城 概 况

夏代的都城和城邑，见于记载的甚多。但由于年代久远，一时难以定论，尚待更多的考古发掘资料加以印证。1959 年发掘的偃师二里头遗址，属二里头文化（距今约 3890～3490 年），是探索夏文化的重要遗址。遗址东西长 2.5 公里，南北宽 1.5 公里，周围虽没有城墙，但在其中发现了一座有土围墙的殿堂，反映了早期封闭式庭院的面貌。围墙建在略呈正方形的夯土台基上，台基高约 3 米，边缘呈缓坡状，斜面上有质地坚硬的料礓（jiāng）面路或土层，夯土层薄而均匀。围墙中部偏北，是一座四坡出檐式木结构殿堂。殿堂四周还有一组由堂、庑、门、庭等构成的廊庑式建筑，布局严谨，层次分明，具备了早期宫殿建筑群的特点和规模[2]。从军事角度说，这座殿堂周围的墙，还只能起到遮蔽、荫蔽和障碍作用。夏代的其他一些遗址，因考古发掘材料不充分，还难以确定它们的筑城特色。

商代的都城和城邑，无论是文献记载和发掘的遗址，都比夏代多。文献记载中的几处商都之地理位置和沿革情况，学术界仍有多种说法，至今尚在讨论之中。

考古学发掘的大型商城遗址有：郑州商城、偃师商城和殷墟等 3 处。

郑州商城位于郑州商代遗址中部（今河南省郑州市东郊郑县旧城北关一带，距今约 3570 ±135 年），略呈长方形，城垣周长 6960 米，有 11 个缺口，有的可能是城门。城墙外围挖有 1 条宽和深各 5～6 米的城壕。城墙由主城墙与护坡组成，采用分段版筑法逐段夯筑而成。每

---

① 《国殇》的译文，系摘自人民文学出版社 1953 年出版的郭沫若《屈原赋今译》第 34～36 页。仅 "车错毂兮短兵接" 一句的译文稍有调整。末两句的译文与原文的次序换位，故译文写在一个括号内。

② 殷玮璋，偃师二里头的早商遗址，见《新中国的考古发现和研究》，文物出版社，1984 年版，第 215～217 页。

段长 3.8 米左右，夯层较薄，夯窝密集，相当坚固，实为城墙城池筑城体系之先河①。

偃师商城位于偃师城西缘洛河北岸微隆的高地之下，距二里头文化遗址仅 5～6 里，略呈南北长方形，总面积约 190 万平方米。城墙采用先掘一条口宽 18.3 米、底宽 17.7 米、深 0.6～0.9 米的基础槽，然后逐层填土夯实而成。主城墙每夯高 0.3 米，就向中心收缩 0.3～0.6 米。迄今已发现城门 3 处，城内有 3 处较大的建筑遗址，其中一号遗址位于城南中部，四周有围墙，具有一定的防御作用。

殷墟是商代后期的都城遗址，位于安阳市西北郊的洹河两岸，面积约 24 平方公里，约建于公元前 14 世纪末至前 11 世纪初。迄今为止，虽未发现有关城墙的任何迹象，但发现了一条晚商壕沟，已经清理了 750 米长的一段。壕宽 7～21 米，深 5～10 米，由西南蜿蜒向东北。据推测，此壕可能是商朝王宫周围的一道防御设施。

西周的都城丰镐（hào）是丰京和镐京的合称，位于西安市西南 12 公里的沣河两岸，丰在河西，镐在河东。又因为"周王居之，诸侯宗之"而称为宗周。周平王东迁洛阳之前，一直是西周的都城。迄今为止，尚未发现丰镐城墙遗址的确切位置。

洛邑是西周的陪都，周平王东迁后，便成为东周的都城，史称王城。位于洛阳市涧、洛两河的交汇处，是当时位居"天下之中"的冲要之地，经考古发掘，城址遗迹略呈不规则矩形，城墙宽约 10 米，用夯土版筑而成，质地坚硬，北墙外还发现有深约 5 米的城壕，具有军事筑城的特点。

各诸侯国在争霸称雄之时，也纷纷建筑都城和城邑。伍子胥建议吴王把建筑城池，加强守备，充实仓廪，制造兵器，当着兴霸称王的重大战略问题加以筹划。各诸侯国所筑之城也数不胜数。就都城而言，有鲁国的曲阜（今属山东）、齐国的临淄（今属山东）、越国的山阴（今浙江绍兴）、吴国的姑胥（今江苏苏州）、郑国的新郑（今河南郑县）、楚国的郢（今湖北江陵北）、燕国的蓟（今北京附近）和武阳（今河北易县东南）等。此外还有大小城邑数十座②。诸侯国的都城，通常有内外二城，内城称宫城，外城称郭，一般周长约 10～20 里，有的更大。建于春秋末期的吴国都城，不仅有大城而且还筑有纯军事性质的小城。据《越绝书·记吴地》称："吴大城，周四十七里二百一十步二尺"，城址即今苏州城旧址。小城"周十二里，其下广二丈七尺，高四丈七尺"，城址在今无锡西南 50 里，与武进交界，紧依仆射山（白药山）和胥山，面临太湖。城东群山连绵，间江蜿蜒曲折，流经城北和城西，控制太湖北走廊和苏南交通要道，城址遗迹至今可见。城中土墙将城隔为东、西两部分，墙厚约 20 米，残高 3～4 米，城周有河道相连。吴国都城除小城和 68 里 60 步的城郭外，比东周王城大三四倍。

至春秋末，筑城的数量逐渐增多，规模不断扩大，军事筑城的特点日益明显，并成为战国军事筑城高潮到来的前奏。

二　筑城技术的初创

郑州商城遗址表明，商代在采用版筑法建筑城墙时，其两侧与护城坡的接缝处已接近垂

---

① 殷玮璋，二里冈遗址与郑州商城，见《新中国的考古发现和研究》，文物出版社，1984 年版，第 219～220 页。

② 王世民，东周各国都城遗址的勘察，见《新中国的考古发现和研究》，文物出版社，1984 年版，第 270～288 页。

直；护城坡为倾斜夯筑而成，经过自上而下的铲平后，又在表面铺设一层料礓石碎块，以防雨水冲刷；主墙各夯层之间，已经采用榫（sǔn）卯式结合法，使较深的两层夯窝互相嵌接，以增强主城墙的坚实度；从遗存的夯窝看，使用的夯具已由 4 根木棍捆绑一起，发展至成捆圆木紧密固定而成。

周代在建筑洛邑王城时，已经采用悬版夯筑法。用此法构筑城墙时，先用木棍穿过城墙内外两面的夹版，用绳固定，向中间填土夯实，尔后再将木版升高，用木棍固定，依法再筑至规定的高度。使用此法筑城时，不再以护城坡护墙。此外还创造了预制土块夯筑法。用这种方法筑成的土城墙，既坚实牢固，又进一步减小了城墙外侧的坡度，增加了攻城之敌攀城的难度。

东周的城郭，有的已经出现了俾倪和角楼，进一步增强了城郭建筑的军事特色。俾倪又称埤（pí）倪或雉堞（dié），筑于城顶外侧，守军在其遮蔽下，可减少城下所射矢石的杀伤。角楼建在城墙的拐角处，通常建成高台形，用以增强守城能力。

城门是进出城郭的通道，也是城池的薄弱部位和设防的重点，守城者便建筑悬门、城楼和吊桥等多种设施，形成综合配套的工程体系。

悬门通常设置于城门的后部，成为第二重门。作战时，若城门被攻破，守门者便操纵辘轳和滑轮等控制悬门升降的机关，"发机而下"悬门后，既可阻止攻城的敌军突入城内，又可切断攻入城内之敌的退路，将其消灭于城内。

城楼构筑在城门的正上方，通过城门一侧修建的登城兵马道可登上城楼，指挥官可在其上察看敌情和指挥守城战。据《越绝书·记吴地》记载，当时吴国的大城有"陆门八，其二有楼"；吴国的小城有"门三，皆有楼"等。可见春秋时的城门，大多已建有城楼。

吊桥是通过城壕进出城门的一种活动桥梁，利用辘轳和滑轮等简单机械装置，控制桥面板的起落，达到阻止或放行人马车辆通过的目的。有时也称为"悬梁"、"发梁"或"机桥"。在吊桥创建前，夏、商至西周所建的城墙，在挖掘护城壕时，常在正对城墙豁口的部位，留下一段堤梁，作为通过城壕的通道。至春秋建筑城墙时，便将护城壕全部挖通，有时还使护城壕水与天然河流沟通，使之长期存水。与此同时，在正对城门的壕面上架设桥梁。从考古发掘的春秋时齐国临淄城的遗址可以发现，由于城壕过宽，不便架桥，桥梁设计者便使东门和北门城壕的内岸向外突出，形成弯月形河道，使城壕两岸的距离缩短；同时又在护城壕中建立桥墩，构成支架，以便分段架设壕桥。至今，壕中尚存有当年所建桥墩的遗迹。

悬门、城楼和吊桥的创造，使原来构筑单薄的城门，成为最早的坚固防御阵地，阻击敌军的进攻。抽去吊桥后，笨重的攻城器械便被阻隔于护城壕的对岸。即使越过壕桥，也将受到守门士兵和城墙顶上士兵的合击，如攻城兵力兵器不雄厚或不付出重大代价，进攻则难以奏效。

春秋时期崛起于沿海和沿江的吴、越两国，在临近江河湖泊之地建筑大小城池时，注意了因水制宜，利用城中河水停泊战船，通过水门进出战船的问题。《越绝书·记吴地》说，吴国都城内有三横四直的大河，有"七堰八门，皆通水陆"。考古发掘表明，吴国所筑的扬州邗城遗址，也存有两处水门遗迹。都城苏州西北之笔架山，前临广溪，后依太湖，至今尚存有甲仗坞、教场咀等地名，传说可能是当年吴国教练水兵、停泊战船的场所。

春秋时期，不但实际建成一些比较坚固的都城和城邑，而且出现了一批专事筑城的技术人员，初步形成了比较规范的设计、组织施工队伍、进行现场勘察和施工作业等一套程序[①]。尤其值得一提的是《考工记·匠人建国》中测定城邑座落方位的技术。其法是先用水平仪和线坠平整施工场地，尔后在整平的场地上垂直竖立一根标杆，并标出日出和日没杆影的位置。再以标杆的垂足为圆心，适当的长度为半径，用规画圆，与日出和日没时的杆影各相交于一点，这两点的连线，便是所建城邑座落的东西方向线（见图2-25）。这种勘测和设计方式，反映了当时筑城技术进步的一个侧面。

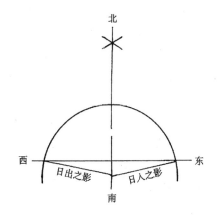

图 2-25　城邑方位的测定

三　攻城器械

攻城器械大约出现于西周初期。《诗·大雅·皇矣》记载了周文王进攻商朝属国崇的都城之事："以尔钩援，与尔临冲，以伐崇墉（yōng，城墙）"。其意是说，给军队装备钩援和临车、冲车，去进攻崇国的都城。到春秋时期，随着大型城池的增多和攻城战的频繁，攻城器械便迅速发展起来。就其作用而言，大致可分为远距离攻击器械、攻城车、侦察了望器械、遮挡器械、攀登器械等。其相应的图式，可参见本书第四章第四节。

春秋时期出现的远距离攻击性器械只有发石机。当时称作"旝"（kuài）。《说文解字第七篇上·扒部·旝》称："旝，建大木，置石其上，发以机，以槌敌也"。张晏曾援引《范蠡兵法》说："飞石重十二斤，为机发，行二百步"[②]。这种发石机的构造比较简单，它是在一根直立于地面的大木柱上，设一横轴，尔后用一根韧性的长木杆作为抛射杠杆，抛射大石，击毁城上各种守备设施。

攻城车有两种，一种是高层攻城车，一种是冲击型攻城车。

高层攻城车称"临"，其高与城等。攻城时，士兵将其运至城下，登上车顶，通过城顶进入城内，具有居高临下的攻击性，故有其名。

冲击型攻城车当时称"冲"或"冲车"。通常在车首安有一个尖形铁撞头。攻城时，士兵推车急进，以巨大的冲撞力撞击和毁坏城门或城墙，并乘机攻入城内。另一种形式的冲车，是在车的底盘上，固定多根成捆的大木，头部伸出车首外。攻城时，由士兵推车撞击城门或城墙，达到同样的攻城目的。

侦察了望器械有巢车和楼车。巢车是在一辆安有八轮的车底座中，竖立一根高杆，杆上安辘轳，杆端安木屋，外蒙生牛皮，壁上开望孔。因其木屋形似鸟巢而得名。使用时，转动辘轳将木屋升至杆端，人在屋中，通过望孔观察城中动静。鲁成公十六年（公元前575），楚

---

① 据《左传》宣公十一年记载，令尹艻艾猎命封人在沂地建筑城邑时，封人就是按这一程序进行的。事见《十三经注疏》下册第1875～1876页。

② 《汉书》卷七十《甘延寿传》，中华书局，1962年版，点校本《汉书》九第3007页。以下引此书时均同此版本。

共王在晋楚鄢陵之战中，曾在太宰伯州犁的侍从下，一起登上巢车，观察晋军的动向。楼车与巢车的构造基本相同。据《左传》记载，宣公十五年（公元前594），楚军曾强迫被俘的晋使解扬登上楼车，劝说被围困的宋军投降。

遮挡器械有辒辒（fēn wēn）车和修橹两种。

辒辒车是一种攻城作业车。《孙子兵法·谋攻篇》提到了这种车。它是在一辆安有四轮的车底座上，用大木构成一个长方形木棚，前后不封门，外蒙生牛皮，士兵可以在其遮挡下接近城墙，进行掘土作业，并从中运出渣土。

修橹是一种大型盾牌，牌面蒙有生牛皮。攻城时，既可用于单兵护体，又可用多面盾牌排列成临时挡墙，掩护士兵向城上仰射箭镞。春秋时还有一种安有车轮便于机动的大盾。据《左传》记载，襄公十年（公元前563），鲁、晋联军在进攻妘（yún）姓国都城偪（bī）阳时，鲁国人"狄虒（sī）弥建大车之轮而蒙之以甲，以为橹"。攻城时，他左手推车盾，右手持戟，率领由100人组成的攻城突击队，猛攻城垣。可见大盾已成为当时一种遮挡士兵攻城的一种重要的遮挡器械。

攀登器械主要有钩援。因其作用与云梯相似，所以又称作钩梯。它是一种在顶端安有弯钩的长杆或长绳索。据《六韬·军用篇》说这种钩援的钩身长约8寸，钩芒长约4寸。攻城时，士兵用以钩附城墙，攀登上城。

上述各种攻城器械，只有在攻城作战时配套使用，才能发挥综合的攻城作用。

四　守城器械

守城器械除了随城池一起构筑的守城设施外，主要有远距离反击器械、遮挡器械、击砸器械等。其相应的图式，可参见本书第四章第四节。

远距离反击器械有发石机，其构造与攻城时所用发石机相似。守城时，将其安置在有利位置，抛射巨石，击砸密集的攻城之敌和攻城器械。

遮挡器械有布帘和皮帘，以其柔软的弹性，遮挡攻城之敌射来的矢石。

击砸器械主要有各种滚木礌石，当敌军攻至城下企图攀登城墙时，城上守军即将其投下。

守城器械必须配套使用，才能发挥综合的守城作用。

由于这一时期的作战样式以车战为主，故在高耸的城墙和深广的壕沟面前，车战常处于无用武之地，攻城难以奏效。如《左传》宣公十四年（公元前595）记载，楚庄王曾以绝对优势兵力攻宋之睢阳，结果围城9个月，未能攻破[①]。但是，若作战双方实力悬殊，攻城者有足够的攻城器械，则高城深池也可攻破。如襄公十年（公元前563），晋鲁联军攻克妘姓国的偪阳城便是一例[②]。因此，建筑坚固城郭和制造守城器械，同制造攻城器械便竞相向着一级高一级的水平发展。

---

① 春秋·左丘明作、晋·杜预注、唐·孔颖达疏，《春秋左传正义》卷二十四第184页，鲁宣公十四年"九月，楚子围宋"；十五年五月，"宋人及楚人平"；《十三经注疏》下册第1886页。

② 《春秋左传正义》卷三十一第244页，鲁襄公二十年"五月甲午，遂灭偪阳"，《十三经注疏》下册第1946页。

第四节　战船和水军的兴起

从舟楫的出现到春秋末期战船和水军的兴起，其间经历了漫长的历史过程。

《墨子》的"工倕作舟"[①]，《世本》的"共鼓、货狄作舟"[②]，《吕氏春秋》的"虞姁作舟"[②]等说法，大致把舟楫开始使用的年代定在新石器时代晚期，也就是五六千年前强大氏族部落形成的时期。浙江省余姚县河姆渡文化遗址（距今约 7000～5300 年）出土的制作比较精细的柄叶连体桨（图 2-26），说明我国在 7000 年前已经出现了用桨划进的独木舟。可见各种史籍的说法是有其事实基础的。

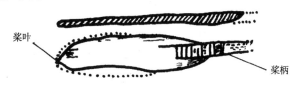

图 2-26　河姆渡出土的木桨

进入夏代文明时期后，"陆行乘车，水行乘船"已比较普遍。商代青铜器的发展和使用，为木板船的建造提供了锋利的工具，促进了造船技术的发展。殷墟出土的卜，说明当时已有专门造船的工匠。象形舟的舟、月、舟等甲骨文已多有出现。西周的金文不仅有舟字，而且出现了形象的胎字。周武王即位后第九年，举行了一次集合诸侯军队的演习，师行之时，"师尚父左仗黄钺，右把白旄（máo，用牦牛尾巴装饰的旗子）以誓曰：苍兕（sì，犀牛一类的兽名），苍兕，总尔众庶，与尔舟楫，后至者斩！"[③]遂至孟津。文中的"苍兕"似为当时主管舟船的官员。夏、商和西周初期木板船的建造，为舟楫的军事应用创造了条件。

一　舟楫的军事应用和战船的出现

舟楫用于军事，大约在商末周初之时。

（一）用木板船运渡兵员

据记载，周武王伐纣时，"先出于河，吕尚为将"，以 47 艘船，济于河[④]。周武王"十一年十二月戊午，师毕，渡盟津"[⑤]。这次从盟津渡过黄河的兵员有虎贲 3000 人、甲士 45 000 人、戎车 300 乘。平均每艘船要载运 1000 多人和 8 乘戎车渡过黄河，载运量是十分可观的。西周中叶（约公元前 1002），周昭王率兵南征楚国，大军渡过汉水以后，下令将船凿沉，以示不获

---

① 北宋·李昉等编撰，《太平御览》卷七百六十八《舟部一·叙舟上》引《墨子》，中华书局，1960 年版，影印本《太平御览》四第 3409 页。以下引此书时均同此版本。

② 北宋·李昉等编撰，《太平御览》卷七百六十九《舟部二·叙舟中》引《世本》和《吕氏春秋》，《太平御览》四第 3410 页。

③ 《史记》卷三十二《齐太公世家第二》，《史记》五第 1479 页。

④ 北宋·李昉等编撰，《太平御览》卷七百六十八《舟部一·叙舟上》引《太公六韬》，《太平御览》四第 3408 页。

⑤ 《史记》卷四《周本纪第四》，《史记》一第 121 页。

全胜决不收兵。昭王得胜后回渡汉水时，限令百姓在 3 日内将 1.5 万人渡河所需要的船造出来。百姓极为不满，便用胶粘合成船。当大军乘船渡至江中时，粘胶着水后溶化，所有船只都崩解沉没，昭王的人马纷纷落入水中，死伤过半。上述木板船虽非战船，但它们已被用作执行军事任务的船只。

（二）战船的出现和发展

我国战船的出现，大约始于春秋时期。其时青铜工具的发展和铁器的使用，推动了造船等手工业的进步。《诗·卫风·竹竿》中的"桧楫松舟"，以及《诗·鄘（yóng）风·柏舟》中的"汛彼柏舟"等诗句，说明当时用松柏等板材建造的舟楫已屡见不鲜。沿江濒海的吴、越、齐、楚等诸侯国，为了进行争霸战争的需要，纷纷设立"船宫"等舟楫管理机构和造船场，建造战船，编练舟师，大力发展水军，为进行水战创造条件。

吴国的战船建造业在当时南方诸侯大国中略胜一筹。公元前 6 世纪末，伍子胥分析当时各国争霸的形势和吴国的对策时，向吴王阖闾提出了先攻灭越国而置中原于不顾的策略。他认为：上党之国，即使攻而胜之，也不能居其地，不能乘其车；但是如果能战胜越国，则能居其地、乘其舟，切莫失去良机。与此同时，他还呈述了舟师装备的各种战船及其在作战中各自的用途："船名大翼、小翼、突冒、楼舡（chuán）、桥舡。今舡军之教比陵军之法，乃可用之。大翼者当陵军之车，小翼者当陵军之轻车，突冒者当陵军之冲车，楼舡者当陵军之行楼车也，桥舡者当陵军之轻足剽定骑也"[1]。伍子胥在此段论述中，第一次以战船比照人们熟悉的战车，阐述教练水战的方法，并将战船按照作战用途作了分类。

据《越绝书》记载："大翼一艘，广一丈六尺，长十二丈，容战士二十六人，櫂（zhào 又称棹）五十人，舳舻（zhúlú；舳，船后持舵处；舻，船前持舵处）三人，操长钩矛斧者四，吏仆射长各一人，凡九十一人，当用长钩矛斧各四，弩各三十二，矢三千三百，甲兜鍪各三十二"[2]。又据《昭明文选》张华《七命》李善注引："中翼一艘长九丈六尺。小翼一艘，长九丈"。从上述记载中可知，大翼和楼舡系形体较大的战船，是内河与近海作战中的主力战船。中翼和小翼是辅助性战船。突冒是一种船底装有冲角的攻击型战船，作战时可用冲角撞毁敌船，使之沉没。桥舡是一种灵活轻快的小型战船，水战中可用于冲击敌阵，往来游击。除上述战船外，吴国还有一种国君乘坐的指挥战船，称作艅艎（yúhuáng），船身形体高大，装饰华丽，相当于后世海军舰队中的旗舰。

吴国为了强化水军的训练，还出高价向宋国购置了冬天能防止皮肤冻裂的"不龟手"[3] 护肤药的配方，进行大量配制，发给水军抹擦，使水军战士能在数九寒冬季节，继续进行水战和操舟训练。后来吴国舟师在冬天同越国舟师进行水战时，取得了胜利，而用"不龟手"药让战士坚持"冬练三九"，则是取胜的一个重要原因。

越国在同吴国争霸期间，也竞相扩充军备，大力建造战船。越王勾践自吴返国六年后，国家大治，得到国人拥护，于是修造战船，大练舟师，准备伐吴。据文献记载，越国当时除拥

---

① 北宋·李昉等编撰，《太平御览》卷七百七十《舟部三·舟下》引《越绝书》，《太平御览》四第 3413 页。
② 北宋·李昉等编撰，《太平御览》卷三百十五《水战·掩袭上》引《越绝书》，《太平御览》二第 1450 页。
③ 龟：此处指皮肤受冻开裂。

有同吴国相同的大、中、小三翼战船外，还有戈船和楼船。戈船是以装备戈为主的战船①。楼船不但是吴国而且也是越国的大型战船，使用较多。

与吴、越形成三国鼎立之势的楚国，位于长江上游，为改变在争霸中舟师的劣势地位，也大力发展战船建造业，采用公输般（鲁班）发明的水战兵器钩拒。这种兵器杆长而轻，刃弯而利，退者钩之，进者强之②，是根据位居长江上游的楚国舟师，同位于长江下游的吴国舟师作战的特殊需要制作的。如果在水战中，吴国舟师战败后沿江水顺流快速而退，楚国舟师便用长钩将其钩住，阻止其后退，并将其俘获或钩沉，是谓"退者钩之"。如果吴国舟师溯江而上，进攻得势并乘势追击时，楚国舟师便用长拒拒挡进逼的敌船，是谓"进者强之"。可见钩拒是一种既可用于进攻，又可用于拒守的一种水战兵器。

滨临渤海的齐国，虽然没有留下建造和使用战船的记载，但是从周敬王三十五年（公元前485），齐国舟师在吴王夫差所率舟师尚未进入齐国海域，便在航渡中将其击败的战绩，便可窥知齐国舟师强盛之一斑了。

除以上沿海、沿江的4个战船建造和舟师大国之外，地处内陆的秦、晋等诸侯国也都建有舟师及其装备的战船。

二　战船的乘员、装备和水战战术

春秋时期的文献对战船的乘员、装备和水战战术，虽有一鳞半爪的叙述，但都缺乏系统的记载，尤其是水战战术，只能参照一些考古发现的材料，作为研究的依据。

（一）乘员编配

吴国舟师战船的乘员，仅大翼有明确的编配数额：全船乘员91人，其中有参战的指挥员2人、战士26人、持长钩戈矛和准备在同敌船接舷时钩拒敌船的4人，共32人，装备各种兵器32套，占全船乘员的1/3，他们被称作"习流"③；划桨手50人，船工9人，两者共59人，约占全船乘员的2/3。中翼和小翼乘员的编配比例，可能也与此相近。

《墨子·备水》中还记载了另一种编配方式："并船为十临，临三十人。……以船为辊辐，二十船为一队，选材士有力者三十人共一船"④。这可能是一种小型战船的乘员编配，而且战士和水手不一定有明确的分工，只能将驾船划桨与操戈作战合而为一了。

越国从会稽迁都琅邪时，300艘戈船分载8000名敢死之士，加上水手后，平均每艘戈船的乘员大致也是30人，属小型战船。

上述战船的乘员编配，因船体的大小和战斗中的作用不同而异。大型的楼船和大翼，大多是指挥船或主力战船，编配的乘员约为100人左右；中翼一类的中型战船，编配的乘员约

---

① 戈船：据马端临撰《文献通考·兵考十·舟师水战》"武帝时有楼船有戈船"之句下注称："张晏曰，越人于水中负大舟，又有蛟龙之害，故置戈于船下，因以为名。臣瓒曰，伍子胥书有戈以载于船，因谓之戈船也。"

② 清·孙诒让著，《墨子闲诂》卷十三第291页《鲁问第四十九》，《诸子集成》四。

③ 习流，在《史记》卷四十一《越王勾践世家第十一》中，注解各有不同：索隐认为是"流放之罪人，使之习战，任为卒伍，故有二千人"；正义认为"先惯习流利战阵死者二千人也"。又据《吴越春秋》徐天祐注："此所谓习流，是即水战之兵，若使罪人习战，越一小国，流放者何至二千人哉。"今从徐天祐说。

④ 清·孙诒让著，《墨子闲诂》卷十四第325页《备水第五十八》，《诸子集成》四。文中的"材士"系指水战之兵。

为 60～70 人（按船体舱面面积估算）；小翼一类的小型战船，编配的乘员约为 30～50 人。就整个舟师而言，装备的战船以中小型为多。作战时，以 10 船或 20 船编为一队，布成水阵，进行水战。

（二）武器装备

当时战船上的武器装备，除了文献记载的长钩、矛、斧、弩、甲、兜鍪、钩拒外，还可从几件出土的战国早期水战图像中，看出舟师战士装备的兵器。

迄今为止，已经发现的战国早期的水战图像，都铸于铜鉴和铜壶上，共有 4 件。其中有 1935 年在河南省汲县山彪镇一号墓中出土的 2 个铜鉴[①]，有 1965 年在四川省成都市百花潭中学获得的 1 件铜壶[②]，有故宫收藏的 1 件传世铜壶。这 4 件铜器上的水战图像，构图的思路和技法几乎相同，好像出自同一底本，其中山彪镇铜鉴的图像最为完备清晰，所画相对而驶的两艘战船上，显示了水军所用的全部武器装备。其中有射远的弓箭；格斗的长柄矛戟，柄长超过人体高度的 2 倍，至少在 3.3～3.5 米；战斗兵员和水手都佩有卫体的青铜剑；旗帜树立于船头；金鼓设在船尾。它们大抵与同时期战车上装备的同类兵器雷同，反映了战船沿用战车兵器，舟师水战战术沿用车战战术的生动情景。

（三）水战战术

山彪镇铜鉴上的水战图像，形象而又示意式地描绘了两艘迎面对驶，双方兵员正在激战

图 2-27 战国铜鉴上的水战刻纹

中的场景（见图 2-27）。两艘大型战船的形制构造相同，船身修长，首尾起翘，船首舱面树立一面大旗，旗杆顶端安有戟头，旗后排列身佩短剑的 3 名战士，船体高大，分上下两层，战士在舱面上浴血激战，底舱一侧有身佩短剑的 4 名桨手（战士和桨手的人数实际上要远多于图中显示的数额），正在以直立姿势奋力划桨。试以画面左侧一船为背景，分析船上各部位战士的战术动作：位于船首的第一名战士俯身挥剑，似欲砍击手攀船首向舱面攀登的敌人。其后 2 名战士手执长柄的矛戟，向来攻的敌战士兵劈刺。指挥员立于船尾，靠近鼓架，执桴击鼓，鼓下设有钲（zhēng，古代行军时的打击乐器）。右侧船上战士的战术动作与左侧船相似，只是击鼓人双手各执一桴，鼓前有 1 名战士正张弓搭箭，瞄准敌船，准备射箭。战斗除在舱面进行外，还有战士在水中搏杀，其中右侧船尾有 1 名战士在水中助船航行，船首有 1 名战

---

① 郭宝钧，《山彪镇与琉璃阁》，科学出版社，1959 年版，第 18～22 页。

② 四川省博物馆，成都百花潭中学十号墓发掘记，文物，1976，(3)：40～46。铜壶纹饰拓本见该期《文物》图版 2。

士跳入水中作奋力攀登敌船船首姿势，左侧船尾有 1 名战士在水中助船航行，船首有 1 名战士在水上正用剑拦击企图登船的敌方战士，水中鱼鳖潜游。整个图像逼真地描绘了一场战船冲撞和士兵跳帮激战的生动场景。其他 3 件铜鉴或铜壶上所描绘的水战情景，除细微末节稍有差异外，几乎全部相同。

4 件铜鉴、铜壶上描绘的水战图像，不但在武器装备上与战车装备雷同，而且也在水战战术动作上，显示了对车战战术的沿用。这是因为车战战术自夏末商初兴起以来，历经西周的发展，至春秋时期已经相当成熟，对它的研究也日益深化。因此，伍子胥在向吴王陈述水兵教练方法时，用车战战术作比喻，使人听之即明。这同当时吴越两国"以船为车，以楫为马"，"不能一日而废舟楫之用"的时代和地域环境是吻合一致的。据传在伍子胥的《水战兵法内经》中，对水战兵法有所著述，可惜已经失传。

从商末周武王伐纣用木板船运送兵员后，大约经过 500 多年，至楚康王元年（公元前559）开始建造战船，创建水师[1]。之后，水战不断进行。楚康王十一年夏，"楚子作舟师以伐吴"[2]，进行了有史以来的第一次水战。吴王夫差八年（公元前485），吴国舟师"从海上攻齐，齐人败吴"[3]，进行了有史以来的第一次海战。越王勾践十九年（公元前478），勾践"发习流二千人"[4] 攻吴，在笠泽（今江苏吴淞江，亦称苏州河）进行水战。在这些水战过程中，参战国在战船建造业及其技术水平、舟师的编制装备、战术和技术，都得到了较快的发展。

第五节　《考工记》中的兵器制造问题

在先秦典籍中有关兵器制造的记载虽然不少，但是都不如《考工记》全面、集中。《考工记》是我国最早的手工艺专著，也是战国时齐国的官书之一。现存《考工记》有后人增写的内容，成书年代不晚于战国，原为单本，西汉时因《周礼》（即《周官》）失"冬官"一篇，遂以《考工记》补之[5]。今传《周礼》即包括《考工记》在内之书。《考工记》全文 7000 多字，记述了当时官营手工业的 30 个工种，今传本仅有 25 个工种，文中集中反映了这些工种的技术和工艺概况。其中涉及兵器制造的内容有：青铜兵器的合金配比和冶铸技术、材料的精选、设计和制造方法的创新、设计和制造中蕴含的科学知识、工艺的规范、成品的检验、兵器配发和使用的原则等方面。

一　青铜兵器的合金配比和冶铸技术

"金有六齐"是《考工记》关于青铜器中铜锡配比的经典之说，其中又以青铜兵器中铜锡

---

① 元·马端临撰，《文献通考》卷一百四十九《兵考一·兵志·楚兵制》，浙江古籍出版社，1988 年版，影印本《文献通考》（一）第 1305 页。以下引此书时均同此版本。

② 春秋·左丘明作、晋·杜预注、唐·孔颖达疏，《春秋左传正义》卷三十五第 278 页，鲁襄公十四年，《十三经注疏》下册第 1980 页。

③ 《文献通考》卷一百五十八《兵考十·舟师水战》，《文献通考》（一）第 1379 页。

④ 《史记》卷四十一《越王勾践世家第十一》，《史记》五第 1744 页。

⑤ 据陆德明《经典释文·序录》称：西汉"河间献王开献书之路，时有李氏上《周官》五篇，失事官一篇，乃购千金，不得，取《考工记》以补之"。本书所引《考工记》的原文，以中华书局 1980 年版影印本《十三经注疏·周礼注疏》为底本，同时还参考了闻人军所著的《考工记导读》。

配比的论述为主。其文称："金有六齐，六分其金而锡居一，谓之钟鼎之齐；五分其金而锡居一，谓之斧斤之齐；四分其金而锡居一，谓之戈戟之齐；三分其金而锡居一，谓之大刃之齐；五分其金而锡居二，谓之削杀矢之齐；金锡半，谓之鉴燧之齐。"对文中"金有六齐"的"金"，不少专家认为指的是青铜合金；"六分其金而锡居一"等句中的"金"，指的是红铜[①]。由此推算出：斧斤、戈戟、大刃、削杀矢等四类青铜兵器中的铜和锡（及铅）的配比分别是5/6：1/6，4/5：1/5，3/4：1/4，5/7：2/7。其含锡量则分别为16.6%、20%、25%、28.57%。虽然对古代青铜兵器化学分析的结果与"六齐"所载并不一致，这可能与古代冶炼技术和所用金属材料的纯度有关，但从原理上看，"六齐"的出现，说明当时人们对青铜合金成分、性能和用途之间的关系已有所认识。用现代科学方式测定，青铜的含锡量在17%～20%之间最为坚利。斧斤属劈砍类兵器，体厚而重，其刃部主要靠斧身的重力下击而砍入人体，刃部不必过硬，故含锡量在下限。戈、戟属钩啄和直刺类兵器，以戈、戟的"援"或矛头的锋刃杀敌，没有一定的硬度难以发挥钩、啄、刺的效力，故含锡量居上限。大刃属劈斩类兵器，体薄刃长，只有用坚硬锋利的直刃，才能切入人体，故含锡量超过上限。杀矢为射远兵器中的箭镞，用弓体弹射后以尖锋刺入人体，其锋必须坚挺，宁折不弯，才能以瞬时力刺穿至肤内，故含锡量最高。可见"金有六齐"中关于青铜兵器铜锡配比的确定，是符合实战需要的。

为了保证兵器的质量，需要用精良的青铜为原材料。为此《考工记》在"铸金之状"中要求在冶炼锡青铜合金时，必须要等炼炉中先后生成的黑浊色、黄白色、青白色烟焰和气体扩散完毕，只剩下青色烟焰和气体时，才能用来铸造兵器。因为此时炉中的纯净青铜已经冶炼成功。《考工记》中的青铜冶铸技术，受到国际科技界的高度重视，认为它"是文明古籍中关于青铜铸造技术的最早的遗产之一"[②]。

二　材料的精选

精良的兵器要以所用材料的精选为前提，《考工记》对此论述颇详。在"弓人"一节中，对制弓所用的干、角、筋、胶、丝、漆等六种材料的精选，都有具体的要求。如在制造弓干时，最好要精选材质坚韧的柘（zhè）木，其次才是坚韧程度稍逊的檍（yì）木、㮆（yǎn）木、桔木、木瓜和荆木，不得已才使用竹材，只有这样才能使箭射得远。弓角的质量会影响箭的飞行速度，所以要精选秋天宰杀的健壮幼牛之角，因为这样的角质地最坚厚，其中尤以根白、中青、尖丰之牛角为上乘。对于关系箭镞扎刺深度的筋、粘合弓身各部件的胶、缠固弓身的丝、保护弓面的漆，也都要经过严格的精选，才能保证弓的质量。此外，对于制箭的杆材、制甲的皮革，以及造车的各种材料，也都规定了精选的标准，以保证箭、皮甲和战车的质量。

材料选好后，还要经过精细的加工才能使用。在"函人"一节中，要求工匠把用于制作皮甲的普通兽皮，用鞣（róu）料进行鞣制，使之成为白、柔、齐、平、浅的皮革。所谓白，就要像菅（jiān）茅花一样洁白无污，在水里快洗之后就会坚牢结实；所谓柔，就是用手握捏时要感到润滑，尔后再涂上厚脂，使之更加柔软；所谓齐，就是把鞣治好的皮革卷紧后，两边要整齐不斜；所谓平，就是把它展开后，革面要平直，厚薄要均匀；所谓浅，就是在两块皮

①　也有一些专家认为是青铜。
②　J. Needham, Science and Civilization in China, Vol. Ⅳ, Part 1, 1962.

革缝合之处一定要浅狭，使之不易伸缩变形。经过这样加工的皮革，才能制成优质的皮甲。

三　设计和制造方法的创新

兵器的设计和制造，既要使其杀伤作用能得到充分的发挥，又要方便士兵的使用。《考工记》的作者在总结前人经验的基础上，创造了以兵器某一部位的尺寸为基数，再以最佳的比例设计其他部位尺寸的方法。如在"冶氏"、"庐人"等节中，对戈、戟、矛、殳等长柄兵器的设计和制作，便采用了这种方法。

按文中要求，在设计和制造长柄戈时，先确定戈（各部名称见图2-5）头的"援"宽2寸为基数，再以最佳的比例确定其他部位的尺寸。如"内"长为援宽的2倍即4寸[①]，"胡"长为援宽的3倍即6寸，援长为援宽的4倍即8寸。援与胡之间的夹角不宜太钝，太钝了不易啄人；也不宜太锐，太锐了割断的作用差；援以横出而稍微向上为好。内太长了容易折断，太短了使用时不够快捷。全戈的重量以3锊[②]为宜。按照同样的方法，一件援宽为1.5寸的戟头（各部名称见图2-8），其内长为援宽的3倍即4.5寸，胡长为援宽的4倍即6寸，援长为援宽的5倍即7.5寸。援与胡应纵横成直角。包括矛刺在内，全戟的重量以3锊为宜。

长柄兵器的全长也要根据实战的需要确定。其长度一般以下述尺寸为宜：长柄戈6.6尺、车戟16尺、夷矛24尺、酋矛20尺、殳12尺。最长的长柄兵器不能超过人体高度的3倍，否则不仅使用不便，而且会自伤使用者。戈和戟之柄的横截面应为椭圆，既便于同戈头进行连装，又能在钩啄敌人时不致发生转动。矛和殳之柄的横截面应为圆形，这样在直刺和击打时才能坚挺有力。

此外，在"轮人为轮"、"舆人"和"辀人"等节中，也提出以轮径的高度即直径的尺寸为基数，再以最佳的比例设计战车其他部位（名称见图2-21）的尺寸。如对于轮径为6尺6寸的一辆战车来说，其车辀的长度为轮径的3倍即19尺8寸，车箱的宽度、车衡的长度都与轮径相等即6尺6寸，车箱的长度为箱宽的2/3即4尺4寸，车轼(shì)高为箱宽的1/2即3尺3寸，如此等等。车轮的直径不宜太大，太大了人不易登车；太小了马拉费力，如爬行一般。

以兵器某一部位的尺寸为基数，设计其他各部位尺寸的方法，既便于批量制造，又便于实战使用。这一创造具有独开先河的历史意义。16世纪后期，欧洲火器研制者，也开始采用以火炮口径的尺寸为基数，再以一定的比例设计其他各部分尺寸的方法，较好地协调了火炮的威力同其在战场上机动性之间的矛盾（见本书第六章第三节、第七章第三节）。

四　设计和制造中蕴含的科学知识

《考工记》的作者在叙述兵器设计和制造的一些章节中，蕴含着不少素朴的科学知识。由于时代条件和科学发展水平的限制，书中虽然还不能对这些知识进行深入的阐述，但蕴含着对一些现象的描绘。

如在"矢人"一节中，作者要求工匠在制箭时，要选择天生浑圆、致密结实、节间长、节

---

① 寸：春秋战国之际，齐国流行的尺，约合今19.7厘米。
② 锊（lüè）：重量单位，郑玄注说同"锾"（huán），重六又三分之二两。另一说以为重十一又二十五分之十三铢。

目少的竹杆作箭杆，使之前后一样坚挺而不易挠曲。若使用强弱不均的箭杆，那么在搭箭、张弓、拉弦后，箭杆就会在弓弦的压力下，产生不同程度的弯曲和形变，在释弦射箭后，由于箭杆的弹性作用，使自身反复挠曲，从而导致不正常飞行状态的出现。若箭杆前部偏弱，搭箭后前部弯曲偏大，释弦射出后振动较强，阻力增大，使飞行滞缓，轨道低于常态，即"前弱则俯"。若后部偏弱，张弓时后部弯曲偏大，释弦射出后振动较强，一部分振动能量转化为推动箭杆飞行的动力，使飞行加快，轨道高于常态，即"后弱则翔"。若中部偏弱，张弓拉弦后在弓弦压力下，箭杆弯曲过大，释弦射出后反弹强劲，偏离常轨飞行，即"中弱则纡"。若中部偏强，张弓拉弦后弓弦所受的压力和形变较大，释弦射出后对箭杆的反作用力增大，箭矢迅速离开弓弦，倾斜而出，即"中强则扬"。

《考工记》的作者在叙述其他兵器或战车的设计、制造工艺时，也都蕴含着多方面的科学知识。这些都是作者在汇集前人经验的基础上，经过自己反复观察和实验后所得出的真知灼见。书中对能够反映科学本质的某些现象的描绘，比较贴切入理；对避免兵器和战车的种种弊端而提出的规范性工艺，颇为得当适宜。由此可见，《考工记》中所提出的设计和制造的种种要求，是有其科学基础的，这是它能够传之后世的重要原因。

五　工艺的规范

兵器的制作，从材料的精选到成品的完工，每道工序都要按规范的工艺精细操作，否则就会影响兵器的质量，甚至成为废品。《考工记》在"弓人"一节中规定，制作一张良弓，要花三年多的时间，经过精细的加工才能制成：第一年冬天剖析弓干，将其削修精致、均匀，前后浸治两次，并用慢火揉干。第二年春天剖析和浸治牛角，使其长短适宜，并要浸治三次，使其浸润和柔；夏天整治筋材，免其纠结，保其弹力；秋天用丝、胶、漆将干、角、筋合拢，使其坚密；冬天将弓体放入弓匣内将其固定，使其不致走样、变形。第三年春天安上弓弦和各种配件（名称见图2-1），再稳定一年，尔后便可开弓使用。按照上述周期制成的弓，才能经久耐用，力劲而不衰。否则就不是好弓。如在角和干材还没有干燥的时候，就急于用火揉曲，表面上虽看不出毛病，但时间长了就会变形，终究成为废弓。"弓人"中所说精细的制弓工艺，直到抗战时期，有的制弓店铺仍在采用[1]。

六　成品的检验

《考工记》的作者对兵器成品的质量检验，也提出了许多新方法。如在"庐人"一节中，对长柄兵器的检验方法便是一例。其检验方法有三：一是"置而摇之"，即把制成的长柄兵器竖立在地面上，使其一端固定，尔后再摇动它，看它的挠曲情况；二是"炙诸墙"，即把它撑在两墙之间，使其两端都固定，看它的挠曲是否均匀；三是横握中部，使其中间固定，尔后再摇动它，看它的强劲程度。如果这三种检验都合格，就可以交付军队使用。

在"轮人为轮"一节中，作者对车轮的检验也提出了一套完整的方法。除了要求采用直

---

① 谭旦冏（jiǒng），成都弓箭制作调查报告，见《历史语言研究所集刊》，1951年中国台北版，第23页。文中说，抗战时，成都长兴弓铺从备材到制成一张弓，要跨越四个年头，实际需要三年时间，与《考工记》所说大体一致。

观的方法，察看车轮是否坚固缜密，车毂转动是否灵活，辐条装配是否正直，轮牙合抱是否紧密外，还要求采用仪器对车轮进行精确的测定。即用圆规检验车轮是否正圆，用"萭"（正轮之器）检验车轮是否正圆，用悬绳的方法检验上下轮辐是否对直，把车轮浮在水面上看它各向浮沉的深浅是否均匀，用黍粒放入车毂的中空之处看两者的容积是否相同，用秤秤量两轮的重量是否相同。如果这些检验都合格，就是高质量的车轮，用这样的车轮，才能装配成适用的战车。

七 兵器配发和使用的原则

兵器的设计和制造，还要按照国家规定的配发和使用的标准进行。据"桃氏"一节记载，按当时齐国的规定：一柄剑身宽 2.5 寸，柄长 5 寸的剑，其剑身的长度有三个等级：剑身长度为柄长的 5 倍，即 25 寸，重 9 锊的是上等剑，供上士佩用；剑身长度为柄长的 4 倍，即 20 寸，重 7 锊的是中等剑，供中士佩用；剑身长度为柄长的 3 倍，即 15 寸，重 5 锊的是下等剑，供下士佩用。

在"弓人"一节中也有类似的规定，即把弓按使用者的身份区分为四等，按人体的不同高度区分为三等：上制弓长 6 尺 6 寸，上士佩用；中制弓长 6 尺 3 寸，中士佩用；下制弓长 6 尺，下士佩用。虽然这是按齐国的官制制订的，并不一定完全适用其他诸侯国，但从湖南、湖北等地楚墓中出土的春秋战国古弓可知，其尺寸与此规制也基本相符。可见，《考工记》所定弓的等级与规制，对推广先进的制弓技术有一定的作用。

此外，文中还根据使用者的体形、意志、性格等生理和心理素质的不同，确定配用不同的弓箭。对于身体偏矮，意念宽缓，行动舒迟的人，要配用弓力强劲、弹性急疾的弓，发射柔缓的箭，才能弥补其主体的缺陷而有力地命中目标；对于个性刚毅果断、火气大、行动急疾的人，要配用柔软的弓，发射飞行急速的箭，以克服其主体条件的不足而稳稳地将箭命中目标。这实际上是采用以刚激柔、以柔抑刚、刚柔互补、缓急相济的原则，在配发和使用弓箭中的巧妙运用。射手领到了弓箭后，在使用之前，先要抹去灰尘，抚摩弓体，检验弓箭的完好度，调试弓体的形状和弓力，使之成为最佳的待射状态，经过试射后再行使用。

《考工记》中所涉及的军事技术内容十分丰富，除战船建造外，几乎包容了当时陆上军事技术的各个方面，具有相对的完备性。在论述兵器的设计和制造中，虽然还只限于经验的描绘，但是已经蕴含着不少素朴的科学知识，提出了许多先进的方法。这些都充分反映了自西周以来设立的冬官"司空"，在制造兵器和营建城邑的过程中，于技术和工艺规范化方面所达到的水平，也体现了当时工匠们的聪明才智。

第三章　钢铁兵器阶段的军事技术

河北省藁城市和北京市平谷县刘家河两地出土的铁刃铜钺（见照片4），说明我国在公元前14世纪的商代，人们已经懂得利用天然陨铁制作兵器的刃部。河南省三门峡市上村岭出土的一把玉柄铁剑，表明我国在西周晚期已经能人工炼铁并将其制成锋刃器。战国晚期，由于掌握了块炼铁固态渗碳钢的技术，钢铁兵器随之增多，并装备军队，用于作战训练。从秦到西汉时期，钢铁兵器的制造技术进一步提高，至东汉便全部取代了青铜兵器。到隋唐时期，钢铁兵器的制造和使用，已经规范化和制式化。钢铁兵器制造和使用的增加，不但改善了军队的装备，而且促进了作战方式的变革。车战的地位和作用逐渐下降，以致被骑战和步战所取代，骑兵和步兵日益成为军队编制中的主要兵种。以铁制构件和优质木料建造的战船得到了空前的发展，装备钢铁兵器的舟师（亦称水军、水师）已成为军队编制中的一个主要军种，水战已成为重大战役的组成部分。铁质大型攻城器械的制造和使用，促进了军事筑城技术和守城器械的发展，强化了攻城手段，攻守城战的规模不断扩大，都城和重要城邑的争夺，已成为战争胜负的重要标志。军事技术和军事学术的研究因增加了新的内容而显得活跃起来。

第一节　钢铁兵器的创制与发展

从西周晚期人工炼铁萌芽，到春秋末战国初，早期铁器已有一定的发展，并被推广应用于农业、手工业和兵器制造业等部门中。战国中后期，各诸侯国都设有冶铁基地。据不完全统计，秦、楚、燕、赵、韩、魏、齐等国境内就有30多处。为了经营冶铁业，各诸侯国在中央和郡县，分别由相国和郡守、县令，监督中央和郡县各府、库等官营的冶铁机构。在通常情况下，府以制造其他铁器为主，库以制造兵器为主，府、库都设有作坊，由工师、冶尹等工官主持冶炼和制造兵器事宜，保证了兵器制造的发展。

一　钢铁兵器冶铸技术的提高

随着冶铁业的发展，钢铁兵器冶铸技术也得到了相应的提高，主要表现在下述几方面。

其一是块炼铁渗碳钢技术的提高和推广。人工冶铁虽然在西周晚期已经出现，但是由于早期的铁大多是结构疏松、质地柔软的块炼铁，所以还不能用来大批制造兵器。湖南长沙杨家山65号墓出土的一柄春秋晚期钢剑，经化验，系采用含0.5%左右的中碳钢锻打而成。这是我国目前发现最早的块炼铁渗碳钢实物（见本节五"钢剑"之注）。到战国后期，块炼铁渗碳钢便用于制造兵器。在河北省易县武阳台村战国后期燕下都遗址44号墓出土的79件铁器中，有矛、戟、刀、剑、匕首、胄（1件，由89枚甲片缝缀而成）等钢铁兵器，其中经过鉴定的有5件，发现它们都是用块炼铁渗碳钢锻制而成，其坚韧锋利的程度，大大超过了青铜兵器。又从该墓发掘的情况看，这些兵器似为墓中士兵生前所用，后又在死者丛葬时埋入墓中，说明钢铁兵器在公元前 3 世纪的战国后期，已经普遍装备军队[1]。

其二是淬火技术的运用和发展。在对燕下都兵器进行科学鉴定中，发现它们都是经过淬火处理后制成的高硬度钢铁兵器[1]，说明战国后期已经将淬火技术广泛用于兵器制造中。经过淬火技术制成的兵器，刃部更加锋利坚硬，杀伤力更大。这是我国迄今发现的最早的淬火兵器。秦汉时期，淬火技术得到了进一步的发展，许多出土的钢铁兵器，都是经过淬火处理的精品。三国时造刀家蒲元，对淬火技术有较深的造诣，能够鉴别出用不同水质淬火的兵器[2]。北齐人綦（qí）母怀文在用灌钢法制成"宿铁刀"后，便"浴以五牲之溺，淬以五牲之脂"[3]。这是因为牲畜尿中含有盐分，钢在其中冷却的速度比在水中慢，可获得较高的韧性，并能减少在淬火时的形变和脆裂。

其三是退火技术的运用。战国初期出现了用热处理方法，使白口铁中与铁化合的碳，成为石墨析出，创造了韧性铸铁的工艺。这是用退火方法试图降低白口铁脆性的结果。到战国中晚期，已广泛运用退火技术，降低生铁的脆性而提高其坚韧性，用其作为铸造兵器的原料，使制成的兵器具有锐利的锋刃。

其四是铸铁脱碳钢技术的创造。生铁脱碳退火工艺的进一步发展，便导致了铸铁脱碳钢技术的创造。铸铁脱碳钢技术是将生铁加热到一定的温度，在固体状态下进行比较充分的氧化脱碳，并且可以通过脱碳量的多少，得到高碳钢、中碳钢或低碳钢的一种炼钢技术，又称之为"铸铁脱碳成钢法"，是脱碳技术的高度发展。其法是先用生铁制成各种板材和条材，尔后再脱碳退火成质量较好的优质钢材，作为锻造用的坯料，成为制造兵器的好原料。河南阳城、古荥镇、巩县生铁沟、南阳等铸铁遗址，都相继发现了这种板材。西汉满城汉墓和北京大葆台汉墓出土的铁镞和环首刀，就是用这种钢材制成的。

其五是炒钢技术的发明。炒钢是先将矿石冶炼成生铁，尔后向熔化的生铁水中鼓风，同时进行搅拌，促进生铁水中的碳氧化。用这种方法可以先将生铁炼成熟铁，尔后再经过渗碳，锻打成钢。另一种方法是有控制地把生铁中的含碳量炒到需要的程度，再反复锻打成钢。中国的炒钢技术创始于西汉末，普及于东汉，被广泛用于兵器制造中。徐州出土的东汉建初二年（公元 77）五十炼钢剑，以及山东临沂苍山出土的东汉永初六年（公元 112）三十炼钢刀，都是用炒钢为原料制成的（这两件制品，可见本节五"钢剑"、四"钢刀"之注）。炒钢技术的创造，是炼钢史上的一大飞跃，也是钢铁兵器成熟的标志。

其六是百炼钢技术的运用。百炼钢技术实际是炒钢技术的发展。百炼钢是用炒钢反复加热叠打形变，细化晶粒和夹物而成的。有时也可用含碳量不同的钢材复合组成。通常是用反复折叠锻打的最后层数表示炼数，炼数越多，表明加工锻打的次数越多，晶粒和夹杂细化的程度越高，钢的质量越精良。"百炼"一词最初出现于三国时期。曹操于东汉建安年间曾下令

① 北京钢铁学院压力加工专业，易县燕下都 44 号墓葬铁器金相考察初步报告，考古，1975，（4）：243。

② 北宋·李昉等编撰，《太平御览》卷三百四十五《兵部七十六·刀上》引《蒲元传》，《太平御览》二第1589页。其文称：蒲元在"斜谷为诸葛亮铸刀三千口，熔金造器，特异常法。刀成，自言汉水钝弱，不任淬用；蜀江爽烈，是大金之元精，天分其野。乃命人于成都取之。有一人前至，君以淬刀，言杂涪水，不可用。取水者犹悍言不杂。君以刀画水云，杂八升，何故言不？取水者叩头首实云，实于涪津渡负倒覆水，惧怖，遂以涪水八升益之。于是咸共惊服，称为神妙。刀成，以竹筒密内铁珠满其中，举刀断之，应手灵落，若薙（tì，除草）生刍（chú，喂牲畜的草）。故绝称当世，因曰神刀。"

③ 《北齐书》卷四十九《綦母怀文传》，中华书局，1972 年版，点校本《北齐书》二第 679 页。以下引此书时均同此版本。

工匠造"百辟刀五枚",又在《内诫令》中称,用"百炼利器以辟不祥,摄服奸宄者也"[①]。据《晋书·赫连勃勃载记》称,当时曾制成一种名为大夏龙雀的"百炼钢刀",被誉为"名冠神都,可以怀远,可以柔迩,如风靡草,威服九区"的利器。

其七是灌钢技术的创造。灌钢技术就是利用液态生铁,对熟铁进行扩散渗碳的一种炼钢技术。其法是把含碳量较高的生铁和含碳量较低的熟铁,按一定的比例进行配合,共同加热至生铁溶化而灌入熟铁中去,熟铁由于生铁的掺入而增加了含碳量,当含碳量达到一定程度时,就成为钢材。这种方法是北齐人綦母怀文在制造"宿铁刀"时创造的,是古代炼钢和兵器制造技术的又一重大成就。

二　射远兵器

钢铁兵器是第二代金属兵器。它既沿袭青铜兵器的基本类型而分为射远兵器、格斗兵器、卫体兵器、防护装具等四大类,又使冷兵器开始走向成熟的发展阶段。这一时期的射远兵器,在原有的基础上又有一定的改进。弓的制作材料更为精良,弩的构造有较大的革新,箭已由青铜镞发展为钢铁镞。

(一)弓

战国时期的弓,基本上是沿袭《考工记·弓人》的工艺规范制造的。秦军使用的弓出土甚少,只发现一张用两块长竹片和两块短竹片制成的弓。长竹片的一端较尖,放在弓端,下接角质弓弭,另一端较宽,放在中间,使两长竹片的宽端相连接;接缝处的外边用两块短竹片叠压缠紧,整个弓体涂有黑漆(见图3-1)。汉代军队多使用复合弓,在形制构造上与秦弓大致相近,弓的构造尺寸比较统一。文献记载中有虎贲弓、雕弓、角端弓、路弓、疆弓等名

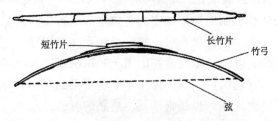

短竹片　　　　　长竹片

竹弓

弦

图3-1　秦军使用的弓

称。弓的出土实物较少,从已经出土的弓可知,它们的长度为130~140厘米,弓体较宽厚,利于射远,弓面涂有漆,弓弦用多股丝绳绞合而成,或用动物筋和肠衣制成,以采用挂弦者为多。汉代多使用强弓,如盖延、祭肜等骁将所用的弓,张弓所用的力达300斤。为保护手指,拉弓时要使用名为牒(dié)的扳指,套在拇指上勾弦。食指、中指和无名指,通常也要套上用皮革制作的指套。唐军使用的弓有长弓、角弓、稍弓、格弓等4种。长弓用桑、柘等木制造,形体较大,装备步兵;角弓形体小,强度大,适于骑兵使用;稍弓是射程较近的短弓;格

---

① 北宋·李昉等编撰,《太平御览》卷三百四十五《兵部七十六·刀上》引魏武帝《内诫令》,《太平御览》二第1588页。

弓是用于仪仗的彩饰之弓①。汉唐时期的骑兵多使用强弓，张满即射，其势如追风，穿刺力较强。

（二）弩

战国时期各诸侯国军队装备的弩较多，文献记载中有夹弩、庾弩、唐弩和大弩等名称。夹弩和庾弩属轻型弩，射程远、射速快，多用于攻守城垒。唐弩和大弩属重型弩，射程较远，射速较慢，通常用于车战和野战。各诸侯国中，以韩国的弩最负有盛名，有溪子、少府、时力、距来等名称，射程在 600 步以上。《荀子·议兵篇》称，魏国步兵多使用张力为 12 石的强蹶（jué）张弩。《墨子·备高临》中还提到了守城用的"连弩之车"，发射一种用绳扣系箭尾的长箭，射毕后可用轮盘将其卷收回来，以便再射，是谓连弩之意。据《史记·秦始皇本纪》说，秦始皇东至琅邪时，曾使用这种连弩射捕海中之鱼（可能是鲸）。秦军装备的弩大体仍是战国时期常用的制式弩，其改进之处在于使用长方形的悬刀，加大加高了望山，从而增强了弩机的灵敏度和瞄准目标的准确性。

弩在汉代得到了较大的发展，同战国时期的弩相比，汉弩有两大改进：一是在青铜扳机（牙、悬刀和牛）的外面，加装了一个铜铸的机匣——郭。牙、悬刀和牛都用铜枢联装在郭内，尔后再把铜郭嵌进木弩臂上的机槽中②。这样，连贯弩机各构件的栓塞，就不仅穿在弩臂之槽的边框上，同时也穿在铜郭的孔中，所以能承受更大的张力；二是汉代的弩机在望山上都加刻了分度。河北省满城县刘胜墓出土的弩机就是如此，这是迄今发现最早刻有分度的望山。望山是弩上用作瞄准的构件，根据目标的情况，当射手的眼睛、望山刻度、镞尖、目标同在一直线上射弩时，即可提高命中精度。这同现代步枪设置表尺，进行瞄准射击的原理基本相同。《汉书·艺文志》载有《远望连弩射法》十五篇，很可能是弩的一种射表，可惜此书现已失传。此外，汉弩末端还装上了与步枪柄相类似的把手。

由于弩是强有力的兵器，所以汉代十分重视弩的制造，通常都要在铜郭上留有制作官署、监造官吏、匠师名称、制造年月和弩的强度等内容，出土的不少汉弩都证明了这一点。

汉弩引力的大小以石（shí，1 石＝120 市斤）为计算单位，引满一石之弩与提举一石重物之力相等。居延汉简记载，当时有一、三、四、五、六、七、八、十石等各种弩。又据居延汉简所记射程进行推算，三石弩可射 189 米，四石弩可射 252 米，十石弩的射程可能达到 600 米以上，是当时世界上射程最远、威力最大的一种射远兵器。

汉弩是汉军同匈奴作战的利器，郡国兵编有以弩手为主的步兵"材官"，其统领的官员有强弩将军等。汉军使用的弩有擘（bò）张弩、蹶张弩、腰开弩（使用时，弩手坐地，两足向前蹬弓，以系在腰间的拴钩之绳曳弦张弓。由于这种弩是用人的两腿和腰部的合力进行张射，所以威力大于擘张弩、蹶张弩）和重型弩。前三种弩体较轻便，便于张射，利于单兵使用。重

---

① 唐·李林甫等撰，《唐六典》卷十六《卫尉宗正寺》，中华书局，1992 年版，点校本《唐六典》第 460～461 页。以下引此书时均同此版本。

② 在已经出土的战国铜弩机中，多没有铜郭，而是用枢直接把牙、悬刀和牛等部件装入木弩臂的机槽中去。因木槽所能承受的力较弱，故弩的强度受到限制，否则会导致木臂断裂。在青铜弩机外增设铜郭的尝试可能始于战国末，如中国历史博物馆收藏的一件有"司马孙礼"铭的带郭铜弩机，但至今未见其经过科学发掘的标本。在秦俑坑出土的多件弩机标本中，仍无郭的结构。这些情况表明，战国末即使有带郭的铜弩机，也属少见，并未在军队中使用。到西汉时期，出土的青铜弩机都带有铜郭，无铜郭的铜弩机已消逝不见。

型弩的杀伤力较强，但形体较重，张发较慢，需依托城垒或坚固阵地，发挥其强大杀伤力的作用。西汉前期的几代皇帝和大臣们，为同匈奴和羌等少数民族作战，曾根据他们作战的特点和弩的长处，研究和确定了以劲弩之长，打破善于驰突的骑兵之优的策略。汉文帝的智囊晁错，对此曾提出了精辟的论述。晁错认为，在旷野平川，汉军的轻车突骑，可扰乱匈奴之众；劲弩长戟，匈奴之弓不能格；坚甲利刃，长短相杂，游弩往来，匈奴之兵不能当；材官驺发，矢道同的，匈奴之兵不能支；下马格斗，剑戟相接，匈奴之兵不能敌[①]。晁错的建议被采纳后，遂成为汉朝抵御匈奴战略的组成部分之一。此后汉朝军队凭借强弩的优势而战胜匈奴的战例屡有所见。天汉二年（公元前99），骑都尉李陵（李广之孙）在濬稽山，以5000步兵抗击6倍于己的匈奴骑兵时，李陵下令军中，千弩齐发，匈奴败退，被汉军追杀数千人[②]。东汉永平十八年（公元75），匈奴进攻汉军的金蒲城时，汉将耿恭凭城坚守，并下令守城汉军用强弩发射毒药箭，击退了攻城的匈奴兵[③]。

三国至南北朝时期，基本上仍沿袭汉弩的形制构造进行制作，并着重发展了称为"神弩"的大型弩。从南京秦淮河发现的5件制于南北朝时期的铜质弩机看，其机郭长达39厘米，若按汉代弩机与弩臂的比例推算，当时弩臂的长度已达180～226厘米，弩弓的长度已达430～540厘米。这样巨大的弩，只有安装在弩床上用绞车进行张发。于是唐代的绞车弩便应运而生。

唐军使用的弩，有擘张弩、角弓弩、木单弩、大木单弩、竹杆弩、大竹杆弩、伏远弩[④]，以及攻城战中使用的绞车弩。绞车弩是一种大型木弩，弓长12尺，用绞车张发，箭出时声如雷吼[⑤]；另一种车弩是将12石之弩，设在绞车上，一次能射7支箭，射程700步，所中城垒，无不摧毁[⑥]据《神机制敌太白阴经·战具》的记载，这类强弩通常安于车上进行机动作战，或在进行攻守城战和水战时使用。

（三）箭

秦俑坑出土的大量青铜箭和个别铁镞表明，秦军使用的基本上仍是青铜箭，以沿用战国时的三棱式镞为多，镞体较长，最长的有41.9厘米，增强了穿透力和杀伤力。河北省满城县西汉刘胜墓出土的441支箭镞中，只有70支青铜镞而有371支铁镞的事实，表明铁镞的数量已远远超过了青铜镞的数量。建于西汉初，而毁于王莽末年兵火的西汉长安城武库的一个库房遗址中，曾出土过1100多支箭镞。其中铁镞有1000多支，青铜镞只有100多支，表明铁镞已基本上取代了青铜镞。这些铁镞可分为4种类型：一是铁体呈圆柱形，前端呈四棱形，然后收聚成尖锋，镞头长仅1.4厘米。后接圆铁铤，系用铸铁固体脱碳钢或中碳钢制成，刘胜墓出土的这类铁镞达273支，占75％左右（见图3-2）；二是镞体锋端呈三角形，后附长铤，长安武库中出土过这种镞（见图3-2）；三是镞端伸出三翼并前聚成尖峰，在长安武库和刘胜墓

① 《汉书》卷四十九《晁错列传》，《汉书》八第2281页。

② 《汉书》卷五十四《李广、苏建列传》，《汉书》八第2451～2453页。

③ 《后汉书》卷十九《耿弇列传附耿恭列传》，中华书局，1965版，点校本《后汉书》三第720页。以下引此书时均同此版本。

④ 唐·李林甫等撰，《唐六典》卷十六《卫尉宗正寺》，《唐六典》第461页。

⑤ 唐·李筌撰，《神机制敌太白阴经》卷四《战具类·守城具篇第三十六》，解放军出版社、辽沈书社，1988年版，影印本《中国兵书集成》2第521、516～517页。以下引此书时均同此版本。

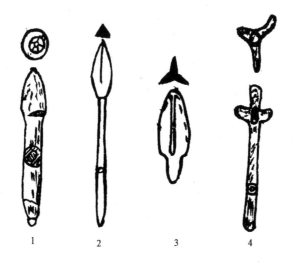

1，4 满城铁镞　　　2，3 长安武库铁镞

图 3-2 西汉四种铁镞

中都有出土；四是镞端三翼前伸，形成三叉状镞峰，在刘胜墓和山西浑源汉墓中都有出土。三国至南北朝都已使用上述各种类型的铁镞。

唐代的箭按用途分竹箭、木箭、兵箭和弩箭 4 种，前两种用于狩猎。兵箭是装有钢镞的长箭，对钢甲的穿透力很强，主要装备单兵作战。弩箭用弩张射[1]。车弩使用的箭较大，一般镞长 7 寸、围 5 寸，杆长 3 尺、围 5 寸，以铁叶或皮革作箭羽[2]。

三　抛石机——礮

随着攻守城战的不断发展，抛石机在秦汉至隋唐时期使用逐渐增多，在构造上也有所创新。

东汉建安五年（公元 200），袁绍和曹操为争夺中原，在官渡（今河南中牟县东北）进行大战。在一次作战中，曹军"乃发石车，击绍楼，皆破，军中呼曰霹雳车"[3]。唐章怀太子（高宗子）李贤等认为：石车，"即今之抛车"[3]。这是文献记载中最早的一种车载抛石机。抛石机安上车轮后，便于进行机动作战，其作用得到进一步发挥。

西晋文学家潘岳（公元 207～300）在《闲居赋》中，描绘了当时"元戎兵营"中的精良兵器，其中"礮石雷骇，激矢虻飞"[4] 的诗句，首次使用了"礮石"一词。唐代学者李善对"礮石"一词所作的注是："礮石，今之抛石也"，并认为"礮"和"抛"是同义字[4]。

到了唐朝，使用抛石机作战的记载逐渐增多：如李勣（jī）"列抛车，飞大石过三百步，所当辄溃"[5]；隋末魏公李密"命护军将军田茂广造云旝三百具，以机发石，为攻城械，号将军

---

① 唐·李林甫等撰，《唐六典》卷十六《卫尉宗正寺》，《唐六典》第 461 页。

② 唐·李筌撰，《神机制敌太白阴经》卷四《战具类·攻城具篇第三十五》，《中国兵书集成》2 第 516 页。

③ 《后汉书》卷七十四上《袁绍传》，《后汉书》九第 2400 页。

④ 梁昭明太子萧统等编，《昭明文选》卷三，上海扫叶山房，1919 年版，第 25 页。

⑤ 《新唐书》卷二百二十《高丽传》，中华书局，1975 年版，点校本《新唐书》二十第 6191 页。以下引此书时均同此版本。

碎"①；史思明攻太原，李光弼"乃撤民屋为垒石车，车二百人挽之，石所及辄数十人死，贼伤十二"②。杀伤如此之多，可能是由于石弹击砸密集攻城士兵中所致。从这些记载中可知，自汉至唐，抛石机的种类在增加，从固定式发展为车载式；用途在扩大，在野战、攻守城战中都有使用。它们的形制构造可在北宋初所刊《武经总要》的文字记载和图绘中，窥测其概貌。

四　格斗兵器

随着钢铁冶炼技术和钢铁材料质量的提高，钢铁兵器一经创制成功后，便得到迅速的发展，它不但全面取代了青铜兵器，而且在形制构造上得到了较大的改进，并产生了一些新型格斗兵器。从战国至五代，主要的钢铁格斗兵器有戟、矛、刀、斧等。

（一）铁戟

战国晚期，开始出现一种刺援合铸的"卜"字形铁戟，刺和援都带有尖锋。1965年10月，河北省燕下都遗址出土了12件铁戟，经过化学检测，发现其中有1件是经过块炼铁固态渗碳后又经过淬火的钢戟，其坚韧性和强度都远远超过了青铜戟。这种戟有长而尖锐的戟刺，与戟刺相垂直的戟枝，代替了过去扁体有脊的援，援后无内，刺和戟枝下的长胡也改成直体，上有3个方穿。为了缚柲牢固，又在刺和援相交之处加一个圆穿，并在戟枝的基部设一方形的穿。其装柄的方式是先将柄端插入联铸于刺和援之间的铜帽，然后用绳通过胡上的穿绑紧（见图3-3）。卜字形铁戟推广后，经过战国晚期和秦代的改进，很快便成为楚汉战争中一种主要的格斗兵器，连项羽都持戟作战。据《史记·项羽本纪》记载，汉王刘邦四年（公元前203），楚汉两军对阵交锋，汉将楼烦善骑射，射杀挑战的楚军壮士多人。项羽一怒之下，"乃自披甲持戟挑战"。楼烦刚要射箭，项羽怒目圆睁，大声呵叱。吓得楼烦"目不敢视，手不敢发，遂还走入壁，不敢复出。"

图3-3　燕下都出土的卜字铁戟

西汉时期的卜字戟有了进一步的发展，戟刺进一步加强，刺锋更加锐利，适于骑兵快速冲刺。河北省满城县刘胜墓出土的两柄铁戟，都安有积竹柲和长筒形铜鐏，鐏的断面略呈五边形，全长分别为1.93米和2.26米，是西汉钢制卜字戟的典型制品。经过检测，说明它们是经过多次加热渗碳反复锻打和淬火处理的制品，质量较高。

东汉军队使用的卜字戟，戟援上翘成钩刺，增强了前刺的作用，更加适应步骑兵在作战中的冲刺。从东汉末到三国时期，戟的使用更加普遍。甘肃省嘉峪关市魏晋墓壁画上的营垒，都遍插枝形的戟和盾，行军图中的士兵也肩荷这种戟。步兵除使用长戟外，还使用短柄手戟，骑兵则使用长柄马戟。河南省的一些地方还发现过由钺和刺构成的钺戟，这种戟仅见于汉代墓中，是汉代特有的兵器，因适用性较小，很快便

①《新唐书》卷八十四《李密传》，《新唐书》十二第3680页。
②《新唐书》卷一百三十六《李光弼传》，《新唐书》十五第4583页。

在兵器行列中落伍了。

魏晋南北朝时期，戟依然是重要的格斗兵器，其形制构造的重大变化是带刃的戟援作90°前伸，同戟刺平行而稍短。到隋唐时期，由于长柄矛和稍（shuò）的兴起，铁戟便逐渐退出战场。

（二）铁矛

铁矛自战国晚期得到了较多的使用。河北省易县燕下都遗址出土的19支铁矛头，都属于带长骹的窄叶矛，矛头长33～38厘米。其中有1件骹后连有长茎，茎上带有子刺，长达66厘米。汉代以后，铁制矛头使用增多，其制品在各地汉代遗址中多有发现。如河南省鹤壁市鹿楼村曾出土过不少西汉时期的锻铁矛，长30厘米左右，其基本构造是在较长的圆筒形骹前，伸出窄长扁平的矛叶，有矛叶长于矛骹和短于矛骹两种形式（见图3-4）。随着钢铁冶锻技术的提高，矛头的形体进一步加大，尖锋更加锐利，四川省金堂县东汉初年崖墓出土的矛头，长度已达84厘米，此外，汉代还使用一种带倒钩的"钩釨（jié）矛"。到了唐代，矛头逐渐减少，轻便灵活，便于使用，并逐渐被称为枪。唐军使用的枪有漆枪、木枪、白杆枪、朴头枪等。漆枪较短，为骑兵所用，木枪装备步兵使用，白杆枪和朴头枪系羽林和金吾兵所用[1]。枪既可格斗，又可捆缚成筏，作济渡器材，宿营时还可支撑营帐。唐以后，枪得到了很大的发展。

由于骑兵在西汉时期已成为军队的主力，因而出现了专供骑兵使用的长矛"稍"（又称槊）。稍头较矛头宽大，有两刃。《释名·释兵》说"矛长丈八尺曰稍，马上所执"。南北时期，随着骑战的发展，矛便取代了铁戟而成为军中装备的主要长柄兵器。隋唐名将中用稍作兵器者甚多。《旧唐书·尉迟敬德传》说尉迟敬德善用马稍。唐中期以后，稍与矛一样，逐渐被铁枪所代替。

（三）钢刀

西汉时期开始使用一种直体长身，薄刃厚脊，既利于尖劈，又不易折断的钢刀。这种刀的刀柄较短，而且在柄首加有扁圆状的环，故又称环首刀或环柄刀。这种刀在西汉墓里多有出土，如洛阳西郊的一批西汉墓中，就有23座墓随葬有较长的环首

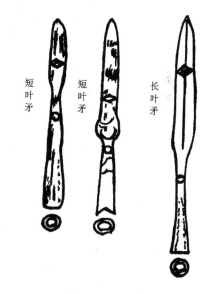

短叶矛　短叶矛　长叶矛

图3-4　西汉铁矛

刀，它们的长度为85～114厘米。最典型的环首刀，还要数河北省满城县西汉刘胜墓中出土的环首刀（见图3-5）。该刀刃脊平直，刀柄稍窄于刀身，两者无明显界限，刀柄缠有粗丝缑（gōu），以便握持，刀环以金片包缠。刀身外套髹（xiū，把漆涂在器物上）漆木鞘，鞘身还附有金带袴（kù），制作十分精致华美。环首刀脊厚刃利，适于骑兵在驰突中劈砍，很快成为西汉骑兵和步兵的一种主要的格斗兵器。

---

[1]　唐·李林甫等撰，《唐六典》卷十六《卫尉宗正寺》，《唐六典》第461页。

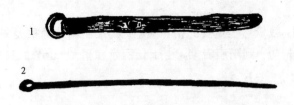

1　西汉刘胜墓环首铁刀　　　2　东汉卅湅钢刀

图 3-5　汉代环首铁刀

到了东汉时期，百炼钢技术用于造刀，使钢刀的制作技术又有较大的提高。山东省苍山县出土的环首钢刀，充分反映了这种提高的状况。该刀全长 111.5 厘米，刀身宽 3 厘米，刀脊的厚度与刀身的宽度约为 1∶3。刀身饰有错金火焰纹，并有隶书刀铭："永初六年五月丙午造卅湅大刀吉羊宜子孙"等 16 个字（见图 3-5）[①]。经鉴定，此刀是用含碳较高的炒钢为原料，经反复多次锻打而成，刀中硅酸盐夹杂物约有三十层。三十炼，可能就是指此刀经过反复锻打三十次之意。同时，大刀的刃部还经过淬火处理。日本也曾经发现过一把东汉铁刀，制于汉灵帝中平年间（公元 184～189），错金刀铭中有"百练清刚" 4 个字[①]。文中练即炼，清即精，刚即钢。上述两把刀制作的年代相近，铭文中的"卅炼"和"百炼"，都是属于"百练钢"的范畴。百炼钢制作技术的掌握，为汉军装备优质的钢刀创造了条件。到三国时期，军中装备了短柄格斗兵器，长剑便让位于钢刀和手戟了。由于淬火技术的提高，刀的质量又上了一层楼，造刀的数量明显增多。蒲元为蜀汉军制造的刀被称为"神刀"。吴黄武五年（公元226），孙权令造刀部门一次造刀 1 万把。环首刀一直沿用到南北朝时期，其时刀身增宽，环首上系有较长的流苏，刀头由斜方形改为前锐后斜形。从当时的画像砖和石窟壁画中可以看出，环首刀和长盾配合，仍是当时步兵兵器的一种装备方式。

唐代军队装备的刀主要有短柄横刀和长柄陌刀，此外还有仪仗用的仪刀，以及彰刀等[②]。横刀又称佩刀，直体单刃，刀身狭长而柄短，刀和柄相接处有椭圆形护格，柄末有孔，用以穿饰纽带，以便佩带，每名士兵装备 1 把。陌刀是一种长柄两刃刀，全长 3 米，以斩击为主。《旧唐书·杜伏威传附阚陵传》称，阚陵"善用大刀，长一丈，施两刃，名为拍刃"。作战时，持陌刀的士兵，通常以密集横队列于阵前，发挥其冲杀作用。

（四）铁斧

同其他兵器相比，铁斧的制造和使用较少，也没有成为军队的制式装备，只有少数将领以斧为兵器。三国时，蜀汉丞相诸葛亮很重视造斧的质量，曾用 3 个月的时间，亲自督造100把高质量的战斧。晋以后，斧刃加宽，柄减短，砍杀力有一定提高。唐代一部分军队，曾以用斧作战见长。据《新唐书·李嗣业传》记载：天宝十五年（公元 756），唐将李嗣业在香积寺同安禄山部下作战时，曾以步卒 3000，持长柯斧和陌刀，大败安禄山骑兵。

---

① 刘心健、陈自经，山东苍山发现东汉永初纪年铁刀，文物，1974，（12）。
② 唐·李林甫等撰，《唐六典》卷十六《卫尉宗正寺》，《唐六典》第 461 页。

五 卫体兵器

钢铁卫体兵器主要有剑、匕首和刀。

（一）钢剑

自西周晚期玉柄铁剑问世后，至春秋时期，武装力量最强的秦国和楚国，已率先制成钢剑。湖南省长沙市春秋楚墓出土的一柄铁剑（见图 3-6），剑茎为圆柱形，铜格含于剑身，侧面为棱形，剑身中脊隆起，锋刃近端渐窄，通长 38.4 厘米，身长 30.6 厘米，宽 2～2.6 厘米，脊厚 0.7 厘米。经化验，证明系用含碳 0.5% 的中碳钢经锻打 7～9 次后再退火制成[①]。到战国时期，使用钢剑的诸侯国逐渐增多，连战国七雄中实力不强的燕国，也开始使用铁剑。河北省易县燕下都遗址的一座战国墓中，出土过 15 把钢剑（见图 3-6），长 69.8～100.4 厘米。经检验，有的是用块炼铁固态渗碳钢锻制而成[②]。剑身的增长，除可用于直刺外，又可用于劈砍，成为步骑兵普遍使用的兵器。

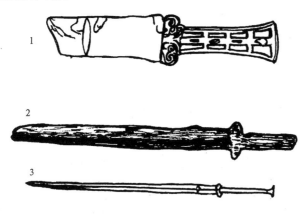

1. 灵台春秋墓铁剑　　2. 长沙春秋墓铁剑

3. 燕下都铁剑

图 3-6 东周钢剑

西汉初期，基本上沿袭战国后期的方法，用块炼铁固态渗碳钢制造扁茎剑。到西汉中期以后，又发展为用炒钢制剑。河北省满城县汉墓出土的刘胜佩剑，长 104.8 厘米，系经过多次加热、渗碳和反复折叠、捶打而成。剑的刃部经过淬火，刚硬而锋利；脊部未经淬火，坚韧性较好，全剑刚柔相济；刃锋利而便于刺击，脊坚韧而经久耐用，质量远在燕下都出土的钢剑之上。东汉时期，已采用百炼钢技术锻造铁剑。1978 年 1 月，徐州发现一柄钢剑，剑把正面有隶书错金铭文"建初二年蜀郡西工官王愔造五十涷□□□孙剑□"等 21 字，残存的铜质剑镡（xín，古代剑柄的顶端部分）内侧，阴刻隶书"直千五百"等 4 字。经检测，该剑是用含碳量较高的炒钢原料，经加热后反复锻打而成，剑身坚韧锋利，质地精良（见图 3-7）[③]。

① 长沙铁路车站建设工程文物发掘队，长沙新发现春秋晚期的钢剑和铁器，文物，1978，（10）：44～48。

② 河北省文物管理处，河北易县燕下都 44 号墓发掘报告，考古，1975，（4）：228～240。

③ 徐州博物馆，徐州发现东汉建初二年（公元 77）五十涷钢剑，文物，1979，（7）：51～52。

由于实战的需要，自西汉中期开始，骑兵为便于挥砍，便逐渐以刀代剑。晋以后，剑便从卫体兵器的行列，退而作为仪仗和佩饰之用。

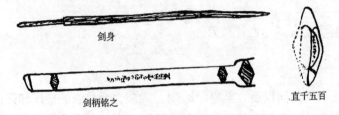

　　剑身

　　剑柄铭之　　　　　　　　　　　　　　　直千五百

图 3-7　建初二年五十湅钢剑

（二）钢匕首

钢制匕首由青铜匕首发展而来，在形制构造上仍保持直身、尖锋、两刃，后安短柄，柄与身之间安有格的特点。自汉至清，基本没有变化。一般长 20～30 厘米，最多不超过 40 厘米，利于直刺，便于两人扭打时使用，是典型的卫体兵器。其制作技术大致与剑相似。

六　防护装具

铁器时代的防护装具主要有铠甲、胄和盾。

（一）铁铠甲

考古发掘材料表明，我国用铁制甲片制作的铠甲，大约起始于战国后期。1965 年，河北省易县燕下都 44 号战国墓出土了我国最早的铠甲铁片。随着铁制兵器的发展与完善，铁制铠甲也从西汉时期开始居于防护装具的主导地位。西汉时期的铁铠称作"玄甲"。最初的玄甲称为"札甲"，采用长条形的甲片（又称"甲扎"）编成，其后又逐渐发展为用较小的甲片编成的"鱼鳞甲"（见图 3-8），其防护部位也已从胸、背发展到防护肩臂的"披膊"和保护腰胯的"垂缘"。其中有一领铁甲用 2244 片铁甲片，胄由 80 片铁甲片组成。河北省满城县刘胜墓出土的一领铠甲，属于有披膊和垂缘的鱼鳞甲，由 2859 片甲片编成，总重量达 33.7 斤，制工相当精致。当时一般铠甲都以甲片用麻绳和皮条编缀而成。编缀时，先横编后纵联，先从中心向左、右编缀，再由上至下纵联，甲片之间成前片压后片，上排压下排的规律编排。其编缀方法有两种，即对一般部位采用固定编缀法，对肩、腰胯等部位采用活动编缀法，将编组的绳索留有可供上下活动的一定长度，使甲片能上下移动和伸缩，便于穿甲者的肢体活动。

　　西汉以后，甲片的形制和编组方法虽大致相同，但精坚的程度日益提高，防护的部位逐渐加大。三国时期出现了黑光铠、明光铠、两当铠、环锁铠和马铠等 5 种制式的铁铠甲。据说一种称为"诸葛亮筒袖铠"的铠甲十分坚牢，用 25 石弩都不能射穿，西晋的军队都披着这种铠甲。南北朝时期，随着重骑兵的发展，附加披膊的两当铠盛行一时，并同战马披护的"具装铠"配合使用。北魏以后，明光铠便逐渐成为最重要的一种铠甲类型。唐代铠甲按《唐六典》的记载有 13 种，其中明光、光要、细鳞、山文、乌锤和锁子甲，都用铁甲片缝缀而成。锁子甲用铁链子衔接，互相密扣缀合而成衣形，穿着方便而柔和，比大型铠甲轻巧适用。其

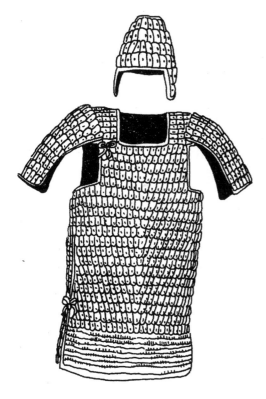

图 3-8　西汉铁制鱼鳞甲和铁胄

他几种甲用皮、布、绢等材料制作①。

（二）铁胄

铁制的护头装具在战国时期开始使用，在现存的实物中，以河北省易县燕下都遗址出土的 1 件战国晚期制品为最早。当时称其为兜鍪，它由 89 片铁甲片编成，全高 26 厘米，制作较精细。秦军已普遍装备铁兜鍪，后部常垂有护颈的"顿项"。西汉时期与鱼鳞甲配套的铁胄，由 80 片铁甲片组成（见图 3-8）。唐代以后，顿项常使用轻软牢固的环锁铠制成。

（三）马甲、具装铠和镫

马甲是用于保护战马的专用装具。又称马铠。用皮革制作。商周时期仅有保护驾车辕马的头、颈和躯干部分。秦汉以后开始使用保护战马的马甲。自东晋至南北朝时期，重甲骑兵装备比较完备的马甲"甲骑具装"，又称"具装铠"，通常由面帘、鸡颈、当胸、马身甲、搭后、寄生等 6 部分组成（见图 3-9），分别保护战马的头、颈、胸、躯干、马臀和尻等 6 个部位，除耳、目、鼻、口、四肢、尾巴外，战马的全身都得到了保护。这种具装铠在隋唐时期仍 在使用。此外，高鞍桥马鞍的使用和发展②，西晋末东晋初马镫（dèng，挂在马鞍两旁供脚登的马具，见图 3-10）的出现和发展③，以及具装铠的完备，使骑兵骑上后稳固、省力、舒适，大大提高了骑兵快速驰突的战斗力，为东晋十六国和南北朝时骑战和重装甲骑的大规模发展，创造了条件。

（四）盾

春秋时的盾大多呈弧形肩和弧形腰的凸字形。这类盾在战国时的楚墓中屡有发现，有皮盾和木盾两种。湖南省长沙市楚墓出土的一面盾，高 64.5 厘米、宽 45.5 厘米、厚 0.7 厘米，以皮革为胎，内外髹漆甚厚，比较坚固，盾面绘有精致的云气蟠螭（pánchī，古代盘曲着的无角龙）图纹。秦俑坑铜车上装备的盾，盾脊下部外凸，上部内凹，使盾体形成两个曲面，不论箭从哪个方向射来，都能跌落地下。西汉时除沿用凸字形革盾外，还使用椭圆形革盾。东

① 唐·李林甫等撰，《唐六典》卷十六《卫尉宗正寺》，《唐六典》第 462 页。
② 高鞍桥的马鞍至晋代已广为流行，这种马鞍桥前鞍板高而直立，后鞍板矮而稍后倾，采用网状后鞧（qiū）带进行固定。
③ 迄今已获得的资料表明，湖南长沙西晋永宁二年（公元 302）墓出土的釉陶马和釉陶骑俑上所塑的三角形单只小马镫，仅供上下马用。河南安阳孝民屯晋墓出土的马镫（长 27 厘米，厚 0.4 厘米，木芯，外包铜片），是我国发现最早的金属马镫实物，年代约为西晋末东晋初。南京象山 7 号东晋早期墓（约公元 322）出土的陶马上所附的左右马镫，是供骑乘时登踏的双镫。由此可见，我国在公元 4 世纪初，已经出现了供骑乘使用的马镫。

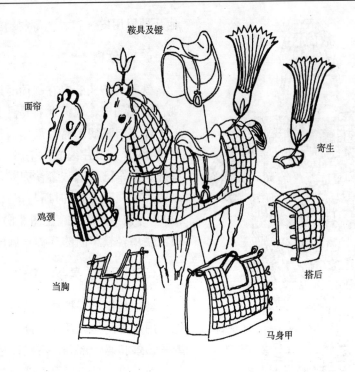

鞍具及镫

面帘

寄生

鸡颈

搭后

当胸

马身甲

图 3-9   具装铠

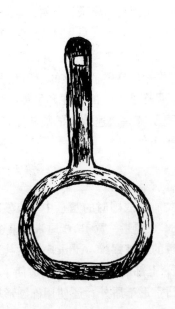

兽面盾

图 3-10   西晋末东晋初的马镫   图 3-11   北朝陶武士俑所执兽面盾

汉时南方多使用圆盾，北方多使用饰有兽面的长盾。从手拿圆盾的南朝陶武士俑和手拿兽面长盾的北朝陶武士俑（见图 3-11）可知，它们分别是汉代南方和北方所用盾的继续。

唐代军队把盾称作彭排。据《唐六典》记载，唐军使用的盾有膝排、团排、漆排、木排、联木排、皮排等 6 种名称①，它们的形制构造未见其详。

七　新型战车的创制

兴起于夏，盛行于商周的战车和车战，到战国时期便逐渐受到新兴骑兵、步兵和骑战、步战的挑战。早在周景王四年（公元前 541），晋国的军事改革家魏舒，就提出了"毁车为行"的建议。是年，晋国的战车兵与白狄族徒兵战于大原（今太原西南）。因战场地形狭险，战车无法展开，魏舒便向中行将荀吴建议，改车战为步战，变车战阵形为步战阵形，从而增强了部队机动作战的能力，取得了胜利，成为易车战为步战的先声。

随着军事技术的发展，战车的诸多弊端便日益明显地表现出来。周赧王十三年（公元前302），军事改革家赵武灵王克服赵国贵族官僚的种种阻挠和反对，决心改革赵国的军事制度，下令废弃笨重过时的战车，实行胡服骑射，组建骑兵，用新的方式进行作战训练，以对付游牧民族骑兵的袭扰。赵国的军事力量从此强大起来，终于灭中山、破林胡、楼烦诸部族，北拓疆域千里，成为当时的一个军事强国②，终于使骑兵和骑战在中原各诸侯国发展起来。到汉武帝时，骑兵已成为军中的主力，军用车辆，也逐渐改变原有战车的属性而另作他用。

西晋兵器改革家马隆，在改革军用车辆的事业上，作出了开创性的建树。西晋咸宁五年（公元 279）十一月，马隆率 3000 勇士，西渡温水（今武威东），进攻河西鲜卑人秃发树机能部。作战中，他创造了一种扁厢车。这种车在旷野平川时可联车为营，插鹿角于车营的外围，障碍敌骑的冲突；在山险隘路可将扁厢作为木屋放置车上，以避敌人射来的矢石。鲜卑人无法抵御晋军的进攻，终于战败③。随着战争的发展，辎重车等各种军用车辆便不断创造出来。

钢铁兵器自战国后期大量使用后，经过近千年的发展，到唐朝已相当成熟，成为军队的基本装备。当时一个编制 12 500 人的军队，装备的钢铁兵器就有：弓 12 500 张、弦 37 500 条、箭 375 000 支、弩 2500 张、弦 7500 条、箭 250 000 支，枪 12 500 杆、佩刀 10 000、陌刀（马军以啄、锤、斧、钺代替）2500 口、棓（棒）2500 根，甲 7500 领、战袍 5000 领、牛皮牌 2500 面④。可以说是门类齐全，数额庞大，充分反映了当时钢铁兵器制造和使用的概况。

第二节　军事筑城的发展

自战国至五代，封建统治者为了巩固自身统治的需要，便大力兴建城郭，增强以都城为中心和遍布全国的城墙城池式要塞体系的建设，而铁制工具和兵器的发展，为这种需要创造了条件。这一时期的军事筑城技术，集中表现在大型城郭和长城的建筑两个方面。

---

　　① 唐·李林甫等撰，《唐六典》卷十六《卫尉宗正寺》，《唐六典》第 462 页。在"彭排之制有六"中称："其膝、团、漆、木、皮，皆古之制也，盖亦因其所用物为名焉。"又《释名》卷七《释兵》曰："彭，旁也，在旁排敌御攻（亦作寇）也。"

　　② 《史记》卷四十三《赵世家第十三》，《史记》六第 1809～1813 页。

　　③ 《晋书》卷五十七《马隆传》，中华书局，1974 年版，点校本《晋书》五第 1555 页。以下引此书时均同此版本。

　　④ 唐·李筌撰，《神机制敌太白阴经》卷四《战具类·器械篇第四十一》，《中国兵书集成》2 第 536～538 页。

一　城郭建筑的概况

继春秋之后，战国时期掀起了以都城为代表的新的筑城高潮。其时，除楚国的郢、齐国的临淄、吴国的姑胥外，秦国的咸阳（今陕西咸阳市）、燕国的上都蓟县和下都武阳、韩国的新郑、赵国的邯郸（今河北邯郸市）、魏国的大梁（今河南开封市）等，都是新建的都城。秦始皇统一六国后，长安（今陕西西安）、洛阳、邺城（今河北临漳县境内）、建康（今江苏南京）等，也都先后成为各朝的国都而加以重点建筑。此外，各地所建的中小型城郭更是不胜枚举。综观这一时期的城郭建筑，大致有如下几个特点。

（一）城郭

春秋末期，除吴国的都城姑胥外，其他都城都不算大。到战国时期，燕昭王于周赧王四年（公元前 311）所建燕下都武阳，由两个方形城连接而成，城墙东西长 16 里、南北宽 8 里、周长 48 里，比吴国的都城姑胥稍大。

秦统一六国后，中华大地上出现了一个统一的封建大帝国，与之相应的国都也矗立在凭高据深，进可攻，退可守的咸阳。其规模已非战国时诸侯国都城可比。自汉至唐，国都建筑的规模呈与日俱增之势，长安城堪称典型。长安原为刘邦所建西汉之国都，位于渭水之南，中间历经扩建，至元狩三年（公元前 120）汉武帝建成昆明池后，所建工程全部完工。全城由长乐宫、武库、未央宫、明光宫、北宫、桂宫、东市、西市等建筑群组成。经有关部门多次实测，长安城高约 9.6 米，基宽 16 米，东西南北四面城墙都系版筑，长度分别为 6000 米、7600米、4900 米、7200 米，周长 25 700 米、约合 62 汉里，与《史记·吕后本纪》所记周长 63 汉里相符，秦都咸阳不能与之相比。隋文帝于开皇元年（公元 581）建立隋朝，第二年，便在原长安城东南 20 多里“川原秀丽”的龙首山，兴建大兴城。大兴城呈长方形，东西长 9721 米、南北长 8651.7 米，周长 36 700 余米，其规模又大于汉代的长安城。唐武德元年（公元 618），李渊建唐后，改大兴城为长安城，并开始对其进行扩建。经过多年扩建后，长安城由外郭、皇城和宫城三部分组成。全城基本呈长方形，据考古部门实测，其四面墙长与大兴城相等，与《唐两京城坊考》记载的东西长 18 里 11 步、南北宽 15 里 175 步、周长 67 里的数据相近，成为当时世界上的第一大城。

（二）城墙

战国时期用夯土版筑的城墙，其厚度已增至 20～40 米，夯土层的厚度也增至 20 厘米。厚度的增加，使城墙的坚固程度和防御能力得到了加强。如西汉长安城的城墙，最高处达 12 米，基宽已达 12～16 米，城墙剖面下宽上窄，里外倾斜各约 11 度左右，全部采用黄土夯筑而成，甚为坚硬。至东晋时，有的城墙已采用三合土夯筑，或采用青砖砌筑和被覆[①]。

---

① 据《晋书·赫连勃勃载记》说：东晋义熙九年（公元 413），赫连勃勃命叱干阿利领将作大匠建造统万城。经鉴测，该城城土主要成分为石英、粘土和碳酸钙。此三种材料加水混合后，具有三合土的性能。又据《扬州古城一九七八年发掘简报》（载《南京博物院集刊》第一期）称：1978 年对故广陵城遗址进行勘察时，发现了 1.5 米高的砖修护墙和带有“北门壁”、“城门壁”等晋代隶书字形的城砖。该城在东晋太和四年（公元 369）时，曾由桓温组织工匠进行重修。

（三）城门和护城壕

考古发掘的材料表明，汉长安城城门与《考工记》中有关的记载相吻合。每面城墙开3处城门，每处城门有3个通道，每通道各宽8米，减去两侧立柱所占的2米，净宽6米，每一通道都对着一条大道，平时便于交通，战时便于集结和机动军队。在霸城城门内，还发现当时车轨经过的遗迹，每一通道可容4路车轨，轨宽1.5米。

汉唐两代长安城外都挖有护城壕。汉长安城壕8米宽、3米深。护城壕经过城门时向外部突出，其上架有木桥。唐长安城壕9米宽、3米深。其时，护城壕已经作为城郭建筑的一个组成部分。唐代兵书《神机制敌太白阴经·凿壕篇第四十四》中规定一般城壕"面阔二丈、深一丈、底阔一丈"。长安城是国都，城大壕宽，当然是必要的。

二　城郭建筑的军事特色

随着兵器的发展和作战方式的演变，攻守城战逐渐成为夺取战争胜负的主要方式，城郭建筑的军事特色也随之增强。

（一）具有纵深防御的重城

重城在隋唐以前主要出现在一些纯军事性的城郭中，是加强城郭防御的重要措施，至隋唐时期已开始在都城中建筑重城。当时东都洛阳的宫城位于城的西北角，墙宽14～18米，高14米以上，西有皇城、外城和禁苑，北有曜仪、圆壁和外城，东有皇城、东城和外城，南有皇城、洛河和外城。这种布局，使宫城四面都有三四道防线，处于城防的纵深之处，加强了平时的守备和战时的防御。除这种形式的重城外，还有中小型城郭中回字形的重城，即由外城包内城的套城。这种重城具有同样的作用。

（二）瓮城、羊马墙、马面墙台和弩台

这些加强城防的设施，在秦汉至隋唐时期已相继出现并得到了一定的发展。

瓮城一般是在城门之外又构筑一座小型城围和城门。瓮城通常旁开一门或两门，平时既不妨碍城内外交通，又不使城外人直窥城内虚实，战时也便于军队的集结和机动，同时也增强了城门的防御。

羊马墙一般建筑于距城墙外侧15～16米处，是护城壕内岸的一道挡墙，萌芽于战国，到隋唐时期已成定制，通常高1.55米、厚1.86米，墙顶上筑有女墙，正对城门处开设一门，便于平时通行。作战时，撤去吊桥，并派兵守卫，以隔阻和迟滞敌军的进攻。实际又在城外增加了一道防线。

马面墙台因形似马面而得名。通常与墙体一并夯筑而成，高与城等，台面一般呈长方形。中原的马面墙台，最早出现于三国时魏国的国都洛阳城。其时洛阳城周有多座马面墙台，面积大小不等，大者长19.5米、宽12.5米，小者长18.3米、宽8.3米。战时可作为墙上守备的重点。

弩台因台顶安置大弩而得名，始于隋唐以前，至隋唐已成制式建筑。据《神机制敌太白阴经·筑城篇第四十三》记载，弩台一般建于距离城墙约150米左右处，台基为正方形，每

边长 14.4 米，顶端每边长 7.2 米、高约 15.5 米，周围筑有夯土围墙。台身下部开有一门，中心有竖井状通道至台顶，有梯上下。台顶备有毡幕，供士兵息居。每台编弩手 5 人，贮有一定数量的弩箭、石块和干粮、饮水等。

（三）高台建筑

高台是在城内选择适当的高地建筑一种可以瞰制全城的建筑物，始于先秦，至三国时期又有发展。东汉建安九年（公元 204），曹操从袁尚手中夺取邺城后，便在城墙西北角筑金虎、铜雀、冰井 3 座高台。其中金虎台遗址至今尚存，南北长 120 多米、东西宽 70 多米、高约 10 米，此台向北 85 米为铜雀台遗址。铜雀台遗址残损已甚，南北长约 20 米，东西较狭窄而不规整，高仅 3 米，有一条宽 50 米的残垣连接二台。据推测，另一台约在铜雀台北 85 米处，其基早已被漳水冲毁。这 3 座高台[①]，平时可了望全城，战时可加强城内的防御。

（四）雉堞和敌楼

雉堞起始于春秋，此时已比较完善，并得到普遍的推广，通常建在城顶，外侧，一般厚 1 米、高 0.6～1.4 米，中部开有内窄外宽的射孔（又称爵孔），以便向外射箭，相邻两雉堞之间的凹口称垛口，士兵在作战时可从垛口向城下击砸滚木檑石。

城墙拐角处的一层或多层木楼称敌楼。它由城门上的城楼扩展和延伸而成。城楼起始于春秋时期，后来又从城门向城墙左右两侧延伸，每隔一定距离（战国时期为 180 米）在城墙外侧构筑一座木楼，楼身正面向城墙外突出 3 米左右。这种构筑方式既消灭了城下的死角，又可使守城士兵在木楼上从侧面打击攀攻城墙之敌，使之处于城上守军三面夹击之中。

战国时期，敌楼和雉堞已作为城墙的组成部分，列入城郭建筑之中。

（五）军用物资贮存库

军用物资贮存库包括武器库、兵马库、粮食仓等，在国都、中小型城郭和少数民族城郭中都有此等建筑。

武器库有大有小。考古发掘资料表明，汉高祖刘邦在都城长安所建造的一座大型武器库位于长乐、未央两宫之间，库外筑有长方形围墙，内有隔墙将其分为东西两部，分别有 4 个和 3 个仓库，最大的仓库长 230 米、宽 46 米、面积在 1500 平方米以上。库房内排列着放置兵器的木架，藏有刀、剑、戟、矛、斧、镞、铁甲等铁制兵器和一部分青铜兵器[②]。

在少数民族所建的一些城郭中，也建有各种库房。如匈奴族首领赫连勃勃在东晋义熙三年（公元 407）建立大夏政权后，于义熙九年在陕西靖边县北城子无定河北岸构筑了"统万城"。统万城城墙的四面都有马面墙台，有些马面墙台中就建有仓库，库内除贮存粮食外，还有许多圆形卵石，可能是当时使用的炮石或檑石之类的遗存物[③]。

---

① 俞传超，邺城调查记，考古，1963，（1）。
② 中国社会科学院考古研究所汉城工作队，汉长安城武库遗址发掘的初步收获，考古，1978，（4）：261～269。
③ 陕西省文管会，统万城城址勘测记，考古，1981，（3）：225～232。

三 作业量的估算和工程作业图

经过春秋至隋唐一千多年的实践,工程技术人员对城郭的设计和施工又有一定的进步,主要表现在建筑城墙、挖掘城壕土方作业量的估算,以及工程作业图的绘制两个方面。

(一) 城墙、城壕土方量和工作量的估算

夯筑城墙和挖掘城壕土方量的计算,在《神机制敌太白阴经》的"筑城"和"凿壕"篇中,有比较详细的叙述:"古今度城之法","以下阔加上阔",以"半高乘之……";凿壕时"以面阔加底阔积数"半之,"以深……乘之"。这一叙述可以用现代两个算术公式将其表述如下。

第一是用求解梯形面积和体积的公式,计算在平陆(不含复杂地形)建筑城墙的夯土量。即:

$$(城顶宽 + 城底宽) \times 城高 \div 2 \times 城墙长 = 夯土方数。$$

书中认为,在平陆筑城的情况下,城墙的高度、底宽、顶宽三者之间的比例,以4:2:1为佳,按这一比例建筑的城墙,既具有坚固耐用的建筑力学效果,又节省工料。书中按照这一原则和上述公式,推算出建筑高5丈、底宽2.5丈、顶宽1.25丈、长度1尺的城墙所夯筑的土方量为937.5立方尺。按当时每人每日夯筑20立方尺的能力计算,每建筑1尺长的城墙,需要46个工作日,以此为基数,再加上一定的富裕量,便可推算出各种长度城墙的夯土方数和所用工时。

第二是用同样的方法计算挖掘城壕的土方量。即:

$$(壕面宽 + 壕底宽) \times 壕深 \div 2 \times 壕长 = 挖土方数。$$

按此公式计算,挖掘面宽2丈、底宽1丈、壕深1丈、长度为1尺的城壕所挖掘的土方量为150立方尺,按当时每人每日挖掘30立方尺的能力计算,每挖1尺长的城壕,需要5个工作日,再加上一定的富裕量,便可推算出挖掘不同长度城壕的土方数量和所用工时。

(二) 工程作业图

按照工程作业图进行筑城施工的方法,在战国时期已有所见。如河北省平山县汉中山王墓中,曾出土过一种铜制的建筑工程平面图[1],系采用正投影法以金银线绘制而成。图面比例为500:1,用文字标注尺寸,以上南下北指示方位。据考证,该图是2200多年前为建筑中山王墓而绘制的。

除了国都级大型城郭和郡县级中型城郭的迅速发展外,还有边疆地区和少数民族地区构筑的城郭,以及各地为战争和设防需要而构筑的各种工事。如秦汉时期西南少数民族地区的石碉,三国时期各地构筑的碉垒、坞壁、堡寨等,也都有各自的特色和用途,并在某些方面有独自的创造,成为中华大地上筑城苑林中独秀的一枝。最能全面反映军事筑城特色的防御工程,则是北方绵亘万里的长城。

---

[1] 《新华文摘》"文物与考古"栏,1984年,(12):72。

四　长城建筑的概况

万里长城是中国古代最伟大的军事防御工程,至今仍被各国称为古代世界的奇迹之一。它由春秋时期一些诸侯国的边地界城发展而成,至秦始皇统一六国后,在北方修建成万里长城。经明代两次大规模的改建和扩建后,大体形成遗存至今长达 12 700 多里的规模。

(一) 带形城墙的兴起

早在西周时期,就开始在北方沿边修筑一些城堡,尔后又将各城堡相连成线,防御北方的少数民族。《诗·小雅·出车》中的"城彼朔方,赫赫南仲,狁犹(xiǎnyóu,居住北方的少数民族)于襄"的诗句,反映了这种情况。春秋时期的一些诸侯国也仿效此法,开始在本国边界地域,建筑亭、燧、障、塞等环形防御和传递信息的据点,尔后逐渐扩展连结成带形城墙[①]。到战国时期,不但燕、赵、秦、魏、齐、楚等大国,而且连中山国等小国,也开始构筑不同规模的带形城墙[②]。其中燕、赵、秦三国所构筑的带形城墙,具有明显抵御北方游牧民族袭扰的目的和作用。随着时代的前进,这种带形城墙便被人们称作长城。到秦始皇统一六国后,便建起了名副其实的"万里长城"。

(二) 秦朝建筑的万里长城

秦始皇嬴政二十六年(公元前 221),秦灭六国后,建立了我国历史上第一个中央集权制的统一的封建国家。为了防范北匈奴的袭扰,秦始皇便于三十三年(公元前 214)前后,沿袭战国时秦、赵、燕筑城设防的方针,派大将蒙恬,督 30 万士卒、民夫和囚徒,费时 10 多年,筑成了西起陇西郡临洮(今甘肃岷县境内),东至辽东的中国历史上第一条万里长城。

万里长城各段的具体位置,由于史籍记载既简又乱,故至今尚无定论,有待于考古勘察加以验证。长城西端起于甘肃临洮,与秦昭王时所筑长城的南端相连,再沿洮河向西北,至黄河与洮河交汇处后,则沿黄河经兰州、靖远、灵武、磴口,尔后转东至乌拉特旗以东,基本上与秦昭王时所建长城北端连结。位于内蒙古境内的中段秦始皇长城,蜿蜒于固阳北、武川南,过集宁至兴和,入河北省境。燕长城以北的秦始皇长城,则自内蒙古的察右后旗向东经商都、化德、多伦,再经河北的围场北,内蒙古的赤峰北、库伦旗,入辽宁的阜新。这一段秦始皇长城,不但将战国时燕、赵两国长城连结起来,而且在其以北地区构成了 1000 多公里具有大纵深、多道阵地的防御体系。东段长城大致是在辽宁阜新地区与原燕长城连结,尔后再东至辽东(见图 3-12)[②]。

(三) 汉唐对长城的修缮和扩建

秦灭亡以后,自汉至唐,有些朝代除修缮原长城外,还新筑了一些长城。其中尤以西汉

---

① 据《管子校正》卷二十四《轻重丁第八十三》称:"管子曰:长城之阳,鲁也;长城之阴,齐也"。管仲为齐桓公时(公元前 685~前 642)相,按此说法,春秋时的齐国已构筑了带形城墙。又据《汉书》卷二十八上《地理志第八上·南阳郡》记载:"叶,楚叶公邑,有长城,号曰方城"。有些学者认为,文中的方城是指长城,故楚国在春秋中叶已构筑了带形城墙。

② 叶小燕,中国早期长城的探索与存疑,文物,1987,(7):41~49。

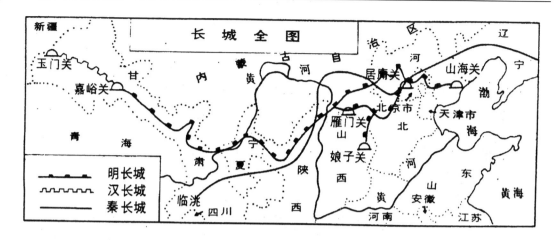

图 3-12 长城全图

为多。元朔二年（公元前127），卫青率领主力击败匈奴后，便"筑朔方，复缮故秦时蒙恬所为塞，因河而为固"[1]，修缮沿黄河及高阙一线的秦代旧长城。此外，汉武帝时还在阴山以北、秦长城以外，修筑了外长城和从永登到罗布泊的保护丝绸之路安全的河西长城，以及在河北承德地区、内蒙古昭乌达盟和辽宁朝阳地区修筑的长城，总里程达1万多公里，是中国历史上西起新疆，东迄辽东的第一条超过1万公里的长城（见图3-12）。汉代修建的长城，在主要的战略防御地段上，都具有大纵深、多道阵地防御工程的特色。

南北朝时期的北魏和北齐，除对秦汉长城的某些段落进行修筑外，也新筑了一些长城。隋朝建立后，从开皇元年到大业四年（公元581~608）的27年中，曾先后7次动员民工修筑长城，每次动工的时间，大多不超过1个月，而且基本上是对前代长城进行一些修缮。

唐朝建立后，国家实力雄厚，武力强盛，唐太宗李世民推行军事进攻与政治争取相结合的战略方针，部署精锐骑兵集团于边疆战略要地，统治地区远及西域，势力所到，已超过前代长城之外，因此除在局部地区进行少量修缮和新筑长城外，没有进行大规模的增筑新城。武则天圣历元年（公元698），为防范突厥的南掠，曾在妫州（今河北怀来东北）以北，构筑了一段新长城，并修缮了该地区的一些旧长城。

五　长城的守备设施

长城是以城墙为主体，由障城、关隘、堡台、烽燧等守备设施组成的一种点线结合的带形防御工程。建筑长城时，首先要从战略上按照各王朝确定的战略方针和完成战略、战役任务的要求，选定长城的大体位置和走向。其次要从战术上根据敌情、地形的特点，选定设防的要点和壕墙的具体位置，达到"因地形，用险制塞"的目的。在施工中要贯彻"因地制宜，就地取材"的原则进行建筑。现存的长城遗迹，在总体上是依山岭、顺河流、凭险要建筑而成的，有些地段还筑有两重甚至多重城墙，具有层层设防、综合守备的作用，是中国古代城墙城池体系军事筑城的结晶之一。

---

① 《汉书》卷九十四上《匈奴传上》，《汉书》十一第3766页。

（一）城墙

城墙是长城的主体。自战国至唐代，都因各地段的地形、敌情、材料来源的不同而采用各种建筑方式，筑成千差万别、姿态各异的城墙。在骑兵易于驰突和敌军进攻的主要地段上，墙体构筑得坚固而高厚，顶部能驰车走马，筑有密集的堡台和各种守备设施，便于守城士兵驻守和进行守城战。如河北围场地区，是华北通往内蒙古高原和东北地区的咽喉要道，所以这里的秦长城通常高8～10米、底宽10～12米、顶宽3～3.5米，大多用石砌土夯而成。在骑兵不易行动的山地，或者有天然障碍，敌军不便密集进攻的次要地段上，便开山采石，就地取料，构筑比较狭窄、矮小的城墙即可。如汉武帝时所筑外长城，夯土墙底宽4～5米，石砌墙底部宽2米，其顶宽大约在2米左右。在内缓外陡的山坡上构筑城墙时，便以山脊为基，垒筑一定高度的石墙，使之具有外侧高陡，敌兵难以攀攻，内侧坡缓，利于守军上下机动的特点。若遇高山峻岭，则开山采石，垒筑城墙。如自内蒙古固阳县北昆都仑河上游向西，沿狼山山脉的一段城墙，都用石垒筑。由此向东，沿大青山山脉的一段，地势比较平坦，城墙大多用土夯筑。横穿昭乌达盟350多公里的一段燕秦长城遗迹，石筑者占一半，土筑者占40%，其余都是利用天然屏障为墙。如在两山夹峙的山口地段，便以土石混筑，夯筑成墙。这类城墙在大青山里的许多山口和昭乌达盟老虎山一带多有发现。在深山密林、山脊北侧或戈壁沙滩上，则采用以壕为主，以墙为辅，挖取壕土，夯垒成墙。在森林边缘或地势险峻地段，也可采用木栅或鹿砦圈围的方式，构成简易的城墙。汉代玉门关至安西县一带长城的构筑，所用材料特殊，当时构筑的方法是先在选定的墙基处挖掘一条不太深的壕槽，用当地生长的芦苇、红柳条铺4～5厘米厚作底，然后铺一层20厘米厚的沙粒与石子，如此交相铺堆，分层夯筑压实，成为高达数米的城墙。由于沙石与苇枝已粘结在一起，经过碱性盐卤渗透后，芦苇不易腐烂，墙体相当坚固，有的墙至今仍屹立在一些沙漠地段中。

（二）障城

障城是长城沿线内侧筑有环形防御工事和驻有守军的支撑点。障城规模的大小、分布的数量和密度，都与所在地段的守备任务、敌情和地形有关。在主要守备地段、交通要道、险要山口的障城较大，数量较多，布列较密。如宁夏固原附近，从吴庄至乔洼的15公里主要守备地段，已经发现的秦国障城遗址就有七八处，而非主要守备地段上，每5～10公里才有一座障城。又如固原西南交通要道的将台处，障城的面积较大，其南北长1000米，东西宽400米，可控制北峡山口。一般障城大致为50～150米见方的小型城堡。更小的障城面积只有16米或20米见方，故又被称作"亭"。通常障城只在向长城城墙的一面开设一门。汉代有的障城，如内蒙固原县北面的阿尔呼勒、巴音诺洛、苏亥、沃博尔呼热等地的4座障城，均为周长450米左右的正方形，城墙的四角筑有凸出

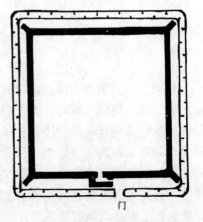

图3-13　阿尔呼勒障城遗址平面图

墙外的墙台工事，以便在其上安置强弩，从侧面射击墙外攻城之敌[①]（见图3-13）。有的障城设施较全，如甘肃居延海以南，汉居延都尉甲渠塞长官——甲渠侯官屯驻的一个小障城，面积约46米见方，障墙四周3米的距离内，埋设有4排尖木桩，防止敌兵进入城内。同时，城内还备有侦察、了望和搜查设施。可见是一座兼有多种作用的障城。

（三）烽火台

烽火台是以烽燧报警的高土台。是传递军事信息的设施。因常用狼粪烧烟（狼粪在白天燃烧时，所生烟焰浓黑而高冲，容易被远方发现），故又名"狼烟台"。烽火台上用燃烧物发出的信号有火与烟两种，燃火为烽，发烟为燧。通常是夜晚举烽，白天发燧，故合称烽燧。商周时期已开始使用烽燧，每隔一定距离建筑一座。当某台戍兵发现敌人入侵时，即燃起烽烟，邻台见后也立即举火，依次相传，使全线烽火台的戍兵都作好准备，待命抗击敌军或救援邻台戍军。自春秋战国各诸侯国开始建筑长城后，烽火台便作为其一部分而同时建造。秦长城建成后，在沿线设十二郡分守，所属烽火台也按行政区划和军事指挥系统编制。汉承秦制，在沿线按郡、都尉、侯官、部、烽燧等序列进行编制，形成完整的信息传递和指挥系统。唐代称烽火台为烽台，其作用依然不变。

烽火台一般建于长城沿线各交通要道或山河谷口便于了望的高地上，设置的密度因各地域的敌情和地形而异，一般每5～15公里设置一座，在主要防御地段或视界、能见度较小的地方，不到2公里就有一座。内蒙古昭乌达盟地段汉长城遗存的烽火台较多，约3公里一座，最多不超过5公里。估计汉长城约有二三千座烽火台[②]。烽火台用土夯筑，有方、圆两种，以方形为多，每边长8～12米。圆形较小，直径约15米左右。重点烽火台较大，其外有围墙，

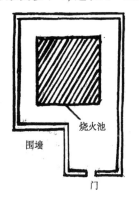

图 3-14　乌不浪山口东侧
烽燧遗址平面图

（围墙／烧火池／门）

如内蒙古乌不浪山口两侧连山而立的烽火台便是[①]（见图3-14）。烽火台除以举烽发燧方式报警外，有的还用张挂红白相间的彩旗或擂大鼓报警。汉代还规定以燃烧积薪的堆数，通报来犯之敌的人数和作战行动。不满1000人者燃一堆，超过1000人者燃两堆，超过1000人并进攻亭障者燃三堆。从文献记载和在烽火台遗址发现的汉简可知，汉代每座烽火台的戍兵少则5～6人，多则30人，每台有台长1人，台上随时都有戍兵值班。守台戍兵除举烽发燧外，还兼有保护过往客商、使节和旅行者，以及屯田、支援附近地区等任务。

唐代的烽火台已有确定的规制，除选择能见度良好的高地外，规定方形台高5丈、下宽3丈、顶宽1丈；圆形台的直径1.6丈；每台从一面伸出3尺，从上至下筑一板屋，高与台等；台外筑3～5尺高的围墙。台内除贮备生活必需品外，还备有1面旗、1面鼓、2张弩、火钻、火箭、蒿艾、狼粪、牛粪等兵器和烽燧器材，并事先约定报警信号[③]。

烽燧系统除用于报警外，还用于邮驿。汉代的公私邮书，通过亭燧吏卒传递。从出土的

① 唐晓峰，内蒙古西北部秦汉长城调查记，文物，1977，（5）：16～22。
② 内蒙古自治区原昭乌达盟文物工作站，昭乌达盟汉代长城遗址调查报告，文物，1985，（4）：69～79。
③ 唐·李筌撰，《神机制敌太白阴经》卷五《烽燧台篇第四十六》，《中国兵书集成》2 第545页。

汉简可知，当时的紧急军情是通过特制的木筒传递的，筒上插有羽毛，故称"羽檄"。此后各代都采用这种方式传递军情。

自春秋开始兴建的长城，至秦代已奠定基本规模，汉唐时期又有所扩展。长城的兴建，使长城以内从事农业生产的广大居民，有了一个相对稳定的生产条件和不受袭扰的作用。从军事筑城的角度说，长城凝聚了唐以前历代工程技术人员的智慧，不但为后世长城的扩建奠定了基础，而且也为城邑的建筑提供了借鉴。

六　攻城器械

自战国至唐代，随着军事筑城的发展，攻城器械也日新月异。成书于战国时期的《墨子》，虽然没有具体论述攻城器械的制造和使用技术，但是却提到临、钩、冲、梯、堙、水、穴、突、空洞、蚁傅、轒辒、轩车等12种攻城战法。其中临、钩、冲、堙、蚁傅、轩车、轒辒等7种战法，在春秋时期已经使用，这些战法的名称，实际上是以作战中所用攻城器械命名的。如临和冲，就是使用临车和冲车的攻城法；钩和梯，就是使用钩援和云梯攀城的战法；穴和空洞，就是使用挖掘器械挖掘地道的破城法；堙就是用堆土山攻城的战法；水就是用水灌城的攻城法；轩车和轒辒车，就是用侦察了望车和活动掩蔽车进行了望和掘城作业的攻城法；蚁傅，就是组织士兵以密集队形攻城和实施突袭的攻城法。这些战法，在攻城作战中或综合使用，或交替使用，以夺取攻城战的胜利。经过对几百年攻城战经验的总结，至唐代宗时，李筌在其所著《神机制敌太白阴经·战具类·攻城具》中，叙述了几种主要攻城器械的形制构造和用途，它们大致可分为六大类。其相应的图式，可参见本书第四章第四节。

远距离攻击器械有抛车、大型弩，以及火攻器械等。

抛车即车载抛石机。唐武德四年（公元621），李世民率部围攻洛阳城时，曾命部下用抛车向城中抛击50斤大石，射程达200步[1]。

车弩的形制构造已如前述。唐武德四年，李世民率部围攻洛阳城时，曾命部下用巨型八弓弩箭射向城中[1]。

火箭在《墨子·备城门》篇中称作"烟矢"。有两种箭配合使用：一种是在箭镞后部绑附一个盛油的小瓢，另一种是在箭镞后部绑附含有火种的纵火之物。攻城时，先将前一种箭射扎在楼橹上，瓢坏油出；再将后一种箭跟进射出，纵火之物便引燃油料，将楼橹和城防设施焚毁[2]。

雀杏又称火杏。是用经过磨光掏空的杏核制成。内放艾草、火种及纵火之物。使用时，将杏核绑于雀足上，并把群雀放飞城中，降落在粮草积聚和房舍屋顶上，引燃大火，将其焚毁[2]。

攻城车有新创的木幔车。它是在一个长方形车座的中央，竖立一根粗大的圆柱，柱上安桔棒，头部张一块用板制成的木屏，屏外裹以生牛皮，尾部用绳挽系于车框上。作战时士兵推车前进，并不断用桔棒调整木屏的位置，抵御守城士兵射来的矢石，进行攻城作战。[3]

---

① 北宋·司马光撰、元·胡三省音注，《资治通鉴》卷一百八十八《唐纪四》，武德四年乙卯，中华书局，1956年版，标点本《资治通鉴》13 第5905页。以下引此书时均同此版本。

② 唐·李筌撰，《神机制敌太白阴经》卷四《战具类·攻城具篇第三十五》，《中国兵书集成》2 第518页。

③ 唐·李筌撰，《神机制敌太白阴经》卷四《战具类·守城具篇第三十六》，《中国兵书集成》2 第516~518页。

侦察了望器械有板屋。其构造形式与春秋时期的巢车和楼车相似。当时又称其为轩车①。

遮挡式器械除沿用春秋时期的辒辌车外，主要有尖头木驴。尖头木驴在构造上与辒辌有所区别，木驴的横断面如同"人"形木屋，屋脊用 10 尺长、1.5 尺粗的大木制成，两顶盖直接从屋脊向下张开，架在用巨木制成的大型长方框上，框下安有 6 根脚柱，支撑地上，尖高 7 尺，可容 6 人，顶盖外蒙湿水的生牛皮。尖头木驴的作用与辒辌相同。

攀登器械有云梯，比春秋时的钩援有改进。梯身安在用大木制成的框架上，框架下安六轮，成为车载式云梯。梯身与城高相等，梯首安有辘轳。攻城时，将梯首附着城墙，士兵攀城而上①。

土木作业有堆土山和挖地道两种①。

堆土山是在城外堆垒土山，使之与城等高，士兵从土山上向城内射箭抛石，或架天桥攻入城内。这种方法在春秋时已有使用，当时称作"堙"（yīn）。北魏普泰元年（公元 531），北魏将领高欢采用"起土山，为地道"战法，攻破了邺城②。

挖地道是在城外选择适当位置，挖掘地下通道，进行攻城。此法在春秋时已有使用。挖掘时每掘进几尺至 1 丈，便安置 1 个支架，以防土层下塌，掘进越深，支架越多。当地道进深超过城基宽度时，即可将柴草放入地道内，纵火焚烧支架，结果架折城塌，士兵乘机从缺口处攻入城内。东汉建安四年（公元 199），袁绍与公孙瓒在易京（今河北雄县西北）交战。公孙瓒凭城坚守。袁绍因久攻不下，便"为地道，突坏其楼"攻入城内，灭了公孙瓒③。

七　守城器械

战国至唐代的守城器械，散见于各种史籍记载者甚多，其中《墨子》和《神机制敌太白阴经》所收即达百余种。若按两书中所记守城器械的作战用途而论，大致可分为：远距离反击器械、侦听器械、抵御器械、击砸器械、烧灼器械、灭火器械等六大类。其相应的图式，可参见本书第四章第四节。

远距离反击器械有各种抛石机和巨型弩。其中构造与作用已如前述。

侦听器械有地听。其用法是先在城内要道处挖掘一些井状地穴，尔后用口蒙薄牛皮的陶瓮置于井内，命耳聪之兵以耳贴近陶瓮，倾听异常声音。守城士兵听到挖地道的声音后，即采取防御和反击措施③。

抵御器械有遮挡矢石的篾篱笆、布幔、大橹，有抵御和推阻云梯的叉杆④。

篾篱笆用荆柳条编成，长 1 丈，宽 5 尺，外蒙生牛皮，用 6～7 长的横杆，张挂于女墙外。布幔是在一个长宽各为数尺的竹木框上，蒙布成屏，用环扣绳索缀连在一根长 1 丈多的竹木杆上，将其张挂在女墙外的七八尺远处。大橹即大盾。《墨子·备城门》篇中提到一种高 8 尺、宽 4 尺的大橹，安置城墙上。

叉杆的杆长 2 丈，头部安有横阔的叉形锋刃，用以推阻和叉毁攻城云飞梯。唐至德二年

① 唐·李筌撰，《神机制敌太白阴经》卷四《战具类·守城具篇第三十六》，《中国兵书集成》2 第 516～518 页。

② 《北齐书》卷一《帝纪第一·神武上》，《北齐书》一第 7 页。

③ 《三国志》卷八《魏书·公孙瓒传》，中华书局，1959 年版，点校本《三国志》一第 144 页。以下引此书时均同此版本。

④ 唐·李筌撰，《神机制敌太白阴经》卷四《战具类·守城具篇第三十六》，《中国兵书集成》2 第 519～523 页。

（公元 757），安庆绪围攻睢阳时，"以云冲傅堞"攻城。唐将张巡以"钩干拉之，使不得进"，挫败了安庆绪攻城的云梯兵[1]。

击砸器械有木檑、石檑、钩杆、连梃等[2]。

木檑又称垒木。用长 5 尺、粗 1 尺（或 6～7 寸）的大木制成。石檑又称垒石，用大小不等的石块制成。这两种器械都是在守城作战时，由士兵从城上向下击砸攻城之敌。

钩杆形如长杆枪，两侧有钩，用以钩物或钩人。

连梃形同农家所用的打禾枷，从垛口击打攻城之敌。

烧灼器械是以猛烈的火焰或以烧熔的铁汁，烧灼攻城敌军的人马和器械。主要有燕尾炬、游火铁筐、行炉、天井等[2]。

燕尾炬用苇草扎成，下分两叉如燕尾，中灌油脂。当敌军推拥尖头木驴至下攻城时，守城士兵即将燕尾炬点着，自城上缒（zhuì，用绳拴扣人或物从上往下送）下，骑跨在尖头木驴上，将其烧毁。

游火铁筐是在一种用熟铁制成的筐形容器中，盛满薪草艾蜡，筐上有把，把上扣有铁索，当敌军在城下攻城时，守城士兵即将筐中薪草点着，用铁索将筐悬至城下，烧灼攻城之敌或挖掘地道之人。

行炉是一种机动性熔铁炉，由炉架、熔铁炉和木制大箱构成。炉架为长方形，用大木制成，架上安有熔铁炉。当敌军自城下攻城时，守城士兵即将熔铁炉中熔化的铁汁浇向城下，烧灼攻城敌军和攻城器械。

天井又称竖井。当敌军企图从挖掘的地道中攻城时，城内守军即对准地道挖掘竖井，尔后将油脂和薪草等引火之物点着，推入竖井中，同时在井口鼓风，用以烧灼敌军。

灭火器材有水囊。囊中盛满水，当攻城之敌在城下纵火时，即将水囊抛入火中，囊破水出，将火浇灭。《墨子·备城门》中所说口小腹大的瓮，也是一种盛水的器械，既可储水备饮，又可用于灭火。

八　障碍器材

障碍器材主要用于阻止敌军行动和杀伤敌军人马，在守城战中使用较多。制品有尖头木桩和鹿砦、铁蒺藜和拒马枪等[2]。

尖头木桩一般埋设在距城墙 2.5 米的范围内，高出地面 0.5 米，一般交错埋设 5～6 行，以障碍敌军的行动。尖头木桩外侧，再设置一道宽约 2.5 米的鹿砦，使敌军攻城云梯等大型攻城器械难以接近城墙。此外，有的还在护城壕底插植竹签，阻止敌军涉水过壕。

铁蒺藜因其形如蒺藜而得名，通常带有四个尖刺，中央有孔，便于士兵用绳穿联携带，布设在敌军必经之路上，刺扎敌军的人马，迟滞敌军的行动。此外，城上还备有可临时布撒的铁蒺藜，作战时可用小型抛石机抛投在敌军的通路上，达到同样的目的。

拒马枪是在一根直径 2 尺，长短视需要而定的大圆木上，凿上八九个孔，各安上长枪。另一侧用四五根斜木钉在圆木上，作支撑用，使拒马枪的横断面成"人"字形张开，用铁链固

① 《新唐书》卷一百九十二《忠义中·张巡传》，《新唐书》十八第 5538 页。

② 唐·李筌撰，《神机制敌太白阴经》卷四《战具类·守城具篇第三十六》，《中国兵书集成》2 第 519～523 页。

定在地上，阻止敌军人马的通行。行军时，可用骡马驮载，随军机动，因情而用。

九　著名的攻守城战

使用上述器械进行攻守城战的战例甚多。其中最精彩的有下列几个。

（一）蜀魏攻守陈仓之战

蜀汉建兴六年（公元 228）春，诸葛亮率军初出祁山（今甘肃东南部西汉水北岸地区）进攻曹魏，因马稷失守街亭（今甘肃天水东南），被迫退至汉中。魏军遂派郝昭驻守陈仓（今陕西宝鸡东），以防御蜀军东进。当年九月，魏军主力攻吴，在石亭（今安徽潜山东北）败于陆逊，陈仓兵力薄弱。十二月，诸葛亮闻讯后即乘机率主力数万人复出祁山，围攻陈仓。陈仓守军仅数千人，诸葛亮劝降不成，便以云梯攻城；郝昭命魏军"以火箭逆射其云梯"，烧死蜀兵。诸葛亮又用冲车攻城；魏军即"以绳连石磨压其冲车，冲车折"。蜀军再造百尺高的临车，用蚁傅战术强行登城；魏军在城上构筑重女墙，蜀军不能得手。诸葛亮又命蜀军挖地道攻城；郝昭命魏军在城内挖竖井，击退蜀军。蜀军猛攻 20 多个昼夜，终未成功。诸葛亮闻魏军救兵至，被迫下令蜀军再次撤至汉中[1]。此战攻城者虽猛，但守城者更坚，经过兵力兵器的多次较量，守城者终于成功地守住了坚城。

（二）东西魏攻守玉壁之战

东魏武定四年（西魏大统十二年，公元 546）九月，西魏大将韦孝宽据守玉壁（今山西稷山西南），东魏丞相高欢率大军围攻玉壁。高欢所部首先以"高临"战术，在城南堆土山攻城；韦孝宽下令加高敌楼，遂破"高临"之术。高欢又命士兵挖地道攻城；韦孝宽部即在城内沿城墙挖掘长堑，擒杀东魏军，又在长堑外堆柴贮火，用皮囊鼓风吹焰，熏灼东魏军。高欢再造抛车，发石攻城；韦孝宽遂命部下缝布为幔，用竹杆悬挂于城上女墙外 8 尺之空中，石块击在布幔上，因受阻挡而纷纷落地，使以柔制刚之术获得成功。高欢复"缚松（脂）于杆，灌油加火"，以焚烧布幔和城楼；韦孝宽则命部下造铁钩长枪，钩断高军火杆，松麻纷纷落地。高欢所用 4 种攻城器械和攻城战术均告失效。最后，高欢采取大规模的"穴攻"战术，命部下分别从城北和城东挖掘 10 道和 21 道地道进行强攻；韦孝宽即下令竖木栅阻敌。高欢用尽攻城之术，韦孝宽竭尽守城之能。双方苦战六旬，高欢智穷力困，死 7 万多人，终未攻破玉壁，被迫撤围而退[2]。

第三节　战船和水军的发展

钢铁冶铸技术的发展，使战船技术产生了新的特点。即用铁制工具建造战船，用铁制构件装配战船，用铁木构造的船具推进和操纵战船，用铁制兵器装备水军。具备上述特点的战

---

① 《三国志》卷三《魏书·明帝纪第三》引《魏略》，《三国志》一第 95 页。

② 《周书》卷三十一《韦孝宽传》，中华书局，1971 年版，点校本《周书》二第 536～537 页，以下引此书时均同此版本。又《北齐书》卷二《帝纪第二·神武下》，《北齐书》二第 3 页。

船，初创于战国，勃兴于秦汉，至隋唐已经相当发达。

一　战船建造业的发展

春秋后期，沿江滨海的吴越两国率先设立专业的造船场"船宫"。到战国时期，其他一些诸侯国也设立了一些造船场。1978年，河北省平山县中山国一号墓的船葬坑中，出土了5′只木船。其中大船的船板采用铁箍拼联而成，隙缝处还有铅皮填塞①。偏处西陲的秦国，为了同楚国作战，也设立造船场，建造了取名为太白、白云、飞云、仓隼、小儿、先登、飞鸟和金船等各型战船。其中有的战船可载50名兵员，贮存3个月的给养②。周赧王三十五年（公元前280）秦军进攻楚国时，司马错竟能率巴蜀之众十万，以船队载米六百万斛顺流而下，进攻楚国。

1976年，广州发现了一处规模较大的秦汉造船场遗址，其中除了3个平行排列的造船台外，还发现了铁制的锛、凿、挣凿、铁钉等造船工具、钉料，以及划线用的铅块、木垂球等。这说明，秦汉时期已具有较高的造船技术水平③。汉代的造船业，以元狩三年（公元前120）穿凿方圆40里的昆明池（今陕西西安西南）为代表，该池作为建造楼船和水军操练之用。三国各方也都建造了许多战船。迄两晋南北朝时期，不但统治者建造战船，而且农民起义军也以战船作战。如孙恩领导的农民起义军，以舟山群岛为基地，大力建造战船，几年后拥有战船千余艘。

隋唐五代时期，战船建造业出现了一个新的发展高峰。不仅在内陆沿江设立了许多大型船场，而且在山东沿海设立造船基地。如隋朝在东莱郡建造了300艘大海船，以为进攻高丽之用。唐朝建立后，设立水部郎中和舟楫署令等官职，专理造船、水运和水上防务之事。又在洪州、嘉州、金陵、岭南、饶州、江州等地设立造船场，建造了楼船、蒙冲、走舸、游艇、海运船、海鹘船、车船等，为渡海作战创造了战船条件。

上述各个时期的造船场，不但规模大、分布广、建造战船多，而且在战船建造技术上也大有发展：自秦汉开始，船体结构已普遍采用铁钉连接和榫合、麻茹艌④缝技术。东晋时期，又出现了用多重木板鳞式毗接建造船体的技术。唐德宗贞元年间（公元785～805），扬州地方的战船建造场，已经采用船底涂漆的方法，减少水的阻力，既提高了航速，又具有防腐蚀作用。1973年，江苏省如皋县出土的一只唐代早期木船，分为9个舱，舱房间设有隔舱板，船舱和船底用铁钉按人字形钉牢，缝间用石灰桐油填实，严密结实，互不漏水。这种水密舱式的船舶，在一舱进水时，他舱可不漏水，保证了船体的安全和损坏后的迅速修复。同时，每个舱的隔舱板又起了横向支撑船侧板，提高了抗侧向压力的能力，是船舶建造技术提高的一大标志。

---

① 河北省文物管理处，河北省平山县战国时期中山国墓葬发掘简报，文物，1979，(1)：4。
② 汉·刘向集录，《战国策》卷十四《楚一·张仪为秦破从（纵）连横》，《战国策》中第506页。
③ 广州市文物管理处等，广州秦汉造船工场遗址试掘，文物，1977，(4)：1～17。
④ 艌（niǎn）：本为茸理旧船之意，亦指用麻筋与油灰等物拌成粘湿混合物，粘合船缝的工序。

二　战船的基本类型

从战国到五代的 1400 多年中，建造了多种战船，其名称数不胜数。按其作用，大致可分为帅船（指挥船）或大型战船、主力战船、攻击战船、轻型战船、小型战船或游击艇船、侦察船等。有时同一种名称的战船，也可作两种以上的用途，而且每个朝代都有所发展。此外，还有新创建的车船。战船相应的图式，可参见本书第四章第五节。

（一）帅船或大型战船

这类战船主要有楼船和其他一些大型战船。

楼船并不是战船的固定型号，而是指舱面上有多层楼。《史记·南越尉佗列传》裴骃集解引应劭曰：大船，船上施楼，故号曰楼船"[1]。楼船之名始见于春秋末战国初，当时大概只有两层。到了秦汉时期，楼船越建越高，层数越来越多。汉武帝在长安（今陕西西安）西南修筑昆明池时，所建楼船已"高十余丈，旗帜加其上，甚壮"[2]。《后汉书·公孙述列传》则说："又造十层赤楼帛兰船"，可见楼船之大。三国时吴国所建楼船，可载 3000 人。东晋时还建造了安有拍竿的楼船。东晋隆安二年（公元 398），孙恩领导的农民起义军所用的大型楼船"八槽舰"，上有四层楼，高 10 余丈，各种兵器齐备，具有强大的攻击力。唐太宗东征时也建造了其高如城的楼船。之后，唐朝对楼船的形制构造进行了改革，不以船高楼多为标准，而以适应作战的需要进行规范。其船制载于《神机制敌太白阴经·战具类·水战具》中：楼船的舱面上建三层楼室，船首及两舷侧建有女墙战格，既可遮挡敌方射来的矢石，又可在其掩护下向敌方射出箭镞，宛如水上高城。三层楼室两侧都开有弩窗、矛穴，以便士兵从不同的角度向敌方射箭刺矛。三层楼室的顶部安有拍杆，利用杠杆原理，利用杆端重物下坠，拍击敌军战船。楼室外侧都有毡革维护。船上备有砲车、檑石和铁汁，作战时砲车可抛出檑石，击砸敌船，铁汁可以炙灼敌军战船官兵。大型楼船的船身长度可达百步（每步约 5 尺，长度似有夸大），船面四周备有宽道，可以行车走马，能载官兵千余人。由于楼船乘载士兵多，武器装备齐全，远可发砲石，射箭镞，两船相并可击拍杆、浇铁汁，是水战中的主力战船。楼船的形制构造既经确定之后，宋、元、明三朝有关军事技术的著名兵书，诸如《武经总要》、《武备志》等，除了增绘图形外，都按其所定规制建造楼船，可见其书影响之大。

五牙船是隋文帝杨坚为进行灭陈战争时，命大将杨素在永安建造的一种大型战船，舱面上起楼五层，船高百余尺，可载士兵 800 余人，船上安有 6 座新式大型摧毁性装置拍杆，杆高 50 尺，用以击拍陈军战船。陈军战船被毁者甚多。此外，隋朝还建造了大稺、黄龙等大型战船。

（二）主力战船

主力战船仅次于帅船，是水军战船的主体，它们的名称甚多，比较著名的有斗舰和海鹘（gǔ，一种候鸟）船等。

---

① 《史记》卷一百十三《南越尉佗列传》，《史记》九第 2975 页。
② 《史记》卷三十《平准书第八》，《史记》九第 1436 页。

斗舰在秦汉时期已经使用。在赤壁之战中，东吴老将黄盖在诈降曹操时，曾以斗舰冲入曹军水营，纵火焚烧了曹军战船[1]。入唐以后，它已发展成一种制式战船。船上两舷侧建有女墙，可蔽士兵半身，既可避免被矢石所伤，又可在其掩蔽下发射箭镞。女墙下开有掣棹孔穴，便于士兵操棹行船。舷内5尺处又建有战棚，与舷侧女墙等高。战棚上又建有女墙，士兵列于女墙之后，向敌船射箭击石，并随时准备持执兵器同敌格斗[2]。

海鹘船[2]是唐朝创建的一种战船。船形头低尾高，前大后小，如鹘之形，船名因此而得。两舷侧外安置浮板，起稳定作用，可消减横向风对船体的推力，使战船尽量避免横向漂流，保持船体稳定航行，即使遇到狂风怒涛，也没有倾覆的危险。

（三）攻击战船

这类战船是兼有装载量较多、航速较快、攻击力较强的战船。比较著名的有蒙冲与艨舼。

蒙冲是一种双层多桨轻型快速战船。又作艨艟。因其顶棚外蒙有生牛皮，以御矢石，利于冲击敌军船阵，故有其名。在赤壁之战中东吴老将黄盖曾以"蒙冲、斗舰数十艘"作为纵火船[1]，火烧曹军的水上营寨。唐朝的蒙冲，已在舱面上两层战棚的外侧开了掣棹孔，既便于士兵把桨从棹孔伸入水中，划棹前进。战棚的前后左右都开有弩窗、矛穴，士兵可以四向发射箭镞，并以长矛、长枪刺敌。蒙冲船体狭长轻便，在水战中常乘敌不备之时，实施快速冲击，充分发挥其以速致胜的特点。

艨舼是两晋南北朝水军装备的一种战船。船体狭长，安有80对桨，首尾尖翘，航速很快，便于冲击敌军船阵。

（四）轻型战船

这类战船船体较小、航速较快、冲击力较强、便于机动。比较著名的有走舸。

走舸在秦汉时期已有使用。东吴老将黄盖在诈降曹操时，曾将走舸"系大船后"，纵火焚烧曹军水上营寨[1]。至唐朝，其两舷建有女墙。每船乘载十余名身强体壮的士兵，既能操棹行船，又可持械作战。

（五）小型战船

小型战船体小灵活，便于机动作战，比较著名的有赤马舟和游艇等。

赤马舟起用于汉朝，因"其体正赤，疾如马"而得名。

游艇在唐代使用较多，舷侧每隔4尺安一桨床，因艇之长短而配置桨数，一般每侧不少于6桨。由于船轻桨多，所以进退转动灵活，其疾如风，便于水上游击或作传令、通信、侦探之用。

（六）特种战船

特种战船是指具有特殊构造或作战任务的战船，诸如车船、舫等。

车船的特点是在两舷安有带叶片的转轮，轮轴伸入船舱并安有踏脚板。水手用力踩板，轮

---

① 《三国志》卷五十四《吴书·周瑜传》，《三国志》五第1262～1263页。
② 唐·李筌撰，《神机制敌太白阴经》卷四《战具类·水战具篇第四十》，《中国兵书集成》2第533～534页。

轴转动，叶轮激水，推进船身。因古代通称轮转机械为车，故有此名。据《陈书·徐世谱传》记载，南北朝时期的梁朝水军将领徐世谱，曾"造楼船、拍舰、火舫、水车以益军势"。唐代的李皋加以改进后，制成"挟二轮蹈之"的战船。因其航速很快，便得到了推广。

舫是战国开始使用的一种双体船。1976年，广西贵县罗泊湾西汉墓中出土了一只铜鼓，其上画有6组双体船。晋朝已开始用作战船。据《晋书·王濬传》记载，晋武帝司马炎废魏帝建晋后，命王濬建造大型战船连舫，进攻东吴。又据《梁书·王僧辨传》记载，东晋南朝时期的水军战船中，曾建造过一种专门用于火攻的火舫。舫在隋代仍在使用。

西汉时期还采用另一种战船分类法：把运送士兵率先登陆抢占滩头阵地的战船称作"先登"，用于侦察敌情的战船称作"斥候"，轻巧快捷的战船称"赤马舟"，防御设备较好的战船称"舰"，航行平稳而体短的船称"艑"，小型战船称作"艇"等。

（七）济渡器材

济渡器材虽然不是制式战船，但是可以在特殊条件下执行特殊任务时使用。如飞绠（gēng）、浮囊、皮舡、械筏、木罂（yīng）、火舡等[1]。

飞绠是在河川上临时架设的一种粗索桥。粗索用麻编成，士兵挟住索桥，浮水而过。

浮囊是一种单兵泅渡器材，用整张羊皮吹气而成。士兵借助浮囊的飘浮力，泅渡过岸。

皮舡是一种小型泅渡器材，用生牛马皮制成，亦称皮船。船口用竹木圈成框，将牛皮或马皮缘框制成箱形，可载1～3名士兵过岸。

械筏是一种中型简易运渡器材，一般用木制作，有时也以成束枪支纵横缚捆而成。其上可乘众多士兵，两旁各系浮20个浮囊。同时又命善于游泳的士兵先行渡水，在对岸立柱、系索，将械筏牵挽过岸，以免飘移。可见这种械筏既可渡人，又可运送枪械，而且还能以枪代木，省去许多制筏的材料和时间。

木罂是将木制的口小腹大的缶（fǒu）缚在竹木制的筏上，以便运载物品。据《汉书·韩信传》记载，汉王二年（公元前205）八月，韩信奉命攻魏。魏王豹料定汉军将从临晋（今陕西大荔东）渡过黄河，便亲率主力扼守河东蒲板（今山西永济西），阻击汉军。韩信将计就计，故意调集船只于临晋渡口，佯示必渡，暗中自率主力从上游百余里处的夏阳（今陕西韩城南），以木罂偷渡，直捣魏军后方重镇安邑（今山西夏县西北），向魏军侧后逼近，大败魏军，俘虏了魏王豹。这是运用简易运渡器材，夺取重大胜利的一个著名战例。

火舡是在小船或小木筏上堆载柴草，从上游顺风顺流发火，飘至敌军水寨，焚毁敌军战船、水寨。

由于战船、铁制兵器和工具的发展，战船上的武器装备和船具得到了很大的改善。钩镰、拍杆和铁汁的使用，舱面战棚和女墙的设置，增强了战船的攻击力和防御力。桨、帆、桅、橹、车轮桨、舵、锚等船具的创造和发展，提高了战船的航速和续航能力，改善了战船在航行和驻泊时的方向性和稳定性，从而大大增强了战船的机动性和战斗力，许多威武雄壮的水战场面，充分说明了这一点。

---

[1]　唐·李筌撰，《神机制敌太白阴经》卷四《战具类·济水具篇第三十九》，《中国兵书集成》2第531～532页。

三　著名的水战

自战国至隋唐，水战及于江海者不可胜数。秦国水军拥千百战船，出巴蜀，据楚都，下岭南，兵锋直指番禺，水军之威不可一世。汉武帝平定东南，守固辽东，多赖水军之功。然而为后世所称颂不绝者，尤数下述几次水战。

（一）赤壁之战

东汉建安十三年（公元 208）十一月，孙吴联军在赤壁（今湖北蒲圻西北，一说嘉鱼东北）阻击准备渡江的 80 万曹军（人数有夸大）。双方隔江对峙。周瑜采纳部将黄盖所献火攻之计，由黄盖致书曹操诈降。随后黄盖率水军乘蒙冲、斗舰数十艘，满载薪草，灌注膏油，外用帷幕伪装，上竖军旗，乘东南风驶进曹军水营，其余小型战船走舸等随之跟进。黄盖待船队逼近曹军战船时，下令点燃各船薪草，顿时一片火海，烟焰涨天，延及岸上营寨，曹军死伤甚重。周瑜等率军乘势冲杀，曹军溃败，逃向江陵。旋又率部北退，留征南将军曹仁固守江陵[①]。之后，魏、蜀、吴三国鼎立之势遂成。

（二）晋灭吴之战

西晋咸宁五年（公元 279）十一月，晋武帝司马炎命龙骧将军王濬、镇南大将军杜预等，率 20 万大军，分六路水陆并进，直取东吴都城建业（今南京）。此前，王濬在益州（今四川成都）建造船舫。据《晋书·王濬传》记载，大船连舫，方百二十步，乘员 2000 多人，舱面建楼，四面开门，可驰马往来，船首画有鹢（yì，古书上说的一种水鸟）首怪兽，加强威慑作用，船上战具齐备，攻击力极强。太康元年（公元 280）正月，王濬所率一路 7 万大军，自巴、蜀乘大型楼船顺江而下。二月初，王濬所部攻克丹阳（今湖北秭归东）。东吴军为抵抗晋军东下，便在沿江险要之地横拦铁索，并用众多 1 丈多长的铁锥暗置江中，以阻挡晋军战船的航进。王濬针对吴军在江中所设置的障碍物，即令部下制作数十个大筏，每筏百步见方，筏上缚草人，被甲杖，并令水性好的士兵，乘筏先行开道，当铁锥扎到木筏上时，即被拔除。同时又制作许多长十余丈，大数十围的火炬，灌以麻油，在大船向前航进时，遇到铁锁后即点燃火炬，将其烧软后砍断。于是大船航进无阻，势如破竹，据夏口，占武昌，迳造三山，于三月顺流而下，直逼建业，东吴主孙皓所部失去抵抗，其众纷纷不战而降[②]。三月十五日，王濬率先统领其部，进入建业，灭亡了东吴。唐朝大诗人刘禹锡作《金陵怀古》诗一首，以叙其事："王濬楼船下益州，金陵王气黯然收，千寻[③] 铁锁沉江底，一片降幡出石头。"此战，是古代水战中设障与破障技术高度发展的精彩一幕。晋军之胜，一在于以大型楼船为主力战船的庞大船队，具有强大的攻击力；二在于破障得法。东吴军之败，一在于东吴主孙皓之昏庸腐败，不听部将早作防御之谋，致使水军大国败于水战；二在于采取江中设障的消极防御方针，而不采取以船队预作准备，作水上抗争的决策，终致城破国亡，俯首称臣。

---

① 《三国志》卷五十四《吴书·周瑜传》，《三国志》五第 1262～1263 页。

② 《晋书》卷四十二《王濬传》，《晋书》四第 1208～1210 页。

③ 寻：长度单位，每寻 8 尺；"千寻铁锁"形容拦江索之长、之多。

（三）隋灭陈之战

隋开皇八年（公元 588）十月，隋文帝杨坚命晋王杨广、秦王杨俊、清河公杨素为行军元帅，高颍（jiǒng）为晋王元帅长史，发水陆军 51.8 万，统由杨广节制，分八路进攻江南陈朝。杨素率一路水军出永安（今四川奉节），由水路自三峡东下。其时，杨素早已用他在永安建造的大型五牙船和大舰船，以及黄龙、平乘、舴艋等中小型战船，编成混合船队。五牙船上建楼 5 层、高 10 多丈，左右前后共安 6 座高 5 丈的拍杆，可载 800 名士兵。黄龙船稍小，亦可载 100 名士兵。整个船队，具有较强的综合攻击力。杨素所部水军进至三峡时，陈朝南康内史吕仲肃屯兵西陵峡口的岐亭，在北岸凿山岩，置 3 条拦江铁索，企图控扼峡口，阻止杨素船队通过。杨素率部攻破其栅。仲肃又退守延州（今湖北宜都西北）。杨素派 4 艘五牙船，用拍杆击碎陈军战船 10 多艘，俘陈军 2000 余人，吕仲肃仅已身免[1]。杨素所率船队继续顺江而下，陈军疲于应战，无法增援建康（今南京）。杨素在长江上游的凌厉攻势，有力地配合了隋军从长江下游的进攻。开皇九年正月初一，长江下游的隋军利用陈军欢渡元会之机，突然分路渡江，于二十日攻入建康城，俘虏后主陈叔宝，灭亡了陈朝，结束了自东晋十六国以来 270 多年南北分裂的局面。

隋灭陈是中国历史上一次大规模的水战，由两部分构成，一部分由杨素等部自长江上游顺流而下，攻占沿江要地，使建康成为孤立无援之地；另一部分由杨广指挥的各部集结于长江北岸，渡江直取建康。两部分都拥有庞大的船队。因此，这是一次显示水军战船威力的战争。陈军虽然也有为数不少的楼船、拍船、火舫等各型战船，但在隋军五牙、大舰、黄龙等新型战船的摧击下，尽为无用之物，而五牙大船成为一个时期战船的代表而载入史册。

自西周晚期出现铁制锋刃器，到隋唐五代钢铁兵器制造规范化和军队装备制式化，其间大约经历了 1500 多年。在此期间，以钢铁兵器为主体的军事技术，被用于战斗车辆、战船和军事筑城等各个方面，并得到了全面的发展，新的作战方式和技术战术不断被创造出来。军事技术在多方面实践中所创造的成果，被收录于各种典籍和兵书中。其中尤以《墨子》中的城守各篇和《神机制敌太白阴经》的"战具类"、"预备类"等卷，收录最为全面和详细，集中反映了钢铁兵器发展阶段军事技术的成就，对以后军事技术的发展，产生了重要的影响。

---

[1]《隋书》卷四十八《杨素传》，中华书局，1973 年版，点校本《隋书》五第 1283 页。以下引此书均同此版本。

中编　火器与冷兵器并用
时代的军事技术

　　公元 10 世纪中叶，北宋初的军事技术家和统兵将领，利用唐代炼丹家发明的火药，经过改进后，试制成最初的火器，用于作战和训练，开创了人类军事技术史上火器与冷兵器并用的新时代。火器的不断创制与更新，是这个时代军事技术发展的主体和集中体现，它推动着军事技术各方面的变革。若以火器的重大创制和更新为标志，它又可划分为初级火器的创制（宋代，960～1279）、火铳的创制与发展（元代至明代正德末年，1279～1521）、火绳枪炮的发展（明代嘉靖元年至明末，1522～1644）、古代火器的曲折发展（清代前期，1644～1840）等四个阶段。它们前后相衔，循序渐进，反映了这个时代军事技术的进程。

第四章　初级火器创制阶段
的军事技术

　　北宋初创制的火球（宋代写作毬）、火药箭等初级燃烧性火器，虽然在当时的作战中还处于附属地位，但是由于它们是以火药燃烧后所产生的化学能为动力源，威力能得到空前的增强，所以具有广阔的发展前景。宋代各方（包括宋、金、蒙古）的军事技术家和统兵将领敏锐地觉察到了这一点，于是在重点制造和使用冷兵器的同时，努力开拓火器的研制和使用，从而使宋代军事技术的发展，具有承先启后的特点。它既使以冷兵器为主体的军事技术日臻成熟和完善，又使火器与冷兵器并用的军事技术日新月异。这一特点的产生和形成，是与当时社会发展的状况和战争的推动分不开的。兵器制造业的发达则是它的重要条件。

第一节　兵器制造业的发达

　　宋代是我国封建社会中兵器制造业兴旺发达的时期，其基础则是钢铁冶炼业的发达和钢铁冶炼技术的进步。

一　钢铁冶炼业和冶炼技术

　　宋代的钢铁冶炼业不仅在两宋地区有长足的发展，而且在辽、西夏、金、蒙古地区也迅速兴起。

　　宋朝开国伊始，便设立三司使总管国计民生之事，并由其中的盐铁使下辖之"铁案"，掌金、银、铜、铁、锡之鼓铸事①。稍后，便由工部下设之虞部掌场冶之事②。同时还设有提举坑冶司，"掌收山泽之所产及铸泉货，以给邦国之用"③。据不完全统计，朝廷在各地冶炼金、银、铜、铁、铅、锡的监、冶、场、务等 201 个冶炼单位中，冶炼钢铁的就有 61 个，钢铁产量十分可观。据史书记载，北宋皇祐年间(1049～1054)，国库每年收入的铁课数额为 7 241 000 斤④，是唐宪宗元和初年（公元 806）的 3.5 倍。

　　北方各少数民族地区，也先后设炉冶铁，制造农具和兵器。契丹人在建辽后，即在北院

---

　　① 《宋史》卷一百六十二《职官二·三司使》，中华书局，1977 年版，点校本《宋史》十二第 3809 页。以下引此书时均同此版本。

　　② 《宋史》卷一百六十三《职官三·工部·虞部郎中》，《宋史》十二第 3863 页。

　　③ 《宋史》卷一百六十七《职官七·提举坑冶司》，《宋史》十二第 3970 页。

　　④ 《宋史》卷一百八十五《食货下七·坑冶》，《宋史》十三第 4525 页。

下设铁坊，管理冶铁之事①。到宣和五年（1125）宋、金联合灭辽时，仅辽上京道饶州的长乐县，就有冶户 1000 个，由渤海人冶炼精良的镔铁。西夏主元昊于北宋宝元元年（1038）建国后，在文思院下辖的铁工院，集中一批熟练工匠进行炼铁。女真人在建金后，即设立少府监管理冶铁等手工业。蒙古高原各部族在 10～12 世纪中，也开始建立冶铁等手工业，制造车辆、刀剑和甲胄等铁制品。进入中原后，尽收汉族地区先进的冶铁业为其所用。南宋景定元年（1260）蒙古汗国建立后，即由中书省工部下辖的镔铁局及提举右八作司中的都局院，职掌镔铁等金属加工制造业②。元灭南宋后，便取宋之冶铁业而代之。

　　钢铁冶炼业的发展促进了冶炼技术的进步。这种进步首先表现在冶铁高炉的改进。据文献记载和从发现宋代冶铁遗址的实物可知，当时建造的冶铁炉有圆筒形、口小膛大的圆梯台形等。这种冶铁炉上部炉壁内倾，热量耗散小，能保持炉内具有持续的高温，使炉内矿石的还原和熔化过程加快，缩短了冶铁周期。此外，当时的炉壁，有的是用瓶沙、炭屑、小麦穗屑拌和而成的耐火泥；有的是用高岭土、谷壳拌和的耐火泥；有的是用粗沙粒制成的耐火砖；有的是用白沙石、红沙石等作耐火材料。这些材料的耐火性好，能冶炼出优质的钢铁。

　　其次是用木风箱吹氧。从《武经总要·行炉图》和敦煌安西榆林窟第四窟中的西夏壁画"打铁图"（见图 4-1）上，可以看出原始木风箱的形态。它采用交替推拉两根拉杆的方式带动风门，向炉内鼓风。这类木风箱与以往的鼓风装置皮囊相比，具有鼓风量较大、构造坚固、操作方便等特点。

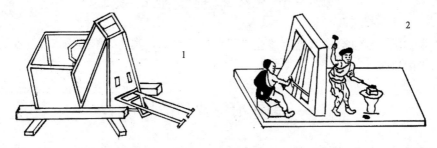

1　行炉　2 西夏打铁图
图 4-1　行炉和西夏打铁图

　　其三是用煤作燃料。煤在宋代称石炭。河北、山东、河南、山西、陕西等地都有开采。用煤冶铁，不但可解决燃料不足的困难，而且具有提高炉温、缩短冶程、提高出铁量等优点。当时徐州等许多大型冶铁场所，已普遍采用煤作冶铁的燃料。

　　宋代钢铁冶炼业的发展和冶炼技术的提高，促进了兵器制造业的发展。正如苏轼在《石炭行引》中说，徐州利国监各冶，能"冶铁作兵，犀利异常"。

---

　　①《辽史》卷四十六《百官志二、北面坊场局冶牧厩等官·铁坊》，中华书局，1987 年版，点校本《辽史》三第 730 页。以下引此书时均同此版本。

　　②《元史》卷八十五《百官志·百官一·工部·镔铁局》，中华书局，1976 年版，点校本《元史》七第 2145 页。以下引此书时均同此版本。

二 兵器管理和制造机构

宋代各方都建立了兵器管理和制造机构，其中尤以两宋建立的兵器管理和制造系统最为宏大。

（一）两宋的兵器管理和制造机构

宋朝建立之初，即由三司使中的盐铁使典领胄案，掌"给造军器之名物，及军器作坊、弓弩院诸务、诸季料籍"[①]。自开宝八年（公元 975）起，已建立了从东京开封到地方各州的兵器管理和制造系统。这个系统在开封设有南北作坊和弓弩院，在各州设有作、院。这些作、院集中的工匠很多，开封的弓弩院有兵匠 1024 人，弓弩造箭院有工匠 1071 人[②]。他们的分工很细密，生产有定额，在通常情况下，每 7 人 9 日造弓 8 张，8 人 6 日造刀 5 副，3 人 2 日造箭 150 支。同时还根据工匠人数规定总的生产定额：南北作坊每年要造各种铠甲、兜鍪、马具装、剑、枪、刀、床子弩等 3.1 万件；弓弩院每年要造各种弓、弩、箭、弦、镞等 1650 多万件；各州的作、院每年要造各种弓弩、枪、剑、铁甲、兜鍪、箭、镞等 610 余万件；此外，南北作坊和诸州作、院，还要制造其他各种军用器具，以备军用。为了保证所制兵器的质量，北宋政府还规定开封各作、院，每十天要将制造的兵器送呈宋太祖赵匡胤阅看，尔后送交武库收存，以备调用。

北宋熙宁六年（1073），王安石变法，仿唐制设立军器监，职掌中央和地方的兵器制造，制定了一套严格的制度，归纳起来大致有以下几点：其一是在开封的兵器制造作、院，要根据军器监所定的样式，交给专业工匠制造；其二是工匠按制造的数量领取原材料；其三是各作、院每十天要派官员统计兵器的制造数量，并以检查、考核的结果实行赏罚；其四是检查考核的内容有领料与成品的数量是否得当，作业是否勤劳，技能优劣的程度如何等；其五是抽样呈送便殿等待检查，检查合格后送交库存；其六是选择精良的制品作样本，颁发各州都作院进行仿制；其七是各地都作院的官员不得验收不合格成品；其八是对泄漏所造兵器式样者，以违制论处[③]。

据《宋会要辑稿·职官三十之七》记载，至迟在天圣元年（1023），汴梁已设有专门制造攻城器械的作坊，其下分有二十一作，"曰：大木作、锯匠作、小木作、皮作、大炉作、小炉作、麻作、石作、砖作、泥作、井作、赤白作、桶作、瓦作、竹作、猛火油（石油）作、钉铰作、火药作、金火作、青窑作、窑子作。"各作都有严格的操作规程，并严禁将制作技术向外扩散和流传。火药作的设立，表明北宋的火药配制，已经从个体手工业分散操作，发展为大型作坊的流水线作业，进行批量生产的阶段，使火药兵器的生产出现了一次飞跃。

宋室南渡后，军器监及其下属的 51 个作坊，随之南迁至临安（今浙江杭州）。建炎三年（1129），朝廷下令将军器监隶归工部，由工部的虞部管辖，同时将东西作坊和都作院，并入

---

① 《宋史》卷一百六十二《职官二·三司使》，《宋史》十二第 3808 页。

② 清·徐松辑，《宋会要辑稿》第六十九册《职官十六之二十四·弓弩院》，中华书局，1957 年版，影印本《宋会要辑稿》三第 2733 页。以下引此书时均同此版本。

③ 《宋史》卷一百六十五《职官五·军器监》，《宋史》十二第 3920 页。

在北宋后期已设立的御前军器所。后又下令将御前军器所隶属工部,分掌工部兵器制造之事①。御前军器所既是管理机构,又辖有规模巨大的兵器制造作坊,平时有固定工匠2000余人,杂役兵500余人,最多时全所达5000余人。他们大多从浙江、福建招来,每年制造各种军器达300多万件。

此外,宋廷还设置卫尉寺,职掌仪卫兵械甲胄之政令,负责内外作坊所制兵器的验收之事,合格者送武库收藏,不合格者给予处罚。其下设有内弓箭库、南外库、军器弓枪库、军器弩箭库等武器库,分类收藏兵杖、器械、甲胄②。

为了推动军事技术的发展,宋朝政府推行奖励政策。在兵部主管兵器的兵部令史冯继升,于开宝三年(公元970)进火药箭制法后,即御赐衣物束帛。在朝廷直属侍卫步军司服役的神卫水军队长唐福,于咸平三年(1000)八月献自制火器后,获得了朝廷赏赐的缗钱(指成串的钱,一千文为一缗)。木工高宣设计制造八轮车船,受到宋帝的赞赏。在奖励政策的鼓舞下,各地"吏民献器械法式者甚众"③。

(二) 北方少数民族政府的兵器管理和制造机构

辽朝的兵器制造业在耶律阿保机建国后,有很大的发展。他在北院设军器坊④,职掌兵器制造。在南院设少府监和将作监⑤,兼管兵器制造。契丹大同元年(公元947)建辽后,即以上京(今内蒙古昭乌达盟巴林左旗东镇二里许)、南京(今北京)等五京,为兵器制造业的中心。

元昊在建立西夏国后,即在文思院设立工技院和铁工院等手工业机构,管理和制造兵器。

女真人从完颜绥可教人烧炭炼铁,到完颜阿骨打建立金朝约100年中,兵器制造业得到了迅速的发展,其水平已与宋朝不相上下。至宁元年(1213),金朝又设立军器监,下辖军器库、利器署,"掌修邦国戎器之事",并规定在制造的"军器上皆有元(原)监造官姓名年月,遇有损害,有误使用,即将元监造官吏依法施行(刑),断不轻恕",使所造"器具一一如法"⑥。

蒙古人在10~12世纪学会炼铁的同时,把其他民族的工匠,集中在漠北的哈剌和林(今内蒙古哈尔和林)等冶铁中心,制造各种兵器。忽必烈即蒙古国汗位后,于蒙古至元五年(1268)在大都(今北京)设立军器监,"掌缮治戎器兼典受给"。与此同时,还在大都设立寿武库、军器库(至元十年,又分别改为衣甲库、利器库),掌铠甲兵器受给之事。此外,大都还设有甲匠提举司、弓匠提举司、大都弓局、大都箭局等机构和作坊,掌铠甲和弓箭制造之事。地方各路也视原材料和战争的需求,设立军器人匠提举司、军器局、军器人匠局、杂造局、甲局、弓局、箭局、弦局等机构和作坊⑦,掌各路兵器和铠甲制造之事。到至元十六年

---

① 《宋史》卷一百六十三《职官三·工部》,《宋史》十二第3862页。

② 《宋史》卷一百六十四《卫尉寺》,《宋史》十二第3892页。

③ 《宋史》卷一百九十七《兵志·兵十一》,《宋史》十一第4909~4914页。

④ 《辽史》卷四十六《百官志二·北面部族官》,《辽史》三第730页。

⑤ 《辽史》卷四十七《百官志三·南面·南面朝官》,《辽史》三第789页。

⑥ 南宋·华岳撰,《翠微北征录》卷八《治安药石·弓箭制》,解放军出版社、辽沈书社,1991年版,《中国兵书集成》6第688页。以下引此书时均同此版本。

⑦ 《元史》卷九十《百官六·武备寺》,《元史》八第2284~2285页。

（南宋祥兴二年，1279）南宋灭亡时，已经形成一个从大都到地方各路的兵器管理和制造系统。之后又经过不断的调整、发展和完善，使我国的兵器制造进入一个新的发展时期。

三　钢铁兵器制造技术

宋代的钢铁兵器制造技术，在前人的基础上又有较大的发展。这种发展主要表现在灌钢法、冷锻法、夹钢法在兵器制造上的采用和提高。

用灌钢法制造兵器的技术初创于北齐（见本书第三章第一节），宋代科学家沈括对此法又作了进一步的阐述：“世间锻铁所谓钢铁者，用柔铁屈盘之，乃以生铁陷其间，泥封炼之，锻令相入，谓之团钢，亦谓之灌钢”[①]。其意是说，在冶炼时先将熟铁屈曲盘绕在炉中，尔后将一定比例的生铁片，嵌在盘绕的熟铁中间，再用泥把炼炉密封起来烧炼，使生铁熔化。在熔化过程中，含碳量较高的生铁中的碳，向熟铁中均匀扩散，使熟铁中的含碳量逐渐增加至适当比例，成为质量较精纯的钢铁。由于这种钢是以生铁液灌注于熟铁液中冶炼而成的，故被人称之为“灌钢”。又由于这种钢是以生铁和熟铁团合炼成的，故又被人们称之为“团钢”。用这种钢制造兵器，既坚且韧，杀伤力较强。

用冷锻法制造兵器的技术，主要表现在“瘊子甲”和“蟠钢剑”的锻造上。据沈括说：“瘊子甲”是青堂羌族采用冷锻技术制成的，甲片“铁色青黑，莹彻可鉴毛发”。其法是用铁片进行冷锻，待其厚度锻至原铁片的 2/3 时，便可使用。其末端留有一个箸（zhù，筷子）头大小之点不锻，形似瘊子，以检验未锻时铁片之厚度，故有其名。此法的优越性，在于用冷锻法锻成的甲片，避免了用热锻法因氧化而造成表面粗糙的缺点，使甲片既具有较强的硬度，又具有表面光滑的优点。据说这种甲片能挡住敌人从 50 步外射来的强弩之箭，是西夏人在兵器制造上的创造和贡献[②]。“蟠钢剑”也是一种经过反复锻打，减少钢铁中杂质而制成的。这种剑质地细密，加工均匀，剑体坚挺而锋利，“挥剑一削，十钉皆截”。同时，这种剑又具有良好的弹性，用力屈之如钩，纵之铿然有声，复直如弦，是一种坚韧锋利的优质剑。

用夹钢法制造刀剑的技术，是在刀剑的刃部锻焊上硬度较高的钢，使刃部锋利耐久，又有韧性较好的本体钢（低碳钢）作保护，使用时不致崩折卷刃。江苏省镇江市博物馆，收藏了一把制于南宋咸淳六年（1270）的夹钢刀。

第二节　初级火器的创制

我国古代发明的火药，是由硝石、硫黄和含碳物质，经过均匀拌和而成的混合火药。与依靠空气中氧气才能进行燃烧的物质不同，火药是由硝石释放氧气完成燃烧过程的自供氧燃烧体系。它的发明是经过漫长历史过程的。首先是我们的祖先在公元前 6 世纪就发现硝石和硫黄产地的分布[③]。之后，药物学家和医学家用它们制成药物，给人治病。炼丹家又用它们炼

---

① 北宋·沈括撰，《梦溪笔谈》卷三《辨证一》，《元刊梦溪笔谈》卷三第 14 页。
② 北宋·沈括撰，《梦溪笔谈》卷十九《器用一》，《元刊梦溪笔谈》卷十九第 11~12 页。
③ 北宋·李昉等撰，《太平御览》卷九百八十七，《药部四·石药上·石流黄》、《药部五·石药下·消石》引范子计然：“消石（即硝石）出陇道”，“石流黄（硫黄）出汉中”。《太平御览》四第 4369~4371 页。

制长生药。他们在炼制丹药过程中，发现把硝、硫、炭放在一起合烧时会发生燃爆现象。至唐宪宗元和三年（公元808），原始火药终于在炼丹家手中配制成功①。北宋初的统兵将领从实战的需要出发，用它们制成火器，用于作战。初级火器从此诞生。

一　《武经总要》记载的火药配方

炼丹家发明的火药，在唐末至宋初的史籍中并未见记载。直到北宋天圣元年（1023）在开封设置火药作坊时，火药一词才随之问世。庆历四年（1044），由曾公亮等人编纂刊行的《武经总要》，正式刊载了"火球火药方"、"蒺藜火球火药方"、"毒药烟球火药方"等世界上最早的三个火药配方及其配制技术。

（一）火球火药方

晋州硫黄十四两②、窝黄七两、焰硝二斤半、麻茹一两、干漆一两、砒黄一两、定粉一两、竹茹一两、黄丹一两、黄蜡半两、清油一分、桐油半两、松脂十四两、浓油一分。

当上述原料齐全后，工匠便按规定一面将黄蜡、松脂、清油、桐油放在一起煎熬成膏，一面将其他各种配料分别捣碎碾细，筛选合用的粉末，放入膏中旋旋和匀，成为膏状火药，尔后用纸在火药外面包裹五层，用麻缚固，最后再熔化松脂，傅在外壳上。至此，一分火药便配制成功。

此方中所用的晋州硫黄产于山西。窝黄则是天然产品，焰硝就是硝石，而砒黄则是砷素化合物，又称作鸡冠石，定粉为含毒物质，黄丹属铅化物 Pb_3O_4。如果将各种物质分别按硝石、硫黄、含炭物进行分类归并，则硝石重40两，硫黄与窝黄共重21两，各种含碳物质共重18.02两，三者共重79.02两，它们的组配比率③分别是50.6％、26.6％、22.8％。此外，还有砒黄、定粉、黄丹等致毒物3两。因此，每制作一分火球火药，除外傅用料外，共需用药料82.02两。

（二）蒺藜火球火药方

硫黄一斤四两、焰硝二斤半、粗炭末五两、沥青二两半、干漆二两半，捣为粉末；竹茹一两一分、麻茹一两一分，剪碎；用桐油和小油各二两半、蜡二两半，熔汁和之。就成为需用的蒺藜火球火药，尔后再配制外傅药。

外傅药料有纸十二两半、麻十两、黄丹一两一分、炭末半斤，以沥青二两半、黄蜡二两半，熔汁和之，作为火药外壳的傅料。

此方中所用的焰硝即硝石重40两，硫黄重20两，各种含碳物质共重19.52两，三者共重79.52两，它们的组配比率分别是50％、25％、25％。加上外傅用的物料36.51两，则配制一分蒺藜火球火药，共用各种物料116.03两。

---

① 关于火药发明的详细过程，可参见王兆春所著《中国火器史》第一章第三节《火药的发明》，军事科学出版社，1991年3月版，第1～12页。以下引用此书时均同此版本。

② 两：此处1斤＝16两。

③ 组配比率：组成火药用的原料硝石、硫黄、木炭（或含碳物），在火药中所占的百分比。

（三）毒药烟球火药方

球重五斤。用硫黄一十五两、草乌头五两、焰硝一斤十四两、芭豆五两、狼毒五两、桐油二两半、小油二两半、木炭末五两、沥青二两半、砒霜二两、黄蜡一两、竹茹一两一分、麻茹一两一分，捣合为球，贯之以麻绳一条，长一丈二尺，重半斤，为弦子。

其外傅用料有纸十二两半、麻皮十两、沥青二两半、黄蜡二两半、黄丹一两一分、炭末半斤，捣合后作为涂料，外傅于球壳上。

此方中所用的焰硝即硝石重 30 两，硫黄重 15 两，各种含碳物质共重 15.52 两，三者共重 60.52 两，组配比率分别是 49.06%、24.8%、25.6%。另外还有草乌头、芭豆、狼毒、砒霜等 4 种毒物共重 17 两。因此，每配制一分毒药烟球火药，需用料 77.52 两。

上述三个火药配方说明，用硝石、硫黄、木炭为基本原料，再掺杂一些其他物质，就可以配制成不同性能和用途的火药。球壳外面的涂料，大多是用易燃物料拌和而成，它们在干涸后，既有保护球内火药干燥洁净的作用，又是引燃火药的火源，所以在抛射时只要用火烙锥将球壳烙透点着，待抛射至敌方时，作为引火之物的球壳，恰好将火药引燃，产生燃烧作用。

《武经总要》是我国官修的第一部军事百科性著作，由天章阁待制曾公亮、参知政事丁度编撰。全书 40 卷，除军事学中的其他门类外，包容了宋代以前的军事技术。现存有宋抄本，元、明刊本，四库全书本，中华书局影印明刊前集 20 卷本。书中所记载的三个火药配方和三种火药的配制技术，是我国古代劳动人民、药物学家、炼丹家和统兵将领，经过几百年甚至上千年的努力探索所取得的丰硕成果。它们的正式刊布，标志着我国军用火药发明阶段的结束。在已经走完药物学家对硝、硫、炭特性的研究，以及炼丹家对硝、硫、炭混合物进行的燃爆试验的全过程后，进入了军事家把火药制成火器用于作战的新阶段，这在军事技术史上具有开创新时代的意义。迄今为止，在所有可能得到的火药史资料中，说明《武经总要》所记载的三个火药配方，是世界上最早公布的火药配方。

按照这三个配方所配制的火药，既是经过宋军试用改进后的制品，又是各地配制军用火药的样本。它们同以往试验过程中的各种雏型火药相比，硝、硫、炭之间的组配比率，逐渐趋向合理，硝的含量有了大幅度的增加，使火药的军事应用成为可能；在配制工艺上从粗糙趋向精细；在制作上从分散少量到成批多量，为火器的扩大制造和提供军队使用创造了条件。但是由于这些火药中还含有较多的其他物料，所以还是一种只能用作纵火、发烟或散毒的初级火药，有待于在作战中不断改进和提高。

二　初级火器的创制与使用

宋代创制的初级火器，有北宋兵部令史冯继升、神卫水军队长唐福、冀州团练使石普等人进献的火药箭与火球，有南宋时期创制的铁壳火球——铁火砲与各种火枪。有关进献火药箭、火球之事，虽因史书记载过简而不能确知，但从《武经总要》的记载中，大致可以看出它们的形制构造与制作使用之法。

（一）火药箭

火药箭有弓弩火药箭与火药鞭箭两种。弓弩火药箭既不同于使用草艾、油脂、松脂等为燃烧物的"火箭"；也不同于利用火药燃气推进的火箭，而是以火药为燃烧物的火药箭，又分弓火药箭与弩火药箭。

《武经总要》对弓火药箭（见图4-2）的记载有两处。其一是："火箭，施火药于箭首，弓弩通用之，其傅药轻重，以弓力为准。"[1]　其二是："如短兵放火药箭，则如桦皮羽，以火药五两贯镞后，燔（fán，焚烧）而发之。"[2]　从以上记载中可知，弓火药箭是在一支普通箭头后部，附着一个环绕箭杆的球形火药包，也就是以箭杆为中轴线，前部贯穿一个球形火药包。火药包以箭杆为轴作对称式缚附，可以保持箭身在飞行时的平衡与稳定。火药包内包裹火药量的多少，要由弓力的大小来确定。据该书记载，当时使用的一种弓火药箭——"桦皮羽箭"，火药包内装填的火药为5两，既可用弓也可用弩施放。由于此时尚未使用火捻，所以施放时先点着用易燃物料制成的火药包的外壳，尔后射出，扎在敌人的粮草积聚上，当火药包的包壳引燃包内火药后，即能引起比较猛烈的燃烧。

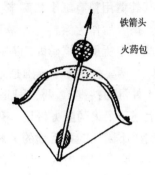

铁箭头
火药包

图4-2　弓火药箭

弩火药箭除了弓弩通用者外，箭身一般都比较粗长。它们是在三弓斗（dǒu）子弩施放的斗子箭、双弓床弩和大合蝉弩施放的铁羽大凿头箭、小合蝉弩施放的大凿头箭的后部，附着一个火药包而制成的。这些箭"皆可施火药用之，轻重以弩力为准"[3]。其施放方法与燃烧作用同弓火药箭相似。

火药鞭箭（见图4-3）也是一种火药箭，因火药包缚附于形似竹鞭的箭杆前部而得名。《武经总要》卷十二说："鞭箭用新青竹一丈、径寸半为杆，下施铁索，梢系丝绳六尺；别削劲竹为鞭箭，长六尺，有镞，度正中施一竹臬（亦谓之鞭子）。放时，以绳钩臬，系箭于杆，一人摇杆为势，一人持箭末，激而发之，利在射高中人。"可见这是一种用竹杆制成的用弹射装置发射的火药箭。

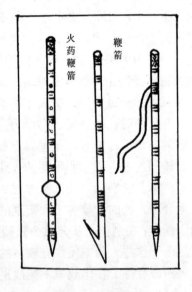

火药鞭箭
鞭箭

图4-3　火药鞭箭

（二）火球

火球在《武经总要前集》卷十一和十二中记载有8种，其中引火球、蒺藜火球、霹雳火

---

① 《武经总要前集》卷十三《器图》，《武经总要前集》六之卷十三第3页。
② 《武经总要前集》卷十二《守城·鞭箭》，《武经总要前集》五之卷十二第53页。
③ 《武经总要前集》卷十三《器图》，《武经总要前集》六之卷十三第7页。

球、铁咀火鹞、竹火鹞等有图绘（见图 4-4）和说明。

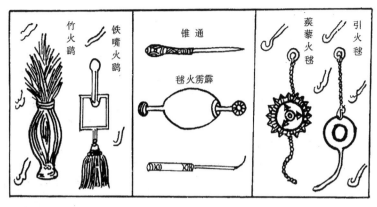

图 4-4　火球

前 6 种火球的制法大致相似，一般是先将火药同铁片一类的杀伤物或致毒物拌和，尔后用多层纸裹上封好，糊成球形硬壳，壳外涂敷沥青、松脂、黄蜡等可燃性保护层，待其干涸后使用。作战时，先将火球放在抛石机的甩兜中，再用烧红的烙锥，将球壳烙透点着，尔后将其抛射至敌军阵地上，借助球内火药发火。蒺藜火球是利用球壳碎裂后，将铁蒺藜布撒地上，以阻滞敌军人马的行动。烟球是利用球体内物质燃烧后产生的烟雾，以遮障或迷盲敌军。毒药烟球是利用球体所喷散的毒气，使敌军人马中毒。霹雳火球则是利用球体内物质燃烧后产生的烟焰熏灼敌军，大多使用于守城战中。当敌军挖掘地道攻城时，守城者便在城内相应的地方，向下挖掘洞穴，对准地道，再用火锥将霹雳火球的球壳烙开，掷向地道内烧裂，产生霹雳声响，并用竹扇簸其烟焰，熏灼敌军。北宋靖康元年（1126）底，尚书李纲在指挥宋军保卫开封时，使用了霹雳火球。

铁咀火鹞、竹火鹞也是一种火球，但与其他火球的制法稍有不同。铁咀火鹞用木作鹞身，头部安有铁咀，尾部绑有杆草，火药装入草尾中。铁咀火鹞多用于守城战中，在敌军前来攻城时，即点着火药，用抛石机将其抛射至敌攻城士兵群或粮草积聚之中，引起燃烧。竹火鹞也是一种燃烧性火器，它用竹片编成长椭球形的笼身，笼外用纸糊贴几层，笼内装药 1 斤，笼尾绑 3～5 斤草。其使用方法和燃烧作用与铁咀火鹞相同。

火药箭与各种火球在使用中有共同的特点，它们都是借助射远兵器弓、弩和抛石机的力量，达到各种作战目的。北宋初的兵器研制者，巧妙地把冷兵器的射远作用，同火药的燃烧等作用结合在一起，创造出一种既增强冷兵器的杀伤、摧毁力，又能增加火器作战距离的新式兵器。

火药箭与火球类火器的基本用途是燃烧，它们的创制和使用，是对以前所用火禽、火牛（见图 4-5）等火攻器具的一大发展。后者都是用草艾、油脂、松脂等作为燃料或引火物，由于它们是依靠空气中的氧气进行燃烧的，所以必然有相当一部分在运行过程中耗散或被风吹灭，因而会减弱甚至失去燃烧作用，从而降低了燃烧效率。用火药为燃烧源的火药箭、火球，却克服了上述火攻器具的缺陷。它们在空中运行时，不会发生火力向空中弥散的问题，因而燃烧效率也比一般引火之物要高得多。由此可见，火球与火药箭的使用，改善了火攻器具的性能，提高了火攻的技术，从而推动了新的作战方法的产生。正如恩格斯所说：火药是"注定使整个作战方法改变的新因素"①。北宋末年，金、宋攻守开封之战便是最好的例证。

北宋靖康元年（1126）正月，金军进围开封。尚书李纲奉命部署战守，并登上咸丰门指挥作战。他下令军中，如能用床子弩与火球击中金兵者，给厚赏。士兵即于夜间发霹雳炮打击攻城金军，金军被炮火烧乱了阵脚，惊叫不绝②，被迫撤围而去。

金军撤围后，从被俘的宋朝工匠中学得了火器制造之法，即进行仿制。当年闰十一月初，金军东路军第二次进攻开封，所用的攻城器械，除云梯、鹅车洞子、撞杆及各种抛石机外，还使用了火药箭、火炮等火器。宋军也用火器与冷兵器进行顽强的守城战：用火炬焚烧金军的攻城"洞子"（与尖头木驴相似的遮挡器械），用撞杆撞倒云梯；向地道内抛掷霹雳火球与干草、毒药等燃烧和致毒物，熏灼地道内的金军。宋军统制姚仲友还建议组织300～500骁勇健卒，配

图 4-5   火牛

以火药箭、火炮，集中反击金军，但没有被采纳③，所以宋军所拥有的火器优势未能发挥。

与宋军相反，金军却充分发挥了火药箭、火炮等火器的优势。他们先在城外"筑望台，度高百尺，下觇（chān，观察）城中，又飞火炮，燔楼橹"④。在进攻宣化门时，金军"火炮如雨，箭尤不可计"⑤。在金军猛攻下，北宋朝廷昏庸，竟听信郭京能以六甲神兵退敌之邪说，令其开城出战，金军乘势攻入开封，灭亡了北宋。

北宋末年金，宋攻守开封之战，是我国史籍中，最早详细记载使用火器的一次规模较大的作战。作战中使用的火球与火药箭，离开它们创造的年代已经有100多年，所用火药性能已有一定的提高，燃烧作用也比初创时期大得多。虽然其战斗作用主要表现在火器的燃烧性能上，但是已为尔后火器技术的提高，扩大火器的使用范围，创制新型火器，提供了宝贵经验。

（三）铁火炮

铁火砲（以下用炮字代替）创制于南宋时期。据说在淳熙十六年（1189），山西阳曲（今山西太原）北郑村，有个名叫铁李的捕狐猎人，为了能捕捉更多的狐狸，便在一个口小腹大的陶罐内装填许多火药，将火捻通出罐外，尔后将火药罐埋于群狐出没之处，待其接近时，便点火爆罐，发出巨大声响，狐狸受惊后四处乱逃，结果纷纷投入铁李预设的罗网之中。铁李

①　恩格斯，军队，见《马克思恩格斯全集》第14卷，人民出版社，1964年版，第28页。

②　宋·李焘撰，《续资治通鉴长编》卷五十三，靖康元年二月壬寅，上海古籍出版社，1986年版，影印本《续资治通鉴长编》五第548页。以下引此书时均同此版本。此处的霹雳炮（宋代写作砲）即霹雳火球。

③　宋·徐梦莘撰，《三朝北盟会编》卷六十八石茂良《避戎夜话》，上海古籍出版社1987年版，影印本《三朝北盟会编》上册第512～514页。以下引此书时均同此版本。此处的火炮即指火球。

④　《续资治通鉴长编》卷五十八，靖康元年闰十一月癸卯，《续资治通鉴长编》五第592页。

⑤　《三朝北盟会编》卷六十八《靖康遗录·金人攻宣化门》，《三朝北盟会编》上册第518页。

持斧前往，将它们全部砍死①。金人受此启发后，创制了用铁火罐装填火药的铁火炮。嘉定十四年（1221），金军携铁火炮进攻蕲州。蕲州郡守李诚之和司理赵与褒率部坚守。金军于城外环列抛石机，向城内抛射铁火炮：打在城上，守军中炮即死，甚至"头目面霹碎，不见一半"②；打在城楼上，城楼亦被摧毁；打中居民住户，造成居民伤亡。经过25天的围攻，金军占领了蕲州。李诚之全家及僚佐全部死难，赵与褒全家15人也亡于战祸，他本人仅以身免，事后作《辛巳泣蕲录》以记其事。

铁火炮在战争过程中屡经金军改进后，成为威力更大的震天雷。金军于绍定五年（1232）用其守开封。是年三月，蒙军进逼开封，除使用一般攻城器械外，还以大型活动的掩护性攻城器械牛皮洞子③进行攻城。金军为破牛皮洞子，便从城上用铁索悬吊震天雷，点燃火捻后，沿城壁下吊至蒙军掘城处爆炸，使蒙军"人与牛皮皆碎迸无迹"④。《金史·赤盏合喜传》详细记载了震天雷的威力，说它用"铁罐盛药，以火点之，炮起火发，其声如雷，闻百里外"④。当时有一个金人名儒刘祁，描述了震天雷的爆炸威力："北兵（蒙军）攻城益急，炮飞如雨……莫能当。城中大炮（一作火炮）号震天雷应之。北兵遇之，火起，亦数人灰死。"⑤此记载说明，蒙军虽然也使用火球攻城，但其威力远不如金人的震天雷。蒙军因攻城不下，遂于四月撤兵。

金人创制的铁火炮，后来发展为四种不同的样式（见图4-6）。

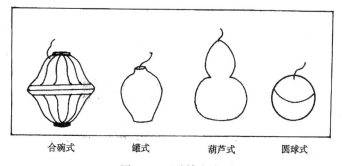

合碗式　　　罐式　　　葫芦式　　　圆球式

图 4-6　四种铁火炮

《辛巳泣蕲录》说铁火炮"形如匏状而口小，用生铁铸成，厚有二寸"，爆炸时"其声大如霹雳"，"震动城壁"。何孟春在《余冬序录摘抄外篇》卷五中说："西安城上旧贮铁炮曰震天雷者，状如合碗，顶一孔，仅容指，军中久不用，余谓此为金人守汴（开封）之物也"。金军守开封所用的铁火炮是一种罐式震天雷，其口小身粗，铁壳较厚，内装火药，口中通火捻。还有一种球形铁火炮，见于日本文献的记载，系元军同日军作战时（见图4-7）所用。

铁火炮的创制和使用，表明爆炸性的火器已经从纸壳发展为铁壳，而且也表明火药的性

---

① 元好问（又名元裕之，号遗山）著，《续夷坚志》卷二第1页。载江苏广陵古籍刻印社，1984年出版的《笔记小说大观》（五）第248页。

② 赵与褒辑，《辛巳泣蕲录》，上海商务印书馆，1959年版，《丛书集成初编》补印本第22页。

③ 牛皮洞子，以大木为架，洞顶蒙牛皮，形同山脊式木屋，可避矢石。攻城时，士兵将其推至城下，隐蔽其中，进行掘城作业。

④ 《金史》卷一百十三《赤盏合喜传》，中华书局，1975年版，点校本《金史》七第2496～2497页。以下引此书时均同此版本。

⑤ 刘祁撰，《归潜志》卷十一《录大梁事》，中华书局，1983年版，点校本《归潜志》第123页。

图 4-7　元军用铁火炮同日军作战

能与制造技术也有了较大的提高，它成为后世所创铁壳爆炸弹的先导，这是我国南宋时期金政权对火器发展作出的一个重大贡献。

（四）火枪

创制于北宋初期的火药箭与火球，需要借助射远的弓弩和重型抛石机才能发挥战斗作用。迄止南宋初期，在改进火药箭、火球的基础上，又创制了新型火器——火枪，如长竹杆火枪、飞火枪、突火枪等。

长竹杆火枪系由陈规所创。陈规，字元则，山东密州安丘（今山东诸县）人，建炎元年（1127）知德安（今湖北安陆）府，是力主抗金的地方官员和创制管形火器的军事技术家。他从受任到绍兴二年（1132）之间，全力加强城防，准备抗金。然而在此期间，却有一股被金军战败转而为盗的宋军屡犯德安。当年八月初四日，乱军首领李横造成大型攻城掩体天桥[①]，用其攻城。坚守德安的陈规，在此期间，又用"火炮药造下长竹杆火枪二十余条"[②]，并筹措了干竹、柴草及 300 头火牛，准备焚烧乱军的天桥。当守城战激烈进行时，陈规趁天桥倾陷之机，一面指挥士兵推柴草至天桥下焚烧[②]，一面又组织一支长竹杆火枪队"六十人，持火枪自西门出，焚天桥，以火牛助之，须臾皆尽，横拔砦去"[③]，陈规取得了守城战的胜利。

长竹杆火枪的形制构造如何，史书未作介绍。但是从对守城战的记载可知，长竹杆枪的枪身较长大，需三人使用一支，一人持枪，一人点放，一人辅助；枪内装填的火炮药，已距北宋初所用的火炮药150 多年，其性能当有较大的改进，要比《武经总要》所记载的火药燃速快、火力大；所以能在其他火攻方式配合下，将大型天桥烧毁。

飞火枪系金人所创，据《金史·蒲察官奴传》记载：飞火枪"以敕（chì）黄纸（一种质地较好的纸）十六重为筒，长二尺许，实柳炭、铁滓、硫黄、砒霜（疑为硝石之误）之属，以系绳端。军士各悬小铁罐藏火，临阵烧之，焰出枪前丈余，药尽而筒不损"[④]。《金史·赤盏合喜传》也说："飞火枪，注药以火发之，辄前数十步，人亦不敢近"[⑤]。由于这种枪能喷射火

---

① 天桥高 3.5 丈，阔 2 丈，底盘长 6 丈，靠 6 根巨型脚柱支撑于地；桥身分三层，正面、两侧和顶部，都用牛皮厚毡作顶盖、挂搭，以御矢石；士兵可从天桥后部分三层登桥攻城。创制于绍兴二年六月初十至八月初三日。

② 宋·陈规撰，《守城录》卷四《德安守御录（下）》，解放军出版社，1990 年版，《守城录注译》第 148～149 页。

③ 《宋史》卷三百七十七《陈规传》，《宋史》三十三第 11643 页。

④ 《金史》卷一百十六《蒲察官奴传》，《金史》八第 2548～2549 页。

⑤ 《金史》卷一百十三《赤盏合喜传》，《金史》七第 2496 页。

焰烧灼敌兵，所以成为金军单兵作战的利器。它的名称似乎也因其能将火焰喷出枪口，飞出十余步或 1 丈多远而获得。

南宋绍定六年（天兴二年，1233）正月，金哀宗率忠孝军退至归德（今河南商丘县南），蒙军亦尾追而至。忠孝军首领蒲察官奴秘密准备火枪、战具，袭击蒙军。五月初五日，蒲察官奴率忠孝军 450 人，编成飞火枪队，各持飞火枪一支，并带铁火罐，内藏火源，夜袭蒙军兵营。蒙军从梦中惊醒，毫无准备，一时手足无措。金军 450 支飞火枪火焰齐喷，营房四下火起。蒙军纷纷溃逃，"溺水死者凡三千五百余人"。金军"尽焚其栅而还"，取得了夜袭蒙军的胜利[1]。

金军使用的飞火枪，枪小而轻，便于单兵携带，既可喷火烧灼敌兵，又可用枪头刺敌。飞火枪是我国第一次装备集群士兵作战的单兵火枪，也是最早的两用兵器。它的创制和使用，标志着我国单兵火枪的正式诞生。

金人创制的飞火枪，主要作用在于喷射火

图 4-8 突火枪

焰，烧灼敌军，尚未具备直接击杀敌军的作用。直接击杀敌军的单兵火枪，则是开庆元年（1259）寿春府（今安徽寿县）火器研制者创制的突火枪（见图 4-8）。据记载：突火枪"以巨竹为筒，内安子窠，如烧放，焰绝，然后子窠发出，如炮声，远闻百五十余步"[2]。突火枪的具体形制，虽因记载过简而不能确知，但它已经具备了管形射击火器的三个基本要素：一是身管，二是火药，三是弹丸（子窠）。由于突火枪以巨竹为筒，所以可在其中装填火药和子窠；由于筒中装填了火药，所以火药筒中燃烧后所产生的气体推力，能将子窠沿着枪的轴线方向射出，产生击杀作用；子窠的构造虽尚待研究，但从"子窠发出"一句中，可知其是具有一定几何形状的较大颗粒，而不是粉末灰沙，冯家昇先生判断它是最初的子弹，是有一定道理的。突火枪不但在南宋末期发挥了良好的作战效果，而且也是元代创制金属管形射击火器——火铳的先导。突火枪的创制，受到后世各国火器史研究者的重视，公认它是世界上最早运用射击原理制成的管形射击火器，堪称世界枪炮的鼻祖。

我国宋代创制的火药箭、火球（火炮）与火枪，通过蒙（元）军的对外战争，流传到日本、朝鲜、阿拉伯和欧洲的一些国家和地区，引起了他们对中国所创火器的了解和仿制，推动了这些国家与地区对火器的普遍使用[3]。

第三节 钢铁兵器的持续发展

宋代各方用优质钢材制造的兵器，在数量、质量和品种上，都超过了前代，仅《武经总要前集》卷十至十三中，就列有 200 多种钢铁兵器的图绘和文字说明。除《武经总要》外，《梦溪笔谈》、《翠微北征录》、《守城录》、《宋史》、《辽史》、《金史》、《元史》等许多典籍，都有关于宋代钢铁兵器制造和使用的记载。

---

[1] 《金史》卷一百十六《蒲察官奴传》，《金史》八第 2548～2549 页。
[2] 《宋史》卷一百九十七《兵十一·器甲之制》，《宋史》十四第 493 页。
[3] 王兆春，《中国火器史》第二章第一节《初级火器的流传》，第 38～43 页。

一　射远兵器

射远兵器是宋代各方军队的主要装备，所以华岳说："军器三十有六，而弓为称首；武艺一十有八，而弓为第一"[①]。由于在作战中消耗量大，所以其制造机构庞大，产品的种类也很多，仅《武经总要·器图》中，就有弓4种、小型弩6种、大型床弩7种、箭镞近20种。此外，还有各种盛装弓箭用的弓袋、箭靫（chǎi，又读chā，箭靫又作鞴靫 bùchā，又称箭箙）、弩箭葫芦等。

（一）弓

宋军使用的弓有黄桦、黑漆、白桦、麻背等4种复合弓（见图4-9）。发射的箭镞有用于战斗的点钢箭、铁骨丽锥箭、乌龙铁脊箭与火药箭，用于教练的木朴头箭，用于信号的鸣鹘箭、鸣铃飞号箭等（见图4-10）。熙宁七年（1074），军器监又新制了狼牙箭、鸭咀箭、出尖四楞箭、插刃凿子箭4种。制弓时，按张弓拉弦所费的力，区分其等级。通常以石（每石120市斤）、斗（10斗为1石）等容量单位所含米的重量计算。据康定元年（1041）规定，当时弓的强度分三等，10斗为第一，9斗为第二，8斗为第三，士兵一般都能挽7～8斗的弓。宋光宗时（1190～1194）规定，殿、步司诸军的弓箭手，要在60步远处，射1.2石弓力的箭12支，有6箭射中靶标者为合格[②]。宋朝抗金名将岳飞和韩世忠，都能力挽300宋斤（1宋斤＝1.2市斤）的强弓。

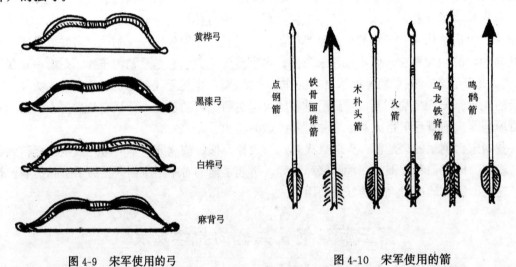

图 4-9　宋军使用的弓　　　　　　图 4-10　宋军使用的箭

善于弓马骑射的契丹人、西夏人、女真人和蒙古人，也制造了许多精良的弓。西夏人用当地盛产的一种属牦牛类的竹牛角，制造精良的西夏弓。蒙古兵使用的弓有马克打大弓、卡蛮大弓（见图4-11）和顽羊角弓，发射响箭、鲵（ní）骨箭、鈚（pí）针箭等。

---

① 南宋·华岳撰，《翠微北征录》卷七《治安药石·弓制》，《中国兵书集成》6 第681页。
② 《宋史》卷一百九十五《兵九·训练之制》，《宋史》十四第4870页。

（二）弩

宋军使用的弩有黑漆、黄桦、白桦、雌黄桦梢、跳蹬、木弩6种（见图4-12）。前4种弩力较强，是用脚踏张的蹶张弩；后2种弩力较小，是用臂拉张的擘张弩。这些弩发射的箭有点钢箭、木羽箭、凤羽箭、扑头箭、三停箭等。三停箭短杆短羽，射中目标后难以拔出。最锐利的是咸平

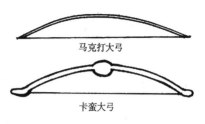

图 4-11　蒙古兵使用的弓

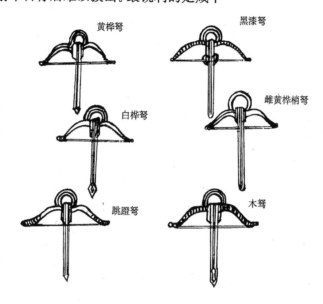

图 4-12　宋军使用的弩

元年（公元998）御前忠佐石归宋所献的木羽弩箭，此箭射中人体铠甲后，镞入体内，杆断镞留，牢不可拔[1]，受到了朝廷的奖励。此外，还有冲阵无敌流星弩、野战拒马刀弩等名弩。弩的强度也同箭一样分为四等，2.8石为第一，2.7石为第二，2.6石为第三，2.5石为第四，约相当于同等弓力的3倍。按照当时的规定，弩手要在百步远处射4石力的箭12支，有5箭射中靶标者为合格[2]。南宋孝宗时期，四川官兵所用的蹶张弩，其弓力竟达1200斤。蒙古人在灭宋以后，也制造了折叠弩和神风弩。

（三）神臂弓与神劲弓

神臂弓创制于熙宁年间（1066～1075），前端安有镫，实际上是一种用脚踏张的弩。沈括的《梦溪笔谈》卷十九、《宋史·兵十一》、《宋会要辑稿·兵二十六之二十八》、《文献通考·兵考·军器》等典籍，都对其有不同程度的记载，虽有一些差异，但基本内容相近。神臂弓系由西夏党项族归附宋朝的李定所创，以坚韧的山桑作弓身，以坚实的檀木为弰，以铁为镫（dèng）子枪头，安有铜制的发机，用麻绳扎系为弦；弓身长3.2尺，弦长2.5尺，单兵可以

---

① 《宋史》卷一百九十七《兵十一·器甲之制》，《宋史》十四第4910页。
② 《宋史》卷一百九十五《兵九·训练之制》，《宋史》十四第4871页。

操射，发射数寸长的木羽箭，箭镞的穿透力之大，为所有弓弩之冠。宋神宗观看试射演习后十分赞赏，下令按其样式大量制造，颁发部队使用。金兀术（zhú；亦通术 zhù，以下均用术）称神臂弓是宋军最好的兵器[1]。神臂弓在长期使用中不断得到改进，南宋抗金名将韩世忠，依其样式改制成克敌弓，由一人张射，可远及 360 步[2]，蒙古人在灭金以后，也开始制造和使用神臂弓。

南宋时期还创制了名为神劲弓的弩，其射速虽慢，但射程超过神臂弓，利于平原作战，是与神臂弓齐名的弩。

（四）床弩

床弩由唐代绞车弩发展而来，种类很多，仅《武经总要·器图》就记有双弓床弩、大合蝉弩、小合蝉弩、斗子弩、手射弩、三弓弩、次三弓弩、三弓斗子弩等（见图 4-13）。它们都是在一张坚实的四脚大木弩床上，安置 2～4 张复合弓，由数名士兵绞轴张弦后，用锤猛击扳机，将箭射出。发射的箭有大凿头箭、小凿头箭、一枪三剑箭、踏橛箭等。这些箭都以木为

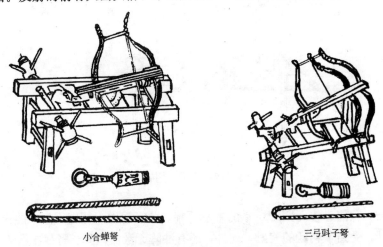

小合蝉弩　　　　　　　　　三弓斗子弩

图 4-13　宋军使用的床弩

杆，以铁为羽，如同带翎的小枪，杀伤力较强。次三弓床弩射出的踏橛箭，能成排地钉刺在夯土城墙上，攻城者可借以攀登上城。斗子弩和三弓床弩的弦上装有一个铁制的兜子，兜中装有数十支箭，可同时射出，如寒鸦群飞，故称寒鸦箭，能大量射杀密集之敌。床弩还可发射火药箭。由于床弩的威力大，攻守城战和野战都可使用，所以宋太祖"尝令试床子弩于郊外，矢及七百步，又令别造千步弩试之，矢及三里"[3]。景德元年（1004），宋军在澶渊之战中，曾用床弩射杀契丹大将萧挞，使契丹军士气大丧。床弩在南宋又有很大发展，《宋史·魏丕传》说："旧床子弩射止七百步，令丕增造至千步。"恩格斯曾说，"英国士兵在 14～15 世纪使用的大

---

①　《三朝北盟会编》卷二百十五引《征蒙记》，《三朝北盟会编》下册第 1551 页。
②　当时对弓的威力和射程的记载多有夸大。如神臂弓能够射入 240 多步处的榆木或步骑兵的重装铠甲；克敌弓能射穿 360 步处的重甲骑兵。
③　元·马端临撰，《文献通考》卷一百六十一《兵考十三·军器》，《文献通考》下册 1403 页。

弓，可以把箭射出 200 码以外"，"是一种非常可怕的武器"[①]。但中国在 10～11 世纪所使用的神臂弓和床弩，其射程已达 500 米以上了。

二　抛石机——炮

抛石机在宋代有很大的发展，各方都在使用，不但数量、品种多，而且使用范围也有扩大。如《武经总要·守城》中说："凡炮（宋代也写作砲），军中之利器也，攻守师行皆用之"。经过宋代军事技术家的改进，抛石机便成为军队的基本装备之一。曾公亮将其制作技术、规格和作战性能等整理成文，绘制成图，收录于《武经总要》中。

（一）《武经总要》刊载的抛石机

在《武经总要》前集卷十二中，刊有 16 种抛石机图式，都以"炮"字命名。它们是：炮车、单梢炮（见图 4-14）、双梢炮、五梢炮、七梢炮、旋风炮、虎蹲炮、拄腹炮、独脚旋风炮、卧车炮、车行炮、旋风五炮、合炮、火炮、炮楼；在卷十中还有 2 种行炮车图。其中炮车、旋风炮车、卧车炮、车行炮、行车炮的底座都安有车轮，大抵是东汉抛车的发展。其余各炮均未安车轮，需设置在固定阵地上抛射。就构造而言，它们都是由炮架、炮梢即抛射杠杆、拽索、安置大石与火球用的甩兜构成的。炮架是基座，有多种形式，通常用粗长的圆木或方木制成。炮架的上部都安有能在轴座上转动的横轴，横轴的中央有一个圆孔，便于炮梢从中通过。炮梢用一根坚硬的大木制作，与横轴构成"十"字形，头部较短，后部较长，分别成为抛射杠杆的短臂和长臂。拽索系于炮梢的头部，从十几根至上百根。炮梢的尾端安有铁制的两个分叉尖刺，形如毒蝎之双尾。甩兜的一端用两根绳索系于炮梢的尾部，可放石块

图 4-14　宋代使用的单梢炮

或火球。甩兜的另一端也系扣两根绳索，绳索的末端各有一个铁环，分别套在两个铁蝎尾（即尖刺）上，以便将甩兜中的石块或火球悬吊起来。抛射时，用众多士兵猛拉炮梢的头部，两个小铁环同铁蝎尾脱离，甩兜中的石块或火球，因受突发力的作用而作离心抛射。《武经总要》所载几种主要抛石机的性能，如表 4-1 所列。

《武经总要》对各种抛石机的构造作了相对统一，便于批量制造和搭配使用，使军队都能装备适合的抛石机。由于抛石机的数量增多，质量提高，军队多有使用。南宋将领陈规和魏胜，对抛石机的使用有独到之处。

---

① 恩格斯，军队，见《马克思恩格斯全集》第 14 卷，人民出版社，1964 年版，第 26～27 页。

表 4-1　《武经总要》刊载的几种抛石机

炮　　名	梢长（尺）	拽索（根）	拽手（人）	定放手（人）	射程（步）	石弹重（斤）	架柱数（根）
单梢炮	26.4	40～45	40	1	50	2	4
双梢炮	26.4	50	100	1	80	25	4
五梢炮	15.4	80	150	2	50	78	4
七梢炮	28.4	125	250	2	50	90	4
旋风炮	18.4	40	50	1	50	3	1
虎蹲炮	25.4	40	70	1	50	12	4

（二）抛石机的使用

陈规在德安守城战中，对抛石机的制造和使用作了系统的论述。他在《守城录》中说："攻守利器皆莫如炮，攻者得用炮之术，则城无不拔；守者得用炮之术，则可以制敌……，炮不厌多备，若用得术，城可必固。"为了加强德安城的防御设施，他选聘了一批能工巧匠制造坚实的抛石机，对士兵进行有关机械使用的训练，从而能成功地以抛石机同火枪等各种兵器相配合，多次取得守城战的胜利。

与陈规处于同一时代的魏胜，在使用抛石机方面尤有过人之处。魏胜是宿迁人，多智勇、善骑射。他在南宋绍兴三十一年（1231）金军南侵时，即率部抗金。作战中，魏胜创制了数十辆炮车（即车载抛石机）和数百辆攻守兼备的如意战车，并以此多次战胜金军。朝廷得知后，下诏在各军推广这种炮车[1]。

抛石机使用范围的扩大，对宋朝的军事产生了一定的影响。首先，在宋军的编制中，抛石机兵的比重日益增大。一具抛石机，少则 40～50 人操作，多则 250 多人操作。一次攻城战，动辄使用近百具抛石机，围城抛射。守城者亦用几十具抛石机还击，可见双方动用抛石机兵之多。其次，抛石机在作战中的作用逐渐突出。由于抛石机能抛射石弹与火球，抛射距离远、杀伤威力大，所以被广泛使用于各种样式的作战之中。攻城者用以摧毁和击杀敌城的城防设施和守城官兵；守城者用以击碎和击杀敌军的攻城器械和官兵；野战时用以击乱敌军的营阵，杀伤敌军的有生力量，为步骑兵的冲锋开路。可见，抛石机已被作为唯一的重型、远程、大威力的摧毁和杀伤兵器，在步骑兵交战之前，先对敌进行摧毁性的杀伤。这不但改变了以往在战斗开始时即以骑兵冲杀的方式，而且也是后世金属管形射击火器广泛使用后，先以枪炮火力压制，尔后步兵开始冲锋的作战方式的先导。

（三）少数民族军队使用的抛石机

抛石机不但宋军普遍使用，而且契丹人、西夏人、金人、蒙古人也有使用抛石机的记载。《宋史·夏国下》说：西夏军"有炮手二百人，号泼喜陡，立旋风炮于橐驼鞍，纵石如拳"[2]。

---

① 《宋史》卷三百六十八《魏胜传》，《宋史》三十三第 11460～11461 页。文中称：作战时，"炮车在阵中，施火石炮，亦二百步"。

② 《宋史》卷四百八十五《外国二·夏国下》，《宋史》四十第 14028 页。

南北宋交替时，金军也广泛使用抛石机进行作战。金军在进攻太原时，先列30具抛石机，抛射时将炮梢一举，听鼓声一齐抛射。炮石大如斗，击中城上楼橹，无不摧坏。炮石摧毁城楼后，即用对楼、云梯、火车等攻城器械攻入城中。

蒙古人强大起来以后，在对内外的战争中，也常用抛石机作战。如1241年两度用兵欧洲时，曾多次使用抛石机抛射石弹、火球，攻击匈牙利、波兰等国的城市。咸淳十年（1273）二月，蒙军攻打襄阳城时，因城高沟深，城壁坚固，久攻不下，便采用亦思马因和阿老瓦丁为蒙军设计制造的一种新式抛石机，能抛射150斤重的石弹，击毁城上楼橹。这种抛石机也因进攻襄阳城得力，被称为"襄阳炮"（见图4-15）。又因亦思马因是回回人，所以又称为"回回炮"。"襄阳炮"的威力很大，据说蒙军进攻襄阳时，"机发，声震天地，所击无不摧陷，入地七尺"[1]。攻破襄阳后，亦思马因被元廷升为回回炮手总管。后来有不少人因其威力之大而说它是管射火炮。其实《元史·世祖四》对此说得很清楚："回回亦思马因创作'巨石炮'来献，用力省而所击甚远，命送襄阳军前用之"。这种抛石机威力大的原因有两个：一是抛射的石弹大，重达150斤，宋军抛石机抛射的石弹一般不超过90斤；二是炮梢的受力方式有改进，宋军抛石机的受力端系有几十根甚至一百多根拽索，使梢杆受力旋转，将石弹抛出；"襄阳炮"炮梢的受力端附有一块巨石（或重金属块），炮架上有一个钩将其钩住，不使下坠；当炮梢尾端的甩兜中安放石弹待射时，即将钩突然解脱，巨石急速下降，使炮梢急速旋转，石弹因受瞬时突发力的作用被抛出；宋军抛石机系多人拉动，用力参差不齐，不易使作用力瞬时集中于一点，所以威力小。"襄阳炮"在明代还常用于作战。

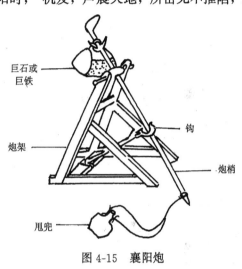

巨石或巨铁
钩
炮架
炮梢
甩兜

图4-15　襄阳炮

三　格斗兵器

宋代的格斗兵器，主要有长柄刀、枪、斧、棍棒、锐等。它们有的是军队的制式装备，有的是根据使用者的爱好和需要特制的。

（一）刀

长柄刀的种类甚多，仅《武经总要·器图》所记宋军装备的长柄刀，就有屈刀、掩月刀、眉尖刀、凤咀刀、笔刀、棹刀、戟刀7种（见图4-16）。前5种的构造基本相同，刀刃都是前头尖锐后部斜阔，以长木杆为柄，末端安镈。眉尖刀刀头较窄，如眉尖翘起。屈刀、掩月刀、凤咀刀、笔刀都呈偃月形状，大抵是由唐代的陌刀演变而来。棹刀是直刃尖锋刀，刀锋前端成等腰三角形，自锋尖向两侧后斜，三角形刃部后为长阔形刀身，全刀形如划船之棹，故有

① 《元史》卷二百零三《亦思马因传》，《元史》十五第4544页。又在《元史》和有关元朝的文献中，称伊斯兰教和信奉伊斯兰教的人为回回人，称其寺为回回寺，称其法为回回法。

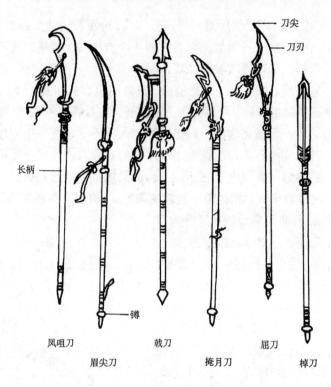

图 4-16　宋军使用的长柄刀

其名[1]。戟刀由戟演化来，首部有尖锋，锋后的一侧为弯月形刀刃，既可刺杀，又可劈斩。书中还记载了大抵与上述各刀相类似的长柄刀。

（二）枪

　　长柄枪按作战用途区分，有骑兵枪、步兵枪、攻城枪、守城枪等十多种。据《武经总要·器图》记载，骑兵使用双钩枪、单钩枪、环子枪 3 种，枪锋后部分别有双钩、单钩和环钩，便于在马上扎刺敌兵并将其钩落马下。步兵使用素木枪、鸦项枪、锥枪、梭枪、槌（chuí）枪、大宁笔枪 6 种（见图 4-17）。前两种为通用枪。锥枪的枪锋有四棱，形如麦穗，挺锐不可折。梭枪因其形似梭子而得名，是西南少数民族用枪，枪柄较短，能在数十步外投掷敌军人马。槌枪用于教阅，前端安一木质圆球，以免误伤官兵。还有一种静戎笔枪，似为少数民族所用。此外，蒙古兵还使用长、短两种标枪。长标枪有欺胡大和巴尔恰，柄长丈余，两头有刃，可刺可掷。短标枪用于投掷，尾侧有三支钩形尖刃。

　　与枪同类的还有矛、矟，但使用不多。《宋史·兵十一》中还记载了骑兵使用的两种刺杀兵器。其一是北宋咸平三年（1000）四月，神骑副兵马使焦偓创制的盘铁矟，重 15 斤，"马上往复如飞"。其二是相国寺一个还俗的和尚法山创制的铁轮拨，重 33 斤，首尾有刃。

---

　　[1]《武经总要前集》卷十三《器图》，《武经总要前集》六之卷十三第 17 页。明正德刊本记为掉刀，四库全书本改作棹刀。从刀形看，以棹为好。

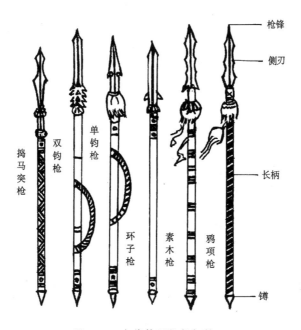

图 4-17 宋代使用的长柄枪

（三）斧、棍棒、镋

宋军使用的战斧有长柄斧和短柄斧两大类（见图 4-18）。长柄战斧有开山、静燕、日华、无敌、长柯、劈阵等名称。《武经总要·器图》认为它们的形制构造基本相同。长柄战斧的柄较长，主要用来劈砍敌军战马的腿部。绍兴十一年（1141），宋军杨存中部在柘皋（今安徽巢湖市西北）同金军作战时，"使万人操长斧，如墙而进，诸军鼓噪奋击"，大败金军[①]。短柄斧的柄长在 2.5～3.5 尺之间，有用于攻城时挖掘地道的蛾眉䦆和凤头斧，有用于劈砍攀城之敌的剉子斧。蒙古兵使用的战斧有锚斧和镰斧两种。

棍棒类兵器甚多，宋军使用的有诃藜棒、钩棒、杆棒、杵棒、白棒、抓子棒、狼牙棒 7 种（见图 4-19）。诃藜棒用铁包裹，钩棒的头部有双钩，杆棒细而长，杵棒的两头都安有植满钉刺的槌头，白棒即由长木制成的木棒，抓子棒的棒头有形似鸡爪的钩，狼牙棒的纺锤形头部植有狼牙形钉刺。棍棒虽非制式兵器，但也有不少使用者。

镋是一种叉型长柄兵器，头似叉而多齿，有三齿、五齿之分，中齿略长，坚锐如枪，用以刺敌；横齿为月牙形，向上弯翘，可架格敌人的兵器。茅元仪在《武备志》中说镋创制于明代。浙江省淳安县出土的 1 件铁制三齿镋，长 66 厘米，横刃阔 28 厘米，柄已朽[②]，系为北宋宣和年间（1119～1125）方腊起义军所用。可见镋在宋代已被用作兵器。

（四）其他格斗兵器

除上述格斗兵器外，还有骨朵、鞭锏、铁链夹棒等。

骨朵是在长柄的一端安有一个铁制球形头的击砸型兵器。据《武经总要·器图》记载：骨

---

① 《宋史》卷三百六十七《杨存中传》，《宋史》三十三第 11436～11437 页。

② 淳安县文物管理委员会，浙江淳安出土的宋代兵器，考古，1988，（4）：335～336。

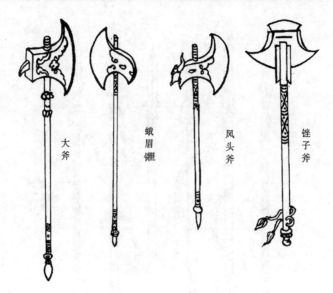

图 4-18   宋代使用的战斧

图 4-19   宋军使用的棍棒

朵本名为胍肫，谓其形如大腹，似胍而大。后来人们将其误读为骨朵。书中记载的制品有蒺藜、蒜头两种（见图 4-20），头部用铁力木制作，分别与带刺的蒺藜和多瓣的蒜头相似，故而有其名。南宋抗金名将岳飞的养子岳云，善于使用一对蒜头骨朵同金兵作战。辽军把骨朵作为基本装备之一[1]。金朝的仪卫兵也使用金饰骨朵、涂金束带骨朵、衬花束带骨朵、广武骨朵、

---

① 《辽史》卷三十四《志第四·兵卫志上》，《辽史》二第 397 页。

银裹骨朵等[1]。庆历元年（1041），知并州杨偕创制了一种铁链槌[2]，实为以铁链扣系骨朵头部的流星槌。

铁鞭是宋代步骑兵使用的一种短柄打击兵器。据《武经总要·器图》记载，铁鞭形似竹

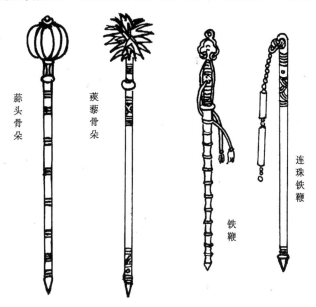

图 4-20　宋军使用的骨朵和鞭

节，大小长短随使用者的需要而制定。有铁鞭、连珠双铁鞭两种制品（见图 4-20）。《宋史·王继勋传》说，道州刺史王继勋勇武异常，常使用铁鞭作战。

铁锏在宋代使用较多，锏身呈四棱，无节无锋，形似竹简，故原名为简（见图 4-21），步骑兵都可使用。近年来在福建发现李纲监制的铁锏，长 90 厘米，锏身错金篆书"靖康元年（1126）李纲制"等字，是现存年代最早的铁锏实物。《宋史·任福传》记载，康定二年（1041），宋军与西夏军战于好水川（今宁夏隆德至西吉两县间）时，任福曾"挥四刃铁简，挺身决斗"。除单锏外，还有双锏。《金史·乌延查剌传》称："查剌左右手持两大铁简，简重数十斤，人号为'铁简万户'"。

铁链枷棒形似农家打麦连枷，长棒的前端用链环联着另一个较短的铁棒（见图 4-21）。初为西北少数民族骑兵所用，后来汉人士兵也用其同敌人作战。

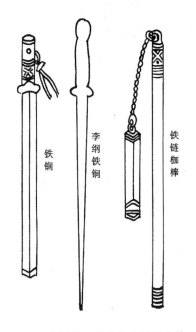

图 4-21　宋军使用的铁锏和铁链枷棒

---

① 《金史》卷四十一至四十二《志第二十二·仪卫上》至《志第二十三·仪卫下》，《金史》三第 921～964 页。

② 《宋史》卷一百九十七《兵十一·器甲之制》，《宋史》十四第 4911 页。

四　卫体兵器

宋代使用的卫体兵器有短柄刀、剑两大类。宋军的手刀刀体较宽，刃口弧曲，刀尖微微上翘，厚脊薄刃，前锐后斜，刀柄较短，上有护手，坚重有力（见图4-22）。熙宁五年（1072），蔡挺以宋神宗所示的斩马刀为样式，制造数万把，赐边臣使用。其刀镡长尺余，刃长三尺余，柄手有环，制作精致，操作简便[①]。蒙古兵使用的是带环手刀。宋军所用两种剑（见图4-22）的构造基本相同，剑身较长，中有脊，两侧出刃，锋呈三角形，后部有短柄，上有护手。蒙古兵使用的剑较阔，柄较长（见图4-22）。

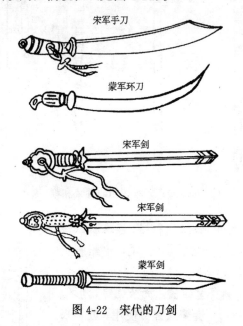

宋军手刀

蒙军环刀

宋军剑

宋军剑

蒙军剑

图 4-22　宋代的刀剑

西夏人使用比较著名的"夏人剑"。该剑制作精细，锋利异常，时人称为"天下第一剑"。北宋钦宗皇帝赵桓也曾佩用。《宋史·王伦传》称汴京失守时："钦宗御宣德门，都人喧呼不已，伦乘势径造御前曰：'臣能弹压之'。钦宗解所佩夏国宝剑以赐"。

五　防护装具

宋代的防护装具有铠甲、马甲和盾牌。

（一）铠甲

宋代各方的铠甲形式多样，各有自己的特色。

宋朝建立伊始，就很重视铠甲的制造。开宝八年（公元975），规定南北作坊每年要造涂金脊铁甲、素甲、浑铜甲、黑漆皮甲、铁身皮副甲、锁襜兜鍪等二三万领[②]。之后，又常有新

---

① 《宋史》卷一百九十七《兵十一·器甲之制》，《宋史》十四第4913页。
② 元·马端临撰，《文献通考》卷一百六十一《兵考十三·军器》，《文献通考》下册第1403页。

的铠甲问世，但使用较多的是《武经总要·器图》中记载的步人甲（见图4-23）等五种。步人甲"有甲身，上缀披搏，下属吊腿，首则兜鍪、顿项"。书中以其为例，显示出全甲的各个

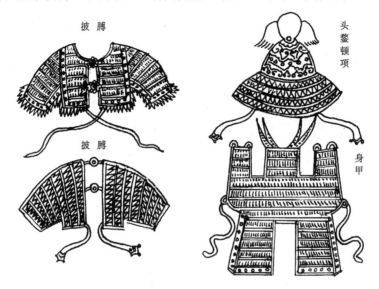

图 4-23　宋军使用的步人甲

部分。甲身（图中作身甲）由十二列小长方形甲片组成，上面是保护胸和背的部分，用带子从肩上将前后相联，腰部用带子从后向前束扎，腰下垂有左右两片膝裙。甲身上缀披搏（图中作掩搏），左右两片披搏，在颈背后联成一体，用带子纽结在颈下。兜鍪的形状如同覆盖着的钵，后面垂缀着较长的顿项，顶部洒插着三朵漂亮的缨。其余四种也很精致。河南巩县宋陵前石雕擐甲武士像上的兜鍪和铠甲，同《武经总要》所绘图形相符。说明当时的铠甲是按统一式样制作的。

绍兴四年（1134），军器所规定全副铠甲的重量为40～50斤，不得超过上限。所用甲片为 1825 叶，其中披搏 504 叶，每叶重 2.6 钱，共计 8 斤 3 两 4 分；腿裙鹘尾 679 叶，每叶重 4.5 钱，共 19 斤 1 两 5 钱 5 分；兜鍪帘叶 310 叶，每叶重 2.5 钱，共 4 斤 13 两 3 钱；兜鍪杯子眉子重 1 斤 1 两，皮线结头等重 5 斤 12 两 5 钱，合计 48 斤 11 两 6 分（原书记为 49 斤 12 两，有误）[1]。至乾道四年（1168），铠甲和叶片的重量减轻，甲叶数量增加，并按不同兵种区分铠甲的重量，其中枪手甲重 53 斤 8 两至 58 斤 1 两，弓箭手甲重 47 斤 12 两至 55 斤，弩手甲重 37 斤 10 两至 45 斤 8 两。以枪手甲为例，此时全甲的叶片为 3145～3782 片，几乎是绍兴四年的一倍，可见铠甲制作细密程度和质量已大为提高。

辽、西夏、金和蒙古军队的步骑兵，也都披着各种精致的铠甲，其中尤以西夏人用冷锻法制造的"瘊子甲"最为坚牢。太常丞田况在庆历元年（1041）五月的《上兵策十四事》中曾说，西夏人所着铠甲，"皆冷锻而成，坚滑光莹，非劲弩可入"[2]。西夏的重铁甲骑兵"铁鹞子"所披着的铁制铠甲，可能就是"瘊子甲"。

① 《宋史》卷一百九十七《兵十一·器甲之制》，《宋史》十四第4922页。

② 《续资治通鉴长编》卷一百三十二，庆历元年五月甲戌，《续资治通鉴长编》二第1200页。

（二）马甲

宋代的马甲比较完备，《武经总要》刊印的一副自东晋以来就使用的马甲全图（见图 4-24），包括面帘、鸡颈、盪胸（应为"当胸"）、马身甲和搭后五部分，使战马的头、颈、身躯各主要部位都能得到保护。

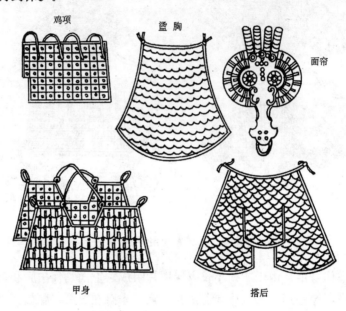

图 4-24　宋军使用的马甲

辽、西夏、金和蒙古的战马都披有马甲。据《辽史·兵卫志》记载："辽国兵志，凡民年十五以上，五十以下隶兵籍，每正军一名，马三匹，……人铁甲九事，马鞯辔，马甲……"。西夏军的战马也都披有铁制的马甲。女真族在进攻中原的战争中，更是以善于驰突的重装骑兵见长，其主将金兀术本人就惯骑铁甲马。他亲自统率的 4000 牙兵，也都人着铁铠，马披铁甲，号称"铁浮图"[1]。

（三）盾牌

宋军使用的盾牌有步兵旁牌和骑兵旁牌（见图 4-25）。它们都用坚木制成，牌面有皮革。步兵旁牌较长大，上尖下平，中间有几道横档，背面安有戗木，可用它支立于地上，士兵在其掩护下作战。骑兵旁牌为圆形，面积较小，牌面绘有凶兽等图形，背面有套环，作战时将其套在左臂上，用以抵御矢石。除上述盾牌外，还常有一些新式盾牌问世。如庆历元年（1041），知并州杨偕向朝廷进献了一种既可抵御又可击敌的神盾[2]。

西夏和蒙古军也创制了几种名盾。西夏军使用的毡盾，盾面蒙有毛毡，防御性能较好，在

---

① 《三朝北盟会编》卷二百零一《顺昌战胜破贼录》，《三朝北盟会编》下册第 1450 页。
② 《宋史》卷一百九十七《兵十一·器甲之制》，《宋史》十四第 4911 页。

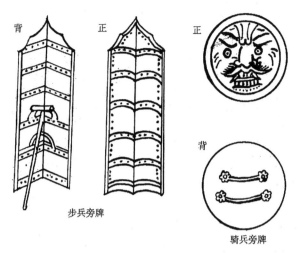

图 4-25　宋军使用的盾牌

野战和攻守城战中都有使用[①]。蒙古骑兵使用的盾牌有旁牌、团牌、铁团牌等。忽必烈时期的蒙军还使用了一种折叠盾。这种盾"张则为盾，敛则合而易持"[②]，便于使用。

六　装备冷兵器的战车

在北方骑兵的侵袭下，宋朝一些大臣多次建议朝廷制造战车，意欲在北方以车制骑。如建炎元年（1127），李纲创造了一种战车，车前竖两杆，上挂皮帘，以御矢石；下安铁裙，以卫人足；两旁有铁索，以便于多车并联为营。作战时，4人推车，1人登车发矢，20人执兵器作战，全车共编25人，是一种大型战车[③]。宋军装备的战车，大致可分为轻便型、中型和特型三类。

轻便型战车车身小巧，便于快速机动。如《武经总要·器图》刊载的虎车、巷战车（见图4-26）和运干粮车等。虎车类似独轮平板车，两侧各有一根大方木，方木上各绑附1支长枪，枪锋伸出车头外。平板上安有一个虎形车厢，虎口昂张，有5枝枪锋从中伸出。巷战车也是独轮车，头部安一块挡板，两侧安木框架。挡板比框架高出一倍，上部有12个圆孔，下部沿车底板平行安5支长枪，枪锋伸出挡板外。由于这几种独轮车车身小巧，所以只需1名士兵便可推动它们通过狭窄的田埂、道路和街巷，同前来劫粮和进攻的敌军搏战。也可在旷野中排成车阵，由众多士兵拥推而前，冲击敌阵，配合步骑兵进攻。

中型战车有一种象车和两种枪车（见图4-27），车身较宽，安有四轮或六轮。象车车座上安有象形车厢，象口昂张，从中伸出11支枪锋，车底板上也平行安置7支枪锋。两种枪车的前面都有较高的挡板，两侧都有厢板。其中一种枪车有5支枪锋前伸；另一种枪车除5支枪锋前伸外，两侧还分别有3支和4支枪锋伸出。这三种战车可在野战中排成车阵，冲击敌阵，配合步骑兵进攻。

---

① 《宋史》卷四百四十六《朱昭传》。据该传记载，北宋宣和末年，灵武城（今宁夏灵武县西南）兵马监在坚守该城时，夏军以毡盾作掩护，拥木鹅梯冲进行攻城作战。

② 《元史》卷二百零三《方伎（工艺附）》，《元史》十五第 4542～4543 页。

③ 元·马端临撰，《文献通考》卷一百五十八《兵考十·车战》，《文献通考》上册第 1378 页。

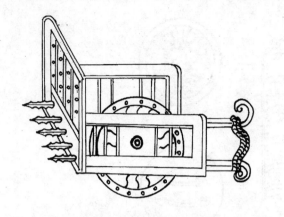

图 4-26　宋军使用的巷战车

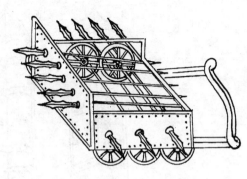

图 4-27　宋军使用的枪车

特种战车除李纲制造者外，见于史书记载的还有各种炮车和弩车。如皇祐元年（1049）宋守信创制的冲阵剑轮无敌车、砦脚车，皇祐四年郭谘创制的独辕冲阵无敌流星弩车等①。

七　军队的兵器装备

宋代各方军队的兵器装备各不相同，他们既受历史传统的影响，又有兵器发展的新因素，同时还有本民族社会生产组织形式的特点。宋军的编制是步骑兵兼有，以步兵为主。其他各军以骑兵为主，步兵为辅。因此，宋军与其他各军的装备方式也有明显的区别。

（一）宋军的兵器装备

宋军由禁军、厢军、乡兵、土兵等组成，其任务和编制各不相同，装备也不一样。在一般情况下，禁军的编制比较完备，装备比较精良。按《武经总要·教旗》记载，禁军在演习时，步兵的基层编制单位为队，每队50人。其中队头、队副、执旗各1人，兼旗2人，其余为战兵。每队装备的兵器有枪15支、弩5具、弓矢10具、棒6杆、陌刀5把、拍把4具、牌5面。马队的人数与步队同，按一定比例装备枪、弓箭等兵器②。南宋绍熙元年（1190），朝廷采纳知徽州徐谊之奏，规定诸路禁军的装备"以十分为率，二分习弓，六分习弩，余二分习枪、牌"③。这种装备比例，反映了宋军的装备以弓弩为主的状况。

宋军作战训练时兵器排列的次序，按《武经总要·教例》的说法是："刀盾为前行，持稍者次之，弓箭为后行"④。南宋名将吴璘曾根据实战的需要，提出了另一种排列次序，即长枪居前，次最强弓，次强弩，次神臂弓。作战时采用叠阵战法：敌至百步内则发神臂弩，70步时强弩并发，骑兵从两翼出击；最后持白刃兵器的士兵同敌拼搏⑤。当时把军队基层采用这种混合装备各种兵器的单位称作"花队"。

宋军步骑兵的基层编制单位，除编为"花队"之外，还有以某种兵器装备全队的"纯

---

① 《宋史》卷一百九十七《兵十一·器甲之制》，《宋史》十四第4912页。
② 《武经总要前集》卷二《教例第三》，《武经总要前集》一之卷二第4～5页。
③ 《宋史》卷一百九十五《兵九·训练之制》，《宋史》十四第4870～4871页。
④ 《武经总要前集》卷二《教例第二》，《武经总要前集》一之卷二第4页。
⑤ 《宋史》卷三百六十六《吴璘传》，《宋史》三十三第11416～11417页。

队"。如北宋时期班直军中就有骨子朵直、御龙弓箭直、御龙弩直等"纯队";宋太宗时殿前步军司中有鞭箭"纯队",侍卫步军司中有静戎弩手、平塞弩手等"纯队";宋仁宗时侍卫步军司中有澄海弩手、靖边弩手、宣毅床子弩炮手等"纯队"①。

南宋时期关于"纯队"和"花队"曾有争议,结果是"纯队"的编制方式得到了发展和推广。韩世忠所部就采用"纯队"编制。抗金名将张浚也主张编制纯枪、纯弓、纯弩队,并按枪队、弓队、弩队次序布阵。作战时先发弩,次发弓,枪队最后搏战。到孝宗时(1161～1165),宋军基本上按照"纯队"的编制装备兵器。

从作战训练的角度说,上述两种兵器装备的方式应该是各有千秋的。宋军侧重于"纯队"的兵器装备方式,主要是从对付北方骑兵作战需要考虑的。当两军对阵,敌军骑兵驰突而来时,宋军则相对集中射远、刺扎、劈砍兵器,由远及近,分波次地杀敌,最后进行近战拼搏。这样既能充分发挥各"纯队"兵器相对集中杀敌的作用,又能收到在作战全过程中发挥各"纯队"综合杀敌的效果。

(二) 少数民族军队的兵器装备

北方各少数民族,大多采用军事、行政、生产三位一体的组织形式,其兵器装备也反映了这一特点。

契丹族建辽以后,各部族的数量不等,"多者三千,少者千余",实行全民皆兵的制度。规定15～50岁的成员(称正军),装备的兵器有铁甲、马甲、弓、箭、枪、骨朵、斧等兵器。每10人或5人编为一小队,作战时,常集百队至数百队出征②。

西夏兵来源于各部落。按规定,男子15岁为丁,每二丁抽一人为兵,每兵装备"长生马、驼各一。团练使以上,帐一、弓一、箭五百、马一、橐驼五,旗、鼓、枪、剑、棍、棓、袄袋、披毡、浑脱、背索、锹镢、斤斧、箭牌、铁爪篱各一。刺史以下,无帐无旗鼓,人各橐驼一、箭三百、幕梁一。兵三人同一幕梁。幕梁,织毛为幕,而以木架。有炮手二百人,号泼喜陕,立旋风炮于橐驼鞍,纵石如拳"③。作战时,"先出铁骑突阵,阵乱则冲击之,步兵挟骑以进"③。

金军以"谋克"为百夫长,"猛安"为千夫长。"谋克"下统什长、伍长。金收国二年(1116),"始命以三百户为谋克,谋克十为猛安"④。之后,谋克和猛安统领的户数多有变化,最少时以二十五户为一谋克,四谋克为一猛安。装备的兵器有弓弩、枪、剑、棍棒、刀、斧、骨朵、盾牌等。

蒙古人在进入中原之前,实行十进制的部落组织制度。部落成员必须隶属于一定的十户(称牌头)、百户、千户、万户。男子在十五岁以上,七十岁以下,都要当兵。在主力部队中按技术和装备的兵器分为炮军、弩军、水手军等。遇有战事,由统帅率领各路人马出征。蒙古兵装备的兵器有马克打大弓、卡蛮弓、顽羊角弓、神臂弩等轻弩,欺胡大长柄标枪和巴尔恰短柄标枪,带环短刀、阔形剑、锚斧、镰斧、旁牌、团牌、铁团牌,以及折叠盾等。

宋代既是初级火器技术诞生的时期,又是钢铁兵器技术全面发展的时期,在初级火器虽

①《宋史》卷一百八十七《兵一·禁军上》,《宋史》十四第4584～4600页。
②《辽史》卷三十四《志第四·兵卫志上·兵制》,《辽史》二第397页。
③《宋史》卷四百八十六《外国二·夏国下》,《宋史》四十第14028～14029页。
④《金史》卷四十四《志第二十五·兵·兵制》,《金史》三第992～993页。

已开始使用但还处于辅助地位的情况下，钢铁兵器在战争的舞台上仍处于主导地位。这就是宋代冷兵器发展的基本特点。

第四节　军事筑城的持续发展

宋代各方互相争夺和兼并的战争，不但在北方辽阔的大漠、旷野中进行，而且也遍及边关要隘和中原、江南的繁华之乡，夺取城市已成为战争的主要目的。因此，城池争夺战促进了各方军事筑城技术的发展，京都大邑、府州县城和界城、边城、山城的建筑，都有很大的提高。

一　筑城规制和城址选择

宋代军事筑城的基本规制，在唐代的基础上，又有新的发展。曾公亮等人把当时筑城的基本规制记述在《武经总要·守城法》中。按照这些规定所建筑的城墙、城门、护城河、羊马墙、战棚、弩台、敌楼等，便可形成以城墙为主体，以城门为中心，点线结合、重点突出，综合配套的城防体系（见图 4-28）。

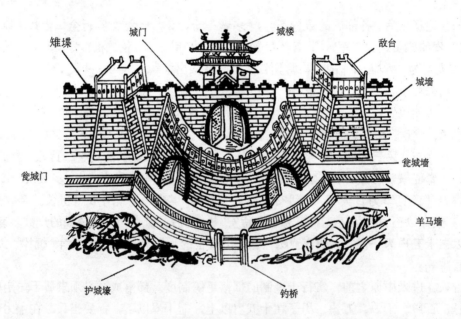

图 4-28　宋代的城制

城墙的总体设计，大致仍按唐代《神机制敌太白阴经》关于平原筑城的规定，以城墙的高度、底墙壁厚、城顶壁厚三者之间 4：2：1 的比例为依据，根据各种不同地形进行适当的修正，尔后准备材料、组织施工，使所筑的城墙既节省工料和造价，又坚固耐久。从《武经总要》的图绘看，当时城墙的内外壁大多已用城砖围砌，其上建有女墙、雉堞和垛口。城门、护城壕与羊马墙的建筑，大体同以往相似而有所改进。

战棚、弩台、敌楼（城角之敌楼称团楼）都是全城环线防御的重点设施。一般从城门开始，向左右两侧延伸，每隔10步左右建筑一个。每处可容士兵一二十人，使用床子弩、抛石机、滚木檑石等重型兵器，形成防御重点。这些重点与布列于雉堞后面的士兵，形成点线结合、互相策应的城上防御体系。这一体系又与护城河、羊马墙、各城门和瓮城一起，形成完整的城墙城池防御体系。这是北宋初军事筑城技术和守城战术发展到一个新阶段的结果。

以上所说城的各部建筑规制，只有大中型城池才能如此完备，小型城池大致只有城墙、城门、城楼、钓桥、护城河等基本部分。

宋代各方在建筑城池时，都十分重视城址的选择，曾公亮在《武经总要·守城法》中认为，地势低洼，易于积水的地方不可筑城。只有用水充足、不易干旱而又易守难攻之地，才是理想的筑城处所。军事家则更加重视从军事地理因素方面考核城址选择的利弊。对都城城址的选择尤其如此，他们或择天然险要之地，以利守备；或选交通发达之处，以便供给。若两者兼备，则更为理想。

辽上京地处契丹腹里地区，背靠大兴安岭余脉，面对辽阔草原，旁临西喇木伦河上游的两条支流，可沿河东向进入辽海，西、北两面通入崇山峻岭，在军事上进可攻、退可守。旁河地带水草丰盛，气候适宜。史称其为"负山抱海，天险足以为固，地沃宜耕种，水草便畜牧"之地[1]。故辽朝选其为上京。

西夏的都城兴庆府（今宁夏银川市），由国王李德明选定。西夏显道二年（1033），李德明之子元昊加以改建和扩建。它西倚贺兰山，东近黄河，城西的驸马城（今沙城子）、贺兰山麓的克夷门，都是拱卫都城的军事要地。

元大都（今北京）又称幽州或燕京，金朝曾在此建立中都大兴府城。其地东控辽东，西连三晋，背负关岭，瞰临河朔，南控江淮。蒙古至元四年（1267），忽必烈下令扩建燕京新城。九年，更名为大都。

北宋的东京汴梁（今河南开封）与上述三个都城不同，它地处平原，四周坦荡，是中原的交通要地。开封气候温和湿润，农业发达，周围都是园圃，百里之内，无荒闲之地，物产比较丰富，又是汴河、黄河、惠民河、广济河的交汇之处，有"四达之地"的美名。江南的大米和日用品，都可通过漕运抵达开封，供应京城百万军民的生活之需，故宋太祖选其为都。为了弥补开封无险可据的弊病，北宋统治者便采取筑坚城、驻重兵的方法，保障开封的安全。

二　开封城的建筑

开封外城是在后周显德四年（公元957）所筑外城的基础上，经过多次修葺和扩建而成。其中主要有大中祥符九年（1016）的增筑，熙宁八年（1075）和元丰七年（1084）的扩建，政和六年（1116）的加固，其中规模最大的一次是熙宁八年至元丰元年的扩建。扩建后，开封城由外城（又称新城、国城、罗城、土城）、内城（又称旧城、阙城、内京城）和宫城（又称大内、皇城）等三重城墙套筑而成。其中外城的建筑最具军事特色。

首先是规模宏大。开封城扩建完工时，制诰李清臣专门作记，刻石于南薰门，上记外城周长为50里165步，基宽5.9丈，雉堞高7尺，所记周长与近来考古工作者实测的数据相近。其中四面城墙的长度为：东7660米、西7590米、南6990米、北6940米，总长29 120米

（58.24 里），若按宋太府尺计算（每一宋尺约为 31.104 厘米，一步为 5 尺），可折合为 50 宋里左右[①]，是一座东西略长、南北稍短的长方形城。其周长仅次于唐朝长安城（周长约 67 里），与隋唐东都洛阳城（周长约 56 里）不相上下。

其二是护城河宽阔。开封的护城河有 10 多丈阔，同进入城内的 4 条大河交汇，互相沟通成水网。平时便于交通，战时可防止敌船闯入。

其三是城墙坚厚。后周在显德四年（公元 957）正月建筑开封外城时，任命当时著名的建筑家、开封府副留守王朴主持设计和施工，调集 10 万民工作业，从郑州虎牢关（今河南荥阳县境内）运取坚硬粘结的优质黄土[②]，采用分层夯实（每层厚 8～12 厘米）的版筑技术筑成，十分坚固。夯窝呈圆形，直径 7 厘米，深 3 厘米，呈梅花形排列。城墙高度、城根壁厚、城顶壁厚三者为 4：8：5 或 4：6：4。同《武经总要·守城法》的规定相比，在城墙高度相等的情况下，要比一般城墙厚 4～3 倍。

其四是城门坚固。开封外城的城门，大多采用过梁式结构门洞，经过元丰七年（1084）增筑四处御门和诸瓮城门后，各门便由正城门和瓮城门组成，马面式建筑开始正式应用到京城的城垣上，建筑极为坚固。这类城门又分为两重直门，一道直门与一道屈曲开设的瓮城门、水门和拐子城三种类型。门上都建有一重或多重檐的城楼。

两重直门指的是正城门与其外的瓮城门开设于同一直线上，如新郑门等四处城门便是。考古发掘证实，新郑门的瓮城，南北长 165 米，东西长 120 米，面积 19 800 平方米，是已经探明的面积最大、保存最好的一处瓮城遗址。

一道直门与屈曲开设的瓮城门，指的是正城门与其外半圆形瓮城右侧开设的城门，如西面的万胜门便是。考古发掘证实，万胜门南北长 105 米，东西长 60 米，面积为 6300 平方米。

开封外城开有九处水门。据《如梦录·著者原序》说，水门"有铁裹窗门，遇夜如闸垂下水面"，便可阻止船只通航。为了捍卫水门，一般在其附近还筑有形似瓮城的拐子城。考古发掘证实，外城东墙南段一处长方形拐子城址，南北长 130 米，东西长 100 米，面积 13 000 平方米。

从考古学者已经探测到的五处瓮城门遗址看，它们围圈的面积从 5000～19 800 平方米，形同一座子城，为增驻守城士兵和进行机动作战，提供了余地和空间。

其五是城防设施绵密。据孟元老在《东京梦华录·东都外城》称：开封外城墙，"每隔百步设马面战棚，密置女头（即女墙）……每二百步置一防城库，贮守御之器"。若按宋制计算，则每隔 155.5 米设 1 马面战棚，每隔 311 米设 1 防城库，在全城 29 120 米的总周长中，可建筑 187 个马面战棚和 93 个防城库。如果除去 21 座城门和水门的宽度 2100 米（每座城门宽度平均按 100 米估算），至少也可建筑 170 个马面战棚和 85 个防城库，可见其城防设施之绵密。平均每个防城库贮存的武器装备和消耗性器材，可供两个马面战棚的守军使用，从而使马面战棚成为城墙上次于城门的重点设防据点。

由护城河、城墙、城门、马面战棚、女墙构成的开封完整的城防工事，是北宋军事筑城

---

① 丘刚，北宋东京外城的城墙和城门，中原文物，1986，（4）：44～47。本文所引开封城的实测数据，大多引自该文。

② 《金史》卷一百十三《赤盏合喜传》有"父老相传，周世宗筑京城取虎牢关土为之"的记载。明代李濂在《汴京遗迹志·守京城》中，也有"取郑州虎牢关土筑之"的记载。近年来考古学者通过分析城墙土质时，发现夯土多为红褐色，与开封当地的含沙黄土不同。

技术发展水平的集中体现，具有较高的城防价值。开封内城和宫城，是开封设防的纵深阵地，除瓮城和马面战棚外，也相应地构筑了护城河、城墙、城门和女墙，但其规模和坚固程度都要次于外城。

北宋年间建筑的开封城，对西夏兴庆府、金中都大兴府和南京开封府、元大都的建筑，都有直接的影响。如金海陵王在金天德二年（1150）三月命张浩和孔彦舟等人，设计规划建筑中都城时，就以开封城为模式，进行建筑，所以史家称金中都城是北宋开封城的翻版。

三　中小城池的建筑

中小城池的建筑，遍及宋朝领地内的府州县，而陈规对德安城的技术改造尤具特色。西夏、辽、金、蒙领地内的中小型城和他们掠取宋朝领地后所建的城池中，既吸取了汉人的军事筑城技术，又有自己的特点。

（一）德安府城的改造

德安（今湖北安陆）府城是北宋领地内的一个中小型城郭，周长 7 里，墙高 2.25 丈、城根壁厚 3 丈、城顶壁厚 1.5 丈、雉堞 1838 个、战棚 48 处、城角角楼 4 座、城门和门上城楼各 8 座、瓮城 8 座（墙高 1.5 丈，各偏开 1～2 道瓮城门），距城外 3 丈多处有 5～10 丈宽的河水环绕，形成天然的护城壕。针对金军作战的特点，陈规对德安旧城作了如下的技术改造。

首先是将山字形女墙和垛口改为平头形女墙。平头女墙高 6 尺、厚 2.1 尺，不设垛口。墙面开设约 1 尺见方的射孔，上下两排，第一排距墙顶 1.5 尺，第二排距墙顶 3 尺，两排孔口成品字形交错布列，两孔口间相隔 3 尺。

其次是改进城门的防御设施。主要是在城门顶上建造便于了望的双层城楼，同时废去瓮城并在其内外各增筑一道护门墙。

再次是构筑重墙、重壕。即在城内增筑一道壕沟和一道内墙，使之与主城墙、羊马墙、护城河一起，构成三墙二壕的环形防御带（见图 4-29），加大了防御层次和防御纵深。

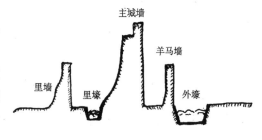

图 4-29　三墙二壕城剖面图

其四是改建城郭的四角。即将德安城的四角由直角改为圆弧形角。其中东南、西南、西北三角的圆弧外凸，东北角的圆弧内凹。这种圆弧形城角，便于城角两面守军互相策应，能从侧后击杀攻城敌军。

此外，陈规在四面城墙多开了二三道城门，平时伪装，封固不用。作战时，城内守军迅速破门出击，攻敌不备，战而胜之。

陈规对筑城技术和守城兵器的改进，虽因诸种因素而未能得到全面的推广，但他却利用这些成果，在德安打退了攻城的李璜所部叛军[1]；在顺昌打退了金兀术数万金军的进攻。

---

① 见本书第四章第二节"初级火器的创制"。

（二）辽、金中小城池的建筑

辽和金的中小城池，有相当一部分分布在蛟流河、归流河与洮儿河两岸的冲积平原、台地和山地中的平缓斜坡上。经过考古部门多年的勘察，在这些地方已经发现当年所建的城址37处①，有的保存较好，有的仅存断壁残垣。这些城的选址、布局和建筑，具有如下特点：

其一是城址选择得当。这些城池都具有良好的地理环境。它们大多背依起伏的山峦，据险可守；面临广阔的平原和纵横的河流，有适宜的生产、生活和交通条件。如位于洮儿河中游的哈拉根台城，东北两面依山，西面滨临小河，南面为开阔平原。

其二是城池布局合理。这些城池不但考虑到自身选址的得当，而且还考虑到整体的布局。它们大多排列有序，错落有致，互成犄角，既便于平时互相间的联络，又便于战时互相间的策应和支援，而且大多与金代的界壕（即金长城）、边堡联系紧密，形成互相联网式的城郭防御体系。如好田城在金代东界壕和中界壕之间。学田马站城则紧邻金代界壕而筑。

其三是因地制宜而筑。平原城则按平陆筑城方式进行。山城则因山顺势，利用山险形胜，就地取材而筑。和平城依山傍河，就近取土、石混合建筑。山腰上的沙力根山城，则因山势走向，成不规则长方形，西面和北面依托断崖，南墙就地用石块垒砌，东墙用土夯筑。

其四是城制因城而异。通常较大城池的建筑设施比较完备，较小的城池只建几个重要部分。哈拉根台城呈正方形，周长约 690 丈，不到 5 里，是一座小中见大的城池，四面墙各开一道城门，城门外有瓮城门，城外距墙 7 丈处有护城河环绕，城池的组成部分基本完备。最小的查干城建于归流河北岸的冲积平原上，呈正方形，周长约 70 丈，不到半里，只有城墙和城门。

上述中小型城池，大多建于金朝，它们与金朝界壕相连，形成界壕、边堡和城池相结合的防御体系。

四　金长城的建筑

金军在灭亡辽朝，攻占开封，结束北宋统治后，便占据淮河以北广大地区，与南宋、西夏成鼎足之势。为了防止北方蒙古族的袭击，以除去其南下问鼎的侧背之患，金廷自大定二十一年至承安五年（1181～1200），在北方边界连续大规模地建筑连绵不断的带形防御墙、壕，形成以墙、壕为主体，与边城、边堡相结合的防御工程体系，史称金朝界壕或金代长城。金长城的大致走向是：东自嫩江中流起，沿兴安岭山脉的东南转向西南，尔后与阴山山脉相连而西，直达河套西部。金长城是女真族和蒙古族民族矛盾和民族战争的产物，是女真族对付蒙古族袭击的战略防御工程。金长城有新、旧、内、外和外堡之说，现在保存的金代长城遗迹，其单线总长近万里，在城墙和城壕、瓮城和瓮门、戍堡和边堡的建筑上（见图 4-30），具有一定的特点②。

城墙和城壕又有主副之分。主城墙是金长城的主体，高 6～8 米，城根壁厚 8～10 米，顶部壁厚 2～7 米，除少数用石块包砌和土石混筑外，大多用挖掘壕沟中的黄土夯实版筑而成。

---

① 吉林省文物考古研究所，内蒙古科右前旗突泉县辽金遗址调查，考古，1987，(1)：58～68。
② 刘建华，河北省金代长城，北方文物，1990，(4)：42～47。

主城壕深约4～5米,宽5～6米,其外侧还各筑一道副墙和副壕。副墙与主墙平行,厚约5米,高1米多。副壕较浅,挖在副墙的外侧。施工时,筑墙与挖壕同时进行,以挖壕之土,堆垒夯实,版筑成墙,壕沟挖成之时,即为城墙竣工之日。从整体上看,金长城是由二墙二壕组成的带形防御工程。

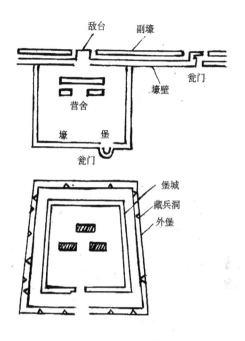

图4-30　壕堡和边堡平面图

　　瓮城倚主墙而筑。阔12～15米,正面突出主墙外10～12米,比主墙稍高,沿主墙每隔130～150米构筑一座。顶上盖有板屋,供守军休息,并能了望敌情和掩护士兵作战。瓮门通常开设在接近戍堡的主墙旁,并在主墙上开设一门,外面构筑一个拐尺形土台,右侧开一小门,仅容一人侧身而过,平时可通行人,战时供士兵出入。

　　戍堡又称壕堡,是构筑在金长城主墙内侧的城堡。大多为正方形布局,周长约60丈,堡墙的高度与厚度同主墙相等,用土夯实,版筑而成。堡门设在里墙中央,并筑有瓮城。靠近主墙的堡墙两侧各开一个小门,供士兵迅速登城。堡内建有营房,供士兵驻宿。戍堡大多筑在谷口和通道附近,各戍堡间一般为6～14里,较远的有14～22里,战时可互相策应和救援。边堡是离金长城沿线较远的小型城池,大多建在主要通道附近的平台或缓坡之处。

　　金代长城的选址和走向是经过周密考虑选定的,长城以北多为山地、高原和浩瀚无际的沙漠,长城以南,河流交错,沃野千里,雨量和气温都适合发展农业生产,无形中成为游牧民族和农业民族的分界线。金长城的修筑,既能保障边界农业民族的安定,又有战略上保卫金上京和金中都安全的作用,集中体现了金代军事筑城思想和技术水平,是中华民族军事筑城技术的一分宝贵遗产。

　　除上述军事筑城外,这一时期还出现了其他形式的军事工程,诸如宋军在宋夏边界建筑的众多堡寨,在四川建筑的山地城塞,渡江作战中架设的浮桥,在黄河开封段建筑的沿河防御工事等,也都各具特色。

　　宋代各方在攻守城战中,都以各自所筑的坚固城郭为依托,采用各种攻守城器械,演出了许多壮观的攻守城战。

五　攻城器械

　　宋代的攻城器械就其作用而言,仍可分为六大类。除远距离攻击器械和侦察了望器械巢车(见图4-31)外,其他都有所创新。

　　用于连通城壕两岸的器械,有单面桥车和折叠式桥车(见图4-32)[①]。单面桥车由车轮和

---

① 《武经总要前集》卷十《攻城法·附器具图》,《武经总要前集》四之卷十第15～16页。

桥面构成，桥面下安四轮。使用时，士兵推车入壕，轮在壕中，桥面架在两壕岸上，攻城士

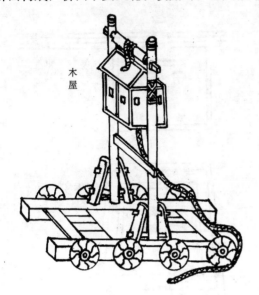

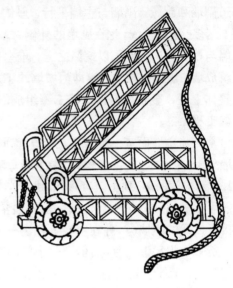

图 4-31　巢车　　　　　　　　　　　　　　　图 4-32　折叠式桥车

兵和器械便从桥上通过。若城壕过阔，便采用折叠式壕桥。它是用转轴将两个单面壕桥连接而成，形如现代机场登机用的舷梯。平时将桥面折放于车上，使用时，由士兵将其推入壕中，将桥面张开，使城壕两岸连通。

　　遮挡器械除辒辌车、木牛车、尖头木驴车（见图 4-33）、木幔车外，还创制了一种头车[1]。头车由屏风牌、头车和绪棚三部分组合而成。屏风牌是一种开有箭窗的木制挡牌，两旁有侧板和掩手，外蒙生牛皮，以抵御守城之敌射来的矢石。既可掩护士兵进行掘城作业，又可从箭窗射箭，还击守城之敌。头车后接绪棚，其构造与头车类似，形同小方屋，可掩护作业人员换班、运土和输送器材。绪棚后面的隐蔽处设有找（huá）车，用大绳索和绪棚相连，以便绞动头车和绪棚。攻城时，将这种组合车推至城下，撤去屏风牌，使头车贴近城墙，士兵在其掩护下挖掘攻城地道。绪棚在头车和找车之间，绞动找车后使其往返移动，将掘地道的泥土运出。

　　掘凿器械通常用于挖掘攻城地道，凿穿城壁。它们的种类较多，主要有挖掘地道用的地道支架和镢、锹、铲、斧等各种挖掘工具。

　　撞击器械有钩状车、饿鹘车、搭车（见图 4-34）、杷车、木鹅梯冲等。钩撞车的构造与尖头木驴车相似，车内备有各种凿撞器具，作破坏城墙、城门之用[2]。饿鹘车、搭车、杷车的构造基本相似，都用巨形方木制成大车座，其上安有木架，木架上安置长柄耙钩。攻城时，士兵将其推至城墙附近，毁坏城门或城墙，士兵从中攻入城内[2]。木鹅梯冲是西夏人创制的高层攻城车，北宋宣和末年，西夏军曾用其进攻灵武城。

　　纵火与扬尘器械有纵火车、三钩铁锚、双刃火钩、双刃火镰、两岐铁火叉、扬尘车等[3]。

　　① 《武经总要前集》卷十《攻城法·附器具图》，《武经总要前集》四之卷十第 20～21，9～10 页。
　　② 《武经总要前集》卷十《攻城法·附器具图》，《武经总要前集》四之卷十第 35，34，30 页。
　　③ 《武经总要前集》卷十《攻城法·附器具图》，《武经总要前集》四之卷十第 19，24，31 页。

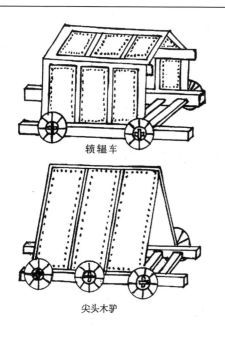

辘辊车

尖头木驴

图 4-33　辘辊车和尖头木驴

图 4-34　搭车

纵火车是一种在两轮车上安有火炉的攻城车，炉上置有大铁锅，锅内装满油，用炭将油烧沸，炽烫炙人。攻城时，将其推至城门下纵火。铁锚、火钩、火镰、火叉等，都是用于在地道中纵火的器械。扬尘车（见图 4-35）的车座是一个安有四轮的巨木长方框，框两侧中央各竖一根高与城等的大立柱，两立柱的头部用转轴相连，轴上缠绕绳索，索尾拖至地上。横轴下悬吊方盘，盘内放满石灰。攻城时，士兵将其推至城下，搜索翻盘，灰尘飞扬，迷盲守城士兵，乘势攀城而上。

攀登器械有云梯、飞梯、竹飞梯、蹑头飞梯、避檑木飞梯、行天桥、搭天车、行女墙等（见图 4-36）①。

云梯有小型单梯和大型车梯。单梯的梯身狭小，仅容单兵鱼贯攀缘而上，有飞梯、竹飞梯、蹑

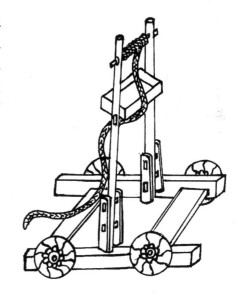

图 4-35　扬尘车

头飞梯、避檑木飞梯等。车梯的梯身宽大，下安六轮，车座上安两层木梯，各长 2 丈多，中间用转轴相联。上层折叠飞梯的顶端有 2 个铁钩，便于钩搭城墙顶部。底层云梯下部与长方形车厢连接，车厢四面蒙生牛皮为屏蔽，内有数名士兵推车。当车梯抵近城墙时，即将上层折叠飞梯升起，车厢内的士兵便迅起登梯，攻入城上。搭天车和行女墙都属车梯。行天桥是一种单层高柱斜面攀登式车梯，梯前安有女墙，攀梯士兵可在其掩蔽下同守城士兵搏战。

① 《武经总要前集》卷十《攻城法·附器具图》，《武经总要前集》四之卷十第 19，20，30，34，29 页。

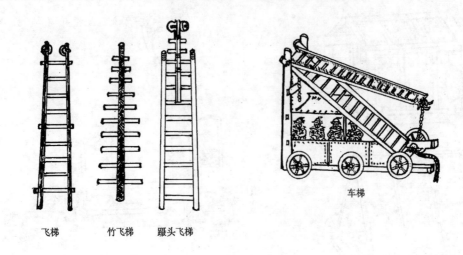

飞梯　　竹飞梯　　躐头飞梯　　车梯

图 4-36　各种云梯

六　守城器械

宋代的守城器械按其战斗作用，也可分为六大类，其中有不少是新创的制品。

反击器械除抛石机、巨型床弩外，还有各种守城枪和锉子斧等。守城枪有拐突枪、抓枪、拐刃枪、钩杆等。它们的柄长约 25 尺，便于守城士兵刺杀钩割攻城之敌。锉子斧柄长 3.5 尺，横刃阔 7 寸、厚 4.5 寸、长 4 寸，是守城士兵用以砍杀攀上城头之敌的利器[1]。

侦听器械有瓮听[2]。其制法和用法与前代相同。

抵御器械有遮挡用的木立牌、竹立牌、皮帘、垂钟板、皮竹笆等；有加强和补救城门、城垛防御的插板、暗门、塞门刀车、木女头等（见图 4-37）[2]。

木立牌和竹立牌分别用高 5 尺，阔 3 尺的木板或竹排制成牌面，牌背中间安有一个 3 尺高的转关拐子木，用以支撑牌面，士兵既可用其抵御矢石，也可在其掩蔽下作战。

插板、塞门刀车和木女头，实际上是用坚硬大木和铁制构件制作的活动式城门和女墙。当城门和某段城墙被敌军攻毁时，守城者便急速利用它们进行补救，继续进行守城战。

撞击砸打器械有撞车、绞车、狼牙拍、飞钩和各种檑木（见图 4-38）[2]。

撞车在木制长方形车座下安装四轮，车框的中央竖立两根宽厚的木柱，木柱两端用一根转轴相连，轴上缠绕一根粗大的绳索，绳索下系一根安有尖铁头的大撞木，用以撞毁攻城敌军的云梯、对楼等高层攀登器械。

绞车在长方形车座下安装四轮，车座上用 4 根大木建成叉手形柱架，架端用横轴相连，横轴中央缠绕两根系有铁钩的粗大绳索，两端安有绞木，用以钩毁攻城敌军的飞梯、木幔、尖头木驴等攻城器械。

狼牙拍是在长 5 尺、宽 4.5 尺、厚 3 寸的拍面上，安植 2200 个长 5 寸、重 6 两的狼牙铁钉，钉刺穿出木面 3 寸；四面各安一个入木半寸的刀刃；框的前后各安两个大铁环，环上扣

---

① 《武经总要前集》卷十二《守城·附器具图》，《武经总要前集》五第 32，27，30，31，10，12，18 页。

② 《武经总要前集》卷十二《守城·附器具图》，《武经总要前集》五第 22，21，20，19 页。

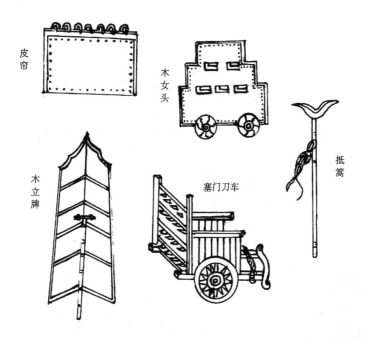

图 4-37　抵御式守城器械

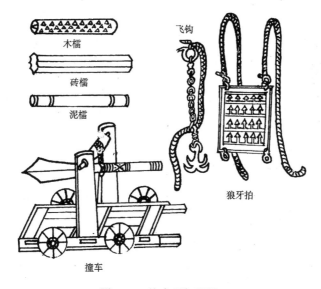

图 4-38　撞击砸打器械

系两条粗长的麻绳，钩系于城上。当敌兵攀城时，守军即松开麻绳，将狼牙拍突然下击，敌兵多被击死。

飞钩又名铁鸱（chī 痴，古代指鹞鹰的脚）脚，有 4 个锋利的长弯钩，形似船锚，用铁链和长麻绳扣系。当敌军来攻城时，守军即将其投入城下，每次能钩杀二三人。

檑木有木檑、泥檑、砖檑、夜叉檑等，主要用于击砸攻城敌军。夜叉檑又名留客住，构造比较特殊。檑身用长 10 尺、直径 1 尺多的湿榆木制成，表面植有许多逆须钉，两端安有直径 2 尺的脚轮。使用时，由守城士兵绞动绞车，将其急速放下，击砸攻城者。用后以绞车将其收回。其他都为柱形檑。

烧灼式器械除前文已介绍过的火药箭与火球等初级燃烧性火器，以及燕尾炬、行炉（见图4-1）、游火铁箱外，还有飞炬、铁火床、猛火油柜、风扇车等（见图4-39)[1]。

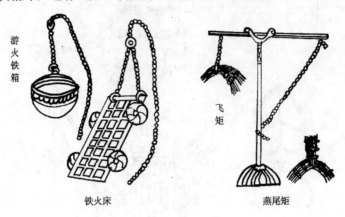

图 4-39　烧灼器械

铁火床用熟铁条作框，宽 4 尺，长 5～6 尺，旁安四轮，框首安两个铁环，用铁索悬吊，铁索上再系粗麻绳。床框周围缚扎草火牛 24 束。敌军来攻时，即将草火牛点着，自城上缒下，烧灼敌军。

飞炬是一种用苇草编成的纵火之物。当敌军攻城时，守城士兵即将其点着，用铁索将其缒下，烧灼敌军。

猛火油柜以猛火油（即石油）为燃料，用熟铜为柜，下有 4 脚，上有 4 个铜管，管上横置唧筒，与油柜相通，每次注油 3 斤左右。唧筒前部装有"火楼"，内盛引火药。喷射时，用烧红的烙锥点燃"火楼"中的引火药，然后用力抽拉唧筒，向油柜中压缩空气，使猛火油经"火楼"喷出时产生烈焰，烧灼敌军。

风扇车是一种鼓风装置。它是在两根大立柱上横架一根转轴，轴上安有四面方扇，平时置于地道口前。当敌军从地道攻城时，即转轴扇风，将石炭灰与火球烟雾吹入地道，迷呛和烧灼敌军。

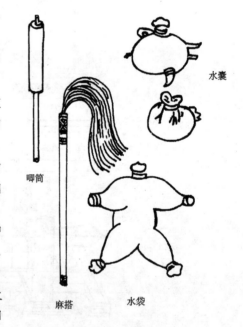

图 4-40　灭火器材

灭火器材的制品有水袋、唧筒、水囊等（见图4-40)[2]。

水袋是用马牛等皮制成贮水袋，每个城门或战棚处预备二三个。若敌军纵火攻城时，即投向着火处喷水，将火浇灭。唧筒是将一根长竹筒的下部开一个孔穴，并在一根长竹杆的头部裹上棉絮，插入筒中，使之成为一个简易的吸水筒。当攻城之敌纵火时，即用唧筒唧水灭火。

---

① 《武经总要前集》卷十二《守城·附器具图》，《武经总要前集》五第 52，54，58，24 页。

② 《武经总要前集》卷十二《守城·附器具图》，《武经总要前集》五第 24 页。

七 障碍器材

障碍器材新创的制品有地涩、抯（chōu）蹄、机桥、陷马坑①、拒马木枪② 等（见图4-41）。

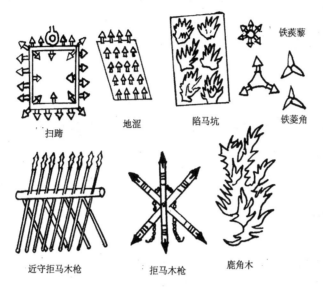

图 4-41 障碍器材

地涩是在一个长宽约 2～3 尺、厚 3 寸的木板上，满植铁制的逆须钉，将其布设在敌军必经之路上，迟滞其行动。

抯蹄是在一个粗 7 寸的方形木框上，满植铁制的逆须钉，其作用与地涩相似。

拒马木枪是用铁索将 3 支两头有锋的枪杆中部固联起来，成正六轮辐张开，用以布阵立营，以御敌骑的冲突。

在宋代的 300 多年中，宋军为了阻止和反击北方各游牧民族战骑在中原的驰突，便着力加强京师、府、州、县城郭的防御，发展守城战的技术和战术，力图把大中小各型城市，建设成坚固的防御阵地，并以此为基地，反击游牧民族的进攻，收复失地，夺回被敌占领的城郭，因而也相应地发展了攻城战的技术和战术。北方各游牧民族，为了兼并对方和逐鹿中原，便大力提高攻城战的技术和战术，全力攻占大中小型城市，并全力提高守城战的技术和战术，以便将这些城郭牢牢控制在自己手中，成为进一步扩张战果，继续进取的基地。各方激烈争夺，互相攻守的结果，促进了攻守城战技术和战术的空前发展，演出了如本章各节所提到的金宋攻守开封之战、陈规守德安之战、蒙金攻守开封之战等许多威武雄壮的场景。

---

① 《武经总要前集》卷十二《守城·附器具图》，《武经总要前集》五第 14～16 页。

② 《武经总要前集》卷十三《器图》，《武经总要前集》六之卷十三第 21 页。

第五节   战船和水军的持续发展

赵匡胤建宋以后，为了征服南唐、平定江淮和统一江南，即筹建战船，编练水军，教习水战。为此，他频临造船务，督促战船建造，观阅水军演习战法。赵匡胤的重视，为宋朝战船建造开创了一个良好的局面，其后继各届朝廷仍能坚持不懈，保持久盛不衰的发展势头。宋室南渡后，因抗金作战的需要，建造战船和练习水战之势仍有增无减。

一   战船建造场的普遍设立

宋朝的战船建造场，自建国初即陆续设立，见于史书记载的有造船务、船务、造船场、船坊、船场铁作、造船军匠等。

（一）造船务

造船务是北宋在开封设立的最大战船建造场，不但可以造船，而且还可练习水战。从赵匡胤于建隆二年（公元961）正月，亲临"造船务观习水战"[1] 可知，它至迟不晚于建隆元年就已建成。乾德元年（公元963），又"凿大池于汴城之南，引蔡水以注之，造楼船百艘，选精兵号'水虎捷'习战水中。"[2] 楼船是大型战船，一个造船务既能造百艘楼船，又有水军常在其中习战，可见其规模之大，设备之齐全。这个大水池在《宋史·太祖本纪》和《文献通考·舟师水战》的记载中，曾有造船务、习战池、新池、教船池、皇城池、讲武池、金明池等名称。经史家对文献的查考，认为造船务的所在地就是金明池。其名称的变化，只是反映其演变过程，而不是在开封另有其他的造船务和习战池。

宋人孟元老说，金明池"周围约九里三十步"[3]。《汴京遗迹志》卷八称，金明池在西郑门外西北，开凿于周世宗显德四年（公元957）欲伐南唐之时。可见这里是周世宗训练水军的地方。赵匡胤即位后，因袭其池而用之，设造船务及习战池于其间。

（二）其他战船建造场

除开封之外，宋朝还在各路厢军中设有许多战船建造场。其中有两浙路的杭州和婺州设立的船务，广南路广州设立的造船场，荆湖路的洺、潭、鼎三州设立的船坊，荆湖路潭州设立的船场铁作，江南路吉安设立的造船军匠，两浙路明州设立的船坊等。

除了上述战船建造场外，又据《宋会要辑稿·船（战船附）》[4] 记载，江淮等路还有不少临时性的造船场，为军队建造战船。南方沿江、沿海的漳州、泉州、明州、福州、兴化、温州、定海、临安、赣州、吉州、平江、江南东路和西路，荆湖南路和北路等地的民间造船场，也都能为宋军建造战船。再从宋朝水军驻地分布广泛的情况看，战船建造作场之多，是远远

---

① 《宋史》卷一《本纪第一·太祖一》，《宋史》一第8页。
② 元·马端临撰，《文献通考》卷一百五十八《兵考十·舟师水战》，《文献通考》上册第1381页。
③ 宋·孟元老撰，《东京梦华录》卷七《三月一日开金明池琼林苑》，中国商业出版社，1982年版，第7页。
④ 《宋会要辑稿》第一百四十五册《食货五十》之一至三十五，《宋会要辑稿》六第5657～5674页。

超出上述记载的。

由于宋朝政府采取中央和地方各路并举，官营和民办同兴的方针，形成了一个遍布于开封、杭州及沿江、沿海各地的战船建造网，建造了数量多、性能好的战船，满足了宋军水战之需。如建炎元年（1127）七月，就安排江浙沿海各州县造魛（dāo）鱼（即带鱼）战船600艘[①]。四年四月，平江府造船场已具有建造八橹大型战船和四橹大型海鹘船的能力[②]。绍兴三年（1133）四月，韩世忠因备战江上，就搜集到战船三四千艘[③]。当年十二月，江南西路建造战船200艘[④]。绍兴二十八至三十二年，沿海各州多次建造大型海战船[⑤]。乾道元年（1165），江西赣州、吉州造船场，每年能造战船500艘[⑥]。绍兴初年至五年，活跃在洞庭湖上的杨幺等农民起义军，也建造了大型车船数百艘和其他中小型战船千余艘，与宋军水师激战湖上，气势极为壮观，为宋代战船建造的发展作出了重要贡献。

北方的辽和金也都建造了一定数量的战船。辽兴宗重熙十七年（1048），天德军节度使耶律都心轸造楼船130艘，船上可布兵走马[⑦]。金熙宗天眷年间（1138～1140），命长于舟楫的韩国公锡默阿里督造战船[⑦]。金海陵天德至正隆年间（1150～1161），金廷曾命户部侍郎韩锡、水军都统制苏保衡等人，在山东、通州等地建造战船，以备攻宋之用[⑦]。

二　主要战船的构造和战斗性能

宋朝建造的战船甚多，见于典籍记载的除沿袭古制建造的楼船、蒙冲、斗舰、走舸、游艇、海鹘等战船（见图4-42～4-47，它们的构造特点见本书第三章第三节）外，还有发展中的车船和新创建的无底船、江海两用船等。

图4-42　楼船

图4-43　蒙冲

---

①②③④⑤⑥《宋会要辑稿》第一百四十五册《食货五十》之八、十一、十四、十五、十八至二十、二十，《宋会要辑稿》六第5660，5662，5663，5664，5665～5666，5666页。

⑦　明·王圻撰，《续文献通考》卷一百三十一《兵十一·舟师水战》，浙江古籍出版社，1980年版，影印本《续文献通考》（二）第3965～3966页。以下引此书时均同此版本。

图 4-44　斗舰

图 4-45　走舸

图 4-46　游艇

图 4-47　海鹘船

　　无底船是南宋后期创造的一种后部无底的战船。咸淳八年（1272），蒙军围困襄阳、樊城已达五年之久。南宋将领在其西北的清泥河处造轻舟百艘，准备解襄阳、樊城之围。其中有一种船，前半截有底，后半截无底，两舷设有站板，船上竖有旗帜。作战时，宋军士兵站在舷板上，引诱蒙军跃入船上，乘其立足未稳之际，推入水中溺死，发挥了一定的战斗作用①。

　　江海两用船系由南宋水军统制冯湛在乾道五年（1169）于浙江宁波造成，属湖船底，战船盖，海船头尾型多桨战船，长 8.3 丈，宽 2 丈，载重 800 料②，安桨 42 支，载将士 200 人，灵活机动，可在江河与近海作战。这种船实际是综合几种船型的长处而成的一种新型战船，是

① 《宋史》卷四百五十《忠义五·张顺传》，《宋史》三十八第 13248 页。
② 料（liào），容量单位，一料即一石（shí，又读 dàn），十斗，重 120 市斤。

当时战船建造技术的一大创新。该船建成后，朝廷即按其样式建造 50 艘，以备缓急之用[1]。

车船在宋代得到了迅速的发展。建炎四年（1130），鼎州知州程昌禹建成长 20～30 丈的车轮船 6 艘，每艘可载官兵七八百人，准备用以攻击钟相、杨幺所率领的起义军[2]。绍兴二年（1132），无为军守臣王彦恢也建造了一种名叫飞虎的车轮船，舷侧安有 4 轮 8 楫，可日行千里。之后，南宋水军中的水工高宣，对车轮船作了改进，建造了一种安有 8 轮的"八车船"。在同起义军作战中，高宣连同 2 艘车轮船被杨幺起义军俘获。他在两个月内，为起义军建造大小车轮船十多种，计 29 艘。其中有的车轮船，高达 10 余丈，建楼二三层。小者可载二三百人，大者可载千余人。杨幺乘座的车轮船长 30 余丈，建有五层楼室，安有 24 轮，"浮舟湖中，以轮激水，其行如飞，旁置撞杆，官舟迎之辄碎"[2]。岳飞所部在同杨幺起义军作战中，也建造了 4 轮、6 轮、8 轮、20 轮、24 轮、32 轮等各型车轮船。绍兴五年，两浙转运副使吴革请求朝廷建造了 5 轮、9 轮、13 轮等 42 艘车轮船[3]。乾道四年（1168），建康府水军建造了一种单轮 12 桨的 400 料大型车轮船[3]。淳熙六年（1179），江西还建造了 100 艘被称作马船的车轮船，船上设有女墙和轮桨，既可用于作战，又可运送军马[3]。八年，荆鄂帅臣郭钧造成 5 轮、6 轮、7 轮、8 轮的车轮船[3]。

南宋时期建造的车轮船，最大的长 36 丈、宽 4.1 丈、高 7.25 丈，可载 1000 多人，与大型楼船相比，不但机动性能好，而且车轮都用木板遮盖，荫蔽性好，不易被敌军发现。车轮船的不断改进和大量建造，是宋朝战船建造业兴旺发达的一个重要标志。欧洲人大约在 16 世纪才开始使用车轮船。如果从公元 8 世纪唐代建成车轮船开始，中国使用车轮船的年代，要比欧洲早 800 多年。

除上述主要战船外，还有海鳅（一作海鳅或海蜥）、飞虎、双车、戈船、水哨马、得胜、十棹、大飞、旗捷、防沙、水飞马、赤马、白鹞、钻风等战船。其中海鳅、飞虎、双车似属车轮船。十棹当是多桨船。其余大抵都属于中小型战船。这些战船在作战中互相搭配编队，装备各型武器，各显其长，互补其短，在江河湖海的水面上，飘忽出没，疾往速来，发挥综合的战斗作用，争逐胜利，形成壮观的水战场面。宋金之间的几次著名水战，便是极好的战例。

三 著名的水战

宋金之间的水战甚多，比较著名的有陈家岛和采石两次。在这两次水战中，都使用了当时最先进的车轮船和海战船，尤为重要的是火器在作战中显示了最初的威力。

（一）陈家岛之战

绍兴三十一年（1161）八月，金军统帅完颜亮统兵 60 万（一说 40 万），分四路大举攻宋。海路由工部尚书苏保衡与浙东道副统制完颜郑家，率水师直趋南宋都城临安（今浙江杭州）。军行至胶州湾陈家岛水域附近的松林岛时，遇风锚泊。宋将浙西路马步军副总管李宝，已奉

① 《宋会要辑稿》第一百四十五册《食货五十》之二十三，《宋会要辑稿》六第 5668 页。
② 《宋史》卷三百六十五《岳飞传》，《宋史》三十三第 11384 页。
③ 《宋会要辑稿》第一百四十五册《食货五十》之十五、十七、二十二、二十八，《宋会要辑稿》六第 5664，5665，5667，5670 页。

命率领水军 3000 人，乘战船 120 艘，先于完颜郑家到达胶州湾的石臼岛附近锚泊，待机抗击金军。当李宝得知金军水师至松林岛的消息后，即指挥水军，乘顺风开赴陈家岛，向金军战船发射火药箭，抛掷火炮。箭中船具后，烟焰旋起；火炮所击，烈火腾飞。金军战船多为灰烬。最后，李宝又命壮士跃登残存的金船，全歼金军。金军主将完颜郑家丧命。此战在《宋史·李宝传》和《金史·郑家传》中都有记载，但具体内容稍有不同。前者说用"火箭环射，箭所中，烟焰旋起，延烧数百艘"①。后者称宋军"以火炮掷之，郑家顾见左右舟中皆火发，度不得脱，赴水死"②。但两者说宋军以火器取胜是雷同的。陈家岛水战表明，战争中运用火器同冷兵器相结合的战术，是水军技术和战术进入新阶段的突出标志。

（二）采石之战

就在李宝于陈家岛水战获胜后三个月，金主完颜亮自率一路水师抵达采石（今安徽马鞍山市东岸），企图强行渡江，尔后进攻建康（今江苏南京）。其时采石宋军仅有 1.8 万人，而且主帅易人，失去指挥。恰好，朝廷大臣虞允文奉命至采石犒师，见此状况，主动挺身而出，组织宋军抗敌。虞允文命诸将列大阵不动，并分戈船为五：其二并东西岸；其一驻中流，藏精兵待战；其二藏小港备不测。部署完毕后，虞允文又勉励将士为国尽忠，誓死拼战。作战开始后，亮亲操小红旗，挥数百艘战船绝江而来。瞬息之间，抵南岸者 70 艘，直薄宋军③。中流宋军乘金军 70 艘战船远离本队，失去策应之机，即以车轮式海鳅船冲撞金军战船③。同时，船上发霹雳炮，炮中藏有石灰。当纸制炮壳炸裂后，石灰烟雾四散飞扬，迷盲金兵。金兵纷纷溺水而死。宋军告捷。采石之战，宋军以车轮船和内装火药的霹雳炮获胜，在水军技术的进步上，与陈家岛水战具有同等的意义。

四　战船和水军技术的进步

宋代战船和水军技术的进步，集中表现在战船建造和武器装备等方面。

首先是创建了世界上最早的船坞。据沈括说：熙宁年间（1068～1077），宦官黄怀信献计，"于金明池北凿大澳，可容龙船，其下置柱，以大木梁其上，乃决水入澳，引船当梁上，即车出澳中水，船乃笕于空中。完补讫，复以水浮船，撤去梁柱，以大屋蒙之，遂为藏船之所，永无暴露之患"④。这同现在于船坞内修造船只的方式相似。它比公元 1495 年英国在朴茨茅斯所建造的西方第一个船坞要早 400 多年。

其次是发展了尖底战船。宋朝的战船设计者，根据我国杭州湾以南沿海海水深、海湾狭长、岛屿众多的特点，建造了适于深海区航行的尖底阔面船。这种船尖首尖底，阻力小，利于乘风破浪；吃水深，稳定性好，机动性强，易于转舵改向，便于在狭窄多礁的航道上航行

---

①《宋史》卷三百七十《李宝传》，《宋史》三十三第 11501 页。

②《金史》卷六十五《郑家传》，《金史》五第 1553 页。

③《宋史》卷三百八十三《虞允文传》，《宋史》三十三第 11793 页。

④ 胡道静校注，《新校正梦溪笔谈·补笔谈》卷二《权智》第 561 条，中华书局，1958 年版，第 313 页。文中的笕（háng）是指竹子的行列，引申为木架子。又据《续资治通鉴》卷六十九，神宗六年（1073）四月记载，黄怀信对水利机械也有所创造。当时，他在宰相王安石支持下，曾与精通机械的李公义合作，改进了疏浚河道的"铁龙爪扬泥车"，得到了推广。

和作战。鲂鱼船和南宋嘉泰三年（1203）秦世辅建成的铁壁铧咀平面海鹘船，都是这类战船。

其三是发展和推广了水密隔舱船的建造技术。我国水密隔舱船首创于唐，盛行于宋。出土的宋代海船水密舱的隔板，厚约10～12厘米，用扁铁钉和钩钉同船壳钉联，用桐油灰艌料填实舱密，隔绝舱水的互相流动，提高了战船在航行中的安全。欧洲人大约在18世纪，才开始建造水密舱船。

其四是改进了战船推进器具。宋朝战船推进器具的改进，主要有增加桨数、采用多桅张帆和推广车轮船等三个方面。

其五是使用平衡舵控制战船的航向。同海运船和内河航运船一样，宋朝的战船也大多使用平衡舵控制战船的航向。这种舵的改进之处，在于把一部分舵面安于舵柱之前，缩短了船舵压力中心对舵轴的距离，减小了转舵力矩，运用0灵活，便于操纵。同时，还把舵面制成横阔竖短的扁阔形状，增大舵面在水中的面积，提高舵的控制航向的能力。明正德刊本《武经总要·战船》中所绘的楼船、斗舰、走舸和海鹘船，在船尾都安有这种舵（见图4-42、4-44、4-45、4-47）。其图虽说古朴，但也可近似真实地看出当时这种舵的安置状况，以及掌舵士兵操舵的生动情景。

其六是使用绞车升降船锚。这种绞车通常是用绞床将其固定在甲板上，绞车还有卷缆索用的轮子。徐兢在《宣和奉使高丽图经》中，记载了这种绞车装置："船首两颊柱，中有车轮，上缩藤索，其大如椽，长五百尺，下垂矴石（即石锚）。石两旁夹以二木钩。船未入洋，近山抛锚，则放矴石著水底，如维缆之属，舟乃不行。若风涛紧急，则加游矴，其用如大矴而在其两旁。遇行，则卷其轮而收之"[1]。北宋创造的这种用绞车装置升降船锚的技术，应用在南宋的大型战船上，当是顺理成章之事。

其七是采用披水板增强战船航行的稳定性。出使高丽的客船，其两舷侧"缚大竹为橐以拒风浪"中的竹橐，就是一种类似披水板的装置。海鹘船两舷侧的浮板也是一种披水板装置。其"形如鹘翼翅，助其船，虽风涛怒涨，而无侧倾"之危[2]。

其八是将指南针用于舟师导航。指南针的创制虽然经历了一个较长的历史过程，但是在北宋末期用于舟师导航，已确凿无疑。朱彧在《萍州可谈》卷二中所说的"舟师识地理，夜则观星，昼则观日，晦阴观指南针"[3]，便雄辩地证明了这一点。到宣和四年（1122），徽宗遣使高丽时，船在航行中，夜间则"维视星斗前迈，若晦冥则用指南浮针，已揆南北"。由此可知，此时指南针已经普遍运用于航海指南了。

其九是战船滑道下水法的创造。据《金史·张仲彦传》记载，金正隆年间（1156～1161），张仲彦主管造船事宜，并要在黄河上架浮桥。当巨舰造成后，有人便要征发邻近郡民拖舰下水。而张仲彦只"召役夫数十人，治地势顺下，倾泻于河，取新秫秸密布于地，复以大木限其旁，凌晨督众乘霜滑曳之，殊不劳力而致诸水"。

其十是水战兵器的改善。宋代水战兵器的改善，既表现在冷兵器的多样和配套，又突出表现在初级火器的使用。当时战船装备的冷兵器，既有大型摧毁性兵器拍杆和抛石机，又有

---

① 北宋·徐兢撰，《宣和奉使高丽图经》卷三十四，商务印书馆，1937年版，第117页。

② 《武经总要前集》卷十一《水攻·并图》，《武经总要前集》四之卷十一第11页。

③ 据《考直斋书录》卷十一记载，朱彧此书成于宣和元年（1119）。又据《广州通志》卷十二记载，朱彧的父亲朱服于元祐元年至崇宁元年（1086～1102）在广州任职。朱彧随其父在广州，并于书中记述了指南针用于舟师导航之事。故指南针于11世纪用于舟师导航之说可信。

重型弩和各种单兵手执兵器、火攻器具，还有韩世忠临战创制的铁绠带钩式钩沉兵器。从采石之战、陈家岛之战和张顺、张贵援襄阳之战中可知，当时战船上使用的初级火器有火球、火药箭、火枪等。上述火器与冷兵器的配合使用，可以在远中近距离上，充分发挥摧毁敌军战船和杀伤敌军官兵的作用，夺取水战的胜利。

　　沈括曾说过："击刺驰射，皆尽夷夏之术，器仗铠胄，极今古之工匠，武备之盛，前世未有其比"[①]。这一评价，虽有溢美夸大之处，但从军事技术发展的角度看，也并不过分。但由于宋朝统治者在战略上采取消极防御态势，军队战斗力低，军事技术的优势不能充分发展，所以经常被军事技术迅速发展上升的对手所战败。这是值得重视的历史教训。

---

① 北宋·沈括撰，《梦溪笔谈》卷三《辩证一》，《元刊梦溪笔谈》卷三第 2 页。

第五章 火铳的创制与发展阶段的军事技术

火铳（chòng）的创制与发展，是元朝至明朝前期军事技术发展的主要内容。它始于元朝，经过明初洪武和永乐两个发展高潮，到明嘉靖年间佛郎机炮与火绳枪传入为止，大约经历了250多年。在这250多年中，火铳的性能不断改良，品种日益增多，制造数量逐渐增加。洪武十三年（1380），火铳已按军队编制人数的一定比例，装备步骑兵、水军和守边部队，成为明军的基本装备之一，被广泛用于各种样式的作战之中。永乐前期，已经编制了专门装备火铳的部队——神机营，长城沿线的关隘也增配了火铳。永乐以后，装备火器的战车开始出现，火器在作战训练中的地位、作用得到了明显的提高，成为夺取战争胜利的重要武器之一。

第一节 火铳的创制

元朝建立后，为了巩固自身的统治和继续进行对内对外的战争，十分重视军事技术的发展。为此，朝廷把大都（今北京）设立的兵器管理机构多次进行升格。到至大四年（1311）定为武备寺，由三品卿掌管，隶属于工部，管理全国的兵器制造。与此同时，采取保护工匠的政策，把中外工匠集中到大都，研制新型兵器。以突火枪为样本的我国第一代金属管形射击火器"火铳"，便在这样的条件下创制成功了。火铳的创制成功，又是以当时火药性能的改良为前提的。

一 火药性能的改良

元朝火药性能的改良虽然缺乏记载，但是可以从一些有关的事件中，间接地获得当时火药组配比率的改善与火药威力提高的信息。

火药组配比率的改善，可以从两个方面得到反映。其一，1974年8月，在西安出土了一件铜手铳（简称西安铳）。经有关部门考证，它是14世纪初元代的制品。又对残存于该铳药室中块状火药的科学鉴测，知其硝、硫、炭的组配比率是60%：20%：20%。同宋代火药相比，其中硝的含量明显增加，各种杂质已经剔除，是一种较好的粒状发射火药[①]。同欧洲14世纪中叶所用火药的组配比率67%：16.5%：16.5%相比，大致相近。其二，法国火药史研究者赖诺（Reinaud）和法弗（Fave），在1845年出版的《希腊火攻法及火药之起源》中，刊载了公元1285～1295年间，阿拉伯国家使用的契丹火箭和契丹火轮，其硝、硫、炭的组配比率

---

① 晁华山，西安出土的元代手铳与黑火药，考古与文物，1981，(3)：73～75。发射火药是指用于管形射击火器发射弹丸的火药，它的含硝量较高。

是 63.2%：21%：15.8%（内含契丹花 9.5%）。从名称看，它们是从中国直接传过去的，而且同西安铳中火药的组配比率相近。

元初火药威力的提高，还从当时的"扬州炮祸"中反映出来。据宋元之际的爱国词人周密在《癸辛杂识》中记载，至元十七年（1280），因扬州炮库使用了一批不懂工艺的蒙古人配制火药，在碾磨硫黄时溅出火星，使炮库发生一次大爆炸。炮库起火后，贮藏在炮库中的"火枪[1] 奋起，迅如惊蛇……诸炮并发，大声如山崩海啸……远至百余里外，屋瓦皆震……事定按视，则守兵百人皆糜碎无余，楹栋悉寸裂，或为炮风扇至十余里外。平地皆成坑谷，至深丈余。四比（原文西北，似误）居民二百余家，悉罹奇祸"[2]。

从作者的描述中可知，当时库存的火枪，都已装填较好的发射火药，所以着火后万弹齐发，迅如飞蛇；库存的火炮都已包裹着较猛烈的爆炸火药[3]，所以诸炮并发后，不但屋瓦皆震、楹栋悉裂、士兵毙碎，二百余户居民遭害，而且产生了强烈的冲击波（炮风），将栋梁吹至十余里外。

上述几种资料，从不同的侧面，反映了元代火药比宋代火药的改进之处，归纳起来有如下几点：首先是提高了硝石和硫黄的提炼纯度，减少了杂质，改善了火药的性能；其次是剔除了火药中的慢燃烧物质，使之只含有硝石、硫黄和木炭 3 种成分；其三是含硝量已达 60% 以上，成品多为颗粒状，具备了发射火药的基本条件，为火铳的创制和使用提供了最重要的物质基础。

二 火铳初创时期的实物

元代创制的火铳，虽然由于历史记载的缺乏而使后人在较长的年代里不识其真面目，但是由于近年来所收传世和出土实物的日益增多，人们便发现它们原来是由铳膛（亦称前膛，即自铳口至药室前的部分）、药室（装填火药的部分）和尾銎（药室后至尾端部分）三部分组成。从形制构造的特点和管形火器发展的连续性分析，它们当是依据南宋的火枪尤其是突火枪的发射原理创制而成的。下列几件实物，可以认为是元火铳中具有代表性的制品。

（一）阿城铳

1970 年 7 月，在黑龙江省阿城县的半拉城子，出土了一件单兵使用的铜手铳（简称阿城铳，见图 5-1），全长 340 毫米，膛长 175 毫米，口径 26 毫米，重 3.55 公斤[4]。药室呈灯笼罩形隆起，壁上开有一个火门，有一根火捻从火门通出铳外，供点火用。尾銎中空，可插木柄，以便操持。铳身刻有"×"号，无铭文，所制年代不明。考古学者根据出土情况进行考证，认为它是 13 世纪末至 14 世纪初的制品。

（二）西安铳

此铳即前文所说的西安铳，出土于西安东关景龙池巷南口外（见图 5-1）。与阿城铳相比，

---

① 似指突火枪、竹火筒一类的火枪。
② 宋·周密撰、明·毛晋订，《癸辛杂识前集》之《炮祸》，明带禄草堂藏本（一作版），第 15 页。
③ 爆炸火药是指爆炸性火器内装填的火药，它的硫黄含量较高。
④ 魏国忠，黑龙江阿城县半拉城子出土的铜火铳，文物，1973，(11)：52~54。

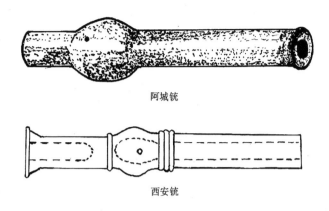

图 5-1　阿城铳和西安铳

铳身显得短而粗，全长 265 毫米，口径 23 毫米，膛长 140 毫米，重 1.78 公斤。口径和尾銎外沿各有 1 道箍，连同药室前 3 道箍、药室后 1 道箍，共有 6 道箍，似为强固铳身之用。此铳制造工艺尚属粗糙，铳壁各部厚薄不均。因铳身无铭文，故纪年不可考。但根据发掘者称，伴随此铳出土的其他文物，同西安北郊的元代安西王府遗址出土的同类文物的年代相近，而安西王于 14 世纪初已活动于该地。故似可认为西安铳大约制于 14 世纪初。

（三）黑城铳

此铳于 1971 年秋在内蒙古自治区托克托县原黑城公社出土，简称黑城铳。全长 295 毫米，口径 25 毫米，膛长 175 毫米，药室长 40 毫米，尾銎长 80 毫米，重 2.3 公斤。其外形与西安铳相近，只是在药室前少了 1 道箍，而且两箍之间有一定间隔，不像西安铳那样 3 箍紧相邻接[1]。从形制构造看，此铳大致与西安铳制作的年代相近而稍晚。

（四）通县铳

此铳于 1970 年在北京通县出土，简称通县铳。全长 367 毫米，口径 26 毫米，尾径 26 毫米，重 2.13 公斤。此铳在形制构造上与上述几铳稍有不同，铳膛及尾部微成喇叭形，药室前后各有 1 道箍，制作工艺粗糙，式样古朴。铳身无铭文，制造纪年无考。但同前几件铜手铳相比，大致也属于 13 世纪末至 14 世纪初的制品[2]。

（五）至正十一年铳

此铳藏于中国人民革命军事博物馆中，全长 435 毫米，口径 30 毫米，重 4.75 公斤，自铳口至尾端共有 6 道箍。前部刻有"射穿百扎，声[3] 动九天"八字；中部刻有"神飞"二字；尾部刻有"至正辛卯"（即至正十一年，1351）和"天山"等六字，简称至正十一年铳或至正辛卯铳。尾銎壁上开有两个钉眼，似为安插手柄之用（见照片 5）。据收藏单位保存的资料说，此铳于乾隆二年（1737）在益都（今属山东）的苏埠屯被人发现。1951 年调至北京。1958 年

---

① 崔璿，内蒙古发现的明初铜火铳，文物，1973，(11)：55～56。

② 通县铳的实物现由首都博物馆收藏。

③ 声：原为繁体字聲，现改为简化汉字。下文凡遇火铳铭文中的繁体字，均以简化汉字代替。

转至现单位收藏。此铳制作精细，表面光滑，造型美观，保存完好，刻字清晰醒目。这些特点不但为上述各铳所不具，而且也不亚于洪武年间（1368～1398）制作的铜手铳。从形制构造特点和制作工艺水平看，可能是由元手铳向洪武手铳过渡的一件制品。

（六）至顺三年铳

中国历史博物馆收藏有一件不同于手铳的中型铜火铳，因其口部形似酒盏而被称为盏口铳或盏口炮（见照片6）。全长353毫米，口径105毫米，尾底口径77毫米，重6.94公斤，形体较粗大，由盏形铳口、铳膛、药室和尾銎构成。盏形铳口较宽大，便于安放较大的石制和铁制球形弹丸。铳口后为铳膛，呈直筒形，膛径80毫米。铳膛后为药室，稍呈灯笼罩式隆起，壁上开有火门，供安插火捻用。药室后为尾銎，銎壁两侧有方孔，可横穿一轴，供提运火铳用。发射时，可用铳身下垫木块的多少调整俯仰角。铳身刻有"至顺三年二月十四日，绥边讨寇军，第三百号马山"等字，故称其为至顺三年（1332）铳。因铳身较重，故多安于架上，作为守御隘口之用。据专家介绍，此铳是解放前的一个文物爱好者，在北京西南郊的云居寺发现并收藏起来。解放后为首都博物馆所有，后转至现单位收藏。

三　对元火铳的几点分析

元代创制的火铳，使我国管形射击火器，出现了由竹火枪向金属火枪的一次飞跃性过渡。同南宋突火枪相比较，在构造上有许多相似之处，反映了对突火枪的继承性。

（一）元火铳对突火枪的继承性

突火枪以天然巨竹为枪筒，大致可为分尾端、装药部、安放子窠的枪膛部。元火铳大多用范铸的铜筒为铳筒，有明显的铸缝。在外形构造上可明显地区分为尾銎、药室和铳膛三个部分。两者的尾端都可安上适合的手柄，便于发射者操持。两者的点火和发射方式相同，都是用点火物点燃筒（铳）中的火药，利用火药燃烧后所产生的气体膨胀力，将弹丸射出，击杀敌人。突火枪是最早自发运用发射原理的竹制管形射击火器，元火铳是自发运用发射原理的高一级制品。因此元火铳与突火枪相比，又有许多改进之处，其优越性甚为明显。

（二）元火铳的优越性

首先是使用寿命较长。突火枪的坚固程度由竹质而定，枪筒大多容易被烧蚀、焚毁或炸裂。如果使用火药的数量较多，性能较好，那么燃烧后产生的膛压必然增大，很可能在发射一两次之后，枪筒就损坏无用。而用铜范铸而成的元火铳的铳壁耐烧蚀，抗压力强，不易炸裂，能够适应火药性能的改良和装药量的增多而增加的膛压，所以一支元火铳能够使用多次而无须更换，使用寿命大为延长。

其次是制造规格易于统一。由于突火枪只能因竹取筒，枪筒的大小长短参差不齐，不能按统一规格进行批量制造。同时，由于枪筒的规格不同，装药量不定，常会影响发射威力和安全。筒大药少会导致发射无力，不能达到预期的杀伤目的；筒小药多会引起枪筒炸裂，伤害发射者。而元火铳是按统一规格进行成批范铸的，同一批火铳的各部尺寸事先都有设计，除了因制造工艺水平的限制所产生的误差外，其他误差甚小，这就使火铳药室的装药量受到比较严格的控制，既能保证发射威力，又可提高发射时的安全。

其三是构造比较合理。突火枪从枪口至尾端基本上同样粗细，在外形上呈一直筒形。枪膛、药室、尾部三者之间，并无明显区别，各部横截面呈不规则圆环，这些都是影响发射威力的因素。元火铳在外形上已能明显区分出铳膛、药室和尾銎三个部分，各部分的横截面都呈圆环形、口径、铳长、铳膛长、药室长之间，虽无准确的数量比值，但是已经包含有适合发射需要的粗略的数量关系。如药室部呈灯笼罩式隆起，内外径大于铳膛的内外径，因而使药室具有较大的容量和横载面。这种构造的特点，能使火药在较大横截面的药室内迅速燃烧，增大了横向燃烧面，提高了燃烧的瞬时性，使具有较大压强的大量气体，能在一瞬间生成，并被挤压（压缩）入截面较小的铳膛中，使压强再次增大，从而提高了杀伤力。

其四是射速较快。突火枪的内壁多曲凹，欠光滑，所以发射后需要花费较长的时间清除残存于药室壁上的火药渣，如果枪筒损坏，则需要进行更换。这些都是迟缓再装填和再发射的时间，影响了射速。元火铳的内壁较光滑，发射后残存于铳膛内的火药渣清除较易，费时较少，因而提高了射速。

四　火铳在作战中的最初使用

火铳创制后即被用于作战，至元末使用逐渐频繁。元军既用其同反元的军队作战，也用于互相之间残杀。至正十三年（1353），泰州白驹场（今江苏东台县境内）人张士诚起兵反元，十三年五月据高邮。元廷派淮东宣慰司纳速刺丁率兵前往镇压，"发火箭、火镞"，射杀张士诚部下许多人①。又据《元史·达礼麻识理传》记载，至正十四年，元上都留守兼开平府尹达礼麻识理，曾指挥一支"火铳什伍相联"的部队，进行内战。

农民起义军使用火铳作战之例甚多，其中朱元璋的军队尤为突出，而且已初绽新战术的萌芽。

（一）用火铳进行攻城战

火铳在元末的攻城战中，主要用于击杀守城敌军的个体目标。比较著名的战例有二。

其一是朱元璋部将胡大海率军进攻绍兴之战。据元末杭州儒学教授徐勉之称：至正十九年（1359）二月，胡大海部进攻绍兴，张士诚部将吕珍率部坚守。三月初五日，胡军用火筒射击守城官兵，吕珍部下总管钱保的手臂被火筒击伤。五月十四日，胡大海部全面围城，进行猛烈攻击，发射的"矢石如雨，又以火筒、火箭、石炮、铁弹丸射入城中，其锋疾不可当"②。

其二是朱元璋部将徐达进攻平江（今江苏苏州）之战。至正二十六年十一月，徐达率领20万大军在城外筑长围，"架木塔与城中浮屠对，筑台三层，下瞰城中，名曰敌楼，每层施弓弩、火铳于上，又设襄阳炮以击之，城中震恐"③。在弓弩、火铳射击下，张士诚部下常被击

---

① 《元史》卷一百九十四《纳速刺丁传》，《元史》十五第4407页。文中的火箭即火筒。在当时，火筒又常与火铳同指一物。

② 元·徐勉之撰，《保越录》第8、21页。

③ 《明太祖实录》卷二十一，丙午十一月癸卯，中国台北历史研究所，1962年版，影印本《明实录》一第309页。以下引此书时均同此版本。

杀，连他的弟弟张士信，也在第二年被铜火铳所发弹丸击中脑壳而死。经过近一年的围困，士兵饥饿无粮，连老鼠也难幸免。最后张士诚兵败城破，被俘至金陵，于次年九月自杀身死①。

（二）用火铳进行守城战

同攻城战一样，火铳在守城战中，主要也是用于击杀攻城敌军的个体目标。至正十九年二月，吕珍指挥守军于初八日在绍兴城上，"以炮石、火筒击其前锋"，毙杀胡大海所部二人。三月十二日，守军以马俊为先锋，率壮士出击，"以火筒数十，应时并放，敌军不能支"。四月初七日，胡军进攻绍兴山门，驰突春波桥，守城吕军以火筒射倒数名攻城士兵。初九日，胡军封锁昌安门，欲断绝城内粮道，吕部元帅包玉、总管倪昶等急攻之，"火筒、炮石之声昼夜不绝"②。可见火筒在守城战中发挥了重要作用。

在守城战中也常用火铳与冷兵器相结合，击退攻城敌军。至正二十二年三月，张士诚令其弟张士信及部将吕珍，率兵10万进攻诸全城。朱元璋部将谢再兴率兵坚守29天，未被攻破。此时朱元璋部将胡德济率兵自信州来援。二将在侦知敌情后分门而守。至夜半，令军士饮餐后出击，一时城中"金鼓铳炮震天地"③，敌军震恐，胡德济督兵出城反击，张士信部自相蹂躏，大溃而退。

与此例相同的是朱元璋部将邓愈，在至正二十三年四月至七月的坚守南昌之战中，指挥守军用火铳与冷兵器相结合的守城战术，将陈友谅攻城部队顿兵于坚城之下达85天之久④。

（三）用火铳进行水战

用火铳与冷兵器相结合进行水战的著名战例是鄱阳湖决战。至正二十三年（1363）七月，朱元璋率舟师20万至鄱阳湖，同陈友谅主力（号称60万）进行决战。战前，朱元璋察看了陈友谅以巨舟相连的水阵，认为其不利进退，遂将本部水军战船分成20队（一说11队），把船上装备的"火器弓弩，以次而列"④，并授将士攻敌之术："近寇舟，先发火器，次弓弩，近其舟则短兵击之"④。作战开始后，朱军即按部署攻击陈军水阵，将舰船上装备的"火炮、火铳、火箭、火蒺藜、大小火枪、大小将军炮……"⑤等火器，一起发射、抛掷至陈军战船上，将其焚毁20余艘，陈军死伤甚众。之后，双方又经过多次激战，陈友谅所部溃败，本人也于八月初九日在九江口中箭身亡。

朱陈双方在鄱阳湖的决战，是我国战争史上第一次使用火铳（即最早的舰炮）进行的水战。此战兼用三种方式：先在远距离上炮击敌船，减杀其战斗力和机动力；其次以弓弩射杀敌军，再次减杀敌船战斗力；最后是接舷跳帮，短兵相搏，歼灭敌军，结束战斗。其所用火器较南宋陈家岛水域之战中宋军使用的火器，已从燃烧敌船跃变为用火铳击杀敌船士兵，摧毁和焚烧敌船船具的阶段，创造了火铳同冷兵器相结合的水战战术，而朱元璋则是创造这种战术的统帅。

---

① 清·谷应泰撰，《明史纪事本末》卷四《太祖平吴》，中华书局，1977年版，点校本《明史纪事本末》一第75页。以下引此书时均同此版本。

② 元·徐勉之撰，《保越录》第4，11，16，17页。

③ 《明史纪事本末》卷四《太祖平吴》，《明史纪事本末》一第60页。

④ 《明史纪事本末》卷三《太祖平汉》，《明史纪事本末》一第41～42页。

⑤ 清·钱谦益撰，《国初群雄事略》卷四《汉陈友谅》，中华书局，1982年版，第103页。

第二节　火铳的发展

朱元璋在建立明朝后，为了继续进行统一战争，加强了军事手工业的建设，迅速建成由工部、内府、地方各布政司、各地驻军下辖的兵器制造单位，组成庞大而完备的兵器制造系统，保证了军队对武器装备的需要。与此同时，朝廷采取了改善工匠服役和生活条件的政策，充分发挥他们的长处，使他们为兵器制造出力，从而使火铳、冷兵器、战车、战船得到了迅速的发展，其中火铳的发展尤为优先。为了保证火铳所需要的发射火药，明廷一方面在内官监和兵仗局的控制下，设立火药制造局，另一方面又在一些地方设立作坊制造火药。由于朝廷的严格控制，火药配方秘不外传，故而至今尚未发现明初制造火药的完整配方，仅在洪武朝廷同高丽朝廷来往的记载中，得知明初火药配方的概貌。

一　明初的发射火药

据《高丽史·恭愍王世家》记载，洪武六年（高丽恭愍王二十二年，1373），高丽恭愍王朝为抗倭作战的需要，于是年十一月，派密直副使张子温到应天，请明廷颁降“船上合用器械、火药、硫黄、焰硝等物，……以济渡用”[①]。次年五月初八，朱元璋给中书省、大都督府、御史台官员颁旨，命拨“五十万斤硝、十万斤硫黄”[①]，以及其他所需材料供高丽配制火药之用。从调拨的数量看，硝石和硫黄是五比一。用硝石和硫黄的这一比数，加上适量的炭粉，就能配制性能良好的发射火药，供火铳使用。这类火药不但在明初的通都大邑中广为制造，而且在云南等边远地区也能大量配制。如在洪武二十年（1387）五月十一日的诏令中，下令云南的金齿、楚雄、品甸及澜沧江中道等地，要建造高城深壕，每处准备数千支火铳，让云南的“造火药处，星夜煎熬，以备守御”[②]。可见当时云南的造火药处，已经能大批制造火药，可供数千支火铳之用。这类火药配方，在明代后期的兵书中屡有所见。

二　各系统制造的洪武铳

由于当时四个系统都能制造火铳，它们或前后相续或齐头并进，所以制造的火铳不但数量多，而且质量精良，形成我国第一个造铳高潮。近年来，这些火铳多有出土，为中外有关单位和学者所收藏[③]。现分别列于以下几表中。

[①] 吴晗辑，《朝鲜李朝实录中的中国史料》一，中华书局，1980年版，第34～35页。

[②] 明·王世贞撰，《弇山堂别集》卷八十七《诏令杂考三》，中华书局，1985年版，第1669页。以下引此书时均同此版本。

[③] 在外国学者中，尤以日本火器史研究者有马成甫先生收集的资料为多。他以此为基础，于1956年11月写成《火炮の起原とその伝流》（《火炮的起源及其流传》），作为学位论文于日本国学院大学发表。后于1962年10月作为专著在日本吉川弘文馆出版。全书50多万字，数十张图片。书中对中国的火药发明、火器的创制与发展，以及中国火器的西传等问题，都作了全面深入的论述。

（一）宝源局制造的火铳

宝源局设置于至正二十一年（1361）二月，其主要任务是铸造大中通宝钱[①]。但是在近年来出土的一些洪武铳中，铸有"宝源局"字样的屡有所见，说明该局在洪武八年以前，是明廷的重要造铳机构。迄今为止，已搜集到该局所造 7 件火铳的铭文资料。见表 5-1。

表 5-1　宝源局制造的洪武手铳

编号	制造年代		口径（毫米）	全长（毫米）	重量（公斤）	铭 文 内 容	主要说明和资料来源
	公元	年号					
洪一	1372	洪武五年	20	430	1.6	江阴卫全字叁拾捌号长铳筒 重叁斤贰两 洪武五年五月吉日 宝源厂造	［日］有马成甫著，《火炮的起源及其流传》，1962 年版。铭文中厂应为局
洪二	1372	洪武五年	22	442		骁骑左卫胜字肆伯壹号长铳筒 重贰斤拾贰两 洪武五年十二月吉日宝源局造	1964 年，河北赤城出土，《河北出土文物集·图 420》，文物出版社，1980 年版
洪三	1372	洪武五年	20	448	1.6	礁山偏镇壹百三十号长铳筒 重贰斤拾贰两 洪武五年十二月吉日宝源局造	解放后在南京东华门左城墙出土，后藏于南京博物院
洪四	1372	洪武五年	134	317	9	神策卫神字柒拾伍号次碗口筒 重壹拾捌斤 洪武五年八月吉日宝源局造	1975 年后在内蒙古赤峰市大明镇出土，《考古》1990 年第 8 期出土报告
洪五	1372	洪武五年	110	365	15.75	水军左卫进字四十二号大碗口筒 重二十六斤 洪武五年十二月吉日宝源局造	此铳现藏于中国人民革命军事博物馆
洪六	1375	洪武八年	230	630	73.5	莱州卫莱字七号大炮筒 重一百二十斤 洪武八年二月 日宝源局造	1988 年 5 月 6 日《中国文物报》第 18 期，蓬莱县文物馆收藏
洪七	1375	洪武八年	230	630	73.5	莱州卫莱字二十九号大炮筒 重一百二十一斤 洪武八年二月宝源局造	同　　上

表 5-1 所列的 7 件火铳资料中，有 3 件单兵手铳，2 件分别用于陆军和水军战船的小型碗口铳，2 件用于沿海卫所的大炮筒，基本上代表了洪武前期所造的三类火铳。它们在形体上虽有大中小之别，但在铭文内容的刻制上却非常规范统一，基本包括使用单位、火铳编号、火铳类型、铳身重量、制造年月和制造单位，反映了成品制于一个单位和调拨各地驻军使用的特点。从使用的单位看，有在京的骁骑右卫和水军左卫，有距应天（今江苏南京）较近的江阴卫（属在京卫）和焦山偏镇的驻军，它们对保卫京城的安全有重要的作用。

出土的"进字四十二号"大碗口铳，是水军左卫用的中型火铳。水军左卫建置于洪武三

---

① 《明太祖实录》卷八，辛丑二月己亥，《明实录》一第 0111 页。

年，是年七月，明廷"置水军等二十四卫，每卫船五十艘，军士三百五十人缮理"①。该卫设立后，隶左军都督府。时隔两年，这些水军卫的战船，都装备了大碗口铳，而且从编号上看，在数量上是十分可观的。如果说至正二十三年（1363），朱元璋率水军在鄱阳湖同陈友谅水军进行决战时已经使用了最初的"舰炮"，那么，"进字四十二号"大碗口铳则是这种"舰炮"的改进和发展。

在宝源局制造的 7 件出土洪武火铳实物中，有莱州卫使用的 2 件大炮筒，是出土实物中制造年代最早的大型碗口铳。莱州卫建于洪武二年（1369），濒临莱州湾，东邻登州卫，是明初沿海防御倭寇袭扰的要地。是时，明廷为了打击来犯的倭寇，采取了剿捕兼施的方针，增加沿海卫所②，添造海上战船，加强沿海防御的能力，使沿海构成"陆具步兵，水具战舰"的水陆结合的防御体系。这两门大炮筒就是在这样的时代背景下，由宝源局为莱州卫所造。筒身的刻字表明，我国至迟在洪武八年已经用大型火铳守卫要塞。莱州卫所用两门大炮筒的编号各为七号和二十九号，两者的差数为22。如果这种编号是当时莱州卫实有大炮筒的编号，那么该卫所装备的大炮筒就不会少于22门。沿海其他各要塞若也照此办理，大炮筒的装备总数便极为可观。沿海各卫所装备大炮筒之事，在史书和兵书中没有任何记载，因此，这两门大炮筒的出土，对研究明初的火铳制造与沿海的设防情况，具有特殊重要的意义。在出土实物中，没有发现该局在洪武八年以后制造的火铳，说明该局此后又从事铸造大中通宝钱了。

（二）军器局和兵仗局制造的火铳

军器局设置于洪武十三年。是年正月，朱元璋以胡惟庸案发为契机，调整军事机构，"罢军需库，置军器局"③，制造各种兵器和鞍辔等具。至洪武二十六年，鞍辔独立成局，承造鞍辔和部分兵器。军器局便专门制造弓箭、刀枪、盔甲、碗口铳、手把铳等火器与冷兵器④。

兵仗局是内府系统中制造兵器的局，设置于洪武二十八年，专造碗口铳，手把铜铳、铳箭等火器及其附件。其下还设有火药司⑤。除兵仗局外，内府系统中的内官监，也在洪武十七年设置了火药作⑤。

据《明会典》记载，明初朝廷直接掌管的军器局和兵仗局在明弘治元年（1488）以前，要按照规定数额制造火器。其中军器局每三年要造碗口铜铳 3000 门、手把铜铳 3000 把、铳箭头 9 万个、信炮 3000 门，以及附件若干；兵仗局每三年要造大将军、二将军、三将军、夺门将军、神铳、斩马铳、手把铜铳、手把铁铳、碗口铳、盏口炮等火器若干⑥。但是，由于当时规定，各地驻军所用军器"具于各都司卫所岁造数内关用，其有不敷及急需者，赴部请给"，并且要登记造册、记上领取官军的姓名备查④。因此，两局所制造的火器很少调拨军队使用，

---

① 《明太祖实录》卷五十四，洪武三年七月壬辰，《明实录》二第 1061 页。

② 卫所：是洪武元年正月颁布的地方驻军中的基本编制。一般的卫编士兵 5600 人，分编 5 个千户所；每个千户所编士兵 1120 人，分编 5 个百户所；每个百户所编士兵 112 人。若加上卫所级主官和机关军官 94 人，每个齐装满员的卫共编官兵 5694 人。

③ 《明太祖实录》卷一百二十九，洪武十三年正月丁未，《明实录》三第 2055 页。

④ 《续文献通考》卷一百三十四《兵十四·军器》，洪武十三年、洪武二十六年，《续文献通考》（二）第 3994～3995 页。

⑤ 《明史》卷七十四《职官三·宦官》，《明史》六第 1819～1820 页。

⑥ 《明会典》卷一百九十三《工部十三·火器》，中华书局，1988 年版，第 976 页。以下引此书时均同此版本。

所以至今没有发现两局制造的火铳实物。同时，从出土的各类火铳的铭文可知，《明会典》所记火铳的制造数量，要远远少于当时各地实际制造的火铳数量。这一方面说明朝廷掌管的两局，只是重点制造一些标准化的火器，其余火铳都由各地按朝廷规定分别制造。另一方面也说明《明会典》对各地制造的火铳所记甚少，或者几乎没有记载。

（三）各地驻军和政府系统制造的火铳

各地驻军是指驻守各地的都司卫所，它们设置军器局的年代有早有晚。出土的洪武十年（1377）铜手铳，说明在洪武十三年朝廷设立军器局以前，有些都司卫所就设置了。洪武二十年，朝廷下令各都司卫所都要设立军器局，制造兵器[①]。

各地布政司下属的军器局，是地方性的军器局，分布较广，以制造冷兵器为主，制造火铳等火器为辅。

洪武十年以后，明廷制造火铳的重点，已转移至各地卫所驻军设立的军器局和地方政府的兵器制造机构。在表 5-2 中所列的 22 件手铳、表 5-3 中所列的 4 件碗口铳，以及山西平阳府制造的大铁炮，足以反映这种转移。

表 5-2　各地驻军和政府制造的洪武手铳

编号	制造年代		口径（毫米）	全长（毫米）	重量（公斤）	铭　文　内　容	主要说明和资料来源
	公元	年号					
洪八	1377	洪武十年	20	440	2.1	凤阳行府监造官镇抚孙英教匠谢阿佛　军匠华孝顺　重三斤半　洪武十年　月　日　造	1971 年秋在内蒙古托克托县黑城公社出土，《文物》1973 年第 11 期出土报告
洪九	1377	洪武十年	20	430	2.0	凤阳府　监造镇抚孙英　教匠潘茂　军匠李靖　三斤七两　洪武十年　月　日　造	同"洪一"
洪十	1377	洪武十年	20	427	1.8	凤阳行府监造官镇抚孙英　教匠王受三　军匠曹成　三斤十两　洪武十年　月　日造	1975 年后，在内蒙古赤峰市大明镇出土，《考古》1990 第 8 期出土报告
洪十一	1377	洪武十年	20	435	2.1	凤阳行府造　重三斤八两　监造镇抚刘聚　教匠陈有才　军匠崔玉　洪武十年　月　日造	同"洪八"
洪十二	1377	洪武十年	21	320	2.2	南昌左卫　监造镇抚李龙中左千户所习学军匠刘善甫　教师王景名　洪武十年　月　日造	同"洪一"
洪十三	1377	洪武十年	20	440	1.55	威武卫　教师轩原保　习学军人陈才七　铳筒重三斤二两	同"洪一"

---

① 《续文献通考》卷一百三十四《兵十四·军器》，洪武二十六年和洪武二十年，《续文献通考》（二）第 3994 页。

编号	制造年代		口径（毫米）	全长（毫米）	重量（公斤）	铭 文 内 容	主要说明和资料来源
	公元	年号					
洪十四	1377	洪武十年	21.5	440	1.75	杭州护卫　教师吴住孙　习举军人王宦保　铳筒重三斤七两　洪武十年　月　日造	1965 年山东梁山县出土，《文物参考资料》1965 年第 9 期。文中"举"、"宦"，应为"学"、"官"。
洪十五	1377	洪武十年	21	420		杭州护　教师吴佳孙　习学军□朝□　铳筒重叁斤四两　洪武十年　月　日造	《文物资料丛刊》1981 年第 4 期出土报告。铭文中"护"字后应有"卫"字，"吴佳孙"为"吴住孙"
洪十六	1377	洪武十年	19	443	1.75	水军左卫教师沈名二　习学军人阿德　铳筒重三斤八两　洪武十年　月　日造	同"洪十五"
洪十七	1377	洪武十年	21	440		虎贲左卫　教师祝一　习学军人尚十三　铳筒重三斤九两　洪武十年　月　日造	同"洪十五"
洪十八	1377	洪武十年	33	440	1.7	江阴卫　教师徐阿住　习学军人李原保　铳筒重三斤六两　洪武十年　月　日造	1975 年后，在内蒙古赤峰市大明镇出土，《考古》1990 年第 8 期出土报告
洪十九	1377	洪武十年	20	441	1.8	虎贲卫　教师蔡登　习学军人应侃受　铳筒重三斤十壹两　洪武十年　月　日造	此铳由辽宁省旅顺博物馆收藏
洪二十	1377	洪武十年	23	437	1.8	渡竞卫　教师祭登启　习学军人应侃受　铳筒重三斤十二两　洪武十年　月　日造	《火炮的起源及其流传》。铭文中"祭登"应为"蔡登"
洪二十一	1377	洪武十年	24	312	2.5	金陵卫　洪武十年造	1979 年在江苏省句容县出土，《文物》1986 年第 7 期出土报告
洪二十二	1378	洪武十一年				凤阳府军司　重三斤八两　临造镇抚春　习学军匠王直杰　洪武十一年　月　日造	《火炮的起源及其流传》
洪二十三	1378	洪武十一年	20	438	1.7	凤阳长淮卫造　重三斤十一两　监造镇抚李进　习学军匠杨德□　洪武十一年　月　日造	1975 年后，在内蒙古赤峰市大明镇出土，《考古》1990 年第 8 期出土报告
洪二十四	1379	洪武十二年	20	445	1.9	袁州卫军器局提调所镇抚何祥　民匠徐成远　习学军匠施置□　洪武十二年　月　日造	1971 年出土于内蒙古托克托县黑城公社，《文物》1973 年第 11 期出土报告
洪二十五	1379	洪武十二年	21	442	1.9	袁州卫军器局提调所镇抚何祥　民匠徐成远　习学军匠王□　洪武十二年　月　日造	同"洪二十四"

续表 5-2

编号	制造年代		口径 （毫米）	全长 （毫米）	重量 （公斤）	铭文内容	主要说明和资料来源
	公元	年号					
洪二十六	1379	洪武十二年	20	441	1.7	凤阳怀远卫造　重叁斤五两 监造镇□□□军匠□□　洪 武十二年　月　日造	1956 年山东梁山县宁金河底出土。 数据为实测
洪二十七		洪武十二年				凤阳怀远卫 洪武十二年　月　日造	同"洪二十六"
洪二十八	1379	洪武十二年	20	450		吉安守御千户所　监局镇抚李 荣　军匠马舟和　计三斤八两 重　洪武十二年　月　日造	《紫禁城》第 24 期，故宫博物馆院收 藏。铭文中"监局"应为"监造"
洪二十九		洪武十二年	23	437		监造镇抚□□　习学军匠斋长 ……	同"洪一"

表 5-3　各地驻军和政府制造的洪武碗口铳和大铁炮

编号	制造年代		口径 （毫米）	全长 （毫米）	重量 （公斤）	铭文内容	主要说明和资料来源
	公元	年号					
洪三十	1377	洪武十年	100	316		凤阳…… 洪武十　月　日造	此铳现由中国人民革命军事博物馆 收藏，数据为实测所得
洪三十一	1378	洪武十一年	119	364	15.5	横海卫　教师祝官孙　习学军 人王官保　铳筒重十五斤　洪 武十一年　月　日造	1964 年在山东冠县卒集公社大王 庄出土，《考古》1985 年第 10 期出 土简讯
洪三十二	1378	洪武十一年	75	318	8.35	永宁卫局　提调镇抚赵旺　监 督总旗夏两隆　作头张孝先 铜匠钱四儿成造　碗口筒一十 四斤四两重　洪武十一年　月 日造	1977 年贵州赫章县出土，《贵州社 会科》1982 年第 5 期出土报告
洪三十三	1385	洪武十八年	108	520	26.5	永平府　洪武十八年三月八日 铸□□□铜铳重六十斤　匠造 官□□□□铸匠□保子	1972 年河北省宽城县出土，《考古》 1986 年第 6 期出土报告
洪三十四	1377	洪武十年	210	1000		大明洪武十年丁已□季月吉日 平阳卫铸造	山西博物馆藏，《山西文物》1982 年 第 1 期胡振祺文章

表 5-2 和表 5-3 中所出现的卫所可以分为两大类：一类是设局造铳的卫所，它们有南昌左卫、袁州卫、永宁卫、平阳卫、吉安守御千户所，以及凤阳府、永平府（后分别改为凤阳卫、永平卫）。它们制造的火铳不但装备本卫所驻军，而且调运全国，装备各地驻军。另一类是在京、在边和执行特殊任务的卫所，它们没有设局造铳，所用火铳由朝廷统一调拨，如在京的威武卫、水军左卫、虎贲卫、虎贲左卫、横海卫，以及浙江的杭州护卫[①] 等。

由于卫所分工的不同，有造铳不造铳之别，所以在铭文的内容上也区分为两大类。一类铭文的内容有：造铳卫所名称、监造镇抚姓名、造铳军匠和民匠姓名、火铳重量、造铳年月等。如编号为洪八至洪十二，洪二十二至洪二十六，洪二十八至洪二十九，洪三十二至洪三十四等。另一类铭文的内容有：用铳卫所名称、使用教师和习学军人姓名、火铳重量、造铳年月等。如编号为洪十三至洪二十，洪三十一等。这两类内容基本上反映了所制火铳本身和它们的制造、使用情况。

从表 5-3 所列 4 件大碗口铳的铭文内容可知，洪武中后期的大碗口铳，除用于水战外，还用于守御关隘和随军机动作战。

守御关隘用的大碗口铳形体较大，如洪武十八年（1385）永平府（治在今河北卢龙）制造的大碗口铳，全长 520 毫米、口径 108 毫米、重 26.5 公斤[②]。此铳于 1972 年在河北宽城出土，是明初驻军守御宽城所用的守城炮。据《明史·冯胜传》记载：明廷为了平定辽东纳哈出势力，最后完成统一大业，命宋国公冯胜为征虏大将军，于洪武二十年三月，率领明军出松亭关，修筑大宁、宽河、会州、富峪四城。之后，冯胜率师北上，以军事为后盾迫降纳哈出，完成了任务。

随军机动作战的大碗口铳形体较小，如洪武十一年永宁卫（治在今四川叙永）制造的大碗口铳，全长 318 毫米、口径 75 毫米、重 8.35 公斤，1977 年春在贵州赫章县出土[③]。赫章当时属乌撒府（治在今贵州威宁），由永宁卫屯守，是永宁至乌撒的必经之路。明廷在永宁卫制造碗口铳，除改善该卫驻军的装备外，主要是为进军云南贮存火器。洪武十四年九月，明将傅友德等率军 30 万经过赫章进攻云南，此铳似为当年明军的遗物。

永平府与永宁卫制造碗口铳之事表明，当时明廷已经能在边远地区制造先进的火铳。

洪武十年制造的大铁炮，在迄今为止的出土实物中尚未见有出其右者。同其他火铳相比，除构造不同外，其铭文内容也别具一格，只有制造年月和单位，并在纪年之前冠以"大明"二字。从材料看，系用精铁制成，这是因为当时平阳卫（治在今山西临汾）所在的平阳府地区，是盛产精铁之地。据史书记载，至洪武七年四月，明廷在全国设立 13 个冶铁所中，就有平阳府的富国和丰国两个冶铁所，每年炼铁 22.1 万斤，为铸造大型铁炮提供了充裕的材料。这种铁炮虽然迄今为止只发现 3 门，但是从当地原料之丰富和造炮能力之大来推断，其所造之炮是远不止此数的。故对此类铁炮的研究，尚不能就此止步。

---

① 杭州护卫：洪武三年，朱元璋封其第五子朱橚为吴王，封地为杭州。据《国榷》卷五记载，洪武七年三月乙未，置杭州护卫和吴王府。

② 陈烈，河北省宽城县出土明代铜铳，考古，1986，（6）：759。

③ 殷其昌，赫章出土的明代铜炮，贵州社会科学，1982，（5）：71。

三　洪武铳的种类和构造

在已经搜集到的 30 多件出土的洪武铳中，若按形体大小、构造特点和作战用途，大致可分为单兵手铳、中型碗口铳、大型铳（筒）炮等三大类。它们在构造上既有相似之处，又有明显的区别。

（一）手铳的构造

从出土的 27 件洪武手铳可知，它们的构造比较规范，都由前膛（从铳口至药室前，类似于现代步枪的前膛）、药室和尾銎三部分构成。前膛较长，一般约为全铳的 2/3 左右，火药从铳口装入药室，弹丸装在铳膛内；前膛后接药室，药室呈灯笼罩式隆起，内装火药，药室壁较前膛略厚，壁上开有一个小火门；药室后接尾銎，尾銎中空，呈喇叭形，可安木柄，便于发射者操持；一般手铳在铳口、前膛后部、药室前、药室后和尾端等处，各有一道横箍，全铳大致有四五道，借以强固铳身（见图 5-2）。除少数特殊者外，洪武手铳一般长 420～445 毫米，口径 20～23 毫米，重 2.5～4.4 公斤。

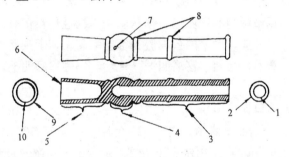

1. 口内径　2. 口外径　3. 前膛　4. 药室　5. 尾銎
6. 尾腔　7. 火门　8. 箍　9. 尾端外径　10. 尾端内径
图 5-2　洪武手铳的构造示意图

（二）碗口铳的构造

碗口铳是一种形体显得粗短的中型火铳，因铳口部分形似大碗而得名，与元代盏口铳的构造和用途大致相似。铳身由大碗形口部、前膛、药室和尾銎四部分构成。碗形口部用于安置较大的石制或铁制球形弹丸，火药从铳口装入药室；药室呈灯笼罩形隆起，壁上开有一个火门；尾部较宽大，便于安在战船和城关要隘的固定架上；铳身

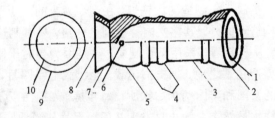

1. 口内径　2. 口外径　3. 前膛　4. 箍　5. 药室　6. 火门　7. 尾銎　8. 尾腔　9. 尾端外径　10. 尾端内径
图 5-3　洪武碗口铳的构造示意图

自前至后，也有几道加强铳身的箍（见图 5-3）。在已经搜集到的 6 件出土碗口铳中，其长度 315～520 毫米，口径 100～109 毫米，重 8.35～26.5 公斤。

（三）大型铳炮的构造

大型铳炮可分为两种类型。其一是1988年4月1日，在山东省蓬莱县马格庄乡营子里村出土的一对洪武八年（1375）制造的大铜炮。根据蓬莱县文管所，在1988年5月6日《中国文物报》第18期发表的消息说，经过专家们初步鉴定，它们属于碗口铳系列的大型铳炮，全长630毫米，口径230毫米，重73.5公斤，是已出土洪武铳中唯一的一对大铜炮。其二是山西省博物馆收藏的洪武十年制造的3门大铁炮（见照片7）。它们出土于明初的山西平阳卫，形制构造相同，炮身自前至后有四五道箍，管壁较厚，后部两侧各横出两根提柄，供提运炮身用，尾部封闭如半球面。炮身全长1000毫米，口径210毫米，尾长100毫米，两侧提柄各长160毫米[①]。

上述三类铳炮，在《明史·兵四》、《明会典·火器》、《武备志·铳》中都有类似的制品：如手把铜铳、手把铁铳、单眼铳等小型手铳；盏口炮、碗口炮等中型火铳；夺门将军、大小将军炮等大型铳炮。

四　洪武铳的改进

同元火铳相比，洪武铳有不少改进。首先，从总体上说，洪武手铳和碗口铳的制造工艺精细，成品的表面和膛壁光滑，铳壁厚度均匀，外形匀称，有的至今还保存完好。其次，洪武手铳的规格统一，尺寸误差较小，在搜集到的20多件出土的制品中，除个别的长度和口径有较大的差异外，大多数长度为400～440毫米，口径为20～22毫米，两者的起落都在10%左右，这在当时的社会条件下，可以说是所差甚微了。其三，同元火铳相比，洪武铳的横箍有所增加，这是进一步强固铳身的需要。洪武火铳各部分的尺寸，虽然尚无精确的数量比，但是已经日趋科学合理，适应发射的需要。如前膛大致占全铳长度的2/3，便于充分利用火药在药室内燃烧后所产生的能量，增大弹丸的发射力。其四，大型铳炮的问世，表明洪武时期的造铳能力和技术设备、水平等方面已有很大的提高，在当时世界上是首屈一指的。

第三节　火　铳　的　定　型

永乐朝廷继续执行洪武后期的政策，统一由军器局、兵仗局和南京兵仗局按同一规格制造火铳等各种兵器。火铳也基本定型。永乐以后的各届朝廷，对兵器制造控制很严，火铳尤其如此。永乐十七年（1419），朝廷明确规定："凡军器，除存留操备之数，其余皆令入库……不许私造"[②]。正德六年（1511），甚至规定有违犯禁令者，"在内（京）拏（拿）送法司，在外拏送巡按御史，从重治罪"[③]。自弘治四年（1491）开始，朝廷也批准一些地区，有限制地制造一些火器。如弘治四年批准的湖广、广西，正德四年批准的四川，六年批准的青州左卫，七年批准的凉州等地区，可以制造铜将军和神铳等火器[③]。

①　胡振祺，明代铁炮，山西文物，1982，（1）：57。
②　《明太宗实录》卷二百九十七，永乐十七年十二月己丑，《明实录》九第2179页。
③　《明会典》卷一百九十三《工部十三·火器》，第978页。

一　永乐至正德年间火铳的种类

从文献记载和已见 30 多件出土实物可知，这一时期的火铳由铜或铁制成，按形体大小和作战用途区分，有单兵轻便手铳、中型手铳、轻型铳炮和大型铳炮等四大类。

（一）单兵轻便手铳

这是明军普遍装备的一种制式手铳，因此出土实物也最多，它们的基本情况如表 5-4 所列。

表 5-4　各地出土的永乐轻便手铳

编号	制造年代		口径（毫米）	全长（毫米）	重量（公斤）	铭　文　内　容	主要说明和资料来源
	公元	年号					
永一	1409	永乐七年	17	345		天字伍千贰伯叁拾捌号　永乐柒年玖月　日造（后刻：赤城二边石门墩）	河北省文物研究所藏，《文物》1988年第5期成东文章
永二	1049	永乐七年	15	352	2.5	天字贰万贰千伍拾捌号　永乐柒年玖月　日造	1978年10月在辽阳出土，《文物资料丛刊》1983年第7期出土报告
永三	1409	永乐七年	15	350	2.27	天字贰万叁千贰伯捌拾叁号永乐柒年玖月　日造	同"洪一"
永四	1409	永乐七年	15.4	355	2.5	天字贰万叁千陆伯贰拾伍号永乐柒年玖月　日造	同"永三"
永五	1414	永乐十二年				天字叁万肆千伍伯肆拾玖号永乐拾贰年叁月　日造	首都博物馆藏
永六	1414	永乐十二年	15	360	2.3	天字叁万肆千伍伯捌拾肆号永乐拾贰年叁月　日造	1991年在河北省赤城县出土，1991年9月1日《文物报》
永七	1414	永乐十二年	14	360	2.2	天字叁万肆千陆伯陆号　永乐拾贰年叁月　日造　居台子二十号　居路石峡　隆庆伍年领	同"永三"
永八	1414	永乐十年	15	360	2.3	天字叁万伍千壹伯捌拾叁号永乐拾贰年叁月　日造	同"永六"
永九	1414	永乐十二年	15	360	2.26	天字肆万伍伯伍拾肆号　永乐拾贰年叁月　日造	同"永三"

编号	制造年代		口径（毫米）	全长（毫米）	重量（公斤）	铭 文 内 容	主要说明和资料来源
	公元	年号					
永十	1414	永乐十二年				天字肆万捌伯陆拾捌号　永乐拾贰年叁月　日造	首都博物馆藏
永十一	1421	永乐十九年	15	357		天字肆万壹千贰伯柒拾柒号　永乐拾玖年玖月　日造	同"永一"
永十二	1421	永乐十九年	17	358	2.25	天字肆万捌伯伍拾肆号　永乐拾玖年玖月　日造	同"永三"
永十三	1421	永乐十九年	17	360		天字伍万壹伯拾伍号　永乐拾玖年玖月　日造	故宫博物院馆藏,《紫禁城》第 24 期
永十四	1421	永乐十九年	15	350		天字伍万叁千肆拾壹号　永乐拾玖年玖月　日造　皇字二号隆三年□运	同"永三"
永十五	1423	永乐二十一年	14	358	2.2	天字陆万贰伯叁拾壹号　永乐贰拾壹年玖　月　日造	同"永三"
永十六	1423	永乐二十一年	15	360	2.3	天字陆万壹千柒伯叁拾捌号　永乐贰拾壹年玖月　日造	同"永六"
永十七	1423	永乐二十一年	15	357		天字陆万伍千陆伯贰拾叁号　永乐贰拾壹年玖月　日造	同"永五"
永十八	1423	永乐二十一年	15	366		天字陆万伍千捌伯柒拾陆号　永乐贰拾壹年玖月　日造	同"永五"
宣一	1426	宣德元年	14	359	2.2	天字陆万柒千贰伯玖拾号　宣德元年拾壹月　日造	同"永三"
宣二	1426	宣德元年	17	358		天字陆万玖千贰伯肆拾陆号　宣德元年拾壹月　日造	《河北省出土文物集》,"同洪三"

编号	制造年代		口径（毫米）	全长（毫米）	重量（公斤）	铭 文 内 容	主要说明和资料来源
	公元	年号					
宣三	1426	宣德元年	15	360		天字陆万玖千玖伯伍拾捌号 宣德元年拾壹月　日造　麻峪口西大光山墩台四号　军人田英	同"永三"
宣四	1426	宣德元年	15	358	2.2	天字柒万叁千玖伯玖拾肆号 宣德元年拾壹月　日造	同"永三"
正一	1436	正统元年	15	345		天字玖万贰千捌拾捌号　正统元年叁月　日造	同"永五"
正二	1436	正统元年	15	359		天字玖万伍千肆伯陆拾肆号 正统元年叁月　日造　衣字一号燕界八十七号台	同"永三"
正三	1436	正统元年	13	360		天字玖万柒千陆伯肆拾号　正统元年叁月　日造	同"永五"
正四	1436	正统元年				天字玖万捌千陆伯拾贰号　正统元年叁月　日造	同"永五"
正五	1436	正统元年	15	360	2.3	天字玖万捌千陆伯贰拾玖号 正统元年叁月　日造	同"永六"
正六	1444	正统九年	12	358		胜字壹万贰千柒伯柒拾伍号 正统玖年拾月　日造	同"永三"
成一	1465 ～ 1487	成化年间	22	365		成化年造烈字贰千贰伯捌拾贰号	同"永五"
弘一	1496	弘治九年				神字肆号　弘治玖年捌月　日造	同"永三"
弘二	1496	弘治九年				神字二十一号　弘治玖年　月　日造	解放后在南京东华门左城墙泥土中挖出，并附有一个装药匙
弘三	1496	弘治九年				弘治九年八月造　神字壹伯肆拾玖号	同"永十三"
正德一	1516	正德十一年	15	360	2.3	天字贰伯拾伍号　正德丙子年造	同"永六"

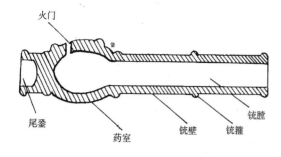

图 5-4 永乐中型手铳剖面图

表 5-4 中所列的 33 件铜制单兵轻型手铳，在形制构造上大致与《武备志》卷一百二十六记载的独眼神铳相似。

（二）中型手铳

这类手铳的出土实物不多，只发现永乐十三年（1415）制造的 3 件（见图 5-4），它们的基本情况如表 5-5 所列。

这类手铳的形制构造大致与《武备志》卷一百二十五所记载的铁制击贼砭（biān）铳（见图 5-5）相似，只是铳身不如文献记载的长。由于口径较大，装药较多，所以发射威力较大。

表 5-5 各地出土的永乐中型手铳

编号	制造年代		口径（毫米）	全长（毫米）	重量（公斤）	铭 文 内 容	主要说明和资料来源
	公元	年号					
永十九	1415	永乐十三年	52	440		英字壹万伍千叁拾肆号　永乐拾叁年玖月　日造	同"永五"
永二十	1415	永乐十三年	53	436	8	奇字壹万贰千肆拾陆号　永乐拾叁年玖月　日造	同"永一"
永二十一	1415	永乐十三年	52	440		功字壹万捌千伍伯陆拾捌号永乐拾叁年玖月　日造	1982 年出土于内蒙古克什克胜旗，《文物》1982 年第 7 期出土报告

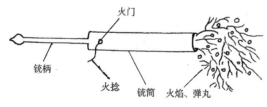

图 5-5 击贼砭铳

（三）其他手铳

见于史书记载的主要有两头铜铳和长柄手铳，它们系由单兵手铳改进而成。两头铜铳由左都御史杨善，于正统十四年（1449）请求创制而成。它是在一根木柄的两头，各安一个手铳。作战时，射毕一头，再射另一头，可连续射击敌人，提高了射速，增强了杀伤力[①]。长柄手铳制于景泰元年（1450），铳柄长 7 尺，上安枪头。弹丸射毕后，可以作长柄枪刺敌，克服了短柄手铳只能射击而不能刺杀的弱点[①]。

（四）出土的轻型铳炮

这类铳炮出土甚少，仅见 2 件。一件于 1983 年在甘肃省张掖县出土，全长 550 毫米、口

[①] 《续文献通考》卷一百三十四《兵考·军器》，正统十四年八月和景泰元年二月，《续文献通考》（二）第 3995 页。

径 73 毫米，重 20 公斤。铳身刻有"奇字一千陆百十一号　永乐柒年九月　日造"等字[1]（见图 5-6）。从出土地点看，此铳似为当年驻守张掖县城明军所用的轻型守城铳炮。嘉峪关城也保存一件刻有"奇字一千玖百叁拾叁号　永乐柒年九月　日造"等字的铳炮，长 550 毫米，口径 110 毫米，重 15 公斤，现存放在张掖文化馆中[2]。两铳的制造年月、编号、用途和使用地区都相近、相似，当为同时同地所造。《明史·兵四》和《明会典·火器》中所提到的小型将军炮，当是这类铳炮。又据《续文献通考·军器》称：景泰四年（1453）四月，宁夏总兵官张泰在要求制造小型手铳时，提到了永乐年间所制 34 斤重的守城火铳，以及发射较大石弹之事。此说与张掖县城出土和保存的轻型铳炮情况较吻合。

另一件是 1991 年在河北赤城县长城脚下一处窖藏中发现的碗口铳，铳身用铜铸造，长 360 毫米、口径 115 毫米、重 13.6 公斤。铳身刻有："克字壹万叁千柒伯贰拾肆号　永乐拾叁年玖月　日造"等字[3]。这是迄今所见永乐年间所铸唯一的碗口铳。窖藏的位置在今赤城县龙关

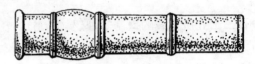

图 5-6　永乐轻型铳炮

镇南 18 公里的上仓堡，是出麻峪口到土木堡通向居庸关的要道，可见它们是当年明军为抗御瓦剌兵侵扰所贮备的火器。

（五）出土的大型铳炮

1965 年，在湖南株州曾发现过这种铳炮，全长 810 毫米、口径 220 毫米、重 348 公斤。铳身刻有"正德陆年拾月内汝宁府知府毕昭守御千户任伦奏准铸造"等字[4]（见图 5-7）。铭文表明，它是汝宁府（府治今河南汝南）制造的守城炮，称将军炮。据《兵录》卷十二记载，成化元年（1465），明廷军工

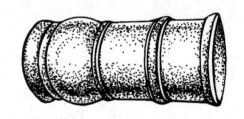

图 5-7　正德大型铳炮

部门已制造了各型将军炮 300 门、载炮车 5400 辆。此后续造的将军炮，一般重在 150～1000 斤之间。这门大型铳炮，当属这类将军炮。

二　永乐铳的改进

与洪武铳相比，永乐火铳又有较大的改进，其中手铳尤为突出。它们除了制造工艺更为精细、产品精度更高外，主要表现在构造的改进和配件的增加等方面。

首先是外形的改进。前膛已由直筒形改进为前细后粗的圆柱形。这是火铳设计中科学水平提高的一种表现。由于火药在药室内燃烧后产生的气体，作用在铳膛壁上的膛压自后至前逐渐减小，所以膛壁厚度必须由前向后相应加厚。在膛径前后不变的情况下，手铳的外形也

① 师万林，甘肃张掖县发现明代铜铳，考古与文物，1986，(4)：104。
② 高凤山、张军武，嘉峪关及明长城，文物出版社，1989 年，第 39 页。
③ 王国荣，赤城出土一批明窖藏火器，见 1991 年 9 月 1 日《文物报》。
④ 赵新来，在株州鉴选出一件明代铜炮，文物，1986，(8)：52。

就随之呈现前细后粗的圆柱形。

其次是增加了火门盖。此盖安于药室的火门外，盖面呈长方形曲面，其一端用铁链链于铳上，可以翻旋。装填火药后将盖盖上，保持药室内火药不受风雨灰沙的侵蚀，处于干燥清洁和良好的待发状态。

其三是增配了装药匙。装药匙专门用于装填火药，出土实物不少。在已经发现的装药匙中，除少数单独出土外，常伴随手铳一起出土。南京东华门附近挖出"神字二十一号"手铳时，就有一个装药匙，匙柄上刻有"重二两五钱"等字。此外，日本学者也搜集了几件装药匙。其中一件除在柄上刻有"重二两五钱"外，还刻有"天字二万三千二伯五十九号"等字。可能是永乐七年（1409）所造同号手铳的附件。已经搜集到的几件装药匙，主要尺寸相同：全长 155 毫米，匙部长 84 毫米，横幅宽 28 毫米；两侧内凹，前端口部幅宽 5 毫米，可插入铳口，将火药直接装入膛内，不致散落在外；匙柄长 72 毫米，最粗处的截面为 5×4 平方毫米。匙柄上所刻重量数相同和匙部规格的一致，表明它们向铳内装填的火药量也相等。装药匙的柄端还有一个可系绳环的小孔，便于士兵系在腰间。

其四是使用了"木马子"。在出土的个别手铳中还残存有"木马子"[①]。"木马子"是用于筑实火药的附件，具有紧塞和闭气的作用，可以增强火药的爆发力，使弹丸受力瞬时而集中，增加了射程。据《明会典·火器》记载，在弘治初年（1488）前，军器局每年要造"椴木马子三万个，檀木马子九万个"。洪武二十六年（1393），也曾规定每艘海运船，要装备 1000 个铳马子[②]，但因木质易于腐烂，故出土甚少。

三　火铳的制造及其铭文问题

从上述各表的火铳铭文中，可以看出当时火铳制造的一些基本情况。

首先是火铳的制造数量。如果以上所列各火铳的编号是按实际制造量编排的，那么就可从搜集到的各个字号火铳的最大编号数，估算出当时所造火铳的大致数量。如天字号为 98 629、奇字号为 12 046、武字号为 4344、英字号为 15 034、功字号为 18 568、胜字号为 12 775、烈字号为 2282、神字号为 149、电字号为 640、克字号为 13 724、正德天字号为 215，上述各号数相加后为 178 406。这就是说，迄今为止，当时所制造的火铳，至少在 178 406 支以上。今后还可能发现编号更大的火铳，从而会使当时的造铳数得到更切近实际的反映。

其次是火铳的月产量。从同年同月所制同一字号火铳的编号差数，可以估算出当时火铳的月产量。如已搜集到的永乐七年九月所造的天字号手铳，最小编号数为 5238，最大编号数为 23 625，两者的差数是 18 387，即当月至少制造了 18 387 支火铳。充分反映了在造铳高潮时火铳产量的情况。

其三是火铳集中制造于某些年度。从出土永乐火铳的铭文中，可知它们是集中在永乐七年、十二年、十三年、十九年、二十一年，宣德元年（1426），正统元年（1436）、九年，弘治九年（1496）等年度制造的。制造年度的集中，一般都同当时的重大军事需要有关。永乐年间造铳集中的各年度，与永乐七年（1409）底至八年初神机营的创建，以及与永乐八年、十

---

① 此铳现藏于河北省研究所，铳身刻有"奇字壹万贰千肆拾陆号　永乐拾叁年玖月　日造"。

② 《续文献通考》卷一百三十四《兵十四·军器》，洪武二十六年，《续文献通考》（二）第 3944～3945 页。

二年、十九年、二十一年的朱棣四次亲征漠北^① 有联系。

其四是火铳集中制造于某些月份。除宣德元年、正统九年外，永乐各年、正统元年所制造的火铳，都制造于三月或九月，也就是在春、秋两季的最后一个月。这两个月气温适当，不冷不热，既有利于操作，也有利于保证火铳的质量。因为这两个月的环境温度相同，范铸而成的铜火铳，按照大致相近的速率冷却和凝固，使成品的致密和坚实程度一致，具有同样的性能，有利于明军所用火铳的制式化。

永乐铳结构的改进、品种的增加、数量的增多、使用的扩大，对于明军装备和边海防设施的改善、神机营的创建、作战训练方式的进一步改变，都产生了重要的影响。

第四节   钢铁兵器和战车的多样化

从火铳创制成功到定型的 250 多年中，冷兵器和战车的制造和使用技术，也得到了很大的提高，其制品也向着多样化的方向发展^②。

一   射 远 兵 器

明代前期的火铳虽有较大的发展，其射程和杀伤力也都超过了弓弩，但由于造铳要用优质的铜和钢，材料有限，造价昂贵，只能按 10%～20%的比例装备明军。相比之下，制造弓、弩、箭的材料比较容易筹备，造价也比较低廉，所以仍被大量制造，供 30%～40%的明军使用。

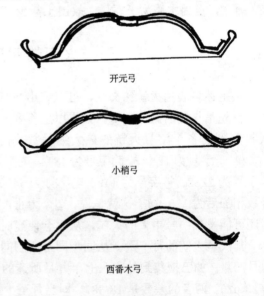

开元弓

小梢弓

西番木弓

图 5-8   明军使用的弓

弓的制式除沿用宋代者外，又增加了开元弓、小梢弓、西番木弓（见图 5-8）、槽梢弓、槽坝弓、大梢弓、陈州弓等。开元弓弓力强劲，使用寿命较长，是守边明军使用的利器。槽梢弓、槽坝弓、大梢弓、小梢弓等小型弓易于发射，多为北京、南京、扬州等内地驻军所用。当时最著名的弓，有用安南藤柳制造而不易变形的交阯弓，以及适用于骑兵的轻巧灵便的二意角弓。在弓的制造和使用上强调要因地、因时而宜，要根据使用者的体力，酌情选配大小、长短、软硬适当的弓。永乐元年（1403）三月，明廷为此曾下令军器局，制造张力 70～40 斤四个等级的弓，发给体力不同的士兵使用。

----

① 亲征漠北：明永乐八年至二十二年之间，朱棣五次率军在北方沙漠同蒙古一些部族进行的战争。

② 元代的冷兵器和战车已如本书第四章第二节所述，不再重复。本节所述仅限于明初至正德年间（1368～1521）明军所用的冷兵器和战车。

明代前期使用较多的弩是蹶张弩，通常也称脚踏弩。洪武四年（1371），明廷下令给守边部队装备脚踏弩，并令"天下军卫如式制造"[1]。弘治十三年（1500），朝廷又令兵仗局制造"神臂弩 5000 张并箭"[1]。由于床子弩"费人多，可以守，不可以战"[2]，所以大多废而不用，改用各种容易张发的轻型弩，其中有神臂弩、双飞弩、窝弩、蹶张弩、腰开弩、诸葛弩、苗人竹弩和木弩、宣湖射虎竹弩等（见图 5-9）。神臂弩是在宋代神臂弓的基础上改制而成的，按

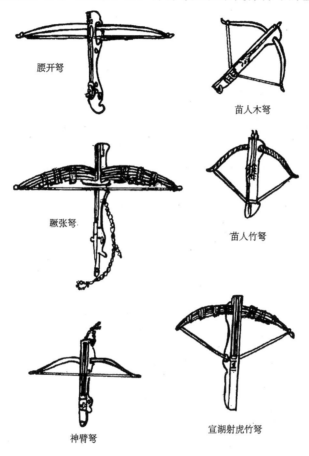

腰开弩

苗人木弩

蹶张弩

苗人竹弩

神臂弩

宣湖射虎竹弩

图 5-9　明军使用的弩

张弓的力量可分为 150 斤、120 斤、90 斤三个等级，弩长 4 尺 5 寸，发射 7 寸 5 分长的箭，可射 300 步远。双飞弩装在简单的木架上，用两头带铁钩的木棍扳张，用脚踏放，可将箭射至三四百步。其他各种弩使用较少。

箭除继续使用宋代者外，又有新制的透甲锥箭、菠菜头箭、凿子头箭、狼舌箭、月牙箭等 20 多种。除用弓发射的箭外，还有用铜溜子、竹筒和用手直接射出的鞭箭、袖箭、筒子箭等杂箭，它们的射程不远，一般在 30 步左右。

茅元仪等明代军事技术家，对弓和弩的制造、维修、保养和使用技术，也有一定的研究，把《考工记》中有关的工艺和技术，与当时的实际情况结合起来，作了详细论述，有一定的

① 《明会典》卷一百九十二《工部十二·军器》，第 970～971 页。

② 明·茅元仪辑，《武备志》卷一百零三《军资乘·弩》，解放军出版社、辽沈书社，1989 年版，影印本《中国兵书集成》31 第 4246 页。以下引此书时均同此版本。

指导作用。

二　格斗兵器

明代格斗兵器的种类虽大致与宋代相似，但也有不少创新。《武备志·军资乘·战八·器械二》和《四镇三关志·建置·车器营台图》等书，也多有记载。

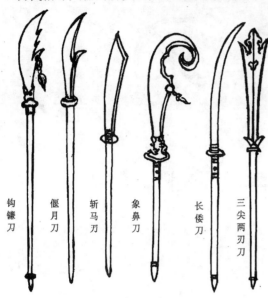

图5-10　明军使用的长柄刀

长柄刀有钩镰刀、偃月刀、象鼻刀、斩马刀、仰月刀、合月刀、三尖两刃刀、骑兵雁翎刀等（见图5-10）。钩镰刀用于作战，偃月刀用于"操练示雄"，象鼻刀的刀尖弯曲如大象之鼻，斩马刀用于劈砍敌军的马腿，仰月刀的刀刃如凹向月牙横置柄端，合月刀的刀刃如凸向月牙横置柄端，三尖两刃刀是头有三锋两侧开刃的刺砍兼用刀，骑兵雁翎刀供骑兵在马上砍杀敌军士兵。

长柄枪有新创制的长枪、铁钩枪、龙刀枪、钩镰枪、飞枪、燕尾枪、凤头枪、蛇枪等（见图5-11）。长枪的枪头长3～7寸，用竹或木作枪柄，柄长1丈2尺左右，尾端不安鐏。铁钩枪的铁刃连钩长1尺，便于在挨牌掩护下进行钩杀。龙刀枪的旁侧有刃，可砍可叉。钩镰枪前有枪锋，旁有倒钩，是一种刺、钩两用枪。飞枪轻巧，便于投掷。燕尾枪的枪头是一个倒八字形的两叉尖锋，便于从旁侧戳刺，形似燕尾，因而得名。凤头枪的枪头如彩凤立于枪端，因而得名，凤尾三锋尖翘，刺杀有力。蛇枪的枪头如蛇盘绕，蛇尾呈波浪形上翘成锋。

长柄戟在唐以后虽所见甚少，但明军仍有所使用。朱元璋的军队在至正二十三年（1363）六月坚守南昌时，曾用铁戟、铁钩，穿过木栅，刺扎攻城之敌[1]。明军使用的戟主要有方天戟、双戟、蟠蛇戟等。方天戟是在矛头一侧并联一个弯月形刀刃，可刺可砍。双戟是在矛头两侧各并联一个弯月形刀刃，既可直刺，又可左右砍杀。蟠蛇戟构造特殊，矛头一侧并联一个弯月形刀刃，矛柄前端蟠一条蛇，蛇尾上翘成锋，呈双锋一刃形戟（见图5-12），是守边明军使用的兵器。

长柄斧除沿袭宋制外，还有月斧和骑兵使用的各种斧（见图5-12），其构造和作用大同小异。

镋钯类兵器在明代使用较多。主要有镋钯、钂（tāng）钯、杋、镋、铲、马叉、矛镰镋、文武镋和三股叉等（见图5-13）。镋钯长7尺6寸，重5斤，头部有三锋和五锋之分，中锋长出2寸，坚锐如枪，两旁为四棱刃横股，既可用来格斗刺敌，又可格架敌人的兵器，还可作

---

[1]《明史纪事本末》卷三《太祖平汉》，《明史纪事本末》一第41页。

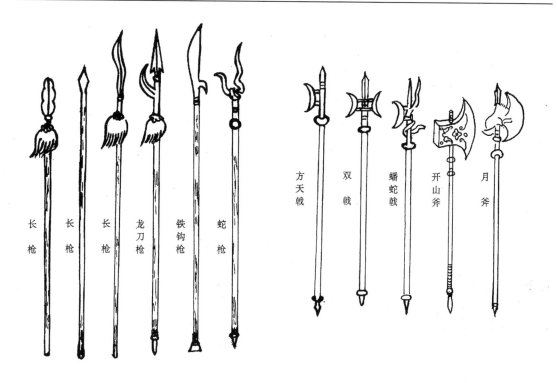

图 5-11　明军使用的长枪　　　　　　　图 5-12　明军使用的戟和斧

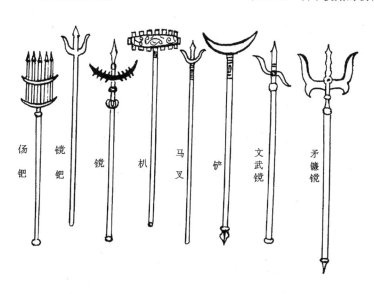

图 5-13　明军使用的镋钯类兵器

火箭发射架燃放火箭。伤钯是在 5 枝坚木上安置铁头，用两个横置的弯月形铁齿将它们并联，装在一根长杆上，用于步战刺敌。枞的头部是在一个特制的腰鼓形横木上，安置多根短铁齿，用以击扎敌军。镋与镋钯的构造和作用类似。铲的头部安有月牙形横刃，柄尾安有枪锋，前可铲，后可刺，便于骑兵使用。马叉的头部有三锋，中锋稍长，多为骑兵使用，"上可叉人，

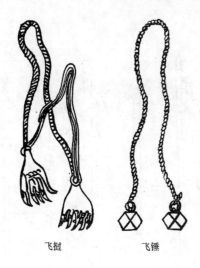

图5-14　明军使用的飞挝和飞锤

下可叉马"。矛镰锐形似马叉，其构造与作用大同小异。文武锐的锐头中锋如矛，两侧尖锋一上一下，向上者可刺，向下者可钩，是钩刺合一的兵器。三股叉的构造和作用与马叉大致相同。

棍棒除沿用宋代者外，增加了新制的大棒。其长7尺，重3斤半。棒头长2寸，重4两。刀形鸭咀，有中锋，一面有脊，一面有血磨槽，既可用于击打，又可用尖锋刺敌，有一举而两得之利。

飞挝（zhuā）、飞锤（见图5-14）是索系兵器。飞挝形如鹰爪，五爪可动，系有长绳，抛击敌兵后急收绳索，敌不能脱。飞锤又名流星锤，用以击打敌人。

三　防护装具

明军使用的新式盾牌有手牌、燕尾牌、挨牌和藤牌（见图5-15）。手牌用既轻又坚的白杨木或松木制造，每面长5尺7寸，两头宽1尺，中间宽6~7寸，颇为轻巧灵便。燕尾牌用桤木或桐木制作，宽不满尺，轻巧灵便，背如鲫鱼，侧身而前时，虽遭利刃劈砍而不断。挨牌用白杨木制作，底宽1尺5寸，上宽1尺1寸左右，背面用绳索及木橄榄系扣，便于携带。藤牌用手指般粗的老藤柳为圈骨，用藤篾紧密缠联，中心外突，背面空凹，周沿稍高，背面有上下二环，便于手持。上述盾牌常与腰刀和标枪、梭枪配用。腰刀是明军普遍使用的短柄护体兵器，用纯铁制造，长3尺2寸，重1斤10两，刀柄较短，刀身微呈弧形，刀刃锋利，刀头尖锐，劈戮自如。短兵相接时，士兵左手持盾牌挡敌，右手持刀戮敌。标枪用稠木细竹制作，前粗后细，前重后轻，便于投掷。枪头用铁制造，坚实沉重。作战时，士兵先以标枪掷刺敌兵，尔后在盾牌掩护下同敌拼杀。梭枪长数尺，其构造与作用类似标枪。

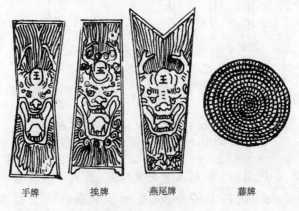

手牌　　　挨牌　　　燕尾牌　　　藤牌

图5-15　明军使用的盾牌

明军使用的新型头盔有唐猊盔等 6 种，它们的式样虽有不同，但基本构造相似。通常制作一顶头盔需用纯铁 5～6 斤加纯钢 1 斤，反复锻打，成品约重 2 斤。它们的名称有一块铁、四明盔、皮穿柳叶盔等。此外，南方还有用旧棉花制作的简易盔，以及用细藤和绢绵制作的藤鍪牟，这种头盔价廉易造，可以自制。

明军除使用金属和皮革制作的铠甲外，还使用棉和布制作的战衣、战袄。弘治九年（1496），明廷规定每副青布铁甲的重量为 24～25 斤。茅元仪在《武备志·军资乘·器械四》中，还记载了唐猊铠、赤藤甲、钢丝连环甲等铠甲。赤藤甲用经过加工的赤藤制成，外用桐油涂刷，防水避湿，轻巧坚韧，矢石不能入，与藤盔、藤牌配合使用，效果甚佳。钢丝连环甲是用许多大铁丝圈连环扣结而成，形如衣衫，披着后能避枪箭。《明会典·工部十二》中，虽然记载了装饰和名称各不相同的多种铠甲，但是它们的基本构造和作用大同小异。

四　攻守城器械和障碍器材

除火器用于攻守城外，新创制的攻城器械有两种：其一是高层攻城车吕公车；其二是多兵使用的遮挡器械半截船和厚竹圈篷。守城器械与障碍器材大致和宋代相同。

吕公车创于明初，有五层，高与城等，车座下安八轮。底层士兵推车前进，二层和三层士兵持械穿凿城墙，四层士兵持兵器攻城，五层士兵可直扑城顶，攻入城内（见图 5-16）。至正十九年（1359）九月，朱元璋部将常遇春在进攻衢州时，"造吕公车、仙人桥、长木梯、懒龙爪，拥至城下，高与城齐，欲阶以登城"[1]，终于攻入城内。此后，吕公车的使用逐渐增多。

半截船（见图 5-17）以四根木杆为角柱，用以支撑顶盖。形似半截翻覆的小船，用以遮挡矢石。攻城时，由 4 名士兵各握一柱，将其运抵城下。其下还掩蔽 1～2 名士兵，进行掘城作业或持械攻城。

厚竹圈篷（见图 5-17）用粗大毛竹片制成拱形架，架上编成顶盖，遮挡矢石，内蔽 4～5 名士兵，其任务与半截船相同。这两种器械既避免了盾牌过小，只能掩蔽单兵接近城墙的缺陷，又克服了大型遮挡器械不便机动的弱点。

新创制的障碍器材，有靖远伯王骥在正统十二年（1447）八月设计的蒺藜革。它是在一张长 4 尺、宽 2 尺的马革上，均匀排列 180 个铁钉，钉刺高 1 寸 4 分，向上刺出，铺在地上使用。每一步铺 1 张，一里铺 400 张。作战时，如敌骑冲突而来，即把它铺在地上，并佯退20～30 步，引诱敌骑追击。当敌骑踩上蒺藜革时，马足被刺，人被巅扑在地，不攻自溃。驻营时，可在营地周围铺设，以防敌军袭营[2]。这是一种设计巧妙、效果良好的障碍器材。

从火铳创制到定型的过程中，由于受到数量和性能的限制，一时还不能取代钢铁兵器，所以明廷还必须由在京的军器局（包括宣德二年及其后设立的盔甲厂和王恭厂）、兵仗局，以及京外各都司卫所和地方各布政司、府，制造一定数量的钢铁兵器。洪武十一年（1378）五月，明廷曾下令工部，规定全国各布政司、府，每年制造的兵器数量[3]。详见表 5-6 所列。

---

① 《明史纪事本末》卷二《平定东南》，《明史纪事本末》一第 21 页。
② 《续文献通考》卷一百三十四《兵十四·军器》，《续文献通考》（二）第 3995 页。
③ 《明太祖实录》卷一百十八，洪武十一年五月丙子，《明实录》三第 1928 页。

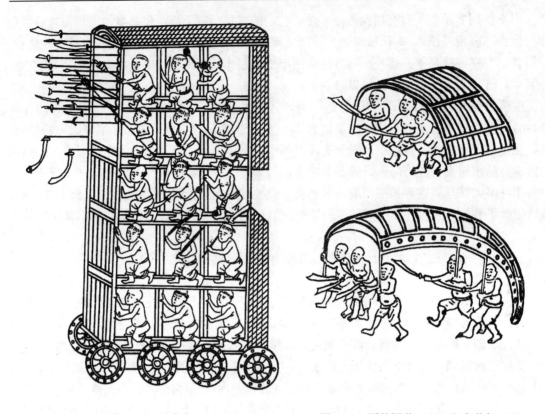

图 5-16　吕公车　　　　　　　　图 5-17　厚竹圈蓬（上）和半截船（下）

表 5-6　洪武十一年各地所制冷兵器数

布政司或府州名称	甲胄（副）	马步军刀（把）	弓（张）	矢（支）	总计（件）
浙江布政司	2 000	2 000	6 000		10 000
江西布政司	2 000	2 000	6 000		10 000
湖广布政司	850	1 000	1 500	200 000	203 350
广东布政司	600	3 000	1 000		4 600
广西布政司	600	2 000	1 000	150 000	153 600
河南布政司	500		1 000	140 000	141 500
福建布政司	1 600	2 000	4 000	300 000	307 600
山东布政司	600		1 500		2 100
山西布政司	500		1 000		1 500
北平布政司	1 000		5 212		6 212
湖　州　府	250	1 000	700	100 000	101 950
松　江　府	300	1 000	800	100 000	102 100
嘉　兴　府	250	1 000	800	100 000	102 050
苏　州　府	300	1 000	800	100 000	102 100
太　平　府	150	500	300	50 000	50 950
徽　州　府	200	1 000	1 000	100 000	102 200
德　州　府	100	400		30 000	30 500
镇　江　府	200	600	760	100 000	101 560

续表 5-6

布政司或府州名称	甲胄（副）	马步军刀（把）	弓（张）	矢（支）	总计（件）
宁　国　府	300	1 000	700	100 000	102 000
庐　州　府	150	400	288	50 000	50 838
淮　安　府	300	500	300	100 000	101 100
扬　州　府	220		200		420
安　庆　府	145	600			745
常　州　府	200		150		350
池　州　府	150				150
总　　　计	13 465	21 000	35 010	1 720 000	1 789 475

　　从表5-6可知，在当时12个布政司中，除四川、陕西外，其余布政司和直隶所属各府，都有制造兵器的任务，而且数量很多。在大规模战争已经基本结束的情况下，仅地方军器局每年就制造如此数额的兵器，反映了朱元璋在"武功耆定"的和平时期，"亦不忘武备"的思想。

　　除上述每年额定的兵器制造数量外，有时还临时追加任务。如洪武十六年（1383）十一月和十七年八月、宣德四年（1429）、景泰二年（1451）、弘治二年（1489）和九年，明廷都向各地下达了临时增造兵器的任务[①]。

五　战车的创新

　　同初级火器创制时期的战车相比，这一时期的战车，不但在数量和种类上大为增加，而且有的战车已经装备了火铳等火器，提高了战斗力，如果按作战用途进行区分，主要有如下几类。

　　用于指挥和击鼓的有元戎车（见图5-18）、座车和鼓车。戚继光编练的车营和辎重营中都装备了这些车。它们的形制构造图，仅见于刘效祖所著的《四镇三关志·建置考》中。元戎车车座较大，下安两个大轮，车座板上有两支枪锋前伸，具有冲撞作用；车座前安有一块大长方形板，上画虎头形象；车座后部有木柱，停车时用以支撑车身；车座上竖4根长柱，柱顶有瓦形盖遮挡；车身较高，四周无遮挡，视野开阔，便于指挥员观察军情，指挥作战。座车、鼓车与元戎车的构造和作用各不相同。座车用于乘载官兵。鼓车建有一个木亭，亭上安放一面大鼓，士兵可在上击鼓助战，以壮声威气势。

　　了望车又称望杆车，车座较大，下安四个大

图 5-18　元戎车

---

① 《明实录》四第2441，2536页，《明会典》第972～973页，《续文献通考》（二）第3995～3996页。

轮，车座板上有两支枪锋伸出车外；车前有大挡板，上画虎形头像；车座中央竖立一根大木柱，其上部用八根粗大绳索分别拴扣在车座的四角，用以固定；大木柱的顶部附近设有一个用皮革制作的桶形袋，可容一名士兵站立，士兵拿一面小旗，旗上系有显示风向的飘带；士兵在桶中可四向了望，观测敌情，并挥动小旗向军中传递信号。望杆车比巢车和望楼车灵巧，便于机动，并安有防御用的两支长枪，是迄今所见古代的第三种侦察了望车（见图5-19）。

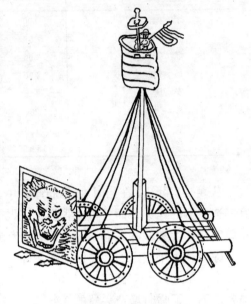

图 5-19　了望车

轻便火器战车机动灵活，主要有屏风车、轻车、小火车、独马小车、独轮小车、全胜车、兵间小车、步队小车等。其中以屏风车最具代表性。

屏风车的车前放置一块高于人体的屏板，两侧内折90°，使人体的三面受到保护；屏板上开有射孔，可对敌发射火箭和枪弹；每车编士兵3名，备干粮若干，供士兵食用。屏风车既可单车作战，也可多车并列射敌，并可在驻营时排列成临时军营的挡墙（见图5-20）。

其他各种轻型战车，大多制于正统十二年

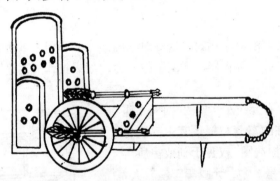

图 5-20　屏风车

（1447）以后，构造虽各有千秋，但其战斗作用与屏风车大致类同①。

正厢车和偏厢车的名称早已有之，但结构各有不同，装备也时有创新。明朝的这两种战车都已装备了火铳等火器，车座下各安两轮②。正厢车的前面和两侧都有挡板，偏厢车的前面和一侧有厢板，都是攻击型战车。其中尤以景泰元年（1450）定襄伯郭登在大同镇设计的偏厢车，以及石亨在景泰二年六月制造的1000辆偏厢车为佳①。它们在作战时都以火铳射敌，驻营时围成车城，是攻守兼备的火器战车。

纵火战车有火龙卷地飞车、铁汁神车、盛油引火车、扬风车等③。车下安两轮或四轮，车

① 《续文献通考》卷一百三十二《兵十二·车战》，《续文献通考》（二）第3975～3976页。
② 刘效祖，《四镇三关志》卷一《建置考》，《四镇三关志》二第33页。
③ 《武备志》卷一百三十二《军资乘·火十四·车》，《中国兵书集成》32第5574～5602页。

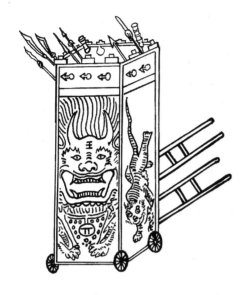

图 5-21　万全车

上或装备各种燃烧性火药，或在锅内盛满烧沸的油和烧溶的铁汁。作战时，由士兵将它们迅速推至敌阵纵火，并用扬风车扇风催火，帮助燃烧。

综合型战车是在独轮、两轮或四轮车上，装备各种冷兵器与火器，用于冲击敌阵的战车，有冲虏藏轮车、火柜攻敌车、万全车（见图 5-21）等。车上除刀、枪等冷兵器外，还有射远的火铳、火箭、火弩和近战的火枪，以及各种燃烧性和毒杀性火器。作战时可以发挥综合杀敌的作用。给事中李侃于正统十四年（1449）制造的 1000 辆赢车，景泰二年吏部郎中李贤和箭匠周四章建议制造的战车①，大抵都属于这类战车。

辎重车有运输粮草和辎重的独辕车②、双轮辎重车②、厢形辎重车③，以及专用的火药车③等。

独辕车是运粮车，由魏国公徐达于洪武五年（1372）十二月督促山西、河南两地制造，共

图 5-22　火药车

1000 辆，以备明军出征之用。武刚车是朱棣于永乐八年（1400）亲征漠北时使用的运粮车，共 3 万辆，由工部制造。双轮辎重车的车座以大木为框，长 8 尺，中间架格多根横木，以便放置粮袋，是一种无厢板的架子式运粮车。厢形辎重车在车座板上建有厢板、顶盖，用马牵引，是一种密闭式辎重车。火药车以大木为框，下安两个大轮，上建一个封闭式小屋形车厢，屋前有两扇门，开启时可装卸火药（见图 5-22）。从图形看，车厢各部封合较好，使厢中所装火药不被风雨侵蚀，保证了运输的安全。这种火药车，在有关明代的其他史籍中，都没有记载，仅在《四镇三关志·建置考》中偶尔一见，是研究战车与火药运输的珍贵资料。

明朝前期的战车，在形制构造上日趋多样，边地和内地都有创造。它们都已成为新型武器特别是火器的载运工具。新型武器用战车运载后，既提高了机动作战的能力，又为大型火箭战车和炮车的创制奠定了基础。

---

① 《续文献通考》卷一百三十二《兵十二·车战》，《续文献通考》二第 3975～3976 页。
② 《武备志》卷一百零六《阵练制·战十一·车》，《中国兵书集成》31 第 4412～4421 页。
③ 刘效祖，《四镇三关志》卷一《建置考》，《四镇三关志》二第 37 页。

第五节　城墙城池建筑技术的成熟

朱元璋在建明前后，实行"高筑墙，广积粮，缓称王"的方针，并下令各地驻军和政府，普遍改建和扩建城池，巩固所取得的成果。南京、北京和府州县等通都大邑的军事筑城、北边的长城、沿海的卫所城堡等，都是城墙城池建筑技术进入成熟发展阶段的标志。

一　明初都邑筑城之最——南京城

南京城是明初规模最大、技术最先进、建筑最坚固的大型军事筑城，是当时高明的工程技术人员、熟练的工匠，以及广大劳动人民经过20多年的努力所创的伟绩。

（一）南京城的规模和布局

南京城最初是在南唐都城南、西两面城墙的基础上，加以拓宽、增高和扩建而成的。它包容了南唐都城北墙外侧的卢龙山（今狮子山）、鸡笼山（今北极阁）、覆舟山（今小九华山）、龙广山（今富贵山）诸山峦。由于南京城因山顺势，据险而筑，故凭高俯瞰，城墙所围，是一个不规则的多角不等边形，成为东傍钟山（今紫金山），西据石头山（今清凉山），南凭秦淮河，北控后湖（今玄武湖），内包皇城和宫城（见图5-23）的巨城。

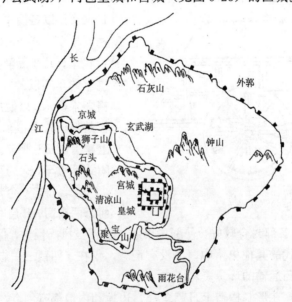

图 5-23　南京城的规模和形势

京城从至正二十六年（1366）八月改筑应天城开始，至洪武十九年（1386）十二月新筑后湖为止，前后共用了20年4个月，全城周长37 140米[①]，城上建垛口13 616个、战棚200座，开有13个城门。城墙的高度与厚度因地而异，最高20丈，一般为5～7丈；最厚处有8

---

① 季士家，明都南京城垣略论，见《明清史论集》，南京出版社，1993年版，第16页。

丈多，一般为 1.3～1.4 丈。不仅雄冠当时全国各城之首，而且也是世界上的第一座大城（其次是巴黎城）。外郭建于洪武二十三年四月，周长 180 里，把京城附近的幕府山、钟山、聚宝山（今雨花台）等险要之地全部包围在内，"西北则依山带江，东南则阻山控野"，共开 16 门。外郭各门及其附近地段的城墙，一般都用砖石砌筑，其余地段大多是利用山埂培土夯成。

（二）南京城建筑的军事特点

南京城池是一座依山凭水，独据险要，易守难攻的坚城，具有多层次、大纵深城防体系的特点。外郭建成后，使南京的西面和北面以长江为天堑，又分别有形似虎踞的石头山、势若天筑巨城的幕府山控镇江岸；南面有雨花台为屏障，更有西南面的三山扼据江边要隘；东面以钟山为制高点。因此，外郭是南京的第一道坚固防线。外郭圈地 2000 多平方里，腹地广大，便于驻守重兵，进行机动作战。正因为如此，所以当时"京城内外置大小二场，分教四十八卫卒"，屯兵 207 800 多人[①]。同时，大面积的腹地有利于在城内发展一定数量的农业、手工业和商业，便于战时的军需供给。京城是南京的第二道坚固防线。依山之处，守城士兵可以利用"岗垄之脊"居高临下的有利地势，俯击攻城之敌，并能选择战机进行反击；凭水之地，可隔阻敌军的进攻。

城门是南京城建筑最坚固的城防工事，其上建有高大坚固的城楼，便于指挥员登楼了望敌情和指挥作战。每座城门都各建木门和千斤闸（又称闸门）一道，城门都建有瓮城，或在门外，或在门内（门内的瓮城又称罗城）。少者一道，如神策门。多者三道，如聚宝、通济、三山等门。聚宝门（今中华门）建筑雄伟，东西宽 128 米，南北深 129 米，占地 16 512 平方米，城墙高 21.5 米，主城墙和瓮城墙高 21.45 米（含女墙）。门南有 128 米宽的外秦淮河为天然护城河，门内以 28 米宽的内秦淮河为内堑。城门之内共建三道瓮城、四通城门、两条登城礓磜（jiāngchá，古代登城的慢坡，作台阶用）与一条坡道（两者共宽 11 米）、27 个藏兵洞

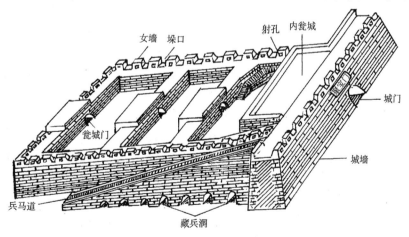

图 5-24 聚宝门藏兵洞

① 《明史》卷八十九《兵一》，《明史》八第 2176 页。

（见图 5-24）[①]。每道瓮城城门之上都建有城楼，第一道瓮城门长达 75 米。因此，这种城门建筑群，实际上是一个依托坚城而建的多种永备工事结合体，战时可以厚集兵力，构成坚固的防御阵地。此外，从城门向两侧延伸时，每隔 150 米左右，构筑一座宽 10~15 米的敌台，成为城墙上仅次于城门的防御重点。

皇城和宫城基本上处于外郭的中心，如果集江河湖山与军事筑城而言，它们处于三道坚固防御阵地之纵深，远离外郭二三十里以上，充分体现了朱元璋以"高筑墙"巩固政权的思想。

（三）南京城在军事筑城技术上的成就

南京城是中华民族在城墙城池建筑中所获成就的光辉标志，主要体现在下列几个方面。

首先是充分利用天然的和历史上形成的地形地物，作为筑城的基础。其西北段是利用四望山、卢龙山的"岗垄之脊"建筑的城墙。墙外之敌但见其立于崖壁之上，高耸难攻。城内守军却可凭借平缓的护土坡上下往来，进行机动作战。建于清凉门左右侧的城墙，则因三国时孙吴所建石头城的旧址而筑，更是易守难攻。

其次是建筑深厚牢固的墙基，使新筑的城墙坚实耐久。三山门至石城门段的城基，都用大条石砌成，深入地下 5 米多尚不见底层基石[②]。覆舟山至解放门段城基，深挖至 12 米，仍不见底层基石。

其三是采用巧妙的筑基技术，减轻城墙对地表的重压，避免城墙塌陷的危险。三山门至石城门段土质较松软，设计者便采用增大城基的底面积，分散力点的方法，以减轻城墙对地表单位面积的压强。在其他一些土质松软的地段，还采用在两端建筑坚固的墩基，尔后在墩基上交错支架多层大粗木排，把城墙对地表的压力，通过木排转移到墩基上。中华人民共和国成立后，曾在聚宝门、正阳门东侧和光华门东侧的城基下，发现过采用这种方式构筑城基的大量圆木。如果遇到在地下埋设水管的地段，设计者就在水管上面建筑拱顶，使城墙的重压避开管道，通过拱顶转移至两端的墩基上。1980 年，在覆舟山西侧挖掘防空巷道时，就发现了一座横于城墙之内，高 4.5 米、宽 4 米、长 20 米的拱顶及墩基建筑。经考察认为，它是为保护武庙闸通往后湖的涵管而设计建造的[③]。

其四是修建了排水和控水设施，使城内不受旱涝之患。城墙的排水设施在筑城时已一并设计：城顶以砖砌面，外沿置滴水槽，使雨水从顶部流入城根略高于地表的石槽，通过窨井排入河流，聚宝门处至今尚可见到这种设施。控水设施主要是建于河水入城之处的水闸，水闸下接铜铁涵管或砖砌涵洞，启闭闸门便可控制流入城内的水位。朝阳门南、太平门内偏西之处，都有人发现过这种设施。秦淮河入出之处的通济和三山门，都建有三道闸门。为守御这两座城门，当时也建筑了藏兵洞，仅通济门东关头就建有 22 个藏兵洞。

其五是选择优质的材料，保证筑城的质量。筑基所用的条石，采制于南京东面的汤山，一般长 80~119 厘米、宽 70 厘米、厚 26~33 厘米。城砖用优质粘土经研细筛选后烧制，质地

---

① 藏兵洞是在瓮城或城墙内侧建筑的士兵休息处所。通常以砖石券拱，有 5~10 米防护层，里端封闭，洞口设两扇对开的铁包木门。聚宝门的第一道主墙内侧筑有 2 排 13 个藏兵洞。内瓮城两侧兵马道下各筑 7 个藏兵洞，共 27 个藏兵洞，可屯兵数千人。作战时，能迅速从兵马道登上城门，进行作战。

② 1970 年，在修建防空巷道时，曾经将城基掘开，深至 5 米不见底层。

③ 1971 年 2 月，在武庙闸发电站的工地上，出土了两套铜水闸 107 节铜涵管、43 节铁涵管，管径 95 厘米、壁厚 1.5、长 104~107 厘米。

细密均匀，呈青灰色，每砖长40厘米、宽20厘米、厚10厘米。从已搜集到的城砖及刻于其上的铭文可知，它们是由相当于今江苏、江西、安徽、湖北和湖南5省的28个府、118个县、工部下属的一些单位，以及飞熊、豹韬、横海3个卫的民工和军士烧制的。砌城的粘剂，是把江、浙二地所产的一种"蓼草"[1]放水加温成粘液，再配以适量的石灰、细沙，搅拌成混合浆而制成的。经取样试验，它的承压能力稍低于现在的水泥沙浆，而拉力和渗透力均比水泥沙浆高，是一种韧性较大的粘剂。有的粘剂系用糯米汁、高粱汁和桐油、麻丝拌合而成。

采用先进技术建筑的南京城，再配以厚足的兵力兵器，确能形成一个据可守、进可攻的坚固城市防御体系，达到了城墙城池建筑技术的高峰，充分显示了中华民族的聪明才智。

二　平陆都邑筑城之最——北京城

永乐四年（1406），朱棣为迁都北平预作准备，便下诏工部，于五年动工营建北京新都，后因故暂停。至十四年，朱棣再次下诏，于十五年开工营建北京新都，历时四年，于十八年完工。新建的北京城系在元大都的基础上拓展而成。同南京因山顺势的筑城方式不同，它属于平陆筑城，由京城（嘉靖年间增筑外城后，改称内城）、皇城和宫城（即紫禁城）逐城围圈的布局方式组成[2]。京城周长25公里，东西长6650米，南北长5350米。是北京城的主体防御工程，由城墙、城门、敌台、角楼和护城河组成，各有建筑特色。

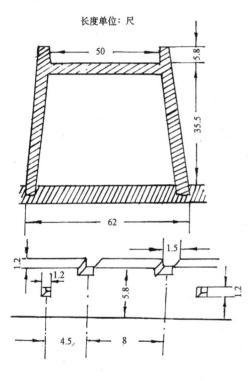

长度单位：尺

图 5-25　北京城墙剖面及雉堞

京城城墙高13米，底墙壁一般厚19.5米，顶收壁厚16米。城垛高1.9米，厚0.4米，两垛口中心线间的距离3米，城垛中部有一个0.4米见方的射孔，每隔一垛开一个（见图5-25）。全城共筑雉堞（zhīdié，城垛）11 038个。雉堞后面为宽15米左右的平坦走道，可并行数列骑兵。城墙的内外壁都用山东临清等地所烧制的城砖交错垒砌，砖长49厘米、宽14厘米、厚13厘米，砖缝系用白石灰浆与糯米汁掺和浇灌、填平，防止雨水渗漏，至为坚固。墙基用条石铺砌，墙壁内用黄土逐层夯实。墙顶用三合土灰浆灌实抹平，尔后再铺城顶方砖，砖缝用灰浆抹平，防止漏水。城墙内壁较缓，外壁稍陡，易守难攻。

北京城建成时开有九门，正统四年（1439）进行整修，门外立牌楼，门前砌筑石桥。东西北三面各二门，南面三门，门上修二三重城楼，城门基面宽深约6~9米。其中南面正门

（即正阳门，又称前门）是全城最高的建筑，城楼为三重飞檐，两层楼阁，城门人口处有铁包木质双扇对开大门。门外建有半圆形的瓮城，城顶上筑有高近 35.5 米的箭楼（见图 5-26），可射击较远距离的攻城之敌。

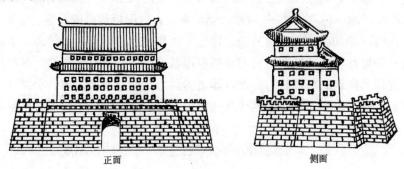

正面　　　　　　　　　　　侧面

图 5-26　北京正阳门箭楼示意图

　　敌台和角楼建于京城每面城墙的外侧，从城门向左右两侧延伸，每隔 60～100 米建筑一座，向城墙外侧突出，四周共有 172 座。敌台的横截面为 16 米见方，其后筑有一所三开间的营舍，供士兵休息。全城按城墙分段建筑 9 个掩蔽库、90 个火药库和 135 个储备库，储备兵器。以敌台为中心的城上建筑，是战时守备的重点。角楼是城墙拐角处的敌台，台的外墙面宽 20 米，高 30 米，可从左右两个方向侧击攻城之敌。

　　护城河建于城墙四周外侧的 50 米处，约 30 米宽、5 米深。其水于玉泉山经高梁河桥至城西北，分两支入城。一支沿城北转城东，再折而南入城；一支沿城西转城南，再折而东入城。在水道入城之处，都设有水关。水关分内外三层，每层都护以铁栅，防止敌人从水关潜入城内。

　　由于北京是平陆筑城，所以不如南京城那样因山顺势，凭险坚守。北京的主要防御部署都在郊外数十里处，因此朱棣采取增加北京地区四周的卫所方式，以拱卫北京。除南北两京的大规模军事筑城外，各府州县和军事要冲，也都筑有不同规模的城池。

三　长城建筑的发展

　　为了防御蒙古贵族的袭扰，明代在 200 多年中，先后对长城进行了 18 次修建，大致可分为两个阶段。从洪武元年（1368）朱元璋派徐达修建居庸关开始，到弘治十三年（1500）为第一个阶段。在这个阶段中，基本上完成了东起鸭绿江、西至嘉峪关的 12 700 多里长城的修建工程。嘉靖至明末为第二个阶段。第一阶段修筑的重点放在重要的关城及其两侧的城墙，还有一些重要的防御地段。

（一）关城

　　长城沿线的许多要隘，大多建有关城，它们经过历代的修建和改建，成为长城防线上的支撑点，具有重要的战略和战术价值。其中山海关、居庸关和嘉峪关最为突出。朱元璋建明以后，为了同北方蒙古族进行军事斗争，也把重点放在这三个重要关城的修筑上。

　　山海关是辽东段长城和蓟镇段长城的连接点，隋唐时期有临渝宫、临渝关等名称。洪武

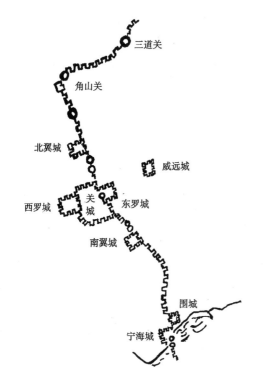

图 5-27 山海关防御态势示意图

十四年（1381），朱元璋派徐达率部修筑。正统至弘治年间又有扩建，使山海关与其两侧附近的长城构成坚固的防御区域。山海关以长城为东城墙，与南西北三面城墙一起围成一座关城。经测量，东墙长 1350 米、南西北三面墙长分别为 1087.5 米、1290 米、636 米，周长 4363.5 米，约 8.7 华里，比《临榆县志》记载的"周八里一百三十七步四"稍长。城墙内用土筑，外用砖包，高 14 米、顶收厚 7 米，底墙厚度各不相等。四面各开一门，上建双层城楼，楼上开设箭窗，四门都筑有瓮城，现仅存东门（天下第一关，见照片 8）一座瓮城。周围有烟墩和边堡。明万历、崇祯年间，又在山海关外东西两面建筑罗城。南面 4 里外有南翼城（又名南新城、南营子），北面有北翼城（又名北新城、北营子），城东 4 里外的欢喜岭上有周长 614 米的威远城，关城至渤海边

筑有宁海城和老龙头。关城与周围各城一起，构成具有大纵深的坚固防御区域（见图 5-27）。

居庸关设自秦朝，之后又几经增修。关城座落在燕山支脉军都山的一条深谷隘路中，自东南向西北曲折延伸，长达 25 公里。两旁山岭夹峙，南北两口之间，筑有三道重关，经明初改建后，成为保卫北平（今北京）北部安全的门口。居庸关位居三关之中，是三关的主关。关城周长 500 米，城墙用城砖和条石砌筑，高 10.5 米、底墙壁厚 11.5 米、顶收壁厚 9.5 米，南北各开一道城门，门外都有瓮城。居庸关关城隘口为八达岭，地势险峻，居高临下，岭外为开阔平川。弘治十八年（1505），在岭口增筑一座小城，墙高 7.5 米、厚 4 米，面积约 280 平方米，两侧城墙随山势翘升，东连灰口岭，西接白关

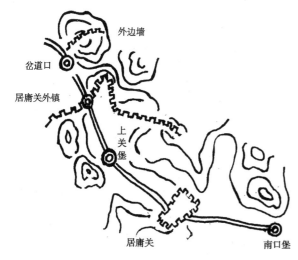

图 5-28 居庸关附近形势

口，有"一夫当关，万夫莫敌"的"天险"之称。居庸关关城南路隘口为南口镇，筑有堡城，是隘路的最后一道设防阵地。除上述三道关外，还在八达岭北 2 公里处建筑一座岔道城作为前卫城。岔道城有南西北三门，城南与南山相连，城西北的山口两侧筑有墩台，城北高地上筑有一段带形城墙作掩护。这些建筑前后策应，使居庸关成为长城沿线一处由前卫阵地、主

阵地、后卫阵地组成的大纵深防御区域（见图5-28），是天然险要与先进筑城技术相结合的产物。

嘉峪关建筑于肃州（今甘肃酒泉）西35公里的嘉峪山东南麓，为长城最西端的关城，居高凭险，自古以来就是控制河西走廊的西口，出入新疆的门户。明将冯胜于洪武五年（1372）平定河西后，正式筑城建关。至嘉靖十八年（1539）增筑外城后，全城由内城、瓮城、罗城、外城组成（见图5-29），具有城内有城，城外有壕，城下有道道重关，全城层层设防，

图 5-29   嘉峪关关城剖面

布局合理的特点。内城居关城正中，平面成西大东小的梯形，西墙长166米，东墙长154米，南、北两墙长约160米，周长640米。城墙高9米，加上垛墙后高约10.5米，6米以下用黄土夯筑，以上用土坯筑砌。底墙壁厚6.6米，顶墙壁厚2米，收分比较明显。城头外侧共有133个垛口和射孔。东西两面开门，门外增筑正方形瓮城，门上建有三层高大的城楼。南北城墙无门，墙头中段建有敌台，台上建有戍楼，四角建有角楼，供士兵放哨。除城楼、敌台和垛口的边角用城砖包砌外，其余都用土夯实，版筑而成。夯层12.14厘米，十分坚固。关城东、南、北三面之外侧都有黄土夯筑的围墙，称为外城。其西端与罗城相接，东部围墙沿花岗岩边缘而筑。南北二墙与肃州西长城相连，互成犄角之势。外城墙长1100米，残高3.8米，其构筑技术与内城墙相同。

除上述三个关城外，长城沿线还建有许多著名的关城，诸如倒马关、紫荆关、雁门关、平型关、娘子关等，它们大多也由城门、城墙、敌台等部分组成，并成为长城的重要组成部分和重点设防阵地。

（二）城墙

长城各关城之间，都由带形长墙连接。它们都采用因地制宜、就地取材的方法建成（见图5-30）。有土筑墙、木筑墙、石垒墙、削壁墙、砖砌墙等形式。

土筑城墙大多建筑在平原黄土地区，一般采用版筑夯土法，就地挖取黄土，掺以沙子、石灰，拌成三合土。或用黄土夹片石，经过分层夯实，版筑为墙。这种墙一般高3～4米，底墙壁厚3米，顶墙壁厚2米。山西、陕西、内蒙古、宁夏、甘肃等地的长城，以及嘉峪关的城墙，多属这类城墙。

木筑城墙大多建筑在江河岸边或森林地区附近，一般就近伐大木，密植在墙基的内外两面，编连成排，形成内外壁。然后向中间充填沙土和卵石，边填边夯，逐层夯实成墙。最后再在城墙的顶部，用大圆木或厚板封顶，并设置女墙和垛口。现存辽东镇太子河边的明长城遗址，即用此法筑成。

石垒城墙大多建筑在山地或石材较多的地区，一般就近劈山取石，制成相对规范的形状，用石灰浆或泥浆填实缝隙，墙高约2.5～3米。居庸关两侧的城墙，即用此法筑成。

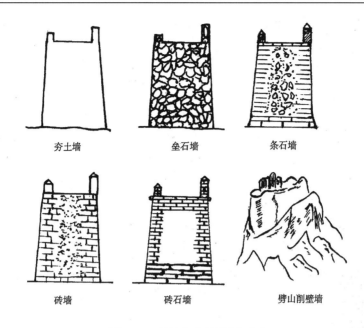

夸土墙　　　　　　垒石墙　　　　　　条石墙

砖墙　　　　　　砖石墙　　　　　劈山削壁墙

图 5-30　长城各种城墙剖面图

削壁城墙大多建在外侧陡峭、内侧平缓的山脊上，一般将内侧削低铲平，外侧保留一定厚度，高约 2.5～3 米，顶部筑成垛墙和垛口形状，与人工筑墙相接，成为天然墙壁。

砖砌城墙大多建在关城及其两侧附近，一般采用统一规格的城砖包砌城墙的内外壁，两壁中间用黄土和卵石填实，尔后分层夯实。山海关到居庸关之间的关城和城墙，大多用此法筑成。

此外，在一些重要的关城及其两侧，则采用多种材料和各种综合技术建筑城墙。山海关附近的城墙，底层以大条石为基础，基上用城砖砌筑两壁，壁中充填三合土，逐层夯实。顶部用城砖铺砌，坚牢完固。居庸关和八达岭长城，以军都山坚实的山脊为基础，采用上述方法筑墙。顶部铺砌三四层城砖，可骑马驰车，整个城墙随山脊蜿蜒起伏，似巨龙伏波之势。城基和城顶还砌有排水沟和排水檐，免被雨水侵蚀、冲刷。城墙内侧筑有登山阶梯，守城官兵和兵器可上下机动，城墙内壁每隔一定距离，开有一道高 2 米、宽 1.5 米的半圆拱顶券门，门内有砖砌梯道，直通城顶，以备军情紧急时上下迅速传递信息。从城墙外侧看去，山壁陡峭，城墙筑于崖壁之巅，平步难登。

（三）墙台与烽火台

墙台又称城台，是倚城墙建筑的一种实心台，类似于宋代的马面战棚，每隔 300～500 米一座。通常成正方形，正面突出城墙外侧 2～3 米，高于城墙 1.5～1.7 米。河西城墙的墙台高出城墙 3～4 米，墙台顶部筑有女墙和垛口，垛墙壁上开有望孔和射眼。墙台上建有简易铺房，供守城士兵巡守、营宿和避风躲雨之用。同时，还储有各种兵器、信号器材，以及可供守军一月之用的粮食和饮水。每座墙台平时有守兵 4 人，战时可增至 14 人，有简易梯子可供上下。嘉峪关北的明墙上有七座敌台，台高 16 米，底长 14 米，宽 13 米，矗立城上，高大雄壮。

烽火台的建筑较前有改进。通常高 9～10 米，台基长 12.3 米、宽 10.5 米、呈梯台形，有阶梯通至台顶。台身有土筑、石垒、砖砌等类型，顶部有垛墙和垛口，中央建有发烟灶（烧火池），以及可张挂彩旗和灯笼的高大柱杆，台内备有梆子和信号。报警的方式也有较大的改进。白天以举烽和放炮次数的多少，夜晚则以点燃不同色彩的发焰剂，区分不同的敌情①。远处驻军以此为依据，决定派出援兵的数量。

（四）关口障碍

为加强重要关口及其两侧长城的防御，通常还在距关口一定距离的通道上，设置挡马墙和陷马坑。挡马墙的高度一般以能阻挡敌军战马跨越为度，大多作多层次的布设，以阻滞敌骑的驰突。陷马坑大多挖在宽旷的平坦地形上，如梅花形交错分布，坑内密植铁签、尖刃，以刺戮落坑战马的马蹄，坑面上多有伪装，使敌不辨真假，落入坑内。此外，有的还在阵地前方较远的距离上种植灌木林或密植木桩，障碍敌骑的冲突。

明朝前期以防御蒙古骑兵袭击而对长城进行的改建和扩建，在工程技术上既沿用了前人的经验，又有许多新的创造。以嘉峪关为例，当时修筑关城时，从运输到施工，都采取逐段分工包干的方法计时、计料、计价。正德元年（1506）修缮关城及东西城楼时，据说有一位名叫易开占的工匠，不仅技艺超群，而且善于设计和计算。他所提出的施工方案和用料（包括砖、瓦、木、石）计划准确无误，在完工时，除剩下一块砖外，其余正好用完，实为军事筑城史上的一大奇迹。在城防守军的装备上，已增加了各种火铳。据《肃州志·文艺》记载，嘉峪关城贮存的武器就有各种铁壳爆炸弹、100多辆纵火霹雳车、刻有"奇字壹千玖佰叁拾叁号　永乐柒年玖月　日造"的永乐中型火铳等。

四　沿海卫所城堡的建筑

朱元璋建明之初，就遇到极为频繁的倭患，为此他采取了一系列防备措施。在辽东至广东沿海的岛屿、海口、海岸、港湾等险要之地，为卫所驻军建筑城、堡、寨、墩、堠、台等设施。其后各届朝廷又在此基础上进行改建和扩建，逐渐形成了以这些据点为基础的点线结合的沿海防御体系。

（一）卫城和所城

卫城是沿海的大型军事工程，可视为"沿海长城"的关城，是控制重要海口的据点。明朝前期建筑的沿海卫城较多，其中威海卫城具有一定的代表性。威海卫地处山东半岛东北部，与辽东半岛南端的金州卫隔海相望，是雄据渤海口门的锁钥，也是明初倭患频繁的地区之一。永乐元年（1403），明廷在清川城的旧址上，扩建方形威海城，周长1020米、高9米、城根壁厚6米，四面各开一门。城基以条石垒筑，上砌城墙，城墙上有女墙、垛口和马面战棚。城门两侧和城墙拐角处筑有登城的兵马道。城外有宽4.5米、深2.6米的护城河环绕。城池面敌的高地，筑有大型铳炮架，上安铳炮。附近筑有了望台和烽堠台。

---

① 据《明宪宗实录》卷三十四记载：成化二年（1466）九月辛巳规定，敌兵百余人，举放一烽一炮；五百余人，举放二烽二炮；一千余人，举放三烽三炮；五千余人，举放四烽四炮；一万余人，举放五烽五炮。又据《武备志》卷一百二十《军资乘·火二·五色烟》记载，如果在火药中分别加入适量的青黛、铅粉、黄丹和松香、紫粉、木煤和皂角等成分后，可分别配制成发出青焰、白焰、红焰、紫焰和黑焰等报警火药，即彩色发焰剂。

所城的规模较小，数量较多，它们与卫城相间配置，连绵相续，成为万里海防线上众多的防御支撑点。

（二）碉楼和墩台、烽堠

碉楼也称碉堡，福建、浙江和南直隶（今江苏）一带多有建筑。大多呈梯台形，通常分两层，墙高4米、底部2.5～3米见方；顶部1.5米见方，四周有垛墙和垛口；四面墙开有上下两层射孔；底层四面只有一面开门，供士兵出入。碉楼内空间较小，供3～4名士兵值班守哨所用。若与邻近各碉楼互相联系策应，可发挥联络、守备作用。

墩台和烽堠通常用土夯筑，内外壁用砖包砌。墩台主要用于防守、警戒和联络。墩台和烽堠一般每隔3里建筑1座。由于沿海潮湿多雨，柴草难以燃烧，故常在烽堠台旁增筑几处草屋贮藏柴草。如敌人在阴雨天来犯，即点燃屋内柴草，迅速发烟报警。墩台与烽堠的守备士兵，都由附近的卫所节制。

碉楼和墩台、烽堠，除平均分散建筑外，在重要的守备地域还采取集群建筑。如永乐年间，在辽东的金州、旅顺口、望海埚、左眼、右眼、三手山、西沙洲、山头、爪牙山等处，用大石建筑碉、堡、烟墩和所城，以加强守备[①]。

（三）岛上寨城

为了使沿海附近的岛屿不受敌人的侵犯或不被敌人据为巢穴，明廷十分重视在岛上建立守备工程——寨城。洪武二十一年（1388）十一月，朱元璋采纳山东都指挥使周房（《续文献通考》卷一百三十二作周彦）的建议，在山东莱州卫建立8个总寨，下辖48个小寨，并在宁海卫建立5个总寨，以备倭寇[②]。这些寨城大多包括水寨、城寨、了望台、烽堠台、官兵营房、练兵场、船坞、码头等建筑。环岛的周围还筑有陡坝、岸堤、石墙和碉堡，使全岛成为一座具有环形防御体系的海上城堡和海岸防御体系的前哨阵地。从而把沿海的防御前线向近海推进了一定距离，改善了防御态势，迟滞了敌人对海岸的进攻，消耗了敌军的有生力量，在一定程度上减轻了岸上防御的压力。

这些建筑设施，使万里海疆形成一个点线结合、以点为主、重点设防的防御体系，为沿海守备部队坚守阵地、出海巡捕和进行海上机动作战，创造了条件。

这一时期，除上述各种永备军事工程外，还在野战、攻守城战、山地战、沙漠战和水战中建筑临时性的军事工程。它们的建筑技术，已分别在一些章节的战例中叙述，此处不再重复。

明代前期的军事筑城，既吸收了宋以前的经验，又融汇了当时的最新成果。安置火铳的墩台已经出现，并逐渐增加。出土的120多斤大炮筒，说明洪武八年的莱州卫已用其作为海防的利器。长城沿线的许多关城、隘口，已经使用铳炮进行守备。这些都为火绳枪炮迅速发展的明代后期的军事筑城，提供了借鉴。

---

① 见本章第七节三之（五）。
② 《明太祖实录》卷二百二十二，洪武二十一年十一月乙酉，《明实录》五第3244页。

第六节　战船发展的高潮及其装备的改善

这一阶段，我国战船发展出现了几个高潮，形成了战船建造史上的鼎盛时期。

一　元朝的战船和水战的规模

元世祖忽必烈建立元朝后，为了攻灭南宋政权，以及进攻日本、安南、占城、缅甸、爪哇、琉球等地，曾在一些地方增设造船提举司，建造适于海上和内河作战的各型战船，所造战船的数量之多，旷古空前，一次造船千艘以上者，不足为奇。至元七年（1270）三月，一次就建造战船5000艘①，准备进攻襄阳。十年三月，又在兴元、汴梁等地，建造战船3000艘①。其时，水战的规模也空前宏大壮观，至元十二年七月在镇江焦山附近水域的一次水战，双方水军出动成千艘战船，驰逐江上。元将阿珠挑选上千名箭法高强的元军，乘巨型战船，夹击宋将张世杰水军的两翼。火箭射中宋船后，"烧其篷樯，烟焰涨天"，宋军大败，700多艘黄白鹘船被元军缴获，战斗力丧失殆尽。至元二十七年十一月，元朝又在江淮地区增造战船和海船，装备沿海和沿江的22个要塞，使这些要塞拥有100艘战船和22艘海船，增强了沿海和沿江地区元军水战的能力。

元世祖以后，战船建造的发展势头，一直延续到元顺帝才日趋衰萎。元末农民大起义时，江南群雄崛起，频造战船，互相争雄江上，对阵海中。朱元璋领导的一支起义军，在至正十五年（1355）收编了巢湖地区起义水军的上千艘战船。渡过长江后，又在统一江南的各次战争中，先后兼并了陈友谅、张士诚、方国珍、陈友定等部的战船。其中有陈友谅部命名的混江龙、塞断江、撞倒山、江海鳌等楼船，以及蒙冲、斗舸等各型主力战船。明朝建立后，即由工部下辖的都水清吏司，职掌全国各地船厂的战船建造之事。

二　明朝前期的造船厂

明朝前期的造船厂大致分两大系统：其一是由工部都水清吏司直接统属的南京龙江造船厂、清江造船厂、清河造船厂；其二是一些地方布政司设立的造船厂。沿海都司和卫虽然缺少专用的造船厂，但也采取由军内"各便地方，差人打造"，或按所需工料，拨料拨款的方式，交付地方造船厂建造。

（一）龙江造船厂

龙江造船厂创于洪武初年。据《龙江船厂志·建置》记载："洪武初，即都城西北隅空地开厂造船。其地东抵城壕；西抵秦淮街军民塘池；西北抵仪凤门第一厢民住官廊房基地（阔一百三十八丈）；南抵留守右卫军营基地；北抵南京兵部苜蓿地及彭城伯张骐（此字原文不清，经查《明史·表第九·外戚恩泽侯表》为骐）田，阔（原文为深，似误，故改）三百五十四丈"。该厂约相当于南京市汉中门和挹江门之间的一带地区，靠近长江边。据计算，共占地48

---

① 《续文献通考》卷一百三十一《兵考十一·舟师水战》，《续文献通考》（二）第3966～3968页。

852 平方丈，约合 2.2 平方里，或 814 亩。

厂的行政机构为龙江提举司，司设提举一人，副提举二人。提举专掌战船、巡船之政令，副提举协助提举工作。其办事机构为帮工指挥厅，厅设帮工指挥千户、百户各一人，主要督率驾船官军在厂协助工匠造船。战船建成后，要同时统计上报工部都水清吏司和中军都督府操江都察院，听候验收和调拨。

厂内工匠招自浙江、江西、湖广、福建、南直隶等地的居民，初有 400 余户，隶籍提举司，编为四厢，一厢为船木梭橹索匠，二厢为船木铁缆匠，三厢为舱匠，四厢为棕蓬匠。每厢设厢长一人，下编十甲，每甲设甲长一人，统十匠户。又从 400 余匠户中选择丁力有余行为端正的 45 人当作头，在技术上督促、检查工匠的工作，分布于各工种之中①。

除提举司、帮工指挥厅外，还有蓬厂、细木作房、油漆作房、铁作房、蓬作房、索作房、缆作房等②。

厂中对于进料、管料、用料、成品检验及财务等，都有严格的制度，明细的规定，违者要受到处罚③。

上述情况说明，龙江造船厂具有规模宏大、机构健全、指挥畅通、分工明确、制度严密、要求严格等特点，是我国 14 世纪末叶典型的作坊式大型战船建造厂。该厂创办后，即由明廷工部直接掌握。到永乐年间，因郑和下西洋所乘宝船在该厂建造，故又称为宝船厂④。永乐十九年（1421），朱棣因奉天等三大殿发生火灾，内心惶惧不安，故下令停造宝船。郑和第六次下西洋结束后，即留在南京。朱棣死后，朱高炽即位，重申停造宝船之令。此后便遂行一般的造船任务。

（二）清江造船厂

创建于永乐七年，遗址在今江苏省淮阴与淮安之间，规模较大，设有京卫、中都、直隶等 4 个总厂，管辖 82 个分厂，有 3000 多个工匠，每年可造战船 500 余艘⑤。

（三）清河造船厂

创建于永乐七年，遗址在今山东省临清县境内的清河（又称卫河），主要建造遮阳船及适用于山东和北方的浅水船，专为内河漕运所用⑤。

洪武和永乐年间，由于朝廷推行工部所属造船厂与地方造船厂相结合的战船建造方针，所以上述造船厂和其他造船厂，承造了数量极为可观的战船和军用船只。满足了沿海防倭、剿

---

① 1）李昭祥撰，《龙江船厂志》卷三，《官司志·杂役》，据《玄览堂丛书续集》第 117～119 册《龙江船厂志》影印，见河南教育出版社，1994 年版，《中国科学技术典籍通汇·技术卷》五第 529～531 页。以下引此书时同此版本。

② 李昭祥撰，《龙江船厂志》卷四，《建置志》，《中国科学技术典籍通汇·技术卷》五第 531～536 页。

③ 李昭祥撰，《龙江船厂志》卷五，《敛财志》；卷六，《孚革志》，《中国科学技术典籍通汇·技术卷》五第 536～549 页。

④ 学术界对宝船厂的遗址尚有分歧。一种意见认为宝船厂即洪武时期所建的龙江船厂或其中的一部分。另一种意见认为不是龙江船厂遗址而是在其西侧。本文认为前说较可信。因为在《龙江船厂志·训典志》中有永乐五年造船"备使西洋诸国"的记载，又因为茅元仪在《武备志》卷二百四十中所列的"郑和航海图"，原名为"自宝船厂开船从龙江关出水直抵外国诸藩图"，图名似指宝船厂设在龙江关。

⑤ 《中国古代造船发展简史》编写组，郑和下西洋与我国明朝的造船业，见《郑和研究资料选编》，人民交通出版社，1985 年版，第 423 页。

倭、用兵交阯和郑和出使西洋的需要。把战船建造推向了新的发展阶段。

<h2 style="text-align:center">三　战船的种类</h2>

明代前期除楼船、蒙冲、斗舰、走舸外，主要建造用于内河与近海的战船，以及为郑和下西洋所建造的军用船。

（一）内河与近海的战船

四百料战座船是当时的指挥船，船体长8丈6尺9寸，阔1丈7尺，竖2桅，备有16橹和14个隔舱，尾部设有了望亭，周围有挡板，上开弩窗矛穴，供士兵刺、射敌人之用，"其伟式追楼船之轨范，……大而雄，坚而利，用之驱浪乘飚……有不战而先夺人之心"[①]的气势（见图5-31）。

二百料、一百五十料和一百料三种战船的外形，大致与四百料战座船相似。其中二百料战船长6丈8尺，宽1丈2尺6寸，也竖有2桅和了望亭，稍小于四百料战座船。一百料战船长5丈2尺，宽9尺6寸，有11个舱，乘员30人，轻便快速，便于冲击敌阵。这三种是当时的主要战船，具有"大小毕具，迟速并宜"[①]，协同作战的特点。

叁板船是小于一百料的战船，载乘士兵十余人，具有"往来神速，率多取效"[①]，机动灵活的特点。

浮桥船即舟桥船，用于连环搭扣成桥，让军队通过河川[①]。

图5-31　四百料战座船

哨船船体长4丈2尺，宽7尺9寸，竖单桅，分11个舱，备有橹桨。多用于侦探和巡哨，有时也用其为先锋船[①]。

四百料巡座船与四百料战座船几乎雷同，是大型海防巡逻船，主要用于控据要害，监视敌船行动。有时也用作观察水军操练。具有"操练以观其（水军船阵）进退之常，巡逻以习其应变之略，奇正并用，缓急从宜"[①]。是战巡合一的军用船[①]。

快船是航速较快，便于在水上机动作战的轻便型战船。

上述明初新创的战船，大多用于内河与近海作战。作战时，互相协同，发挥整体威力，以获得较大的战果。除战船外，还有运载粮饷和辎重的后勤给养船。它们的载运量少则一二百料，多则五六百料，都用武装士兵押运。

（二）郑和下西洋的军用船

永乐年间，除沿用洪武年间建造的各型战船外，又为郑和下西洋新建了各种军用船。这些船的载运量，一般都在1500～2000料之间。罗懋登将下西洋的船按用途分为宝船、马船、

---

① 李昭祥撰，《龙江船厂志》卷二，《舟楫志·图式》，《中国科学技术典籍通汇·技术卷》五第515～523页。

粮船、座船、战船等五类①。

宝船是专为郑和下西洋建造的大型军用船,最大的宝船为郑和等明廷高级官员所乘座,舰体长44丈4尺多,阔18丈②。1957年,在南京宝船厂六作塘遗址出土了一件大舵杆,杆身用坚硬的铁力木制作,实测长11.09米,舵叶高6.25米。1965年,又在南京宝船厂四作塘遗址出土了一件用铁力木制造的盘车(绞关木),可起千斤重锚。据专家门考证,这两件出土的船具,应是当时大型宝船的配件(见图5-32)。学术界在考证史料和出土配件的基础上,将宝船复原,成为竖9桅、张12帆,可乘千人的大型军用船,堪称当时世界的航船之最,为其他国家所望洋兴叹。

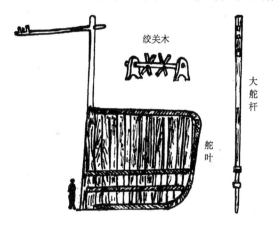

图 5-32　宝船配备的大舵杆和绞关木

马船长37丈,阔15丈,竖8桅,用于运载马匹。

粮船长24丈,阔12丈,竖7桅,用于运载粮草和淡水。

座船长28丈,阔9丈4尺,竖6桅,用于运载一般官兵和兵器。

战船长18丈,阔6丈8尺,竖5桅,船上乘座水军官兵,携带武器装备,航速较快,攻守兼备。如遇敌船,即可投入战斗。

郑和下西洋的船,大多在太仓、南京和浙江、福建等地建造,多为沙船和福船。

四　明初建造战船的数量和水军的规模

明初为了进行水战、防备倭寇入侵、用兵交阯与郑和下西洋的需要,所以战船建造和水军装备战船的数量不断增加,早在洪武初年于都城建置水军各卫时,就开始建造战船。洪武三年(1370)七月建水军24卫时,每卫已配备战船50艘,平时派350名军士缮理保养,平均每船7名。若遇战事,则"益兵操之"③。洪武五年,倭患逐渐增多,"官军逐捕往往乏舟,不能追击",故于是年八月,朝廷命浙江,福建濒海九卫,增造海舟660艘,以御倭寇④。接着又于十一月,命上述各卫建造多橹快船;洪武六年正月,又命广洋、江阴、横海、水军四卫建造多橹快船⑤。从而使沿海各卫水军船队提高了航速,增强了机动能力,便于在海上驰逐、追捕来犯的倭寇。此后沿海各地每年都有增造,使沿海各卫所配备的战船数量续有增加。洪武二十三年,沿海各卫每百户所和巡检司所配备的战船已达2艘⑥,千户所20艘,每卫100艘,比洪武三年每卫配备的战船数增加了一倍,大大改善了沿海卫所驻军装备的战船。

永乐年间,战船建造的数量猛增。永乐元年(1403)五月,朱棣在得知倭寇侵扰金门、定

---

① 明·罗懋登撰,《三宝太监西洋记通俗演义》第十五回,上海古籍出版社,1985年版,第188页。

② 学术界对最大宝船的长宽数据及其比值尚有争议,但没有确凿材料否定历史文献的记载,故仍以史书记载为据。

③ 《明太祖实录》卷五十四,洪武三年七月壬辰,《明实录》二第1061页。

④ 《明太祖实录》卷七十五,洪武五年八月甲申,《明实录》二第1390页。

⑤ 《续文献通考》卷一百三十二《兵十二·舟师水战》,《续文献通考》(二)第3969页。

⑥ 《明史》卷九十一《兵三》,《明史》八第2244页。

海、太仓等地的消息，即命福建都司建造海船 137 艘；命苏州和镇海二卫添造海船，作为防倭剿倭之用①。三年六月，又命浙江都司造海舟 1180 艘②，作为抗倭之用。

为了满足郑和下西洋的需要，朝廷于永乐二年（1404）正月，命京卫造海船 50 艘，福建造海船 5 艘③。五年九月，又命都指挥王浩改造海运船 249 艘，备使西洋各国④。六年正月，工部奉命建造宝船 48 艘⑤。据费信在《星槎胜览·占城国》中称，永乐七年，郑和奉命率官兵 2.7 万余人，驾 48 艘海船出使西洋，这 48 艘宝船与永乐六年正月工部奉命建造的宝船数相吻合。永乐十七年九月，又造宝船 41 艘⑥。

永乐年间所造战船和海运船甚多，仅据《明太宗实录》各卷的记载统计，自永乐元年至十七年，全国各船厂共建造战船 2700 多艘。可见当时的造船速度和数量是十分惊人的。

五　战船建造技术的提高和武器装备的改善

明朝前期的战船建造和导航技术都有很大的提高，战船上的武器装备也有较大的改善。

（一）战船建造技术的提高

首先是分工精细。龙江造船厂就设有篷厂、铁作房、篷作房、索作房、缆作房、艌作房、油漆作房等，分别制造战船所用的篷帆、铁构件、绳缆等部件和附件，以及为新建造的战船密艌船缝、涂刷油漆，使建造战船的各工序能进行流水作业，从而提高了建造速度和质量。

其次是对主要战船的式样和构造尺寸都已规范化。如当时规定四百料战船的船底长 5 丈 2 尺、头长 9 尺 5 寸、梢长 9 尺 5 寸、底阔 9 尺 5 寸、底头阔 6 尺、底梢阔 5 尺、底板厚 2 寸、栈板厚 1 寸 7 分。遮洋船的船底长 6 丈、头长 1 丈 1 尺、梢长 1 丈 1 尺、底宽 1 丈 1 尺、底头阔 7 尺 5 寸、底梢阔 6 尺、底板厚 2 寸、栈板厚 1 寸 7 分。

其三是对战船的选料用料都有严格的规定。以一千料海战船为例，每船要用杉木 302 根、杂木 149 根、株木 20 根、榆木舵杆 2 根、栗木 2 根、橹坯 38 支、丁线 35 742 个、杂作 161 个、桐油 3012 斤 8 两、石灰 9037 斤 8 两、艌麻 1253 斤 3 两 2 钱；每艘四百料战船要用木料 280 根、桅心木 2 根、杂木 67 根、铁力木舵 2 根、橹坯 20 支、松木 5 根、丁线 18 580 个、杂作 94 个、桐鱼油 1001 斤 15 两、石灰 3005 斤 13 两、艌麻 729 斤 8 两 8 钱⑦。

其四是船型比较先进。当时建造的战船，大多是沙船船型和福船船型。沙船的特点是平底、多桅、方头、方梢，并有出艄。构造上的特点使其有很多优越性：由于平底，所以吃水浅，受潮水影响较小，不怕搁浅，在风浪中航行比较安全；多桅多帆，桅长帆高，利用风力效果好。为了增加航行的稳定性，又增加了一些设备和装置：如披水板（即腰舵）、梗水木（设在船底两侧，类似今日的舭龙筋）、太平篮（竹制，平时挂在船尾，遇有大风浪时便装石

① 《明太宗实录》卷二十上、下，永乐元年五月辛巳、壬辰，《明实录》六第 0356，0367 页。
② 《明太宗实录》卷四十三，永乐三年六月丙戌，《明实录》七第 686 页。
③ 《明太宗实录》卷二十七，永乐二年正月壬戌、癸亥，《明实录》六第 498～499 页。
④ 《明太宗实录》卷七十一，永乐五年九月乙卯，《明实录》七第 986 页。
⑤ 《明太宗实录》卷七十五，永乐六年正月丁卯，《明实录》七第 1032 页。
⑥ 《明太宗实录》卷二百十六，永乐十七年九月乙卯，《明实录》九第 2165 页。
⑦ 《明会典》卷二百《工部二十·河渠五·船只》，第 1001 页。

其中，置于水下）等，从而使沙船可以在逆风顶水中航行；沙船的甲板面宽敞，干舷低，采用大梁拱，便于迅速排浪；有了出艄则便于安装升降舵；舵面较大而又能升降，增强了舵效应，减少了横飘；沙船采用水密舱，提高了抗沉性。沙船的上述特点，适于远航，便于在海上进行作战。

其五是建筑了大型船坞。在南京宝船厂的遗址中，至今仍有许多长方型的大水塘，依次被称为一㳇①、二㳇、……等。有的㳇塘长达 200～240 米，宽 27～35 米、深 2 米左右，有"上四坞"、"下四坞"等名称。

（二）战船导航和海图绘制技术的提高

除战船建造外，当时战船的导航技术也处于世界领先地位。郑和下西洋的航海实践，丰富和发展了古代在天文导航、海图绘制等方面的航海技术。

牵星术是天文导航的一种方法，它以牵星板为工具，用以测定战船所在的地理纬度。郑和率领船队七次下西洋时，往返以牵星为记。茅元仪在其所著《武备志》的"郑和航海图"中，还记载了该船队过洋牵星的数据。郑和率领的船队，还把测量天体的高度和罗盘的指向结合起来进行导航，使战船能准确驶向目的地。

明初《海道经》中附刻的"海道指南图"，是我国现存最早的海道图②。茅元仪在《武备志》中所收录的"郑和航海图"，有正图 40 幅。图中绘制了郑和船队的航行水程、海域、港埠、岛屿等内容，是当时航海技术的重要成果。

（三）船载武器装备的改善

明初船载武器装备的重大改善，主要表现在火铳的使用上，出土实物和文献记载证明了这一点。

中国人民革命军事博物馆收藏了洪武五年（1372）制造的一门大碗口铳，其上刻有"水军左卫进字四十二号"等字，说明这是一门装备水军左卫战船的大碗口铳。

1958 年，在山东梁山县宋金河支流发现了一艘明代木船，船体长 21.8 米，腰宽 3.44 米，中分 13 舱，最大深度 1.40 米。随船出土之物有铁锚和刀剑、箭镞、甲片、铁锅等物，锚上有"洪武五年造"等字。宋金河是明代漕河之一段，因此该船可能是明初的内河漕运船或者是运粮队的一条护航船。与此船出土有一定联系的是 1956 年在此河中出土了一件洪武手铳，铳身刻有"洪武十二年　月　日造"等字。如果出土的河段相同或相距不远，则很可能是该船士兵所装备的手铳。

《文物资料丛刊》1981 年第 4 期所载《内蒙古托克托城的考古发现》一文中，刊登了一支出土手铳的资料，铳身刻有"水军左卫"、"洪武十年造"等字，说明这是水军左卫战船的士兵使用过的一支手铳。

明廷在洪武二十六年（1393）规定了每艘海运船装备的兵器：黑漆二意角弓 20 张、弦 40

---

① 㳇（zuò）：即为水塘中造船作场之意。

② 《海道经》：一卷。作者不详。《四库全书总目》称元人所作，实误。书中有南京、卫、所、"宝船洪"等名称。故其成书年代当在永乐十九年（1421）郑和第六次下西洋后。因自当年起，南京定为明北京之陪都。书中所附《海道指南图》的四面标注了正南、正北、正东、正西四个方向。图中用单线标示海道。

条、黑漆鈚子箭 2000 支、手铳 16 支、摆锡铁甲 20 副、碗口铳 4 个、箭 200 支、火炮 20 个、火药箭 20 支、火叉 20 把、蒺藜炮 10 个、铳马子 1000 个、神机箭 20 支[①]。

上述 3 件火铳的铭文和文献记载表明，洪武年间的火铳，不但按建制装备水军各卫的战船，而且还按建制装备内河漕运船和外海运输船，足见当时战船装备火铳之普遍。水军战船使用火铳虽始自元末，但按水军的编制进行装备则始于明初，这是我国战船武器装备改善的一个重要标志。在当时的世界上是独一无二的。史家们由此判断，在郑和率领的庞大船队中似已使用火铳进行护航。此说虽尚无出土实物作证，但也属合理之事。

第七节　火铳的发展对军事的影响

火铳的发展，对当时军事领域的各个方面产生了巨大的影响，出现了我国军事在使用火器后的第一次大变革。其中尤以军队编制装备结构的变革最为明显。

一　军队编制装备结构的变革

随着火铳使用数量的增加，明朝前期军队编制装备结构的变革也日益深化。洪武十三年（1380）正月，明廷规定："凡军一百户，铳十，刀牌二十，弓箭三十，枪四十"[②]。又据《明会典》卷一百九十二记载，洪武二十六年定："每一百户，铳手十名，刀牌手二十名，弓箭手三十名，枪手四十名。"两者的表述稍异，但实质相同。洪武十三至二十六年，是明初相对稳定的时期，所以军队装备各种兵器的比例保持不变。如按《明史》记载，洪武二十六年，全国有"都司十有七、留守司一、内外卫三百二十九，守御千户所六十五"[③]，所编明军总数达 180 万人（以每卫编 5600 名士兵计算），装备火铳的数量不少于 18 万支。如按《明太祖实录》记载[④]，洪武二十五年底，明军实有 121.5 万多人，其装备火铳之数也在 12.15 万支以上。因此，洪武一朝，全国卫所驻军装备火铳的总数当在 12.15～18 万支之间。若再加上少量库存备用火铳，总数可能还要多一些。

水军各卫士兵及战船装备的火铳数，虽未见明确记载，但从洪武二十六年大型海运船都要按一定数额装备武器的规定可以判知，水军各卫似也已按一定比例装备火铳。

洪武年间明军装备的火器与冷兵器 1 与 9 之比，明显地反映了当时军队编制装备结构开始变革的状况。这种变革具有明显的时代特点，它一方面表明火铳已成为军队的基本装备，标志着军事技术在质量上的飞跃和新的发展方向。另一方面也体现了由于冷兵器品种的增加和质量的提高，仍然是军队的基本装备，在作战和训练中起着重要作用。

洪武年间军队编制装备结构变化的进一步深化，便是永乐年间京军三大营的创建。

---

① 《续文献通考》卷一百三十四《兵十四·军器》，《续文献通考》（二）第 3995 页。
② 《明太祖实录》卷一百二十九，洪武十三年正月丁未，《明实录》三第 2055 页。
③ 《明史》卷九十《兵二》，《明史》八第 2196 页。
④ 《明太祖实录》卷二百二十三，洪武二十五年闰十二月丙午，《明实录》五第 3270～3271 页。

二　京军三大营的创建

永乐前期为了加强京城的守备，朱棣创建了不同于卫所编制的五军营、三千营和神机营等京军三大营，成为朝廷直接指挥的"内卫京师、外备征战"的战略机动部队。京军三大营创建的年代各有先后不同，大致是五军营在前，三千营次之，神机营在永乐七年（1409）底至八年初[①]。

三大营各营编制的官员数额不完全相同，各级官员的名称也与卫所制官员的名称不同。各营的主官称大营坐营官和管操官，挂提督衔。各哨和掖的分管官称坐营官或坐司官。他们都由兵部奏请朝廷，从公、侯、伯、都督、都指挥内推选，后兼用内臣。神机营还增设了监枪官。五军营和三千营装备冷兵器，神机营装备神枪、快枪、单眼铳、手把铳、盏口铳、碗口炮、将军炮、单飞神火箭、神机火箭等火器。

三大营的创建，突破了洪武年间单一的卫所旗军编制，不但改善了军队的武器装备，而且建立了装备各种火器的部队，出现了步骑兵与神机枪炮兵进行协同作战训练的新式军队。当国家有大规模征战时，他们常随同皇帝亲征，三者密切协同，而神机营则以其火力优势，大量杀伤敌军，为夺取胜利创造条件。因此神机营的创建，显著提高了明军的战斗力，正如火器研制家赵士桢在万历二十六年（1598）所说："成祖文皇帝……廷置神机诸营，专习枪炮……是以武功超迈前王……"[②]。

随着神机营的创建，全国各地卫所驻军装备火器的比例也在增加。据史书记载：成化二年（1466）正月，明廷采纳了定襄伯郭登的建议，在55人的步队中，"用神枪手十、弓箭手十、牌刀手各五、药箭强弩手十、司神炮及舁（yú，抬的意思）火药者八、杂用者七"[③]。按照这一规定，当时明军步队使用火器的士兵，已占编制总数的1/3左右。

三　国防设施的改善

这种改善主要表现在给内地城堡营栅、沿边的关隘要道、沿海的要塞口岸，增配大小火铳，建筑相应的防御工事和设施，以保障国家的安全和统一。

（一）在内地城堡增配守备火铳

洪武年间，除各地卫所按编制比例装备火铳外，对有些特殊地区，也增配火铳，加强守备。洪武二十年（1387）五月，明廷命西平侯沐英加强云南城堡营栅的防御。沐英受命后便下令云南驻军，在"金齿、楚雄、品甸及澜沧江中道，务要城高濠深，排栅粗大，每处火铳给一二千条或数千百条。云南有造火药处，星夜煎熬，以备守御。"[④] 由此可见，当时驻云南明军用于城堡营栅守备的火铳，除从内地调运外，已有相当一部分是当地的制品。

① 关于三大营尤其是神机营创建的年代，见王兆春著《中国火器史》第三章第三节的考证。

② 明·赵士桢撰，进神器疏，中国台北中央图书馆，1981 年版，影印本《神器谱》第 18 之 182 页。以下引此书时均同此版本。

③ 《明宪宗实录》卷二十五，成化二年正月癸亥，《明实录》二十二第 500 页。

④ 明·王世贞撰，《弇山堂别集》卷八十七《诏令杂考三》，《弇山堂别集》第 1669 页。

（二）在沿边关隘增配火铳和增建相应设施

永乐十年（1412）四月，朱棣下令沿边"自开平（今内蒙多伦境内）至怀来、宣府（今河北宣化）、万全、兴和山顶，皆置五炮架，有警即发"①。开了沿边要隘增配火铳的先例。十年后，又令山西、大同、开城、阳和、朔州等地驻军，增配神机枪炮，以加强守备②。宣德五年（1430）三月，朝廷"给宣府神铳，分布沿边城堡"③。正统九年（1444），英宗命工部给边防各地增造火铳，其中"辽东（今辽宁大部）五百三十五，延绥等处八百三十，永宁二十，宣府三百二十，宁夏一百，甘肃五百"③。

上述各处，都是蒙古各部贵族势力南掠的要地，明廷增拨铳炮的目的，在于改善这些要地的防御设施。近年来，长城沿线的一些要地，常发现当年守边明军使用的单兵手铳、中型手铳、碗口铳、盏口铳，以及一些中型和重型铳炮。

（三）在沿边新建城堡中建筑固定式铳台

为了改善边关城堡的防御，一些守边将领提出了建造固定铳架的建议。这种固定铳架已具有露天炮台的雏形，或者说是中国古代最早建筑的倚城炮台。永乐二十一年九月，驻守居庸关的指挥袁讷请求朝廷在沿居庸关附近，新建八处烟墩，安置新式炮架，以为架设火铳之用④。可见，这种新建的烟墩，已不是单纯为燃放报警烽烟而建，而是为了安置固定铳架所建筑的墩台，以便发炮击敌。此后这类墩台便逐渐增多。

（四）在沿边要地增驻神机枪炮兵

景泰元年（1450）闰正月，朝廷派武清侯石亨自紫荆关往大同驻防。石亨在行前请求朝廷增兵 3 万，给神机营增拨神铳 5000 支、大炮和盏口炮各 500 门、信炮 100 个，除神枪所用火药之外，再领火药 5000 斤，并允许自造军器。朝廷批准了这些请求。从石亨的请求看，当时调驻大同的明军，其中成建制的神机营已不止一个，他们装备单兵神铳和大型火炮（或称大样神机炮）、小型盏口炮（或称小样神机炮）等新型枪炮。如果加上该部原来装备的神机枪炮，那么石亨所率领的部队，至少已有一半士兵，装备了神机炮。

（五）在沿海要塞增配铳炮

莱州卫两门大炮筒的出土，说明明廷在洪武八年（1375），已给沿海要塞配备大型火铳，加强防御能力。永乐十四年十二月，为防范倭寇侵扰，都督刘江奉命在金州、旅顺口、望海埚、左眼、右眼、三手山、西沙洲、山头、爪牙山等地建敌台 7 所⑤，增配各型铳炮，加强海防。永乐十七年（1419）六月，刘江又建议在险要之地望海埚用大石垒堡筑城，建筑烟墩和了望台，并增加1000多名守军⑥。之后不久，倭寇2000多人侵犯望海埚。刘江部署伏兵，待

①《明太宗实录》卷一百二十七，永乐十年四月癸亥，《明实录》八第 1584 页。
②《明太宗实录》卷二百五十二，永乐二十年十月甲辰，《明实录》九第 2354 页。
③《续文献通考》一百三十四《兵考·军器》，宣德五年和正统九年，《续文献通考》（二）第 3995 页。
④《明太宗实录》卷二百六十三，永乐二十一年九月壬辰，《明实录》九第 2402 页。
⑤《明太宗实录》卷一百八十三，永乐十四年十二月丁亥，《明实录》八第 1974 页。
⑥《明太宗实录》卷二百十三，永乐十七年六月戊子，《明实录》九第 2142 页。

其上岸后，明军"旗举伏起，炮鸣奋击"[1]，将其全歼。这是我国第一次用铳炮歼灭从海上入侵之敌的著名战例，史称"望海埚大捷"。此战之后，"倭大惧，百余年间，海上无大侵犯"[2]。

四　新战术的创造和发展

从朱元璋进行的统一战争，到后来持久不断的民族边界战争，明军不断创造和发展了使用火铳与冷兵器相结合的新战术。这种新战术，在各种样式的作战中都有使用。

（一）在野战中创造了火铳的齐射战术

洪武二十一年（1388）三月，云南麓川宣慰使思伦发率部30万袭扰定边。明廷派沐英选骁骑3万，昼夜兼行15天，前往平乱。抵前线后即遣300轻骑挑战，沐英见思部采用象兵为前阵、步骑兵随后的战法，便下令军中，来日再战时，"置火铳、神机箭为三行，列阵中，俟象进，则前行铳箭具发；若不退，则次行继之；又不退，则三行继之"[3]。次日，明军按沐英部署，列阵待战。作战开始后，思部将领骑群象冲突而来。明军阵中第一列火铳、神机箭兵铳箭齐发，猛射思部象兵。射毕，即从两侧退到后队装填弹药，准备再射。当第一列火铳、神机箭兵射毕时，第二列上前继续齐射，如此再三。思部象兵多中铳箭，纷纷返走，全队溃乱。明军"乘胜追奔，直捣其栅"[4]，取得了作战的胜利[5]。

神机营创建后，这种战术使用增多。永乐八年，朱棣在第一次亲征漠北时，都督谭青、薛斌、朱荣、刘江、梁福、冀中等人，指挥士兵，使用神机铜铳进行作战[6]。永乐十二年，朱棣率领50万明军第二次亲征漠北。六月初七日，明军进抵忽兰忽失温（今蒙古乌兰巴托南），同袭扰明边的蒙古贵族答里巴、太平把秃、孛罗、马哈木部作战。马哈木等率部3万人抵抗。朱棣命宁阳侯陈懋等率部攻其右，丰城侯李彬等率部攻其左，安远侯柳升率神机营攻其中。作战开始后，柳升以神机枪炮齐射，毙杀其骑数百。马部混乱溃退，朱棣乘势指挥步骑兵追歼逃敌。柳升在中路取胜后，又以神机枪炮齐射敌人左右两翼，马部连夜逃遁[7]。

永乐二十一年（1423）八月，朱棣在第四次亲征漠北途中，对明军以神机枪炮兵同步骑兵协同作战的布阵原则，作了高度概括。他指出：布阵时要"神机铳居前，马队居后"[8]。前锋要疏，后队要密。"阵密则固，锋疏则达。战斗之际，首以铳摧其锋，继以骑冲其坚，敌不足畏也"[8]。其意是说，布阵作战时，神机枪炮兵列于全阵之前，各射手互相之间要有一定的间隔，以便装填弹药，实施轮番齐射，摧毁敌锋。待敌阵溃乱时，后队的密集骑兵，并气积力，以排山倒海之势，冲击敌军本队，追歼败残逃敌。步兵随马队之后冲入敌阵，同敌拼杀，

---

① 《明史纪事本末》卷五十五《沿海倭乱》，《明史纪事本末》三第842～843页。

② 《明史》卷九十一《兵三》，《明史》八第2244页。

③ 《明史纪事本末》卷十二《太祖平滇》，《明史纪事本末》一第173页。

④ 《明太祖实录》卷一百八十九，洪武二十一年三月甲辰，《明实录》四第2859～2860页。

⑤ 沐英在野战中创造的使用火铳齐射的战术，欧洲在16世纪初才出现，而且一直沿用到19世纪中叶击针后装枪创制之前。

⑥ 明·王世贞撰，《弇山堂别集》卷八十八《诏令杂考四·北征军情事宜》，《弇山堂别集》第1682～1688页。

⑦ 《明太宗实录》卷一百五十二，永乐十二年六月戊申，《明实录》八第1764～1765页。

⑧ 《明太宗实录》卷二百六十二，永乐二十一年八月丙寅，《明实录》九第2396～2397页。

直到全歼敌军为止。朱棣的论述，全面总结了明军神机枪炮兵同步骑兵协同作战的新战术，这种战术主要是利用神机枪炮与冷兵器杀伤距离远近的不同，使之多波次地杀伤和消耗敌军的有生力量，达到最后全歼敌军的目的。因此，三大营的建立，以及神机枪炮与冷兵器的配合使用，使古代以步骑兵为主的野战方阵战术，开始发生新的变化，具有鲜明的时代特色。

（二）火铳与冷兵器相结合的攻城战术

火铳在攻城战中，主要用于摧毁敌方城防，击杀敌军有生力量，突破守军防线，为步骑兵的冲突打开通路。永乐四年七月，朱棣因安南当局阴谋杀害明王朝的使臣，决定用兵交阯。十月，新城侯张辅、西平侯沐英等统率步骑兵、舟师，以及神机将军程宽、朱贵所部的神机枪炮兵出师交阯。十二月，明军进攻多邦城。城破后，交阯兵荷栏盾、骑大象进行巷战。张辅令"神机将军罗文等以神铳翼而前"[①]，交阯兵所骑大象"多中铳箭，皆退走奔突"[①]。明军步骑兵长驱直进，追敌至伞圆山，取得了胜利。

（三）火铳与冷兵器相结合的守城战术

火铳在守城战中，主要用于击杀攻城敌军，或于城外设伏，击退密集冲突的步骑兵。正统十四年（1449）八月，蒙古瓦剌贵族也先率部南掠至土木堡（今河北省怀来县东南），明英宗朱祁镇所率领的50万明军被歼，随行大臣50余人遇难，朱祁镇本人被俘，也先乘势进攻北京。九月二十一日，于谦升任兵部尚书，奉命保卫北京，京师总兵石亨协助指挥。于谦受命后严令诸将备战，加固城防，在京城九门及要地架设火铳，神机各营待命参战，并加强扼守长城各关隘，作好备战部署。十月上旬，也先率部12万分东西两路抵京。于谦令22万明军出九门外抗敌，并同石亨重点守御德胜门。十一日，也先攻西直门受挫后专攻德胜门。于谦先已指挥神机营设伏于德胜门外村落间，另以小股精骑诱敌至设伏地域，都督范广指挥神机营突起猛射，敌死伤万余，溃散9万余，也先弟孛罗及平章卯那孩中弹身死。同时，西直门、彰仪门及城外西南街巷，也都以神机枪炮射击也先所部。也先因其部死伤惨重，不敢再战，于十五日夜撤围而去。于谦挥军追击。也先所部于十一月初八日退至塞外。此战是明代前期大规模使用神机炮枪守御坚守的著名战例。其所用火铳数量之多，同冷兵器相结合的守城战术之熟练，可谓旷古空前。

出土实物和文献记载表明，明代前期是我国铳类火器制造和使用的鼎盛时期，其制品多达数十种，性能也有较大的改善，其中大部分都具有发明创造的价值，不但对我国军事领域的各个方面产生了巨大影响，而且在当时的世界上也处于领先地位，对欧洲火绳枪炮的发展产生了积极的影响。但是，由于明代前期是一个高度集中的封建专制主义国家，对火器的制造和使用有严密的控制，因而限制了火器的创新，以致使永乐十二年（1414）定型的手铳，直到嘉靖年间佛郎机炮与火绳枪传入以前，在形制构造上，都没有重大的革新。各种重型火炮虽然在结构上有所改进，在形体上出现了近千斤的大型铳炮，但在发火装置和射击方式上，仍然没有多大突破。所以当佛郎机炮在嘉靖初年传入时，明廷才发现火铳的落后，当即采纳官员们的建议，下令军工部门组织火器研究者吸取其长，进行仿制和改制，从而出现了我国在嘉靖年间第一次用仿制外来枪炮更新明军装备的局面。

---

① 《明史纪事本末》卷二十二《安南叛服》，《明史纪事本末》一第348页。

第六章 火绳枪炮阶段的军事技术

当我国发明的火药与火器，在 14 世纪初期经阿拉伯传入欧洲时，欧洲一些地方的资本主义萌芽已经依稀可见，市民阶级也跃然崛起。为同贵族骑士进行政治和军事斗争，他们竞相研制新型火器。到 15 世纪，制成了在构造和性能都比明朝前期火铳优越的火绳枪炮。16 世纪，这些枪炮就被西班牙、葡萄牙等国的冒险渡洋航行者，作为掠夺拉丁美洲（墨西哥、秘鲁）和东方国家（中国、日本）的利器。当葡萄牙人在明朝嘉靖年间劫掠我国东南沿海地区时，佛郎机炮与火绳枪，也就成为明军的战利品而传入我国。

当时传入的佛郎机炮与火绳枪，都是明军缴获的战利品，其制造与使用之法并未系统传来。因此，军事技术人员只能在分解、研究它们的部件和结构的基础上，进行仿制和改制。同时，国内火器研究者也因时代条件和科学视野的局限，在理论上还不能摆脱阴阳五行化生和君臣伦理思想的影响，在实践上也不能有大的创新和突破。16 世纪中叶，哥白尼（Nicolaus Copernicus，1473～1543）《天体运行论》的发表，举起了科学革命的旗帜。从此以后，欧洲的科学技术走上蓬勃发展的道路，出现了欣欣向荣的局面。随着应用技术在许多方面的重大突破，采矿、冶金、金属制造等工业也出现了巨大的进步，为欧洲军事技术的变革性发展，提供了重要的条件，火绳枪炮也就在这样的条件下得到了较大的改进。随着欧洲传教士的东来和东西方文化交流的日趋活跃，这些成果也部分地传到了我国，被以徐光启为代表的科学家们所吸收和引用，从而对我国明末清初军事技术的发展，产生了重要的影响。

在此期间，军事技术家又改制了手铳、碗口铳、将军炮等铳类火器；创制了快枪、多发铳、虎蹲炮；发展了利用火药燃气反冲力推进的火箭类火器，以及火球类、喷筒类、火禽火兽类等各种燃烧性火器；在革新铁壳火球的基础上，发明了各种爆炸弹、地雷和水雷。我国军事技术自此进入了外来火器与传统火器相促相长、相并发展的新阶段。

这一阶段的冷兵器，除了用长约 15 尺、重 6 斤的大毛竹制作的 9～11 层、多枝形长柄铁矛头的狼筅（见图 6-29）外，大多是沿用前一阶段的各种制品。单一的盾牌已因火牌的发展而退居次要地位。炮车、火箭车与各种火器战车，已取代了此前的战车。城墙城池建筑技术也因火器使用规模的扩大而有很大的创新。水战的需要促进了这一阶段战船和水军的空前进步，众多形式的火器战船，已驰逐海上，在作战中发挥了重要的作用。

第一节 佛郎机炮的传入与发展

1498 年（明弘治十年）5 月，欧洲最早的冒险渡洋航行者之一，葡萄牙人达·伽马（Vasco da Gama，1469～1524）率领的 100 多名水手，到达印度的卡利卡特（今印度半岛西海岸的科泽科德），掠夺了相当于 60 倍航海费用的财富后回国。之后，葡萄牙人又连续东侵，到 1509 年，已占领了果阿、满剌加（今马六甲）等地，在科伦坡、苏门答腊、爪哇建立了商站，同在那里的中国富商进行接触。为了能掠取中国这个黄金之地的财富，他们便同葡萄牙当局筹划对付中国的策略。从 1509 年 9 月到 1521 年（明正德十六年），葡萄牙人多次与明廷官员接触，都未能沟通双方的关系，于是便试图以武力打开中国的大门。

一　佛郎机炮的传入

嘉靖元年（1522，《明史·佛郎机传》为嘉靖二年，误）八月，葡萄牙当局装备新型舰炮的 5 艘舰船至珠江口外锚泊，试图以武力为后盾，强迫广东官员同意其占驻屯门岛（在东莞县境内）。广东官员向其宣布三件事：一是葡人不得怀有侵掠上川岛之意；二是禁止葡人随意与中国人来往；三是葡人船只禁载中国军士。葡人藐视中国主权，悍然发炮轰击守军。守军当即予以反击。当葡舰企图侵犯广东新会之西草湾时，指挥柯荣、百户王应恩率部抵御。激战后缴获其 2 舰及 20 门舰炮，并因其国名而将舰炮称作佛郎机（见图 6-1）[1]，其余 3 舰于十月返回马六甲。王应恩阵亡。

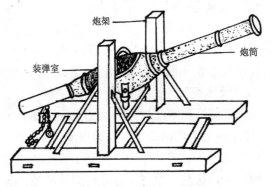

图 6-1　佛郎机炮示意图

明廷官员所说的佛郎机，原为欧洲 15 世纪末至 16 世纪初期流行的炮种之一。葡萄牙人制造的佛郎机大多作为舰炮，里斯本军事博物馆中的达·伽马陈列室，至今尚有其 1498 年东来印度时的佛郎机炮。日本东京游就馆也陈列了一门同达·伽马陈列室中完全相同的佛郎机炮。除葡萄牙外，德、西、英等国，也都制造和使用了佛郎机炮（见图 6-2）。它们与葡制佛郎机炮大同小异，有的比较细长，有的显得粗短，有的形体较大，有的比较轻便。同明军装备的火铳相比，在构造上带有根本性的改变，具有下列优越性。

首先是采用了母铳衔扣子铳的结构。母铳即炮筒，大型佛郎机的炮筒长达 5～6 尺，较一般的炮筒长。筒长的优越性在于弹丸射出的初速大、射程远，具有较大的杀伤力。子铳实为小火铳，每门母铳配 4～9 个子铳，事先装填弹药以备使用。作战时，先将一个子铳装入母铳的弹室中。射毕后，即换装另一个子铳。由于减少了现场装填弹药的时间，因而提高了射速。

其次是装弹室较大。佛郎机炮的装弹室一般为母铳全长的 1/4 左右，宽度为口径的 2～3 倍，呈肩形敞口，便于安放子铳。

其三是管壁厚。能承受较大的膛压，保证了发射时的安全。

---

① 在此以前，明廷官员所说的佛郎机是指葡萄牙的国名，而不是指火炮名。关于佛郎机炮传入的详情，见王兆春著《中国火器史》第四章第一节"佛郎机的传入"，军事科学出版社，1991 年 3 月版，第 115～125 页。

其四是安装了瞄准具。佛郎机炮都安有照门、准星等瞄准装置，可以对远距离的目标进行瞄准射击，因而增大了射程，提高了命中精度。

其五是两侧安有炮耳。佛郎机炮的后部一般都安有炮耳，以便将炮身安置在架座上。转动炮耳，可以调整火炮的俯仰射角，借以控制射程和提高命中精度。也有的佛郎机，在炮身下部安有一个尖长的插销，或在尾部安有导向杆和尾柄。通过插销可将炮身安于架上。采用控制导向杆或尾柄的方法，左右旋转炮身，调整射界，扩大射击范围。

其六是较好地解决了闭气问题。由于子炮与母炮贴切相嵌，所以子炮中的火药燃烧后所产生的气体不致外泄，保证了发射威力。

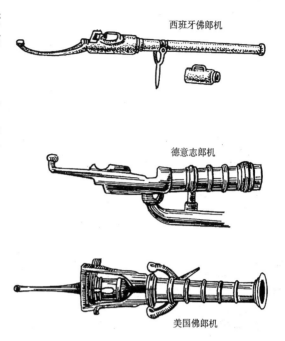

西班牙佛郎机

德意志郎机

美国佛郎机

图 6-2 欧洲国家制造的佛郎机炮

二 明廷对佛郎机炮的仿制

明军在西草湾之战缴获 20 多门佛郎机炮后，副使汪鋐将其进献朝廷。一些官员也建议仿制。明廷采纳了这一奏议，并在"嘉靖三年四月，造佛郎机铳于南京"[1]。次年四月，首批佛郎机炮制成[2]。都察院右都御史汪鋐于嘉靖八年（1529）十二月和九年九月两上奏章，详呈仿制佛郎机炮之利：过去北方甘肃、延绥、宁夏、大同、宣府各镇，虽有驻军六七万人，但仍不能抵御北方蒙古各部贵族的南扰，其主要原因在于兵器不能射远。为今之计，应仿制各型佛郎机铳（即佛郎机炮）。小者 20 斤以下，大者 70 斤以上，装备沿边各墩堡（五里一墩，十里一堡），使它们之间"大小相依，远近相应，星罗棋布，无有空阙"，可收不战之功[3]。同时，大量使用佛郎机炮，依托坚固墩堡进行防御，可以为国家节省很多兵力和养兵的开支，是备边的佳策。朝廷批准了汪鋐的建议，"命各边督抚诸臣，各率所属，尽心修举，勿虚应事，以致误边"[3]。此后北方各边关要隘都配置了佛郎机炮。

三 佛郎机炮的种类和构造

军器局和兵仗局在组织火器研制人员吸收佛郎机铳优点的同时，又作了许多改进，制成大中小各型佛郎机铳，大者成为各种火炮，小者成为单兵枪。

---

① 《续文献通考》卷一百三十四《兵十四·军器》，《续文献通考》（二）第 3996 页。
② 明·谈迁撰，《国榷》卷五十三，嘉靖三年四月丁巳，中华书局，1958 年版，点校本《国榷》四第 3300 页。
③ 《明世宗实录》卷一百一十七，嘉靖九年九月辛卯，《明实录》四十一第 2763～2764 页。

（一）戚继光著作中记载的几种佛郎机铳

戚继光是注重使用新型火器的将领，其部所用佛郎机铳最多，种类最齐全。他在《练兵实纪·佛郎机图》中，记载了一至六号 6 种长度的佛郎机铳：5 尺、4 尺、3.5 尺、3 尺、2.5 尺、2 尺，每门都配 9 个子炮及全套附件。就长度而言，它们与出土的各类佛郎机铳可分别对应而相互印证。

另有题名戚继光撰的十四卷本《纪效新书》卷十二中，记载了 5 种佛郎机铳的尺寸，除各附 9 个子铳及全套附件外，还有弹重与装药量的关系：

一号，长 8～9 尺，铅子 16 两，火药 16 两。

二号，长 6～7 尺，铅子 10 两，火药 11 两。

三号，长 4～5 尺，铅子 5 两，火药 6 两。

四号，长 2～3 尺，铅子 3 两，火药 3.5 两。

五号，长 1 尺，铅子 3 钱，火药 5 钱。

书中还规定了 5 种佛郎机铳的不同用途：一、二、三号大型佛郎机铳用作舰炮和城防炮，四号中型佛郎机铳随军机动作战，五号小型佛郎机铳装备单兵。戚继光在两部著作中提出两个系列佛郎机铳的尺寸，长度从 1 尺至 9 尺，共有十多种规格，但在出土实物中，并未发现母铳长于 5 尺的佛郎机铳。

（二）大样佛郎机

据《明会典·火器》记载，嘉靖二年（1523，一说嘉靖三年），军器局用黄铜制造了大样佛郎机[①] 32 门，母铳长 2.85 尺，重 300 余斤，配子铳 4 个。这是最早仿制的佛郎机铳，因未发现出土实物，故其形制构造不详，但从长度与重量的关系看，当是一种短粗型的火炮。

日本学者有马成甫在《火炮的起源其流传》中，刊载了另一种形体较长的铁制佛郎机母铳图。该铳制于万历十年（1582），口径 32 毫米、全长 1310 毫米，相当于《练兵实记·佛郎机图》中所列第二号佛郎机铳的长度，似为大样佛郎机铳。

（三）中样佛郎机

《明会典·火器》中说，从嘉靖二十二年开始，军器局每年将 105 门手把铜铳和碗口铳改为中样佛郎机铳。迄今为止，尚未发现这种改制品。但是在出土实物中，却发现刻有"兵仗局造""中样佛郎机"字样的 5 件制品。这 5 件中样佛郎机铳，4 件制于嘉靖年间，1 件制于万历二年。铳身所刻铭文的内容比较规范，包括编号、类型、制造年月、制造单位、重量等五部分。它们的口径为 26±0.5 毫米。全长 295±2 毫米；重量 4.63±0.37 公斤。说明它们是按照统一规格制造且精度较高的制品。铭文的编号表明，至万历二年，兵仗局已制成胜字号中样佛郎机 17 114 件之多，补充了《明会典》等文献对这类佛郎机铳记载的遗漏。现将它们的详细情况列于表 6-1 中。

---

① 大样佛郎机：即大型佛郎机。当时一般将大、中、小型佛郎机称为大、中、小样佛郎机。

表6-1　出土的中样佛郎机

编号	制造年代		口径（毫米）	全长（毫米）	重量（公斤）	材质	铳别	铭 文 内 容	主要说明和资料来源
	公元	年号							
中一	1533	嘉靖十二年	260	295	4.65	铜体铁心	子铳	胜字贰千肆佰伍拾壹号铜佛郎机中样铜铳　嘉靖癸巳年兵仗局造　重玖斤肆两	中国历史博物馆藏
中二	1533	嘉靖十二年	26	295	5	铜体铁心	子铳	胜字贰千柒佰贰拾贰号佛郎机中样铜铳　嘉靖癸巳年兵仗局造　重拾斤	同"洪一"
中三	1541	嘉靖二十年	27	293	4.25	铜体铁心	子铳	胜字陆千贰佰染拾肆号佛郎机中样铜铳　嘉靖辛丑年兵仗局造　重捌斤捌两	见1983年版《文物资料丛刊》第7辑
中四	1541	嘉靖二十年			4.75	铜体铁心	子铳	胜字陆千肆佰肆拾叁号佛郎机中样铜铳　嘉靖辛丑年兵仗局造　重玖斤捌两	同"中三"
中五	1574	万历二年				铜	子铳	胜字壹万柒千壹佰拾肆号佛郎机中样铜铳　万历贰年兵仗局造	天津蓟县都乐寺藏

（四）小样佛郎机

小样佛郎机铳的制品较多，据《明会典·火器》记载，军器局在嘉靖七年（1528）制造了4000门，八年制造了300门。出土的实物较多。1984年，有人在河北省抚宁县城子峪长城敌楼内，发现3件母铳和24件子铳。它们可以组成3套完整的铜制佛郎机子母铳，每套有母铳1件，子铳8件。母铳重4公斤、口径22毫米、长630毫米。长度相当于《练兵实纪·佛郎机图》中所列第六号小样佛郎机，由前膛、装弹室和尾部构成，尾部中空，可安插木柄。铳身附有钢环，可用背、扛、提等方式携带。子铳各重0.8公斤、口径16毫米、长155毫米。长度相当于母铳的1/4，由前膛、药室和尾部构成，可嵌入母铳的装弹室中，进行轮流发射。

3件母铳表面分别刻有"胜字一千一百四十八号"、"胜字三千二百五十八号"、"胜字四千二百五十九号"，以及相同的刻字"嘉靖二十四年造"、"隆庆四年京运"等。子铳也刻有"胜字一千二百三十号"等不同的编号。这些铭文表明它们是在同年按统一设计标准制造后，于隆庆四年（1570）调运城子峪段长城，交付守城士兵使用。这3套出土实物说明，《明会典》对嘉靖八年后制造的小样佛郎机并未记载，可见实际制造的小样佛郎机铳要远远超过文献记载的数量。

（五）马上佛郎机

据《明会典·火器》记载，军器局在嘉靖二十三年（1544）和四十三年分别制造了马上佛郎机铳1000副和100副，其余未见记载。在出土实物中，虽有嘉靖二十三年制造的1件马上佛郎机母铳，但铳身的刻字"嘉靖甲辰年兵仗局"，却说明它是兵仗局的制品。这或者是《明会典》误记了制造单位，或者是兵仗局另外接受的制造任务，其编号为"七千八百六十一号"。若按编号计算，嘉靖二十三年制造的马上佛郎机铳，要比《明会典》记载的多6861件以上。此铳于1970年11月在北京西四出土，其形制构造与小样佛郎机的母铳相似，铳身重4.9公斤、口径30毫米、长740毫米，与《练兵实纪·佛郎机图》中所列第五或第六号小型佛郎机铳的长度相近。

1984年5月，有人在北京市延庆县永宁一段古长城遗址附近，发现了2件马上佛郎机子铳，其形制构造与小样佛郎机的子铳相似。铳身分别刻有："马上佛郎机铳二千四百四十号　嘉靖庚子年兵仗局造　一斤十两"、"马上佛郎机铳二千五百五十七号　嘉靖庚子年兵仗局造　一斤十二两"等字，说明它们是在同年按统一设计，在兵仗局制造的产品。它们的长度为154毫米、口径28毫米、重量分别为0.81和0.87公斤。按此尺寸、重量，可与上述嘉靖二十三年制造的佛郎机母铳配套使用。

（六）佛郎机式流星炮

据《明会典·火器》记载，兵仗局在嘉靖七年用黄铜铸造了160副流星炮，发各边试验。"式如佛郎机，每副炮三节，共重五十九斤一十四两"。近年来，在出土实物中，铳身刻有"流星炮"和"流星炮筒"字样的有5件，它们的情况如表6-2所列。

表6-2　出土的佛郎机流星炮

编号	制造年代		口径（毫米）	全长（毫米）	重量（公斤）	材质	铳别	铭文内容	主要说明和资料来源
	公元	年号							
流一	1530	嘉靖九年	27	295	3.5	铜	子铳	胜字捌佰拾捌号流星炮　嘉靖庚寅年造	中国人民革命军事博物馆藏，1984年11月8日解放军报道
流二	1530	嘉靖九年	26	290	3.5	铜	子铳	胜字捌佰贰拾贰号流星炮嘉靖庚寅年造	同"流一"
流三	1530	嘉靖九年	25	300	3.63	铜	子铳	嘉靖庚寅年造流星炮　重柒斤肆两	首都博物馆收藏
流四	1531	嘉靖十年				铜	母铳	胜字捌佰伍拾玖号　流星炮筒嘉靖辛卯年兵仗局造　附子铳刻重陆斤拾贰两	首都博物馆收藏，母铳与子铳具在
流五	1531	嘉靖十年	14	1200		铜	母铳	胜字壹千贰拾壹号流星炮筒嘉靖辛卯年兵仗局造	首都博物馆收藏

从表 6-2 所列的情况看，首都博物馆所藏嘉靖十年（1531）兵仗局制造的 2 门铜制母铳，铳身刻有"流星炮筒"等字，形体较长大，与《练兵实纪·佛郎机图》所列第 3 号佛郎机母铳相近，也与文献的记载相吻合，但其制造数量大大超过了文献的记载。铳身刻有"流星炮"的子铳，应与流星炮筒配套使用。两者的构造数据，也反映了这种状况。

（七）百出佛郎机和万胜佛郎机

这是翁万达[①]依据佛郎机铳的构造和明初神枪的特点，在嘉靖二十五年改制的单兵枪。枪长 3～4 尺，配子炮 10 个。作战时，将子炮从枪口装入管中，射完后将子炮倒出，尔后再装第二个子炮，提高了射速。此枪在母铳与子炮之间，用驻榫扣住，使枪身在倒提或向下射击时，子炮不致滑落。枪口可安长 6 寸的戈形叉锋，子炮射完后，可用以刺敌。万胜佛郎机与百出佛郎机基本相似。

（八）连珠佛郎机

据《明会典·火器》记载，这是明廷在嘉靖二十三年批准山西三关自制的一种双管枪。管用熟铁制造，合用一柄，每管装小炮 1 个，可连续发射。

（九）无敌大将军

这是用旧式将军炮改制的重型佛郎机炮。据戚继光称：旧式将军炮体重千余斤，非数十人不能移动，且不便装弹和发射。故将其改制成车载式重型佛郎机炮，每门配子炮 3 个。使用时，用炮身下垫木块的多少调整俯仰角，对准目标射出。尔后由一名炮手换装子炮。"一发五百子，击宽二十余丈，可以洞众（即可贯穿射杀多名敌军）"。炮身连同附件重约 1050 斤，用一辆大车运行。

（十）铜发贡

又作铜发熕[②]，最早刊于《筹海图编·铜发贡》中，其构造虽与佛郎机不同，但都是嘉靖年间传入的火器，在书中与佛郎机炮并列。铜发贡形体粗大，重 500 余斤，药室鼓起，装药较多，用火绳点火，发射 4 斤重的铅制球形弹丸，能洞穿厚墙，是威力较大的攻城炮。戚继光水兵营的大福船上装有这种火炮。该书称此炮发射后："墙过之即透，屋遇之即摧，树过之即折，人畜遇之即成血漕，山过之即深入几尺"。铜发贡还能以火药燃气毒杀敌军人马，即如书中所说"其风能煽杀乎人，其声能震杀乎人"。"其风"即声浪、冲击波。可见该书是继《癸辛杂识·炮祸》之后，又一部记述冲击波现象的著作。由于铜发贡在发射后产生的后座力大，故需在事前挖一个土坑，消减后座力，以保护炮手的安全。

上述文献记载和部分出土、传世的各型佛郎机铳和铜发贡，是欧洲火器制造与使用技术

---

① 翁万达：字仁夫，揭阳（今属广东）人。嘉靖五年进士。嘉靖二十三年（1544）擢右副都御史，巡抚陕西。不久进兵部右侍郎兼右佥都御史，代翟鹏总督宣（府）、大（同）、山西、保定军务。任职期间，修缮城堡，创制百出佛郎机和万胜佛郎机等多种火器。

② 熕：各种中文文字典和词典都未收此字。在日本学者所著的火器史书中，也常把火炮写作"火熕"。根据中日两国火器史家都常用"熕"字代替"炮"字的习惯可知，此字似为明朝根据英文枪字"gun"的读音而创造的一个汉字，其意与炮同。

为中华所用的先例。它同改制的鸟枪一起，成为这一时期火器制造发生跃变和明军装备更新的重要标志，在我国军事技术史上具有重要的意义。

第二节　火绳枪的传入与发展

火绳枪用火绳点火发射，是 16 世纪后期至 19 世纪中期明清军队的基本装备。因其能射中在天之鸟而被称为鸟铳或鸟枪，也有人因其弯形枪托形似鸟喙而称作鸟咀铳。

一　火绳枪的传入

关于鸟铳的来历，自明代后期起曾有过三种说法：其一是"鸟铳由我国自创说"，其二是"鸟铳从日本传入说"，其三是"鸟铳自西洋直接传入说"。三说虽都言之有据，但并非都能成立。

持第一说者有王圻。他认为鸟铳并非"传之番舶"，而是"中国所固有者"，并称此看法来自参将戚继光[1]。但戚氏本人在《练兵实纪杂集·鸟铳解》中却否定了这种说法："此器中国原无，传之倭寇，始得之"。明末将领何汝宾在《兵录·鸟铳》中、副总兵茅元仪在《武备志·鸟咀铳》中，都同戚继光的说法一致，认为鸟铳乃明军在抗倭作战中缴获之物。可见"鸟铳由我国自创"的说法似不可靠。

第二说除戚继光、何汝宾、茅元仪外，还有日本文献《南浦文集·铁炮记》的记载：日本天文十二年（1544）八月二十五日，葡萄牙人大海船将火绳枪带到了日本的种子岛。次年，日本江州的国友锻冶组织工匠，改制成适合日军使用的火绳枪，售出数百支[2]。后被倭寇作为劫掠我国闽浙沿海的凶器。嘉靖二十七年（1548），明军在剿捕侵扰福建沿海双屿的倭寇时，缴获了这种火绳枪，并把它称作倭铳。

认为鸟铳是从西洋直接传入的说法较多，蓟镇游击将军何良臣在《阵纪·技用》中说："鸟铳出自外夷（一说南夷），今作中华长技。"兵书著作家郑若曾在《筹海图编·鸟咀铳》中记载："鸟铳之制，自西番流入中国，其来远矣，然造者未尽其妙。嘉靖二十七年，都御史朱纨遣都指挥卢镗破双屿，获番酋善铳者，命义士马宪制器，李槐制药，因得其传而造作，比西番犹为精绝云。"这些记载都说鸟铳是得自"外夷"、"南夷"、"西番"、"番酋善铳者"等。这些名称显然不是指倭寇，而是指欧洲人，在当时主要是指来华的葡萄牙人。但当时葡制火绳枪不如日本的种子岛铳，故何良臣在《阵纪·技用》中说："鸟铳出自外夷……但不敢连发五、七铳，恐内热起火，且虑其破（即膛炸），唯倭铳不妨"。由于倭铳优于夷铳，所以明廷以仿制倭铳为主，于是有鸟铳得自倭人说。这就是欧洲火绳枪传入之事不为人重视的原因。

二　明廷对火绳枪的仿制

佛郎机的仿制使重型火炮得到了更新，明军的战斗力有了较大的提高。为了进一步改

① 《续文献通考》卷一百三十四《兵十四·军器》，《续文献通考》（二）第 3999 页。
② ［日］洞富雄著，《种子岛铳》附一《铁炮记》，早稻田大学，1958 年版，第 498～501 页。

单兵装备的射击火器，所以在火绳枪传入后，明廷即命兵仗局进行仿制。

（一）火绳枪的特点

火绳枪在构造上有下列特点：其一是铳管安有准星、照门等瞄准装置，因而提高了命中精度，增强了杀伤威力。其二是安装了弯形铳托，使发射者可将脸部一侧贴近铳托，以一目瞄视准星，用左手托铳，右手扣动扳机进行发射。其三是铳管比较细长，长度与口径之比约为 50～70 倍。铳管细长的优越性在于能使火药在铳膛内充分燃烧，产生较大的推力，使弹丸出膛后具有较大的初速，获得低伸的弹道，能射中较远距离的目标。其四是安有用火绳点火的发射装置，其主要构件是枪机[①]。发射时，先将枪机夹钳的慢燃烧火绳点着，然后扣动扳机，火绳头落入药室，将火药点燃，射出弹丸。由于火绳枪使用了枪机和慢燃烧火绳，可连续使用而不致熄灭。因而提高了射速，增强了杀伤威力。

（二）兵仗局仿制的鸟铳

据《明会典·火器》记载，兵仗局在嘉靖三十七年（1558）仿制成 1 万支鸟铳，它们都由铳管、瞄准装置、枪机、铳床、弯形铳托构成。铳管用精铁制作，是鸟铳的主要构件和质量好坏的关键。据《筹海图编·鸟咀铳》记载，此种精铁是按 10 斤粗铁冶炼 1 斤的比例炼成的。只有精铁铳管才坚固耐用，不会发生炸裂。制管时，先用精铁卷成一大一小的铁管，以大包小，两者紧密贴实，尔后用钢钻钻成内壁光滑平直的铳管。钻管工艺很精细，每人每天只能钻进 1 寸左右，大致一个月钻成一支。这种方法在《兵录·鸟铳总说》中有详细记载。铳管制成后，再准确安上准星、照门等瞄准装置。管口外部呈八棱形。管的后部有药室，开有火门，门外有盖，以保持火药干燥洁净的待发状态。管尾内壁刻有阴螺旋线，以阳螺丝钉旋入旋出。旋入时起闭气作用，旋出后便于清刷内壁。

完整的鸟铳管制成后，安于致密坚硬的铳床上。铳床刻成凹形管槽，使铳管贴合嵌入，前端伸出床外约 2 寸。铳床后部连接约 7 寸长的弯形枪托，成为手柄，其上安有扳机和拨轨。扳机与药室一起构成发火装置，其点火发射方式与欧洲的火绳枪相似。铳床的侧背安插一根搠杖，供装填弹药和清理铳管内壁之用。鸟铳制成后须试射 3 次以上，若不发生故障，才可作为合格制品交付军队使用。《筹海图编·鸟咀铳》还刊载了各种部件图（见图 6-3），从中可知当年鸟铳构造的全貌。

（三）出土的鸟铳管

1978 年 10 月，辽阳城南的兰家堡子村后出土了一批火器，内有一长二短的鸟铳管。长管的口径 14 毫米，长 870 毫米，前有准星，后有照门，尾部右侧为半圆形药室，上有火门（见图 6-4）。木质铳床和手柄已朽，若按弯曲形手柄 7 寸，铳床比铳管短 2 寸计算，则铳床加手柄之长为 1035 毫米，全铳长约 1101 毫米[②]。若按《明会典·火器》的记载，此铳当制于嘉靖三十七年后。这是迄今所仅见的明代鸟铳的出土实物。

---

① 枪机：初创于 15 世纪的欧洲，是一个简单的金属弯钩，一端固连于枪身，另一端为夹钳火绳的蛇头或狗头形机头。明廷将其改为龙头形，故称枪机为龙头，亦称板机。

② 杨豪，辽阳发现明代佛郎机铜铳，文物资料丛刊，1983，（7）：173。

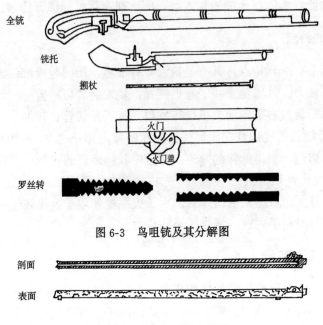

图 6-3　鸟咀铳及其分解图

图 6-4　出土的明代鸟铳管

（四）子母铳

何汝宾在《兵录·子母铳》中说，由于鸟铳管较长，装药较慢，故子母铳是采用佛郎机构造方式制成的单兵枪。母铳后部有一个装填子铳的铁槽，每支母铳配 4 支长 7 寸、重 1 斤的子铳，上安一个小铁牌作拏手，牌上开一小孔，对照准星，孔的大小与照门相配称。子铳口与母铳槽必须贴合，以防火药烟气后泄。母铳口端除准星外，还可装附短剑一把，剑锋长 1.3 尺，剑柄长 5 寸，口开曲眼，安上短剑后，准星正对曲眼。作战时，以 4 支子铳轮流发射。如药弹告尽，即插上短剑锋，同敌相搏。从单兵枪的历史发展角度说，子母铳是我国最早安装枪刺的单兵枪（见图 6-5）。

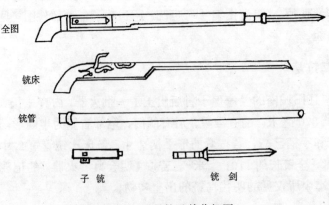

图 6-5　子母铳及其分解图

三　赵士桢对单管火绳枪的研制

万历年间（1573～1620），火绳枪的研制又有许多进展，其中军事技术家赵士桢的成果最为突出。

（一）赵士桢的业绩

赵士桢，字常吉，号后湖，乐清（今属浙江）人。祖父赵性鲁，官至大理寺副，博学多才，曾参加《明会典》的编纂，工诗词，精书法。赵士桢自幼受祖父熏陶，亦擅长书法，其生卒年代虽然不可确考，但是从他在万历三十一年所上《防虏车铳议》中的"行年五十"之句中，可知其大约生于嘉靖三十二年（1553）。万历六年，他被授为鸿胪寺主簿，任职18年后受召入直文华殿。至二十四年，晋升中书舍人，又十余年后去世。由此可以判知，他的谢世当在万历三十四年以后的某一年。若暂以"十余年"作十五年估算，他当卒于万历三十九年前后。

赵士桢从小生长在海滨，少经倭患，家乡乐清县常受袭扰，连家人也被掳去。因此，他深受被侵略之苦，关心国家前途，注意研究军事及军事技术等书，留心访求神器，从抗倭名将戚继光、胡宗宪的部下了解倭寇所用火器的情况，认识到火器在战争中的作用。他还同在抗倭作战中屡立战功的林芳声、吕概、杨鉴、陈录、高凤、叶子高等将领"朝夕讲求，频频研讨"。万历二十四年，当他在温州同乡游击将军陈寅处见到火绳枪后，即仿似因进贡而留居北京的土耳其掌管兵器的官员朵思麻，看到了噜密①铳，并询问了该铳的制造和使用之法。尔后又精心研究，全力仿制，制成噜密铳，于万历二十六年进献朝廷，请求扩大制造，以收防倭制虏之效。之后，他历经艰难困苦，不惜自解私囊，散金结客，鸠工制造，先后制成火绳枪十多种、其他火器与战车十多种。更重要的是他还以多种文体，撰写《神器谱》、《神器杂说》、《神器谱或问》、《防虏车铳议》等研制火器的论著。《玄览堂丛书》集纳了这些论著的万历刊本。此外还有艺海珠尘本、《千顷堂书目》本等。

除国内的各种刊本外，日本古典研究会还在1974年《和刻本明清资料集》第六集中，刊印了《神器谱》五卷，比较集中而全面地搜集了赵士桢的主要著作。其中第一卷刊印了赵士桢的《万历二十六年恭进神器疏》、《万历三十年恭进神器疏》、《防虏备倭车铳议》等七篇奏稿、皇帝的八道圣旨和两道题复等文献。第二卷刊印了《原铳》（分上中下三部分），内有噜密铳、西洋铳、掣电铳、迅雷铳等十多种火绳枪与各种火器的形制构造图、文字说明、噜密人的各种射击姿势等。第三卷是《车图》，内有鹰扬车、冲锋火车、车牌的构造及其阵法，以及各种火箭的制造使用之法。第四卷是《说铳》69条（实际是73条，《玄览堂丛书》本作《神器杂说三十一条》），用条文形式，阐述了各种火器的制造、使用、地位、作用等许多问题。第五卷是《神器谱或问》55条（《玄览堂丛书》本为44条），以设问与作答的形式，对制铳、用铳的许多问题，作了补充性的叙述。

《神器谱》全书共有6万余字，附图200余幅，集中反映了赵士桢在各种火绳枪与其他火器的研制与使用方面所取得的成就。

---

① 噜密（Rum）：《明史·西域四》作鲁迷，又作鲁密。是当时奥托曼帝国的领土，在今土耳其境内。

（二）对噜密铳的仿制

噜密铳是从土耳其传入的一种火绳枪，赵士桢在万历二十五年（1597）仿制成功。噜密铳（见图6-6）重9斤，长6～7尺，铳尾有钢制刀刃，在近战时可作斩马刀用。在形制构造上有不少改进。其扳机和机轨分别用铜和钢片制成，厚如铜钱。龙头与机轨都安于枪把上，使枪机能够捏之则落，射毕后自行弹起，具有良好的回弹性。噜密铳的附件有装发射药的火药罐，装发药的发药罐与点火用的4根慢燃烧火绳。

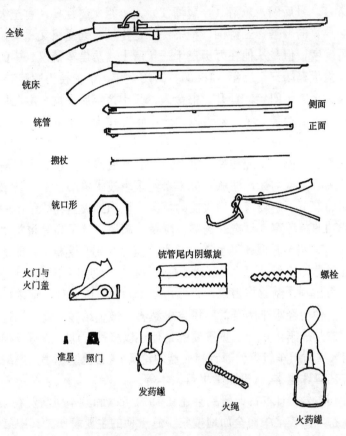

图 6-6　噜密铳及其构件附件图

铳管的制作工艺是：将用精炼钢片卷制的大小两管，搓光后贴切套合，插在钻架上待钻。架旁放置五六根1～3尺长的钢钻。钻管时，两人站在钻架两侧对钻。先钻上口，钻至中部后再翻钻另一头。钻通后，将筒后一段内壁旋成阴螺纹，再将制成的方头阳螺钉旋上。尔后依次制好药室，安好准星、照门，装上枪托等配件。经过试射合格后交付使用[1]（见图6-7）。由于噜密铳具有铳身较轻而威力又较大的特点，所以普遍装备明军。据徐光启在天启元年（1621）二月十七日奏称，他所领取的2000支噜密铳，经部队试用数月，"只是小有炸损，不

---

① 赵士桢，神器杂说，《神器谱》第18之228～233页。

过数门，其余具堪用"①。

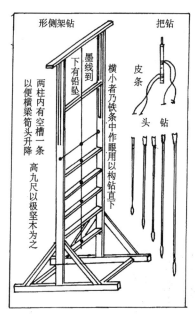

图 6-7　噜密铳的制造

（三）对其他单管火绳枪的研制

赵士桢研制的单管火绳枪甚多，除噜密铳外，主要有下列几种。

掣电铳是兼采火绳枪和小佛郎机之长而制成的新式火绳枪，既有单兵可举而发射的轻便性，又有小佛郎机配备子铳的特点②。铳长 6 尺多，重 6 斤，前用溜筒（即母铳铳管），后部安子铳。从侧面看，溜筒上部安有准星、照门。每铳配长 6 寸、重 10 两的子铳 5 个，其上开有火门，能装 2.4 钱火药和 2 钱重的弹丸一枚。子铳在平时装于皮袋中，每袋 4 个。子铳的中间部分用一铜盘压住，以防止在发射后烟气从筛缝中泄出。盘上打眼，兼有照门作用。下有二脚，可用销钉销在铳床上。铳床的形态和用料与噜密铳大同小异，后尾与日本鸟铳的铳床雷同②（见图 6-8）。

鹰扬铳的铳管较长，管壁较厚，有准星、照门，铳后有安放子铳的部位，并不使其敞口泄气。此铳既有小型佛郎机之轻便，又有大鸟铳命中率之高，是兼有二者之长的新型火绳枪。作战时，敌人若发 1 弹，鹰扬铳可发 3～4 弹。若将它安于轻车之上，则多车齐进，万弹并发，其势之猛，不亚于小型大将军炮，而其纵横进退，俯仰旋转，则较大将军炮轻便。

此外，赵士桢还研制了三长铳、西洋铳、镢与铳相结合的镢铳、锹与铳相结合的锹铳、旋机翼虎铳、轩辕铳、九头鸟铳、连铳③ 等，都各有特点。

----

① 明·徐光启撰，谨陈任内事理疏，见《徐光启集》上册，中华书局，1963 年版，第 172 页。以下引此书时均同此版本。

② 赵士桢，原铳，见《神器谱》第 18 之 207～208 页。

③ 赵士桢，铳图，见《神器谱》第 18 之 353～356 页。

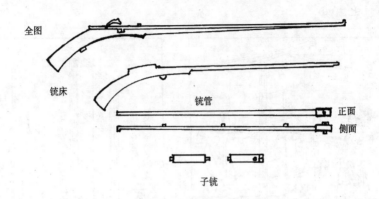

图 6-8　掣电铳及其部件

　　赵士桢在仿制噜密铳、西洋铳和改制掣电铳的同时，还把它们的发射方法附录于《神器谱》中。其方法是：倒铳药（将药罐中的火药倒入药管中，每管火药发射一弹）、装铳药（将药管中的火药从铳口倒入铳膛中）、实药装弹（用搠杖将弹丸压入火药中）、着门药（将发药罐中的火药倒入火门内，把药室装满，使之与铳膛内的铳药相接，尔后将火门盖盖上）、着火绳（将火绳放入扳机内，准备点火）等动作。装填动作完成后，射手即处于听令发射状态，根据临战时的双方位置，选取对敌进行射击的不同姿势：或蹲跪式射击（敌在低洼我处高地时，即踞前脚、跪后脚，左手托铳，右手膊节拄膝盖，铳尾紧夹右腋下，进行瞄准射击）；或站立射击（敌在高地我处低洼时，前脚稍挺直，后脚稍拳，不丁不八[①]，举枪对敌，进行瞄准射击）；或十数步近战射击（此时已来不及瞄准，只须将铳尾紧倚右部胸肋之上乳头之下，左手托铳，右手扣机，进行应急射击）；或五六步近战射击（此时已来不及点燃火绳，可直接向火门点火，进行临急射击）。以上对噜密铳的射击过程，叙述详细具体，绘图形象生动，再现了当年士兵持枪射击的情景[②]。对西洋铳和掣电铳的射击方式，也都有文字和图形说明[③]。赵士桢介绍的几种射击方式，基本上包括了当时各种火绳枪的射击动作，具有鲜明的时代特色。

四　赵士桢创制的多管火绳枪

　　迅雷铳是赵士桢所创多管火绳枪的典型制品。该铳由 5 支铳管组成，共重 10 斤。单管长 2 尺多，形似鸟铳管，但其管后部微呈弧形，如鹊之口衔于一个共同的圆盘上，成正五角形分布，各以钉销定。管身安有准星、照门。5 管的中央有一根木杆作柄，木柄中空成筒，内装火球 1 个。柄端安有 1 个铁制枪头。柄上安有 1 个机匣作发火装置，供 5 管共用，依次轮流发射。5 管的前半部，安有一个共用的圆垫式牌套，牌套用生牛皮做表里，内装丝绵、头发丝和纸，中间有一个大圆孔，周边有五个方孔，木柄和 5 支铳管分别从孔中通过，使牌套与铳管的轴线垂直，以便遮挡从敌方射来的铳箭，具有铳盾的作用，可保护射手[③]。（见图 6-9）。

　　迅雷铳在发射前，需先将 5 支铳管装填好弹药，使之处于待发状态。用发射牌套将 5 管

---

① 不丁不八：人体站立时，双脚尖既不内凹，也不外张成八字形。
② 赵士桢，原铳，见《神器谱》第 18 之 209～211 页。
③ 赵士桢，原铳，见《神器谱》第 18 之 224 页。

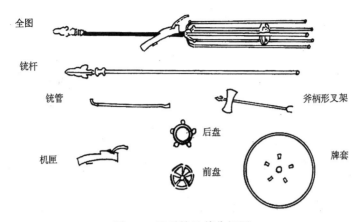

图 6-9　迅雷铳及其分解图

套上。再将斧柄尖端① 安插于地面上作支架，将铳管支于架上。射前准备就绪后，射手左腿前踞，右腿后跪，左手托铳尾后部，铳柄夹于右腋下，用右手点火发射。射毕一管后将圆盘旋转 72 度，使第 2 支铳管对准目标，继续发射。其余 3 管依次射毕后，射手立起，用火点燃木柄中火球，使其喷焰灼敌。当士兵冲近敌兵时，将铳身倒转，以铁制枪头刺敌。可见这是一铳三用的兵器②。

多管火绳枪是利用火绳点火发射的新型军用枪，它设计巧妙、装填方便、射速快、杀伤威力大。赵士桢所研制的多管火绳枪，大致是与欧洲多管火绳枪同期问世的。这说明东西方火器研制者，在提高火绳枪射速方面所作的努力和所取得的成果，大致是不相先后的。

上述成果表明，赵士桢一生辛勤，以至"竟成锻癖，……似醉若痴"③，不惜"以蒲柳孱弱之躯，备极劳苦，孳孳矻矻，恒穷年而罔恤"④，可以说他是一位具有献身精神和爱国主义思想的火器研制家。他创制的火器都具有鲜明的时代特色。他的《神器谱》等论著，对明末清初火绳枪的发展有重要的影响。

第三节　红夷炮的引进与发展

在明廷大量制造佛郎机炮和鸟铳的同时，欧洲又制成新型火炮。中国此时南有日本威胁，北有后金挑战。以徐光启为代表的一批科学家，为了适应严峻军事形势的需要，把研究的重点转移到军事技术上，力求通过购买和仿制欧洲新型火炮并学习其技术等方式，改善国防，提高明军的战斗力。从而出现了以红夷炮为代表的仿制和使用欧洲枪炮的又一次高潮。由于这次高潮是在吸取欧洲科学技术的基础上自觉地进行的，因而具有较高的科学性。这个特点是由当时欧洲火器技术的发展、西方传教士的东来、明末火器研制家群体的积极努力等国际国内三个主要社会条件决定的。

---

① 柄尖端呈枪尖形，其上安斧形铁块，便于稳插地上。柄尾成半圆叉，以架铳发射。
② 赵士桢，原铳，见《神器谱》第 18 之 224 页。
③ 赵士桢，神器谱或问，见《神器谱》第 18 之 309 页。
④ 赵士桢，防虏车铳议，见《神器谱》第 18 之 349 页。

一   欧洲火器技术的发展

欧洲火器的发展，主要表现在理论上的创新，制造技术的提高和大型兵工厂的建立等方面。

在理论上，自 16 世纪前期意大利数学家塔尔塔利亚（Nicoló Tartaglia，1500～1557），发现在真空中以 45 度角发射的炮弹最远的规律后，为炮兵学的理论奠定了基础。16 世纪后期，英国已经采用铸造整体炮身的技术，得出了炮管长度为口径的 17～18 倍时，所铸火炮发射性能最佳的结论，并且列出了火炮各部与口径的尺寸比例表。根据火药性能的改良而调整火炮管长与厚度的理论亦已提出。1638 年，意大利物理学家伽利略（Galileo Galiei，1564～1642）发表了《两门新科学的对话》，讨论了抛物体运动，为改进枪炮的制造技术和弹道的计算，提供了新的理论依据。在此期间还有不少火炮研制者，发表和出版了关于枪炮发射的许多论文和专著，改进了射击方式和射击装置。炮手们已经开始使用射表和测量射角的仪器进行瞄准射击，从而把靠目力瞄准射击的方法，送进了历史博物馆。

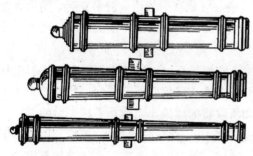

图 6-10   16 世纪后期英国的火炮

在制造技术上，17 世经初，欧洲的火药制造工场已经采用水车为动力机械，带动捣磨机捣碾和搅拌原料、配制火药。一台捣磨机可同时捣拌 4～6 个碾缸，制成性能良好的发射火药。火绳枪在不断改进。燧发枪和多管枪在不断创新。手榴弹已装备部队。火炮的形制规格趋于相对统一，炮身铸有便于安在炮架上的炮耳。瑞典的古斯塔夫二世（Gustav Ⅱ Adolf，1611～1632 在位）在 1611 年即王位后，大量发展便于快速机动和集中使用的 90 磅轻型火炮，使用能简化发射手续和提高射速的纸筒炮弹，并改革炮兵编制，建立炮团，将火炮区分为野战炮、攻城炮和团炮。英国已开始将火炮区分为攻城炮、岸防炮和野战炮。其中野战炮又有重型、中型、轻型之分（见图 6-10）。它们的口径为 2.54～21.6 厘米，炮重为 300～8000 磅，弹重为 0.5～66 磅，装药量为 0.75～30 磅，射程为 300～2600 米。明廷在天启年间向澳门葡萄牙当局购买的第一批西洋大炮，正是这类火炮。

在此期间，正在崛起的英国，建立了大规模的火药、火炮和造船工场，同西班牙、葡萄牙争霸海上。法国政府为同强手并驾齐驱，便迅速在全国建立 11 个火器工场和仓库，垄断了全国的军火工业。西班牙和葡萄牙为了保住海上强国的桂冠，也建立了全国性的兵工工场。瑞典和俄国也不甘落后，大型兵工场、造船场也在许多地方拔地而起。欧洲一些主要国家，已在 17 世纪中叶最后淘汰冷兵器而进入火器时代。

二   欧洲传教士的东来及其桥梁作用

16 世纪 60 年代末至 70 年代初，耶稣会意大利传教士利玛窦（Matteo Ricci，1552～1610）率先来到中国。之后，西方一些传教士便接踵而来。他们在民间进行传教活动的同时，广泛结交学者名流，同詹事府少詹事徐光启和光禄寺少卿李之藻、两广总督郭应聘、顺天府尹王应麟[1] 等结为好友，扩大在上层社会的影响。利玛窦本人也就在这些人的支持和引荐下，以欧洲科学技术的新奇制品为进见礼，入京觐见皇帝，从而在中国站稳了脚跟。接着，西方传教士便陆续将欧洲科学技术的信息传入中国，将科技书籍译为中文，将科技制品如浑天仪、水晶镜、自鸣钟、三棱玻璃柱等引入中国，将《坤舆万国全图》献给万历朝廷。欧洲的火器技术，也就以此为契机，由传教士为桥梁传到了我国。徐光启多次表示，他在建筑敌台、制造火炮等方面所采用的新方法，都得自利玛窦等人的口授和著作中[2]。李之藻则是在同利玛窦等人的交往中，了解到西洋火炮的形制构造和巨大的威力。孙元化便把他从老师徐光启那里学到的欧洲火器技术知识，编成了《西法神机》一书。有些传教士，如意大利的龙华民（Nicolaus Longobardi，1559～1654）、毕方济（Franciscus Sambiasi，1582～1649），葡萄牙的阳玛诺（Emmanuel Diaz，1574～1659）、陆若汉（Jean Roddriguez）、公沙的西劳（Gonzlves Texeira Correa）等人，曾应明廷之聘，率领炮师和工匠，帮助明廷制造西洋大炮和训练明军炮手。而德意志传教士汤若望（Johann Adam Schall Von Bell，1591～1666）则同焦勖合作撰写了《火攻挈要》一书。由此可见，明代后期来华的欧洲传教士。虽然以传教为其主要目的，但是却在传播欧洲火器技术方面，起到了桥梁作用。

三 明末火器研制家群体及其贡献

如果说传教士是明末引进欧洲火器技术的桥梁，那么决定其成功的是当时中国的火器研制家群体。其中最著名的有徐光启、李之藻、孙元化、张焘、焦勖、毕懋康等。

（一）徐光启（1562～1633）

明末杰出的科学家和军事技术家。字子先，号玄扈。历任詹事府少詹事、礼部尚书兼东阁大学士等职。他少年时就胸怀大志，钻研科学，注重军事，关心国家的兴亡和人民的安危。他在万历二十八年（1600）于南京结识利玛窦后，便孜孜不倦地学习欧洲科学技术，尤其是天文、农业、水利与火器技术，并把这些书籍翻译介绍给中国读者。他在学习和传播过程中，一方面结交了一批在上述方面学有专长的欧洲传教士，另一方面又联络了一批有志报国的明廷官员与火器研制者，逐渐形成了一个以他为中坚的学习和传播欧洲火器技术的群体，为明末引进、仿制和使用欧洲火炮作出了积极的贡献。当明军在萨尔浒战败后，他一面上疏朝廷，奏呈造炮、建台等抵抗后金军事进攻之策，一面主动组织人员赴澳门向葡萄牙当局，购买西洋大炮。明廷由于抗击后金军进攻的需要，采纳了他的建议，支持他的购炮行动。

崇祯三年（1630）二月，在奉命监造火炮后，他以在仿制中力求超胜的思想为指导，设法访求和选拔懂得兵事、心计智巧的人掌管军器局，让精通数理的人进行研制。他"除积弊，立成规，酌旧法，出新意"[3]，使制成的火炮"精密坚致，锋利猛烈"[3]，不合格者决不验收。

为了发扬新型火炮的火力优势，他十分重视新型敌台（即当时的炮台）的建造，把造炮

---

① 这些人有的便成为中国最早信奉耶稣教的教徒。
② 徐光启，台铳事宜，见《徐光启集》上册第 187、176 页。
③ 徐光启，辽左阽危已甚疏，见《徐光启集》上册第 109～111 页。

和建台作为一个整体加以考虑，提出了著名的"以台护铳，以铳护城，以城护民"① 的原则。他还亲自设计和参加了一些敌台的建筑。这些敌台以大条石为基础，依城而筑，与城等高，内分三层，下层安大型铳炮，中层和上层所安的火炮依次渐小。台径可达数丈，墙壁设有火炮射孔，外墙为半圆形，内墙与城内相通，便于守城官兵出入。这种敌台既可三面环射，又能上下迭射，减少了死角。同时，相邻各台之间还可进行火力支援，构成大型城郭绵密的火力防御配系。

徐光启还对火器的使用提出了独到的见解。他建议朝廷要选拔精兵，装备精良火器，尔后再"统以良将，驭以严法，仿束武以立阵，兼车步骑以结营，务使人皆壮勇，技皆精熟，远击则百发百中，近斗则一可当十，而又臂指相使，分合如意，疏行密阵，势险节短"②。在抗击后金军进攻的问题上，他主张采取坚壁清野、凭城坚守的战法，把过去放在城外的火炮移置城内各要地，轰击攻城之敌，使敌无法接近城墙，待敌师老兵疲之后实施反击，将其击退。为了收复辽东，他提出以车制骑的思想，主张建立强大的车营，每营装备双轮车和载炮车各120 辆、运粮车 60 辆、西洋大炮 16 门、中型火炮 80 门、鹰铳 100 支、鸟铳 1200 支，以及各种冷兵器与防护装具。全营编 4000 人，战斗与勤务各半，尔后使之各定其位，进行严格的训练，掌握进退攻守之法，做到行则为阵、止则为营。作战时，按接敌距离之远近，依次用西洋大炮、中小型火炮、单兵枪射击敌军，最后用冷兵器同敌拼杀，将敌全歼③。

徐光启为引进欧洲火炮与火器技术奔波十多年，直到 70 岁高龄时，仍为守城制器之事操心。虽然由于明廷政治腐败，国势日衰，军旅不振，他的主张并未被全部采纳，目的也未全部达到，但是他的努力却对明末清初的火炮制造产生了积极的影响。作为一位卓越的科学家，徐光启把自己的研究成果应用于国家的军事实践；作为一位杰出的军事家，徐光启又把自己的军事理论建立在科学的基础上，这是徐光启不同于其他军事家和科学家的独到之处。

（二）李之藻（1566～1630）

明末科学家和军事技术家。字振之，又字我存，仁和（今浙江杭州）人，万历二十六年（1598）进士。曾任光禄寺少卿、工部都水清吏司郎中及南京太仆寺少卿。他同徐光启一起，通过意大利传教士利玛窦，学习欧洲的火器技术，并积极加以传播推广，推动了明末火器的发展。他在天启元年（1621）的《为制胜务须西铳乞敕速取疏》中，全面阐述了他对发展明末火器的主张，有力地配合了徐光启关于引进、制造和正确使用欧洲火炮的奏议，加速了明廷对这些奏议的批准和引进、仿制欧洲火炮的进程。

李之藻对西洋大炮的形制构造和作用作了全面的了解，并详细介绍了一种西洋大炮的规格：炮长 1 丈多，口径 3 寸，重 3000～5000 斤，弹重 3～4 斤，炮身安于车上，有射表，可调整射角，具有"折巨木，透坚城，攻无不摧"的威力。他认为，要仿制这些火炮，切不可只按外形依样画葫芦，而要讲究质量，做到材料必"锻炼有法"，铸造"不可差之毫厘，失之千里"。使用时，必须先严格训练炮手，使之"明理识算，兼诸技巧"，再"翼以刚车壮马，统

---

① 徐光启，谨申一得以保万全书，见《徐光启集》上册第 175 页。
② 徐光启，申明初意录呈原疏疏，见《徐光启集》上册第 183 页。
③ 徐光启，钦奉明旨敷陈愚见疏，见《徐光启集》上册第 310 页。

以智勇良将"[1]，收到战必胜、攻必克、守必固的效果。为此，他建议朝廷要优待铸炮工匠和操炮射手，宁可裁减无能之将、无用之兵，也不可怠慢这些人。因为有效地使用一门优质火炮，能抵数千精兵之用[1]。

李之藻一生钻研天文、历法、数学等自然科学，有《新法算书》、《天学初函》、《同文算指》等6部译著传世。

（三）孙元化（? ～1633）

明末将领和著名军事技术家。字初阳，号火东，嘉定（今属上海）人。《明史·徐从治传》后附其小传，称其"善西洋炮法，盖得之徐光启云"。乾隆《嘉定县志》则说他"天资异敏，好奇略，师事上海徐光启，受西学，精火器"。因条陈备京、守边等策，得以赞划经略军前。天启二年（1622）九月，他以兵部司务身分，在山海关协助辽东经略孙承宗修筑城防。三年，他随宁前兵备道袁崇焕守宁远，负责管理、调运山海关的11门西洋大炮和主持造炮事宜，全力支持徐光启用西洋大炮抗御后金的主张，在宁远大捷中立了功。至崇祯初年起，任兵部员外郎，不久迁郎中。崇祯三年（1630），经老师徐光启荐举，调任登莱巡抚。忠实按徐光启的意图，聘请葡萄牙人公沙的西劳和陆若汉等人，到登莱制造西洋大炮和对士兵进行使用火炮的训练。五年，其部将孔有德、耿仲明叛明降清，攻陷登莱。孙元化被俘后自杀未死，被叛军放归。六年九月，被明廷处死。有《经武全书》、《西法神机》等著作传世。

《西法神机》成书于崇祯五年前，是他的心力之作，分上下两卷，约3万余字、附图19幅。现存有康熙元年（1662）古香草堂刻本，是我国最早全面介绍欧洲火器技术的著作，对明末清初的火器制造产生了重要影响。

（四）张焘（? ～1633）

明末将领，著名火器研制家。钱塘（今浙江杭州）人，曾任加衔守备，官至登莱副总兵官。李之藻的学生，孙元化的同僚，全力支持徐光启的主张，亲自组织和率领人员赴澳门，完成了第一批30门西洋大炮的购买、运输回京，以及聘请葡萄牙炮师来京协助造炮和训练炮手的任务。《明史·徐从治传》中说他因部将孔有德兵变被逮。《明思宗实录》称其被叛军所俘，因拒降而自缢身亡。《明史·艺文志》和《千顷堂书目》，录有张焘和孙学诗合写的《西洋火攻图说》一卷，至今尚未发现此书。

（五）焦勖

明末著名的火器技术家。宁国（今安徽贵池）人，生卒年月不详。他的突出贡献是将德国传教士汤若望口授的西方火器技术，辑成《火攻挈要》，于崇祯十六年刊印。今北京图书馆藏有原刊本的清抄本。全书分上下卷，另附《火攻秘要》一卷。清道光年间（1821～1850），军事技术家潘仕成在编辑《海山仙馆丛书》时，将两书合一出版，称《火攻挈要》，又题为《则克录》，分上中下3卷，共4万余字，附图27幅，是稍晚于《西法神机》问世的又一种全面介绍欧洲火器科学技术的著作，其内容较《西法神机》更丰富，两者对火器制造和使用的主要问题既有相似的论述，又各有千秋，是具有共同时代特色的姐妹作。

---

① 李之藻，为制胜务须西铳乞敕速取疏，见《徐光启集》上册笫　　页。

（六）毕懋康

明末火器研制者，生卒年代未见记载。崇祯八年（1635），他在《军器图说》中阐述了自生火铳即燧发枪的形制构造。这种枪是将鸟枪的火绳点火装置，改进为用燧石发火的装置，其上安置一块燧石，发射时，由射手扣动扳机，安装于扳机上的龙头下击，同燧石摩擦生火，火星落入药室中，使火药燃烧，产生气体推力，将弹丸射出。这种枪的特点有二：一是不怕风雨，在恶劣气候条件下也能发射；二是使用时只要连续扣动扳机，摩击燧石，便可连续发射，提高射速。据欧洲一些火器史书的记载，17世纪初叶，法军率先使用燧发枪。之后，其他国家的军队，也相继以燧发枪代替火绳枪，使单兵枪进行了又一次更新。但是，由于明末政治、军事形势极端恶化，崇祯朝廷面临生死存亡的危机，故毕懋康的这一成果也未被推广运用，直到康熙时期，才有人制成作为皇帝打猎用的燧发枪。

上述著名火器研制家中，除毕懋康和焦勖生卒年代不详外，其余都是朝廷大臣和统兵将领。他们以徐光启为中坚，有共同的奋斗目标，互相志同道合，形成一个群体，能够在政治、军事和科学研究等方面，同当时明廷与后金的军事斗争紧密地联系在一起，为明军抗御后金军的进攻作出了积极的贡献。西洋大炮的引进和使用便是最突出的事例。

四　首批红夷炮的引进

16世纪末至17世纪初，东北建州女真族崛起。万历四十四年（1616），其首领努尔哈赤在赫图阿拉（今辽宁新宾）建元"天命"，自称金国汗，两年后以"七大恨"为辞兴师攻明。万历四十七年三四月间，努尔哈赤所部在萨尔浒大败明辽东经略杨镐所率领的四路明军，明廷为之大震。徐光启即于六月奏请朝廷设险守国，建敌台、造大铳，以抵御后金军的进攻。九月，朝廷升任徐光启为詹事府少詹事、兼河南道监察御史，赴通州练兵造炮。其时因朝廷党争剧烈，徐光启处处受掣，练兵计划夭折，于是便联络李之藻、张焘、孙学诗等人，以私人出面捐资方式，向澳门葡萄牙当局购买了4门西洋大炮，并于天启元年（1621）十二月运抵北京。三年四月初十，明廷又将向澳门葡萄牙当局续购的22门西洋大炮运到北京。随炮来京的葡萄牙23名炮师和1名翻译也一起到达。后来又通过其他方式购买了4门。经奏准天启皇帝，将其中的一部分西洋大炮调往山海关备用。天启六年（1626），兵部主事孙元化上奏朝廷，对购买西洋大炮之事作了较为详细的报告："澳商闻徐光启练兵，先进四门，迨李之藻督造，又进二十六门。调往山海者十一门，炸者一门，则都城当有十八门，足以守矣"[①]。总数30门。运往山海关的11门，后来转运至宁远，在宁远大捷中发挥了重要作用[②]。在北京炸毁的1门西洋大炮之事，是在天启四年由葡籍炮手在训练中国士兵进行试炮练习中发生的，还有18门作为留守北京之用。其贮存情况，由于不见记载，已经无法查考。但是，过去在天安门内的端门和午门之间，曾陈列过2门形制构造相同的西洋大炮，现在有1门陈列在中国人民革命军事博物馆中，炮身所刻的铭文和所铸的图徽，证明它们就是天启年间引进后留在北京的18

---

①　《明熹宗实录》卷六十八，天启六年二月戊戌，《明实录》六十九第3270页。

②　清·计六奇撰，《明季北略》卷二《袁崇焕守宁远》中的记载称：天启六年正月二十四日，后金军进攻宁远，"城内架西洋大炮十一门，从城上击，……"。中华书局，1986年版，《明季北略》上第41～42页。

门西洋大炮中的 2 门。

这 2 门均为铁铸前装滑膛炮，管长 3 米，口径 125 毫米，炮身有六道箍，尾部形如覆笠，顶端有球珠，炮管中部两侧各横出一个炮耳。炮身原来都铸有徽记和刻款，其中 1 门已完全剥蚀难辨，另一门尚有残痕，据中国历史博物馆所藏此炮在剥蚀前的旧拓片[①]，可看出其刻款是："天启二年总督两广军门胡题解红夷铁铳二十二门"。其左下方刻有火炮的编号：一为"第六门"，一为"第十四门"。炮身所刻的徽记呈盾形，下面为 3 艘多桅帆船，图形已经模糊（见图 6-11）。

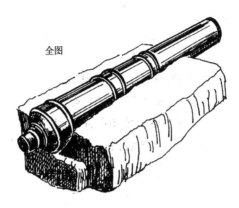

全图

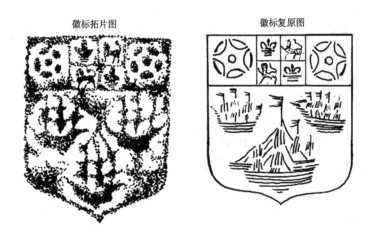

徽标拓片图　　　　徽标复原图

图 6-11　明天启二年购买的红夷炮及炮身徽标

这 30 门大炮是在张焘等人到澳门购买大炮的前一年，搁浅在澳门附近一艘英舰上装备的英制舰炮，由葡萄牙人拆卸后卖给中方[②]。它们是英国在 16 世纪后期制造的一种早期加农炮，设计先进，结构合理，炮身各部都是以口径的尺寸为基数，按一定的比例倍数设计的。如炮管的长度约为口径的 22～28 倍，炮口的管壁厚度、炮耳的长度和直径，都与口径相同。因此这类火炮具有身管长、管壁厚、弹道低伸、射程远、命中率高、威力大、安全可靠等优越性，

① 周铮，天启二年红夷炮，中国历史博物馆馆刊，1983，（5）：105～109。
② 详见王兆春所著《中国火器史》第六章第二节"红夷炮的引进与使用"。《明史》撰写人误认这种火炮是红夷荷兰人所造，故称红夷炮。

比佛郎机炮要先进得多。明廷购买这些火炮后，便用以抗御后金军的进攻。

五　红夷炮和宁远大捷

　　解往山海关的 11 门红夷炮，在宁前兵备道袁崇焕指挥的宁远守城战中，发挥了重要作用。天启六年（1626）正月，努尔哈赤乘明廷罢免孙承宗、以高第任辽东经略，以及明军匆忙撤回关内之机，率军 13 万西渡辽河，急趋宁远，于二十一日兵临城下。此时，袁崇焕已将包括 11 门红夷炮在内的 12 门大炮撤入城中，安于四面城墙上待机射敌。同时命经过葡萄牙人训练的火器把总彭簪古坚守城东、北两面，自与家人罗立坚守城西、南两面。二十三日，后金军围城劝降，遭袁崇焕严词拒绝。同时罗立命炮手发炮，毙杀其数十人，迫使后金军移营而西。次日清晨，后金军在牌车（车前端安有巨型挡板的战车）、厚盾掩护下，拥勾梯、火箭等大量攻城器械，猛攻宁远城的西南角。城上发西洋大炮，击杀许多后金军，迫使后金军转攻宁远南门，战斗更加激烈，"城上铳炮迭发，每用西洋炮则牌车如拉朽。"[①] 当他们接近城墙时，又遭到城东南和西南两角铳台火炮的交叉射击，死伤惨重。双方激战 3 日，后金军在西洋大炮、中小型火炮及其他火器射击下，伤亡 1.7 万余人，攻城器械尽成废物。努尔哈赤见士兵伤亡太重，攻城不下，便于二十六日无可奈何地撤宁远之围，转攻觉华岛（今辽宁兴城菊花岛），以报宁远战败之仇。二十七日，率领残兵败将，满怀忿恨地撤回沈阳，于八月郁愤而死。明军取得了七八年来所未有的大胜仗，史家称明军此战之胜为"宁远大捷"。战后，明廷升袁崇焕为兵部右侍郎兼都察院右佥都御史，照旧巡抚辽东，专理军务，驻守宁远[①]。同时下令工部多造西洋大炮，以加强防御。三月，封一门"西洋大炮为'安国全军平辽靖虏大将军'"[②]，给"管炮官彭簪古加都督职衔"[③]，授罗立为火器把总。据徐光启称，受封之炮是他们首批购买的 4 门红夷炮之一。

　　天启七年五月，新嗣位的皇太极率军进攻宁远、锦州。五月二十八日，袁崇焕指挥宁远守军发西洋大炮还击。皇太极不敌而逃。欲攻打锦州，又不能下，遂于六月初五日毁大、小凌河二城后撤退。史家称明军此战之胜为"宁锦大捷"。红夷炮在宁远大捷和宁锦大捷中发挥了巨大威力，朝廷因此更加重视购买西洋大炮和训练炮手之事。

六　明末朝廷对西洋大炮的购买和仿制

　　天启七年十月，朱由检即皇帝位，3 天内杀了魏忠贤，清除阉党。次年夏又复徐光启官职，起用袁崇焕抵御后金，并主张购买西洋大炮以备战事。

　　崇祯二年（1629）正月，朝廷采纳徐光启的建议，命两广大吏李逢节和王尊德，托葡商代购西洋大炮。葡商即献大炮 10 门及若干支枪，由公沙的西劳和陆若汉率领翻译及数名炮手携火炮，于三月自广州出发，十一月二十二日到达涿州[④]，除留下 4 门加强涿州城防外，其余

---

　　① 《明熹宗实录》卷七十，天启六年四月辛卯，《明实录》六十九第 3370 页。

　　② 徐光启在《徐氏庖言》卷中称："安边靖虏镇国大将军"为"职所取四位中之第二位也。"两者所说的封号稍有所差异。

　　③ 《明熹宗实录》卷六十九，天启六年三月甲子，《明实录》六十九第 3320 页。

　　④ 徐光启，控陈迎铳事宜疏，见《徐光启集》上册第 278 页。

6 门于崇祯三年（1630）正月运抵北京，并向崇祯献上大炮车架样品两具。崇祯帝当即下令"京营总督李守锜同提协诸臣，设大炮于都城冲要之所，选将士习西洋大炮点放之法，赐名"神威大将军"[①]。二三月间，葡萄牙炮师即在北京帮助明廷训练两批炮手，约 200 余名。崇祯四年十月，徐光启以前线迫切需要西洋大炮为由，上奏朝廷建立车营。他认为，为了加强西洋大炮的机动性，充分发挥其在野战中的火力优势，必须建立车营。考虑到当时财力、物力的可能，可先编练一营，一营既成再编一营，依次扩编；若能编成 4～5 营，则可保关内安全；编成 10 营，便可拓展关外；编成 15 营，辽东就不愁恢复[②]。他还建议朝廷在条件基本具备的登莱巡抚孙元化军中，先试编一营。因为当时精通炮术的登莱监军道王征、登莱副总兵（一称副将）张焘和葡萄牙人公沙的西劳等，都已经在登莱造炮练兵了。但是，徐光启的这一建议，被孙元化的部将孔有德和耿仲明突然率部投降后金的背叛行为所冲破。

　　崇祯四年八月初，皇太极率大军进围明关外要地大凌河。孙元化派孔、耿二将率军前往救援。当这支部队于十一月二十八日行至吴桥时突然哗变，并回军反戈山东。孙元化几次檄抚不成，十二月底叛军围攻登州，守军以西洋枪炮击退其多次进攻。五年正月初三，登州失陷，孙元化和王征等人被俘[③]，张焘自缢。参加守城的葡萄牙人也遭到较大的伤亡[④]，城中贮备的 20 门西洋大炮和 300 多门中型火炮，尽被叛军所得。登莱县备炮之多，一方面说明其战略地位的重要，另一方面也同徐光启、孙元化对登莱海防的精心经营有关。登州的失陷，使徐光启损折了几名熟谙炮术的助手，葡籍炮师也返回澳门。从此，年已古稀的徐光启再也无法实现他造炮练兵，报效国家之大志了。与此同时，明军在关外的火炮优势也随之丧失，而后金军不但从战场上缴获包括红夷炮在内的明军所用大量火炮，并能直接仿制红夷炮，成为攻城掠地的利器。到崇祯十二年，清军已拥有 60 多门自制的红夷炮，为夺取关外重城、歼灭明军主力作了充分准备。

七　崇祯年间对西洋火炮的仿制

　　崇祯朝廷按新法仿制西洋火炮，最初是由徐光启组织实施的。自崇祯三年（1630）二月至八月，共仿制成 400 余门。在仿制西洋火炮的过程中，他严格要求按照科学原理进行，做到工艺必精必细，并将工匠之姓名铸于炮身，以便考查和赏罚。他要求工匠保守机密，使造法不"为奸细所窥"。对于造成之炮，规定了学习和使用制度。对火炮的装填和发射技术，望远镜和度板的使用方法等，都不可传授无关人员。由于他选用的工匠和炮手都十分可靠，所以制炮的质量也都有保证。崇祯五年起，后金军对明廷的军事威胁日益严重，而此时的徐光启已年老多病，天年将尽，他的学生和得力助手都已病故或损折，故明廷仿制西洋火炮之事，只能聘请精通炮术的德意志传教士汤若望等人协助进行。在松锦之战期间，崇祯帝命汤若望在城中择地铸炮，并命一批太监跟班学习铸炮技术，不久即铸成 20 门西洋火炮，经试射，性

---

① 《崇祯长编》卷三十，崇祯三年正月甲申，《明实录》九十三第 1639 页。

② 徐光启，钦奉明旨敷陈愚见疏，见《徐光启集》上册第 310～311 页。车营的编制、装备和作用，可参见本章第三节。

③ 王征被明廷罚戍边卫。

④ 据记载，葡萄牙人战死 12，受伤 15。公沙的西劳中箭阵亡。陆若汉仅率 3 人回北京。

能良好，接着又造 100～1200 斤的各型西洋火炮 500 门①。由于汤若望造炮成绩优异，崇祯帝赐金匾两块以示嘉奖，后又聘其指导和协助太监造炮。

崇祯末年制造的火炮，在不少地方都有使用，山海关城墙上至今还陈列着当年使用过的火炮。其中有一门刻有"大明崇祯十六年仲春吉旦铸造神威大将军一位　重五千斤"等字，口径 10 厘米。口外径口 31 厘米、全长 266 厘米。炮口至火门 227 厘米。炮口至炮耳中轴 142 厘米、炮耳长 12 厘米、炮耳直径 11 厘米、尾珠长 18 厘米（见照片 9）②。炮身各部设计科学，管长为口径的 8.6 倍，是当年明军安于山海关城上抗御清军进攻的精良守城炮。

与朝廷委官仿制西洋火炮的同时，一些地方军政官员，如两广总督王尊德和福建巡抚熊文灿等，也都曾积极仿制西洋火炮，以固守御。王尊德为了仿制西洋火炮，曾先后向葡萄牙人借用 20 门火炮作样品③。仿制成 350 门后，向朝廷进献了 175 门④。其中有 10 门重达 2700 多斤，中国历史博物馆存有仿制品。湖南长沙也收藏一批刻有："崇祯六年岭西布政王　总督两广军门□□□"、"岭西左布政□　总督两广军门熊"、"崇祯十六年　福建军门张都督造"。"崇祯十六年　□营造　应天军门郑"等字的火炮⑤。

崇祯十年（1637）后，还有一些由文武官员于明朝垂危时期捐资合造西洋火炮。石家庄市曾发现一门刻有"崇祯戊寅岁仲寅吉旦　捐助建造红夷大炮　总督军门卢象升……"等字的火炮，表明它是由总督宣府（今河北宣化）、大同军务卢象升等 17 名文武官员，于崇祯十一年捐资所造⑥。另外在山西省博物馆中，也收藏了铭文与上述完全相同的 2 门红夷炮⑦。由官员私人捐资造炮，一方面说明崇祯朝廷财政枯竭，所铸火炮不敷使用；另一方面也说明当时军情紧急，前线将领就地捐资造炮，以为抗清之用。据《明史·卢象升传》记载，崇祯十年，清军入墙子岭、青口山，朝廷命卢象升督天下援兵入卫。十一年，清军分三路南下，他分兵迎战。但因兵部尚书杨嗣昌、总监中官高起潜主和，故意按兵不动。十二月，卢象升被迫孤军奋战，在巨鹿（今属河北）蒿水桥之战中，炮尽矢竭，献身沙场。中国历史博物馆藏有一门刻有"明崇祯十二年仲冬吉日铸造　重伍千四百斤　钦命总督军门洪承畴　钦命总督高起潜……"等字的重型红夷炮，系洪承畴、高起潜等于崇祯十二年捐资所造。洪承畴虽然与其他官员捐造了重型红夷炮，但他本人并未抗清到底，在崇祯十五年兵败松山，被俘后降清。由私人捐资制造的西洋大炮，在其他一些地方也有发现和收藏。

明末由徐光启等人引进的 30 门和仿制的数百门西洋火炮，虽然没有能挽回明军在关外失败的结局，反而在被后金军缴获后，给长于骑射的八骑兵插上入主中原的双翅，这是徐光启及启、祯两届朝廷所不愿看到的后果。然而从历史发展的观点看问题，徐光启等人的努力并没有白费。他们引进和传播的西方火器技术，在清初得到了一定程度的运用和发展，清王朝为平定"三藩之乱"和收复被俄国占领的雅克萨中所用的红夷炮，正是利用这种火器技术制

---

① 《汤若望传》说这 500 门炮制于崇祯十五年，《正教奉褒》说制于十三年。又在联邦德国奥古斯特公爵图书馆所藏的《1581～1669 耶稣会士在华传教史说》第 63 页（见累根斯堡 1672 年英文版）中，对此事有较详细的记载。

② 此炮的数据和铭文，系由作者与成东同志赴实地测量和抄录。

③ 徐光启，闻风愤激直献刍荛疏，见《徐光启集》上册第 299 页。

④ 徐光启，钦奉明指敷陈愚见疏，见《徐光启集》上册第 316 页。

⑤ 马非百，谈周炮的年代问题，文物参考资料，1955，（7）：110～116。

⑥ 王海航，石家庄市发现明代铁炮，文物参考资料，1957，（6）：84～89。此炮长 150 厘米，重 500 斤。

⑦ 胡振祺，明代铁炮，山西文物，1982，（1）：57。

成的。

第四节　传统火器的创新

明朝后期在大量仿制火绳枪炮的同时，还对传统火器进行全面革新。这些传统火器与火绳枪炮各尽其用，把我国古代火器推进到一个新的发展阶段。

一　单　兵　枪

单兵枪有单管和多管两大类。它们在形制构造上各有特色。

（一）单管枪

自嘉靖年以后，改制和新创的单管枪甚多，主要有无敌手铳、快枪、连子铳、一窝蜂铳、剑枪等。

无敌手铳创制于嘉靖七年（1528），重约 16 斤。河北省文物研究所藏有嘉靖十年用铜制造的 1 支无敌手铳，口径 31 毫米，全长 734 毫米。它比明初手铳粗长，杀伤力也较大，铳身表面刻有"胜字柒百伍拾玖号　无敌手铳　嘉靖辛卯年兵仗局造　重拾伍斤"等字。与《明会典·火器》所记的重量相近。

快枪有竹木两种，长 6.5 尺，重 5 斤。前有枪头，枪头后有 2 尺长的枪筒，筒后插一支枪柄。使用时，先向筒中放一根长 1.5 寸的火线，再放入 3～4 钱火药，尔后向筒内装填一枚弹丸。发射时，士兵屈前膝架筒，拔去枪头，点火射击。射完后，将枪头装上，作为长枪刺敌。快枪容易制造，价格低廉，北方守边部队惯于使用[1]。

连子铳的铳管用铁制造，尾部安有木柄，前部管壁开有一个圆孔，通过圆孔，将一个能自动落弹的小铁筒，垂直插入其中。铁筒的直径略大于弹丸的直径，使装于其中的若干枚弹丸能依次落入铳管中。铳管自孔口向后至底部，依次装填若干节用小纸筒包装的火药。火药筒底部用厚纸衬垫，并从中通出一根长 1 寸的药线，各药线间首尾相接，每节药筒可发射一枚弹丸[2]（见图 6-12）。发射时，先点燃第一节火药筒，将落弹筒落下的第一枚弹丸射出。射毕后，第二节火药筒中的火药恰好被引燃，将第二枚弹丸射出。尔后依次进行，将落弹筒中的弹丸全部射完。由于省去了装填弹药的时间，所以射速较快。

一窝蜂铳一次能射百弹，散布面大，命中机会多，而且轻巧灵便，士兵可用皮带将其挂在腰间携带。使用时，先将铸于铳身的一个小铁爪插在地上，尔后将铳口昂起，进行发射[3]（见图 6-13）。

剑枪长 4.8 尺，重 8 斤。枪口有准星，管后有照门，枪头装有 9 寸长的枪锋。尾部安有长 2.3 尺的微曲形中空木柄，柄中前面的 9.3 寸可存放枪锋，后面 1.1 尺可装 3 钱火药和 1 枚

①　明·戚继光撰，《练兵实纪杂集》卷五《车步骑营阵解上·快枪解》，上海古籍出版社，1990 年版，影印本《四库兵家类丛书》三第 728 之 862 页。以下引此书时均同此版本。

②　明·戚继光撰，《纪效新书》卷十五《布城诸器图说》，《四库兵家类丛书》三第 728 之 624 页。

③　明·郑若曾辑，《筹海图编》卷十三《经略三·兵器·一窝蜂铳》，解放军出版社、辽沈书社，1990 年版，影印本《中国兵书集成》16 第 1277～1278 页。以下引此书时均同此版本。

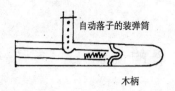

图 6-12　连子铳

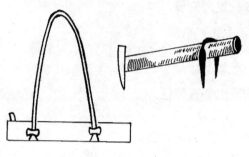

图 6-13　一窝蜂铳

铅子①。平射时可达 200 步。此枪有三用：一可作火枪射敌，二可作棍棒击敌，三可作长枪刺敌。此枪因有准星、照门，故提高了命中精度。

（二）多管（多发）枪

多管枪是为提高射速而创制的单兵枪，自 2 管至 36 管不等。

双管枪有两种构造方式，一种是两铳夹一长柄冷兵器，另一种是两铳安于一柄的两头。前者的制品有夹把铁手枪②（又称夹把铳）和飞天神火毒龙枪（见图 6-14）。夹把铁手枪可二用，既可先用弹丸射敌，又可作长枪刺敌。飞天神火毒龙枪还能喷射火焰灼敌，一枪可三用。后者的制品是两头铳，由军器局创制于嘉靖四十年（1561）②。作战时，士兵先以一端的火铳射敌，尔后再射另一端。

三管枪的主要制品是嘉靖年间制造的三眼铳。何汝宾指出，鸟铳多用于南方，三眼铳适用于北方骑兵。三眼铳每铳可装二三枚弹丸，当敌人相距三四十步时，可进行齐射和连射，给敌人以重大的杀伤。弹丸射毕后，骑兵可将其作为闷棍击敌③。近年来，曾有一些三眼铳出土。如 1987 年 10 月，在辽阳城南 6 公里的兰家堡子村后，出土了两件形制构造相同的铁制三眼铳。铳身由 3 个单铳绕铳柄平行固连而成，3 个铳口成品字形布局，都有突起的外缘，前膛外有箍。前膛后接药室，药室开有火门。3 铳合用一个安置手柄的长喇叭形尾銎。两件三眼铳的构造数据略有不同。其中一件全

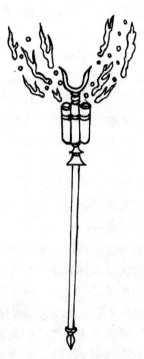

图 6-14　飞天神火毒龙枪

长 405 毫米，单铳口径 13 毫米。另一件三眼铳全长 363 毫米，单铳口径 15 毫米④（见图 6-15）。日本学者有马成甫在《火炮的起源及其流传》中，也记载了几件类似的三眼铳出土实物。

---

① 《武备志》卷一百二十八《军资乘·火十·火器图说七》之《剑枪》，《中国兵书集成》32 第 5425～5427 页。

② 《明会典》卷一百九十三《火器》，《明会典》第 976 页。

③ 明·何汝宾撰，火攻杂记，见《兵录》卷十一，宝勋堂，万历三十四年（1606）刊本，第 36 页。以下引此书时均同此版本。

④ 杨豪，辽阳发现明代佛郎机铜铳，文物资料丛刊，1983，(7)：173～174。

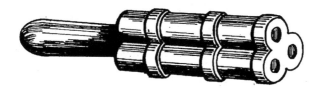

图 6-15　三眼铳

四管枪在《明会典·火器》中称四眼铁枪，由兵仗局制于嘉靖二十五年（1546），陕西按察司副使刘效祖在《四镇三关志·建置》中绘有四眼铁枪的图形。迄今未见出土实物。

五管枪只有《武备志·五排枪》记载的五排枪一种，它由 5 支枪管以手柄为中轴作对称平行排列。单管用净铁打造，各重 20～21 两，长 4 尺，开火门一个，装填铅子 4～5 枚及火药若干。五管枪的出土实物较少，只在河北省赤城县的一处火器窖藏中，发现过 2 支铁制五眼铳。单铳长 46 厘米，铳膛和尾銎各长 23 厘米，口径 1.5 厘米，重 5.5 公斤，后部的小孔中都通出火线。5 支铳管分上下两排，上 2 下 3。这是迄今所见五管枪的唯一出土实物[①]。

七管枪有嘉靖二十八年制造的七星铳。《武备志·七星铳》说，此铳由 7 支铁铳管平行排列，1 支居中，6 支绕其周，其外包厚铁皮，加铁箍三道。单管长 1.3 尺，内装火药与弹丸，后部开有火门，通出火线，各管尾部总合一处，合用一根 5 尺长的木柄。行军时，将铳身架于两轮车上，轮径 1.5 尺，由一人推挽。射击时，管口能高能低，运用自如，杀伤力较大。

十管（十发）枪有两种构造形式：一种是单管分十段各开火门的十眼铳；另一种是十管绕柄平行排列的子母百弹铳和连珠铳。前者由军器局制于嘉靖二十五年，《武备志·十眼铳》有其文和图。管用铜或精铁打造，重 15 斤，长 5 尺。中间 1 尺为实心，两头各长 2 尺为铳筒，每头平分五节，每节长 4 寸，内装火药与弹丸，开有火门，节间用厚纸隔开。作战时，射手先点燃近铳口的一节火药，将弹丸射出。尔后依次点燃后 4 节，将弹丸连续射出。射毕一头，再射另一头（见图 6-16）。后者的制品有子母百弹铳和连珠铳。子母百弹铳由 10 支铳管平行箍成，1 管居中，长 1.5 尺，9 管绕其周，各长 5 寸。单管用精铁打造，10 管合用一根木柄，管中装有火药与若干枚小铅丸，各铳的火线总连一处。作战时，由体壮力强的士兵发射，一次

图 6-16　十眼铳

可射百弹，具有较大的杀伤力。连珠铳制于嘉靖三十四年[②]，其构造与使用方式和子母百弹铳相似。

三十六管铳仅见于《武备志》记载的车轮铳。其法是在一个车轮式圆盘上安 18 根辐条，

① 王国荣，赤城出土一批明窖藏火器，见 1991 年 9 月 1 日《中国文物报》。

② 明·李辅重修，《全辽志》卷二《兵政》，嘉靖四十四年刊印本，第 69 页。

辐条两侧各安 1 支火铳，全轮共 36 支。单铳用铁打造，长 1 尺，重 1 斤。内装适量火药与弹丸，用皮条封口。铳口向外，固于轮辋上。铳底固连于车毂上，轮、铳全重 200 余斤。每 2 轮配 1 个发射架。行军时，用一骡驮运。作战前，先安架于地，再安轮于架上。发射时，转动车轮，依次可射 72 弹，大大提高了射速。17 世纪初，欧洲也使用了 36 管轮式枪。

二　火　炮

明朝后期经改进或新创的火炮有轻型、中型和大型三大类。

（一）轻型火炮

轻型火炮主要有虎蹲炮和发射爆炸弹的火炮。

虎蹲炮是戚继光在嘉靖年间抗倭时创制的一种小型将军炮，因形似虎蹲而得名。炮身长 2 尺，重 36 斤。自前至后有五六道宽大铁箍，口端备有大铁爪、铁绊，藉大铁钉将炮身固于地面，消减发射后产生的后座力，克服了原用毒虎炮常在发射后因炮身后冲而自伤炮手的危险。此炮较佛郎机轻巧灵便，可在山林水网地带机动或控制险隘，一次能射上百枚小弹丸或 50 枚较大的弹丸，散布面大，能有效地杀伤密集进攻之敌，在抗倭作战中发挥了重要作用。戚继光在隆庆年间到蓟镇练兵时，又将此炮装备骑兵使用，成为一种较好的骑兵炮。

发射爆炸弹的火炮大多由明朝前期的盏口炮演变而来，主要制品有嘉靖年间兵仗局制造的毒火飞炮、铁棒雷飞炮、火兽布地雷炮，以及八面旋风吐雾轰天霹雳猛火炮等。这类火炮通常装有数量较多的发射火药与一枚铁壳爆炸弹。弹内装有致毒或强燃烧火药。除铁棒雷飞炮外，都安于架上发射。炮弹爆炸后，既可以铁壳碎片击敌，又可焚烧敌军粮草和毒杀敌军人马。

（二）中型火炮

中型火炮由明初的小型将军炮发展而来，最初为神机营用炮，到明末已成为一种中型火炮。某些考古文物部门珍藏有这种火炮。

图 6-17　首都博物馆藏神机炮

1931 年，在北京西四兴盛胡同二号的普济女工厂中，挖出了一批明末铁制神机炮。据说该厂原是清代某炮局的遗址，院中埋有较多的明清火炮。当时挖出 30 余门，藏于北京历史博物馆（原址在北京宣武门城楼）。后经多次转移，已不知其所藏之处。1984 年 6 月，笔者去首都博物馆参观时，发现在该馆收藏的火炮中，有的与 1931 年出土的神机炮很相似，它们或者就是这些火炮中的一部分也未可知（见图 6-17）。在这些神机炮中，有 3 门刻有相同制造年月和铭文。其中一门的实测数据和铭文为：口径 85 毫米，外径 200 毫米，全长 900 毫米。炮口周围刻有"崇祯十四年十月记，标右十四号　头司领队" 17 字；炮身刻有"右营　头司领队" 6 字。山海关城楼的兵器陈列室中，也展览了与上述 3 门形制构造相似，主要数据相近的铁制神机炮。这些出土和传世的神机炮说明，崇祯十四年（1641）前后，清军在关外步步紧逼，明军屡战不利。为了加强京师和山海关的防御，所以朝廷不但聘请汤若望大量铸造西洋火炮，而且也大量铸造神机炮，以便明军将两者配合使用。

（三）大型火炮

大型火炮大多由明初的盏口炮演变而来，其特点在于使用了炮车，增强了摧毁威力，其中最著名的是大将军炮。山海关城楼上陈列有当年用于守城的一门铁制大将军炮，口径 100 毫米、口外径 160 毫米、全长 1430 毫米。此外，日本还存有万历二十年（1592）制造的 3 门铁质大将军炮，它们的基本情况和所刻铭文如表 6-3 所列。

表 6-3 大将军炮实物

编号	制造年代 公元	制造年代 纪年	口径（毫米）	全长（毫米）	重量（公斤）	铭 文 内 容	主 要 说 明
大一	1592	万历二十年	113	1430	未测	皇图巩固　天字壹佰叁拾伍号大将军　监造通判孙兴贤　贰贯目玉　万历壬辰孟冬吉旦　兵部委官千总杭州陈云鸿　教师陈胡　铁匠刘淮	《火炮的起源及其流传》中，刊有这三门炮的图片和文字说明
大二	1592	万历二十年	119	1420	未测	皇图巩固　天字陆拾玖号大将军　监造通判孙兴贤　贰贯目玉　万历壬辰仲夏吉旦　兵部委官千总杭州陈云鸿　教师陈雄　铁匠徐玉	
大三	1592	万历二十年	121	1362	未测	皇图巩固　天字二十五号大将军　监造通判孙兴贤　万历壬辰季夏吉旦　兵部委官千总杭州陈云鸿　教师陈湖　铁匠董世金	

从表 6-3 所列可知，这 3 门大将军炮的形制构造基本相同，它们分别制造于万历二十年的五、六、十等三个月，最大和最小序号分别为天字 135 和 25 号，差数为 110。若序号为造炮编排数，那么从五月到十月至少制造了 110 门大将军炮，平均每月制造 18 门，足见该军工制造工场造炮能力之大。此外，在浙江镇海口两岸的明清炮台遗址中，也发现 8 门刻有"皇图永固"的大将军炮。上述大将军炮的实物图形，与《登坛必究·神铳议》[①] 中所记载的神铳，以及《武备志·叶公神铳》记载的叶公神铳车炮图基本相似。

攻戎炮安于双轮炮车上，车上安有一个用榆槐木制成的敞口车厢，厢前无挡板，炮身嵌

---

① 明·王鸣鹤撰，《登坛必究》卷二十九《火器·神铳议》，解放军出版社、辽沈书社，1990 年版，影印本《中国兵书集成》23 第 3909 页。以下引此书时均同此版本。

在车厢内，加铁箍五道。车厢两侧各有两个铁锚，发射时将铁锚放在地上，用土压实，以消减后座力（见图6-18）。此炮可用骡马拖拽，随军攻城掠地，进行机动作战①。

千子雷炮①的炮管用铜铸造，长1.8尺，口径0.5尺。内装火药6分，用杵压实，尔后加细土2分，经微压后再装火药和铁制弹丸2～3升。炮身用铁箍扣于四轮车上，车前端安一块挡板以荫蔽炮身。待抵近敌军时，即去掉挡板，突然射击，给敌以重大杀伤（见图6-19）。

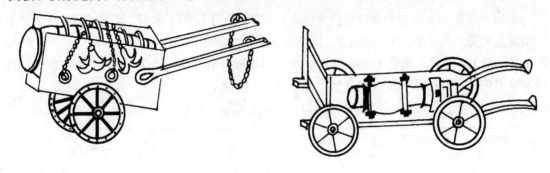

图 6-18　攻戎炮　　　　　　　　　　　　　图 6-19　千子雷炮

百子连珠炮的炮管用精铜熔铸，长4尺，内装火药1升5合。炮管前部管壁开有一孔，通过孔口可安一个装弹咀，从装弹咀一次能向管内装填上百枚弹丸。炮身安于坚木架上，用炮管后部的尾轴调整俯仰和左右射角②，进行连续发射。

灭虏炮的炮管用精铁打造，长2尺，口径2.3寸，重95斤，有五道箍，箍宽1.5寸。此炮"以滚车打放郊礊，一发可五六百步，铅子重1斤，势如巨雷"。行军时，用灭虏车载行，每车可载3门，是当时机动性较好的一种炮车③。

在上述几种大型火炮中，叶公神铳、攻戎炮、千子雷炮、灭虏炮都是车和炮合一的车载重型火炮。它们具有便于机动、参战速度快，既可以车挡敌，又可以炮击敌等特点，提高了火炮在战争中的地位。孙承宗在《车营扣答合编》中阐述了战车与火炮的关系。他指出：要使军队增强战斗力，就要使用战车，而"用车在火（器），其用火在用叠阵，合水、陆、步、骑、舟、车、众、寡、奇、正之用火，无一非叠阵"。又说"火以车习，车以火用"④。孙承宗把装备火炮的战车，看成是强攻和坚守的取胜条件，而要发挥火炮的威力，又必须将车、步、骑混合编成，协同作战。这样才能使火炮同冷兵器在不同距离上作多层次的配置，先后逐次减杀敌军有生力量和摧毁敌军各种战具，夺取战争的胜利。这就是孙承宗所说叠阵战术的真谛。

三　火箭类火器

明嘉靖年以后的火箭，从发射方式上可分为用弓弩发射的火药箭与利用火药燃气反冲力

① 《武备志》卷一百二十三《攻戎炮》和《千子雷炮》，《中国兵书集成》32 第5266，5267 页。
② 《武备志》卷一百二十二《百子连珠炮》，《中国兵书集成》32 第5187 页。
③ 王鸣鹤，《登坛必究》卷二十九《火器·神铳议》，《中国兵书集成》23 第3910 页。
④ 明·孙承宗撰，《车营扣答合编》卷二《百八扣序》，《中国兵书集成》37 第76 页。

推进的火箭两大类。前者是宋代弓弩火药箭的改进，后者是中国古代火箭技术高度发展的产物，也是现代火箭的先导。

（一）弓弩火药箭

此时的弓弩火药箭，有经过改进的钉篷火箭与弓射火石榴箭。

钉篷火箭主要用于水战，其箭镞后部安有一个喷火筒与一个倒须式铁刺钉。当它射中敌船篷帆后，倒须刺钉张开，将火箭牢固地刺钉在篷帆上。与此同时，喷火筒也开始喷射火焰，将篷帆焚烧，使敌船丧失机动和作战能力。弓射火石榴箭是在箭镞后部绑附一个带有火线的球形火药包，箭镞锋利，附有倒钩（见图6-20）。作战时，点火射出。箭中敌船后，水浇不灭，燃烧效率不亚于钉篷火箭。

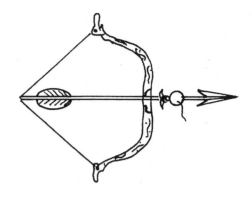

图6-20　弓射火石榴箭

（二）单级火箭

这是利用火药燃气反冲力推进的一种火箭，有单发和多发之别。单发火箭按施放方式，又可分为槽射、架射和翼式三种。

槽射式火箭的箭镞后部绑附一个火药筒，火线从筒尾通出。施放时，将火箭安放在一个滑槽内，尔后点火，射至敌方，杀伤敌军人马。此处所用的滑槽又称"火箭溜"，系赵士桢所创。它能使火箭按预定的方向和高度飞行，提高了命中精度，颇有现代火箭导轨的作用。

架射式火箭安于架上施放。戚继光在《练兵实纪杂集·军器解》中，记载了飞刀箭、飞枪箭、飞剑箭三种，合称"三飞箭"。箭杆都用坚硬的荆木制作，粗6～7分，长6～7尺。镞长5寸，横阔8分，分别制成刀、枪、剑形锋刃，能透敌兵铠甲。箭锋后部绑附一个粗2寸，长7～8寸的火药筒，筒尾有火线通出（见图6-21）。此类火箭在水战时，以有枝丫之物竖立于船舷木上为架，用手托住箭尾，对准敌船，点燃筒尾火线，将箭射出，射程可达300步。陆战时，用有叉锋的锐钯竖立于地上为架，将火箭射出。

翼式火箭有神火飞鸦与飞空击贼震天雷。

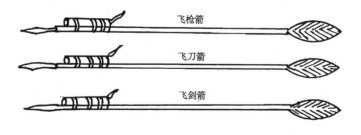

图6-21　三飞箭

神火飞鸦是一种多火药筒并联的鸦形火箭。鸦身用竹篾或苇草编成，形似竹篓，内装火药，背上钻孔，从中通出4根各1尺多长的火线，并使之与鸦腹下斜插的4支起飞火箭的火线相连，尔后用棉纸将鸦身糊固，安上鸦头鸦尾和两翅，如飞行姿势（见图6-22）。使用时，先点燃 4 支起飞火箭，驱动鸦身飞行百余丈。到达目标时，起飞火箭的火线恰好将鸦腹中火药筒的火线点燃，使火药燃烧，焚毁目的物。

飞空击贼震天雷是一种爆炸性火箭。用竹篾编成直径为 3.5 寸的震天雷体，上安双翅，维持飞行平衡。内装爆药和几支涂毒药的棱角，中间安置一个长 2 寸的纸制喷射火药筒，用火线与雷体内的爆药相连，外表用十几层纸糊固，涂上颜色（见图 6-23）。这种火箭多用于攻城。使用时，士兵顺风点火，火药筒喷出火药燃气，将震天雷推至城上爆炸，顿时烟飞雾障，迷目钻空，涂有毒药的棱角扎刺守城士兵。

图 6-22　神火飞鸦

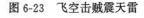

图 6-23　飞空击贼震天雷

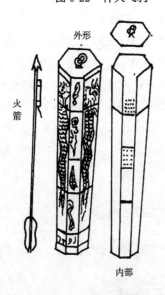

图 6-24　一窝蜂箭

这两种火箭，已将单级喷气火箭运载冷兵器进行个体杀伤，发展为运载装药火器进行群体杀伤与破阵攻城，扩展了火箭的作战用途和增强了战斗威力。

多发火箭一般是将多支装有火药筒的火箭，安置于一个口大底小的火箭桶中，桶内有分层箭格板，每支火箭分插一格，尔后把它们的火线集束一起，通出桶外。使用时，将火线点着，各火药筒的火药燃气同时喷出，众箭顿时齐发，射程可在百步以上。与单发火箭相比，增大了射出箭镞的密度，提高了杀伤效果。如群豹横奔箭一桶 40 支，点火后 40 支火箭齐发，射面横布数十丈，若在野战中横列十几桶，则杀伤正面可宽达 1 里多。这类火箭在《武备志》卷一百二十六、一百二十七中，记有二虎追羊箭（2 筒）、三只虎钺（3 支）、五虎出穴箭和小五虎箭（各 5 支）、七筒箭（7 支）、火弩流星箭和小竹筒箭（各 10 支）、火龙箭（20 支）、一窝蜂（32 支，见图 6-24）、群鹰逐兔箭（60 支）、百矢弧箭和百虎齐奔箭（100 支）等十多种。其中一窝蜂箭曾在朱棣发起的"靖难之役"中有使用的记载：建文二年（1400）四月，建文帝委派大将李景隆率明军数十万，在白沟河（今河北省境内）与朱棣率领的燕军进行激战。李部以一窝蜂箭齐射燕军。燕军只见"敌军中举火器时，闪烁有光"，"着人马具穿"①。燕军中箭甚多，伤亡较大。这是我国史书中关于使用喷气火箭进行作战的最早记载。

（三）二级火箭

二级火箭是明代火箭技术发展的一大成就，其制品有火龙出水和飞空沙筒。

火龙出水是运载火箭加战斗火箭的二级火箭。箭身用5尺长的好毛竹制成龙腹式箭筒，去节刮薄，两头安上木雕的龙头龙尾，内装多支火箭，龙口昂张，利于喷射腹内火箭。头尾下部两侧各安半斤重的起飞火箭1支。箭镞后部绑附一个火药筒，箭尾有平衡翎。装配时，先将4支起飞火箭所射火药筒的火线并联，尔后再同龙腹内火箭所附火药筒的火线串联（见图

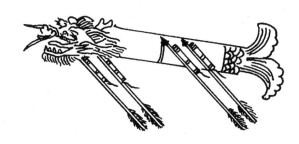

图6-25　火龙出水

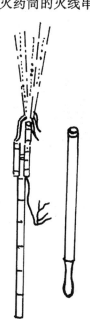

图6-26　飞空沙筒

6-25）。这种火箭多用于水战。作战时，在离水面3～4尺高处，点燃4支飞火箭的火线，推进火龙出水飞行，可远至2～3里。当4支起飞火箭的火药燃尽时，恰好点着龙腹内火箭的火线，火箭脱口而出，飞向目标。

飞空沙筒是一种返回式火箭。嘉靖三十九年（1560）刊印的《武编·火》，记载了它的形制构造，当时称"飞空神沙火"。箭身用薄竹片制成，连火药筒共长7尺。供起飞和返回用的两个火药筒，颠倒绑附于箭身前端的两侧。起飞用的火药筒喷口向后，其上面连接另一个长7寸、径7分的火药筒，内装燃烧性火药与特制的毒沙，筒顶上安几根薄型倒须枪，构成战斗部。返回用的火药筒喷口向前。三个火药筒的火线依次相连，放在"火箭溜"上发射（见图6-26）。作战时，先点燃起飞火箭的火线，对准敌船发射，用倒须枪刺在篷帆上。接着，作为战斗部的火药筒喷射火焰与毒沙，焚烧敌船船具。敌人若救火，因毒沙迷目，难以动作。在火焰与毒沙喷完时，返回火箭的火线被点燃，引着筒内火药，借助产生的火药燃气反冲力，将飞空沙筒反向推进，使火箭返回。

二级火箭的创制，是明代嘉靖年间火箭技术的一大成就，它既是单级火箭的必然发展，又是现代多级火箭的先导。

----

① 《明太宗实录》卷六，（建文）二年四月己未，《明实录》六第64页。

四　爆炸性火器

爆炸性火器有爆炸弹、地雷、水雷等。其壳有石壳、木壳、铁壳、泥壳和陶瓷壳等。其引爆方式有火绳点火，以及触发、绊发、定时爆炸、钢轮发火等。它们是火炮以外的大威力摧毁和杀伤火器，用于各种样式的作战中。

（一）炸弹类火器

其制品有石炮、慢炮、万人敌、击贼神机石榴炮等。

石炮创制于嘉靖年间，大小随石料而定。一般呈椭球形，中间凿有一个装填火药的空穴，内安一根苇管，管中插一根火线，尔后将其压实，封固待用。石炮多用于守城，当敌军攻城时，守城士兵即点着火线，将其推下，在敌群中爆炸。石炮可以就近取材，造价低廉，所以使用普遍。山海关城楼上陈列有当年明军使用的许多石炮。

慢炮是曾铣[①]创制的一种定时式炸弹。据《兵略纂闻》记载："曾铣在边，置慢炮法。炮圆如斗，中藏机巧。火线至一二时（辰）才发。外以五彩饰之。敌拾得者骇为异物。聚观传玩者墙拥，须臾药发，死伤甚众。"[②] 此记载说明，这种慢炮，内装火药与发火装置，可延迟2～4个小时定时爆炸，杀伤敌人。

万人敌的制法是先用干泥制成空心球壳，壳面开有小孔，可灌入致毒与燃烧性火药，并通火线在外，尔后将其装入木框或木桶中，以防其碎。作战时，守城士兵点燃火线，将其掷下，炸死、毒杀和焚烧敌军。

（二）地雷

地雷是埋在地下爆炸的火器。据《兵略纂闻》记载，"曾铣在边，又制地雷。穴地丈许（实际不需要这样深），间药于中。以石满覆，更覆以沙，令与地平，伏于地下，可以经月。系其发机于地面。过者蹴机，则火坠药发，石飞坠杀人"[②]。曾铣创制地雷后，不久便有多种仿制品问世，仅《武备志》卷一百三十四就记载了炸炮、伏地冲天雷、无敌地雷炮等十多种。

炸炮是一种踏发式地雷。用生铁铸壳，大小如碗，壳面留有一指大小的装药口，向雷内装填火药。用木杵将药杵实，并在火药中插入一个小竹筒，从中向外通出一根火线（见图6-27）。使用时，选定敌必经之路，将几个炸炮的火线互相串联，并接在钢轮发火的"火槽"内。再经过竹筒，从钢轮发火装置内通出一根长线，尔后挖坑埋设。敌人若踩绊长线，牵动钢轮发火装置，即发火爆炸。类似的地雷还有自犯炮、万弹地雷炮等。

伏地冲天雷是采用埋藏火种[③]方法引爆的地雷。火种装于盆内，放于雷上，其火线总联

---

① 曾铣（？～1549）是明朝守边将领。字子重，江都（今属江苏）人。嘉靖八年（1529）进士。二十五年夏，以兵部侍郎总督陕西三边军务，修城防，造兵器，长于用兵，守边有功。遭严嵩等诬陷，于二十八年被朝廷处死。慢炮和地雷当创于他在1546～1549年守边之时。

② 清·张英、王士祯等纂，《渊鉴类函》卷二百四十三第2页，《武功八·火攻三上》引《兵略纂闻》，中国书店，1985年版，《渊鉴类函》。

③ 火种：是一种特制的慢燃烧火药。其配方是灰木1斤，铁衣3两，炭末3两，麦皮3两，红枣6两，略拌米泔为饼。1两火种可燃1个月。

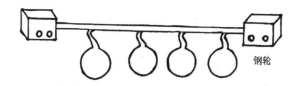

图 6-27　炸炮

于盆上，靠近火种。将其连于枪、刀柄上，尔后用土覆平，枪、刀柄露于地面诱敌。当敌军前来摇拔枪、刀柄时，火种倒在火线上，引爆地雷，给敌军以重大杀伤。

（三）水雷

水雷是布设于水中的击穿或爆炸性火器。最早的制品有水底雷。

水底雷是击穿性水雷。据唐顺之称，"水底雷以大将军为之，埋伏于各港口。遇贼船相近，则动其机，铳发于水底，使贼莫测，舟楫破而贼无所逃矣。用大木作箱，油灰粘缝，内宿火（即藏有火种），上用绳绊，下用三铁锚坠之。"[①] 这说明水底雷是一支密封于木箱中，借助机械式击发装置点火发射的火铳。到万历时期爆炸性和击穿性水雷同时使用，其制品有水底龙王炮和既济雷。

水底龙王炮是以熟铁为壳，定时爆炸的球形水雷。重 4～6 斤，内装火药 5～10 升。雷口插一支信香，外壳包裹一层用牛脬制成的防渗浮囊。囊顶连结一条经过加工的羊肠作为通气管，通到水面由鹅雁翎制作的浮筏上，使香火不至窒灭。水雷固着在木排上，用石块将其坠入水中悬游（见图 6-28）。使用前，须根据作战河段水流的速度和距敌船的远近，确定信香的长短。一般在夜间点燃信香，装入囊内，悬游水中，顺流飘放。接触敌船时，香烬药燃，水雷自动爆炸，毁沉敌船。这种水雷须用较好的慢燃烧信香和设计巧妙的通气管道，还要精确测算河水的流速。是当时火器研制者聪明才智的结晶。

图 6-28　水底龙王炮

既济雷是一种铁铳形击穿水雷。雷体长 1.5 尺，直径 4 寸，内装 2 斤发射火药和 2 斤重的铅弹。从雷内接出一根慢燃烧的药信，盘曲于雷体上。雷口加封黄蜡，尔后将雷体钉在敌船底上。使用时，先将它们平均钉在敌船底面。钉雷时，一并将药信点着，引燃发射火药，将铅弹射出，击穿船底，使之沉毁。通常炸沉一船需用 8 个水雷。

（四）自动发火装置

除信香与火种两类自动发火装置外，当时还创制了用机械制动的钢轮发火装置。其基本

---

① 明·唐顺之撰，《武编前集》卷五《火器》，《四库兵家类丛书》二第 727 之 412 页。

原理是用钢片敲击或急剧摩擦火石取火，引爆地雷。炸炮、石炸炮、自犯炮、万弹地雷炮都使用它。据戚国祚等所编纂的《戚少保年谱耆编》（戚少保即戚继光）卷十二记载：万历八年（1580）四月，戚继光在组织人员修筑石门寨城时，创制了"自犯钢轮发火"装置。其布设和引爆方法是：在长城沿线的通路上挖掘深坑，埋入地雷。雷旁放一木匣，地雷的药信通入匣中。匣底放火药与钢轮发火装置，轮旁安火石。从匣中经过竹筒通出一根引线，其一端控制钢轮转动，另一端由守雷士兵控制，或横过通路拴扣于地物上。当敌军人马经过通路踩绊引线时（或由守雷士兵拉动），钢轮转动，摩击火石，点着匣底火药，引爆地雷，杀伤敌军人马。

此外，明朝后期的喷筒、火球、纵火车和牌类火器，也都有所创新与发展，在各种样式的作战中发挥了一定的作用。

在上述各种创新的传统火器中，以火药燃气反冲力推进的各种火箭，以地雷为主的各种爆炸性火器及其自动引爆装置钢轮发火，在我国和世界军事技术史上，产生了深远的影响，具有重要的意义。

第五节　合成军的创建及其装备的创新

由于火绳枪炮的仿制和改进，以及传统火器与冷兵器进行的改进和创新，从而使军队编制装备的结构发生了新的变革。其中尤以戚继光创编的合成军[①] 最为明显。这种合成军由采用新法编制的步兵营、骑兵营、车营、辎重营编成[②]。这不但是军队编制上的一种创新，而且也是第一次把火绳枪炮与传统火器融于一军之中，在军事上具有重要的意义。

一　车步骑辎合成军的编成

隆庆二年（1568），戚继光奉命以都督同知衔总理蓟州、昌平、保定三镇练兵事。在训练中，他根据蒙古骑兵作战的特点，编练了协同作战的步兵营、骑兵营、车营和辎重营。《练兵实纪杂集·车步骑解》，对此都有详细记载。

（一）步兵营的编制装备

步兵营下辖3部，每部2司，每司4局，每局3旗，每旗3队，每队编步兵12名。全营共编官兵2700名，其中鸟铳手1080名，杀手1080名。鸟铳手占40%，加上火药箭手后，使用火器的士兵大约占50%。每营装备的兵器有：1080名鸟铳手使用的鸟铳及其全部附件[③]，1080名杀手使用的冷兵器[④]，还有旗总、队长、快枪手、狼筅手、镋钯手、炊事兵使用的兵器。

这种装备方式，使一个齐装满员的步兵营具有火器与冷兵器相结合，冷兵器中射远兵器

---

① 合成军队：诸兵种合成军队的简称。以某一兵种或军种为主体，同其他兵种或军种共同组成的军队。文中所说的合成军则以步兵营为主，同其他营共同组成。

② 编成：按照一定的要求把部队组织起来。

③ 这些附件有：鸟铳1080支、药管32 400个、火药4320斤、铅子21.6万枚、火绳3240根、战场铸造铅子用的铅子模12副、火箭6480支。每名鸟铳手装备鸟铳1支、搠丈1根、锡鳖1个、铅子袋1个、铳套1个、药管30个、铅子300枚、火药6斤、火绳5根，总重量不少于20斤。

④ 1080名杀手使用的兵器有：长刀1080把、长枪216支、狼筅216支、镋钯216把、弓216张、大棒324根。

与近战兵器相结合，近战兵器中长柄格斗兵器与短柄卫体兵器相结合的特点。这种特点，能使它们在不同的距离上分层次地杀伤敌人，是火器与冷兵器相结合战术进一步发展的基础。

（二）骑兵营的编制装备

骑兵营下辖 3 部，每部 2 司，每司 4 局，每局 3 旗，每旗 3 队，每队编骑兵 12 名。全营共编官兵 2700 名。其中鸟铳手和快枪手各 432 名、炮手 180 名（按每营装备虎蹲炮 60 门，每门编 3 名炮手计算）、骑手 1152 名，其他兵员 504 名。枪炮手计有 1044 名，占 38.7％，加上火药箭手后，使用火器的士兵大约占 50％。每营装备的兵器有：1044 名枪炮手使用的火器及其全部附件①，1152 名骑手使用的冷兵器②。

骑兵营装备虎蹲炮后，增加了骑兵快速突击的威力，使骑兵的战斗力大为提高。戚继光编练的骑兵营，堪称我国骑兵史上最早的骑炮兵。它比瑞典国王古斯塔夫二世在 1630 年编制的骑炮兵，要早 50～70 年。

（三）车营的编制装备

车营下辖 2 部，每部 4 司，每司 4 局，每局 2 联，每联 2 车，每车载佛郎机炮 2 门，编士兵 20 名。全营齐装满员时，共装备炮车 128 辆、军车 17 辆、佛郎机炮 256 门、鸟铳 512 支；编官兵 3109 名，其中鸟铳手 512 名，佛郎机手 768 名，两者合计占 41％强。此外，车营还装备 256 套佛郎机炮的附件和 768 根大棒。

戚继光编练的车营，是炮车的机动性和佛郎机炮的摧毁、杀伤力相结合的车炮营。它既是明朝前期神机营的发展，也是戚继光根据北方的地形特点，以及和蒙古骑兵作战的需要而创建的新兵种。一个车营装备的佛郎机炮，已经达到每 12 名兵员装备 1 门的高比例，这不但是我国军事史上的创举，而且也为当时欧洲各国所不及。

（四）辎重营的编制装备

辎重营按将官（含中军，营级）、千总、把总、百总、车正（车长）各等官阶，分管战车。每名营将统 2 名千总，千总统 2 名把总，把总统 4 名百总，百总统 5 名车正。车正管车 1 辆，每车载佛郎机炮 2 门，编士兵 20 名。全营齐装满员时，共装备炮车 80 辆、军车 3 辆、佛郎机炮 160 门、鸟铳 640 支；编官兵 1908 名（《练兵实纪杂集》卷八计算为 1914 名，似误），其中佛郎机炮手 480 名、鸟铳手 640 名，两者合计 58％强。此外，辎重营还装备 160 门佛郎机炮和 640 支鸟铳的全部附件。

据《练兵实纪杂集·辎重营解》称，创建辎重营的目的，是为了快速运粮，支援部队长驱歼敌。同车营相比，辎重营装备的佛郎机炮只少 96 门，而鸟铳则多 128 支。这种装备方式，既能保证运输途中的安全，又能在到达战地后，迅速加入战斗，以火力支援其他部队作战，可

---

①　每营装备的火器及其附件有：鸟铳和快枪（其附件与鸟铳相同）各 432 支、搠杖 864 根、铅子袋 864 个、锡鳖 432 个、火药袋 432 个、铳套 432 个、药线 432 个、铅子 25.92 万枚、药管 25.92 万个、火药 6642 斤、火绳 4752 根、铅子模 48 副、火箭 25 840 支、火箭篓 432 个；虎蹲炮 60 门、药线合 60 个、火线 900 根、火绳 180 根、火药 900 斤、大铅子 5.4 万枚、药升 60 个、木送子 60 个、木马子 180 个、木榔头 60 个、石子 1800 个。

②　每营 1152 名骑手装备的冷兵器及附用品有：弓 1152 张、火箭 1152 支、腰刀 1152 把、双手长刀 432 把、镋钯 432 把、枪棍 432 根、大棒 648 根、马驮架 90 副、皮篓 120 个。

以发挥其大约 2/3 个车营的战斗力。可见这是一种既能供给前线军需，又有一定战斗力的史无前例的辎重营。

戚继光编练的步、骑、车、辎各营，具有如下特点：首先，最大限度地利用了当时最先进的军事技术成果，使它们分别成为最精锐的步兵、骑兵、车炮兵、辎重兵等兵种。其次，各营既可按作战任务和集中装备的专业兵器，成为独立的兵种，又可根据作战的需要，编成协同作战的合成军。其三，这种以装备先进火器为主，由步、骑、车、辎重合成的军队编制，不但是中国军事史上的创举，而且在当时的世界上也属罕见。其四，戚继光编制合成军及各兵种营的思想，对后世产生了深远的影响，其后的赵士桢、徐光启、孙承宗关于编练车营和车、步、骑、辎重合编的主张，都是受到他的启发后提出的。曾国藩也参照戚继光的营制编练湘军。

二　军事训练内容的变革

戚继光的合成军编成后，其作战训练方式也随之发生变革。这种变革的主要内容，有对各种冷兵器使用的训练，以及对各种作战队形、营阵操法的训练。这些都在戚继光编著的《纪效新书》和《练兵实纪杂集》中，有详细的记载和论述，有的几乎已经成为当时进行作战训练的规定和"条令"。其中既有对单兵使用各种兵器作战的训练规定，也有对每一兵种内进行队、哨、营各级使用各种兵器作战的训练规定，还有对各兵种间进行使用各种兵器协同作战的训练规定。这些规定，全面反映了明代后期以戚继光为代表的战术思想，也是明朝后期使用火器同冷兵器相结合战术发展到一个新阶段的反映。

（一）对单兵使用兵器的训练

在《练兵实纪杂集·练手足》一节中，记载了对鸟铳手、佛郎机炮手、虎蹲炮手、弓箭手、盾牌手、大棒手、镋钯手、腰刀手，进行训练和考核的详细内容。这些内容主要包括：火器射手对所用鸟铳、佛郎机、虎蹲炮，进行性能和射击安全的检查，选用合格的弹丸、火药与火绳，备好各种附件，向枪炮膛内装填火药与弹丸，尔后按各种规定动作操持枪炮，进行瞄准或调整发射角，并要求射手专心听候发射号令。按号令射中者奖，不按规定动作射中者无奖，不中者罚。对持冷兵器的士兵，要训练他们操持冷兵器进行攻、防、追、退的武艺。全队士兵按规定训练完毕后才能收兵。在单兵训练的基础上，再进行队和哨使用各种兵器作战的训练。

（二）对队和哨使用兵器的训练（以步兵营为例）

步兵营以训练鸳鸯阵的战法为基础。鸳鸯阵是戚继光在东南沿海抗倭作战时创编的一种基本作战队形。每队编士兵 12 人，除 1 名炊事兵不参战外，其余 11 人编成一个鸳鸯阵。其排列顺序是：队长在前督战，其余 10 人分两伍成左右两列纵队；两列士兵所持的兵器，按攻守兼备、前后照应、左右搭配、长短互补的原则进行配备，使各种兵器之间如鸳鸯匹配，能在作战中充分发挥作用（见图 6-29）。最初，鸳鸯阵配备的都是长短各型冷兵器。当鸟铳和快枪增多后，鸳鸯阵便成为火器同冷兵器交相配备的战斗队形。这种队形，在戚继光到北方练兵时，已发展至完善成熟的程度。其阵形排列顺序是：队长在队前督战，第一排 2 名伍长各持鸟铳1支（附铳刺1把）①，第二排士兵各持长柄快枪1支，第三排2名士兵分别执圆形和长方形藤牌1块，第四排2名士兵各持狼筅1支，第五排2名士兵各持镋钯1杆。

这种鸳鸯阵的作战训练程序是：当敌接近至百步左右时，两伍长以鸟铳射敌，射毕后退至2名镋钯手后，安插铳刺；敌稍近，第二排士兵即以长柄快枪射敌，射毕后退至2名伍长身后；第三排士兵以藤牌掩护；第四排以狼筅刺敌；第五排士兵以镋钯作架，各施放3支火箭。当敌接近至30步时，此时鸳鸯阵已成如下顺序排列：第一排是藤牌手，第二排是狼筅手，第三排是镋钯手，第四排是持鸟铳带铳刺的"长刀手"，第五排是持快枪改装的"长棍手"（见图6-29）。此鸳鸯阵同南方抗倭时的鸳鸯阵相比，有两大发展：其一是使用火器的数量大为增加，已占全队所用兵器的40%～50%，其中有鸟铳、快枪各2支、火箭6支；其二是在10名战斗兵员中，已有6名持两用兵器，其中1名鸟铳手在射毕后，又成为2名"长刀手"以铳刺刺敌；2名快枪手在射毕后，又成为2名长棍手以长棍击敌；2名火箭手在发射火箭后，又成为2名镋钯手以镋钯戮敌，因而充分发挥了各种火器与冷兵器的战斗作用，大大提高了鸳鸯阵的战斗力。

在以鸳鸯阵的11人为战斗单位进行基本阵形训练时，还包括训练阵形变换的内容。如在队长居中指挥下，可将其分为2列纵队的二伍阵，或3列纵队的三才阵。二伍阵每伍5人。三才阵中路5人，左右两翼各3人。这两种编队方法，实际上就是将相当于现在1个班的兵员，分为由5人或3人组成的2～3个战斗小组，进行机动灵活的战斗。二伍阵和三才阵士兵所用的兵器，也基本上按照火器与冷兵器相结合、长柄与短柄兵器相并用的原则进行搭配。

鸳鸯阵不仅可以分为二伍阵和三才阵，而且还可以将4个鸳鸯阵合成一个一头两翼一尾的菱形哨阵，进行攻、防、追、退等各种战斗，依靠火器同冷兵器相结合的战术，杀伤和歼灭敌人。

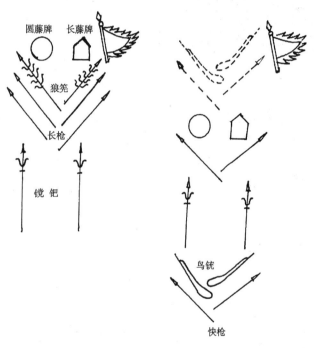

图6-29 鸳鸯阵

（三）对各营使用兵器的训练

在单兵（单骑、单车）和队、哨（旗、联）使用兵器训练的基础上，还要进行全营使用

---

① 《练兵实纪杂集·练伍法》记载说：伍长各持鸟铳1支、双手长刀1把。此说欠合理。因为一人不可能同时使用2件长杆兵器，何况大刀需双手执持，鸟铳装填复杂。根据前面介绍的鸟铳构造可知，双手长刀似为带铳刺的鸟铳，伍长所持的长柄兵器也只能是一支带铳刺的鸟铳。

兵器的训练，并作了详细的规定。

其中步兵营使用兵器的训练，实际上是在哨（旗）和队使用兵器训练的基础上，进行各种大方阵或其他各种阵形变换的训练，在营的规模上发扬火力优势，以及火器与冷兵器相结合的战术。在单营训练的基础上，还要进行 2～5 营的合练，以适应各种规模作战的需要。

（四）对各营协同使用兵器的训练

在单一兵种使用兵器训练的基础上，最后还要进行各兵种协同使用兵器的训练。在这种训练中，车营以战车排列为营阵，以挡数万敌骑之冲突，成为有足之城，不秣之马。车营的威力全在于佛郎机炮和鸟铳。作战时，首先在较远的距离（约300步）上，以佛郎机炮猛射，减杀敌骑的冲突力；待敌近至100步时，鸟铳手齐射，再次减杀敌骑的冲突力；再近，则步骑兵出车营门，以鸟铳、虎蹲炮、弓箭射敌；尔后以绵密的鸳鸯阵接敌，最后当敌败退时，骑兵即驮虎蹲炮，持鸟铳、三眼铳和各种冷兵器，上马追歼败残逃敌，直至大获全胜为止。

戚继光不但胸怀韬略、熟谙军事，成为抗倭战争中叱咤风云的民族英雄，而且在编练新式军队中，成为重视军事技术和及时研制、使用新式武器装备的军事家。从历史长河发展的纵向比较中看，如果说朱元璋和朱棣两个军事家，是铳类火器与冷兵器相并用战术的创使人，那么，戚继光不但是把这种战术发展到更高水平的军事家，而且也是各兵种使用新式火器与冷兵器相结合、进行协同作战的新战术的创使人。不仅如此，更为可贵的是他还写下了有一定理论深度、训练方式较新颖、规定较详的重要著作，对后世产生了较为深远的影响，在我国军事史上具有重要的地位。从时代发展的横向比较中看，像戚继光这样的军事家和兵书著作家，在当时的世界上也是罕见的。

第六节   城墙城池建筑的创新

随着火绳枪炮与传统火器的发展，城墙城池建筑的创新已势在必行。这种创新，在嘉靖至万历年间，主要表现于戚继光等人对山海关至居庸关长城和沿海卫所城堡的改建和扩建。在天启至崇祯年间，主要表现在由徐光启和李之藻等人提出的设计思想，由孙承宗、袁崇焕、孙元化等人参照建筑的辽东各城池上。

一   东段长城的改建和扩建

明嘉靖二十七年（1548 年）建立蓟镇后，北部 12 700 多里的长城沿线及其附近地区，便形成了以九个重镇为指挥中心的防守区域，史称"九镇"[①] 或"九边"。九镇建成后，朝廷即委派总兵官、调集重兵、修缮城墙、筹备兵器，改善防御态势。同时，各镇之间互相联络配合，形成长城沿线以各镇为中心、各关城要隘为支撑点、点线结合的"九边"防御体系。明廷又鉴于蓟镇段长城与北京安全关系之密切，便于隆庆二年（1568 年），任命戚继光为总兵官，总理蓟州、昌平、保定练兵事。戚继光到任后，即提出改建长城、训练精兵、编制车步骑辎各营合成军的综合治边方案。在改建蓟镇段长城中，戚继光则采取修烽堠、建空心敌台和改

---

① 九镇，自东至西分别是：辽东镇、蓟州镇、宣府镇、大同镇、山西镇、延绥镇、宁夏镇、固原镇、甘肃镇。

筑城墙相结合的方针，改善长城沿线的防御态势。

（一）烽堠台的改建

沿边烽堠台原建极为落后，仅装备 2 门碗口铳、3 支手铳、9 支火箭。经改建后，每台都与左右新建的空心敌台相联络。各台相隔 1～2 里，连绵布设，互相梆鼓之声相闻。近空心敌台者，听守台百总调度，不近台者，听从当地百总调度。由于各烽堠台能左右联络，所以蓟镇边墙虽延柔曲折 1200 余里，也大约只有 3 个时辰（6 个小时）便可全部闻警备战。当时每座烽堠台驻军 5 名，装备的火器有大铳（包括盏口铳、直口铳、碗口铳、缨子铳）5 门、三眼铳 1 支，以及附属品发火草 60 个、火绳 5 条。此外还建有烧火池 3 座，以便点火报警[1]。

（二）空心敌台的创建

空心敌台（见图 6-30）是大于烽堠台的守备工事。旧式实心敌台的建筑落后，贮藏的火器较少，不利于守备。戚继光与总督谭纶勘察边防后，建议朝廷修建 3000 座敌台。经兵部复议，批准修建 1600 座。戚继光在周密调查的基础上，提出了建筑的规制。他指出，建台必须因地制宜，对于"山平、墙低、坡小、势冲之处，则密之；高坡、陵墙之处则疏之"[2]；缓冲之处 100～300 步建筑一台，冲要之地 30～50 步建筑一台。台须骑长城城墙而建，"务处台于墙之突，收台于墙之曲。突者受敌而战，曲者退步而守"[3]，从而使所建之台能攻能守。当时所建之敌台一般高 3～4 丈，台基呈方形，周长 12～18 丈；台基内沿与城墙平行，外沿向城墙外凸出 14～15 尺左右，内沿向城

图 6-30　空心敌台

墙内凸出 5 尺左右；中间空豁，四面有箭窗，上层建楼橹，环以垛口，内卫战卒，下发火炮，以射敌兵，敌弓矢不能及，骑兵不敢近。邻近两台可形成交叉火力，互为救援。每台编百总 1 名，士兵 30～50 名；每 5 台设把总 1 名，10 台设千总 1 名；各台互相联络一气，固守无隙。每座敌台装备佛郎机炮 8 门及附件 8 套、神枪和快枪 8 支及附件 8 套、火药 400 斤、药碗 8 个、石炮 50 门、火箭 500 支等。

在戚继光主持下，隆庆三年（1569）已建台 472 座[4]。至隆庆五年前后共建台 1489 座。除少数地方外，各路要隘都能控制无余，筑墙等工程也随之告成，前后费时约 2 年半，建台速度之快，旷古空前。

①　戚继光，《练兵实纪杂集》卷六《车步骑营阵解下·烽堠解》，《四库兵家类丛书》三第 728 之 868～870 页。

②　《戚少保集》卷四《筑台规则》，中华书局，1962 年版，影印本《明经世文编》五第 3758 页。以下引此书时均同此版本。

③　《戚少保集》卷三《请建空心敌台》，《明经世文编》五第 3749 页。

④　1984～1987 年，天津市人民政府在修复蓟县长城时，发现当年所竖立的"空心敌台鼎建碑"，碑上刻有戚继光、谭纶、刘应节等官员的姓名。

戚继光所建的空心敌台和守台明军的编制装备，不但实现而且超过了50年前汪铉提出的备边计划。这些空心敌台，在东起山海关，西至灰口岭的1200多里的长城沿线上骑墙峙立，增强了长城森严壁垒的气势，起到了"以险制塞"，"以墙挡骑"的作用。

近年来，北京市在开发金山岭段长城旅游事业时，对当年创建的空心敌台进行了深入的考察，发现敌台的构造并非千篇一律，而是姿态各异。它们的台基有正方形和长方形，台层有2层和3层，箭窗有2~5个，台内平面布局有单室、双室、回字形、川字形、田字形、日字形、工字形等隔间（见图6-31）。台墙用砖石或全砖砌筑，室顶和门窗用砖石发券，门框系

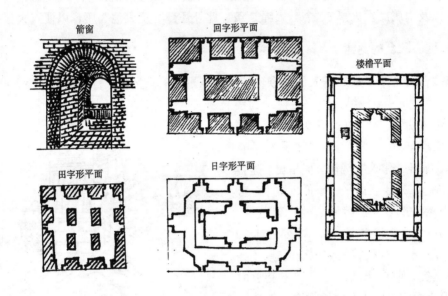

图 6-31　空心敌台的箭窗及台内平面布局

加工后安装而成。台内有阶梯上下，梯有软梯、石级梯、砖梯之别，均视需要而定。缘梯而上，敌台四面临窗，券顶和回廊格式各不相同。台顶建有女墙，四周垛口环抱，楼橹雄峙正中。楼橹多为长方形，顶似船逢，开一门两窗。其中取名"望京楼"的敌台，建于海拔981米的山顶上，登台眺望，北京远影，依稀可见。除空心敌台外，长城沿线还建造了许多战台和墙台，它们互相连绵相续，构成长城沿线的许多防御支撑点，加强了长城防御的稳固性。

戚继光创建的敌台，反映了火绳枪炮大量装备驻台守军，以火力控制关隘的时代特点，是对中国城墙城池建筑技术的重大创新。之后，西段长城的许多险要之处，也都修建了类似的敌台。这些敌台，不但具有重要的军事价值，而且在建筑技术上也有许多创新之处。

（三）城墙建筑的创新

城墙建筑的创新，以慕田峪关城附近最为明显。该段长城在北京怀柔县境内，距北京140多里，全长约10华里，西接居庸关，东连古北口，地势险要。城墙居高临下，雄伟壮观，随山脊蜿蜒曲折，相互间高差较大。在慕田峪关城附近2250米的城墙中，关城筑在海拔486米处；城西南（即关城内侧）的山坡渐缓，至2000多米的辛营时，海拔降为208米；城东北

（即关城外侧）的山势先缓降（至莲花池时海拔为 318 米）后陡升（至牛角边时海拔为 1039.6
米），最高的牛角边与辛营的相对高差为 831.6 米（1039.6 米～208 米）；牛角边与慕田峪关
的相对高差为 553.6 米（1039.6 米～486 米）。选择这样的地形作墙址，目的在于利用山险，
分别不同层次，建筑多道横向障墙，便于固守。

　　慕田峪长城城墙以条石为基，一般高 8 米、底墙壁厚 6 米、顶墙壁厚 4 米。内外墙壁大
多以褐色或青色花岗岩条石包砌，条石高、宽均约 0.5 米，长 0.7～3 米不等。向外一侧经过
加工凿平，其余侧面顺其自然。墙壁内充填碎石和黄土。墙顶铺垫石灰，其上以 1 尺见方的
大砖铺面，成为兵马通道。顶部内外侧有砖砌女墙，高 1.85 米。内侧女墙与墙体之间，每隔
一定距离有石雕龙头形的排水孔。外侧女墙留有间隔相等的垛口，正对垛口处有少量土石堆
砌的炮座。炮座长约 1.5 米、宽和高各约 0.5 米，大多在敌台附近。有些地段的城墙筑在
高山之脊，宽仅 1 米多，只能修筑一道外侧面有垛口的单壁窄墙。其中"箭扣子"以东的南
面，系为数十丈高的绝壁，城墙无处奠基，只能从绝壁外侧之断崖上通过。为了解决这一难
点，当时的设计师们便在断崖上架设两根粗铁梁，城墙以铁梁为基，凌空而建，气势峥嵘磅
礴，为军事筑城史上之杰作。

（四）障墙和战墙的创建

　　慕田峪长城除主墙建筑的艰巨和技术上的创新外，还创建了新型的障墙和战墙。

　　障墙的建筑技术，在慕田峪段长城有突出的体现。当时的设计者，在城墙相对高差变换
明显之处，建筑垂直于主墙面的障墙，使主墙面上形成多道横隔墙，宛如一道道屏障，屏蔽
关城，以加强关城的防御层次（见照片 10）。障墙一般高约 2～3 米，其一端与雉堞墙相依，另
一端内距宇墙约 1 米，仅容 1 人通过。障墙上设有射孔。作战时，若敌兵攻入前一道障墙，守
备后一道障墙的士兵还可凭墙抵御，使每一道障墙都成为城墙上的坚固阵地。攻城敌军每前
进一段，都要付出一定的代价。

　　战墙是在主墙外侧 40～50 米处的有利地形上，利用山石垒砌的外墙。有的地方还筑有几
道重叠的战墙。其形式因地而异，在平缓之处较为高厚。在陡峻之地，一般高约 2.5 米。墙
上开有三排 0.3 米见方并呈交错配置的射孔，可供士兵用站、蹲、卧三种姿势射击墙外之敌，
减少了射击死角，提高了火力密度。战墙上每隔 50～100 米留有砖石砌筑的小门，供官兵出
入。相邻两道战墙的结合部，采取前后错开、两端重叠的布局。错开距离约 0.5 米，重叠部
分约 15～20 米。这种布局方式，加强了防御作用。类似的战墙在其他地方也有构筑。据天津
黄崖关长城历史博物馆收藏的考察报告中记载[1]，长城在蓟县的东南方向上，从河北省遵化县
马兰关进入小港乡的赤霞峪，尔后向西北方向曲折延伸，过黄崖关，经前干涧，由黄土梁大
松顶出蓟县县界，与北京平谷县将军关的长城相连接。总计在蓟县境内 61 华里的长城中，于
前干涧、小平安、车道峪、常州等地段长城主城墙的外侧，共筑有战墙 6319 米，约 12.6 里[1]。
这些战墙实际上是主城墙的前沿阵地，加大了主城墙的防御纵深。既消减了攻城敌军的有生
力量，又迟滞了敌军的进攻，为主城墙的守军创造了歼敌的条件。

---

①　李建军，戚继光与天津，见阎崇年主编《戚继光研究论集》，知识出版社，1990 年 2 月版，第 304～305 页。

（五）老龙头城基的特殊建筑方法

老龙头城墙在燕山山脉松岭入海处（见图6-32），距山海关城南约4里，是蓟镇段长城的东部起点。老龙头入海石城砌石为墙垒，高约10米，伸入海中21米多，系为防御北方骑兵沿浅海滩涂南扰关内而筑，是戚继光于万历七年（1579年）修建蓟镇长城的一项杰出工程。考古学者曾对老龙头的水下建筑进行勘察，发现有300多块重2～3吨的巨石堆积区。该区约长50米、宽10米。其中有天然礁石，也有人工投入的块石，块石上三面凿有马蹄凹槽，槽内浇注过铁液，至今还存有铸铁痕迹。据分析，这可能是互相嵌接块石时所注[①]。这种从海中垒石为基，上筑墙垣，不但反映了当时设计者的聪明才智和宏大气魄，而且也显示了当时高超的工程技术水平。

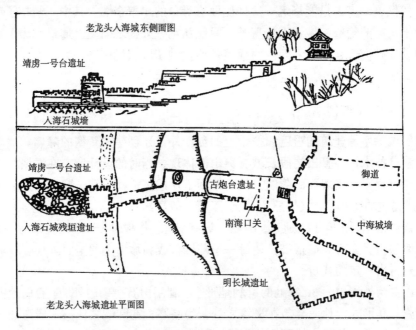

图6-32　老龙头入海城侧面与平面对应位置图

（六）长城在军事地理学和军事筑城技术上的特点

经过明朝后期的改建和扩建，中国古代长城的建筑发展到了高峰阶段，从战略防御和军事筑城技术上说，它都反映出科学技术史上的奇迹。

在战略防御和军事地理学上，当时改建和扩建的长城，大多选择易守难攻的天然险要之地（包括山与海、山与河、山与山）为最佳的城址。蓟镇长城以渤海湾为龙头，以燕山山脉之脊为城基。继而往西，又利用燕山与蒙古高原、太行山、恒山相连又相错的山势，建筑外

---

① 有些学者据《清圣祖澄海楼序》中，关于"山海关澄海楼，旧所谓关城堡也。直峙海浒，城根皆以铁釜为基，过其下者，覆釜历历在目，不知其几千万也"的说法，认为当时是以大量铁锅反扣，锅内堆聚铁沙，又以巨大条石压砌在覆锅之上，层层扣砌，紧紧地将块块条石拴接成庞大的墙基，从海底渐渐升起，故能经数百年风浪，仍巍然屹立。还有人说，清代有些地图也标注"覆釜铁沙沉聚处"的字样，可作印证。但《山海关长城志》的作者郭述祖先生在该书第28页中说，经勘察，并未发现铁釜痕迹。张立辉先生在《山海关长城》中，也阐述了类似的观点，故暂存此疑，留待今后再作考察。

长城与内长城，并在内长城沿线上建筑了内三关与外三关的双重城关，构成大纵深的防御区域。在山西的偏关镇、宁夏的横城、甘肃的景泰等地，长城三度与黄河相交，巧妙地利用黄河天险与贺兰山、祁连山之间的山险要隘筑城御敌。在祁连山与黑山之间，建筑嘉峪关及其附近长城，控制出入新疆的通道。这种选险筑城、择山建关、扼锁通道、控制水源的思想，充分反映了当时军事技术家及广大劳动人民的创造才能。

从军事筑城技术上说，军事技术家们在大约12 700多里的长城沿线上，根据缓冲程度的不同，充分利用各种有利地形，采用综合和特殊相结合的筑城技术，建筑异采纷呈的关城、堡台和墙体，形成长城的最大特色，也是长期以来被全世界所叹为观止的缘由。

就各部分的墙体建筑形式和建筑技术而言，有条石为基和夯土为芯的砖包墙、石垒墙、版筑夯土墙、石土混筑墙、山险墙、壁山墙、木栅墙、木板墙、榨木墙等。它们的建筑技术，已如第五章第五节所述。

除北部长城外，明朝后期在沿海卫所城的建筑上，也有新的创造。

二　沿海卫所城堡建筑的创新

沿海卫所城寨的杰作当数蓬莱水城（见图6-33）。蓬莱水城位于登州卫治所在地（今蓬莱县）的西北，与辽东半岛的金州卫和庙岛群岛隔海相望。洪武九年（1376），明廷于北宋"刀鱼寨"的旧址上夯土筑城，将其建成水军基地。万历二十四年（1596），又将夯土墙体改为砖石包砌的墙体。将整个基地建成一座水城，由城墙、水门、小海、炮台、敌台、平浪台、码头、灯楼、防浪坝和蓬莱阁等构成。成为一个坚固的海岸防御阵地和山东沿海驻军的指挥中心。

城墙依丹崖山山势而筑，北部城墙长300米，雄据山上，下临珠玑岩，陡壁悬崖，自成天险。在山巅上的城墙，构成蓬莱阁的外墙。西墙长850米，沿丹崖山脊蜿蜒南下。南墙长370米，东墙长720米，都建在平地上。全城平面呈不规则几何图形，周长2240米，平均高7米、底墙壁厚12米、顶墙壁厚8米。基部用石块砌1.7米高，以上用砖包砌。墙内夯土，夯层一般30～40厘米。城顶外沿建有垛墙、垛口，开有望眼和射孔。城角内侧有登城梯道。

南、北两面墙开有城门。南门开于南墙东端，称振扬门或陆门。门柱用砖石砌筑，高5.3米、宽3米、进深13米，拱形券顶，上建双重城楼。北门开于北墙东端，称关口门或水门。两侧砌11.4

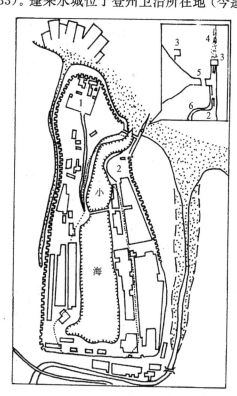

1. 蓬莱阁　2. 平浪台　3. 炮台
4. 防浪坝　5. 水门　6. 码头
图6-33　蓬莱水城

米高的门垛，分别与东、西墙体浑连，两垛的间距上大（11.4米）下小（9.4米），呈上宽下窄的梯形。门垛内侧有 33 厘米宽、25 厘米深的沟槽，可起落闸门。闸门为栅形，用大木制成，外包铁皮，平时开启，夜晚或战时闭落。

小海是城内水域，本是画河入海口。万历二十四年（1596）改建水城时，将其改绕水城外入海，并疏浚扩大为城南和城东的护城河。小海南宽北窄，面积约 7 万平方米，占水城面积的一半，平时供水军操练，战时水军由此入海歼敌。

炮台和敌台增建于万历二十四年，分别有两座和三座，现仅存一座。两座炮台比城墙高 2.5 米，分别建于水门外东西两侧，距水门约百米，既能控制海面，又能扼守水门。敌台建于西城墙上，台身骑墙。前面宽 6.2 米，向城墙外侧突出 5.5 米。后面宽 7.4 米，向城墙内侧突出 6.2 米。台上筑有女墙和垛口，控制水门西侧。

平浪台筑于水门内侧南面 50 多米处，高与城等，可削弱进入水门的风势，使小海内常年保持风平浪静的状态。

防浪坝又称码头尖，南北长 80 米，东西宽 15 米，涨潮时坝顶也能露出水面，其作用在于减少流沙和淤泥的堆积。防浪坝一端连接东炮台，另一端向海中延伸 100 米。坝体由长 2 米、宽 1～1.3 米、厚 80 厘米的大石块筑成。石块采自珠玑岩，落潮时将其用铁链缚固在木排上，待涨潮时再浮运到坝址，等再落潮时安放到位，逐一垒筑而成。这种利用潮汐搬运重物和筑坝的方法，是我国古代劳动人民的一大创造。

灯楼在丹崖山巅的东北角上，平时用于导航，战时用于了望。码头建于小海的东北西三面，供官兵上下战船。

蓬莱水城经过万历二十四年的扩建，不但基础设施得到了很大的改善，而且增建了雄峙海口的东西炮台，成为当时建筑坚固，设防先进的沿海军事要塞[①]。

三　欧洲棱堡建筑技术的传入

16 世纪的欧洲，由于火绳枪炮的发展和市民阶级对贵族城堡攻击方式的变化，迫使城堡的建筑也随之改变，圆形塔楼和三角至多角形凸面或凹面棱堡的建筑，逐渐发展起来。自 1527 年意大利军事工程师桑米凯利（Sanimicheli Michele，1484～1559），在意大利北部维罗那城创建两座棱堡后，棱堡建筑理论便纷纷问世。之后，桑米凯利的同行和后继者，马吉（Maggi Girolamo，1523～1572）和卡斯特里奥托（Castriotto Giacomo，? ～1562）于 1564 年出版了《论城市筑城》，阿尔吉西（Alghisi da Capi Galasso，约 1523～1573）于 1570 年出版了《论筑城》，德国军事工程师斯佩克尔（Speckle Daniel，1536～1589）也于 1589 年出版了《要塞筑城学》[②]。随着传教士的东来，欧洲棱堡建筑技术也传入中国，被以徐光启为代表的中国军事技术家们所吸收，成为明末军事筑城技术改革的借鉴。

万历四十七年（1619）三四月间，明军于辽东萨尔浒被后金军战败后。徐光启即于六月二十八日上《辽左阽危已甚疏》，请求朝廷设险守国，在都城四面，建立 12 座敌台[③]。徐光启

---

① 李文涓、徐瑜，蓬莱水城，文物，1979，（7）：74～77。

② 恩格斯，筑城，见《马克思恩格斯全集》第 14 卷，人民出版社，1956 年版，第 327～353 页。又第 841～842 页之注释 303，305。

③ 徐光启，辽左阽危已甚疏，见《徐光启集》上册第 106～115 页。

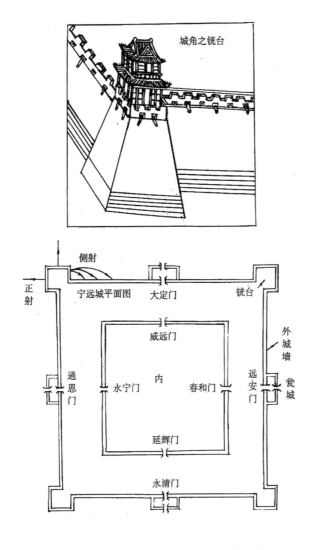

图 6-34 宁远城及其城角铳台平面图

的建议得到光禄寺少卿李之藻的全力支持。兵部尚书崔景荣也在天启元年（1621）五月初一奏折中称："少詹事徐光启疏请建立敌台，其法亦自西洋传来。一台之设，可当数万之兵"[1]，有力地支援了徐光启的建议。五月初四日，万历皇帝即下旨："着工部速议奏"[1]。徐光启又于六月，在《移工部揭帖》一文中，"将敌台图样、规制、长阔尺寸、应用砖石，周城共几台"等事项，一并转报工部[2]。

徐光启设计的是圆柱形附城敌台，半圆形台面凸向城外，内侧与城内相通，台体中空，分三层，三面开有射孔，中间立柱发券。墙高 4 丈、厚 1 丈、外径 15 丈、内径 13 丈。台基深 3 丈、直径 20 余丈，内填卵石，分层夯筑，用砖石砌筑外壁，以粘浆灌缝。平台下筑有石井，供官兵饮水用。敌台底层用大块坚致石料砌筑，安置大型火炮。中层安置中型火炮。上层砌望楼，楼高 3 丈、厚 1 丈、外径 14 丈、内径 8.1 丈，背后作门，中置磴道，上设四窗，内大

① 明·崔景荣等题，为制胜务须西铳敬述购募始末疏，见《徐光启集》上册第 181～183 页。

② 徐光启，移工部揭贴，见《徐光启集》上册第 193～202 页。

外小，略如铳眼。望楼中有 4 名士兵轮流了望敌情。此外，还对附城敌台内外各种建筑物，提出了详细的建筑要求。充分反映了徐光启等人，在汲取欧洲圆堡和棱堡建筑技术后，对新建敌台的设计思想和建筑技术的要求。

徐光启的建议虽然在天启元年被允准实行，但是由于一些大臣的议阻和财力、物力的匮乏，不久便告中止。崇祯三年（1630），徐光启又提出在京城内外十三门改建旧式敌台，建造空心三层锐角敌台（即三角形棱堡）之事，结果一再拖延，没有实现。

徐光启的规划虽未实现，但他的设计思想却被以孙承宗为代表的坚守辽东的将领们所借鉴。其中宁前兵备佥事袁崇焕改筑的宁远城，比较明显地反映了徐光启的设计思想。宁远城周长近 10 里，呈长方形布局，城墙高 3.2 丈、底墙壁厚 3 丈、顶墙壁厚 2.4 丈、城上女墙 6 尺，城墙四角各建方形敌台一座，两面向外凸出 1 丈多，成为直角三角形棱堡，堡台上可安置红夷炮、佛郎机炮等各型火绳枪炮。作战时，既可从台上两面向外直射，又可从左右侧射，其射界可达 270 度，减少了射击死角（见图 6-34）。天启六年正月，袁崇焕依托改建了的宁远城防，取得了宁远保卫战的胜利。

四 城防火器的更新

火绳枪炮的大量使用，为明朝后期城防火器的更新创造了条件。这种更新大致分为两个阶段。第一个阶段是嘉靖至泰昌年间（1522～1620），以增配佛郎机炮为主，第二个阶段自天启至崇祯年间（1621～1644），以增配红夷炮等西洋火炮为主。

（一）增配佛郎机炮为城防火器

佛郎机炮用作城防火器，可看作是汪铉关于在北边加强城防建议之落实。明朝李辅在其重修《全辽志》卷二《兵政》中，记载了嘉靖三十九年（1560）辽东各主要城郭，增配佛郎机炮的情况，如表 6-4 所列。

表 6-4 辽东各城城防火炮配备数

火器名 ＼ 城名 火器数	辽阳	广宁	义州	宁远	沈阳	锦州	前屯	铁岭	开源	小计
大将军	4	1								5
二将军	4				1					5
三将军	4		5	12		4	9		4	38
佛郎机	233	766	56	15	24	86	214	33	24	1451
碗口炮	111		20				8	60		199
其他火炮		5		14	74	12	20			125
总数	356	772	81	41	99	102	251	93	28	1823

从数量上看，当时辽东各城所配备的佛郎机炮，已占火炮总数的 78.5％。这一比例，既反映了中外火器融合于城防的情况，也显示了此消彼长的发展趋势。其中广宁城配备的佛郎

机已占99.2％，居各城之首，说明该城的城防火器已经基本上被佛郎机炮所取代。

又据《明会典·火器》记载，隆庆元年（1567），明廷为加强北京城防，决定在东面的广渠、东便二门（此二门于嘉靖二十年增建北京外城时开设），以及朝阳、东直、安定、德胜四门，各增配20门中样佛郎机炮。

（二）增配红夷炮为城防火器

明末用红夷炮作城防火器的城池已有多处，其中登州（今山东蓬莱县）所用较多。崇祯五年（1632）正月初三，明军降清将领孔有德和耿仲明攻占登州后，曾获得城中贮备的20多门西洋大炮和300多门中型火炮。这些火炮的下落虽未见记载，但在清朝王文焘所撰《蓬莱县志》（康熙十二年正月成书，道光十九年版）卷四之《武备志·营制》中，刊载了崇祯十年以前，该县四门所贮火炮的名称和数量，因其与徐光启大量调往登州的火炮之事不无关系，故将其列于表6-5中。

上述四门共贮炮369门，其中红夷炮12门、铜发熕8门、佛郎机炮19门、各种旧式火炮320门。此数与叛军所得城中火炮的总数相差无几。蓬莱县备炮之多，尤其是三种新型火炮已占10.6％的高比例，一方面说明其战略地位的重要，另一方面也同徐光启、孙元化对登莱海防的精心经营有关。

明朝后期，以戚继光和徐光启、袁崇焕等人为代表的统兵将领和军事技术家，在继承前人军事工程技术的基础上，敢于革故创新，在北方长城、沿海要塞和内地城池的改建和扩建中，获得了许多创造性的成果，把中国城墙城池建筑技术，提高到一个新的发展水平。

表6-5　崇祯十年前蓬莱县各城门贮炮表

火炮名称	各门贮炮数（门）				合计（门）
	东门	南门	西门	北门	
红夷炮	4	3	1	4	12
铜发熕	2	2	3	1	8
佛郎机	6	2	6	5	19
旧式火炮	86	100	64	70	320
合计（门）	98	107	74	80	359

第七节　战船和水军装备的更新

各种新型火器的大量制造与使用，促进了战船和水军装备的更新。这种更新，在战船构造的坚固新颖、武器装备的先进、作战性能的优良、船队内部各型战船之间的合理编配、水军编制结构的优化、水军作战技术和战术训练等方面，都有不同程度的显示。

一　战船的种类及其构造

这一阶段战船的创新主要表现新型战船的增加和结构的改进。

（一）冲击力巨大的广东船

广东船是适于在近海作战中冲击敌船的大型战船，见于文献记载的有广东船、新会县尖尾船、东莞县大头船等三种形式[1]。广东船（见图 6-35）用坚固致密的铁力（一作栗）木建造，船体高大结实，上竖二桅，风力足，航行快。桅顶有望斗，士兵在望斗中既可了望敌情，又便于张弓射敌，以标枪掷敌。船体上阔下窄，形同张开两翼的飞鸟，在近海航行时，既稳又快。船上装备了先进的重型船炮大发贡、各型佛郎机炮、火球和冷兵器。在近海作战中，距敌船较远时，先以大发贡轰击敌船，击碎其船舷、船板；稍近时，以各型佛郎机炮射击敌船，毁杀其船具和人员；距敌船百步以内时，即以弓箭射杀和以标枪掷击敌人；接近敌船时，便抛掷各种燃烧性火器，焚烧其桅帆篷索，使其丧失机动能力；与敌船相接时，就用船体将其撞碎；与敌船接舷时，士兵即跃登敌船进行拼杀，夺取胜利。广东船在

图 6-35　广东船

东南沿海抗倭作战中，曾以泰山压顶之势撞沉倭寇的许多小船，倭寇因而闻之丧胆。广东新会县尖尾船和东莞县大头船也是属于广东船型的大型战船，具有较强的战斗力。广东船也存在着铁力木难以筹办，造价昂贵，损坏后难以修理；在外海作战和遇到风浪时船体摇晃，炮弹命中精度较差；只限于广东一带海域使用等局限性[2]，所以又有福船的推广。

（二）自成系列的福船

福船为福建沿海建造和使用的战船，有六种规格，能自成系列：大号和二号称福船，三号称哨船，四号称冬船，五号称鸟船，六号称快船。

大号和二号形体相似，船体高大如楼，是冲击力较大的大型战船。船底狭窄，船面宽阔，船首昂扬，船尾高耸（见图 6-36）。船面上建三层楼室，两侧有护板。护板外蒙茅竹，坚固如城垣，连同船舱一层，共有四层。船舱内只装土石压载，以防船空时轻飘倾覆。第二层居住士兵。第三层左右各设六门，中间设有水柜，扬帆和做饭都在这一层，前后各有木碇，碇端系有棕制缆绳控制起落。最高层为露台，须从第二层登梯而上，两侧有栏杆，士兵可依托栏杆进行作战。船楼的前部和中部各竖一桅，桅端设有望斗。每船载运官兵百人。作战时，士兵用各种火器和冷兵器杀伤敌人，毁坏敌船。如与较小的敌船相接，便可加速航进，将其撞

① 郑若曾撰，《筹海图编》卷十三《经略三·兵船》，《中国兵书集成》16 第 1199～1203 页。

② 郑若曾撰，《江南经略》卷八上《海船论》，上海古籍出版社，1990 年版，《四库兵家类丛书》三第 728 之 430～431 页。以下引此书时均同此版本。

沉。由于大型福船吃水深达 1.2 丈，只能在较深的海水中航行，否则有触礁搁浅之患。如遇浅海、内河，便无用武之地。同时，由于它们仅凭风力航进，所以只能在顺水中发挥其长处。如果风平浪静，或逆风迎敌，其优势便无法显示出来。平时不能近岸而泊，只能通过小船运渡①。

图 6-36　福船

图 6-37　海沧船

　　三号和四号福船，又称草撇船和海沧船（见图 6-37），或称哨船和冬船，是便于进攻和追击的中型战船。船体比大号和二号福船小而构造相似，船楼稍矮，层数略少，只在中部竖一大桅，桅端设有了望斗。吃水七八尺，小风时也可航进。作战时士兵既可用各种火器与冷兵器杀敌毁船，也可用船体撞击小型敌船。这两种船虽可在近海作战，但不能在内河发挥作用②。

　　五号和六号福船，又称鸟船和快船，鸟船又称开浪船，是福船系列中便于哨探和捞取敌人首级的小型战船②。船楼最低，层数最少，只在中部竖一大桅，桅端设望斗。吃水三四尺，用四桨一橹划行，航速快，机动性能好，风潮顺逆都可发挥作用，特别是它能在内河作战中攻敌，以弥补大中型福船的不足。

　　福船系列的六种战船配合编配时，具有大中小相结合和远中近杀敌毁船的特点，是戚继光所编水兵营的主要战船，在抗倭作战中发挥了重要作用③。

（三）与福船配用的苍山船和艟䑠船

　　苍山船（见图 6-38）与艟䑠船都是比海沧船小而与五号和六号福船相近的小型战船。

　　苍山船是一种头尾都较宽阔的战船，帆橹兼用，顺风时则扬帆航进，无风时便摇橹而前。船体两侧半腰之后，各安 5 支船橹。船舱内分二层，中间用板相隔。底层除安置士兵的卧床外，便装填一定数量的石块，保持船体的一定重量，降低船体的重心，避免在空载时翻覆。上层板面为士兵驾船和作战场所，扬帆下碇亦在其中进行。中间有一楼梯通至底层卧床处。苍山船船面较广船和福船窄而较沙船阔，船行方便捷速，适于冲撞敌船，温州地方称它为"苍

　　① 郑若曾撰，《筹海图编》卷十三《经略三·兵船》，《中国兵书集成》16 第 1204～1205 页。
　　② 郑若曾撰，《筹海图编》卷十三《经略三·兵船》，《中国兵书集成》16 第 1206～1208 页。
　　③ 戚继光撰，《纪效新书》卷十八《治水兵篇第十八》，《四库兵家类丛书》三第 728 之 660～672 页。

图 6-38　苍山船

山铁"。戚继光在东南沿海抗倭时，曾将其编入水兵营的船队，进行协同作战。一旦倭寇战船窜入内河而福船、海沧船追之不及时，苍山船便可迅速驶入内河，追击倭船。同时，苍山船在配合福船和海沧船在近海作战时，还可以发挥它便于机动的特点，进行往返游击，斩杀落水之敌[1]。艟𬇹船是用苍山船改造的一种战船，比苍山船稍大而小于海沧船，大小适中，船面四周无壁，是适合于对付倭寇的小型战船[1]。

（四）平底沙船

沙船是一种平底战船（见图 6-39），适合在北洋（通常指长江口以北的沿海海域）浅海中作战和协守港口。太仓、崇明、嘉定等附近水域，大多使用这种战船。南洋（通常指长江口以南的沿海海域）海深，平底船不能破深水之大浪，故沙船不能作为南洋外海的战船。但是在浅海和内河作战中，沙船却能有效地对付倭寇的小型战船。同时沙船还能在航行时"调戗使斗风"[1]。

图 6-39　沙船

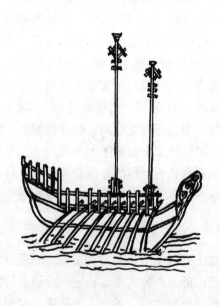

图 6-40　多桨蜈蚣船

---

[1]　郑若曾撰，《筹海图编》卷十三《经略三·兵船》，《中国兵书集成》16 第 1213～1217 页。

（五）多桨蜈蚣船

蜈蚣船是一种多桨战船，因船体两侧安置的划桨多在 10 对左右，伸展时如多足蜈蚣（见图 6-40），故有其名。蜈蚣船系仿制葡萄牙舰船的构造而建。嘉靖元年（1522），明军缴获葡萄牙人的舰船及舰炮后，南京守备魏国公徐鹏举即上奏朝廷："广东所得佛郎机法及匠作，兵部议，佛郎机铳非蜈蚣船不能架，宜并行广东取匠，于南京造之"①。明世宗批准了这一建议，于嘉靖三年四月，在南京开始制造佛郎机铳与蜈蚣船，所以郑若曾说蜈蚣船在嘉靖四年造成②。蜈蚣船底尖面阔，无倾覆之患，船面的前部和中部各竖一桅，两舷侧装备多门佛郎机舰炮，大型舰炮重达千斤，小型舰炮约 150 斤左右。作战时，多门舰炮齐射，能击碎敌船船面及舷侧船板。由于安桨多，所以航行快疾，是一种火力足而航速快的战船。但是，出于某种原因，明廷并未推广这种战船，至嘉靖十三年便停止建造了。

（六）便于机动的车轮舸

明朝后期车轮船的最大特点是装备了火器。《武备志》记载的车轮舸（见图 6-41），体长 4.2 丈、阔 1.3 丈。外设虚框各 1 尺，内安 4 轮，轮头入水约 1 尺，由士兵踩动，击水而进，航速较快。船体前部平头，长 8 尺，中舱长 2.7 丈，后尾长 7 尺，尾部上翘，上建舵楼。中部舱面建有木室，前后贯通，中有大梁，上覆木板，自两边伏下，每块木板长 5 尺，阔 2 尺，下部安有转轴，如同吊窗一般。作战时，先从木室内向外抛掷神箭、神火等火器，待敌之攻势削弱后，舱内士兵一起掀开木室上的覆板，立于船面上，以旁牌作掩护，向敌船抛掷火球、标枪，并以钩拒等兵器钩攻敌船，最后

图 6-41　车轮舸

歼灭敌军③。此外，在《武编·火舟》中还记载了一种在船头安有火铳的破船舸。舸有六轮，舸首安 3 支火铳，可齐射敌船。

（七）特型战船

这类战船构造特殊，具有特殊的性能和作战用途，有两头船、鸳鸯桨船、子母舟、连环舟等（见图 6-42）。

---

① 《续文献通考》卷一百三十四《兵十四·军器》，《续文献通考》（二）第 3996 页。

② 郑若曾撰，《筹海图编》卷十三《经略·兵船》，《中国兵书集成》16 第 1227～1229 页。

③ 《武备志》卷一百十七《军资乘·水二·战船二》，《中国兵书集成》32 第 5005～5006 页。

　　两头船的船体无头尾之分，两头对称，都安有船舵，随风向而变换使用。遇东风则操东头船舵，向西航行，反之则向东航行；遇南风则操南头船舵，向北航行，反之则向南航行[①]。作战时，只要把船位调整到敌船上风，尔后看风使舵，灵活攻击敌船。

　　鸳鸯桨船是将两艘战船用活扣并联的双体战船。船体各长3.5丈，宽9尺，船上无桅，两侧各安桨8支。船面上建有活动舱棚，棚外用生牛皮蒙裹，两旁开有箭眼、枪孔。内藏士兵，既能摇桨，又能作战[①]。临敌时，拆去舱棚，迅速将两船分开至敌船两侧，以枪炮火箭射敌，夹攻敌船。

图 6-42　连环舟

　　子母舟是大船内包藏小船的战船。母船长3.5丈，前部2丈如一般战船，后部1.5丈无舱无底，只在两侧安有船板，中藏一小船。船头安有狼牙钉，船面竖有一桅，两侧各安2支桨，既可借风扬帆，又可划桨航行。前部船舱内备有茅草、薪柴、油、麻与火药线等引火之物[①]。作战时，士兵用力划桨，将母船头撞钉在敌船上，尔后点着火药，燃烧引火物，将母船与敌船一起烧毁。与此同时，母船上的士兵立即换乘小船返回本营。

　　连环舟由两个半截船前后环连而成。长4丈多，前半截占1/3，后半截占2/3。前半截后部有两个大铁环，后半截前部有两个大铁钩，钩环套连后，形同一艘完整的战船。前船头部安有多支较大的倒须铁钉，船内备有火铳和发烟、致毒等各种火球。后船两旁安有数对桨，船上载有多名士兵，划桨航进，占据敌船上流有利阵位[①]。作战时，乘顺风顺水快速而下，直冲敌军水营，以倒须铁钉将船撞钉在敌船上。士兵一面用火铳射穿敌船，用火球焚烧敌船；一面脱开两个大铁钉，使船身前后脱离，并乘机登上后半截船，撤离战场，返回本营。这是水战中自身伤亡甚小，而又能焚毁敌船的一种巧妙的技术和战术。

图 6-43　赤龙舟

（八）火攻战船

　　火攻战船专以各种火器焚毁敌船而见长，有火龙船与赤龙舟（见图6-43）两种。

　　赤龙舟的船体形似龙身，龙头昂直而口开，内藏1名士兵，观察敌船动静。龙胸开有一个小门，用铁板作门。龙头后部用坚木作柱为架，架顶用竹牌密钉成盖。顶盖下分3层，分别配置各种火器与冷兵器。中间开一个井状洞口，供士兵上下活动，操持器械，施放火器。两旁各有1名士兵，划桨航船。船身中部竖立一根大桅，有1名士兵张帆操舵，掌握航向。船底有龙骨，安有机栝。下部坠上铁块，借以增加船的稳定性。作战中，常以数百艘赤龙舟集结江上。敌船接近时，士兵开动机栝，船上所备神火、毒烟等火球，以及火箭、飞弩，一并施放，焚烧敌船和杀伤敌

　　① 《武备志》卷一百十七《军资乘·水二·战船二》，《中国兵书集成》32，第4991，5002，5004，5014页。

军官兵[①]。

　　火龙船四周用生牛皮蒙覆，船舱分 3 层，首尾设暗舱，供士兵上下。中层铺设刀板、钉板。两旁安有飞桨和车轮。船上有水手 4 名。作战时，将船冲入敌军船队，左冲右突，纵火焚烧敌船。如敌兵冲至船上，士兵转动机关，上层板翻转，敌兵纷纷跌到中层刀钉板上，戮伤被擒[①]。火龙船既可冲阵，又可以暗藏兵器杀敌，是一种攻防兼备的小型战船。

（九）轻便快速战船

　　这类战船轻便灵巧，大多用于侦察敌情，传递信息，追逐零星敌船。主要有叭喇唬船、八桨船、渔船、网梭船和鸟咀船[①]（见图 6-44）。

图 6-44　网梭船

　　叭喇唬船属尖底阔面小型战船。船体长 4 丈、宽 1 丈。首尾构造相同，有龙骨贯通前后。中部有篷舱，上竖一桅。两侧各安 8～10 支桨。尾部安一偏向舵。有风时张帆而进，无风时划桨而前。适于往返侦察敌情和快速追击零星敌船。

　　八桨船属小型侦察船。中部竖一桅，两侧共 8 支桨，故有其名。有风时张帆而进，无风时划桨而前。

　　渔船属微型战船。中部有篷舱，上竖一桅。每船 3 人，1 人张帆，1 人划桨，1 人持鸟咀铳。船体轻便，随波上下，易进易退，适于追击零星小船。

　　网梭船因形似织布之梭而得名。中部竖一桅。每船 2 人，前后各 1，往来如穿梭，专供侦察敌情之用。戚继光在抗倭作战时使用较多。

　　鸟咀船因船首形似鸟咀而得名。中部有舱，上竖一桅。尾部有橹，橹长 4～5 尺。有风张帆，无风摇橹。多用于侦察敌情。

　　这一阶段创建的多种新型战船，既有形体上的大中小型之别，又有作战用途的多样化；既从构造上提高战船在不同水域的适航性，又从性能上增强战船的战斗力；既突出单船的作战特点，又兼顾各船之间的协同；既能充分发扬火器的优势，又能利用冷兵器的毁杀作用，从而把战船的建造技术，推进到一个新的发展阶段。

二　战船的合理编配及其装备

　　战船和兵器的创新，为水军战船的合理编配及船载兵器的配套装备创造了条件。戚继光于东南沿海抗倭时，利用这种条件创编了新型水兵营。

　　据《纪效新书》记载，戚继光编练的水兵营，以福船为主力，兼配其他辅助性战船。其

①　《武备志》卷一百十七《军资乘·水二·战船二》，《中国兵书集成》32 第 5007～5012、4975、4982、4986、4988、5000 页。

营下辖 2 哨，每哨编配 2 艘大型福船、1 艘中型海沧船、2 艘小型苍山船。此外还编配了开浪船、八桨船、艟轿船、渔船、网梭船、鸟咀船等。这种编配方式，使全营战船具有大中小结合、战船和辅助船兼备的特点。这种特点，使水军既能逐寇于海上，又可歼敌于内河，成为保卫沿海和内河安全的混合船队。

　　戚继光编练的水兵营，在武器装备上还具有成龙配套的科学性和先进性。当时所配各型战船的武器装备在种类上大致相同，在数量上各有多少。如果把一个水兵营中 4 艘福船、2 艘海沧船和 4 艘苍山船装备的主要兵器加在一起，则有：大发贡 4 门、佛郎机炮 40 门、碗口炮 30 门、鸟铳 68 支、喷筒 500 个、火砖 620 块、火炮 100 个、烟罐 800 个、火药箭 2000 支、弩箭 2600 支、药弩 66 张、弩药 10 瓶、粗火药 2600 斤、鸟铳火药 680 斤、大小铁弹 2240 斤、火绳 384 根、标枪 360 支、砍刀 34 把、弓 14 张、药弩 34 张、箭 1000 支、藤牌 52 面、钩镰 34 把、过船钉枪 66 支，以及各种船具[①]。

　　上述装备体现了火器与冷兵器相结合的特点。在火器中，又具有大中小相结合、远中近射程兼备的特点。大发贡安于大型福船之首，射程远，摧毁威力大，是水军战船的主"船炮"，适于击毁敌军战船；佛郎机炮安于战船的舷侧，配合主船炮击毁敌船；碗口炮可在较近的距离上，击碎敌船船板和船具；当敌船进入鸟铳的射程时，则鸟铳齐射，击杀敌船士兵；接着火箭、火球、喷筒等，在近战中焚烧敌船。这些火器，能够在水战中由远及近，以击毁、焚烧、击杀等方式，减杀敌船的机动性和战斗力，为冷兵器在接舷近战中歼敌创造了条件。在接近敌船时，弓箭和标枪，大致在相同的距离内杀敌；当两船相近时，即用钩镰和过船钉枪钩住敌船，最后由水兵跃上敌船，以砍刀戮敌，夺取水战的胜利。

三　水兵营编制结构的优化

　　戚继光编练的水兵营，编有营官 1 人，左右二哨各编哨官 1 人。每哨下编 20 甲，每甲 11 人；每甲编甲长 1 人，士兵 10 人；每哨士兵 220 人、船工和杂役 33 人，连哨长共 254 人。全营连营官共 509 人。每哨的士兵和船工、杂役，按船型大小和作战、操舟任务的不同，分编于 2 艘大型福船、1 艘中型海沧船和 2 艘小型苍山船中。

　　福船编士兵 5 甲计 55 人，船工和杂役 9 人，共 64 人。士兵按使用的兵器分编为 5 甲。第一甲为佛郎机甲，由甲长指挥士兵发射大发贡、佛郎机等重型火炮，以及近战时向敌船抛掷火砖、烟罐等火器。第二甲为鸟铳甲，待敌船接近至鸟铳射程时，士兵即以鸟铳射敌。第三和第四甲为标枪杂艺甲，待敌接近时，士兵以标枪掷击敌船士兵。第五甲为火弩甲，由一半士兵发弩，一半士兵射箭，与敌船相接时，以冷兵器进行近战拼杀。

　　海沧船编士兵 4 甲计 44 人，船工和杂役 7 人，共 51 人。士兵按使用的兵器分编为 4 甲。第一甲为佛郎机和鸟铳甲。第二和第三甲为标枪杂艺甲。第四甲为火箭甲。他们的作战任务和使用的兵器与福船上相应名称的甲相似，只是数量有所减少。

　　苍山船编士兵 3 甲计 33 人，船工和杂役 4 人，共 37 人。士兵按使用的兵器分编为 3 甲。第一甲为佛郎机和鸟铳甲。第二甲为标枪杂艺甲。第三甲为火箭甲。他们的作战任务和使用的兵器与福船上相应名称的甲相似，只是数量有所减少。

---

　　① 戚继光，《纪效新书》卷十八《治水兵篇》，《四库兵家类丛书》三第 728 之 666～669 页。

戚继光编练的水兵营，在士兵的编制结构方面，具有明显的时代特点。首先是全营各船的士兵，都按使用的兵器进行编组，平时能充分训练，战时能熟练使用，充分发挥兵器的杀伤作用。其次是同一船内各甲的士兵分工明确，任务专一；作战中，当敌船进入自己所用兵器的作战半径时，能迅速杀伤敌人。其三是各甲士兵互相之间，能协同作战，当前一梯次的士兵在作战时，后一梯次的士兵便可在充分准备的基础上投入战斗，连续打击敌人。其四是苍山船上的士兵，还可在内河追歼敌人；当敌人弃船登岸时，他们也立即上岸，进行陆上追击战；在陆上作战时，每个甲都能迅速成为一个独立的作战群，编成一个"鸳鸯阵"队形，继续打击敌人，直到最后全歼敌人为止。

四　水战技术和战术训练的进步

戚继光所编水兵营的技术和战术训练也比较先进和严格。士兵在兵器使用和单船内各甲进行协同作战训练的基础上，还要进行哨内各船和营内各哨进行协同作战的训练。1哨5船之间的作战训练方法是以1船为首，左、右两翼各排2船，全哨成"人"字形向后张开；1营2哨，成"仌"字纵队排列。列队后听号令进行水战训练：每船的佛郎机炮手和鸟铳手，即对"人"字形外侧百步以远的靶标进行实弹射击；每名射手射弹3发，中1发者量赏，中2发者平赏，中3发者重赏，不中者罚；火箭手继后发火箭射靶船的桅帆，使之着火燃烧；火器射毕后，冷兵器按长短层次，依次训练接舷跳帮和冲上敌船的战斗动作。最后又训练水兵，以"甲"为单位，上岸成为鸳鸯阵队形同敌作战。

在以营为单位进行使用火器作战训练的基础上，再进行2营、4营合练。在合练过程中，进行"人"字、"仌"字、"众"字等各种阵形交换，使水兵营能因敌情的变化而采用相应的阵形，并充分发扬各种兵器的威力。

这种训练方式是对旧式水军训练方式的变革，它同陆上车步骑辎训练方式的变革，以及军事领域其他方面的变革一起，融汇成中国军事在大量使用火器后的第二次大变革的潮流，对后世产生了深远的影响。

第七章　火绳枪炮阶段的
军事技术论著

　　明朝后期，在东南有倭寇劫掠，北方有蒙古与后金骑兵袭扰的严峻军事形势下，军事技术家和统兵将领，高度重视军事技术的发展。他们不但为此身体力行，从事实际的研制，而且还著书立说，从理论上进行探讨。在他们的努力下，军事技术专著和包容军事技术在内的兵书、史籍纷纷问世，呈现出百花齐放、百家争鸣的繁荣局面。其中对后世影响比较深远的有：兵书著述家郑若曾（1503～1570）的《筹海图编》①，抗倭名将戚继光（1528～1588）的《纪效新书》（有18卷本和万历年间成书的14卷本两种）②和《练兵实纪》（附杂集）②，蓟镇游击将军何良臣（生卒年不详）的《阵纪》③，骠骑将军王鸣鹤（生卒年不详）的《登坛必究》④，明末将领何汝宾（生卒年不详）的《兵录》⑤，赵士桢的《神器谱》（见第六章第二节三），右都御史唐顺之（1507～1560）的《武编》⑥，副总兵茅元仪（1594～?）的《武备志》⑦，孙承宗的《车营扣答合编》⑧，孙元化的《西法神机》（见第六章第三节三），焦勖的《火攻挈要》（见第六章第三节三）等。此外，在兵部侍郎曾铣、宣（府）大（同）总督翁万达、大学士徐光启、光禄寺少卿李之藻等人的奏议、文章中，也都有不少关于军事技术的论述。

　　上述各种论著，从各自不同的角度，对当时武器装备的制造与使用，军事筑城和江防、海防等许多问题，都进行了比较深入的研究和探讨。它既包含了我国古代以火器为主体的军事技术内容，也包含了欧洲以科学实验为基础，以定性和定量研究相结合的军事技术成果的传入。因此，它们既是以往成果的结晶，又具有鲜明的时代特色。

---

　　① 《筹海图编》13卷，26万字，附器形图和地图172幅，对海防建设和海战兵器、战船的论述颇详。初刊于嘉靖四十一年（1562）。现存有嘉靖和隆庆等刻本。天启本题为"胡宗宪辑议"，误。

　　② 《纪效新书》18卷本成书于嘉靖三十九年前后，有明刻本；万历年间成书的14卷本，内容与18卷本不同。《练兵实纪》9卷，附杂集6卷，成书于隆庆五年（1581），有明刻本传世，清代以来有多种刻本和抄本。两书以练兵、布阵、教战、用船、用器、筑台见长。

　　③ 《阵纪》4卷，4.8万余字。现存万历十九年（1591）刻本，清代以来有多种丛书收录此书。其中《技用》一篇提到一百多种兵器装备的使用方法，与《武备志》中所列相似，两书可作互印证。

　　④ 《登坛必究》刊行于万历二十七年，40卷，约100万字，560幅图。篇幅仅次于《武备志》。涉及军事技术的内容较多。现存万历刻本。

　　⑤ 《兵录》初辑于万历三十四年，崇祯五年（1632）修订。现存万历和崇祯刊本。全书14卷，约21万字，100多幅图，涉及火药、火器的内容较多。

　　⑥ 《武编》成书于嘉靖三十九年，现存四库全书本。全书10卷。涉及兵器、战船的内容较多。

　　⑦ 《武备志》刊行于天启元年（1621），240卷，200多万字，740多幅图。是中国古代篇幅最多的兵书，堪称古典军事百科性兵书。书中第102～134卷，大多为军事技术专卷，占全书内容的15%。

　　⑧ 《车营扣答合编》由《车营百八扣》、《车营百八答》、《车营百八说》、《车营图制》组成。明末未能刊印，清同治七年（1868）汇刻成书，凡4卷，7万余字。书中以问、答、说三种方式，对火器战车及车营的技术、战术，作了详细的论述。

第一节　对兵器制造与使用的论述

上述军事技术家和统兵将领，在他们的论著中，对兵器制造与使用的论述比较全面，内容也多具新意。

一　从战略高度倡导兵器的发展

在当时的军事形势下，倡导兵器的发展，在于改善国家的边海防设施，改善明军的装备，提高明军的战斗力，达到在东南沿海防倭剿倭、在北方抵御游牧民族内扰的战略目的。

嘉靖二十五年（1546），兵部侍郎总督陕西三边军务的曾铣，在奏议收复河套时，认为同蒙古骑兵相比，明军的优势"莫先于火器"，这是"所以保国家而卫生民"[1] 的根本；又说"中国长枝，火器为最"。为此，他建议在陕西三边组建20个装备霹雳炮的战车营，每营编5000人，装备霹雳战车20辆[2]，配合步骑兵，依托长城要塞，防御蒙古骑兵的袭扰。

戚继光在东南沿海抗倭及到北方练兵守边时，都极为注重武器装备的制造。他认为战车是不秣之马，有足之城，"行则为阵，止则为营，进可以战，退可以守"[3]。火器为"五兵"之首，"守险全恃火器"[4]，把制造战车与火器，看成是作战致胜和守边御敌的重要条件。

郑若曾在论述海防、江防时，认为"御寇莫先于军火器械"。把筹备海战器具，修缮防御设施，提到了战略的高度。

火器研制家赵士桢虽身无疆场之寄，肩无三军之任，但却以国家兴亡为己责，频频上奏朝廷，请求大力发展火器，改善军队的装备与国防设施。他认为：当时的海中之国日本，戎心已生，祸胎已萌，在蚕食朝鲜之后，必"尽朝鲜之势窥我内地"[5]；北方少数民族与我仅一墙（指长城）之隔，内犯之势必不可免。因此要根据他们的作战特点，大力制造枪炮和战车，才能"挫凶锋"，"张国威"。不仅如此，赵士桢还建议朝廷把发展火器制造之事，同固国安邦的长远打算结合起来。他认为讲究神器，并非一朝一夕之事，而是对国家有万世之利的大计，能使国家聚不饷劲兵，储无敌飞将，"传之百世无弊，用之九边具宜"[6]。如果京营增加火器，可以壮居重御轻之势；广之边方，可以张折冲御侮之威。为此，他请求当局者不要被无真知灼见的言论所动摇，要把发展火器制造之事，同为国灭贼之举结合起来，坚持下去，使国家迅速转弱为强，使敌人胆落心寒，不敢来犯，实现国家长治久安的目的。

二　坚持创新的观点

摒弃墨守成规和因循守旧的陈腐观念，坚持不断创新的观点，是这一时期军事技术发展

---

① 曾铣，议收复河套疏，见《明经世文编》三第2842页。
② 每车备霹雳炮18门、大小连珠炮各1门、手把铳2支、火箭200支，以及铅弹与火药等。
③ 戚继光，蓟镇分守，见《明经世文编》五第3756页。
④ 戚继光，练兵条议疏，见《明经世文编》五第3746页。
⑤ 赵士桢，倭情屯田议，见《神器谱》第18之377页。
⑥ 赵士桢，防虏车铳议，见《神器谱》18之343页。

的一大特色。

戚继光主张"器械旧有可用者，更新之；不堪者，改设之；原未有者，创造之"①。"五兵之制固多种，古今所用不同，在于因敌变置"②。在这种思想指导下，他在东南沿海抗倭作战中，根据地形和倭寇作战的特点，创制了适于山林和水网作战的虎蹲炮和狼筅，适于水战的喷筒、火桶、架射火箭（飞刀箭、飞枪箭、飞剑箭），以及采用佛郎机、铜发贡、鸟铳等先进火器。隆庆二年（1568）他到蓟镇练兵以后，除将在南方已用有成效的火器移用于北方外，又根据北方地形和骑兵作战的特点，研制了快枪、三眼铳，以及适于守城的石炮和钢轮发火装置等。

翁万达认为，制造火器要"因旧创新"，合于时用③。他在改造旧式火器的基础上，创制了三出连珠、百出先锋炮、铁棒雷飞炮、火兽布地雷炮等新式火器。

赵士桢主张研制火器"必须因时而创新"，出奇而制胜。他本人创制的火器，既吸收了古人的成果，又具有举一反三、触类变通的特点。

徐光启认为，制造"盔甲、面具、臂手、刀剑、矛戟、车仗、牌盾、大小火器"时，必须"除积弊，立成规，酌旧法，出新意"，做到"精密坚致，锋利猛烈"④。

三　坚持精益求精的思想

为了保证兵器的质量，所以当时对各种兵器的制造，都坚持精益求精的思想。戚继光在组织部下仿制佛郎机时，从材料的选用到构件的装配使用，都提出了许多严格而具体的要求。

赵士桢则建议军工部门在制造火器时，必须"知人善任，事专责成"⑤，选用技精艺熟的工匠，制造精利的枪炮。他指出，承担枪炮制造的工匠，必须专心制造，"毫忽不宜苟简"⑤。他对当时滥造滥用火器的人，提出了严厉的指责：有些部门"每每令庸工造之，庸将主之，庸兵习之。造者不尽其制，主者不究其用，习者不臻其妙，因循玩愒（kài，荒废的意思），人自为心，彼此推诿，浪造浪用"⑥；更为严重的是有些市井庸流之徒，只顾获利，不顾质量，"一任匠作乱做，火之熟与不熟（指不掌握炼钢的火候），岔口之合与不合（指卷制枪管时接缝吻合与不吻合），膛之直与不直，以及子铳厚薄精粗，茫然不解，一经试放，十坏五六"⑦。有些主事者既不了解情况，也不究其原因，造成严重的浪费。他还建议朝廷，在每万名出征的士兵中，配能工巧匠 300 人⑥，随军制造精良的兵器，以应付战场的需要。

四　御敌保国必须善于使用火器

为了充分发挥武器在战争中的作用，达到御敌保国、克敌致胜的目的。他们对使用武器

---

① 戚继光，蓟镇分守，见《明经世文编》五第 3775 页。
② 戚继光，《练兵实纪杂集》卷五《军器解上》，《四库兵家类丛书》三第 728 之 864 页。
③ 翁万达，置造火器疏，见《明经世文编》三第 2343 页。
④ 徐光启，辽左阽危已甚疏，见《徐光启集》上册第 109 页。
⑤ 赵士桢，神器谱或问，见《神器谱》第 18 之 289～291、298。
⑥ 赵士桢，万历二十六年恭进神器疏，见《神器谱》第 18 之 186 页。
⑦ 赵士桢，神器谱或问，见《神器谱》第 18 之 290 页。

的基本原则、技术和战术，都作了深入的论述，并要求官兵在作战训练中，必须熟悉各种火器的性能，善于使用各种火器。在使用火器时，要做到势险节短，如鸷鸟搏击，使敌猝不及防；阖辟张弛，使敌莫知其妙；虚虚实实，使敌莫测端倪[1]；要精通使用火器的奇正之法，使自己立于不败之地，然后才可以言战，才能够灭贼[2]。对于使用火器的士兵，必须经常进行训练和演习，做到技精艺熟，无论是在险地、易地，以及风候不顺的条件下，都能熟练地使用自己的火器，进行作战。如果将帅能临阵指挥裕如，使用火器得当，军纪整肃，赏罚严明，士兵训练有素，就一定能战胜敌人。

五　使用火器必须灵活多变

灵活多变就是要因时、因地、因敌、因器、因战的不同，选用不同种类和数量的火器打击敌人，切不可拘泥死板。

所谓"因时"而用，有两个含义。赵士桢指的是使用火器要选择适当的时机即战机，不可浪战浪用，否则会失去应有的效果。何汝宾与茅元仪指的是统兵将领要善于根据风候、天象等天时情况，指挥部队处于上风，选用火箭、火球、喷筒，因风纵火，杀伤处于下风的敌军人马，焚毁敌军的战具和城防设施，夺取作战的胜利。

所谓"因地"而宜，就是要根据战场的地形与敌我所占据的阵位，选用不同的火器，采用不同的战法。何良臣在《阵纪·技用》中称为"因地异施"。赵士桢则认为，如果在旷野平川上作战，就要用噜密铳、迅雷铳、佛郎机等枪炮与火箭射杀敌军；或者将它们安于车上，使"车凭神器以彰威，神器倚车而更准，或鼓行而前，或严阵待敌，或趋利远道，或露宿旷野，坚壁连营，治力治气，无不宜之"[3]；待敌气怠惰而溃退时，持单兵火器与冷兵器的士兵在追击中歼敌[3]。何汝宾认为，在林木茂密、丘陵崎岖、田塍淤泞、林路委曲等地作战时，火器手要在冷兵器手的掩护下，用枪炮射击敌军，用燃烧和喷射火器焚烧敌军。如果进行守城战或占据山头等制高点，就要利用居高临下的地势，以重型火炮猛烈轰击敌军[4]。如果进行攻城战或夺取敌军坚守的制高点，就用枪炮射击敌军，用喷筒喷射火焰烧灼敌军。赵士桢还告诫部队要注意下列事项：在平原旷野中，要防止敌军从远处射击本军的火器；在丛林狭道中，要防止敌军使用燃烧性火器夹击本军；在坡谷之地，要防止敌军在坑坎处伏击本军；在长江大河中处于敌军下风时，要防止敌军使用火器攻击本军。

所谓"因敌"而制胜，是指军队在作战中应根据敌人的作战特点，选择适用的火器，采用灵活机动的战法将敌歼灭。如蒙古骑兵从北方平原旷野中群聚冲突而来时，就应以重器、锐器（即杀伤力大的重炮、利枪）为正（即为主），远器、准器（即射杀单兵的鸟铳与弓矢）为奇（即为辅），将其歼灭。倭寇从东南沿海入侵我国时，大多从林莽泥涂之地鱼贯而进，故应以远器、准器为正，重器、锐器为奇[5]，将其歼灭。如果同装备火器的敌军突然遭遇，部队来不及列阵而战时，就要先令士兵用远程火炮轰击敌军，待其混乱后，便乘机发动攻击，夺取

---

① 赵士桢，铳图，见《神器谱》第18之353页。

② 赵士桢，神器杂说，见《神器谱》第18之242、243页。

③ 赵士桢，神器杂说，见《神器谱》第18之241页。

④ 何汝宾，火攻要法，见《兵录》卷十一第1页。

⑤ 赵士桢，神器谱或问，见《神器谱》第18之277页。

胜利。如敌军以密集坚实之众前来攻城时，则命守城士兵用火炮轰击其密集之众，其坚一破，城围便自动解除；如进行攻城战时，则选择敌军城防薄弱之处，用火炮实施轰击，打开缺口，为夺取全城创造条件①。

所谓"因器"而异，就是要根据火器的形制构造和作战用途的不同，用于不同样式的作战中。如战器（指单兵使用的鸟铳等火器）比较轻便，易于携带，可装备单兵施放和击刺。攻器（指便于机动的中小型火炮）利于机巧，则可用于随军作战和进攻城堡。守器（指重型守城炮）利于远击齐飞，火长而气毒，则可用于坚守城堡。埋器（指地雷）利于爆击，因其易碎而火烈烟猛，故可用作障碍器材，封锁通道要隘，炸杀来犯之敌。陆器（通指陆战用的火器）利于远近长短相间，梯次配置，搭配使用。如火炮、火箭、火铳、火弹等射程较远的火器，可与长枪、大刀搭配使用。火枪、火刀、火牌、大棍等近战火器，可与强弓劲弩搭配使用②。

所谓"因战"而用器，就是要根据不同的目的，采用不同的作战样式，选择适用的火器攻击敌人。如要夺取已经安营扎寨之敌的粮草辎重，就要事先探明敌营附近的道路，埋伏精兵于其四周，派细作（侦察兵）混入敌营，尔后采用夜袭方式，由细作在敌营举火为内应，埋伏于四周的士兵便起而袭击敌军。在水战中，如果敌军水师已经布阵水上，则命我之水师，先迎头发射大发贡和佛郎机，轰击敌船，冲向敌阵。待敌船较近时，便发火箭焚烧敌船桅帆篷索。最后则接舷跳帮，跃过敌船，进行近战拼搏，歼灭敌人③。

六　火器布阵和作战原则的新见解

明朝前期，朱棣曾经在第四次亲征漠北途中，提出了在野战中火铳与冷兵器相结合的布阵和作战原则。到明朝后期，由于火器种类的增多和使用范围的扩大，这一原则也得到了进一步的阐发。它不但体现在戚继光所编各营的布阵和作战训练中，而且在茅元仪《武备志·用火器法》中又增加了新的内容。茅元仪指出：一个拥用3000人的大营在布阵时，首先要在离大营阵前120步远处布列大小威远炮，待机轰敌；当敌军进入威远炮的射程内时，便实施突然轰击，将其击溃和歼灭。其次是在营阵四周的百步之内，埋设地雷，以障碍敌军行动，防止敌军前来冲阵。其三是敌军前来冲阵时，先在较远的距离上，用威远炮和佛郎机炮连续射击敌军；稍近时则利用铳棍、鸟铳、三捷神机和五雷神机等轻型火器射击敌军。其四是进攻敌军时，先采用火龙卷地飞车、冲虏藏轮车、火柜攻敌车、屏风车、万全车、破敌火风鼎等火器战车冲击敌阵，使敌溃不成军；如果敌军散而复聚，则再次发动冲击，用各种火器射击敌军，直至最后全歼敌军为止。这说明16世纪末至17世纪初，采用火器战车冲击敌军坚固防御阵地的战法已经在我国出现。它当是20世纪初用坦克突破敌军坚固防御阵地战法的先声。

① 《武备志》卷一百二十一《用火器法·地利》，《中国兵书集成》32 第5154 页。
② 何汝宾，火攻要法，见《兵录》卷十一第2 页。
③ 《武备志》卷一百二十一《用火器法·器宜》，《中国兵书集成》32 第5157 页。

七　车铳结合战术的深化

用火器战车装备部队作战，这是明朝后期火器使用的一大发展。它不但表现在戚继光和曾铣等统兵将领，在自己守御的边区内编练车炮营和霹雳车营，而且也反映在军事技术家赵士桢在自己的著作中，对车铳结合战术的论述。他认为，朝廷在制造铳炮的同时，要相应地制造能安置铳炮的战车，使明军可用战车自卫，用铳炮杀敌。明军"一经用车用铳，虏人不得恃其勇敢，虏马不得恣其驰骋，弓矢无所施劲疾，刀甲无所用其坚利，是虏人长技尽为我所掩。我则因而出中国之长技以制之"①。为此，赵士桢还创造了构造新颖和作战性能良好的鹰扬车。

鹰扬车下安二轮，机轴圆活，左右旋转自如，每车装备铳炮 36 门，编士兵 10~15 人。赵士桢以此建议朝廷编制鹰扬车营，每营配车 120 辆，编车铳兵 1200~1800 人。这种车营在作战中具有多种作用："守则布为垒壁，战则藉以前拒，遇江河凭为舟梁，逢山林分负翼卫，……昼夜阴晴，险易适用"②。若造车者知运用之法，使所造之车轻重得宜，致远不泥；用车者知造作之法，便能使用裕如②。再加上统兵将领善于指挥，士兵技巧熟练，那么，这种车营便可充分发挥其自卫坚守和进攻杀敌的作用。为了能使鹰扬车广为流传，赵士桢在《车图》篇中，绘制了单车在作战时所排列的前冲、后殿、左卫、右卫、左斜冲、右斜冲、左后殿、右后殿等图形，生动形象地再现了当年车铳兵拥车作战的场景。

徐光启和孙承宗也对车铳结合的战术，作了精辟的论述（见第六章第三、四节）。

八　守城理论的发展

坚固的城防必须要有精良的兵器进行守卫。精良的兵器也必须要有坚固的城防为依托，才能充分发挥其作用。李之藻在《谨循职掌议处城守军需以固根本疏》③ 中，对此作了深入的探讨。他认为御敌之计在修城防，备兵器。修缮城防并不单纯为了婴城固守，而是要与兵器配合，反击攻城之敌。守城兵器必须要火器与冷兵器兼有，攻与防结合。为此就要做到以下几点：其一是要以火炮为主，毒弩、劲弓为辅，轰击数百米之敌，使其不得近城；其二是以炸炮、火铳、滚木、檑石、刀斧、撞车，杀伤敌军，使敌不能逼城；其三是以预设之钉板、蒺藜阻敌行动；其四是以佛郎机炮布设于城上马面战棚和垛口处，射击敌军；其五是贮备灭火器材，以防火攻。此外，李之藻还对京城九门和重城七门配备的兵器，作了精确的计算和具体的部署④。李之藻指出，用于城防的兵器在于精而不在于多。因此，他要求制作要严格，对作弊枉造者，一律绳之以军法，重者处死。

明代后期的火器研制家和统兵将领，在总结前人经验和当代最新成就的基础上，对兵器

---

① 赵士桢，防虏车铳议，见《神器谱》第 18 之 332，342 页。
② 赵士桢，车图，见《神器谱》第 18 之 362 页。
③ 李之藻，《李我存集》卷一《西铳》，《明经世文编》六第 5326~5329 页。
④ 按李之藻的计算，京城应备粗细火药 32 万斤、钉板 320 扇、炸炮 4800 个、铁蒺藜 6.4 万个；在城楼和角楼的 156 个箭窗处，装备佛郎机炮和鸟枪；在 27 777 个垛口中，配佛郎机炮 1608 门、枪 11 913 支、虎蹲炮 1184 门、火箭 59.2 万支；以及各种冷兵器。

制造与使用的许多理论和技术问题，都进行了深入的研究，提出了不少独到的见解，凝聚在他们的论著中，在中国和世界军事技术发展史上，都具有重要的理论和实践意义。

第二节　对钢材冶炼与火药配制的论述

钢材的冶炼与火药的配制，是决定兵器质量的关键，也是影响战车、战船和城防建设的重要因素。明朝后期的兵书著述家对此都有一定的探讨，记录在他们的论著中。

一　关于钢材冶炼的论述

对钢材冶炼的论述，主要表现在对燃料和冶炼方法的选择两个方面。

燃料的选择对冶炼制造枪炮所用的优质钢材，是一个至关重要的问题。赵士桢经过对南方和北方分别用木炭和煤冶炼的造铳钢材，进行了仔细的分析。他认为："制铳须用闽铁，他铁性燥，不可用。炼铁，炭火为上，北方炭贵，不得已以煤火代之，故迸炸常多"[1]。这一论述表明他已认识到用不同燃料冶炼的钢材，在性能上有较大的差别，所制枪炮的质量也各不相同。产生这种结果的原因，用现代冶金学的理论一说即明。北方用煤作燃料，由于煤中含硫较多，故炼成的钢材含硫量也较高，因而容易脆裂，不宜制造枪炮。南方福建等地用木炭冶炼的钢材，避免了这一缺陷，所以能制造精良的枪炮。赵士桢虽然还不能作出这样的解释，但是他在《神器谱或问》中，用当时盛行的阴阳五行（金、木、水、火、土）化生学说，对产生这种现象的原因，进行了力所能及的探讨。

赵士桢认为，制造枪炮时，"必藉炮冶范淬，因借木、水、火、土之气，和以锻炼"，这是"五行化生相成之理"。"南方用木炭锻炼铳筒，不唯坚刚与北地大相悬绝，即色泽亦胜煤火成造之器，……此政（正）足印证神器必欲五行全备之言"。北方用煤冶炼钢材，因缺少木而"禀受欠缺"，所以炼成的钢材，不能与五行"具足者较量高下"[2]。他的解释虽有牵强附会之处，但制铳须用南方木炭冶炼的钢材之说，却已成为当时火器研制者所能普遍接受的观点，并因其能解决造铳中的实际问题而得到了推广。何汝宾和茅元仪也都分别在《兵录》和《武备志》中，转引了赵士桢的分析结果。此说推广后产生了积极的作用，使枪炮所用钢材的质量，从燃料的选取开始，就有了较为可靠的保证。

冶炼优质钢材，还要控制其中的含碳量。含碳量过低（如熟铁）或过高（如生铁）的钢材，都不能制造枪炮。为了控制含碳量，当时常用的是脱碳法、炒炼法和灌钢法。

脱碳法是将含碳量较高的生铁，经过多次冶炼脱碳，炼成低碳钢，作为制造枪炮的材料。赵士桢介绍了当时通用的一种炼钢法：将铁放在炉中冶炼时，先"用稻草戳细，杂黄土，频洒火中，令铁尿（渣滓）自出，炼至五火，用黄土和作浆，入稻草浸一、二宿，将铁放在浆内，半日取出再炼，须至十火之外，生铁十斤，炼至一斤余，方可言熟。"[1]从记载的冶炼过程看，他是用剪碎的稻草拌和黄土，频洒火中燃烧，帮助氧化，降低铁熔液中的含碳量。尔后再反复进行五至十次以上，将其中的含碳量降到所控制的范围内。用此法炼成的钢材，大

---

① 赵士桢，神器杂说，见《神器谱》第18之228页。

② 赵士桢，神器谱或问，见《神器谱》第18之300页。

致为入炼生铁的 10%，成为制造枪炮的优质钢材。

炒炼法是先把生铁加热到熔化或基本熔化以后，经过反复炒炼锻打，使其不断氧化脱碳而成为含碳适量的优质钢材。唐顺之提到了类似的方法，他指出：在冶炼时，先把生铁炒炼成熟铁，将其反复锤打成块，或者加以划开，成为"方铁"、"把铁"、"条铁"，即近代所谓的毛铁。尔后再将毛铁进一步锻炼，除去渣滓，成为较纯的熟铁或钢[①]，作为制造枪炮的钢材。

灌钢法是利用炼钢炉中的火力，使生铁的铁液"熔渗"到熟铁中去，再加以锻打而成。唐顺之在《武编·铁》中称，熟钢以生铁合熟铁炼成，其法有二："或以熟铁片夹广铁（即广东产的优质生铁）锅，涂泥，入火而团之（即先使熔化，尔后与熟铁团结起来，炼成灌钢）；或以生铁与熟铁并铸，待其极熟，生铁欲流，则以生铁于熟铁上，擦而入之。此钢合二铁，两经铸炼之手，复合为一，少沙土粪滓（渣滓），故凡工炼之为易也。……此二钢久炼之，其形质细腻，其声清甚"[②]，成为制造枪炮和其他兵器的优质钢材。

上述情况表明，当时的火器研制家和统兵将领对改善兵器性能的探讨，已经深入到钢材冶炼的问题，从而拓宽了兵器研制的范围。

二　关于火药配方的论述

明朝后期兵书所记载的火药配方甚多，大致可以分为两大类：一类是火绳枪炮所使用的发射火药配方，以及与之配用的火门火药、火线火药等配方；另一类是爆炸火药、喷射火药、发烟剂等传统配方。前者以本国所用的发射火药配方为基础，吸收外来火绳枪炮所用发射火药配方之优点综合而成，后者是我国火器研制者多年积累的成果。两者各有所用。

（一）发射火药配方

最早涉及发射火药配方的兵书是《筹海图编》。据该书卷十三记载：嘉靖二十七年（1548年），明军在歼灭侵扰我国闽、浙沿海的倭寇时，俘获了懂得火绳枪炮制造之法的番酋，当即派"义士马宪制器，李槐制药"，所制成品甚佳。但是书中并未记载其火药配方。与此同时，戚继光在《纪效新书》卷十五中，记载了一个"制合鸟铳药方"的成分：硝一两、（硫）黄一钱四分、柳炭一钱八分。此方中硝硫炭的组配比率是 75.75%：10.6%：13.65%。此后刊印出版的一些兵书与火器专著，大多记载了包含此方在内的发射火药、火门火药（点火用）、火线火药（浸泡火线用）等配方。其中有些配方相同，归纳起来可分为三类七种。它们的配比重量和组配比率具有如下特点：

首先是它们只含硝硫炭三种成分，其他各种慢燃烧物质已经完全剔除。发射火药配方中硝的组配比率都在 71% 以上，火门火药配方中硝的组配比率也达 63.5%。因此，它们的制品是燃速较快、威力较大的发射火药与容易点燃的引火药。

其次是由于明代中期金属管形射击火器，已经由泛指的火铳明显地区分为枪和炮两大类（有时还习惯地称它们为小铳和大铳），因此，它们也就随之区分为枪用和炮用火药配方两大类。

---

① 唐顺之，《武编前集》卷五《铁》，《四库兵家类丛书》二第 727 之 410 页。
② 唐顺之，《武编前集》卷五《铁》，《四库兵家类丛书》二第 727 之 410～411 页。

其三是表中所列火药配方的组配比率长期不变，说明它们是经过多次试验和使用后而成为该种火药的标准配方。它们与欧洲同期所用发射火药的组配比率大致相似和相近，这种相似和相近，在一定程度上反映了当时东西方火药配制技术交流的概况。

表 7-1 充分反映了上述特点。

表 7-1　明朝后期的发射火药配方

项　目 配方类别	硝 含 量		硫 含 量		木 炭 含 量		资　料　来　源
	两①	组配比率 (%)	两	组配比率 (%)	两	组配比率 (%)	
鸟铳火药配方	1	75.75	0.14	10.6	0.18	13.65	《纪效新书》、《兵录》、《武备志》
	10	80.66	0.7	5.67	1.7	13.67	《神器谱》
	10	83.33	0.5	4.17	1.5	12.5	《神器谱》
炮（大铳）火药配方	80	71.40	16	14.30	16	14.30	《兵录》、《武备志》
	96	75.00	16	12.50	16	12.50	《兵录》
	96	72.70	18	13.65	18	13.65	《兵录》
火门火药配方	16	63.50	3.6	14.30	5.6	22.20	《武备志》

①　两：此处的 1 斤＝16 两。

（二）传统火药配方

它们是由《武经总要》所载三个火药配方派生而来，是在以硝硫炭三种原料为主的基础上，或以三者不同的组配比率，或用硫和炭的同种异性原料，或加上其他成分组配而成，是我国特有的多品种、多用途的火药配方。

不同组配比率的传统火药配方，在《武编·火》与《武备志·制火器法》中都有记载①。其中有："黄居硝六分之一，爆仗用之；黄居硝三十分之一，灰（即炭粉，下同）居硝五分之一（折算的组配比率是 81%：3%：16%），为下料，为行火药、火箭流星、地老鼠及药线用之；黄居硝三分之一或四分之一，灰居硝四分之一（折算的组配比率是 66.6%：16.7%：16.7%），为上料，凡纸筒、纸球、梨花竹筒、瓦罐敞口之物、火箭头上及铁炮欲炸者用之；黄居硝二分之一，水火球、烟球用之；黄居硝十分之一，灰同之（折算的组配比率是 83.3%：8.35%：8.35%），为中料，……铳炮及鸟铳用之……"如果从折成的组配比率看，第一种火药配方中硝的组配比率是 81.3%，所以，其制品可用作火箭流星及浸泡药线用；第二种火药配方中硫炭的组配比率较高，所以其制品可用作爆炸药；最后一种火药配方中硝的组配比率是 83.3%，与表 7-1 中所列鸟铳用发射火药中硝的组配比率相近，所以，其制品可用作火炮及鸟铳的发射火药。

用硫或炭的同种异性原料组成的火药配方甚多，按照这些配方，可以配制成不同的火药。如《兵录》中说："雄黄气高而火焰"，可以配制燃烧强烈的火药；"石黄气猛而火烈"，可以

---

①　《武备志》卷一百十九《军资乘·火一·制火器法一》，《中国兵书集成》32 第 5085~5086 页。

配制烈性火药；"砒黄气臭而毒"，可以配制致毒药剂①。又如《武备志》中说："柳枝灰、茄秸灰最轻而易引火"，能配制容易引燃的火药；"瓠灰、蜂窝灰则又轻"，能配制极易引燃的火药；用葫芦灰能配制燃烧猛烈的火药；用箬叶灰能配制爆烈的火药②。

在硝硫炭中加入其他原料组成的火药配方更是举不甚举，仅在《兵录》中就记载了50多种。按照这些配方配制的火药有：加入金针、硇沙、制铁子、磁锋等物，配制成使人肌肉腐烂的"烂火药"；加入草乌头、芭豆、雷藤、水马等物，配制成使人说不出话来的"见血封喉药"；加入江子、常山、半夏、川黄等物，配制成使人昏迷不醒的"喷火药"；加入桐油、豆粉、松香等物，配制成烧夷敌军粮草和营寨的"飞火药"；加入头发、铁汁、巴油等物，配制成焚烧敌军革车、皮帐的强烧剂；加入猛火油（今石油）等物，配制成得水愈炽，能燃烧湿物的水战用火药；加入九尾鱼脂等物，配制成因风蔓延的燃烧剂；加入狼粪等物，配制成昼发烟夜发光的报警焰火①。《武备志》中则有：加入江豚骨、江豚油、狼粪、艾肭等配制的"逆风火药"②；分别加入青黛、铅粉、紫粉、木煤后，配制成发出青烟、白烟、红烟、黑烟等报警火药③。

《武备志·制火器法》中不但记载了数十多种火药配方，而且还用歌、赋的形式，把一些火药的配制方法、性能、用法和威力等，作了生动的描绘，使人们通俗易懂，便于使用。

上述各种火药配方，是我国明朝火器研制家，在对火药、本草、动物、矿物长期研究的基础上，利用硝硫炭，以及一些植物和动物、矿物和油料的特性，经过反复试验后确定的，是对古代火药发展所作出的创造性贡献。

三　关于火药配制工艺的论述

火药配制工艺主要包括对原料的精选、提炼，以及对火药的配制、检验等方面。

（一）精选和提炼原料的工艺

对硝硫炭的精选和提炼，是保证火药质量的关键，当时几种主要兵书都有详细的记载和论述。

硝的纯度对火药发射力的影响较大。当时的炼硝工艺甚多，其程序归纳起来大致有三：其一是将天然硝石放在甜水（即没有杂质的淡水）中溶解，把沉淀的泥沙等杂质剔除；其二是用适量的鸡蛋清（即蛋白）、红萝卜等吸附物，放入硝溶液中多次煮沸，吸附硝液中的渣滓及盐碱，尔后用笊篱④捞出；其三是用水胶放入硝液中再次煮沸，尔后将其倒入瓷瓮中冷却凝固，使废水浮在瓮上，泥末沉于瓮底，纯硝居于中央，最后去水除渣，取出纯硝晒干。经过上述提炼过程后，每百斤天然硝大致只能炼得30斤纯硝。这种纯硝呈白色结晶，肉眼不见杂质，是配制火药用的优质氧化剂。

硫黄的纯度对火药爆发力的影响较大。当时提炼硫黄的工艺也较多，其程序归纳起来大

---

① 何汝宾，火攻药性，见《兵录》卷十一第4～5页。何汝宾对传统火药配方的论述颇为详细、全面。
② 《武备志》卷一百十九《军资乘·火一·制火器法一》，《中国兵书集成》32第5085～5091，5109页。
③ 《武备志》卷一百二十《军资乘·火二·制火器法二》，《中国兵书集成》32第5130～5131页。
④ 笊篱（zhàolí）：用竹篾、铁丝等编成的一种构形炊具，能漏水，用来在汤里捞食物。

致有四：其一是将其捣碎，拣去沙粒、杂物；其二是将捣碎的硫黄放入锅中加淡水煮沸，倒入瓷盆内沉淀一日后，将沉淀物剔除，取出粗硫；其三是按 10 斤硫黄放入 2.5 斤牛油和 1 斤麻油的比例，进行煎煮，使油不粘糊硫黄，再用柏叶加入锅中与硫黄同煮，吸去锅中成枯黑色的渣滓；其四是将去渣的粗硫放入沸油内煎煮，待油面泛起黄沫后，放入盆中冷却。最后除去面上的黄油和杂质，取出无渣滓、去油性的纯净硫黄。这种硫黄呈柠檬色块状结晶，是配制火药的精良原料。

木炭粉的质量对火药燃烧速度的影响较大。书中要求在焙制木炭时，最好要选用清明前后的柳条。因为此时柳条的叶芽将萌未萌，养分集于其中。如果将这种枝直条匀的柳条，去皮除节，自然封干，焙制成炭，碾成粉末，按确定的比例与硝、硫拌和，就能配制成优质火药。北方柳条较少，可用茄杆灰、杉木灰等代替，但其所制火药的质量会有所逊色。

（二）配制火药的工艺

综合多种著作的记载，当时配制火药的工艺程序大致有四：其一是将原料分别碾成粉末，按配制火药的要求，秤准分量，配好比例，为三者的均匀拌和作好准备；其二是将三种原料放入木臼中均匀拌和，再加入少量的纯水或烧酒，用木杵将混合物拌和成湿泥形态，待其将干时，加水再捣，如此反复多次，使混合物匀和细腻，尔后取出日晒；其三是对成品进行质量检查，即选取一部分晒干的火药作样品，放在纸上燃烧，如燃气迅速升腾而纸张完好如初，则是合格制品。或者将样品放在手心中燃烧，燃气迅速升腾而手心不觉热者，说明成品燃速快，是合格制品。反之，如火药燃毕后在纸上留有黑心白点，或手心感到烧灼者，说明燃气升腾不快，是不合格制品，需要反工再次捣碾，直到合格为止；其四是筛选合格药粒，即将经过检验合格的药块破碎成粒，用粗细不同的罗筛，分别筛选出大铳（炮）、佛郎机铳和鸟铳所用的大、中、小各种火药粒，不成珠的可以用作火门引火药，剩下的细粉末全部剔除。

四 关于火药特性及若干现象的探讨

自《武经总要》刊载三个火药配方后，大约经历了 500 多年的使用和观察，人们对火药的特性及其燃爆后产生的诸多现象，已有一定的感性认识，积累了一定的经验。至明朝嘉靖年起，一些火器研制家和统兵将领，试图在他们的著作中，对这些问题作力所能及的探讨，并初步形成了自己的理论。这些理论，在当时虽然仍以阴阳五行和君臣伦理学说为基础，但是它已在某些方面和一定程度上，触及了火药发展的某些客观规律，这是他们所取得的可喜进步。综合当时的兵书与火器专著，可将其主要理论归纳为下列几个方面。

（一）用君、臣、佐使的关系比喻硝、硫、炭在火药中的地位

他们认为，在火药的三种成分中，硝居主导地位，因而称其为君；硫黄性质活泼，居辅助地位，称作臣；木炭粉在火药中也居辅助地位，称作佐使。唐顺之就有这样的说法："虽则硝硫之悍烈，亦藉飞灰而匹配，验火性之无戒，寄诸缘而合会。硝则为君而硫则臣，本相须

以有为……亦并行而不悖,唯灰为之佐使,……"①。茅元仪在《武备志·火药赋》中,也有类似的说法,但词句稍有调整。何汝宾也作了类似的比喻,认为"硝硫为之君,木灰为之臣,诸毒药为之使"②。两者的说法虽然稍有差异,但是在喻理方法上是相似的。这种喻理方法虽缺乏严密的科学性,但也在一定程度上说明了诸成分在火药中的内在联系,既阐述了它们在火药中各自所处的主次地位不同,又说明它们之间必须混合在一起,组配得当,才能在点火燃烧后得火攻之妙。

(二) 论述了硝、硫、炭在火药中的火攻特性和作用

何汝宾的论述是:"硝性主直(直发者以硝为主),硫性主横(横发者以硫为主),灰性主火(火各不同,以灰为主,有箬灰、柳灰、杉灰、梓灰、胡灰之异)。性直者主远击,硝九而硫一;性横者主爆击,硝七而硫三"③。《武编前集卷五·火》与《武备志·火药赋》的记载是:"硝性竖而硫性横"。他们所说的硝性主直而能直击的现象,是由于火药中的硝,在点燃后能产生巨大的气体推力,将弹丸射至远方,命中目标,所以硝是火药能够直击即射远的关键。他们所说的硫性主横而能爆击的现象,是由于火药中的硫黄,在点燃后能迅速炸裂迸爆,所以硫黄是火药能够爆击即爆炸的关键。它们所说的灰性主燃,能喷发火焰的现象,是由于火药中的炭粉,在点燃后能迅速燃烧、喷射火焰产生的,所以炭粉是火药能够燃烧的因素④。

(三) 用文武二臣辅君之理比喻硝硫炭在火药中的配比关系

唐顺之在《武编前集卷五·火》与茅元仪在《武备志·火药赋》中,沿用中医、中药学和炼丹术的方法,把硝硫炭分别比作君主、文臣和武臣,藉以论述它们之间的配比关系及其所产生的后果。他们指出,若在正常情况下,硝硫炭三者之间是"一君二臣,灰硫同在臣位,灰则武而硫则文,剽疾则武收殊绩,猛炸则文策奇勋,虽文武之二途,同输力于君"⑤,能发挥火药的燃烧和爆炸作用。他们又说,若"硝非其材,主暗取讥;……灰硝少,文(硫)虽速而发火不猛;硝黄缺,武(炭)纵燃而力慢,……弃武用文,势既偏而力弱,……弃文用武,事虽济而力穷"⑤。其意是说,如果三者之间配比不当,就会产生种种弊端:硝材提炼不纯,则火药不佳;若火药中的硝炭含量过少而硫偏多,则火药虽能速爆,但发火不猛;若硝硫含量过少而炭偏多,则火药虽能燃烧,但燃速慢而火力弱;若缺少硫或炭,则火药就会因不能充分燃烧或爆炸而失去其作用。

(四) 论述了空气湿度对火药组配比率的影响

由于硝具有吸湿返潮的特点,所以硝在火药中的组配比率,要随着南北地区空气湿度的

---

① 唐顺之,《武编前集》卷五《火》,《四库兵家类丛书》二第 727 之 437 页。过去不少火药史研究者,认为"火药赋"出自《武备志》,时在天启元年(1621)。今观《武编前集》卷五《火》,知"火药赋"的内容出于嘉靖十年至三十九年(1531~1560)之间。茅元仪收录此文时作了某些词句的修改。何汝宾在《兵录》中所收"火药赋"的内容,则在唐顺之之后,茅元仪之前。

② 何汝宾,火攻药性,见《兵录》卷十一第 3~4 页。

③ 何汝宾,火攻药性,见《兵录》卷十一第 3~4 页。何汝宾的论述较唐顺之和茅元仪的论述具体而系统。

④ 他们的比喻,已经把火药的助推(发射)、爆炸和燃烧三种特性和作用分析得相当清楚,具有科学的内涵。推而论之,今日之火药亦不出这三种特性和作用。

⑤ 唐顺之,《武编前集》卷五《火》,《四库兵家类丛书》二第 727 之 437~438 页。

大小而作相应的调整。赵士桢以倭铳与噜密铳所用的火药为例，对此作了说明：当两者在含硝量相等的情况下，因日本地处海中，空气湿度大，所以每份火药中含炭 6.8 两、硫 2.8 两；噜密国地处西方干燥之地，空气湿度小，所以每份火药中含炭 6 两、硫 2 两；两者相比，倭铳所用火药中硝的组配比率低，硫和炭的组配比率高；噜密铳所用火药中硝的组配比率高，硫和炭的组配比率低。所以他在《神器谱或问》中要求各地在配制火药时，要"权度我中华九边、沿海之宜，再较晴明、阴雨、凉爽、郁蒸之候，备料制药，一如秦民之守秦法，是亦足称用兵得算"。

赵士桢在总结前人配制火药经验的基础上，得出了空气湿度对火药组配比率影响的结论，为当时各地的火药配制者，提供了配制本地适用火药的重要依据，是对火药配制的重大贡献。

在《武编》、《神器谱》、《兵录》、《武备志》等著作刊印后的 200 多年，欧洲的火药化学研究者歇夫列里，于 1825 年提出了一个黑色火药的最佳化学反应方程式：

$$2KNO_3+3C+S \rightarrow K_2S\downarrow+N_2\uparrow+3CO_2\uparrow$$

按照这个化学反应方程式，在理论上硝、硫、炭以 74.84％：11.8％：13.32％组配比率为佳。即这种火药生成的二氧化碳和氮的气体最多，放出的热量最大，上升的温度最高，杀伤的威力最大。如果降低硝炭而增加硫的比例，那么火药威力和燃烧速度就会减缓，与唐顺之、茅元仪所说的"灰硝少，文（硫）虽速而发火不猛"的现象吻合。如果降低硝硫而增加炭的比例，那么火药的威力就会降低，与唐顺之、茅元仪所说的"硝黄缺，武（炭）纵燃而力慢"的现象相一致。

上述对火药特性、作用和组配成分探讨所取得的成果表明，当时的研究者虽然受时代条件和科学水平的限制，还无法摆脱阴阳五行和君臣伦理学说的束缚，因而对某些问题的论述还有不妥之处。但是他们的论述，已含有将定性和定量研究相结合的因素，对火药的发射（助推）、爆炸、燃烧等基本性质认识的主导方面，与前人相比，又有较大的进步。

第三节　对欧洲火器技术的吸取和引用

自从西洋火炮引进后，徐光启和李之藻等军事技术家，不但从实战的需要出发，组织技术人员和工匠，为明军制造了各种适用的新型火炮，而且在指导火器研制和使用的理论基础，火炮设计与制造的先进方法，对某些物理现象的探讨等方面，都吸取了欧洲科学技术的新成就，从而提高了火器研制与使用的科学性，并开始从阴阳五行化生和君臣伦理的旧轨道，转向重视科学实验、强调定性与定量研究相结合的新轨道。这是他们所取得的最重要的成果。

一　理论基础的转轨

理论基础的转轨，主要反映在徐光启、李之藻的论兵奏疏，以及孙元化的《西法神机》、王尊德的《大铳事宜》、焦勖的《火攻挈要》等火器专著中。这些论著，对制铳用铳等许多基本问题的论述，除个别者外，都已不见旧说的痕迹而屡申新学之要义。归纳起来，他们的主要论点有三。

（一）研究火器必须明理识性

这里所说的理和性，实质上是指制造火器与配制火药所用原料的物理和化学特性。孙元化认为，制造火器和弹药时，必须"推物理之妙"，合事物之性。精于理者不但能了解铳车和弹药的特性，而且能按照这些特性，采用"合理"的方法进行制造。制造枪炮要求使用质量最精的铜铁，若错用质量粗疏的铜铁，虽然从外表上看不出它们的罅（xià，瓦器的裂缝）隙之处，但是只要使用猛烈的火药一试，炮管就会炸裂[①]。在配制火药时，必须要了解硝、硫、炭"三物之性理"，如"不因其性，不得其理，用之必不遂意"[②]，配制不出性能良好的火药。焦勖则强调在制器用器时，必须"详察利弊诸原"，才能"革故鼎新"，制造出"命中致远、猛烈无敌"[③]的西洋大炮。孙元化和焦勖要求制器用器者从物质的性理上精选原材料，从熟悉性能上掌握使用方法的论述，虽然还不十分透彻，但是他们思考问题的主导方面，已经开始从旧轨转入新轨。

（二）制造火器必须知数懂法

他们所说的数和法，实质上是要求制器用器者，要有精确的数量观念和规范的制作方法，不可随意行事。徐光启认为："造台制铳，多有巧法，毫厘有差，关系甚大"，必须荐举"深心巧思，精通理数者，信任专管，斟酌指教"[④]，才能制造出精良的火炮。他翻译的《几何原本》（古希腊著名数学家欧几里德著），则是当时制炮用炮的重要数学依据之一。李之藻认为：制造西洋大炮，必须铸炼得法，若差之毫厘，就会失之千里；使用西洋大炮，必须选拔"明理识算，兼诸技巧"[⑤]的人，才能发挥其威力。

焦勖在《火攻挈要·详察利弊诸原以为改图》[⑥]中，要求制器用器者要严格遵守数量标准，将其视之如法。他指出：如果铸造火铳不按规定的长短与厚薄，那么就会发生"横颠倒坐及崩溃炸裂"事故；如果配制火药不按规定的分量，那么所配之火药便不能摧坚破锐；如果发射者不了解火炮的射程、不识众寡之用、不掌握时机、不计算时间，那么就会发生敌未至而弹已射完，或敌已至而弹未发，给敌造成乘隙而入的机会。因此，他要求详悉制器用器之法则，去弊存利，使火炮能发射宜时，收到致远命中的效果。

（三）使用火器必须注重试验

在西方实验科学思想的影响下，明末火器研制家对制器用器的许多问题，都主张要在反复试验的基础上，得出合乎规律的结论。他们在自己著作中所论述的问题，都是在多次试验后得出的：诸如以口径的尺寸为基数，按一定的比例倍数，设计火炮和炮车的各个组成部分；测定弹重与装药量、射程与射角的关系等。

---

① 孙元化，《泰西火攻总说》，康熙元年（1662）版，古香草堂本，《西法神机》卷上第1页。以下引此书时均同此版本。

② 孙元化，《炼火药总说》，《西法神机》卷下第10页。

③ 焦勖，《详察利弊诸原以为改图》，商务印书馆，1936年版，《火攻挈要》卷上第1～2页。以下引此书时均同此版本。文中的诸原是指火器制造与使用中的诸要素。即：火炮的长短、厚薄、火药分量的轻重、射程的远近等。

④ 徐光启，辽左阽危已甚疏，见《徐光启集》上册第111页。

⑤ 李之藻，为制胜务须西铳乞敕速取疏，见《徐光启集》上册第179页。

二　设计思想的进步

这种进步主要表现在两个方面：其一是采用以口径的尺寸为基数，按一定的比例倍数，设计火炮的各个组成部分；其二是按同样的方法，设计炮车的各个组成部分。

（一）以口径的尺寸为基数设计火炮的各个部分

焦勖对这一点的重要性和具体内容阐述得十分详细透彻。他指出：西方在铸造火炮时，都要根据火炮的用途，按照一定的规则进行设计。他们所确定的规则是：以口径的尺寸为基数，按一定的比例倍数，推算出其他各部分的尺寸①。在通常情况下，如要增强火炮的威力，就要增大口径和装药量，增加管长和壁厚。其结果会将火炮造得十分笨重而不便于在战上机动，有时还会发生膛炸。因此，造炮者就要综合考虑上述各种互相制约的因素，将它们合理地平衡于所造的火炮之中，使制成的火炮既具备应有的杀伤力，又能保证发射时的安全；既能保证达到各种作战目的，又便于在战场上机动。为了达到这种目的，孙元化和焦勖都分别在自己的著作《西法神机》与《火攻挈要》中，按用途把火炮区分为战铳（野战炮）、攻铳（攻城炮）、守铳（守城炮）等三类，并分别列举了这三类火炮各部分的比例关系。见表 7-2。

表 7-2　火炮各部与口径尺寸的比例倍数

火炮种类		战铳		攻铳				守铳
		一般战铳	佛郎机	一般攻铳	虎唬铳	飞彪铳	狮吼铳	
火炮各部分与口径尺寸的比例倍数	火门至炮口长	33		18～22	20	4	15	8～16
	火门至炮耳长	13	22	8～10	8	0.5		2.7～5.3
	炮耳至炮口长	19	32	10～12	12	3		5.3～10.7
	火门前壁厚	1	1	1	1.25	1	1.5	1
	炮耳前壁厚	0.75	1	0.75	0.75	1	1.5	1
	炮口壁厚	0.50	1	1	1	0.5	1	1
	炮耳直径	1	1	1	1	1	1	1
	炮耳长	1	1	1	1	1	1	1
	炮底厚	1	1	1	1	1	1	1
	尾珠直径	1		1	1	1	1	1
	尾珠长	1		1	1	1	1	1
	子母炮共长		55					
	子炮长		5					
	榫　长		1					
	栓　长		0.5					

按照上述比例倍数制成的火炮，用处各有不同：野战炮比较轻便，可随军机动作战；攻

① 焦勖，《铸造战攻守各铳尺量比例诸法》，《火攻挈要》卷上第 4～6 页。

城炮适于攻城，既有直射又有曲射，其中曲射炮实际上就是后来的臼炮，可曲射城中的人马和建筑物；由于守城炮专用于轰击接近城墙的攻城之敌，所以炮身比较短。另外，表中所列守城炮火门至炮耳的长度，仅为炮耳至炮口长度的一半，这是便于守城炮从城上向下俯击的需要①。

与火炮设计新法有关的是弹重与装药量比例关系的确定。孙元化在《西法神机·点放大小火铳》中列举的比例关系是：凡弹重 1～8 斤者，两者重量相等；弹重 9～17 斤者，装药量为弹重的 4/5；弹重 18～28 斤者，装药量为弹重的 3/4；弹重在 27 斤以上者，装药量为弹重的 2/3。

王尊德在《大铳事宜》②中所记炮重与弹重、装药量之间的数量关系是：

炮重 1000 斤	弹重 2.5 斤	装药 2 斤 10 两
炮重 1300 斤	弹重 3 斤	装药 3 斤
炮重 2000 斤	弹重 4 斤	装药 4 斤
炮重 2700 斤	弹重 7 斤	装药 7 斤

按上述比例制造的炮弹，装填在口径适宜的火炮中，其命中和致远的效果较好，反之则差。

（二）以口径的尺寸为基数设计炮车的各部分

孙元化和焦勖对于炮车的设计也很重视。孙元化从射击学的角度指出"铳弹远近，全赖铳口低昂，铳口低昂复凭铳尾高下，则架耳之车制不可不讲矣"③。焦勖则从火炮便于在战场上机动的需要出发，认为："大铳之用车，犹利剑之必用柄也，剑非柄则无以把握，铳非车则难以机动。……其尺量等法，亦以铳口空径为则"④。按焦勖的要求，炮车侧面墙板的厚度与口径相等，长为炮管的 1.2 倍，在墙板前 6 后 4 之比的分界处挖一个凹座，以安炮耳；车轮的直径为口径的 12 倍，每轮有 14 根车辐，其长、宽、厚各为口径的 5.3、1、0.8 倍；车毂的内外径分别为口径的 4 和 1.7 倍；两侧墙板用 5 根以 1 倍口径见方的横木连结，车底盘铺钉厚为口径 1.3 倍的木板，其位置各有规定。装配时所用的销、箍、钉，都要有确定的数量和严格的要求④，以保证炮车的坚固，使之能装载火炮进行机动作战。

三　造炮新法的采用

由于仿制西洋火炮的增多，其模铸火炮的方法也随之传入。据《火攻挈要·造作铳模诸法》记载，西方炮师在铸炮之前，先要制作炮身的外模和内模。外模用封干已久的楠木和杉木，按所铸火炮各个部分的外形尺寸制成，两头伸出 1 尺多，将其安于镟架上镟光，再将炮耳、炮箍及各种需要铸于炮上的模型安装好。尔后选用优质的胶黄泥与细沙，按 8∶2 拌和，并掺入羊毛作经络，待其干燥适度时逐次均匀涂在炮模上，每次约 1 寸厚，待其厚度为口径

---

① 焦勖，《铸造战攻守各铳尺量比例诸法》，《火攻挈要》卷上第 4～6 页。
② 原书已佚。徐光启在《钦奉圣旨复奏疏》中提到此书。《徐光启集》上册第 303 页。
③ 孙元化，《造铳车说》，《西法神机》卷上第 19～21 页。
④ 焦勖，《制造铳车尺量比例诸法》，《火攻挈要》卷上第 12～13 页。

的 1.6 倍时为止，如口径为 5 寸，则涂泥厚 8 寸。在泥层至总厚度的 2/3 时，便用粗铁丝从头缠至尾，缠毕再涂泥。在泥层至总厚度的 9/10 时，按炮身大中小的不同，分别选用粗如手指，长与炮身相等的铁条 16～8 根，均匀贴附于泥层上作骨干，铁条外各用 8～4 道铁箍均匀箍紧。箍好后，在外表涂泥抹平，经 4～2 个月封干后，即成所铸火炮的外模。外模封干后，将木制模心取出，并用炭火在泥模内微烧，以便烘干外壳，同时将嵌在炮模内的炮耳、炮箍以及其他附件的模型炭化成灰。最后再安上带有尾珠的木制火炮底盖模型，待其干燥后，火炮的完整外模便告完成。

内模用铁制作，其外径是所铸火炮内径的一半，其余一半再涂泥层，使内模外径恰与所铸火炮的内径相等。内模之头部长出炮身 2 尺，以便拴绳提放。内模制成后封干待用。

铸炮时，用起吊装置将外模吊套于内模之外，使两模轴心合一。外模内壁和内模外壁之间的空隙，便是炮管的厚度。用青铜或钢铁溶液浇铸空隙之中，冷却后除去内外模，就成为所铸火炮的粗坯，最后再加工定型。此法的工艺要求很高，一般手艺高超的工匠，铸炮的成品率也只有 20～30％。

用模铸法浇铸的火炮整体性好，没有铸缝，坚固耐用，发射威力大，是提高火炮性能的一种新式铸炮法。此法在明末引进中国后，一直沿用到清道光二十二年（1842）。

四　射击术的发展

嘉靖年间，戚继光曾对"三点一线"的射击术作了最初的阐述。之后，射击术又得到了进一步的发展，其中既有国内的研究成果，也有引进西方的新鲜内容。归纳起来，主要有初级测角仪、望远镜的使用，射角与射程关系的测定，45°角时射程最远的结论之验证，抛物线理论的萌生等。这些内容在《兵录·西洋火攻神器说》中已有初步的论述，《西法神机》与《火攻挈要》又有所发展，其方法更进步，其内容更翔实。

测定俯仰角和在不同俯仰角下射程的主要仪器有量铳规。量铳规实质上是 1/4 的圆规。此规将 90°弧线分为 12 等分，每等分为 7.5°。量铳规的两个直角边都用铜制作。测量射角时，将一边插入炮口，规的直角顶悬一权线（即垂线）。如果炮管与地面平行时，权线与炮轴成 90°，在这种角度下射击，就是平射。如果在炮尾下部加减木块，便改变了火炮的俯仰角。从平射位置算起，射程随着俯仰角的渐增而渐远。当俯仰角在量铳规上反映为权线中分直角（即 6 等分线 45°角）时，射程最远。当炮口仰过量铳规直角的中分线即大于 45°角时，射程逐渐缩短。这是当时测定射角和射程的方法。何汝宾在《兵录·西洋点放大小神器略法》和孙元化在《西法神机·点放大小铳说》中，都列举了一些射角与射程关系的数据，其中最通常的一组数据是以火炮平射时的射程 268 步为基数，尔后渐次改变射角至 45°，分别得出其射程数据[①]。两者对照如下：

射角（度）	0	7.5	15	22.5	30	37.5	45
射程（步）	268	594	749	954	1010	1040	1052

焦勖在《火攻挈要·各铳发弹高低远近步数约略》中，以发射 3～4 斤炮弹的三号火炮为

---

① 据孙元化披露，他的测量法是根据徐光启的《几何原本·测量法》和李之藻《容圆较义同文算指》得出的。

例，列举了改变俯仰角与射程变化的关系：

射角（度）	0	7.5	15	22.5	30	37.5	45
射程（步）	400	800	1400	1800	2000	2100	2150

除了测量射角与射程的关系外，焦勖和孙元化还对弹丸射出炮膛的弹道抛物线作了一定的定性研究。焦勖指出，发射时，若炮口仰角"高七度（52.5°），则发弹太高，从上坠落，其弹无力且反近矣"[1]。孙元化则说，弹丸射出炮膛，在空中飞行时，并非直线飞行，而是"全用其直势，亦半用其曲势，曲势过半，不能杀人矣"[2]。其意是说，弹丸在空中飞行，既有向前直飞之势，又有受地球引力影响向下坠落之势，两者的合力形成弹丸飞行的曲势。如果曲势过半，即弹丸飞过了弹道抛物线的顶点后，其速度降低，动能减小，杀伤力削弱，直至最后飞行速度为零，杀伤力完全消失为止。孙元化对弹丸在空中既作直势又作曲势飞行的论述，虽然不如伽利略那样把抛物线的理论叙述得十分透彻，但是这一论述在中国古代却是一大突破，而且在年代上也是紧随伽利略之后而相隔不长的。

五　对冲击波现象的探索

明末时期对冲击波现象进行探索的主要有两人：其一是孙元化；其二是《天工开物》的作者宋应星。

孙元化在《西法神机·铳台图说》中，对铳台（即炮台）上发射大型炮弹后所产生的强烈震动作了进一步的探讨。他认为，当炮手发射火炮时，炮膛所产生的强烈火药燃气即"铳气"随之冲出炮口，使炮口周围的空气相激，其"气之动也最捷，故山谷皆答，其近而裂者，则能排墙，能撼石"[2]。孙元化的解释，虽然还没有直接指出大型火炮射击后产生的强烈震动，是冲击波造成的，但是已触及冲击波本质之边缘了。

现代科学所说的冲击波，是由物质高速运动或爆炸时，在介质（如空气、水、土壤等）中引起强烈压缩，并以超声速传播的波。这种波在火药爆炸后都能产生，但只有当火药量足够大，爆炸足够强烈时候，才能产生巨大的冲击力，其势如飓风疾卷，能击杀有生力量（人或动物）、摧毁地物。我国古代提到冲击波现象的书，并非自《西法神机》始。早在宋元之际周密所撰的《癸辛杂识·炮祸》中已经提及。该文在叙述火药爆炸后所产生的巨大威力时说："楹栋悉寸裂，或为炮风扇至十余里外。"文中的"炮风"，就是火炮库爆炸后所产生的冲击波。不过该文只是提到为止，并未对"炮风"作任何解释。此后，郑若曾在《筹海图编》中叙述铜发贡的威力时，也提到"其风能煽杀乎人"之事。文中所说的"风"就是"炮风"，也就是大型炮弹爆炸后所产生的冲击波。不过该文也只是提到为止，没有作任何解释。孙元化的解释在中国火器史上还属首创。

大致在孙元化阐述"铳气"现象的同一时期，科学家宋应星在《论气》中，不但对火药爆炸后所产生的"惊声"（冲击波）现象，有比较深入细微的观察描述，而且对惊声现象的产生作了一定的探讨。他在书中首先设问道："惊声或至于杀人者，何也？"尔后他回答说："惊

---

① 焦勖，《各铳发弹高低远近步数约略》，《火攻挈要》卷中第36页。
② 孙元化，《铳台图说》，《西法神机》卷上第28～29页。

声之甚者，必如炸炮飞火。其时虚空静气受冲而开，逢窍则入，逼及耳根之气，骤入于内，覆胆隳（huī）肝，故绝命不少待也"[1]。在回答的内容中，他实质上已对"惊声"产生的原因作了论述。他认为"惊声"是炮弹爆炸后，周围的"虚静气受（高温高压气体的）冲（击）"而产生的，它以高速前进，遇有空隙便"逢窍而入"，经耳根传入人体，能"覆胆隳肝"，致人死命。他的解释虽然也没有上升为冲击波的理论，但是比孙元化的解释又前进了一步。这是明末军事技术家和科学家，在对这一科学事物的大胆探索中所取得的可喜成果。

---

① 明·宋应星撰，论气·气声八，见《宋应星佚著四种》，上海人民出版社，1976 年版，第 78 页。

第八章 火器曲折发展阶段的军事技术

随着明朝的衰落和灭亡，明末火器发展的浪潮，逐渐涌向新兴的后金政权方面。以弓马骑射善长的女真族，在同明朝争夺全国统治权的斗争中，既保持其冷兵器的发展，又以两次宁远之战的失败为教训，决心以缴获的明军枪炮为模式，学习火器的制造与使用技术，大量制造红衣炮（后金改红夷炮为红衣炮）和鸟枪，改变了后金军在火器方面的劣势。天聪五年（1631）七月，后金设立六部，由工部虞衡清吏司下辖的硝黄库、炮子库、枪子库，分掌枪炮弹药的制造和贮存事宜，为进关作战准备火器。

崇祯十七年（1644）三月，李自成率部进京①，崇祯帝自缢身亡，明朝告终。四月二十九日，李自成在京称帝，次日弃城西撤。五月初一，多尔衮率清军入京。五月十四日，明福王朱由崧在南京即位（次年改年号为弘光），史称南明。十月初一，爱新觉罗福临在北京即皇帝位，改元顺治。于是形成了顺治年间（1644～1661）清与南明政权对峙的局面，双方都用红衣炮进行作战。顺治末至康熙初，统一战争基本结束，火器制造逐渐减少。

康熙十二年（1673），三藩之乱起，玄烨（yè）于次年决定制造火炮，再度掀起造炮高潮。自康熙三十五年平定新疆噶尔丹势力后，火器制造便开始转入低潮。自雍正至鸦片战争（1723～1840）前，中国军事技术发展的总体水平，已经落后于西方200多年，致使国家武备空虚，处于被动挨打的状态。

第一节 火器的曲折发展

后金军在宁锦之战受挫后，皇太极便决心制造红衣炮和鸟枪，以实现其在关外歼灭明军主力，夺取辽东，尔后入关图谋中原大业之目的。

一 后金制造和使用红衣炮的高潮

皇太极于天命十一年（1626）即位后，便开始组织人员，着手仿制红衣炮。天聪五年正月，制成第一门红衣炮②。与此同时，清廷命督造官额驸③佟养性为昂邦章京④，统理新编的炮兵。三月，皇太极"出阅新编汉兵，命守战各兵，分列两翼，使验放火炮、鸟枪。以器械

---

① 李自成起义军也常用火炮攻城。据《明季南略·河南流寇充斥》记载，崇祯八年，李自成与罗汝才两部共数十万人，用20门大炮攻占光州（今河南潢州）城。又据该书《周遇吉传》记载，崇祯十七年二月，李自成部用火炮攻破山西宁武关（今属山西）。

② 炮身刻有"天佑助威大将军天聪五年孟春吉旦督造官额驸佟养性"等字。

③ 额驸：满语为女婿。昂邦章京：昂邦，官名，满语大官之意；章京，官名，多用于军职。佟养性是辽东人，其先世为满族，被努尔哈赤招为婿，甚有权势。是后金首任监造火炮的官员。

精良，操演娴熟，出帑金大赉军士"①。这支炮兵建成后，便成为攻取坚城的主力之一。

天聪五年（1631）八月初六，皇太极率部携40门红衣大炮进围大凌河。二十三日，轰击城西南的敌台，摧毁其2座敌楼、4处雉堞，守台明军遂降。次日，城东一台也被攻毁②。九月十九日，后金军又截击锦州来援的明军，交战双方"火器齐发，声震天地，铅子如雹，矢下如雨"。皇太极又命佟养性发射红衣炮弹，摧毁明军兵营③。十月初，祖大寿开城降。后金军占领了大凌河，尽获城内枪炮弹药。十月初九日，清军又攻占了垣墙坚固的于子章台④。战后，后金军总结了红衣炮在攻坚战中的作用说："至红衣大炮，我国创造后，携载攻城自此始。若非用红衣大炮击攻，则于子章台必不易克。此台不克，则其余各台不逃不降，必且固守……自此凡遇行军，必携红衣大将军炮"④。大凌河及于子章台之战，开了我国战争史上以重型欧式火炮攻克坚固城堡的先例。

自制和缴获火炮的增多，为扩编后金炮军创造了条件。天聪六年初，佟养性亡故。皇太极为不影响炮兵的建设，即升任石廷柱为昂邦章京。天聪七年三月，皇太极又采纳总兵官马光远的建议，采取一系列措施，发展火炮制造和扩建炮兵：下令改善铸炮和配制火药工匠的待遇，优待炮手；提升铸造红衣炮的工匠王天相、金世昌为备御⑤；六月，皇太极命马光远等将新扩编的汉军1580户，尽行装备火器，从而使后金军拥有一支初具规模的汉人炮军。

天聪七年四月，明将孔有德和耿仲明致书皇太极，表示愿以数万甲兵、百余轻舟、全部火炮归降后金，并合力进攻明军。皇太极接书后，即从优招降二部，并于七月命其为先锋攻取旅顺，使辽东尽为后金军所控制。十月，明军镇守广鹿岛的副将尚可喜也率部归降后金。这三部明军所装备的30多门红衣炮，以及一部分经过葡萄牙人训练的炮手也全部归降后金。天聪八年五月，皇太极编元帅孔有德部为天佑兵，总兵尚可喜部为天助兵。此后，皇太极便利用这支拥有数量较多、质量较优的汉军，为其攻城掠地。

清崇德二年⑥正月，皇太极命孔、耿、尚三部携红衣炮进攻朝鲜，获得了胜利。二至四月，贝勒阿济格和孔、耿、尚三部，携16门红衣炮攻占皮岛，得明军所用欧式火炮10门，拔去了清军侧背的芒刺。不久便转锋西向，关内明军则因失去在清军后方的一切据点，便处于清军重炮的凌厉攻势之中。七月，皇太极将汉军编为左右二旗，以石廷柱和马光远分别为左右翼管旗大臣。至崇德七年元月，包括孔、耿、尚三部在内的汉军2.45万人，被分编为汉军八旗，成为皇太极指挥的一支独立炮军。

为准备进关作战和改善炮军装备，皇太极于崇德七八两年，派梅勒章京马光辉、孟乔芳、金维城、曹光弼，固山额真刘之源、吴守进，铸炮牛录章京金世昌、王天相等，往锦州铸造神威大将军炮⑦。此炮尚有铜铸实物存于故宫内，炮身前细后粗，底稍敛，全长264厘米、口

　　①《清太宗实录》卷八，天聪五年三月丁亥，中华书局，1985年版，影印本《清实录》二第119页。以下引此书时均同此版本。

　　②《清太宗实录》卷九，天聪五年八月甲寅，《清实录》二第129～130页。

　　③《清太宗实录》卷九，天聪五年九月戊戌，《清实录》二第134页。

　　④《清太宗实录》卷十，天聪五年十月壬子，《清实录》二第138页。

　　⑤《清太宗实录》卷十三，天聪七年三月庚戌，《清实录》二第186页。

　　⑥天聪十年，皇太极改国号为大清，改元崇德。

　　⑦清·嵇璜等撰，《清朝文献通考》卷一百九十四《兵考十六·军器·火器》，崇德七年、八年条，浙江古籍出版社，1988年版，影印本《清朝文献通考》（二）第6587页。以下引此书时均同此版本。

径 13 厘米、底径 48 厘米、有四道箍，后部阴刻满、汉文："大清崇德八年十二月　日造　重三千九百斤"等字。准星、照门已不存，火门多有破损，表明此炮曾用于实战。此炮原以四轮车载运①，现安于故宫内的砖砌炮座上。

二　清初各方制造和使用的火炮

清朝建立后，镇压与反抗、统一与复明的军事斗争仍在各地进行，其中南方最为激烈。这种斗争促进了火炮的发展。

（一）顺治年间制造和使用的火炮

清军在顺治元年（1644）四月入关后，继续以明末孔有德、吴三桂等各部降将为先驱，携带西洋大炮与各型自制火炮，迅速扩大占领地域。五月，多尔衮率部进京。不久，朝廷即命各旗于北京设立炮厂与火药厂：镶黄、正白、镶白、正蓝四旗，在镶黄旗教场的空地上，各建厂房 35 间；正黄、正红两旗，在德胜门内各建厂房 30 间；镶红、镶蓝两旗，在阜城门内各建厂房 23 间②。镶黄、正黄两旗在安民厂建火药厂房 12 间，其余六旗都在天坛后侧各建火药厂房 20 间。这些厂都由八旗官兵看守。安民厂、绦（tāo）儿胡同局、安定门局，也都是收藏火炮的厂、局③。此外，顺治初年还设立管理兵器制造的机构"鞍楼"，顺治十一年改为兵仗局，十八年又改为"武备院"。武备院下设御鸟枪处及内火药库，分别制造和收藏御用枪炮及火药③。

顺治年间（1644～1661）的火药制造由工部所设濯灵厂统管，由大臣监督制造。厂中设石碾 200 盘，每盘置药 30 斤为一台，每台碾三日者以备军需，碾一日者以备演放枪炮。预贮军需火药以 30 万斤为率，随用随备②。凡八旗所用火器，都由兵部定式，交工部安排制造。前线用炮，可由各省督抚奏报，经批准后可自行制造。这一时期所制造的枪炮，大多用于同南明军队进行作战和镇压人民的反抗。与此同时，南明政权和各地人民也用自己制造的枪炮进行反清战争。

（二）南明政权使用火炮进行抗清战争

据史书记载，南明弘光元年（1645）四月十五至二十五日，史可法在扬州以巨炮进行守城战，轰杀攻城清军数千人。闰七月，江阴典史阎应元以上千支鸟枪、上百门火炮，在江阴与清军相持 80 余日，顽强地进行守城战。与此同时，福州的唐监国④与绍兴的鲁监国⑤所统辖的军队，也常以火器与清军相抗，清军一时不能将其平定。南明永历元年⑥（1647），瞿式

---

① 《清会典图》卷一百《武备十·枪炮三》，中华书局，1990 年版，影印本《清会典图》上册第 977 页。以下引此书时均同此版本。

② 《清朝文献通考》卷一百九十四《兵考十六·军器·火器》，顺治初年条，《清朝文献通考》（二）第 6587，6590 页。

③ 《钦定大清会典》卷九十八《御鸟枪处》、《内火药库》，中国台北新文丰出版公司，1976 年版，影印本《钦定大清会典》（一）第 0994～0995 页。以下引此书时均同此版本。

④ 弘光元年闰七月，黄道周、郑芝龙等奉明唐王朱聿键监国于福州，建元隆武，史称南明唐监国。

⑤ 弘光元年闰七月，张国维、张煌言等奉鲁王朱以海监国于绍兴，史称南明鲁监国。

⑥ 南明隆武二年（1646）十月，瞿式耜、丁魁楚等在广西肇庆奉桂王朱由榔监国，十一月称帝，改明年为永历元年。

耝与焦琏曾在桂林，使用毕方济献给桂王朱由榔的西洋大炮，击杀清军数千人，解了桂林之围。顺治十八年（1561），清廷命平西大将军吴三桂发兵缅甸，攻灭永历政权，俘虏了朱由榔，并缴获不少西洋大炮。但是，在南明与清军作战中使用西洋火炮最多的是郑成功。

（三）郑成功在抗清、驱荷战争中使用的火炮

郑成功（1624～1662）是我国明末清初著名的民族英雄，福建南安人，原名森，字明俨，号大木。他在抗清、驱荷战争中，极其重视建立强大的水师和装备当时较为先进的枪炮。

南明隆武二年（1646），郑成功起兵南澳，兴师反清。南明永历十三年（1659）五月，郑成功、张煌言率师取崇明后，大举突入长江，屡败清兵。其部常携带大量火药、正副龙熕、大铜熕、红衣炮、威远炮、佛郎机炮等轻重火炮进行作战。在进攻瓜州时，郑军用巨炮焚毁清军的巨大木浮营。在进攻镇江前，郑成功下令军中，"到镇江时，各铳船、水艍（jū）船跟正副熕（gòng，似为炮船）船到岸协击"[①]。在围攻南京时，郑成功"令各办铳器攻城……抬运正副龙熕，登岸攻城"[①]。次年五月，在厦门保卫战中，郑成功的"右武卫坐驾同正副熕船破橹而入"[①]。

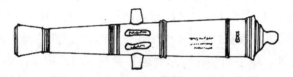

图 8-1　郑成功部使用的火炮

图 8-2　郑成功用火熕收复台湾之战

郑成功在抗清战争中主要使用永历年间制造的西洋火炮，迄今尚有一门实物传世。该炮铸于永历乙未年（1655），炮身后部凸铸三行文字："钦命招讨大将军总统使世子　大明永历

---

① 清·杨英撰、陈碧笙校注，《先王实录校注》，福建人民出版社，1981 年版，第 193，212，234 页。

乙未仲秋吉日造　藩前督造守备曾懋德"32字（见图8-1）。经过对铭文中的考证，可知"钦命招讨大将军总统使世子"实为郑成功的名号，其炮亦为郑成功所部制造和使用①。

南明永历十五年初，郑成功抗清受挫后，即开始率军进驻金门，分兵两路，进行收复领土台湾的斗争。当郑军战船向台湾进发时，受到台湾人民的支持和配合。当年三月，郑成功所部逐出荷兰殖民者，收复台湾。作战中，郑部火攻营与水军中的火铳船，都装备和使用了大量火炮。在江日升的《台湾外记》卷十一中，有郑成功收复台湾时使用"连环炮二百门"（见图8-2）的记载。郑军在进攻荷兰人最后据守的台湾城（即热芝遮）时，也使用了大量火炮。

三　康熙初期的火器制造

康熙初年，因南明政权灭亡，战事减少，火器制造进入正常发展状态，由北京设立的三个造炮处制造火炮。其一是设于紫禁城内养心殿的造办处，产品称"御制"，专供京城守备和满人八旗之用；其二是设于景山的造炮处，产品称厂制，质量稍次；其三是设于铁匠营（地名今存）的造炮处，产品专供汉军之用。养心殿造办处是当时朝廷的主要造炮场所，比较重要的火炮，都要由皇帝亲自指派官员督造。后两厂均由工部管辖，每年的造炮数量视需要而定，制成的火炮都要由皇帝钦命官员进行验收，合格后才能配发部队使用。各地方只能制造火药、鸟枪和轻型火炮。造前须由各省督抚按需要报请兵部、工部，经批准后才能进行。各省多余和退役的废旧火炮，都要按规定解送京师，或整修改装后再用，或熔铸新炮。

清初所用的火药仍沿袭明朝后期的配方制造。傅禹在康熙十四年（1675）所编《武备志略》中记载的"制火药方"："硝五斤、黄一斤、茄秆灰一斤"，就是《兵录》中所说配方的转载。其余火线药方、铳用常药、起火药、日起火药、夜起火药、喷火药等配方，也都与《兵录》所刊载的完全相同。

四　南怀仁铸炮与"平定三藩"之战

康熙十二年十一月，云南平西王吴三桂部、广东平南王尚可喜部、福建靖南王耿精忠等三藩相继叛乱。由于他们拥有数量较多、质量较优、重达500～600斤的火炮，所以造成的破坏很大。数月之中，战火遍及云南、贵州、湖南、广西、福建、四川等省。

叛乱开始后，康熙决定武力平叛。他于康熙十三年（1674）八月谕示兵部："大军进剿，急需火器，著治理历法南怀仁②铸造"适应南方地形特点的火炮，便于在战场上使用③。十月，又命和硕安亲王岳乐为定远平寇大将军，率部由袁州（今江西宜春）取长沙、平广西。南怀仁受命后，于十四年四月至十月，制成火炮80门。此炮"长七尺三寸，口径四寸九分，膛口

①　陕西省博物馆，郑成功铸造的永历乙未年铜炮考，厦门大学学报，1979，（3）：96～101。

②　南怀仁（Ferdinandus Verbiest，1623～1688）：比利时人，于1657年随卫匡国来华，因通多种科学技术，颇受康熙重视。

③　《清圣祖实录》卷四十九，康熙十三年八月壬寅，《清实录》四第640页。

径二寸七分，底径六寸七分，铁弹重二斤，用火药一斤八两，炮车全"[①]。康熙十四年十一月岳乐奏请调运 20 门轻便火炮。康熙即命将"南怀仁所造火炮，著官兵照数送至江西，转运（和硕）安亲王（岳乐）军前"[②]。十六年，这批火炮运抵安亲王营中，在平叛过程中发挥了较大的作用。十九年十一月，三藩基本平定，岳乐得胜回朝，盛赞这批火炮的得力适用。

康熙听后，即于当月召集议政王大臣会议，决定将直隶无用之炮熔铸新炮。二十年八月，在南怀仁督造下，铸成 240 门神威将军炮，并命 240 名炮手至芦沟桥训练射击技术。至十一月中，炮手在近三个月的实弹演习中，共射弹 2.16 万余发，命中精度甚高，有几门炮在发弹300～400 发后，仍完好无损。二十一年正月二十七日，南怀仁将《神威图说》进呈御览，书中刊载了 26 条铸炮理论和 44 幅图解，是继《火攻挈要》后又一部传入我国的欧洲炮术书籍。当年四月，康熙封南怀仁为工部右侍郎，掌铸炮之事。

五　收复雅克萨之战中使用的枪炮

康熙二十二年，清廷为驱逐侵占雅克萨的沙俄军队，再次决定由南怀仁赶铸新炮。两年之后，便铸成铁心铜炮 85 门，并将其中一部分运往盛京（今辽宁），以为收复雅克萨之用。

（一）雅克萨的收复

雅克萨位于黑龙江上游左岸，地处水陆要冲，于顺治八年（1651）被沙俄哈巴罗夫匪徒侵占。康熙十年和二十一年，玄烨两次往巡，指示守将作好一切备战部署。二十四年初，20门红衣炮运至雅克萨的清军营中[③]。之后，又分别潜运至该城北、东、西三面，准备实施抵近射击。二十四年六月二十四日，清军分水陆三路，用神威无敌大将军等大型火炮猛轰城垣，激战三日，收复了雅克萨城。当清军退回瑷珲后，沙俄侵略军又于二十五年正月重占该城。康熙又于次年五月下令清军再度围城。八月以后，清军以神威无敌大将军等火炮猛轰城垣，800余名沙俄侵略军仅有百余人幸免。沙俄政府被迫同清政府进行谈判。康熙二十八年（1689），中俄签订《尼布楚条约》，从法律上肯定了兴安岭以南的黑龙江流域和乌苏里江流域是中国的领土。

（二）神威无敌大将军等火绳枪炮的使用

在收复雅克萨之战中，南怀仁奉命继续铸炮：康熙二十五年七月，铸成两门发射 30 斤炮弹的平底冲天炮；二十六年二月，又开始铸造千斤以下的铜炮 80 门。但在此事进行过程中，南怀仁于十二月二十八日病故。康熙因其为平定三藩和收复雅克萨铸炮有功，传旨立碑优葬。据不完全统计，康熙十三至二十六年，经南怀仁督造的火炮近 500 门[④]。其中有些火炮，在收

---

① 《清朝文献通考》卷一百九十四《兵考十六·军器·火器》，康熙十四年条，《清朝文献通考》（二）第 6587～6588页。

② 《清圣祖实录》卷五十八，康熙十四年十一月庚子，《清实录》四第 752 页。

③ 清·何秋涛纂辑，《朔方备乘》卷十四《雅克萨城考》，清咸丰十年（1860）刊本，第 35 页。以下引此书时均同此版本。

④ 据《清朝文献通考》卷一百九十四《兵考十六·军器·火器》的记载所统计，《清朝文献通考》（二）第 6587～6589页。

复雅克萨之战前，已运抵齐齐哈尔炮库贮存，尔后又运往各地。据《龙城旧文节刊》[①] 记载，清廷曾于康熙二十三年在齐齐哈尔"建神威无敌大将军炮库，正三楹"。何秋涛在《朔方备乘》中对各地贮炮之事记载较详："齐齐哈尔、墨尔根、黑龙江皆有炮。曰神威无敌大将军，齐齐哈尔、黑龙江各四位；曰神威将军，齐齐哈尔、黑龙江各十二位，墨尔根八位；曰龙炮，齐齐哈尔六位；曰威远炮，齐齐哈尔、黑龙江各一位；曰子母炮，齐齐哈尔二十位，墨尔根、黑龙江各十位……。皆齐齐哈尔库存永远不动"[②]。可见，当时清军在收复雅克萨时，所用火炮之多。

神威无敌大将军炮是大型攻城炮，制于康熙十五年，共52门。其中铜炮8门，各重2274斤，长7.7尺，口径1尺，膛口3.7寸，底径1.2尺，铁弹重8斤，用火药4斤。铁炮24门，各重1613斤，长7.6尺，口径8.5寸，弹丸直径3.3寸，底径1.1尺，铁弹重6斤，用火药3斤。木镶炮20门，各重817斤[③]。这些炮的炮管前细后粗，底如覆笠，有多道箍强固炮身，上刻"大清康熙十五年三月　日造"等字。各炮都用三轮炮车装运。

1975年5月，齐齐哈尔建华机械厂工人，在该厂发现一门清军在收复雅克萨之战中使用过的"神威无敌大将军炮"[④]（见图8-3），可能是当年存于齐齐哈尔炮库4门中的1门。该炮图形、炮身所刻制造年月和各部实测的尺寸，分别与《清会典图·枪炮三》、《清朝文献通考·火器》的记载相似或相近。

《大清会典》图

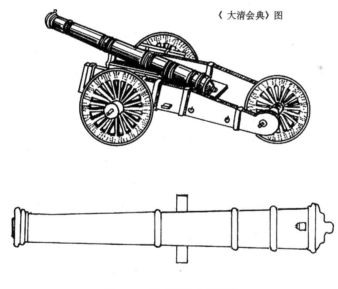

图8-3　神威无敌大将军炮

神威将军炮是轻型长管攻城炮，由南怀仁用铜铸于康熙二十年，炮身前细后粗，底如覆笠，重390斤，长6.6尺，口径3.3寸，铅弹重18两，装药8两时可射100弓（每弓5尺），装药9两时可射150弓。炮身有四道箍，两侧各有一个炮耳，并有准星照门。炮身镌有："大

---

① 此书为魏毓兰所著，此处转引自《文物》1975年第12期，第1～5页。

② 《朔方备乘》卷十四《雅克萨城考》，第35～36页。

③ 《清朝文献通考》卷一百九十四《兵考十六·军器·火器》，康熙十五年条，《清朝文献通考》（二）第6588页。

④ 黑龙江省博物馆历史部，康熙十五年"神威无敌大将军"铜炮和雅克萨自卫反击战，文物，1975，(12)；1～5。

清康熙二十年铸造神威将军"等字[1]。康熙二十二年（1683），朝廷下令运 12 门至齐齐哈尔备战。二十四年和二十五年，在收复雅克萨之战中发挥了重要作用。

龙炮也属轻型火炮，有三种制品：其一是康熙十九年用铜铸造的 8 门，重 250～300 斤，长 5.7 尺，铅弹重 13～14 两[2]；其二是康熙二十年用铜铸造的龙炮，重 280～370 斤，长 5.8～6 尺，弹重 13～16 两，装药重 6.5～8 两[2]；其三是康熙二十五年用铁铸造的龙炮，重 80 斤，长 4.5 尺，铅弹重 5.2 两[2]。龙炮一般安置于双轮车或四足架上（见图 8-4），在皇帝亲征时才随军使用。由于收复雅克萨之战至关重要，所以也运往前线参战。战后有 6 门存于齐齐哈尔炮库。从制造的年代看，参战的龙炮应是前二种，后一种似赶不上作战的需要。

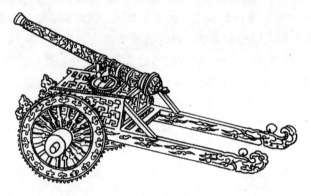

图 8-4　车载金龙炮

子母炮是铁制轻型火炮，当时运往前线的有 40 门，其中齐齐哈尔 20 门、黑龙江与墨尔根各 10 门。可将其区分为两种形式。其一是炮身前细后丰，底如覆笠，有五道箍，两侧各有炮耳；炮身长 5.3 尺，重 95 斤，安于平板车上，车有四轮；炮身后部有一个大敞口形装弹室，可安子炮；子炮 5 个，各重 8 斤，其大小与火门相匹配；发射时将子炮放入室内，并以铁钮固连，以防跌落。其二是炮身呈细直筒形，长 5.8 尺，重 85 斤，附子炮 4 个；炮尾加一根木柄，木柄后部俯曲，以铁索连于平板车上，车有四轮，可推挽运行[1]。山海关城楼上的兵器陈列室内藏有 1 门木杷子母炮，全长 226 厘米、炮管长 172.5 厘米、口径 2.5 厘米、口外径 5.2 厘米。故宫内也收藏 1 门形制构造相同的木杷子母炮。

威远炮是一种短管曲射炮，初制于康熙二十六年，共 5 门，定名为"威远大将军"[2]。炮身长 2.1 尺，重 285～330 斤，发射 20～30 斤铁弹[2]，内装火药 6 两～3 斤。当时运往齐齐哈尔、黑龙江各 1 门。

在收复雅克萨之战中，除了使用上述各型火炮外，还使用曲射炮和鸟枪。后来有人曾发现在齐齐哈尔与黑龙江的火器库中各有 450 支鸟枪，墨尔根火器库中有 100 支鸟枪，呼伦贝尔火器库中有 596 支鸟枪。同时，还发现在战场上缴获的数千支（门）俄军枪炮。

① 《清会典图》卷一百《武备十·枪炮三》，《清会典图》上册第 978 页。
② 《清朝文献通考》卷一百九十四《兵考十六·军器·火器》，《清朝文献通考》（二）第 6588 页。

六 火器营的建立及火器制造的滑坡

康熙三十年，玄烨一方面下令按每旗装备5门子母炮的数量，分给满洲八旗使用，以保证作战训练的需要。另一方面将多余的大小火炮，贮存于汉军八旗炮局内备用。与此同时，他着手编制火器营，使朝廷掌握一支集中使用火器的部队。

火器营系挑选满洲、蒙古八旗中操持火器的士兵编成。分鸟枪护军与炮甲两种。额定满洲、蒙古每佐领下鸟枪护军6人，炮甲1人，分内外两营操演。在城内的称内火器营，分习枪、习炮两营；在城外蓝靛厂后称外火器营，专习鸟枪。内外火器营共编有鸟枪护军5200人、炮甲800人、养育兵1650人（备补充鸟枪护军），共7730人。统领火器营的最高长官有掌印总统大臣1人、总统大臣若干人。所辖内外火器营都设有翼长1人、署翼长营总1人、营总3人、鸟枪护军参领4人、副鸟枪护军参领8人、署鸟枪护军参领16人[①]。

火器营的组建，使清军在全国范围内形成了以火器营炮兵、京师八旗炮兵、各省驻防八旗炮兵及绿营炮兵等构成的炮兵力量，具有较强的威慑作用。为了提高火器营官兵的战斗力，除平时训练外，还制订了春操训练制度：每年春天，各旗出炮10门，火器营兵1500名，汉军每旗出炮10门，鸟枪兵1500名，进行枪炮射击演习。

康熙三十五年（1696），新疆噶尔丹部再次叛乱[②]，玄烨亲率三路大军往征，火器营同满洲炮兵、汉军炮兵编成主力部队。其中满州炮兵每旗装备马驮子母炮5门；汉军炮兵每旗装备马驮子母炮9门、龙炮1门，左右两翼各配冲天炮1门。同时命大同、宣府炮队各携神威将军炮48门，分赴西路和中路协同作战。此战动用炮兵部队的数量、规模都是空前的，炮兵在作战中显示了强大的威力。在昭莫多之战中，清军发冲天炮坠其营，再次平定了叛乱。

据《清朝文献通考》卷一百九十四记载，康熙一朝（1662～1722）共铸造大小铜铁炮900余门（不包括地方制造的火炮），濯灵厂每年生产火药50万斤。清军利用火器优势，取得了平定内乱、反击侵略的一系列胜利，巩固和发展了王朝的统一和祖国领土的完整。但是自康熙后期起，由于国内局势日趋稳定，枪炮的制造日渐减少，清朝的军事技术也开始滑坡。

雍正朝廷虽然曾对边塞火炮进行过更换，但在技术上并无创新。之后，又推行在营兵丁"不可专习鸟枪而废弓矢"[③]的政策，于是兵丁纷纷弃习鸟枪而尚弓箭，导致火器研制的滑坡之势加速。据统计，雍正一朝13年，仅制造44门火炮[④]。各地使用的火炮，只能从库存的旧炮中拨给。至乾隆年间（1736～1795），火器制造更是墨守成规。乾隆二十一年颁布的《钦定工部则例造火器式》[⑤]中，虽列举了85种炮名，但没有创新的炮种。嘉庆四年（1799），朝廷曾将160门旧式神枢炮改为得胜炮，结果其射程只有百步，比原炮还近。总计嘉庆一朝25年，朝廷造炮不过55门。道光二十年（1840），齐齐哈尔等地请求造炮，朝廷只能令工部按《皇

---

① 《钦定大清会典》卷八十八《火器营》，《钦定大清会典》（一）第0896～0897页。

② 该部曾在康熙二十九年发生叛乱，玄烨率部入疆，将其平定。

③ 《清史稿》卷一百三十九《兵十·训练》，中华书局，1976年版，点校本《清史稿》十四第4123页。以下引此书时均同此版本。

④ 《钦定大清会典事例》卷八百九十四《工部·军火·铸炮》，中国台北新文丰出版公司，1976年版，影印本《钦定大清会典事例》（二〇）第16084～16087页。以下引此书时均同此版本。

⑤ 《清朝文献通考》卷一百九十四《兵考十六·军器·火器》，《清朝文献通考》二第6588～6589页。

朝礼器图式》中神威将军炮的尺寸进行复制。至此，中国火器的发展已处于低谷状态。

第二节　枪炮的种类及其研制者

　　清前期的火炮一般以其重量区分为轻重两大类型，400斤以上为重型火炮，以下为轻型火炮。此外，还有一种短管炮。它们有的是红衣炮的延续，有的是传统火炮的改制或再生产。两者都受明末火炮的影响，创新甚少。

一　重型火炮

　　清前期的重型火炮，除前面已提到的天佑助威大将炮、神威大将军炮、神威无敌大将军炮外，还有康熙年间铸造的浑铜炮、台湾浑铜炮、武成永固大将军炮、神功将军炮、制胜将军炮，以及后来铸造的木镶铜炮、法攻炮、九节十成炮等。其中武成永固大将炮能自成系列，九节十成炮在构造上具有明显的特色。

　　武成（一作城）永固大将军炮制于康熙二十八年（1689），钦定其名，共有61门。炮身重3600～7000斤，长9.75～12尺，口径3.8～4.9寸，弹重10～12斤，装药重5～10斤，用铁轴炮车运载①。《钦定大清会典图·武备》刊有此炮的图形，炮身用满汉文字刻有"武成永固大将军"等字。中国历史博物馆藏有此炮的实物，与文献所载图形相似。炮身前细后粗，有八道宽箍。炮尾有盖如覆盂，上有球形尾珠，中部两侧各有一炮耳横出，借以安在炮车架上。炮身刻有花纹，至今保存良好。炮长330厘米、口径16厘米，长度是口径的20.5倍，属车载攻城炮。日本的箱崎八幡宫也藏有一门武成永固大将军炮②。

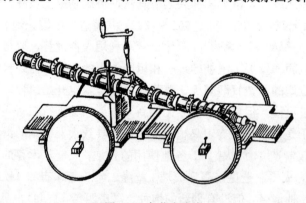

图8-5　九节十成炮

　　九节十成炮是清廷于乾隆十三年（1748）平定金川时所制。炮身分为9节，各节长短粗细相同，每节一端刻有阳螺纹，另一端刻有阴螺纹。行军时可拆卸分运。使用时，将各节相继旋接成炮身。全炮重790～798斤，长5.1～6.9尺，载于四轮车上。炮身前后安有瞄准装置，是构造较为特殊的大铜炮（见图8-5）③。

　　其余重型火炮，在形制构造上都大同小异，都用两轮或三轮、四轮炮车载运③。

　　嘉庆至道光年间，为加强海岸防御，广东、福建、浙江各省曾自造一部分海岸炮，至今

---

　　① 《钦定大清会典事例》卷八百九十四《工部·军火·铸炮》，《钦定大清会典事例》（二〇）第16085～16086页。

　　② 据钟少异在《清代"武成永固大将军"炮》（载《文物天地》1996年第4期）中考证，此炮是被参加八国联军侵华的日军运回日本的。同时被八国联军劫运至意大利、德国、奥地利的武成永固大将军炮，至少有12门。

　　③ 《清会典图》卷一百《武备十·枪炮三》，《清会典图》上册第980～987页。

仍有实物存世。厦门郑成功纪念馆收藏了嘉庆十一年（1806）的铁制将军炮。炮身前部铸有"嘉庆十一年夏，奉闽浙总督部堂阿福建巡抚部院温铸造大炮一位重一千五百斤"等字。炮身长235厘米、口径28厘米，长度为口径的8.5倍，属于守城炮系列。

二　轻型火炮

轻型火炮除前面已经提到的龙炮、神威将军炮和子母炮外，还有奇炮、神机炮、神枢炮、得胜炮、威远将军炮、严威炮等，它们大多用于野战。

奇炮制于康熙二十四年，其形制如佛郎机炮。炮身长5.56尺，重30斤，附子炮4门，铅弹重2.5两。安在三角架上，从尾部装弹发射，尾部安有下弯木柄，可用以调整射界[1]。故宫博物馆藏有其实物。

神枢炮和神机炮两者都用铁铸造。神枢炮近似直筒形，前微细，后微丰，长2.65尺，有六道箍，无瞄准装置，载以四轮平板车，是明代神机炮的简单仿制。神机炮与神枢炮相似，长2.47尺，炮身有四道箍，箍间各段呈鼓形[1]。原北京历史博物馆收藏了一门神机炮，炮身刻有"道光三年九月制造"等字，其形制构造与清初制造的神机炮相似。

得胜炮用铜铸造，长6.3尺、重365斤，前细后粗，有三道箍，后部两侧有炮耳，炮身架于双轮炮车上[1]。

威远将军炮有两种。其一是康熙五十七年（1718）制造的威远将军铜炮，长3.1尺、重170斤，发射19两重的铜弹[2]。这类火炮，在山海关城楼上的兵器陈列室中存有2门（见照片11），炮身长为101和100厘米，口径为4和5厘米，口端外侧有唇沿，炮管前细后粗，底盖如覆盂，盖上有球珠，后部两侧各有炮耳横出，炮身下部有大插销，便于将炮安在架上。外表都刻有满、汉铭文："大清康熙五十七年　景山内御制威远将军　总管景山炮鸟枪监造赵昌　监造官员外郎张绳祖　笔帖式西尔格　工部员外郎实相　笔帖式康格匠役李文德"。故宫博物院也收藏1门同年制造的威远将军铜炮，炮身长107.5厘米、口径5厘米，其形制构造与山海关陈列的威远炮相同。炮身外表也刻有满汉铭文。其内容大部分相同。其中匠役李文德之名，在康熙二十九年至五十七年间所铸造的火炮中屡有出现，足见他是当年火炮的主要制造者，功在总监、总管之上。其二是康熙五十八年制造的威远将军铜炮，长3尺，重140斤，发射15两重的铅弹[2]

回炮用铁铸造，长5尺，有七道箍，口镌蕉叶纹，炮管细长，可架于鞍木上用骆驼驮载，是介于枪和炮之间的轻型火炮[3]。

除上述形制构造各有特点者外，其余各种轻型火炮的形制构造基本相同：炮身前细后粗，有数道箍，底如覆笠，两侧有炮耳，载以两轮或四轮炮车，便于在野战中机动。

三　短管炮

主要制品虽有冲天炮和威远炮两种名称，但其形制构造和发射方式基本相同，它们的主

---

① 《清会典图》卷一百《武备十·枪炮三》，《清会典图》上册第986，985，979页。
② 《清朝文献通考》卷一百九十四《兵考十六·军器·火器》，《清朝文献通考》（二）第6588～6589页。
③ 《清会典图》卷一百《武备十·枪炮三》，《清会典图》上册第988页。

要作用在于以曲射方式杀伤城墙和高大建筑物后面的敌军人马，多用于攻城。

冲天炮有铜铁两种，长 1.95～2.3 尺，重 280～560 斤，其形制构造及使用方法与威远炮同①。

短管威远将军炮与上述射远的威远将军炮不同，它除用于收复雅克萨之战外，后来又不断续造。《钦定大清会典图·武备十·枪炮三》记载了一种长 2.5 尺，重 750 斤的威远炮。故宫博物院存有康熙二十九年制造的 1 门威远将军铜炮，长 2.3 尺、口径 7.1 寸、重 560 斤，载以四轮车，由当时造办处的枪炮作制于景山。炮身用满汉文刻有："大清康熙二十九年　景山内御制威远将军　总管监造御前一等侍卫海青　监造官员外郎勒理　笔帖式巴格勒　匠役伊帮政李文德"等字。炮身所刻制造年代与所测长度、重量，同文献所记同年制造的铜冲天炮相同②（见图 8-6），发射 30 斤重的铁壳爆炸弹，内装火药 3 斤。此外，雍正五年（1727），还铸造了一种小型威远将军铁炮，长 1.77 尺、重 45 斤，发射 28 两重的铅弹②。

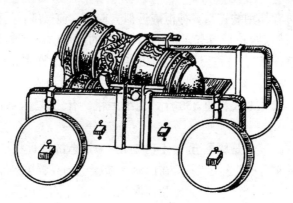

图 8-6　威远将军炮

威远将军炮是采用双点火法发射爆炸弹的短管炮。发射时，射手先从炮口点燃炮弹的火线，随之迅速点燃火门上的火线，将弹丸射至敌阵爆炸。射程的远近，由装药量的多少和炮身的高低而定。当装药量分别为 1 斤、1.2 斤、3 斤时，其射程分别为 200～250 步、300 步、2～3 里。此炮用于曲射，是仰攻高城和山寨、石碉的利器。乾隆四十年（1775）七月，清定西将军阿桂在平定大金川土司叛乱中，多次使用劈山炮、冲天炮、威远炮，轰击叛军所占石碉、官寨，是清军取胜的重要火器。

上述各类火炮，仅是清军所用火炮的一部分，远比有关清代主要文献的记载少得多。如在《清朝文献通考·钦定工部则例制造火器式》中，记载的炮名多达 85 种。清军所用火炮的名称虽多，但在形制构造上除少数外，基本雷同。重型火炮的全部和轻型火炮的大部，都是以明末红衣炮为模式的仿制品。轻型火炮的一部分则是以明代前期的神机炮和中期的佛郎机炮为模式的改制品，在制造技术和性能上基本没有创新。

---

① 《清会典图》卷一百《武备十·枪炮三》，《清会典图》上册第 980 页。
② 《清朝文献通考》卷一百九十四《兵考十六·军器·火器》，《清朝文献通考》（二）第 6588～6589 页。

四　单　兵　枪

清朝自建国至第一次鸦片战争前，单兵都使用鸟枪。仅《皇朝礼器图式火器》所列的枪名就有 53 种。其中御用枪 16 种，花枪 5 种、交枪 8 种，线枪 20 种，奇枪 3 种，兵丁鸟枪 1 种[1]。从点火发射方式说，燧发枪只有 3 种，供皇帝御用，其余 50 种都是火绳枪，根据文献记载和现存实物，上述各种枪的代表性制品有如下几种。

（一）御制和御用枪

这类枪都为皇帝和王公贵族行围打猎和护身所用。制枪时先由高级匠师设计，尔后进呈御览，经皇帝定式后，命内府造办处选用名贵材料制造。造枪工艺精细，造型别致，枪口常雕镂各种花纹，枪托一般都镶嵌金银、象牙、玉石、珊瑚、犀角等珍宝饰物，有的甚至将整支枪管制成龙体形，以示高贵。康熙和乾隆时期有御制和御用枪 16 种，故宫博物院尚保存其中的一些珍品，其中有康熙御用禽枪、康熙御用自来火二号枪、乾隆御用虎神枪、乾隆御制奇准神枪等。

自来火二号枪是康熙帝打猎用的燧发枪，口径 11 毫米，全长 1355 毫米，管长 903 毫米；枪管前有准星，后有照门，安于特殊形状的枪托上；枪机为转轮式，发射时，先用钥匙上满轮弦，尔后扣动扳机，轮机急速转动，与火石摩击生火，点燃火门药，随之引燃炮膛中火药，将弹丸射出。

（二）直槽式线膛枪

故宫博物内藏有一支直槽式线膛枪，全长 1500 毫米，管长 1065 毫米，口径 16 毫米；枪管安有准星、照门；枪托刻有："用药贰钱　铅丸五钱贰分　壹百弓有准"等字，其下安有两个叉架；枪膛内刻有直槽，其目的在于减少铅丸和膛壁的摩擦，利于从枪口装填弹丸，以及便于在发射后清除残存于膛内的火药残渣；为了避免在发射时从直槽内向外泄漏火药气体，所以又在弹丸外部包裹松软的织物，使之起紧塞作用。射程可达 100 弓。

（三）撞击式燧发枪

此枪全长 1185 毫米，管长 880 毫米，口径 17 毫米。龙头衔有火石，前竖火镰兼有火门盖的作用。发射时，先扳起龙头，压簧被制动锁控制，与扳机相属。扣动扳机后，龙头下旋，火石与火镰猛烈撞击，击出火星，溅燃火门内烘药并引燃枪膛中火药，将弹丸射出。

（四）兵丁鸟枪

用铁制造，长 2013 毫米，铁弹丸重 1 钱，装药 3 钱，木制枪托，下安 330 毫米长的叉脚。满蒙八旗用黄色枪托，汉军用黑色枪托，绿营用红色枪托。兵丁鸟枪的质量不如上述几种枪，性能较差，威力不大（见图 8-7）。

---

[1]　清·嵇璜等撰，《清朝通典》卷七十八《兵十一·军器·皇朝礼器图式火器》，浙江古籍出版社，1988 年版，影印本《清朝通典》第 2600～2601 页。以下引此书时均同此版本。

图 8-7　兵丁鸟枪

(五) 其他各种单兵枪

除上述几种枪外，还有花枪、交枪、线枪、奇枪等单兵枪。除线枪外，其他各枪都设有准星、照门。从构造上看，线枪最为简陋，奇枪较为先进。奇枪的枪管通底，旁侧安扳机，枪管和枪托连接处稍呈曲拐状，可开可合，枪弹都装于子枪内，开底后可加入枪管中，从扳机中固以铁钮。子枪有 6，各长 2.4 寸，枪管连接火门，依次递发。

同火炮一样，清前期的单兵用枪，也存在着名称繁多，形制杂乱，规格各异，发火方式落后等弱点，所以杀伤力低，在第一次鸦片战争中难以同英军装备的步枪相比。

除了枪炮之外，清廷火器制造部门仍在制造火砖、火球、火箭、喷筒、火铳等旧式火器。这些火器已无先进性、创造性可言，只能是清前期火器制造落后的标志。

五　火 器 研 制 者

清朝前期，我国有些地方曾经出现过一些有名的火器研制人员，其中最著名的有钱塘的戴梓。

戴梓（1649～1727）是清前期著名火器研制家。字开文，钱塘（今浙江杭州）人。善诗画、晓天文，通算法，熟谙火器制造。康熙十二年（1673），三藩叛乱。次年六月，康熙命康亲王杰书率军南征。该部途经杭州时，26 岁的戴梓以布衣身分从军，"为王陈天下大势"，并向王献连珠火铳法，在攻克江山时立了功。还师北京后，受到康熙的召见和殿试，授翰林院侍讲。

戴梓是否将连珠火铳进献康亲王？此事虽有不同记载，但戴梓研制此铳确系事实。清朝著名学者纪昀在《阅微草堂笔记》的记载中说，他曾同戴梓的后人戴遂堂在一次交谈中，得知戴梓曾"造一鸟铳"之事，但并未说是连珠火铳。至光绪十六年（1890）李恒编撰《国朝耆献类证初编》时，便在卷一百二十中说戴梓向康亲王进献了"连珠火铳法"，后来便成为《清史稿》记载此事的源本。

《清史稿》所写的戴铳"形如琵琶，火药铅丸，皆贮于铳脊。以机轮开闭。其机有二，相衔如牝牡，扳一机则火药铅丸自落筒中。第二机随之并动，石激火出而铳发，凡二十八发乃重贮"[1]。从这一描述中可知，扳动第一机是装填弹药，第二机随动是发射弹丸；依此再扳、再射，可连续 28 次，发射 28 弹，可见这是一种连扳、连射的单发火绳枪。这种枪的最大优点在于简化了装填手续，每装填一次，可连续射击 28 发弹丸，提高了发射速度。因此，这是一

---

[1] 《清史稿》卷五百五《艺术四·戴梓传》，《清史稿》四十六第 13927～13928 页。又纪昀著，《阅微草堂笔记》卷十九《滦阳续录》一（上海古籍出版社 1992 年版），第 479 页中记载：连珠火铳"形若琵琶，凡火药铅丸皆贮于铳脊，以机轮开闭。其机有二，相衔如牝牡，扳一机则火药铅丸自落筒中，第二机随之并动，石激火出而铳发矣。计二十八发，火药铅丸乃尽，始需重贮。"

种由单装、单发向多装、单发、连射过渡的新式单兵用枪。可惜，这种枪在当时并未得到重视，更未提交制造和使用，当然也谈不上继续改进和提高，不久便失传了。《清史稿·戴梓传》说，连珠火铳的制造与使用方法与机枪相似。近年来，有些学者在出版和发表关于研究戴梓的书籍和论文中，也常以连发28弹的记载为据，认为"连珠火铳是机枪"，或"类似近代机关枪"等。其实这是一种误解。因为近代机枪是采用后装击针式枪机，发射弹筒式长形枪弹。其基本发射原理是：在射手扣动扳机射出第一发枪弹后，依靠火药燃气反冲力，推动枪管后座一段距离，利用枪管后座的能量，完成打开枪机、退出弹壳和重新装弹发射的全套动作。而戴梓的连珠火铳不具备上述各种技术条件和构造部件。因此不能将多装、单发、连射的连珠火铳，看作是机枪或机枪的前身。

戴梓还仿制过一种欧式"蟠肠鸟枪"。据说当时欧洲传教士曾向康熙进贡一支"蟠肠鸟枪"，以示其武器的精良。康熙即命戴梓仿制，戴梓很快仿制成功，并以10支仿制品返赠传教士。有人根据"蟠肠鸟枪"中的"蟠肠"具有曲肠之意，便认为这种枪是螺旋线膛枪。其实这也是一种误解。因为近代螺旋线膛枪，也是在采用后装击针式枪机，发射弹筒式长形枪弹后，为保证枪弹出膛后能沿轴线向目标飞行，而对滑膛枪所作出的一种改进。因此，不能把发射球形弹丸的"蟠肠鸟枪"看作是刻有螺旋膛线的线膛枪。

戴梓不但在研制单兵鸟枪中取得了较大的成就，还为研制冲天炮作出了贡献。此前，康熙帝曾命南怀仁铸造冲天炮，但时过一年，却进展缓慢。戴梓只用了8天时间便创制成功。康熙非常高兴，亲率王公大臣往靶场观看射炮演习，果然性能良好，威力较大，试后封此炮为"威远将军"炮，并命工匠在炮身上镌刻戴梓之名。此炮在康熙三十五年（1696）的平定噶尔丹之战中发挥了重要作用。乾隆时期的国子监博士金兆燕，对"威远将军"炮作了十分生动形象的描述：此炮发射后，炮弹好象从天而下，弹壳片片碎裂，锐不可当。

康熙时期，据说还有一名武备院的铁匠，名叫连登伍，研制了子母炮的爆炸弹，杀伤威力甚大，康熙赐名此弹为"五子夺莲"，并给连登伍以奖励。但因后来战事停息，刀枪入库，所以再也没有看到连登伍有其他的发明创造。

第三节　钢铁兵器和战船建造的徘徊

由于清朝火器自康熙以后日益滑坡，再加上顽固坚持弓马骑射之长的守旧思想，所以钢铁兵器在19世纪中叶，仍占清军装备的一半左右，但其制造与使用技术已徘徊不前。

一　射远兵器

清军装备的射远兵器，主要有弓和箭。弩虽然还有几种，但已不是作战训练的制式武器。

清军装备的弓都按统一的制式制作，弓臂的材料须经过严格挑选，北方常用榆木和桎木，南方常用刮削的巨竹。标准的弓臂长3.7尺，弓臂的靶（又称弣、柎、柎）、稍、弭、渊等，分别用动物的角、筋和胶、丝、漆等制作。与弓臂配套的有丝弦和皮弦。丝弦用20多根蚕丝粘固缠绕，多用于教习。皮弦用鹿皮制作，多用于作战。弓力的强弱由弓臂的厚薄和所用的胶漆而定。按当时的规定，以"力"①为单位，从"力"大到"力"小，把弓分为六等：16～18"力"为一等，用筋 2 斤 6 两、胶 14 两；13～15"力"为二等，用筋 2 斤、胶 12 两；10～12"力"为三等，用筋 1 斤 10 两、胶 10 两；7～9"力"为四等，用筋 18 两、胶 9 两；4～6"力"为五等，用筋 14 两、胶 7 两；1～3"力"为六等，用筋 8 两、胶 5.4 两。弓制成后，按士兵所张弓力的大小，配发相应的弓，进行作战训练②。

清军所用的箭，按用途可分为战斗、田猎和教阅三大类。箭杆都选用既圆又直的杨木、柳木、桦木制成。杆头衔安铁制的箭镞，杆尾安羽翎。战斗用箭有透甲锥箭、梅针箭等。田猎用箭有凿子头箭、狼舌箭、燕尾箭等。教阅用箭有骲（bào，骨制箭头）箭。清军所用的弓箭，除兵部派遣工匠制造外，还在八旗兵每佐（每佐编 300 人）领下编弓匠一名，按照规定的样式和质量要求进行制作，如果擅改样式和不符合质量要求，都要受到处罚。此外，还有用革制造的弓箭口袋"櫜鞬"（jiān）。

清军装备的弓、箭和箭袋，除按用途区分为不同的形式外，在材料选择、工艺精粗和外表装饰上，都因爵位、官职、等级的不同而有明显的区别。士兵在作战训练中主要使用遵化长鈚箭、月牙鈚箭等 11 种鈚子箭，齐梅鍼箭等 3 种梅鍼箭，还有枪头箭、角头箭等 10 种杂箭③。上述各种弓、箭和箭袋，虽然名称多达几十种，但是在形制构造上都大同小异。一些精贵的弓、箭和箭袋，除了显示身分和浪费钱、材外，别无其他意义。

《钦定大清会典图》虽然还保留了如意弩、射虎弩，以及如意弩箭、射虎弩箭等几种弩和箭的图式⑧，但是作为战斗兵器，轻型弩和重型床弩，都已被火绳枪炮所代替。

二　格 斗 兵 器

清朝前期的格斗兵器有刀、枪、戟、矛、斧、镰、锐、钯、马叉、鞭、锏、椎、棒、镖等。

长柄刀在满蒙八旗兵进入中原后已很少使用，只有汉军的藤牌营和直省绿营仍在使用挑刀、偃月刀、宽刃大刀、片刀、虎牙刀（见图 8-8）等④。它们由刀头和长柄构成，与明朝相比，刀头的形式上已经有所简化。

枪、矛和戟在八旗、绿营中使用较多。其中有八旗兵虎枪营的虎枪，健锐营、护军营、骁骑营的长枪；绿营兵的长枪、钩镰枪、蛇镰枪、手枪、钉枪、矛、戟等（见图 8-8）⑤。它们由枪锋和长柄构成，枪锋长 7 寸～1.1 尺，柄长 1 丈～1.3 丈。它们大多用于近战刺杀，也有一些具有特殊用途，如钩镰枪配合挨牌使用，钉枪用于水战。

战斧和战镰是八旗和绿营兵装备的两种兵器⑥。八旗前锋左、右营分别装备圆形刃和平形刃战斧，柄长 1.6 尺和 1 尺，刃阔 4.4 寸和 3.4 寸；同时它们还分别装备左翼镰和右翼镰，柄长 1.3 尺和 1.2 尺，刃长 5.8 寸和 5 寸。绿营兵装备的战斧有长柄战斧和双铖、双斧；长柄

---

① "力"：张弓时所用力气的单位，每"力"为 9 斤 14 两（一说 9 斤 4 两，此处 1 斤＝16 两）。
② 《清朝文献通考》卷一百九十四《兵十六·军器·弓箭》，《清朝文献通考》（二）第 6584 页。
③ 《清会典图》卷九十七《武备七·弓箭四》，《清会典图》上册第 939～956 页。
④ 《清会典图》卷一百零一《武备十一·器械一》，《清会典图》上册第 989～998 页。
⑤ 《清会典图》卷一百零二《武备十二·器械二》，《清会典图》上册第 1000～1005 页。
⑥ 《清会典图》卷一百零三《武备十三·器械三》，《清会典图》上册第 1011～1013 页。

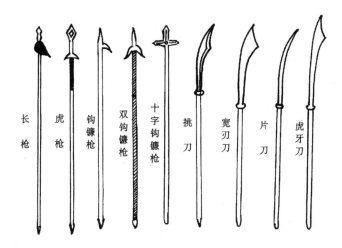

图 8-8 清军使用的长柄刀枪

战斧柄长 4.4 尺，斧刃阔 7 寸，便于劈砍；双钺、双斧的柄长 1.6 尺，重约 1 斤，斧刃阔 4.6 寸，由士兵双手握持，左右劈砍。

镋、钯、钩、叉等兵器都为清军绿营所用，主要有五齿镋、凤翅镋、月牙钯、通天钯、马叉、三须钩和铁挽等[①]。它们的形制构造和作战用途，与明朝的同类兵器相似。

鞭、锏、椎、棒、镖等兵器大多为清军八旗、绿营所用。八旗兵大多用鞭。绿营兵大多用双锏、双椎、长棒、双连枷棒、犁头镖、铁头镖等[②]。它们的形制构造和作战用途，与明朝的同类兵器相似。

三 防 护 装 具

清军装备的防护装具有盾牌和盔甲。

盾牌有虎头牌、燕尾牌、挨牌、藤牌等[②]（见图 8-9）。除藤牌用藤条编织成凉帽形外，其

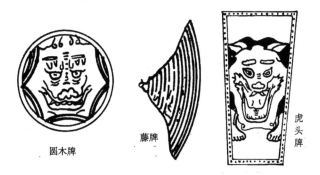

图 8-9 清军使用的盾牌

余各种盾牌的形制构造和作战用途，都与明朝的同类盾牌相似。

---

① 《清会典图》卷一百零二《武备十二·器械二》，《清会典图》上册第 1007～1009 页。
② 《清会典图》卷一百零三《武备十三·器械三》，《清会典图》上册第 1014～1016，1017～1019 页。

甲胄在火器已经相当发达的情况下，除了在皇帝大阅和镇压农民起义军外，已经没有实际的使用价值。但是作为军队的装备，清朝前期的甲胄却十分繁杂。据《钦定工部则例造盔甲式》记载，当时步骑兵装备的头盔共有13种，铁、棉、布等各种铠甲、战裙、褂、袍共28种[①]。这些甲胄不但用料各异，而且装饰也繁简不同，以区分其地位的尊卑。皇帝大阅用的甲胄最为华贵，镶金镂龙，嵌宝饰珠，耗费巨大，没有任何实战意义。

四　攻守城器械

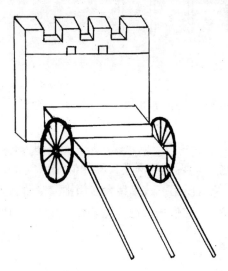

清军在攻守战中使用的兵器，除枪炮以外，仍配用较多的冷兵器和器械，诸如云梯、对楼、掩蔽篷车和鹿角、拒马等。它们在形制构造上大多和明朝的攻守城器械相似。其中具有新意的是用于攻城的大型盾牌车。这种车的底座前端用坚厚的大木制成大盾牌，高和宽都在1丈以上，顶部制成女墙形，上开3个垛口，供3名士兵射箭、放枪。下部有两个台阶，供3名士兵登阶而上。底座前端下部有两轮，用粗大的车轴相连。车座自前向后，伸出车辕和车把（见图8-10）。攻城时，由2名体壮力大的士兵，推车前进。3名战斗兵员登阶而上，在大盾牌掩护下，仰射守城士兵。清军在进攻明军的坚城时，曾多次使用这种战车。

图 8-10　后金军使用的大盾车

五　战　　船

在欧美国家用坚船利炮大规模入侵我国东南沿海之前，清军水师装备的战船，大致可分为外海和内河战船两类。它们虽各有差别，但都是木质帆桨战船，作为缉捕"盗贼"之用，并没有考虑抗击西方舰船的入侵，因而显得陈旧和落后。

（一）战船建造厂

当时的造船厂都设在沿江和沿海各省、府、州、县治的所在地，如沿江（含沿运河一带）的苏州、镇江、扬州（后移江宁），沿海的胶州、宁波、福州、泉州、广州、琼州等[②]。这些船厂都按照朝廷的规定，承担驻守附近沿江和沿海水域水师战船的修造任务。如苏州、扬州、镇江3处造船厂，修造驻守江南省水师营的战船；宁波、温州2处造船厂，除修造驻守定海、象山、杭州、温州水师营的战船外，还要承造驻守奉天、旅顺水师营的战船[②]。按当时规定，水师营需要增配战船时，先制订计划呈报兵部，由工部安排船厂承造。船厂接受承造任务后，由所在地区的政府派出1名文官道员，驻军派出1名武官副将，前往造船厂进行督

---

① 《清朝文献通考》卷一百九十四《兵考十六·军器·钦定工部则例造盔甲式》，《清朝文献通考》（二）第6583页。

② 《钦定大清会典事例》卷九百三十六《工部·船政·战船一》，《钦定大清会典事例》（二一）第16492～16499页。

造①。战船建成后，要计算工料和价格。最后由总督亲自验收，如果发现质量不符合要求，或者有人浮冒侵蚀工料银两，都要按律治罪。

（二）战船的种类和规格

清军水师装备的战船，因驻防水域和任务的不同而各有差异。大致天津、山东、福建水师装备外海战船，江西、湖广水师装备内河战船，江南、浙江、广东水师由两者兼备。外海战船有赶缯船、双篷船、双篷桨船、双篷哨船、圆底双篷桨船、白舫舡船、哨船、平底船、平底哨船、平底舡船等10种。内河战船有八桨船、八桨哨船、大八桨船、中八桨船、小八桨船、花官座船、衣驾座船、六桨平底小巡船、哨艍船等9种。自乾隆末年起，广东造船厂开始仿造福建同安县的一部分同安式梭船、载重2500～1500石的米艇船、阔船，以及舢板船②。在通常情况下，一个水师营大致按一定比例，混合编配各型战船，发挥综合的战斗作用。

清朝各船厂所建造的战船，规格并不十分严格，通常船体长11～1.9丈，船面阔0.96～2.35丈，可视需要而定。雍正六年（1728），朝廷规定了部分战船构造标准，见表8-1。

表 8-1　雍正六年规定的战船构造标准

船 型 名 称	长（丈）	阔（丈）	舱深（尺）	板厚（寸）
头号水艍船	8.9	2.25	7.9	3.1
二号赶缯船	7.9	1.95	7.1	2.9
三号双篷舡船	6.6	1.75	6.1	2.5
四号快哨船	4.8	1.4	5.0	2.0
奉天战船	7.4	1.87		

雍正十年，朝廷又规定了部分战船的构造标准③，见表8-2。

表 8-2　雍正十年规定的战船构造标准

船 型 名 称	长（丈）	板厚（寸）	每尺用钉（个）
山东赶缯船	7.3	2.7	
山东双篷舡船	6.4	2.5	
福建大号赶缯船	9.6	3.2	
福建二号赶缯船	8.0	2.9	
福建三号赶缯船	7.2～7.4	2.7	
福建双号艍船	6.0	2.2	
江西沙唬船	4.4～6.8	1.3～1.6	
天津大号赶缯船	8.6	3.0	3
天津中号赶缯船	7.4	2.9	3
天津小号赶缯船	6.5	2.6	3
江苏各营战船	4.7～11	2.2～3.6	3～4
湖北湖南战船	3.2～7.88	1.2～2.2	3～5
广东战船	1.9～9.0	1.0～3.1	3～6

---

① 道员如不能参加，可另选同知或通判1人赴厂。副将如不能参加，可委派都司或守备1人赴厂，各自行使监督职权。

② 《清史稿》卷一百三十五《兵六·水师》，《清史稿》十四第3982～3986页。

③ 《清朝文献通考》卷一百九十四《兵考十六·军器·战船》，《清朝文献通考》（二）第6592页。

表 8-2 所列各船的阔度为 0.96～2.35 丈[①]。

（三）战船的维修

按当时规定，外海战船每三年一小修，六年一大修，九年再次大修，若不堪使用，便退出现役，造新船补充。内河战船，每三年一小修，八年一大修，十一年再次小修，十四年再次大修，若不堪使用，便作同样处理[①]。

当时虽然对造船所用的工料和价格、工艺规程、督造和验收、小修大修年限、维修保养、各地水师装备的船型和数量、战船装备的兵器和船具、水师战船的操练规程等制度，都有明确的规定，但是由于各地官员玩忽职守、贪污营私，故造船的质量难以保证，在用战船保养不善，船具被窃盗变卖，临急时不敷使用。同时操练也很松弛，因而战斗力每况愈下。

六　武器装备的规制

清朝在建国初期，其军队按"水陆异用，险易异宜"的原则进行统一装备，以后便随着各地驻军情况的变化而变化。

（一）步骑兵装备的规制

清军入关后，朝廷于顺治五年（1648）规定每名步兵装备甲 1 领、胄 1 顶、腰刀 1 把。此外，弓箭兵加配弓 1 张、箭 30 支，长枪兵加配长枪 1 支，鸟枪兵加配鸟枪 1 支。每名骑兵装备甲 1 领、胄 1 顶，弓箭袋 1 个、弓 1 张、箭 40 支，腰刀 1 把[②]。

康熙六年（1667），朝廷规定八旗世袭文武官员装备甲 1 领、胄 1 顶，弓 2 张、弓箭袋 1 个，腰刀 1 把，并按官员的品秩高低配发箭镞，从 550 支到 50 支不等[②]。

（二）火器部队装备的规制

康熙三十年，朝廷在编制八旗火器营时，规定每一佐领（300 人）下编鸟枪前锋 1 名、鸟枪护军 3 名、鸟枪骁骑 4 名，每名士兵装备鸟枪 1 支。满洲八旗各配子母炮 5 门，其余大小铜铁火炮均贮于汉军八旗炮局内。此外，在八旗炮营、八旗鸟枪护军营、八旗鸟枪骁骑营中，也按规定的编制数，装备火炮与鸟枪[③]。

（三）各地驻军装备的规制

雍正五年（1727），朝廷下令各省将军、督抚、提镇、须"因地制宜，酌定规制"，确定驻军的武器装备。内地各省，地势平坦，可多装备弓矢。沿海、沿边各省和山深林密之地，应多装备鸟枪。根据这一原则，内地各省驻军按 70％ 装备刀枪弓箭，30％ 装备鸟枪；沿海、沿边各省驻军按 60％ 装备刀枪弓箭，40％ 装备鸟枪[③]。以后又不断调整，装备火器的比例从 30％ 逐渐增至 70％。

---

① 《清朝文献通考》卷一百九十四《兵考十六·军器·战船》，《清朝文献通考》（二）第 6591 页。
② 《清朝通典》卷七十八《兵十一·军器》，《清朝通典》第 2595 页。
③ 《清朝文献通考》卷一百九十四《兵考十六·军器·给发军器》，《清朝文献通考》（二）第 6577，6578 页。

（四）水师装备的规制

雍正五年（1727），朝廷规定了沿海各地水师装备的规制。其中福建水师的大中小赶缯船，分别编水兵 80、60、50 名，装备排枪 42、30、25 支；大中小艍船，分别编水兵 35、30、20 名，装备排枪 16、16、10 支；此外还装备一定数量的火药、枪弹、火罐、火箭等[①]。江南、江西水师各型战船，按一定的数量装备弓箭、藤牌、大小钩镰枪、过船钉枪、斧钺、标弹、鸟枪、火炮等[①]。乾隆十五年（1750），朝廷规定湖广省和武昌镇水师，按 40% 装备鸟枪[①]，60% 装备冷兵器。

从清军陆军和水师装备的规制看，其装备水平基本上没有超过明朝后期的军队，军事技术的全面滑坡状况，已经十分明显地反映出来。

第四节 城墙城池建筑的尾声

清朝建立后，除在东南沿海要塞建筑一些炮台外，直到 1840 年鸦片战争前，大型的城墙城池，除进行维修加固外，已很少再建。在东北、西北和西南边防线上，仅建筑了柳条边、墩台、卡伦、鄂博、碉堡等一类简易的界标和巡防性设施。但是在西南地区一些少数民族聚居的山区中，却建筑了密集而特有的石碉群，以对付清军的进攻。这些石碉群的巧妙建筑，在一定程度上反映了他们在军事工程技术上的聪明才智。

一　东北的柳条边

柳条边是一种标示禁区的柳条篱笆墙，有老边和新边两部分。"老边"起建于顺治初年（1644），与明朝辽东边墙的走向大致相同，西起山海关，中经绥中、锦州、法库、开原、兴京、凤凰城、九连城等地，一直到鸭绿江边，全长 1900 多里，设关卡边门 16 座。玄烨即位后，于康熙十四年（1675）、二十五年、三十六年，进行了三次扩展，称为"新边"。其走向是：自"老边"的昌图起，中经四平、长春、法特哈等地，一直到老爷岭的亮甲山（今吉林蛟河县西），全长 800 里，设关卡边门 4 座。

建筑柳条边时，先选择位置、挖掘长壕，壕口宽 7.8 尺、底宽 4.8 尺、深 7.8 尺。在壕后 1.5～3 丈处，夯筑一道土墙，高 6 尺、底墙厚 6 尺、顶墙厚 3 尺。又于此墙之后 1.5～3 丈处，再夯筑一道低矮土墙，高 3 尺、底墙厚 6 尺、顶墙厚 3 尺。最后在这两道土墙上，每隔 4.8 尺植柳条 3 株，并用绳索将各株柳条连结成柳条墙。

二　边防的其他设施

除柳条边外，清廷还在东北三省，北边的蒙古，西北的新、甘、川、藏，西南的粤、湘、滇、黔等边境地区，建筑墩台（回语称密勒）、卡伦（即了望哨所）、鄂博（即石堆）、碉堡等边防设施，作观察、了望、巡守之用。

[①] 《清朝通典》卷七十八《兵十一·军器》，《清朝通典》第 2595～2596 页。

　　墩台大多仍按明朝后期的形式，或就地取土石垒砌，或用土堆夯实。平时派兵驻防，遇有军情，即燃烧烽烟，鸣炮挂席，依次传递信息[①]。附近各台，闻警后立即备战，并援救有警之台。

　　卡伦实质上是清初在东北、西北、西南设立的边防哨所，择地而建，分布密度各异。通常每一卡伦驻兵 10～30 人。

　　鄂博是一种界标的名称，通常以山河为鄂博。在无山河之处则垒石为鄂博。在中俄交界的许多地段，就有不少类似的垒石鄂博。

　　碉堡用砖石砌筑，堡基约 1 丈见方，通常筑在高隆之地，高二三层不等，四面开望眼、射孔，顶部四周有矮墙，上有士兵巡哨。相邻碉堡之间，可用交叉火力射击小股入扰之敌。

　　此外，也有些地方筑有土墙和城郭，构成防御阵地，抵御来犯之敌。

三　沿海要塞的建筑

　　清初的海防和江防要塞，大致是在明末卫所城寨的基础上，经过改建扩建而成的。19 世纪初，用大、中型舰炮与击发枪武装起来的西方舰船，已开始东侵。我国沿海各地原有的城寨式建筑，已无法进行有效的抗击。于是在沿海和沿江的一些要地，开始建筑以炮台为重点，以望楼、台城、火药库、营舍、演武厅、围墙、障碍物等为配套设施的要塞防御体系。

　　沿海要塞大多以炮台群的形式出现，一般为二三座至十余座不等。台址通常选在居高临下，背山面海，视界开阔之地。广州虎门等至关重要的要塞区，常在山顶、山腰和山脚等不同的地形层次和纵深内，分别建筑炮台群，配备适量的火炮，监视海面，控制海口，护卫海岸各要害部位。作战时各炮台可以互相策应，连环守卫，以立体和交叉火力，射击来犯之敌舰。当时称建筑在山脚下的炮台为"月台"，在山腰和山顶上的都是露天炮台。台身以天然山石为基，用砖石砌筑。台顶外沿有挡墙，火炮安置在挡墙后面。炮台周围大多筑有围墙。由于露天炮台的火炮暴露在外，久经风雨侵袭，容易锈蚀损坏，而且也容易成为敌舰轰击的目标。因此，这些炮台在建筑之初，就留下了隐患，第一次鸦片战争的结果，充分说明了这一点。

　　有些重要的炮台还建有望楼和台城，作为炮台的指挥所。台城大多建筑在台区的制高点，台墙周长 400～500 米、高 2 米、厚 0.6 米，墙面每隔 1 米开一个射孔，各射孔交错排列，形成不同射角。整个墙面只开一道门，门高约 2.5 米。距门外约 8 米处建筑一道护门式挡墙，墙高 3 米、宽 4 米、厚 0.8 米。通常与台城配套建筑的望楼有两座，较大的望楼与马面敌台相似，正面突出墙外，台高两层，可了望较远距离的敌情。较小的望楼筑在城内，可用作指挥所。有的台城还在门外一侧建筑一座炮台，用以护城。

　　弹药库一般建筑在炮台侧后的隐蔽处所，库身大部掘地而筑，用砖石券砌成拱形库顶，覆盖较厚，以免被炮弹击毁。弹药库有暗道与炮台相通，可将炮弹送到炮台。

　　营舍和演武厅一般建在离炮台一定距离的山背反斜面上，四周砌有围墙。有些要塞还砌筑周长几里的围墙，把炮台和各项配套建筑物都圈围在内，并沿墙建筑环形阵地，抗击进攻

---

　　① 据《清史稿》卷一百三十七《兵八·边防》，《清史稿》十四第 4089 页记载：寇至百人者，挂一席，鸣一炮；至三百人者挂二席，鸣二炮；至五百人者，挂三席，鸣三炮；至千人者，挂五席，鸣五炮；至万人者，挂七席，连炮传递。这与明朝后期边防传递信号的方法相同。

之敌。

四 虎门要塞的建筑

在清朝前期建筑的沿海要塞中，以虎门要塞的规模最为宏大，气势最为雄伟，建筑最为坚固，技术最为先进。

（一）炮台的分布态势

虎门要塞位于广州东南水路里程 120 里处，是控制珠江流入伶丁洋和保卫广州城的咽喉锁钥。虎门两岸，群山林立，小岛罗列江心，地势极为险要。明朝永乐年间在此筑垒驻军，严为守备。康熙五十六年（1717），朝廷下令在横档、南山二处分别建筑了横档和威远炮台。嘉庆年间，又先后建筑沙角炮台、横档炮台的月台、南山西北的镇远炮台、大虎山炮台、蕉门炮台、新涌口炮台等，并增配要塞炮，提高守备能力。至道光十年（1830），又增筑大角山炮台[1]。道光十四年九月，关天培就任广东水师提督后，亲临各炮台进行勘察，提出改建和扩建各炮台的规划。之后，又在威远和镇远炮台之间，增筑了靖远炮台，在上横档岛西增筑了永安炮台，在西岸南沙山（即芦湾山）增建了巩固炮台，并增建了南山威远炮台前的环形月台和大角、沙角的了望台[1]。

在改建和扩建炮台过程中，关天培发现用砖石包砌的旧炮台，外表刚脆易裂，遭炮击后，碎石横飞，往往造成自伤。于是他决定"将炮洞石墙及铺地石块全行更换"[2]，一律改用巨石铺基，基上用三合土砌筑台墙，增加胸墙和台墙的厚度，并用沙袋或三合土围护火药库，使之"以柔克刚"[2]。经过这些改进，炮台的安全有了一定的改善。

经过关天培的改建和扩建后，虎门要塞区已由三道门户控制珠江口。从伶丁洋入口向北，东有沙角山，西有大角山，夹岸对峙，各有 1 座炮台监视江面，构成进入珠江口的第一道门户。由沙角、大角沿江上溯 7 里，有上下横档岛耸立于江中，将水道分隔为二。西航道多暗沙，不便通航。东航道可通大船，两侧各有 3 座炮台，是进入珠江的第二道门户。由横档岛再上溯 5 里，有大虎山岛矗立江中，其西为小虎山，两山夹峙狮子洋航道，各有 1 座炮台，成为进入珠江的第三道门户。这三道门户，依次渐窄。至鸦片战争前，珠江东航道东侧，已建有官涌、尖沙咀、沙角、威远、靖远、镇远等 6 处炮台。东航道西侧已建有大角、巩固、横档、永安、新涌、大虎山和小虎山、蕉门等 7 处炮台。两侧共有 13 处炮台，除官涌和蕉门炮台距航道较远外，其余 11 处炮台分列于两岸，成为一一对应之势，如同几对大钳钳制航道（见图 8-11）。上述自珠江口上溯 12 里区段内的要塞建筑群，其体系之完备，建筑之坚固，实为当时沿海各要塞之冠。

（二）珠江航道障碍的布设

为了阻止敌舰闯进珠江，威胁广州城，关天培在珠江航道第二道门户中，布设了拦江铁

① 《清史稿》卷一百三十八《兵九·海防》，《清史稿》十四第 4116～4117 页。

② 清·关天培撰，查勘虎门扼要筹议增改章程咨稿，军事科学院图书馆藏，清刊本《筹海初集》卷一第 12～14 页。以下引此书时均同此版本。

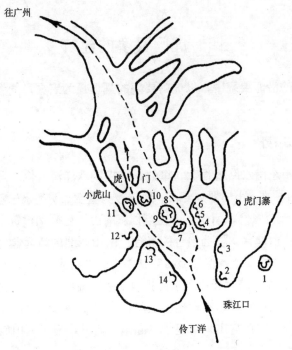

1. 官涌　　2. 沙角咀　　3. 沙角　　4. 威远　　5. 靖远　　6. 镇远　　7. 下横档　　8. 横档

9. 永安　　10. 大虎山　　11. 小虎山　　12. 新涌　　13. 巩固　　14. 大角　Ω 炮台

图 8-11　虎门要塞炮台布局

链和埋植大木桩等两道障碍。第一道障碍布设在南山镇远炮台山脚及其对岸饭箩排之间的江面上，由 320 丈长的大铁链，同用 5 丈长大木编成的 36 个大木排分段扣连而成。第二道障碍布设在上横档西面山脚及其对岸南沙山芦湾咀之间的江面上，由 516 丈长的大铁链，同 44 个大木排分段扣连而成[①]。两道障碍相距 300 米。拦江铁链的布设方法是：先在两岸的岸壁上掏成石槽，槽内嵌放 8000 斤重的废铁炮，炮身加上 4 道铁箍；将 4 条铁链的两端分别对应扣结在两岸废炮的铁箍上；尔后将铁链沉入水中，并适当增加相互间的扣连，提高其整体障碍能力。木排的制作方法是：先用 4 根 5 丈长的大圆木捆合成小木排，夹钉横木两道；再用 4 个小木排组成 1.7 丈宽的大木排，两端夹钉横木 6 道，并用 30 个铁箍将两端的横木紧箍在一起，使之成为坚固的整体。使用时，把木排放入江中，并将铁链托放在木排上，再用棕缆绳将 240 副铁锚同木排钉牢，使木排稳定在水中。同时在两道障碍物之间的南山脚下增筑炮台 1 座，配置大威力火炮 60 门，控制航道，使障碍物的拦阻作用与火炮的轰击威力结合在一起，发挥综合的毁杀作用。按照关天培的设想，敌舰在通过第一道门户后进入第二道门户前，先要遭南山威远和下横档炮台的交叉轰击。即使进入第二道门户，也会被拦江铁链和木排拦阻，同时还要遭到新筑炮台的轰击，敌舰定会遭受严重损坏，或者再也没有能力向前闯进。

　　为了堵击闯过第二道门户的敌舰，关天培又在第三道门户的大虎山炮台前约 100 丈处，布设木桩式障碍物。其法是在江滩浅水之处，用大石块堆砌成七星形高 6～7 尺的石堆，尔后在石堆中插植高出水面 2 尺的大木桩，木桩可借挤砌牢固的石块而不致倒塌，石块可借木桩的

---

① 清·关天培撰，查勘虎门扼要筹议增改章程咨稿，见《筹海初集》卷一第 12～14 页。

维护而不被冲走。根据敌舰的宽度，共在江中布设 3 列木桩，交错成品字形布局，使敌舰无法通过[1]。此外，在蕉门炮台和新涌炮台所在地，也采用立桩堆石的办法，障碍敌舰的航行。关天培还令部下事先准备多艘装满大石块的船只，停泊在航道中的险要之处，若敌舰闯入而拦阻没有奏效时，即沉船江中，障碍敌舰的航行。

（三）军事使用价值

经过关天培改建和扩建的虎门要塞区，既继承了明朝后期沿海城寨建筑技术的长处，又有防御敌军舰队进攻的新鲜内容，反映了中国古代的军事筑城，从以城墙城池建筑为重点，向以炮台建筑为重点过渡的时代特色，在军事技术上虽不能说先进，但也具有一定的使用价值。

首先，虎门要塞区各炮台既有一定的独立抗敌能力，又有此呼彼应的协同作战的作用。就当时所建的每 1 座炮台而言，都配置了十几门乃至几十门大炮，遇有临时紧急军情时，可立即轰击。就要塞区的全部 13 座炮台而言，它们都因地制宜，因战而建，分别布列在珠江入口处的三道门户中，交错配置在山顶、山腰和山脚下，构成 3 道坚固防御阵地，具有左右环射和高低迭射的综合火力，轰击来犯的敌舰。

其次，虎门要塞区所建 3 道门户，首尾相距约 15 里，构成沿江大纵深的带形防御阵地。按照关天培对要塞各炮台的建筑要求和设防部署，这 3 道阵地的防御任务都有明确分工，各有侧重。位于第一道门户的大角和沙角炮台，虽雄峙口门，但因口门宽达 3673 米，海岸炮的射程只有 1000 米左右，无法击中从口门中心闯入的敌舰，所以将它们改作号令炮台，起预警作用。当敌舰来闯口门时，即发炮报警，让守卫第二、第三道门户的官兵作好战斗准备[2]。第二道门户的南山镇远、靖远、威远 3 座炮台与对岸的下横档炮台，相隔仅 300 丈，海岸炮可夹击闯入珠江的敌舰，是要塞区的重点防御阵地，所以关天培认为此处"实为海口第一扼要"歼敌之地[2]。第三道门户所建的大虎山炮台，"独当一面，形势雄壮"，江面仅宽 324 米，海岸炮的火力优势能得到充分的发扬[2]，实为关天培部署歼敌的第二阵地。此外，关天培对位于珠江两侧，外连大海，内达广州的蕉门和新涌两处炮台，也建筑防御设施，以防敌舰从侧翼突入珠江[2]。

其三，关天培主持改建和扩建的虎门要塞区，具有能实施海岸炮轰击和江面障碍物拦阻相结合的特点。关天培以第二道门户中的镇远、横档炮台和拦江铁链作了说明：如果敌舰闯入第一道门户后，"欲进，则为排链所阻；欲退，则风水不容；而三台火炮连环轰击，上流火船趁风下压，兵船（遇）之，虽铁骨铜身，恐不免灰烬。纵使闯断一层，已伤其半，第二层排链又岂能飞越"[3]。

从当时国内的实际情况和军事工程技术的发展来说，关天培对虎门要塞所采取的各种改建和扩建措施，是尽了最大的努力和取得一定成效的，并在一定程度上发展了中国古代的军事工程技术，这是难能可贵的。但是，由于关天培所采取的措施，又是在与世界完全隔绝和对敌情缺乏了解的情况下作出的，所以缺乏针对性和存在着较大的局限性。再加上清廷的腐

---

[1]　清·关天培撰，查勘虎门扼要筹议增改章程咨稿，见《筹海初集》卷一第 12～14 页。

[2]　清·关天培撰，重勘虎门炮台筹议节略稿，见《筹海初集》卷一第 15～19 页。

[3]　清·关天培撰，查勘虎门扼要筹议增改章程咨稿，见《筹海初集》卷一第 13 页。文中所说的火船是事先停泊在上游，内装火药柴草的火攻草船。

败和一些统兵将领的畏敌怯战，没有能充分发挥虎门要塞各项实施的作用，最终还是在 1841 年 1 月 7 日被英军的坚船利炮所攻破。

五　山地石碉的建筑

乾隆十二年（1747）和三十六年，清廷曾两次出兵进行平定大小金川的战争。大金川地处四川省大渡河上游，小金川是大金川东部的一条支流。聚居于当地的藏族为抵抗清军的进攻，便利用山险，建筑众多的石碉，形成了山地几种石碉群的特殊建筑技术。

（一）林状石碉群

据文献记载，乾隆十二年，清军在进攻大金川地区的勒乌围（今四川省金川县东）和噶尔崖（今金川县东南）两地时，遇到了这类石碉群（见图 8-12）。它们通常由几十至几百座石碉组成，如林而立。每座石碉都建筑在山险隘口，用石块垒砌而成，大小高低不一，大而高者如同一座小城。通常在一个石碉群中，都有一座高大的主石碉，高约 8～10 余丈，最高的有 15～16 丈。每座石碉的四面墙壁都开有望孔和射眼，有的石碉顶部还开有洞口。石碉内贮有粮草和饮水，供守碉者饮食之需。石碉周围都挖有深沟和护墙，使攻碉者难以接近，以提高石碉的防御能力。此外，这类石碉群所在的山梁狭窄之处还修砌了石卡，设置大木架（即抛石机），从山上向山下抛掷巨石，射击枪弹，击砸来攻之敌。

图 8-12　大金川勒乌围石碉群

由于单座石碉建筑坚固，而且各石碉又交错建筑，互为犄角，可互相策应，从而给当时清军的进攻造成了很大的困难：骑兵到此，必须下马缓行；火炮沉重，难以运载上山；弓箭射之，纷纷折落坠地；碉外有深沟刺钉，士兵难以逼近；挖掘地道，又被深沟阻隔。清军每攻一碉，须用兵数百，伤亡数十乃至上百人，至少要十多天才能将其攻占，无怪清军将领发出攻一碉难于克一城的慨叹。

（二）窖碉结合的石碉群

乾隆三十七年正月，清军在进攻噶尔金日耳寨时，遇到了地窖与石碉相结合的石碉群。这类石碉群是在石碉附近挖掘地坑和地窖，地窖坚厚深曲，如同鼠穴。地窖之上覆盖几层大木巨石，上抹泥浆，人从窖旁开洞出入。炮弹击来时，只能击毁墙垣，对地窖无所损坏，窖内人员待炮击过后，又出窖射击清军。清军只好改铸 1000～4000 斤大炮，日夜轰击 2 个多月，才将其攻占。

（三）木城与碉卡结合的石碉群

乾隆三十七年（1772）三月，清军在进攻僧格宗时，受阻于这类石碉群。僧格宗位于一条河流的西岸，岸边排列 20 多处碉卡，同时在东山梁上用大木建筑木城一座，周围排列大木，重叠数层。木城内垒有石墙，其外挖有深沟，沟中排钉木桩。作战时各石卡互相援应，使进攻的清军遭受重大伤亡。

（四）城寨式石碉群

乾隆三十七年十二月，清军在攻打美诺官寨时，遇到了这种石碉群。美诺官寨方圆二三里，中间建有土司官寨，周围是寨民居住的小寨。城寨周围垒有石墙，寨内有多座石筑战碉，最高者达 18 层[①]。清军采取重兵合围的方式，才将其攻占。

（五）利用天时地利的石碉

乾隆三十八年二月，清军攻打大金川噶尔拉山梁的昔岭石碉群。昔岭山势险峻，其正面自东至西排列 10 座大碉，碉座之下又建筑石卡多处，互为联络。石碉顶部排有横木，铺设石板，抹以泥土，火弹不能燃烧。碉卡四壁有编结的柳条维护，其上涂有泥土。碉卡内挖有地窖，能守能攻。石碉外筑有石墙，墙外护以木栅，木栅之外掘有深壕，壕中密布松签，并利用隆冬严寒，泼水为冰，坚滑难行，而且愈近碉卡，山崖愈陡。清军多次采取越壕破障、推倒石墙、从石碉底层挖开洞穴、从顶上抛入火弹、攀缘险崖等方式，对石碉行进行强攻，结果遭受重大伤亡。

大小金川少数民族所筑各类石碉群，具有利用天然险要、因地制宜、就地取材的特点，起到了一定的防御作用，形成当时特有的军事工程技术。清廷为了平定大小金川，从乾隆十二年至四十年之间，多次调集各路大军，进行攻剿。作战中，清军采取利用矛盾、各个击破的策略，以强攻硬取、长围久困、以碉逼碉、以卡逼卡、因险用险、用冲天炮轰毁石碉等多种技术和战术，突破和攻占各种石碉群，以伤亡 3 万多人，耗银 7000 余万两的代价，才平定了大小金川。足见这些石碉群防御作用的明显。

清朝前期 200 多年的军事技术，曾在继承明末红夷炮的基础上，有过一定程度的发展，在收复雅克萨城和平定“三藩之乱”中发挥了一定的作用。自康熙后期开始，国内已经基本稳定，军事技术的研究便随之松弛。加之闭关锁国政策的推行，国外先进军事技术发展的信息无法传入，致使中外军事技术水平的差距越来越大，成为清军在第一次鸦片战争中战败的一个重要原因。

---

① 庄吉发著，《清高宗十全武功研究·治番政策的改变与大小金川之役》之注“58”。中国台北故宫博物馆，1982 年版，《清高宗十全武功研究》第 180 页。

下编　火器时代的军事技术

　　由于我国火器的发展，自清朝康熙年以后开始滑坡，从而拉大了同欧洲火器发展的差距。当欧洲军事技术在17世纪中叶进入火器时代后，我国的军事技术仍在火器与冷兵器并用时代中徘徊了200多年。直到第一次鸦片战争（1840～1842年）后，一些有志于研究军事技术的人员，才在放眼世界和"师夷长技以制夷"思想的影响下，开始对欧洲新型前装枪炮①和安装重炮的舰船，进行初步的研究，我国军事技术也由此走出低谷，进入火器时代。从发展的进程看，其间经历了前装枪炮阶段（道光二十年至咸丰十一年，1840～1861）和后装枪炮②阶段（同治元年至宣统三年，1862～1911）等两个发展阶段。至19世纪80年代，后装枪炮和蒸汽舰船已经成为清军主力的基本装备。

---

　　①　前装枪炮：从管口向膛内装填弹药的枪炮。19世纪前期，欧洲军队已装备击发式前装枪、采用空炸式引信发射球形爆炸弹和霰弹的火炮。

　　②　后装枪炮：从管后装填定装式筒形弹、膛内刻有螺旋膛线的枪炮。创制于19世纪中叶。其时欧洲军队已装备后装击针枪、发射锥头柱体长形爆炸弹的火炮。

第九章　前装枪炮阶段的军事技术

19 世纪中叶，除两次鸦片战争外，我国还爆发了以太平天国革命为代表的农民起义战争。战争中，农民起义军除使用冷兵器和战船同敌人作战外，还通过战场缴获、向外商购买和仿制等方式，逐步掌握较为先进的火器，改善自己的武器装备。战争的进程表明，太平军是我国历史上使用火器最多的农民起义军，为推进我国军事技术的发展作出了重要的贡献。清军在勾结英法侵略军镇压起义军的过程中，从欧美国家获得了大量新型前装滑膛枪炮和一部分后装线膛枪炮，使一部分清军的武器装备得到了更新，从而为清军武器装备的近代化起了某种带头作用。

在此期间，我国军事技术人员，在改善军队武器装备的性能与国防设施的研究中，取得了初步的进展，使衰萎 200 多年的军事技术有了转机。

第一节　"师夷长技以制夷"
的提出及其初步实践

在第一次鸦片战争中，英军敢于逞凶的一个重要原因，是在于拥有当时最先进的军事技术。

一　英军在军事上的长技

当我国军事技术自 18 世纪初叶开始滑坡时，英国的军事技术却在工业革命的推动下，向着更高的层次飞跃，出现了许多创新和突破。

在科学技术发展的推动下，欧洲军事技术理论的新鲜成果纷纷问世，其中主要有 1697 年圣里米（Saintremy Pierre Surireyde，约 1650～1716）的《炮术便览》、1742 年罗宾斯（Robins Benjamin，1707～1751）的《炮术新原理》、1760 年斯特伦斯（Struensee Karl August，1735～1804）的《炮兵学理》、1776～1786 年蒙塔伦伯特（Montalembert Charles，1810～1870）的《垂直筑城或研究直线、三角、四角及各种多角形筑城法的经验》、1781 年泰佩尔霍夫（Tempel-hoff Georg Friedlich，1737～1807）的《普鲁士炮手，或论炮弹的飞行——假定空气阻力与速度的平方成正比》、1784 年莫尔拉（Morla Thomas，1752～1820）的《炮兵论文》、1787 年维加（Vega Georg，1756～1802）的《射击教范（附射表）》、1844 年茹安维尔（Joinville Louis，1818～1900）的《论法国海军的现状》，以及 1828～1836 年马克西米利安（Maximilian d'Este，1782～1863）式特种要塞塔楼的建筑等。这些论著和建筑从不同的侧面，对枪炮舰船的制造和使用，对炮台要塞建筑和野战工程技术，都进行了定性和定量的分析研究。由于英国率先进行工业革命，所以上述有关的理论首先被其用于指导军事工业，制造各种先进的枪炮舰船，进行殖民扩张，当时的清王朝则是它的一个侵略对象。

19 世纪初叶，英国的火药配制技术已居于世界各国的领先地位。其主要特点是：以先进的工业设备提炼高纯度的硝和硫；以蒸汽为动力，传动转鼓式装置，进行原料的粉碎和药料的拌和；按歇夫列里在 1825 年提出的化学反应方程式，配制成组配比率为 75％：10％：15％的枪用发射火药，以及组配比率为 78％：8％：14％的炮用发射火药，它们被各国确定为标准火药；用水压机将制成的火药压成坚固而均匀的药块，使火药具有一定的几何形状和密实性；使用机械式造粒缸，将火药块制成大小均匀的火药粒；对制成的粒状火药，放在烘干室内，用蒸汽加热器，将烘干室内的空气流加热至摄氏 40～60 度，使火药保持良好的待发状态；用石墨制成的磨光机将药粒的表面磨光，除去气孔，降低吸湿性，以延长火药的贮存期。

英军在第一次鸦片战争前后，已使用当时世界较先进的贝克（Baker）式燧发枪和布伦斯威克（Brunswick）式击发枪[①]。贝克枪长 1166 毫米、口径 15.3 毫米，发射 35 克重的枪弹、射程 200 米、射速每分钟 2～3 发。布伦斯威克击发枪长 1400 毫米、口径 17.5 毫米、重 4.1公斤、发射 53 克重的枪弹、射程 300 米，其射速达每分钟 3～4 发。这两种步枪都是新型的前装滑膛枪，在材料质量、工艺水平、形制构造、发火装置、发射速度、命中精度等方面，都远远超过了清军所使用的兵丁鸟枪和抬枪。

英军所装备的火炮，经过 17 世纪中叶以来的各种改革，又有许多创新。首先是英国的火炮研制者经过反复试验后，得出了关于火炮构造诸元之间许多科学的数量关系：罗宾斯在《炮术新原理》中，对各种口径火炮的作用、口径与炮长、口径与炮重、口径与弹重、口径与装药量、后座力对炮架的作用等试验结果，都有深入的分析，认为炮长为口径的 16～18 倍、装药量为弹重的 1/3 时，火炮的射程最大，副作用最小；同时还对火炮在发射后的后坐力和炮弹飞行的内外弹道理论，作了进一步的分析和修正。其次是火炮铸造技术的进步和工艺的改进。当时除采用模铸法外，还采用先铸成实心钢柱，再用镗床镗钻成炮管的方法制造火炮，既提高了精度，又节省工时，而且坚实耐用。其三是火炮种类已相对统一，只使用 68、42、32磅[②] 重型火炮；24 和 18 磅中型火炮；12 和 6 磅轻型火炮；口径为 8 和 10 英寸的榴弹炮，以及口径为 8 和 10 英寸的大型臼炮；它们的射速一般已达每分钟 1～2 发；除臼炮外，至 1840年前后，英军火炮的射程已增至 800～2000 米，较清军火炮的射程远一倍以上。其四是使用统一尺寸的旋转炮架，扩大了火炮的射界。其五是转移火炮时，先将炮身吊离炮架，再分别装入专用炮箱，用炮车牵引，提高了火炮的机动性。其六是装备的数量多，据《英国水师考》记载，当时英国的战舰共分一、二、三、四、五、六、等外七个等级，分别装备舰炮 100～120、80～86、74～78、50～60、22～48、22～34、10～22 门。在第一次鸦片战争中，英国海军 3 艘 3 等战舰装备的舰炮，就相当于虎门各炮台海岸炮的总和。同时，英舰具有大、中、小火炮相结合的火力配系，可在 2000 米以内的不同距离上发扬火力优势，轰击清军炮台。由于英舰重型舰炮的射程大于清军海岸炮的射程，所以英舰可以在清军海岸炮的射程之外首先轰击炮台，并在舰炮的掩护下闯入珠江口。清军则由于海岸炮的射程近、火力弱，因此很难击中闯入珠江口的英舰。

---

① 击发枪：用击发枪机撞击火帽而点火发射枪弹的前装滑膛枪。由撞击式燧发枪发展而来。其创制成功的关键有三：一是英国化学家霍华德（Howard）于 1799 年配制成快速引爆药雷酸汞；二是英格兰牧师福赛思（Alexander Forsyth）于1805 年发明了一种用锤一击即燃的雷汞，并成功地用于机械点火上；三是英国技师艾格（Joseph Egg）于 1818 年创制成含雷汞击发药的火帽，用于步枪的点火装置，尔后扣动击发式枪机，使枪机前端撞击火帽点着火药，将弹丸射出。击发枪比燧发枪灵便，发射速度有较大提高，燧发枪因之被淘汰。1838 年前后，英军率先装备布伦斯威克击发枪。

② 19 世纪初，欧洲国家常以火炮发射炮弹的重量磅数命名火炮。68 磅炮即为发射 68 磅弹的火炮。

英国自 1640 年起，资产阶级不但以先进的枪炮在国内夺取了政权，而且先后打败了西班牙、荷兰等竞争对手。到 19 世纪初叶，英国已经成为拥有强大海军舰队而称霸海上的强国。其舰队已装备大型多桅风帆舰，前甲板上安有舰首炮，两舷侧安有二三层舷侧炮，具有航速快、适航性好、续航时间长、攻击力强、防御性能佳等优越性。英国海军在长期的海上争霸战争和掠夺殖民地战争中，积累了海战、争夺要塞和岛屿战的丰富经验，熟练地掌握了舰队炮战战术。这些都是装备陈旧，以及主要采用接舷战术的清军水师所无法相比的。古老中国的大门，终于在第一次鸦片战争中被英国侵略者所打开。

二 "师夷长技以制夷"的提出

清军在第一次鸦片战争中战败后，要求改善国家武备的舆论也随之而起，"师夷长技以制夷"的口号便被魏源适时地提了出来。与此同时，林则徐也首先打开窗户看世界，倡导人们学习欧洲科学技术和军事技术，制造坚船利炮，改善清军陆营和水师的装备，改善国家的武备，以抗击欧洲资本主义国家的侵略。

（一）林则徐（1785～1850）

近代坚持反侵略斗争的爱国主义者。字元抚，又字少穆，晚号竣村老人，侯官（今福建福州）人。出身于封建士大夫家庭，嘉庆进士，入翰林院。嘉庆二十五年（1820）起，先后在浙江、江苏、湖北、河南、山东等地为官至巡抚。道光十七年（1837）初，任湖广总督，严禁鸦片，卓有成效。十八年，受命为钦差大臣，节制广东水师。与水师提督关天培筹办海防。为了解欧美情况，他要求时常"探访夷情"，作出有针对性的对策。为此，他购买西方的报刊书籍，设立译书馆，编成《四洲志》，翻译外国律例和军事技术书刊，供将弁阅读，开创了研究欧美武器装备的新风气。

在抗英作战中，他看到英军火炮能"远及十里之外，若我炮不能及彼，彼炮先以（已）及我，是器不良也"[1]；英军放炮如放排枪，连声不断，我放一炮后须隔多时才能再放，"是技不熟也"。为改变这种状况，他奏请朝廷增造船炮，而且要做到"制炮必求极利，造船必求极坚"，即使"一时难以猝办，而为长久计，亦不得不事先筹维"[2]。与此同时，他大力整顿广东防务，要求部队做到"器良技熟，胆壮心齐"。为此，他尽量调集和购置舰船，加紧修筑虎门炮台，迅速购买了 200 多门 5000～9000 斤的铜铁炮，使虎门要塞各炮台的火炮增至 300 多门，同时他又购买了美国"剑桥"号旧舰，加以修理，安上火炮，加强广东水师官兵的模拟作战训练。他把"弁兵技艺之短长"，作为衡量武官升贬的根据。对技精艺熟的官弁分别奖赏，或遇缺即补。对技低艺劣、游惰懒散的官弁，或降或革，决不姑息。

林则徐很重视和支持火器研制者的研制工作。道光二十二年前后，他受贬到镇海军营帮办军务时，向在铸炮局内主持铸炮事宜的龚振麟提供了《车轮船图》，帮助他制成新式车轮战船。同时委托龚振麟铸造一门重达 8000 斤的巨型火炮。当年，他在读了火炮研制家丁拱辰辑

① 林则徐，致姚春木王冬寿书，见《中国近代史资料丛书》之《鸦片战争》（二），神州国光出版社，1954 年版，第 568～569 页。

② 林则徐，密陈办理禁烟不能歇手片，见《林则徐集·奏稿》，中华书局，1985 年版，第 885 页。

著的《演炮图说》后，极为赞赏，并欲与丁拱辰面谈制炮用炮事宜。道光二十六年（1846），他在署陕甘总督任上，曾命火器研制家黄冕试制成空心爆炸弹，增强了炮弹的毁杀威力。

（二）魏源（1794～1857）

中国近代先进的思想家。原名远达，字默深。邵阳（今属湖南）人。道光二十四年进士。曾署理东台、兴化各县，实授高邮州知州。自道光二十年十二月至二十六年十一月，辑成《海国图志》60卷，咸丰二年（1852）又写成40卷，合成100卷，流传至今。魏源全力支持林则徐的禁烟抗英行动。清军在第一次鸦片战争中失败后，魏源忧愤无比，为国家和民族谋划御夷之方和制夷之策。他在《海国图志》中，提出了明确具体的振兴国家武备、"师夷长技以制夷"的策略。他认为英人的长技有三：一是战船；二是火器；三是练兵养兵之法。对此既不要害怕也不要轻敌，而是要了解和学习这些长技，使外国之羽翼成为中国之羽翼，把外国之长技转为中国之长技。只有这样，才能富国强兵，有效地抵抗外国的侵略。为此，他建议朝廷要采取如下一些措施。

首先，要在虎门要塞区的大角和沙角，建设造船厂与火器局，请法、美工匠来广东制造船械，并允许沿海商民自行设厂造船；同时派精明工匠和精壮士兵，向美、法匠师学习制造和使用欧美的船炮之法。这样经过几年之后，夷人之长技就成为我之长技了。魏源的这一设想，是要通过船厂与火器局的设置，把沙角和大角建设起来，并与香港、澳门互为犄角，打破英军对我南海的控制。可见，魏源对船厂与火器局址的选择，是从制夷的战略出发，统一筹划军工基地和海防，这是魏源高人一筹之处。

其次，要裁撤部分旧式水师，购置一些中、小型战舰，组建一支能在外海抗敌的新舰队。他主张把能建战舰和造炸炮、水雷的人，视为科甲出身；把善于驾御飓涛、熟悉风云沙线和射击技术的人，视为行伍出身；如果严选合格，就送沿海水师教习技艺；凡水师将官，必须从船厂与火器局中选拔，或者由舵工、水手、炮手充任，国家要提高这些人的地位，这样就一定会造就一支熟知建舰造炮的新式军事技术人才。

其三，魏源主张把船厂和炮局的建设，同兴办民用工业结合起来。他认为，造船厂不仅可以建造战舰，而且可以建造商船，供运输货物之用。火器局在制造枪炮之余，还可以制造量天尺、千里镜等对国计民生有用的东西。与此同时，如果沿海商民自愿设立厂局，制造枪炮舰船，可听其便。在中国近代史上，魏源是第一个提出军事技术与工业技术、军事工业与民用工业相并发展的思想家。

其四，魏源还建议设立翻译机构，翻译和传播欧美的书籍，使人们了解欧美国家的情况，收到预期的学习效果。魏源本人在《海国图志》中以10卷的篇幅，集纳了当时国内著名军事技术人员的研究成果，反映了他们对西方枪炮舰船和水雷进行初步研究的情况。

林则徐、魏源的言论和行动，在当时先进的知识分子中产生了强烈的反响，鼓舞了爱国将士和军事技术人员，开始从事造坚船、制利炮、练精兵的努力，以求维护中华民族的独立和生存。

三 "师夷长技以制夷"的最早实践者

在林则徐和魏源思想的影响下，军事技术人员逐渐以购买和缴获欧美的坚船利炮为样品，开始进行新的研究并取得了初步的进展。他们之中有火炮研制者福建泉州监生丁拱辰、嘉兴县丞龚振麟及其子龚芸棠、余姚知县汪仲洋；有火枪、地雷、炸炮研制者户部主事丁守存、江苏候补知府黄冕；有水雷、战舰研制者刑部侍郎潘仕成、广州知府易长华等。

（一）丁拱辰（1800～1875）

近代著名的火炮研制家。又名君轸，字淑原，号星南。回族。晋江（今属福建）人。青少年时勤奋好学，喜天文、爱制器，捐为监生。嘉庆二十二年（1817），随父在浙江、广州一带经商。20多岁时，曾将天文仪器璇玑玉衡改制成全周象限仪。道光十一年（1831），他出国谋生时，曾利用它测标航程和星位，计程到岸，准确无误。船上的外国司航人员甚为钦佩，主动将图书室的图书借其阅读，丁拱辰得以接触西方造船、铸炮方面的有关知识。丁拱辰先后到过菲律宾、吕宋诸岛和西亚的伊朗、阿拉伯等地，每到一处，他都注意考察船制炮式，搜集火器资料，精思推测，不遗余力。

道光二十年，丁拱辰从海外回国，正值鸦片战争爆发，祸及沿海各省。他忧心如焚，决定放弃经商致富的道路，致力于火炮的改进与铸造。次年，他到达广州，在郊区燕塘督率团练炮手，反复进行火炮射击试验，并整理资料，辑成《演炮图说》，请丁守存等勘定，自费千金，刊印流行。《演炮图说》的内容比较丰富，涉及到火药的配方、火炮的铸造、炮台的建筑，以及运炮器械滑车绞架的制造和使用等。道光二十二年春，福建同安人陈荣试，将此书代呈两广总督祁㙔和靖逆将军奕山，因合时用，得到朝廷六品军功顶戴的赏赐。当年七月，道光皇帝朱批，称赞丁拱辰矢志同仇，留心时务，精神可嘉，谕令祁㙔、奕山查明其人，并让送呈丁拱辰的著述。当年十二月，道光帝在御览该书后，即下令将此书及铜炮、炮架的式样送至两江总督耆英处，要他按式制造，装备水师和陆军使用。《演炮图说》流传甚广，受到普遍赞扬。林则徐阅到此书时极为高兴，希望与丁拱辰当面细谈深究。邓廷桢称赞他"辨微妙解弧三角，策事真通垣一方"。魏源亦收录该书于《海国图志》中。

之后不久，丁拱辰又在《演炮图说》的基础上，增加轮船汽机等内容，三易其稿后，扩编成《演炮图说辑要》4卷50多篇，附图110多幅。书中提出了在京师和沿海设立学堂，学习欧美书籍，建造新型船只，军民共习驾驶技艺，以为固守海疆之用等主张，具有一定的战略眼光。书中对火炮的制式、造炮材料的选择，以及制炮用炮的数学和力学问题，都有精到的论述，受到军机章京丁守存的称赞。

道光三十年，丁拱辰应邀偕侄丁金安至广西桂林。次年四月底，由丁守存引见钦差大臣赛尚阿，进献其书及所制火器，被安排在桂林铸炮局主持铸炮事宜。他采用新法铸造火炮，要求工匠严格按照工艺规程进行操作，所铸火炮质量较高，"均灵便适用"[①]。在三个多月中，共造火炮106门。同时兼造了炮车、火药及其他火器。但是这些火器却被清军作为镇压太平军之用了。当年十月丁拱辰返回广东后，便在这次实践的基础上，对《演炮图说辑要》加以补充阐发，写成《演炮图说后编》1册2卷。书中内容包括大小火炮与炮弹的制造、使用方法，以及对枪炮的演练教习、选将练兵、火药库的制式等，进一步发展和完善了他的"演炮"理论。后来，当他发现《则克录》有疏漏错误之处后，便加以订正补充，增入中线加高表等内

---

① 丁守存，从军日记，见《太平天国史料丛编简辑》第二册，中华书局，1962年版，第275～284页。以下引此书时均同此版本。

容，成《增补则克录》三卷，附图88种，对书中条文进行逐一批注，使该书更为完整。

洋务运动兴起后，欧美军事技术开始全面传入中国，丁拱辰北上江苏、上海，为编写新的火器著作和研制新型火器而奔波。同治二年（1863），年逾花甲的丁拱辰，又编著了《西洋军火图编》6卷，12万字，附图150幅，献于军前，颇得李鸿章赞赏，被授予广东候补县丞。后又因铸炮有功，被擢升为知县，留广东省补用，并赏给五品花翎。丁拱辰并未到职。光绪元年（1875），毕生致力于改进中国近代军事技术的丁拱辰与世长辞。这位勤学苦练、读书千卷、行程万里、测天有仪、演炮有说的军事技术家，不但是我国近代系统研究欧美军事技术的第一人，而且也是对军事技术有所创造的先驱者。

（二）龚振麟

近代著名的火炮研制家。生卒年月不详，长洲（今江苏吴县）人。出仕前为长洲监生。道光十九年（1839）在嘉兴县丞任上。他因勤敏聪颖、素有巧思、精于泰西算法而名闻一方。

道光二十年夏，英舰侵犯浙江沿海的舟山群岛，攻陷定海。龚振麟奉命调赴宁波军营，试造轮船和一切军械。为此，他亲自到海边观察英舰航行情况，见到了一种蒸汽机推动叶轮的火轮船，"以筒贮火，以轮击水，测沙线，探形势，为各船向导，出没波涛，唯意所适"[①]。他反复揣摩其理。在没有蒸汽动力装置的情况下，经过多次试验，试造了以人力驱动叶轮，击水航行的新型车轮船，较人力划桨船迅速敏捷，能在海中作战。其时鸦片战争正紧，浙江巡抚刘韵珂闻知此事后，即令龚振麟继续试造巨舰，并将此事奏报朝廷。道光二十一年春，戴罪立功的林则徐来到浙江前线，向龚振麟提供了《车轮船图》。龚振麟以此为参考，经过数月努力，制成一种车轮船，用类似蹼轮的机械推动轮船前进，时速3.5海里，"驶海甚便"。当时有一个名叫伯纳德的英国军官看到后，不禁感叹地说："中国人这种独创才能，真令人钦佩。"后来有4艘装备江南水师，参加了道光二十二年五月的吴淞保卫战，发挥了一定的作用。

道光二十年九月，两江总督裕谦在省城设立铸炮局，由龚振麟和余姚知县汪仲详、镇海粮台鹿泽长等主管铸炮之事，承担数十门3000～8000斤火炮的铸造任务，以为改善炮台装备和抵御英军侵略之用。为了加快火炮的铸造速度与降低造价，他于次年改土模铸炮法为铁模铸炮法，改进了铸炮技术，至道光二十一年九月浙东之战前夕，已铸成120多门新型火炮。次年，他又写成《铸炮铁模图说》一文，于二十二年印发沿海各省参用。同时他还亲自参加铸炮，有一门铸有其名的火炮，至今尚保留在首都博物馆中。道光二十二年前后，他受林则徐的委托，在浙江镇海铸炮局内，制造了一门8000斤重的巨炮，并随之创制了磨盘形枢机新式炮架，用于安置巨炮，可旋转发射，扩大了巨炮的射界。同时又制造了车载式枢机炮架，改善了火炮的机动性。这两种炮架大大方便了5000～10 000斤火炮的操作。咸丰四年（1854）七月，曾国藩奏请朝廷，调龚振麟（时任浙江候补知县）及其子龚芸棠至湖北造炮，供湘军镇压太平军之用。后又在曾国藩创立的安庆内军械所任船炮制造之事。他先后将研究成果写成《制铁模法》、《铁模铸炮法》、《铁模全图》。《枢机炮架图说》等文章，被魏源集纳于《海国图志》中。

---

① 龚振麟，铸炮铁模图说自序，见《海国图志》卷八十六，古微堂，清咸丰二年重刊本，第2页。以下引此书时均同此版本。

（三）丁守存（1812～约 1886）

近代著名火器研制家。字心斋，号竹溪，晚年更号竹石山人，山东日照人。他自幼聪颖灵巧。青少年时精天文、历算，善制各种器械。道光十一年（1831）中举人，十五年时中进士，历任户部主事，军机章京，员外郎，湖北督粮道，署按察使。当英军在第一次鸦片战争中入侵沿海数省时，即慨然讲求制造之学，在欧美近代科学尚未传入的情况下，他的设计构思常符合科学原理，被户部尚书章秉恬荐之朝廷，并命其缮进图说，与郎中文康、徐有壬赴天津监造地雷等火器，经试验，都灵验适用。在此期间，参加了丁拱辰编写的《演炮图说辑要》的校订，修正了其中的不妥之处，时人将他与丁拱辰并称"多才二丁"。咸丰元年三月，随从大学士赛尚阿赴广西桂林，主持火器制造，参与镇压太平军起义。六月，当精通火炮铸造技术的福建监生丁拱辰调至桂林后，丁守存即带领其进见赛尚阿，将其安排在桂林铸炮局铸造火炮。八月，两次赴局检查，演试丁拱辰所铸造的火炮，都灵便适用。之后不久，离营赴京。

咸丰元年至光绪五年（1851～1879）之间，他先后在直隶、山东等地办团练、制火器，多次参与镇压人民起义。年迈后，告老还乡居住。有《造化究原》、《新火器说》、《西洋自来火铳制法》、《计覆用地雷法》、《造药法》等军事技术论著传世，后三篇被魏源集纳于《海国图志》中。

（四）黄冕

近代火器研制家，生卒年月和里籍不详。第一次鸦片战争时任江苏候补知府。他总结清军战败的教训，提出了加强海防的措施：其一是改裸露式炮旁为荫蔽式炮台；其二是在炮台周围设暗沟、布重险，设置障碍器材，以防敌人绕道炮台侧后，进行腹背夹攻；其三是制造炸弹、轻炮和地雷。道光二十六年（1846），林则徐署陕甘总督时，黄冕曾奉命制成空心爆炸弹。其弹铁壳中空，内装火药和尖利铁棱，一经射至敌方，弹壳炸成碎片。他所试制的轻炮，一般重一二百斤，便于车载船运和人力扛抬，比旧式抬炮威力大，而且易于机动。为了加强沿海各险要之地的守御，黄冕还采用模铸法制造各种新式地雷，是把地雷的研制和使用，从古代素朴的发展阶段引向近代科学发展阶段的先驱者。他的《地雷图说》、《炸弹飞炮轻炮说》、《炮台旁设重险说》等文章，产生了积极的影响。

除上述比较著名的军事技术家外，还有刑部郎中潘仕成、余姚知县汪仲洋、福建提督陈阶平、广州知府易长华、安庆府监生方熊飞等。他们是我国近代首批对欧美枪炮舰船，进行初步研究的军事技术家。他们的成果，有的被用于当时的抗英作战中，化为抗敌保国的物质力量；有的则成为理论的著述，总结和阐发了当时所获成果的经验，被魏源集纳在《海国图志》中。成为研究当时军事技术发展状况的珍贵资料。

第二节　军事技术研究的新进展

上述军事技术人员在改变研究方法后，已取得了一些新的进展，获得了一些新的成果。这些成果虽然还没有显示出明显的效果，但却是可喜的进步。它们主要有下列几个方面。

一　火药的改进

清军在鸦片战争中的失败，使一些统兵将领与火药研制人员，发现了旧制火药的不足之处，于是他们以英军的火药为样品，进行分析研究，在改进火药的配制工艺和组配比率上下功夫。福建提督陈阶平在道光二十三年（1843）指出，有些火药作坊"总有加工火药之虚名，而无加工火药之实效"。在配制火药时，"硝不提炙，黄不拣净，轻率制造"。使用这样的火药发射枪弹，根本不能"致远透坚"，更谈不上"靖海宇而卫生民"①。为了改良火药的性能，他先设法购置英军的火药，用鸟枪进行试射，结果能将弹丸射至 240 弓（1 弓＝5 尺）远。于是他便改进配制火药的工艺，严格规定提炼硝石、硫黄和配制火药的规则，将硝石的提炼次数从一次增加至三次。尔后按牙硝 8 斤、硫黄粉 1 斤 2 两、炭粉 1 斤 6 两的配比分量，放在石臼中，用槐榆木制作的木杵捣拌成千上万次，制成硝硫炭的组配比率为 76％、10.7％、13.3％的发射火药。将这样的火药用鸟枪进行试射，也可达到 240 弓远①。丁拱辰则对配制火药的工艺作了进一步的改进。他以欧洲的火药为样品，用提炼纯净的牙硝 76.5 斤，呈柠檬色晶块的硫黄 12 斤，选择焙制火候适当的木炭 12.5 斤，分别碾成细粉，再放在石臼中反复捣拌，制成硝硫炭的组配比率为 75.7％、11.9％、12.2％的良好发射火药②。

陈阶平与丁拱辰针对旧有火药的弊端，迈出了改进配制火药工艺的可喜一步。他们虽然还是在旧工艺的基础上，提高原料提炼的次数，调整火药的组配比率，但是已经取得了初步的效果，制成了比广东水师所用火药③ 优良，而与当时欧洲通用火药性能相似的火药，这不能不说是一个历史性的进步。

二　"自来火药"的试制成功

丁守存在研究英军的击发枪后，认为清军使用的兵丁鸟枪和抬枪，用纸药引信、烘药与火绳点火，存在着怕风吹雨淋，不易点火，夜晚更难发射的弊端。而英军击发枪所用的引信和发火装置，不受天气影响，只要扣动枪机，就能将枪弹射出④。丁守存还在文章中描述了击发枪所用的弹簧式击发装置，以及"自来火药"枪弹的构造。这种枪弹以红铜为弹筒，直径1 分多，长 1 寸左右，中空，底粘白药一层，底部突出一个小钢管，用红铜筒（即铜帽）旋盖其上。当枪机撞击弹底铜帽时，推动钢管向前，击发快速点火药，将火药引燃，射出枪弹。为了进行深入研究，丁守存对"自来火药"作了细微深入的观察和试验。指出：自来火药"以

---

① 陈阶平，请仿西洋制造火药疏，见《海国图志》卷九十一第 8 页。

② 丁拱辰，西洋制火药法、西人制药用药法，见《海国图志》卷九十一第 12～13 页。

③ 据关天培在《筹海初集·火器所不堪久贮复稿》记载，当时广东水师所用的两种火药，仍是在"硝性主直，黄性主横，炭粉主燥……硝多力能致远，黄少不致炸裂"的理论指导下配制的：其一是用硝 80 斤、硫和炭各 10 斤配制的枪炮用发射火药，其二是用硝 16 两、硫 1 两、炭 1.5 两配制的火箭用燃烧性火药。这两者硝、硫、炭的组配比率分别是：80％：10％：10％；86.5％：5.4％：8.1％。由于没有根据广东地区空气湿度较大的特点确定硝、硫、炭的含量，致使它们的含硝量偏高，容易吸湿转潮，因而难以点燃，甚至全然失效。

④ 丁守存，西洋自来火铳制法，见《海国图志》卷九十一第 1～7 页。此文最早曾收入道光二十七年版《海国图志》第五十七卷中。

药水化银为之……底澄白沫一层，收而晾之，以铁锤对铁砧，敲之立爆"[①]。使用这种枪弹，不用"觅火种，不忧仓猝，不忧寅夜……并不忧风雨"[①]。实际上，这是用雷酸汞一类快速敏感型引爆药制成的弹筒式枪弹。这种快速引爆药，既可用来制造大型的炮弹，也可用来制造手枪的枪弹。

由于当时雷酸汞的配制方法还没有传入中国，丁守存便在观察和实验的基础上，以净硝、酒精、青矾（$FeSO_4 \cdot 7H_2O$）、纹银为原料，试制快速引爆药。他的方法是先用青矾和硝石制成硝酸，并经蒸馏后成镪水（即浓硝酸）。同时将酒精反复蒸馏成浓酒精。尔后将浓硝酸与浓酒精制成浓溶液。最后将足纹银锤成薄片投入溶液中，"其银立刻翻花"（即产生剧烈化学反应）。于是在玻璃试瓶内有"白沫坐底"，其上层有水。将水倒去后，即为不溶性白色雷酸汞结晶，成为制造弹筒式枪弹的重要原料。道光二十三年（1843），丁守存将其试制过程与结果，写成《西洋自来火铳制法》一文，后被魏源收入《海国图志》卷九十一中。

丁守存对雷酸汞的试制，虽比英国化学家霍华德晚40多年，但他是在我国古代火器研制对外闭关200多年之后，第一次独立试制成功的新型引爆药，是中国军事技术进入火器时代的一大成就。

三　用新法铸造火炮

第一次鸦片战争前，清朝军工部门仍沿用明末土质炮模，范金倾铸，层层箍合的方法铸造火炮，少则一个多月，多则二三个月才能封干，难以应付紧急军需。更重要的是泥模在用炭火烘烤时，经常是外干内湿，浇铸时水分蒸成潮气，使所铸火炮常有蜂窝状空穴，发射时容易炸裂。同时泥模在一次使用之后，便废坏不能再用。精通炮术的龚振麟针对此法有土模难制、费时太长、耗工太多、不能多次使用、价格昂贵等缺陷，便潜心研究，费尽思索，于道光二十年提出了用铁模铸造火炮的方法，写成《铸炮铁模图说》。其基本方法是：首先要按火炮的长度和口径，将其分成若干节，每节又分成两瓣，用泥范法制成铁模。其次是把每瓣铁模的内面，用细稻壳灰和细沙泥调和的浆液进行涂刷。其三是用上等极细的密煤调水进行涂刷。其四是把各节的两瓣箍紧，烘热。其五是依次把各节铁模接续成完整的火炮铁模。其六是向铁模中浇铸铁液，铸成火炮。其七是待冷却凝固后依次撤去铁模，露出炮身。其八是用铁丝帚、铁锤等工具，将炮身的凹凸不平处敲刷平整，使之光滑可用。这种方法有许多优越性：铁模可多次使用，工料费多有节省；铸炮速度可提高二三倍；不用清洗炮膛，减少了膛内涩滞的弊端；消除了泥模铸炮多蜂窝易炸裂的缺陷，提高了火炮的坚牢度。与龚振麟共事的鹿泽长称赞说：龚振麟所创铁模铸炮法卓有成效，"其法至简，其用最便，一工收数百工之利，一炮省数十倍之赀（zī），且旋铸旋出，不延时日，无瑕无疵，自然光滑，事半功倍，利用无穷。……其有裨于国家武备者，岂浅鲜哉！"[②]

龚振麟在铸造火炮的过程中，除按口径为基数设计火炮各部外，还对以炮耳轴为中线，分火炮前后为4比6的数据作了修正。据他推算，自炮耳中轴线至炮口与至尾珠之比为5.8：

---

① 丁守存，西洋自来火铳制法，见《海国图志》卷九十一第1～7页。此文最早曾收入道光二十七年版《海国图志》第五十七卷中。

② 龚振麟，铸炮铁模图说，见《海国图志》卷八十六第3页。

4.2 的火炮，搁置在架上最为稳定①。首都博物馆就收藏了一门由龚振麟监造的火炮，其铭文大多清晰可见②，是研究道光时期所铸火炮的珍贵实物。

与此同时，丁拱辰还对铸造火炮所用的金属材料进行了深入的研究，认为西洋所铸造的精良火炮，一是采用精炼的钢材，二是由于加工工艺的精细。如果中国的工匠也能改进工艺，选用优质的钢铁铸造火炮，不但能节省费用，而且质量也有保证。他举例说，如在广东一带，采用八成新黑麻尖锅铁和二成荒山新片铁，或七成新黑麻尖锅铁和三成洋麻铁，熔铸成火炮，经过加工煅炼，就能制成质体坚韧、内外光滑平整、没有蜂窝、没有炸裂危险的火炮③。

丁拱辰还提出一种采用蜡模铸炮的方法。其法是先制作一根圆柱形泥心，其直径与长度同火炮的膛径与长度相等。泥心外面用蜡熔裹成火炮的模型，炮身大小、管壁厚度与所铸火炮的设计尺寸相等。然后用特制的泥料涂于模型之外，使其成为坚厚的外壳，并使泥心与泥壳的相对位置不变，不使移动。待模型封干后用火烘烤，使熔化的蜡液溢出，泥心与泥壳之间形成空隙，最后向空隙中倾注钢铁溶液，冷却凝固后加工成所需要的火炮④。

除龚振麟和丁拱辰外，当时的余姚知县汪仲洋和江苏候补知府黄冕等人，对火炮的研究都有新的进展。其中汪仲洋在《铸炮说》中，对火炮各部与口径的比例、铸炮材料、射程与射角的关系、发射规定和炮架的设计，都作了具体的分析研究⑤。

四　用新法铸造炮弹

丁拱辰对炮弹的铸造方法颇有研究，他认为铸造炮弹时，无论大小都要光圆坚实，炮弹的直径要与火炮的口径相切合。他所设计的炮弹有实心、空心两种。在当时情况下，大抵 3000～5000 斤的火炮，可用实心炮弹；8000～10 000 斤的火炮，在射击近距离目标时，尚可用实心炮弹，若射击远距离目标时，则因实心炮弹过重而射击无力，故需用空心炮弹。空心炮弹比同样大小的实心炮弹轻 14～28％，如 1.1 万斤火炮发射的实心弹重 70 斤，若改射空心炮弹，则可减轻 19～20 斤，其射程便可增加。但旧式空心炮弹系用两模合铸对接而成，中间露有铸痕。为了消除铸痕，丁拱辰则先用蜡制成光圆的炮弹模型，并事先在模内安上一个泥心，尔后用泥涂于蜡制炮弹外表，使之成为外包的泥壳。壳上留有一孔，再将泥壳烘干，使蜡制弹模熔化倒出，泥壳中空，仅存一个泥心。最后从泥壳孔口倾铸铁液，铸成空心炮弹壳，并向壳内装填火药，安上火捻，成为外表光圆无痕的炮弹⑥。

林则徐在道光二十六年（1846）署陕甘总督时，也曾组织匠人铸造空心弹。壳内装填火药和尖利的铁棱，发射后炸成碎片，连同弹内铁棱四散飞击，杀伤敌军人马。江苏候补知府黄冕曾提到英军所用的一种爆炸弹："其炮弹所到，复行炸裂飞击，火光四射"。为此，他建

---

　　① 龚振麟，铸炮铁模图说，见《海国图志》卷八十六第 3 页。
　　② 其铭文内容："大清道光二十二年　岁次壬寅仲春吉日　浙江嘉兴县丞龚振麟　两浙玉泉场大使刘景雯监造 试放□……□"。经文物保管部门测量，此炮口径 120 毫米，口壁厚 52 毫米，全长 1400 毫米，膛长 1215 毫米，底径约 420 毫米。
　　③ 丁拱辰，铸造洋炮图说，见《海国图志》卷八十六第 15 页。
　　④ 丁拱辰，西人铸炮用炮法，见《海国图志》卷八十八第 16 页。
　　⑤ 汪仲洋，铸炮说，见《海国图志》卷八十七第 1～2 页。
　　⑥ 丁拱辰，铸炮弹法，见《海国图志》卷八十六第 17～18 页。

议多造空心爆炸弹，以供火炮发射之用①。

五　新型炮架和搬运器械的制成

为了加强火炮在战时的机动性，以及扩大火炮的射界，当时的火炮研制人员，在设计新式炮架上作了许多努力。龚振麟设计了便于重型火炮转动的磨盘式旋转炮架和轻型火炮用的炮车②。磨盘式重型旋转炮架分为两层，下层安轮，上层中心处设有一个形如蘑菇头式的小铁轴，上万斤的火炮可通过铁轴安在架上，只需二人作推磨式操作，便可在架上左右旋转，藉以扩大火炮的射界。这种炮架主要用于安置舰首炮、要塞炮和守城炮，经过调整射角，可轰击从不同方向入侵之敌。轻型四轮炮车主要用于安置千斤以下的火炮，以便在战场上机动。丁拱辰设计的旋转式活动炮架分两层，上小下大，上架中心伸出枢轴，同下架相衔接，如磨盘可以旋转。又从两侧各伸出两根大横木，用人力推挽横木，便可调整火炮的左右射角，进行旋转轰击③。上述三种炮架的使用，克服了以往火炮只能作定向发射的缺陷。

为了搬运、吊装火炮，丁拱辰还制造了滑车绞架。这种滑车绞架安有多对滑轮，能使炮身上下左右移动，改变射角和射界，坚固灵巧，操作方便。用滑车绞架搬运一门2000～3000斤的重炮时，可节省2/3的人力。一门8000斤重的火炮，原需80人才能移动，采用滑车后，只要24人便可扯动。如果再用绞架，只要8人便可移动④。

六　先进射击术的引用

丁拱辰在《西洋火炮测量说》中，对近代欧洲射击术作了比较深入的研究和阐述。他认为欧洲人射炮之所以准，除了使用千里镜（望远镜）外，主要是严格按照数学计算进行瞄准射击。为了学得此中的奥妙，丁拱辰向许多精通数学的人请教，把他们关于制炮、演炮的数学知识记录下来，"笔之于书，以备当道之采择"⑤。他在书中阐述了修正火炮的瞄准误差，用象限仪测定火炮的射角，用"勾股弦"和"三角学"测定和修正火炮的射程，以及用炮的许多规定。由于丁拱辰是当时造炮人员中唯一游历过欧洲的人，所以他的《演炮图说》，被时人认为是介绍近代欧洲射击学内容最详细、学理最新鲜的书，受到火器研制者们的普遍重视。

七　新型战舰的试造

第一次鸦片战争后，清廷的一些官员纷纷上奏朝廷，建议仿造英美所用的新型战舰。两广总督祁𡎴上奏说，清军所用的快蟹、拖风、赶缯、八桨等战船，"仅可用于江河港汊，新造之船，亦止备内河缉捕，难以御敌。唯在籍郎中潘仕成捐造之船极其坚实，驾驶演放炮手已臻娴熟，轰击甚为得力，并仿造美利坚国（美国）兵船，制造船样一只，现拟酌照英夷中等

---

① 黄冕，炸弹飞炮轻炮说，见《海国图志》卷八十七第7页。
② 龚振麟，枢机炮架新式图说，见《海国图志》卷八十七第12～13页。
③ 丁拱辰，旋转活动炮架图说，见《海国图志》卷八十七第24页。
④ 丁拱辰，论车架举重等第，见《海国图志》卷八十七第25～27页。
⑤ 丁拱辰，西洋用炮测量说，见《海国图志》卷八十八第1页。

兵船式样制造"①。

　　潘仕成经过对英军战船的研究，选用樟木、梨木和进口优质大木，设计建造了一艘长13.36丈、龙骨长10.8丈、舰面宽2.94丈、深2.15丈，舰底用铜片包裹的新型战舰。上竖3桅，舱分3层，底舱压石3尺，以免空载时倾覆，中舱设置水柜3个、火药柜3个、弹子柜2个；两舷安炮20门，舰尾安炮2门，自2000斤至4000斤不等。上甲板两侧安炮18门，自1000斤到数百斤不等。此外，尚可安子母炮数10门、舰首炮数门。全舰乘员300多人①。这是我国最早建造的备有专用柜和能够安置舷侧炮的新型战舰之一。

　　靖逆将军奕山，除在奏折中报告潘仕成所建造的战船外，还报告了广州知府易长华、户部员外郎许祥光、水师提督吴建勋、批验所大使长庆等人，所试建的各型战舰的情况①。

　　这些新型战舰的最大特点是装备的舰炮较多，并备有专门的弹药舱柜，便于在作战中发扬火力优势。道光二十二年（1842），清廷即下令沿海各省，由广东省按照"船炮图说"设计的规格进行建造，调拨江苏、浙江、福建三省水师使用。此后沿江各省也仿造上述战舰，装备舰首炮和舷侧炮，提高水师的战斗力。

八　新式炮台的建筑

　　自从道光二十年英军从海上入侵后，清廷开始重视海防建设，军事工程的重点，逐渐转移至沿海要塞的建设。根据攻防兼备和驻守地区的地形特点，当时建筑的沿海要塞炮台有三种形式：一是沿海（或河）岸构筑曲折形炮台；二是在岛屿上建筑圆形炮台；三是建筑挡墙形炮台。丁拱辰对其建筑方式都有专门的论述。

　　沿河两岸的曲折形炮台，采用三合土建筑。台身前高后低，墙高1.2丈，上厚8尺，下厚12尺，顶如覆竹形。墙内路宽1丈，路后筑兵房，前墙高8尺，后墙高4尺，顶用三合土，厚1尺。炮台前后有门，可通行人，后门留3尺宽的路一条。炮台布局略向外呈八字形，互相对峙，炮口正对河中，扼守航道。若遇河道曲折之处，可就地另筑一台，使三台互成鼎足之势。这种炮台不可前低后高或后墙倚山，以免敌炮击中后山时山石飞迸四击，遭致毁坏。在炮台面对的河流中，除中泓留之字形通道外，两边要多植大木桩，木桩之间互成品字形，如梅花模样，以拦阻敌舰出入②。

　　对于像大虎山、横档等海中小岛，或两山对峙、半面环海、半面枕山的海口要塞，丁拱辰则建议在四周因山顺势，建筑圆形炮台。它们的台基直径约4丈，周墙上厚8尺，下厚12尺，墙后留门、开路，路阔2丈，路后设兵房。炮台墙侧开口安炮，正对海中，控扼海口。主炮台近侧建筑小炮台，前拒正面进攻之军，后御夹击之敌。小炮台向后开一条小径，曲折通至大台。凡是倚山而筑的炮台，需将山土削去，铲成直壁，环抱台后，使敌不能直接从侧后登台。台内所安火炮的炮架下，要铺砌细石、三合土或坚硬木板，既便于火炮机动，又防止火炮倾陷。

　　除上述两种炮台外，丁拱辰还提出了两种挡墙形炮台。一种是临时性的，以沙囊为墙，墙厚1丈，当敌弹击中沙囊时，只能深入2～3尺，不致毁台伤人，而守军可在沙墙后炮击来犯

---

　　① 清·靖逆将军奕山等，仿造战船议，见《海国图志》卷八十四第20～26页。
　　② 丁拱辰，西洋低后曲折炮台图说、西洋圆形炮台图说，见《海国图志》卷九十第1～5页。

之敌。另一种是长久性的挡墙式润土炮台，大多建筑在沿河两岸的险要处；墙高5.5尺，上厚8尺，下厚12尺，顶如覆竹形；各墙台之间每隔一定距离留有空隙，其外口宽2.2尺，内口宽7尺，后面安置一门5000～8000斤的重型火炮；各台绵延相续，构成带形火炮阵地。在安置火炮的地面上要以木桩为基，上铺石板或大坚木，以防炮身倾陷。墙台后要筑3尺以上的通路，便于士兵通行和运送军用物资。这种挡墙形炮台需要经常泼水加固，可用数年[1]。

黄冕认为，过去沿海各省的炮台，用以防内则有余，用以御外则不足。他分析英军进攻我国沿海要塞的战法是：先在数里外用望远镜观测，尔后瞄准炮台进行轰击，使我兵惊溃，随后分兵一路绕出炮台后，使守台官兵腹背受敌，"虎门、厦门、定海、上海宝山"[2]的炮台即如此而失。他指出，为了有效地防止敌人对沿海要塞的进攻，还必须在炮台左右部署伏兵，设置重险，埋设地雷，挖掘多道环形暗沟，保护炮台的安全。黄冕还提出了守台的战术，主张利用建筑的炮台虚张声势，引诱敌军来攻，而选择炮台以外的有利地形，埋伏精兵，以策应炮台内的守军，合击来犯之敌。同时，让士兵在埋雷、设沟之处佯作走动，引诱敌军；在无雷、无沟之处设疑以误敌军，这样，敌军就莫测虚实，不辨真假，难以行动，而炮台也就起到了防御敌军进攻的作用[2]。应该说黄冕的主张是在吸取清军战败教训后提出的有识之见，在当时颇有实际意义。他的主张，也反映了当时一些官员，对于依托炮台使用海岸炮和利用险障进行防御作战的新的认识水平。

丁拱辰和黄冕等人关于建筑新型炮台的思想，对于修复在第一次鸦片战争中被毁坏的虎门炮台，以及新建的炮台，起了一定的影响。当时除在原址修复和扩建威远、靖远、镇远等炮台外，还将横档和永安两炮台扩建为一座大炮台，在巩固炮台旧址附近增建南北炮台，在下横档增建下横档炮台，在威远炮台右侧山腰上新建威远山腰炮台，在镇远炮台左侧山腰上新建镇远山腰炮台。上述修复、扩建和新建的炮台，都用三合土构筑，炮台前后都挖有壕沟和掩体，并在后墙上开了炮洞、枪眼，以便射击从侧后袭击之敌。这样，不但各炮台之间可以互相策应，以火力互相支援，而且每一座炮台本身也有改进：前有开阔射界、后有炮洞、枪眼，旁近有壕沟掩体，炮台内部的火炮安装在旋转的磨盘式炮架上，并可用牵引吊架和滑车绞架进行安装和移动。这些改进，从整体上改善了虎门要塞的岸防设施，其进步之处显而易见。

九　新式地雷的研制

黄冕在建议炮台周围埋设地雷的同时，还建议采用模铸法制造新式地雷。其方法是内用泥坯，外用木模，铸成半球式、长方体式、正方体式、三角锥式等外壳。外壳铸成后即除去泥坯，成为中空的铁制地雷壳，然后装填火药与铁刃，壳面留有小孔，从中引出药线，供引爆之用。地雷的铁铸外壳，轻者10～20斤，重者100～300斤。按照黄冕的计算，地雷内所装火药的重量，一般为铁壳的10%为宜。如果壳厚药少，则地雷爆炸时力弱势缓，杀伤力不大。如果壳薄药多，则爆炸后火力上冲，冒过敌面，杀伤力又会降低。如果装药量适当，则19～20斤地雷的爆炸范围可达数十丈；100～300斤地雷的爆炸范围可达数百丈（两者的爆炸

---

① 丁拱辰，润土炮台图说，见《海国图志》卷九十第7～8页。
② 黄冕，炮台旁设重险说，见《海国图志》卷九十第10～12页。

范围都有夸大）。

黄冕认为，要保证地雷的爆炸威力，必须将雷壳密闭紧固。药信要制作得法，安放适宜，不潮湿、不泄露，药信孔不宜太大，小者1～2分，大者1寸；孔口要用油灰粘糊，不使泄气。黄冕认为，地雷耗铁少，对铁的质量要求不像火炮那样高，爆炸后杀伤力大。如果在沿海的天津、江苏、浙江、福建、广东等地区的险要处布设疑阵，多层次地埋设地雷，每个层次数十颗，使引线相联如瓜藤牵连蔓引，由守险扼要之官兵控制。当敌人进入雷区时，只要拉发其中的一颗，其余地雷便连环而发，形成一片火海，炸杀敌人于其中，可以达到守海口、歼敌寇的目的[1]。

与此同时，丁守存设计了一种踩发式地雷[2]。魏源曾将黄冕制造的地雷与丁守存制造的地雷作了比较，认为黄式地雷是拉发式，丁式地雷为踩发式；黄式地雷可使敌人全队进入埋雷区后连环爆炸，杀敌量大。丁式地雷一经敌人前队踩爆，后队便可逃散，因而杀敌量小。黄式地雷用于容敌较多和较旷之路，丁式地雷用于控制要隘。如果将两者结合使用，则敌登陆以后即陷入地雷阵中，难以逃脱被歼灭的命运[2]。

十 新式水雷的创制

为了加强海防，防御英舰入侵，一些官员开始研制能破坏敌舰的水雷。当时任广东候补道的潘仕成，同能造水雷的美利坚（美国）军官壬雷斯合作，研制一种新式水雷，历经9个月而成。

水雷装在一个密不透水的扁六棱柱形木匣中，连匣底、匣盖共八面，都用樟木、榆木为面板。水雷一般分为大中小三种型号。大号木匣长3.6尺，宽1.35尺，高1.5尺，木板厚1.5寸，内用木板分作3格，中格最大，安置水鼓、火床及引爆装置等机件；左右两格共装火药120斤。如欲增加装药，则所用木匣也要相应增大。

水雷的发火装置及火药装入木匣后，即行密封。木匣的顶部有护盖、罗盖和药盖。护盖的作用是防止海水流入匣内。护盖内部安有罗盖，以防止渣滓入塞水管。药盖的作用是将管口塞紧密封，不让海水漏入雷中火药。水雷装好后用油灰密封，以漆布糊固。使用时，令会潜水的水兵将其送至敌舰舰底，扣于敌舰的锚索上。接着，水兵拔去护盖上的木塞，并迅速离去。经5～6分钟后，海水从护盖通过水管注入水鼓，水鼓涨起，牵动发火装置，引爆水雷。道光二十三年（1843）九月初八日，朝廷组织人员在天津大沽海口，用这种水雷进行炸毁靶筏试验，效果良好[3]。

第一次鸦片战争后，我国一部分军事技术人员，开始进行新型前装枪炮和新式舰船的研制。在研制过程中，逐步吸收欧洲军事技术之长，使之在我国萌芽生长，并在一些单项中取得了一定的成果。但是由于清王朝的腐朽和落后，所以这些成果没有得到应有的重视和及时的推广，致使军队的武器装备和国防设施，依然没有得到较大的改善和加强，因而在第二次鸦片战争中，清帝国再次遭到沉重的打击。

---

① 黄冕，地雷图说，见《海国图志》卷九十第14～17页。
② 丁守存，计覆用地雷法，见《海国图志》卷九十第19～21页。
③ 潘仕成，攻船水雷图说，见《海国图志》卷九十三第1～19页。

第三节　太平天国革命对军事技术发展的推动

19 世纪中叶，我国爆发了以太平天国为代表的历史上规模最大的农民起义，他们在反抗清王朝统治和压迫的过程中，不断制造各种武器和战船，改善自己的装备，对军事技术的发展，作出了重要的贡献。

一　太平天国的兵器制造

清道光三十年十二月十日 (1851 年 1 月 11 日)，广西农民起义领袖洪秀全，以及冯云山、杨秀清、韦昌辉、萧朝贵、石达开等领导成员，在广西桂平县金田村，率会员 2 万余人宣布起义，建号 "太平天国"。起义军称太平军，其陆营仿《周礼》军制，以军为单位进行编制。军设军帅，下统五个师帅，师帅下统五个旅帅，旅帅下统五个卒长，卒长下统四个两司马，两司马下统五个伍长，伍长领四个圣兵，军帅共统领 13 155 人。太平军首先以刀矛等冷兵器举行起义，尔后逐渐使用地雷、喷筒、抬枪、鸟枪、火炮等火器进行作战。这些火器，最初多缴获自清军，不久即自行制造。

太平军的领导者们在发动起义前就注重制造火器，供起义军使用。据 1894 年《贵县志》卷五十六和 1920 年《桂平县志》记载，道光三十年七月，石达开在率领部众自贵县赴金田团营时，在 "桂、贵交界之白沙墟，竖木为东西辕门，开炉铸炮，月余乃去"。广西桂平县展览馆在 1975 年前后，曾有人在金田村韦昌辉的住宅遗址、紫荆山下的军营村、广西桂平白圩以北约 100 米的白水塘岭等地，发现过太平军铸造武器的遗址[①]。太平天国建立初期，又在广西铸造了 500 斤铁炮、600 斤铜炮和 800 斤劈山炮等各型火炮，它们的实物有的流传至今，有的炮身还分别铸有 "太平左右军"、"前军先锋火炮" 等铭文。咸丰三年 (1853)，太平天国建都南京 (即天京) 后，即设立典炮衙、铜炮衙、铅码衙、典硝衙、红粉衙 (配制火药)、典铁衙 (制造冷兵器)、战船衙、弓箭衙、铁匠衙 (为水师造炮) 等。它们由中央三级指挥负责组织工匠进行制造。同时，由铸铅码、典硝、典红粉、铸铜炮、铸铳炮等官员，分别管理铅丸、焰硝、硫黄、火药、火炮等制造事宜。同时利用贵县参加起义的大批矿工和铁匠铸造火炮。初期制造的火炮中，有一种九龙索子炮，亦称 "九子炮"，炮身用铜或铁铸造，可连续发射弹丸，多达百余枚。据说当时曾将这种火炮安置于天京朝阳门外，轰击清军的江南大营。上海博物馆至今还存有太平天国五年 (1855) 冬至六年春，在江西吉安、瑞州 (今江西高安)、临江等地制造的 3 门100～300 斤的火炮。此后各年，所造火炮逐渐增多，在安徽、江西、湖北、浙江、江苏的许多地方，多有发现，迄今已见 60 多门[②]。

为了合理使用火器，在太平天国五年颁布的《行军总要》中，对火器的编配作了具体规定："凡所用大小火炮必要预先派定，即于名牌上注明某人用某炮火，譬如一两司马，该管下有兵二十五人，则限其使长龙 (抬枪) 二条，营枪 (鸟枪) 五条。至于各典官衙亦须计其统

---

① 黄培棋，广西金田、白沙发现太平天国铸造武器的遗址遗物，文物，1979，(9)：95～96。
② 郭存孝，全国有关收藏六十六尊太平天国火炮概况表，军事历史研究，1988，(3)：69～71。

下人数多寡，变通铺派，人多则用炮宜多，人寡则用炮宜寡"[1]，一般由5名士兵操射1门火炮。

太平天国制造的火炮，大多铸有铭文，在形制构造上与清军所用的火炮相似。炮身前细后粗，后部左右两侧有耳轴，尾部有药室、火门，其他各部分的尺寸，也是以口径的尺寸为基数，按一定的比例倍数进行设计制造。炮身重量从30～3000斤不等，以200～500斤的中型火炮为多，便于车载马驮，适应机动作战的需要。现存太平天国所制的火炮，最重的约有1000斤。1975年9月，在江苏苏州原娄门内城河遗址处，发现一门太平天国制造的火炮，炮身完整无损，光亮如新，从中可见太平天国所铸火炮的一斑。该炮经苏州博物馆测量，炮身全长178.5厘米，两侧各有一个炮耳。炮身阴刻正书"太平天国壬戌拾贰年苏福省造"、"重壹千斤"、"红粉四拾八两"等3行23字。据考证，此炮是驻苏州太平军主帅慕王谭绍光，在太平天国十三年冬保卫苏州时所用的火炮。

在出土和传世的太平天国所铸火炮的铭文中，其内容主要包括国号、制造年月、地点、炮重、炮弹重量、装药重量、挂衔造炮官员和工匠的姓名等，基本上反映了当时火炮制造的概况。在制造年月上，采用自己的"天历"。将以干支纪年的乙卯、癸亥、癸丑等分别改为乙荣、癸开、癸好。在制造地点上，采用自己确定的地名，将苏州和浙江省分别改为苏福省和浙江天省。称大炮为洋庄，改火药为红粉，称炮弹为铅码、码、子等[2]。对领衔造炮的水陆师各级官员，都铸上太平天国封授的官职、爵位。现已发现官职、爵位的名称有二十多种，其中主要有侍殿（即侍王李世贤）、荣殿（即荣王廖发寿）、王字三十九天将李某、殿后主将陈（坤书，后封护王）、侍殿溧阳佐将马某和程某等，还有随从翼王石达开在远征部队中制造火炮的殿左三中队将黄等。从铭文中还可发现当时具体督造火炮的官员和造炮工匠的姓名，如左十一指挥易自能、后二十七军正铸刘启盛、莱天燕铸铁炮等。

上述铭文中所记载的造炮纪年、地点、造炮官员的职位、官爵，都同当时太平天国所发布的文告、官书、货币、官印保持一致，反映了一个新生政权独立自主的特点。

二　太平天国对先进军事技术的引用

太平军在同清军及洋枪队的作战过程中，很注意引用欧美的军事技术，以改进自身的武器装备和作战手段。太平军使用洋枪洋炮大致不晚于太平天国四年（1854）。是年四月，太平天国宗砜（fēng）魁、韦以德所部的战船上，已经装备了洋枪洋炮。同年七月，曾国藩率水陆2万多人，自长沙北上占领岳州（今湖南岳阳）时，夺取了太平军使用的11门洋炮[3]。此后，太平军使用的洋枪洋炮逐渐增多。太平天国十年五月，忠王李秀成部在占领苏州、昆山等地时，不但缴获了大批洋枪洋炮，而且大量购买和组织人员进行仿制，以改善太平军的装备。六月，李秀成部又在上海青浦缴获了华尔洋枪队的2000多支洋枪、100多门洋炮、几百艘战船[4]

①《行军总要·查察号令》，解放军出版社、辽沈书社，1992年版，影印本《中国兵书集成》47第703～704页。

②　张德坚，《贼情汇纂》卷五《伪军制下·贼中军火器械隐语别名》，《中国近代史资料丛刊》之《太平天国》（三），上海人民出版社，1957年版，第150页。以下引此书时均同此版本。

③　曾国藩，水师迭获大胜将犯岳贼船全歼折，见《曾国藩全集·奏稿一》，岳麓书社，1987年版，第167页。以下引此书时均同此版本。

④　李秀成自述，见《太平天国文书汇编》，中华书局，1979年版，第511页。以下引此书时均同此版本。

（数字似有夸大）。同治元年（1862），太平军从上海的一个洋行，购买了大批洋枪洋炮和弹药。常胜军的头目戈登（Charles George Gordon，1833～1885），为了获取利润，也把洋枪洋炮卖给太平军[①]。当时率军驻守苏州并主持苏南军务的慕王谭绍光，也曾设法购置洋枪洋炮装备部队，并在苏州设厂访制洋枪洋炮，请数十名外人训练炮手。十三年冬，谭绍光在指挥太平军保卫苏州时，曾使用中外各型火炮同敌作战 2 个月，伤毙"常捷军"官兵数百人。

由于李秀成率领的太平军在东征江、浙、上海时，曾多次遭到美、英、法等国洋枪洋炮的屠杀，牺牲巨大，所以他全力主张购置和仿制洋枪洋炮，改善太平军的装备，增强抗击侵略军的能力。并在临终前留下了要人们记取的教训："与洋鬼争衡，务先买大炮早备为先"[②]。这是救国图强和革命军队应该记取不忘的经验之论。

三　太平军对军事工程的发展和创新

如果说历代封建王朝在建筑大型城池的过程中，创造和发展了永备筑城的军事工程技术，那么太平军在同清军的长期作战过程中，则推进了营寨和阵地守备、城池防御、城池突破等军事工程的发展。

（一）营寨和阵地的守备工程

长于流动作战、打走结合的太平军经常要在远距离行军后，迅速选择有利地形安营扎寨，建筑阵地守备工程。如遇旷野平川，便挖堑掘壕，堆垒土台，夯筑土墙，建筑平陆阵地守备工程。若有山险可依，便因山顺势，选择易守难攻和隘口通道之处，建筑山地守备工程。在河川水网地带，便傍水而营，夹水为阵，建筑水陆兼备的守备工程。进入街市、村落时，便在外围挖堑掘壕，设置障碍，部署伏兵，建筑以街市为依托的守备工程。这些守备工程，通常包括土墙和土壕、重墙和重壕、拦马桩、望楼或了望台、木排和浮桥、木桩和十字竹签等。

土墙和土壕是构成阵地守备工程的主要组成部分。如果在营寨外围和阵地前沿没有现成的地物作掩护，便挖沟筑墙。在有砖石可供利用的地方，先垒石砌砖为基，基上版筑土墙，内外壁中间夯填泥土、卵石，并铺设若干层有一定间隔的竹木，增加墙内的强度。墙上开有若干个射孔或炮眼。在土墙外面的一定距离内，与夯筑土墙的同时挖掘深壕，壕中挖出的泥土，用以夯筑土墙，使壕、墙成为一对配套的工程。土壕前设有拦马桩，土壕中常根植许多尖利的竹签，刺戳敌军的人足马蹄，达到滞阻敌军于壕外的目的。通常在阵地前约 1 公里处设置哨卡，派 5～6 名士兵轮流值班。濒临江河沿岸的阵地，只要在临水的一面构筑一道土墙便可。

重墙和重壕是单重土墙和土壕的扩展，大多建在敌军进攻猛烈和重点设防地域，通常由两道以上的土墙和土壕构成。第一道土壕距阵地较远，壕中密植竹签。在壕后一定距离内建筑第一道土墙，内外墙壁用木板排列，并用横木钉连加固，两层木板中间用沙石砖土填满压实。第二道壕沟筑在第一道墙后的一定距离内，筑法如前。第二道墙筑在第二道壕沟后的一定距离内，墙内填实蒲包、水浸棉花包等松软物质，起缓冲作用，使射来的炮弹不致穿墙而过。第二道墙要高于第一道墙，便于士兵在第二道墙后对敌实施超越射击。有时在第一道壕

---

① 李秀成谭绍光复戈登书，见《太平天国》（二）第 761 页。

② 李秀成自述，见《太平天国文书汇编》第 544 页。

沟外面还密植木桩，木桩外又设置交叉竹签，增加障碍层次。太平军建筑的重墙、重壕和木桩、竹签，使阵地的守备工程具有一定的纵深，增强了守备能力。太平军在永安森林地域作战时，曾经以树木为框架，编织树枝，构成就地取材的重墙和重壕，获得了成功。

望楼或了望台，常因旷野、山地、河流沿岸、大江中心的地形不同而有所差别。旷野和山地的望楼，大多建筑在高隆之点或台基上。基宽约4米见方，高约12米左右，四周无遮挡之物，视野开阔，中分2～3层，有楼梯上下，四面开有望眼和射孔。每座望楼和了望台视需要派几名士兵昼夜轮流值班。在木筏固连的水上营寨中，通常建造一些木板结构的望楼。沿江岸的望楼，或建于险要的制高点，或建于要塞群中。天京水府祠前面的沿江望楼，周围用木板和砖石围圈成城，墙面开有望孔，监视港口。下关的江岸望楼，则是与炮台、墙外障碍设施一起建筑而成的。

水上木排是太平军在长江、大河中建造的一种水上营寨或阵地，系由许多大木纵横钉链而成。在木排向敌一面的沿边用木桩固链成墙，上开火炮射孔，安有多门火炮。中央构筑木屋、望楼，密架枪炮，排上铺沙，排中贮水，以防火攻。这种木排实际上是一座水上活动堡垒，可以横截江面，阻击敌军战船（见图9-1）。

图9-1 太平军的水上木排

浮桥系用多艘船只跨河并联而成，上铺木板，人马和辎重可在桥上通行。

木桩和拦江索系水上障碍器材，大多布设在河流通道、河岸沿边和水上滩头、水上营寨的口门等关键处所。河流通道中的木桩一般布设在出入口和转弯之处，为了保证本部船只的出入，便在成群竖立的木桩群中，留有一个进出口，安装一扇可以用绞车启闭的木栅式闸门。开启时，本部船只可以自由出入。关闭时，可以阻止敌军船只闯进。河岸沿边和水上滩头布设的木桩，在于防止敌军船只靠岸，以便击敌于水中。水上营寨口门的木桩，大致与河流通道中的木栅布设相同。

拦江索用铁链和粗大的麻绳制成，通常布设在河川的入口和两岸的狭窄处，用于阻挡敌船的通行。

（二）城池防御工程

太平军十分重视城池防御工程的建设，每当占领重要城邑后，都要改善和扩建防御设施，武昌城的城池防御工程，具有一定的代表性。咸丰二年底（1853年1月），太平军攻占武昌后，即在城外东、南、北三面距城250米的地方，挖掘壕沟，夯筑土墙，在黄鹤楼山脊上建筑高数丈的望楼。在咸丰六年五月重占武昌后，又在其上游东岸的花园和西岸虾蟆湾的险要之地，各筑要塞一座，驻3营兵力。营外筑土城、开炮眼。土城外挖壕沟、植木桩、插竹签。壕外围荆棘。土城内又有内壕砖城。要塞区共装备100多门火炮。江中水师营寨设有木排，木排上建木城、了望台和城上木屋。整个设防区形成一个以武昌城为中心、外包土墙和壕沟，并由花园和虾蟆湾两个夹江要塞构成的城防体系。既可从陆路阻击来犯的清军，又可从水路拦击清军水师战船[1]。曾国藩认为，武昌防御配系超过了乾隆年间的金川石碉群。

太平军在加强城池防御工程建设的同时，也摆脱了守城战的陈旧技术和战术，而采用依托城池防御设施，与利用新式枪炮轰击攻城之敌相结合的技术和战术，夺取守城战的胜利。太平天国十二年十二月十七日（1863年2月14日），李鸿章所部淮军与"常胜军"共2000余人，用洋枪洋炮进攻太仓。太平军即退守城内，在"各城门排列炮位"轰击攻城之敌。当敌军轰塌南门城墙并冲入城内时，太平军伏兵骤起，用千余洋枪封锁城墙缺口，迫使敌军于二十九日退回松江[2]。

（三）城池突破工程

太平军在进攻清军守备的城池时，除采用通常的攻城器械外，还经常采用"穴地攻城法"。其法是在距离所攻城池数里之外开凿一个巨洞，从洞口对准城墙方向挖掘地道。当地道抵近城基时，即"堆满火药，或（将火药）以枢盛之，而皆藏引线竹筒中，预刻其时为引线之长短，随迟随疾皆可预定，位置既毕，乃静俟轰裂，乘势攻入"[3]。太平天国二年（1852）四月，南王冯云山在广西率领太平军进攻全州城时，首先采用此法，将该城西门城墙轰塌2丈多长，尔后乘势破城而入。不久，太平军由广西进入湖南。为推广"穴地攻城法"的经验，在六七月间经过湖南的道州、桂阳州（今广西桂阳）、郴州（今广西郴州市）时，即吸收当地的二三万挖煤工人，按陆营的编制编成2个军，称作土营，专门担任挖掘地道的任务。当年十月，太平军包围汉阳，土营即挖地道攻城，"用地雷轰破南门"，士兵冒烟冲入城内，将其占领[4]。太平天国三年二月，太平军土营在金陵仪凤门（今南京下关）"静海寺中挖掘地道一百余丈，安放地雷，用火药轰发，城垣坍塌"[4]，迅速将其攻占。之后，又在北伐和西征中，普遍推广"穴地攻城法"，攻占了扬州、金坛、六合、杭州、桐城、吉安，临清等城。

（四）水军和水战工程

太平军在发展陆战军事工程的同时，还及时建立水师、建造战船、建筑水战工事，提高水战的技术和战术。太平天国二年冬，太平军在攻占湖南的益阳、岳州等地后，接纳了近万名带船的船户参军，当即编为水营，组建成军，由典水匠（职同将军）唐正才统率。数月以后，便顺江而下，配合陆营攻克金陵。水营的编制大致与陆营相同，以军为单位，下设师、旅、卒、两、伍等五级。定都金陵后，水营扩编为9个军，仍由唐正才统率，使用火球、喷筒、枪炮（1854年开始使用洋枪洋炮）进行作战，能在千里长江中"任意横行"，而湘军"不敢过问"。湘军水师建立后，太平军水师仍能在太平天国四年七月，使用火器在岳州的城陵矶大败湘军水师，毙杀总兵陈辉龙和湘军水师总统领褚汝航等，缴获其一营船炮[5]。为了提高同湘军

① 曾国藩，官军水陆大捷武昌汉阳两城同日克复折，见《曾国藩全集·奏搞一》第217页。
② 李鸿章，进攻太仓援剿福山折，见《李文忠公全集·奏稿三》，1905年金陵本，第2页。以下引此书时均同此版本。
③ 陈徽言，武昌纪事，见《太平天国》（四）第602页。
④ 樗园退叟，《盾鼻随闻录》卷二，见《太平天国》（四）第365、375页。
⑤ 曾国藩，水师失利镇道员弁同时阵亡陆营旋获大胜折，见《曾国藩全集·奏搞一》第171～172页。

水师的作战能力，太平军水师在太平天国五年（1855）于安庆增造船炮，并进行几个月的水战训练。当年底，在武昌、九江、湖口一带的水营，有的大型战船上已安 20 门重达 2000 斤的巨炮。次年四月，又在武汉以船炮猛轰湘军水师战船，炮子飞过江，"密如撒豆"，打得湘军水师船破人亡。

太平军还善于建筑水陆两用的军事工程，同敌激战。太平天国二年底，10 万太平军从岳州（今湖北岳阳）沿江而下直抵武昌后，先在武昌南面建筑重墙、重沟，阻击从广西来援的清军，使其不得接近武昌。接着又在占领汉口、汉阳后，唐正才率部在武昌和汉阳之间夹江而阵，建起鹦鹉洲至白沙洲和南堤咀至大堤口两座浮桥，沟通汉阳和武昌间太平军的联系，准备进攻武昌城。随后便在武昌城外建筑围城工事，沿江岸建立 4 个陆营阵地，在城北观汉楼下建筑炮台，在长江内建立 3 个以水上木排为中心的水营阵地，每个相距五六里。临近攻城时，又用穴地攻城法挖掘地道。1853 年 1 月 12 日凌晨，太平军从汉阳、汉口猛攻武昌，又在文昌门附近安放地雷，炸塌附近城墙 20 多丈，终于破城而入。这是太平军综合利用战场水陆军事工程，突破清军坚城的一个成功战例。

太平军以冷兵器开始起义，在起义战争的发展过程中，采用各种方法制造武器装备，并及时引用欧美新式枪炮，改善自身的装备和提高战斗力。同时，他们又能在野战、攻守城战和水战中综合利用各种军事工程，创造了适用于农民起义战争的许多新战术和著名战例，对中国军事技术发展作出了自己的贡献。然而从当时双方实力的对比中看，太平军军事技术的总体水平还明显低于敌人。在军队成员中，懂得先进军事技术的并不多，操射火器的人数更少，"以一军计之，仍不过万人中数十人"而已。在使用火器的兵员中，又以使用火药包、火球、喷筒者居多，技艺也不够熟练[1]。太平军虽然也通过缴获、购买、仿制等途径，获得了一部分洋枪洋炮，但是其数量和质量远不如敌人。因此，太平天国革命的最后失败，敌我武器装备悬殊，也是一个重要原因。

第四节　清军装备的前装枪炮

清廷在第一次鸦片战争后，又进行了 1851～1864 年镇压太平天国的战争，以及 1856～1860 年抗击英法联军入侵的第二次鸦片战争。为了把太平天国革命镇压下去，除了南方各地原有的驻军外，清廷又先后组建了湘军和淮军，凭借洋人提供的前装枪炮，残酷地镇压了太平天国革命。与凶狠镇压太平天国革命的情景相反，清军却在同英法联军的作战中显得腐败无能，遭致惨败，使国家和民族又蒙受了深重的灾难。

一　湘军的武器装备

正当太平天国革命蓬勃发展时，清廷于咸丰三年（1853）以曾国藩为帮办湖南团练大臣，组建湘军陆营和水师，由曾国藩统领。至次年春，陆营已扩编为 1.7 万余人，成为镇压太平军最凶恶的敌人。

---

[1]　张德坚，《贼情汇集》卷五《伪军制下·附技艺》，见《太平天国》（三）第 159 页。

（一）湘军陆营的武器装备

湘军陆营仿明朝戚继光的营制稍加改变后编制而成，以营为单位。营设营官 1 人，下编亲兵哨和左右前后 4 哨，共 5 个哨。哨设哨官、哨长各 1 人，伙勇 1 人、护勇 5 人。哨下编队，亲兵哨编 6 个队，其余 4 个哨各编 8 个队。队的编制装备有四种：抬枪队编 14 人，装备抬枪 4 支；鸟枪队编 12 人，装备兵丁鸟枪 11 支；劈山炮队编 12 人，装备劈山炮 2 门；刀矛队编 12 人，装备刀矛钯 12 件；各队设火勇 1 人，不装备武器。亲兵哨有鸟枪 1 个队、劈山炮 2 个队、刀矛 3 个队，共 72 人，装备鸟枪 11 支、劈山炮 4 门、刀矛钯 36 件；其余 4 哨各有鸟枪和抬枪 2 个队，刀矛 4 个队，各 108 人，装备鸟枪 22 支、抬枪 8 支、刀矛钯 48 件。一个齐装满员的湘军陆营共编战斗官兵 505 人，分编鸟枪 9 个队、抬枪 8 个队、劈山炮 2 个队、刀矛 19 个队，共 38 个队。另编长夫①180 人，全营共 685 人，装备鸟枪 99 支、抬枪 32 支、劈山炮 4 门，使用火器的队和人数，约占编制总数的一半。

（二）湘军水师的武器装备

湘军水师建于咸丰四年（1854），至六年时，每营装备长龙船 8 艘、舢板船 22 艘，后来又增造了快蟹船。这些战船大多在湖南的衡州、永州、湘潭、长沙，以及江西的南昌等地建造。长龙船底长 4.1 丈、底中宽 5.4 尺；装备 800～1000 斤洋庄（即洋炮）舰首炮 2 门、700 斤洋庄舷侧炮 4 门、700 斤洋庄船尾炮 1 门；乘员 25 人。舢板船底长 2.9 丈，底中宽 3.2 尺（督阵舢板船稍加长加大）；装备 700～800 斤洋庄船首炮 1 门，600～700 斤洋庄船尾炮 1 门，40～50 斤舷侧转珠小炮 2 门；乘员 14 人。除上述各种火炮外，两种战船还备有洋枪、鸟枪、喷筒等火器，以及刀矛等冷兵器，供近战使用。一个齐装满员的湘军水师营，共编战斗官兵 531 人，其中营官 1 人、哨官 30 人（每船 1 哨）、水勇 500 人；共装备火炮 144 门，其中 800～1000 斤火炮 16 门、700～800 斤火炮 62 门、600～700 斤火炮 22 门、小型转珠炮 44 门、洋枪和鸟枪若干支、喷筒若干具②，以及各种冷兵器。

湘军除装备各种冷兵器与火绳枪外，还有购置的洋枪洋炮和自办厂局制造的改进型枪炮。洋枪洋炮由两广总督叶名琛代为购买。据不完全统计，自咸丰四年至六年先后购买了外国火炮 1800 多门。这些火炮大多装备湘军水师。所以曾国藩说："湘潭、岳州两次大胜、实赖洋炮之力"③。湘军首领之一的胡林翼在咸丰七年声称，湘军水师已拥有战舰辎重八九百号，大小火炮 2000 门，其势如雷如霆。湘军自制的火炮由湖南炮局、武昌火药局和安庆内军械所承造。其中湖南炮局制造 100～200 斤的铸铁炮。武昌火药局制造火药与少量枪炮。咸丰十一年设立的安庆内军械所则制造火药、弹丸和枪炮，是湘军所用火器的主要制造部门。湘军装备的火器虽然大多是火绳枪，但也有一部分是新购买的新型前装枪炮。他们在武器装备上的优势是十分明显的。

---

①　长夫：其性质与职责类似现代军队中的工兵。这 180 人的分配是：在营官及帮办人员处 48 人，搬运弹药、火绳者 30 人，在每哨的哨官、哨长、护勇处 4 人，劈山炮队和抬枪队各 3 人，鸟枪队和刀矛队各 2 人。长夫制为曾国藩所编湘军之首创。

②　此处所列湘军水师 1 个营的编制装备数，是依据王定安《湘军记》，曾国藩《会议长江水师营制事宜折》中的第二十五条《船式炮数》统计的。又见罗尔纲《湘军兵志》，第 94～95 页。

③　曾国藩，请催广东续解洋炮片，见《曾国藩集·奏稿一》第 161 页。

二　淮军的武器装备

淮军是在曾国藩支持下，由李鸿章于咸丰十一年（1861）组建而成。其兵员除从湘军抽调数营外，又在淮河流域各地招募数营，按湘军营制、饷章编练成军。同治元年（1862）春，约有 13 营 6500 人，连同其他人员共约 9000 人，由英国轮船分批运至上海，勾结外国侵略军，共同镇压太平军，是太平军在浙江、苏南地区的死敌。淮军进上海后不久便进行改编，建立洋枪队的营制。至当年八月，淮军洋枪队已有千人参战。

洋枪队的营制按营、哨、队三级进行编制，装备洋枪洋炮。队的编制有两种：其一是洋枪队，编 12 人，装备洋枪 11 支；其二是劈山炮队，编 12 人，装备劈山炮 4 门。各队设火勇 1 人，不装备火器。每营设营官 1 人，下编 1 个亲兵哨和前后左右 4 个哨，共 5 个哨。营官自统亲兵哨计 6 队 72 人，分编 4 个洋枪队、2 个劈山炮队，装备洋枪 44 支、劈山炮 8 门。前后左右 4 个哨的编制装备相同，每哨设哨官和哨长各 1 人、护勇 5 人、伙勇 1 人，下编 8 个队，其中有 6 个洋枪队、2 个劈山炮队，每哨 108 人，装备洋枪 66 支、劈山炮 8 门。一个齐装满员的淮军洋枪队营，共有官兵 505 人，编成 28 个洋枪队、10 个劈山炮队，共 38 个队，另编长夫 180 人，全营共 685 人，各洋枪队共装备洋枪 308 支（如果加上其他兵勇装备的洋枪，则要多于此数，有的可达 400 多支）、劈山炮 40 门。淮军洋枪队已弃用刀矛钯等冷兵器，全部装备洋枪洋炮。每营装备的洋枪在 300～400 支之间，是湘军陆营的 2.3～3 倍；装备的劈山炮多达 40 门，是湘军陆营的 10 倍。因此，对太平军来说，淮军洋枪队是比湘军陆营更为凶恶的敌人。

淮军洋枪队装备的洋枪洋炮都购自资本主义国家。其时资本主义国家军火交易方兴未艾，他们趁清政府急需购买枪炮之机，一面吸引中国官员到西方国家去购买，一面又把香港、广州、上海等地作为他们抛售军火的市场。为了把太平天国革命镇压下去，李鸿章通过联络洋人代购、委托同僚采办、派人奔走于纽约、香港、广州、上海等国内外军火市场购买等途径，获得了大量洋枪洋炮[①]，使淮军的装备不断得到改善。同治元年八月，淮军程学启部已建洋枪队一营，装备洋枪 300 多支，劈山炮 40 门。同治二年（1863）八月，李鸿章在部署攻打苏州时，淮军各营总计已拥有洋枪 1.5～1.6 万支[②]，平均每营已超过 1000 支。到同治三年五月，在淮军主力郭松林、杨鼎勋、刘士奇、王永胜等四部约 1.5 万人中，已装备洋枪 1 万多支[③]。在刘铭传所部 7000 余人中，使用的洋枪超过 4000 多支。在此期间，李鸿章又先后在淮军刘铭传、刘秉璋、罗荣光、刘玉龙、余在榜、袁九皋等六部中，各建 1 个洋炮营，共 6 个洋炮营。这些拥有大量洋枪洋炮的淮军各营在进攻太平军时，一般先以劈山炮队的火炮猛轰太平军阵地和坚守的城池，尔后洋枪队发起冲击，太平军屡受其挫。待到捻军被镇压时，淮军所

---

① 据《李文忠公全集·朋僚函稿》有关卷记载：同治元年八月十五日致书曾国藩，请华尔（Frederick Townsend Ward，1831～1862）代购洋枪，是因为华尔洋枪队拥有洋人各种利器，并可笼络华尔，帮助镇压太平军；二年三月十七日致书曾国藩称，淮军可以通过戈登接济洋枪洋炮，而且"价值尚不甚贵"，同时又说托英、法提督在其本国购买了洋炮数百门；同治元年八月二十四日和十月初六日晨给曾国藩的信中提到了派人到广东、香港购买洋枪洋炮之事；二年三月初十日在《复彭雪琴侍郎》的信中说，他为彭在上海购买了质量较好的洋炮 100 门。

② 李鸿章，复曾沅帅，见《李文忠公全集·朋僚函稿四》第 5 页。

③ 李鸿章，上曾相，见《李文忠公全集·朋僚函稿五》第 18 页。

属 30 多支部队 8 万多人，已经全部装备洋枪洋炮。

为了满足淮军洋枪洋炮所需要的弹药，李鸿章在同治二年（1863）相继设立了上海炸弹三局和苏州洋炮局，它们以进口的欧美枪炮与弹药为样品进行仿制，供淮军镇压太平军之用。

淮军购买的洋枪洋炮，虽然有相当一部分是 18 世纪末至 19 世纪初拿破仑战争时期使用过的旧品，以及当时各国军队淘汰、退役和兵工厂粗制滥造的制品，但是也不乏当时较为先进的前装枪炮。其中有英国的贝克、布伦斯威克、洛弗尔（Lovell）、卡德特（Cadet）、斯奈得（Snider）、格林纳（Grenner），法国的米尼（Minie）、达尔文（Dalvigne），以及德意志、瑞士等国的前装枪；还有 8 磅、12 磅、24 磅、32 磅、68 磅、108 磅等各型前装炮。这些较为先进的洋枪洋炮，太平军都难以得到。因此，在苏南和上海各地作战中，淮军所用洋枪洋炮的数量和质量都大大超过了太平军。不但如此，淮军还经常勾结英法侵略军，共同进攻太平军。同治元年（1862）三月，淮军李恒嵩所部 5000 多人和英国驻华海军 4000 多人，携火炮 30 门，自上海出发进攻嘉定。至四月初，以冷兵器守城的五六千太平军，在牺牲二三千人后，被迫退出嘉定。

如果说在太平天国革命前期，湘军主要是使用冷兵器、火绳枪炮，以及部分洋枪洋炮镇压太平军的话，那么在太平天国革命后期，淮军主要是使用击发枪和新型前装炮镇压太平军了。到太平天国革命被镇压时，淮军已扩充至 6 万余人，其武器装备已经过渡到使用击发枪和新型前装炮阶段。这种过渡，是英、美、法等国侵略军的替身华尔洋枪队和戈登常胜军，在勾结淮军血腥镇压太平军的过程中完成的。这种过渡的完成，为淮军在此后 30 多年中，发展成为清王朝武器装备最精良的军队奠定了基础。

三　中外混编武装和英法侵略军的武器装备

太平军在东征苏浙和进军上海时，曾同常胜军[①]等几支中外混编的反动武装[②]，以及英法驻沪的侵略军进行过多次激战。它们都装备比淮军更为先进的洋枪洋炮，如常胜军在其极盛时期有作战兵员三四千人，加上辅助人员后不下万人，分编 1 个来复枪（Rifle，即后装线膛枪）团、5 个步兵团、4 个攻城炮队、2 个阵地炮队、1 个内河舰队、1 支大型运输船队、1 支工兵队、2 个兵工厂等。装备的步枪不但有击发枪，而且有普鲁士新创制的后装线膛击针枪、英制李恩飞[③]后装线膛击针枪，发射尖形弹头的定装式枪弹，每名士兵配发 50 枚。装备的火炮有 24 磅、30 磅榴弹炮、12 磅山炮、8 英寸大口径白炮等，平均每门火炮备有 200～500 枚炮弹。这些装备已与当时驻沪英法军队不相上下。

---

① 常胜军：初为华尔洋枪队，是清上海道台吴煦、巨商杨坊，雇佣美国在沪流氓华尔出面，招募外籍水手、游民、流氓、逃兵、失意军官等 340 多人，于咸丰十年（1860）四月拼凑成军的。所用枪炮均由华尔之父兄在美国纽约购买。次年改募中国人为士兵，以外国人为军官，扩充至千人，成为中外混编的反动武装。同治元年二月十六日，清廷将其改名为"常胜军"，命吴煦为督带、记名道台杨坊与华尔为管带。八月，华尔在浙江慈溪被太平军击伤后毙命。次年二月，任命英军工兵队指挥戈登为统带。同治三年四月二十六日该军在昆山解散后，留洋枪队 300 人、炮兵 600 人编入淮军。

② 除"常胜军"外，还有中英混编的"常安军"、"定胜军"，中法混编的"常捷军"等。

③ 李恩飞（Lee Enfield）后装线膛击针枪：英国人李恩飞于 1853 年创制的步枪，口径 14.4 毫米，长 1394 毫米、重 3.66 公斤，内刻膛线 3 根，发射重 52 克的定装式枪弹，最大射程 1100 米，每分钟可发射 5 枚枪弹，命中精度较高，是当时世界上最先进的步枪之一。

由于这些反动武装拥有先进的洋枪洋炮，并经常协助清军进攻太平军，从而使太平军在作战中遭受了巨大的损失。同治元年（1862）四月初八日，"常胜军" 1800 人、英法在沪驻军 2613 人、清军数千人，合计近 1 万人，携 40 门大炮，从上海出发进攻由太平军 4000 多人驻守的青浦。十四日，用大炮将青浦城垣轰开两个缺口后，即冲入城内，守城太平军 2000 多人被俘，1000 多人牺牲。

四　清军在第二次鸦片战争中的军事技术

咸丰六年九月至十年九月（1856 年 10 月～1860 年 11 月），英法侵略者联合对我国发动了第二次鸦片战争。战争进行中，太平天国革命运动正在蓬勃发展，打得清军焦头烂额。清王朝在对内对外战争并存的情况下，为了维护自身反动统治的需要，推行了对内加紧镇压、对外放松御侮的方针，终于导致清军再次战败的恶果。

战争双方的武器装备仍然相当悬殊。清军使用的轻型火器有鸟枪、抬枪、火罐、火箭、喷筒和部分洋枪，此外，还使用一定数量的冷兵器。所用轻型火炮的机动性虽稍有改进，但大部分购自外国，小部分为新制产品。要塞和城防使用的重型火炮，在吸收丁拱辰、龚振麟等人研制的旋转炮架后，在调整射角、射程和加强机动性、提高射速等方面虽有一定的改进，但由于当时对提高火炮威力的认识，还主要表现在增加所制火炮的重量上，不确当地认为火炮越大越重，其威力就越大，因此在构造和发射方式上的变化甚少，实际威力的增强也有限。而英法军队已经开始用新创制的李恩飞式和米涅式步枪。所用火炮已有相当一部分从前装滑膛改为后装线膛，由实心弹发展为榴霰弹，提高了射击精度，增大了杀伤面积，射程一般已在千米以上。

要塞和城防炮台的建筑，在采纳丁拱辰、黄冕等人所提出的方案以后，有了较大的改进。这不但在虎门要塞和广州城防炮台的修建、改建和扩建工程中有明显的体现，而且在 1859 年 3 月科尔沁亲王僧格林沁重修大沽炮台时，也有所反映。经过重建后的大沽口南北岸共有 6 座炮台，其中南岸有 3 座炮台，北岸有 2 座炮台，高 3～5 丈。它们的高度、宽度和厚度比以往都有增加。南北岸的 5 座炮台，分别以威、镇、海、门、高 5 字命名，以此示意各炮台的威严和控镇海门口岸的制高点。另外，在北岸石头缝地方新建 1 座炮台，作为大沽口后路的策应。各炮台都用砖石砌筑，外面被覆 2 尺多厚的三合土。炮弹射来时，虽能击入土中，破口成洞，但不致造成砖石横飞。6 座炮台共装备 5000 斤重炮 2 门、西洋火炮 23 门，加上其他火炮共 60 门。各炮台周围都筑有坚固的堤墙，堤墙之外挖有深沟，沟中竖立木桩，增加设防的层次和纵深。又在海河口布设 3 道拦河铁链，安设木栅，配置巨筏，希求以此拦阻敌舰。在加强大沽口设防工程的同时又增加守备兵力，使每座炮台的清军达到 400 人左右。

广州虎门和大沽要塞防御工程的改建和扩建，海岸炮的增配和水师舰船的改善虽然有限，但是如果将领指挥得当，也能给入侵之敌以一定的惩罚。广东内河水师在咸丰六年十月十八日（1856 年 11 月 15 日）凌晨 3 时，趁夜雾浓重时，派战船数艘，驶近停泊在珠江中的两艘英舰，炮击 20 多分钟。待英舰仓卒还击时，几艘战船已迅速撤回内河。咸丰六年十二月初九日（1857 年 1 月 4 日）下午，广东水师调集兵船、沙船和划艇 300 多只，突然围袭两艘英舰，炮战一个多小时，给敌以一定杀伤后，又主动撤入河汊内。这些都是成功的战例。

咸丰九年五月二十五日（1859 年 6 月 25 日），英国驻华海军司令贺布少将（Vice Admiral

James Hope，又译作何伯，1808～1881）率领英法联军13艘舰艇，横闯大沽海口。两岸守台清军各炮齐发，猛烈轰击联军舰队的舰船。经过一昼夜的激战，联军13艘舰船中有4艘毁沉、6艘丧失战斗力，伤亡官兵592人。清军取得了自第一次鸦片战争以来，首次狠狠打击外国侵略者的胜仗。

　　但是，由于清廷的腐败，咸丰帝的和战多变，一些统兵大员的昏庸愚昧和指挥无能，所以，要塞防御工程和海岸炮改善的作用并未得到充分发挥，甚至出现有防不守，守而不力，不战而逃的怪现象。因此，清军在第二次鸦片战争中的失败，从军事技术方面说，既有敌优我劣的原因，又有不善于使用和弃而不用的问题。两广总督叶名琛，弃虎门要塞和广州城防火炮而不用，任凭敌舰闯虎门、轰广州。1860年8月英法联军第三次侵犯大沽时，由于僧格林沁骄傲轻敌，既撤塘沽之防于前，又弃守大沽于后，致使联军乘虚而入，接连破大沽、进天津、陷通州、入北京，直至火烧圆明园。最后清廷被迫签订丧权辱国的中英、中法《北京条约》，使中国人民又一次蒙受了战争的浩劫。

第十章 后装枪炮阶段的军事技术

清军在第二次鸦片战争中的失败，使国家和人民蒙受了更为深重的灾难。一些具有改良思想的人，认为这是中华民族的奇耻大辱，"凡有心知血气"的人，都不应苟且偷安，以免"中华为天下万国所鱼肉"①。他们建议把夷务作为国家第一要政。主张引进各种先进的机器设备和军事技术，兴办兵工厂，培养军事技术人才，以购买的欧美枪炮舰船②为样品，制造新式武器装备，进行军事自强。于是火器时代的军事技术，也就随着这种主张的实行而进入全面发展的阶段。

第一节 晚清兴办的兵工厂

晚清兵工厂是在当时特定的国内和国际背景下，采取引进先进机器设备和军事技术的方针兴办的。

一 兴办兵工厂的时代背景

兴办兵工厂之事，曾在清王朝统治阶级内部洋务派和顽固派之间，进行过虽非原则但很重要的争论。争论的焦点是怎样改善国家武备和维护清王朝统治的问题。

一部分皇亲贵族和封建官僚，无视清军武器装备的落后和屡战屡败的事实，毫无变革图存之意，他们反对"以夷变夏"，耻于"师事夷人"。竭力维护"祖宗成法"，把西方的科学技术视为奇技淫巧，咒骂学习西方军事技术的人是"丧心病狂之徒"③，表现了极端的愚昧落后性和顽固的封建保守性，是极端的顽固派。但是，一部分具有改良思想的人，接受和继承了魏源"师夷长技以制夷"的思想，起而痛斥他们的荒唐说教，认为这些不过是一些不知世界之大，不识时事之变的"夏虫"、"井蛙"之见。历史发展的潮流，终于抛弃了顽固派的陈腐说教。

在清王朝中央和地方的一部分当权者中，基于当时形势发展的需要，一方面欲借助洋枪洋炮之力，镇压以太平天国为代表的农民起义，维持和挽救清王朝的统治；另一方面也欲借助洋枪洋炮之力，抵御外侮。曾国藩对此作了明白的披露："轮船之速，洋炮之远，在英、法则夸其所独有，在中华则震于所罕见，若能陆续购买，据为己有，在中华则见惯而不惊，在英、法亦渐失其所恃……购成之后，访募覃（tán）思之士，智巧之匠，始而演习，继而试造，

---

① 清·冯桂芬，《校邠（bīn）庐抗议》卷下《善驭夷议》，聚丰坊，1897年校刻本，《校邠 庐抗议》卷下，第70～74页。

② 19世纪70年代以后，清廷从国外购买的主要是后装线膛枪炮和蒸汽舰船。

③ 倭仁折，《中国近代史资料丛书》之《洋务运动》（二），上海人民出版社，1961年版，第34页。以下引此书时均同此版本。

不过一二年，火轮船必为中外官民通行之物，可以剿发逆，可以勤远略"[①]。因此，他认为购买外国船炮，是救时之第一要务。总理衙门大臣奕䜣（xīn）以为，学习和仿制"外洋各种机利火器，……有事可以御侮，无事可以示威"[②]。李鸿章根据当时中外军队武器装备的悬殊，提出了"欲求制驭之方，必须尽其所长，方足夺其所恃"[③] 的看法。左宗棠基于英法联军在第二次鸦片战争中，"泰西各国火轮兵船直达天津"，中国的"藩篱竟成虚设"[④] 之状况，力主设立厂、局制造船炮。如果将洋务派同顽固派相比，虽然他们在维护清王朝反动统治方面具有一致性，但是"师夷"、"制夷"、"御侮"、"防海"等方面却表现了一定的明智性，从而不失为当时的识时务者。

由于上述主张有利于维护清王朝的统治，所以朝廷采纳了他们的建议，并将其作为一种国策于 19 世纪 60 年代初开始推行，而奕䜣、曾国藩、左宗棠、李鸿章等人，也就成为清王朝军事自强政策的实际推行者和主持人，也是我国近代兵工厂第一批经办人。

清廷推行军事自强政策，不仅出于国内原因，而且也是资本主义国家炮舰政策触发的结果。在当时，这种做法也是贫弱国家增强抵御资本主义国家入侵能力的一种国际现象，不仅清王朝如此，日本的明治政府也不例外，否则就等于束手待毙。因为 19 世纪后期，正是资本主义强国处于自由资本主义发展的高峰，并向垄断资本主义过渡的时期。在这个时期中，他们为了发展本国的工业，便极力向外争夺原料产地和工业品的销售市场，这种争夺导致了相互间的战争，以及掠夺、瓜分和吞噬贫弱国家的战争。为了在战争中取胜，他们不断研制各种新式武器装备，使军事技术研究的成果，迅速转化为巨大的军事工业生产能力。19 世纪中叶，由德国人克虏伯建立的炮厂，在 1845 年只有 130 名工人。至 1862 年已增至 2000 人，创制了闭锁性能较好的后装线膛层成炮和装箍炮。到 19 世纪 80 年代已拥有 2 万多人，5 个大型钢厂，500 个铁矿、煤矿、采石场、陶坑和沙坑，1 个汽船队和 1 个火炮试验基地，向包括中国在内的世界 14 个国家和地区，销售了数以万计的火炮[⑤]。德国的利弗（Lever）机器厂，在 1889 年就能向国外出口一套拥有 120 匹马力[⑥]，日产连发枪 50 支，年产 75 至 120 毫米口径山炮 50 门的全套设备。中国湖北枪炮厂也以 30 万两白银，购买了这种设备[⑦]。英国的乌理治（Woolwich）兵工厂，在 19 世纪 50 年代，就创制了与克虏伯炮齐名的阿姆斯特朗（Armstrong）炮。到 80 年代，该厂便成为一个附设有一周能炼 7000 吨优质钢材的炼钢厂，并且拥有 3000 吨的水压锤、2000 匹马力的许多先进生产设备。其所属的李恩飞枪械制造厂，在一周内能造 2500 支线膛后装连发步枪。法国的圣西门（Seint-Simon）海军冶金和炼钢厂，自

---

① 曾国藩，复陈购买外洋船炮折，见《曾国藩全集·奏稿十四》第 11 页。

② 总理各国事务恭亲王等奏，见《洋务运动》（三）第 467 页。

③ 李鸿章，京营官弁习制西洋火器渐有成效折，见《李文忠公全集·奏稿七》第 63 页。

④ 《左宗棠全集·奏稿卷十八》，《拟购机器雇用洋匠试造轮船先陈大概情形折》，上海书店，1986 年版，影印本《左宗棠全集》第四册第 2844 页。以下引主书时均同此版本。

⑤ ［美］康帕兰多，《火炮的时代》（Frank Compalando, Age of great guns），哈里斯堡，1965 年版，军事科学院译稿第 59、70 页。以下引此书时均同此版本。

⑥ 马力：原计量功率的单位。1 马力=在 1 秒钟内完成 75 千克力·米的功，也等于 0.735 千克瓦，或称公制马力。英制 1 马力=550 英尺·磅/秒=76 千克力·米/秒，即 0.746 千瓦。中华人民共和国法定计量单位规定，马力属于应淘汰的计量单位，计量功率的单位应为瓦特或千瓦。

⑦ 张之洞，筹建枪炮厂折，见《中国近代工业史资料》第一辑上册，中华书局，1962 年版，第 522 页。以下引此书时均同此版本。

1875 年开始，每年能造 800 至 1000 门火炮[①]。

明治维新后的日本，虽然不是资本主义强国，但是由于竭力发展资本主义生产力，使社会经济得到迅速的发展。他们也大力引进欧美国家的军事技术和工业设备，建立东京炮兵工厂、大阪炮兵工厂、横须贺海军工厂、海军兵工厂。据 1887 年统计，这 4 家兵工厂就拥有动力机械 69 台、马力 1511 匹、工人 6870 名，而其他 34 家民用工厂，只拥有动力机械 58 台、马力 905 匹、工人 4588 名[①]。因而军事工业处于优先发展的地位。

历史发展表明，19 世纪末叶，不但英、法等老牌资本主义国家，以雄厚的军事技术力量，极力发展军事工业，而且后起的德国也急起直追，出现跳跃式的发展，在短期内发展成为拥有强大军事工业体系的侵略性国家。明治维新后的日本，也大力发展军事工业，把以防御为目的而建立的军事工业，转化为对外侵略扩张的军事工业，使抵御西方侵略的日本，转化为向外侵略扩张的日本。其矛头直接指向朝鲜和中国，使中国又增加了一个凶恶的敌人。

二　容闳对兴办兵工厂的贡献

在奕䜣和曾国藩等人的建议下，清廷于咸丰十一年（1861），已有意嘱命曾国藩、薛焕，"酌量办理"向法国人学习制造枪炮舰船之事。是年十一月，曾国藩即在安庆设立内军械所，开了制造机器设备和兴办近代兵工厂的先端，把多年议论的问题，推进到了具体实施的阶段。在曾国藩开始兴办近代兵工厂之初，容闳曾作出过重要的贡献。

容闳（1828～1912）是我国近代最早的留美学者和近代教育的先驱者。名光照，族名达萌，字纯甫。广东香山（今中山）人。道光二十年（1840），在外国传教士的资助下，进入由英人在香港创办的马礼逊（Robert Morrison，1782～1834）小学，开始学习西方自然科学知识，于道光二十六年毕业。次年留学美国。咸丰四年，毕业于美国耶路大学，次年回国。咸丰十年十月，到南京访问好友、太平天国干王洪仁玕，起草了富强中国的意见书。因不切太平天国实际，故未被采纳。同治二年（1863），经数学家李善兰的介绍和曾国藩的两次函请，容闳从上海到达安庆，受到曾国藩的礼待。在几次气氛和谐的交谈中，他直抒胸臆，提出了引进、学习和消化西法，兴办兵工厂制造枪炮等许多建议。他主张办厂要办基础性的工厂，以促进中国独立自主地实行工业化和走上富强之路。他建议曾国藩"先立一母厂，再由母厂以造出其他各种机器厂"。他说："予所注意之机器厂，非专为造枪炮者，乃能造成制枪炮之各种机械者也"[②]。他的购买"制器之器"的建议被曾国藩所采纳，并成为清政府引进西方机器设备的一个重要的原则，受到兴办兵工厂者的重视。

不久，曾国藩委任容闳为"出洋委员"，拨银 6.8 万两，命其出洋，向美国订造各种成套机器设备。同治二年（1863）十月，容闳经香港赴美，在马萨诸塞州的菲希堡，订购了一百多台工作母机。同治四年春，这批机器运抵上海，为当时最大的综合性兵工厂江南制造总局的创建，提供了基本设备。这种在引进欧美设备中重视工作母机的思想，对此后江南制造总局的建设和发展，产生了较大的影响，厂方每次向国外购买机器时，除购买制造军工产品的机器外，都注意购买工作机器，以为制造其他各种机器之用。正因为如此，所以江南制造总

---

① ［日］小山弘健，《日本军事工業の分析》，日本三笠书局，1952 年版，第 104 页。
② 容闳，西学东渐记，见《中国近代工业史资料》第一辑上册，第 269～270 页。

局在建立后不久，便很快成为我国近代第一座大型综合性兵工厂，对其他兵工厂的创建和发展，起了一定的支援和推动作用。于是一批近代兵工厂，终于在全国不少地方先后创办和发展起来了。

三 兵工厂兴办的概况

从咸丰十一年到宣统二年（1861～1910）的50年中，清王朝在全国一些地方，先后兴办了许多兵工厂，其中具有一定规模的有35个。它们虽然在规模上各有大小，产量各有多少，兴办时间的长短各不相同，有的时兴时废，有的倒闭夭折，有的耗资大而成果少。但是它们的兴办，是我国军事工业从手工制造向机械制造过渡的标志，为此后机械化军事工业的发展，奠定了初步的基础。这些兵工厂的基本情况大致如表10-1所列。

表10-1 晚清兴办的兵工厂

序号	厂局名称	所在地	创办年代	创办人	主 要 产 品
1	安庆内军械所	安 庆	1861	曾国藩	子弹、火药、炸炮、轮船
2	上海炸弹三局	上 海	1863	刘佐禹 丁日昌 韩殿甲	子弹、火药
3	苏州洋炮局	苏 州	1863	刘佐禹	子弹、火药
4	江南制造总局	上 海	1865	李鸿章 丁日昌 曾国藩	子弹、火药 枪炮、水雷、 各种机件、钢材
5	金陵机器局	南 京	1865	李鸿章	子弹、火药、枪炮
6	福建船政局	福 州	1866	左宗棠	舰船
7	天津机器局	天 津	1867	崇 厚	子弹、火药、枪炮、水雷、钢材
8	西安机器局	西 安	1869	左宗棠	子弹、火药
9	福州机器局	福 州	1870	英 桂	子弹、火药、枪炮
10	兰州机器局	兰 州	1872	左宗棠	子弹、火药
11	广州机器局	广 州	1874	瑞 麟	子弹、火药、小轮船
12	广州火药局	广 州	1875	刘坤一	火药
13	山东机器局	济 南	1875	丁宝桢	火药、子弹、枪炮
14	湖南机器局	长 沙	1875	王广韶	火药、枪、开、花炮弹
15	四川机器局	成 都	1877	丁宝桢	子弹、火药、枪炮
16	吉林机器局	吉 林	1881	吴大澂	子弹、火药、枪
17	金陵火药局	南 京	1881	刘坤一	火 药
18	浙江机器局	杭 州	1883	刘秉璋	子弹、火药、水雷
19	神机营机器局	北 京	1883	奕 𝗂	不 祥
20	云南机器局	昆 明	1884	张之洞	洋火药
21	杭州机器局	杭 州	1885	刘秉璋	火药、枪弹

序号	厂局名称	所在地	创办年代	创办人	主 要 产 品
22	广东枪弹厂	广　州	1885	张之洞	子弹、枪炮
23	台湾机器局	台　北	1885	刘铭传	不　祥
24	汉阳枪炮厂	汉　阳	1890	张之洞	子弹、火药、枪炮
25	陕西机器局	西　安	1894	鹿传麟	枪弹、机器修理
26	盛京机器局	沈　阳	1896	依克唐阿	子弹、火药
27	河南机器局	开　封	1897	刘树棠	子弹、火药；抬枪、小铜炮
28	山西机器局	太　原	1898	胡聘之	子弹、火药、枪
29	新疆机器局	乌鲁木齐	1898	饶应祺	枪　弹
30	黑龙江机器局	龙　江	1899	恩　泽	枪　弹
31	北洋机器制造局	德　州	1904	袁世凯	子弹、火药
32	江西机器局	南　昌	1903	夏　时	子弹、毛瑟枪
33	安徽机器局	安　庆	1907	冯　煦	子弹、火药
34	贵州机器局	贵　阳	光绪年间		子弹、火药
35	四川兵工厂	成　都	1910	赵尔巽	子弹、火药

四　几个主要的兵工厂

表 10-1 所列的 35 个兵工厂，其中以最早建立的安庆内军械所、居于全国之首的综合性兵工厂江南制造总局、专为北洋驻军兴办的天津机器局、两江最大的金陵机器局、后起之秀的汉阳枪炮厂、专建舰船的福建船政局等最为著名。它们各有特点，是中国近代兵工厂的骨干。

（一）安庆内军械所

咸丰十一年（1861），曾国藩率领湘军攻下安庆，不久便开始筹备建立兵工厂，以便仿制洋枪、洋炮。当时著名的科学家容闳、徐寿、徐建寅、华蘅芳、华世芳、龚振麟、龚芸棠、吴嘉廉等，曾相继云集于所内，从事建所和制造兵工产品的工作。同治元年（1862），安庆内械所建成，下设火药局、火药库、造船局三部分。火药局在枞阳门（即东门）内，制造炸炮和子弹。火药库在北门外南庄岭一带，以试制炮弹为主。造船局在保全门（即西门）外的旧制造局处，主要试制火轮机与火轮船，清军在其附近驻有一个水师营。

由于曾国藩主张独立建所，因此所内全用华人，各道生产工序虽都由手工操作完成，但已是一个初具规模的以分工为基础的手工工厂。

同治元年闰八月，安庆内军械所的工程技术人员和工匠，试制成中国第一台小型蒸汽机，使我国开始跨入蒸汽机时代。之后，徐寿、华蘅芳等人又在此基础上试造蒸汽轮船。同治三年，安庆内军械所迁往南京。次年，我国第一艘蒸汽轮船"黄鹄"号在南京建成，于同治五年在下关试航成功。它不但为我国建造蒸汽机船开辟了道路，而且推动了其他工业的发展，使我国军事工业很快从手工制造进入机器制造的时代。

（二）江南制造总局

江南制造总局又称上海机器局，简称沪局。最初只有李鸿章于同治四年五月，以 6 万两白银买下的美商上海虹口旗记铁厂。当时该厂"能修造大小轮船及开花炮、洋枪各件，实为洋泾浜外国厂中机器之最大者"[①]。之后，李鸿章又将江海关道丁日昌和总兵韩殿甲设在上海的两个炮局并入该厂，并改名为江南制造总局。当年八月奏请成立，由丁日昌任总办，韩殿甲、冯焌光、王德均、沈葆靖等人一同经办局务。建局之初，仅有福尔斯（Falls）等 8 名外国技师和 50 余名中国工匠，制造枪炮弹药。又将由容闳购买的 100 多台机器拨给该局，扩大了该局的规模。

由于机器设备日益增多，故又在上海城南高昌庙镇，购地 70 余亩作为新址。同治六年（1867）夏，该局迁往新址，局下设锅炉厂、机器厂、熟铁厂、枪厂、木工厂、铸铜铁厂、轮船厂等，以及库房、栈房、煤房、文案房、工程处、中外工匠宿舍等配套房屋。光绪十七年（1891），又先后增建炮厂（见照片 12）、火药厂、枪子厂、炮弹厂、水雷厂、炼钢厂等。至此，总局已包括 13 个分厂、1 个工程处，占地近 670 亩[②]，拥有职工 3592 人、厂房 2579 间，以蒸气为动力的车、刨、钻、镗等工作母机 361 台、大小汽炉 31 座，总马力 10 657 匹。此外，还附设有广方言馆、工艺学堂、翻译馆、炮队等机构，成为近代中国军工生产、培养军事技术人才、传播西方军事技术的中心。

江南制造总局开办伊始，李鸿章就规定了它的基本任务是"以制造枪炮，借充军用为主"，其次是建造蒸汽轮船，兼造各种工作母机。19 世纪 90 年代，又冶炼军用钢材。从 1867 年至 1894 年，该厂共制造各种步枪 512 285 支、火炮 585 门、水雷 563 具、铜引 4 411 023 支、炮弹 1 201 894 发、舰船 8 艘，冶炼钢材 8075 吨。其中弹药有黑色火药、枪弹、炮弹、水雷等，步枪有林明敦（Remington）枪、黎意（Lee）枪、快利枪、新快利枪、曼利夏（Mannlicher）枪、毛瑟（Mauser）枪等，火炮有轻型火炮、速射炮、阿姆斯特朗炮、克虏伯炮等，舰船有炮舰、小艇等。江南制造总局生产能力的最高峰是 19 世纪 90 年代。1895 年 5 月，该局总办刘麒祥在致张之洞的电报中，较为详细地禀报了该局制造枪炮弹药的能力。按扣除节假日后每年工作 300 天计算，可造小口径速射枪 1500 支、40 磅快炮 12 门、100 磅快炮 6 门。每天可造速射枪弹 5000 发，栗色火药 100 磅、无烟火药 400 磅[③]。这些产品，供应南洋大臣直属部队、北洋大臣直属部队，以及沿江和沿海的守备部队等数十个单位，从而改善了这些部队的武器装备。

江南制造总局的创办和发展，不但在我国军事工业近代化中，起了开端起步的作用，而且也在我国工业近代化中，起了带头和促进的作用。然而，由于它兴办于晚清王朝业已衰落腐朽之际，故其积极作用又有很大的局限性。1894～1895 年的甲午风云，卷去了它兴旺发达的一瞬，直到清王朝灭亡之时，依然无法摆脱风雨飘摇的困境。

（三）天津机器局

天津机器局是北洋驻军系统的兵工厂，简称津局。同治四年（1865）四五月间，清廷因

---

① 李鸿章，置办外国铁厂机器折，见《李文忠公全集·奏稿九》第 32 页。
② 其中高昌庙厂占地 400 余亩，龙华火药厂、枪子厂等占地 267 亩。
③ 刘麒祥致张之洞电，见《中国近代工业史资料》第一辑上册第 297 页。

科尔沁亲王僧格林沁在山东曹州被捻军击毙之事，命李鸿章派员赴天津开局铸造炸弹，以为援护京师之需。是年冬，三口通商大臣崇厚，商请李鸿章购买机器设备，以为建局之用。五年八月，恭亲王奏请朝廷，由崇厚筹备建局，并委托英商门多斯（Mendows）经办建局事务。六年二月，在天津城东贾家沽道，首建天津机器局之东局，占地 2230 余亩。继而又在城南海光寺建立天津机器局之南局，亦名西局。开局之初，即建厂房 42 座，290 余间，公所及洋匠员工住所 300 余间。建局期间，江南制造总局曾派军事技术家徐建寅前往援建，并拨售一部分机器设备充实该局。由于崇厚督办无方，故开局初期生产能力有限，仅能试制一些小型铜炸炮、炮车和炮架，日产火药只有三四百磅，不及江南制造总局日产量的 1/3。

同治九年五月，天津教案发生。清廷派崇厚赴法办理善后，调李鸿章为直隶总督兼北洋大臣，督办天津机器局。李鸿章于次年派江南制造总局督办沈葆靖，赴津接替英人门多斯"总理天津机器局事务"，又从南方抽调大批工匠到津局工作，生产局面一时大振。从 1872～1874 年，相继增设了铸铁厂、熟铁厂、锯木厂、3 个碾药厂、洋枪厂、枪子厂，添置了制造林明敦枪和中针击发枪弹的机器等。光绪二年（1876），津局制造军工产品的能力已提高了三四倍，并能承修军舰和小型蒸汽船。三年，试制成水雷。十三年，开始兴建规模较大的栗色火药厂。十九年，建成一座炼钢厂。于是天津机器局便成为北洋大型综合性兵工厂，其名称也于二十一年改为总理北洋机器局。其制品主要供应北洋水陆各军，对改善这些军队的装备起了重要作用。

天津机器局制造兵工产品的能力，到光绪二十五年已发展到高峰。据北洋大臣裕禄估计，当时该局平均年产洋火药 65 万磅、铜帽 1500 万颗、后装枪弹 380 万发、大小炮弹 1.5 万发，年最高产量为火药 100 万磅、铜帽 2800 万颗、后装枪弹 400 万发。二十六年，八国联军攻陷天津，该局毁于战火，无法恢复。袁世凯继任直隶总督兼北洋大臣后，于二十九年决定在山东德州外花园选择新址，重建总理北洋机器局，光绪三十年建成投产，但其规模与生产能力已无法同兴盛年代相比。

（四）金陵机器局

金陵机器局兴办于江南制造总局之后，它以同治四年（1865）迁往金陵（今江苏南京）雨花台的苏州洋炮局为基础，经过扩建而成。当年，李鸿章由江苏巡抚署理两江总督，赴金陵就任，控制该局，并委任不懂火器制造的英国医生麦卡特尼（Halliday Mccartney）督理该局[①]。建局之初，仅能制造枪弹、炮弹、引信等消耗性军工产品。同治八年，开始制造轻型火炮，但质量较差，经常发生火炮膛炸事故。十年，又在通济门外乌龙桥地方扩建火药厂。光绪五年，该局已发展成一个拥有 3 个机器厂、2 个翻沙厂、2 个木作厂，以及水雷局、火药局、火箭局等中型军工厂局。七年，刘坤一署两江总督，奏请设立"洋火药局"，于光绪十年夏建成投产，年产火药 20 万磅，供沿江各炮台及留防各营所用。

光绪十年春，曾国藩任署两江总督，他以中法战争爆发，清军急需大量武器为契机，投资白银 10 万两，扩建厂房，增购制造枪炮、弹药的机器设备 50 余台。二十二年，又拨银 1 万余两，更换锅炉，生产能力大为提高。至光绪二十五年，该局每年能造后装枪 180 支、2 磅后装炮 48 门、1 磅速射炮 16 门、各种炮弹 6580 枚、枪弹 5 万发、毛瑟枪弹 8.15 万发，还有其

---

① 1875 年，由于麦卡特尼为大沽炮台督造的火炮发生膛炸，李鸿章乘机将其撤职。后由华人负责督办。

他一些产品。金陵机器局制造的兵工产品虽不算先进,但其仿制的克虏伯炮、诺登飞(Nordenfeld)和加特林(Gatling)多管速射炮①,却是当时称美一时的枪炮。对改善清军的装备具有不可忽视的作用。

(五)汉阳枪炮厂

汉阳枪炮厂是 19 世纪 90 年代建立的大型综合性兵工厂,同江南制造总局、天津机器局相比,可称为后起之秀,并与前两局一起,成为清王朝所建的三大兵工厂。汉阳枪炮厂系张之洞亲自筹建。光绪九年十月,中法战争爆发。张之洞于次年改任两广总督,负有为前线筹备饷械之责。他在筹款从上海购买美、德等国枪炮弹药时,深知其中弊端和受人控制之苦,便于光绪十五年七月上奏朝廷,认为购买外国枪炮,"不但耗蚀中国材用,漏卮难塞,且订购需时,运送途远,办理诸多周折;设遇缓急,则洋埠禁售,敌船封口,更有无处可购,无处可运之虑"②。故应尽快创设枪炮厂,自行采矿炼铁,以"免受制于人,庶为自强之计"②。与此同时,他又委托出使德国大臣洪钧,向利佛机器厂订购制造枪炮的机器设备各一套。其中造枪机器每日能造十连发毛瑟枪 50 支,造炮机器每年能造口径 75 毫米至 120 毫米的克虏伯山炮 50 门。此外还添购了一套制造枪刺的机器设备,准备在广东设厂制造。

正在张之洞加紧于广东筹建枪炮厂时,清廷调他担任湖广总督。经过张的再三周旋,清廷遂于光绪十六年同意将他订购的各种机器设备运往湖北。光绪十八年,在汉阳大别山麓建厂,占地 237 亩。至十九年建成,所订购的机器也同时到齐,安装调试后即行投产。由于经费紧缺,所以在初期仅能利用其生产能力的一半。光绪二十年(1894),枪炮厂发生火灾,机器设备受损,经过一年多的修复,于二十二年复工生产。为了扩大规模,张之洞再度向外国订购机器,并同时扩建厂房。十九年和二十五年,又在汉阳兴建炼钢厂和无烟火药厂。光绪三十年,汉阳枪炮厂更名为湖北兵工厂。次年,湖北兵工厂已成为拥有 9 个分厂的大型综合性兵工厂。

汉阳枪炮厂制造的步枪,主要是 7.9 毫米口径的毛瑟枪。自 1896 年至 1910 年,共制成 13.61 万余支,是造枪最多的兵工厂之一。所造火炮大部是仿德国格鲁森(Gruson)式,共有 9 种规格,以 57 毫米口径的轻型火炮为主,平均每月制造 8 门。至宣统元年(1909)共造 988 门。平时每月可造枪弹 60 万发,最多达 130 万发;炮弹 7000 发,无烟火药 6000 磅,最多达 18 000 磅。至宣统元年,共造枪弹 60 万发、炮弹 66 万发、无烟火药 33 万磅。钢厂于光绪二十九年五月开炉,于三十一年一月停工,宣统元年又开工,前后不到两年,共产钢坯 44.69 万余磅。

汉阳枪炮厂是清末制造步枪、轻型火炮和枪炮弹的最大兵工厂,在江南制造总局和天津机器局处于滑坡和遭战争破坏后,其地位日益重要,产品的数量和质量也大有后来居上之势。它不仅对改善清末军队的武器装备有很大影响,而且也是后来国民党军队所用枪炮的主要制造厂家之一。

---

① 多管速射炮:实际上是一种多管枪,因其可用多支枪管连续发射枪弹,大大提高了射击速度。
② 两广总督张之洞奏,见《洋务运动》(四)第 383 页。

（六）福建船政局

福建船政局亦称福州船政局或马尾船政局。是在左宗棠推动下创办的舰船建造厂。同治五年（1866）五月，闽浙总督左宗棠上书清廷，建议创办船政局："欲防海之害而收其利，非整理水师不可，欲整理水师，非设局监造轮船不可"①。同治帝认为他的主张"实系当今应办急务"，"所陈各条，均著照议办理"②。七月，左宗棠与法国人日意格（Prosper Marie Giquel，1835～1886)），经过再三勘查，选定福州罗星塔附近为厂址，在马尾山后修建船坞、铁厂、船厂及办公用房。全局大致经历了初创（1866～1873）、发展（1874～1895）、停滞（1896～1911）、衰落（1912～1949）等四个发展时期。

同治五年八月，左宗棠调任陕甘总督。行前，他推荐江西巡抚沈葆桢总理船政；又命通晓汉字的日意格为船政监督，德克碑（Paul d' Aiquebelle，1831～1875）为副监督，承办局内一切事务，确定船局由铁厂、船厂、船政学堂等三部分组成。按当时同日意格签订的合同："自铁厂开工之日起，外国技师应于五年内教会中国工匠驾驶技术，能按图纸设计建造轮船，并造大小轮船15艘；在堂学生亦应分别学会舰船的建造和驾驶技术。"同治六年七八月间，厂房基本建成，机器设备大体安装完毕，船坞也告竣工，继而修建船台，准备建造第一艘蒸汽舰船。此后，船政局又不断扩大，相继建成转锯厂、大机器厂、汽缸厂、木模厂、铸铁厂、钟表厂、铜厂、储材厂，从而成为一个设备齐全，规模较大的舰船建造厂。

同治八年五月，第一艘木体蒸汽螺轮舰船"万年青"号下水。舰上装备钢炮4门、铜炮2门，拥有马力150匹，排水量370吨，航速6节③。该舰全由中国工匠建造和驾驶，经试航鉴定，船身牢固，轮机坚稳。之后，从同治八年（1869）至十三年初创时期，先后建成大小舰船15艘，完成了合同规定的造舰数。其时，内阁学士宋晋上奏朝廷，以经费短缺为由，建议停止造船。在左宗棠、沈葆桢、曾国藩、李鸿章等全力辩护下，朝廷才同意船政局继续造船。

同治十三年，日意格及外国技师和工匠，因合同届满而撤离该局，从而使该局进入了由本国技师和工匠担任造舰任务的阶段，也是该局由初创进入发展时期的开始。至光绪六年（1880），已独立建成8艘舰船。由于造舰能力有明显提高，故新任船政大臣黎兆棠上奏朝廷，请求建造巡海快船，朝廷采纳了这一建议。经过全局人员的努力，第一艘快速兵轮船"开济"号建成下水，航速已提高至15节。正当造舰事业发展之际，中法战争爆发，船政局在马尾海战中遭到严重破坏，造舰之事受挫。战后经过修复和发展，至光绪十三年，已建成具有一定作战能力的铁肋钢甲舰和钢甲巡洋舰多艘。其中钢甲巡洋舰（一说炮舰）"平远"号（又称"龙威"号），是我国自造的火力配系最强的战舰，成为北洋舰队"八远"大舰之一，在中日甲午黄海海战中发挥了一定的战斗作用。甲午风云后，清廷财政拮据，船政局经费无源，生产能力萎缩，遂转入停滞时期。清王朝灭亡后，船政局已日趋衰落而仅有其名了。

晚清政府自19世纪60年代开始兴办的兵工厂，虽然没有实现有识之士们自强救国的愿望，也没有达到清王朝维护自身统治的目的，但是它们仍具有如下特点：首先，从布局上看，

---

① 《左宗棠全集·奏稿卷十八》，《拟购机器雇用洋匠试造轮先陈大概形折》，《左宗棠全集》第四册2845页。

② 《左宗棠全集·奏稿卷十八》，同治五年六月初三日《上谕》，《左宗棠全集》第四册第2869页。

③ 节：国际上通用的航海速度单位。每小时航行1海里称1节，航行15海里称15节。1海里＝1.852公里。

它们具有普遍性和系统性，因为这30多个兵工厂，分别设在全国各大城市中，初步形成了我国近代军事工业的体系，这个体系虽微弱而脆嫩，但却是一个不容忽视的历史性进步。这种分布状况，便于将军工产品就地装备和供给各地驻军使用，在一定程度上减少了远距离的运输和白银的外流。其次，从专业分工上说，它们具有一定的全面性，其中既有枪炮弹药制造厂，又有舰船建造厂，还有两者兼备的大型综合性兵工厂。这对于一个积弱200多年的国家和民族来说，在30多年内建成在专业上既全面又有分工的兵工厂分布网络，应该说是难能可贵的。其三，从兵工产品上看，它们具有品种的多样性，其中有各种步枪、多管枪、野战炮、攻城炮、守城炮、海岸炮、舰炮、舰船，以及消耗性的弹药、地雷、水雷，乃至制造枪炮所用的优质钢材，基本上包括了当时清军所需要的各种武器装备。但是，在清王朝已经腐败和列强的疯狂侵略、控制下，它们的作用又是有限的，也是它们没有能够健康发展的根本原因。

第二节　兴办兵工厂的军事技术家

我国近代第一批兵工厂，一方面是在引进欧美先进的机器设备和军事技术的情况下兴办的；另一方面也正是在兴办这些兵工厂的过程中，涌现了一批杰出的军事技术家。他们通过兴办兵工厂、研制新型军工制品、翻译欧美军事技术书籍、开展军事技术教育等实践活动，显示了自己的才能，形成了我国近代军事技术家的群体。

一　近代军事技术家群体的形成

我国初知近代军事技术的龚振麟、丁守存、丁拱辰等人，虽然在各自的研究过程中取得了初步的成果。但是由于清廷的短视和没有给予应有的支持，因而他们的作用没有得到充分的发挥。至19世纪60年代，随着近代兵工厂的兴办和发展，一些精通近代自然科学的军事技术家涌现了。他们再也不像丁拱辰等人那样进行局部和单项的研究活动，而是大部分先被当权的曾国藩聘请至安庆内军械所任职，开始进行有组织有计划的研究活动，发挥群体的智慧和力量，为研究当时最先进的军工产品作出了重要的贡献。尔后又在江南制造总局、天津机器局、金陵机器局、山东机器局、汉阳枪炮厂、福建船政局等兵工厂和造船厂中，取得了一批蔚为可观的成果。他们不但善于研制新型武器装备，而且也善于组织工程技术人员建设和管理工厂，成为在军事技术上有所建树、有所创造的军事技术家。他们中有精通化学的徐寿、徐建寅，长于数学的李善兰、华蘅芳，通晓机器制造、矿产冶金、蒸汽机等工业技术的吴嘉廉、龚芸棠、王世绶，熟谙舰船建造的魏瀚、陈兆翱等人。没有他们的努力，中国近代兵工厂的兴办和发展是不可想象的。

二　杰出的军事技术家及其主要成就

在上述军事技术家中，要算徐寿、徐建寅、华蘅芳、李善兰、魏瀚等人的成就最显著，贡献最突出，对后世的影响最深远。

（一）徐寿（1818～1884）

晚清杰出的军事技术家、化学家、翻译家。字雪村，江苏无锡人。青少年时家境清寒，好学上进，虽有坚实的传统学问，但不因循守旧，也无意于仕途奔波。道光三十年（1850）前后，便决心学习数学、物理、化学、矿产、汽机等自然科学技术知识，从事博物与化学的研究。29 岁时与年仅 14 岁的华蘅芳结为忘年之交，互相切磋学问，至豁然贯通、彻悟方休。咸丰初年，他与华蘅芳一起来到上海①，成为英人伟烈亚力（Alexander Wylie，1815～1887）所办墨海书馆的读者，并乘机向在该馆工作的数学家李善兰请教学问。在墨海书馆阅读英人合信（Benjamin Hobson，1816～1873）编写的《博物新编》（1855 年出版）时，学习了蒸汽轮船的基本原理，以及有关蒸汽机、船用机器方面的知识，并按书中略图，制成轮船汽机小样，为蒸汽船的建造奠定了基础。

咸丰十一年底，徐寿携次子徐建寅与华蘅芳投两江总督曾国藩驻安庆的军营。同治元年（1862）三月，曾国藩以"研究器数，博涉多通"的评价，聘任他至安庆内军械所供职，成为所内一名最早潜心研究机器制造，钻研军事技术的骨干。从同治元年至五年，先后试制成我国第一台蒸汽机和第一艘蒸汽轮船。

同治六年（1867），江南制造总局造船厂成立，徐寿父子奉调至该局船厂，继续建造蒸汽轮船。在徐寿等人的努力下，该局造船厂至同治十三年，先后建成了"恬吉"号、"操江"号、"测海"号、"威靖"号、"海安"号、"驭远"号等几艘蒸汽舰船。除建造舰船外，他还在该局试制枪炮弹药，研制硫酸、硝酸、硝化棉无烟火药、雷汞等军工产品。当山东机器局、四川机器局在建局过程中需要支援时，他都应约给予指导。

徐寿从同治六年至光绪十年（1867～1884）在江南制造总局任职期间，还利用工作之余，先后同英人伟烈亚力、傅兰雅（John Fryer，1839～1928）等人合作，翻译了军事技术、化学等科技书籍 20 多部。此外，他还创办了"格致书院"和科技期刊《格致汇编》，开设了出售科技书籍的书店"格致书室"。这些都为发展科技教育、传播科技知识、交流工艺，作出了重大的贡献。

由于徐寿孜孜不倦于我国近代军事科学技术的研究，功绩卓著，被时人称为"学问博通"，"于机器深入精通，能自出手"，"数年辛勤，不遗余力"的军事技术专家，受到当局者的重视。徐寿一生钻研事业，博学多能，为人"浑然敦朴"，"衣食不求华美，居室但蔽风霜"，不争仕途进取，但求学问精深，终以布衣辞世，是一位具有爱国主义思想的近代军事技术家。在他尽职尽力精神的影响下，其子徐建寅和徐华封，也成为我国近代著名的军事技术家；其孙辈也有 10 人从事军事技术的研究；他的五、六世孙中，竟有数十人在国内外从事军事技术工作，堪称我国近代的一个军事技术世家②。

---

① 关于徐寿与华蘅芳到上海的年代有多种说法。来新夏先生在《清代人物传稿·徐寿》中说是 1843 年。但当年华氏 11 岁，似不可能。曾敬民先生在《中国古代科学家传记·徐寿》中称"约于 1857"。本书仍从杨模《锡金四哲汇存》所写的"咸丰初年"。华氏赴上海不会早于 19 岁那年。稍晚几年是可能的。

② 根据徐寿之第四世孙、美籍华人徐鄂云，在 1984 年纪念徐寿逝世一百周年学术讨论会上说：孙中山先生于 1917 年在广州成立大元帅府时，曾发电报到上海，寻觅徐寿、徐建寅家族中的兵工人才。可见徐寿对我国近代军事技术影响的深远。

（二）徐建寅（1845～1901）

晚清杰出的军事技术家和科学家、翻译家。字仲虎，江苏无锡人。徐寿之子。自幼受家学熏陶，才思敏捷，聪慧过人，"心思每出人意表，而虑事辄中"，颇得徐寿的宠爱。在父亲的教导和影响下，学业长进很快，自然科学知识的功底甚厚。同治元年（1862）三月，他与父亲同至安庆内军械所。同治元年至四年，他先后参与试造轮船汽机和"黄鹄"号蒸汽轮船。在设计和制造过程中，屡出奇思以佐其父，解决了技术上的不少难点，显露了他在科学技术知识方面的才华，使所造之船"期年而成"，成为所内军事技术班底中的一名重要成员。

同治六年，徐建寅随父亲进入上海江南制造总局造船厂工作，先后协助其父建成我国最早的"恬吉"号、"操江"号、"测海"号、"威靖"号、"海安"号、"驭远"号等几艘蒸汽舰船，并研制新式枪炮弹药、硝酸、硫酸、雷汞爆药等军工制品。同治十二年，出任江南制造总局提调。次年，徐建寅奉调至天津机器局制造（硝）强水，迅速制成了价格低于进口数倍的成品。同时为天津机器局的扩建和扩大产品的制造竭尽心力。

光绪元年八月，徐建寅应山东巡抚丁宝桢之请，至济南充任山东机器局总办。到任后，即组织人员选址、购地、买料开工，并亲赴上海选购机器设备，招募熟练工匠，进行紧张的建局工作。在建局过程中，他始终坚持一切"均须自为创造，不准雇用外洋工匠一人"[①]的原则，组织本国各种熟练工匠承担建厂和设备安装的工作。由于他规划的方案可行，备料齐全，工匠齐心协力，所以建局工程进展很快。至光绪二年九月，山东机器局所包括的机器厂、铁厂、火药厂、木模房、图书房、物料库和工匠住房等大小十余座厂房、工棚，一律完工，机器设备全部安装就绪，"核计全厂造成，为期不逾一年"。丁宝桢在次年十月上奏朝廷，称赞徐建寅在建厂过程中"胸有成竹，亲操规尺，一人足抵洋匠数名"[①]。所设计的项目，"一切皆归实用"[①]。山东机器局在建局后的两年中，就制造黑色火药11.1万多斤，提炼净硝11.5万磅，蒸净硫黄1350磅，焙制成炭7212磅，制造马梯尼枪、后装炮、大小机器数百件，供应驻防山东登州、荣成的水师和烟台的练军所用，发挥了较大的作用。

光绪五年（1879），山东机器局告竣，徐建寅奉总署传谕，出任清政府驻德使馆二等参赞，兼赴欧洲考察。至欧洲后，相继参观了法国的大汽锤厂，德国的利佛机器厂，英国的水雷厂和伏尔铿船厂等30多个军工厂。在参观伏尔铿厂时，曾代表中国政府，向该厂订购了铁甲军舰。同时，他详细总结了外国建造和使用铁甲舰的经验，并结合中国海防的特点，提出了建造铁甲舰的九大要素："一曰行速，可乘敌之不防；二曰船大，可不畏风浪；三曰易转，船须旋转，较敌船更阔更平，则炮弹击中有准；四曰煤多，船中预备数日全力之煤，且可用煤以保护；五曰甲厚，必使放出之弹不能击穿；六曰船坚，可以冲撞敌船；七曰炮多而大，必使放出之弹能击穿据我海口敌船之铁甲；八曰炮弹之路宽，凡炮旋转之角度，愈大愈佳；九曰炮高，用螺丝炮长弹，弹出之路，不循弯线而略为直线，炮高则自高击下，易伤敌船之内，然置炮太高，则上身太重，船又不稳。以上九事，互相牵制。"[②]上述要求虽在当时难以做到。但建大船、安重炮、固海防的主张，却反映了他抗击外敌入侵的爱国主义思想。此外，他还参观了德国的陆军大操，考察了德国陆军兵制。他在参观过程中，对各军工厂和科研单位的生

① 光绪二年十月初三日山东巡抚丁宝桢折，见《洋务运动》（四）第301～302页。
② 徐建寅，欧游杂录，见《走向世界丛书》7（按该书内封底排列次序），岳麓书社，1985年版，第714页。

产、研究情况，都作了详细的记录，及时整理其中的重要内容，寄到上海的《格致汇编》上发表，如《阅克鹿卜（克虏伯）厂造炮纪》、《水雷外壳造法》、《伏尔铿厂管工章程》等文章。后来，他把参观访问的见闻，辑成《欧游杂录》二卷、《德国议院章程》一卷、《德国合盟纪事本末》一卷等。其中《欧游杂录》一书，成为当时传播欧洲军事技术的一本重要科技书籍。

光绪十年（1884），徐建寅应诏回国"觐见"，因考察有功，奉特旨以知府衔发往直隶。当年八月，徐寿病故于上海格致书院，他按制回上海"丁忧"，两年后"服满"，被当时的两江总督曾国荃调赴金陵，用新法督办金陵机器局。光绪十三年六月，曾国荃上奏朝廷，称赞徐建寅对局中诸事，都仿效"外洋办法"处理，对在局工作人员，上至委员、司事，下及徒工，都不论官阶职务的高低，一律按照所任工作繁简的程度和资格的深浅，评定工资定额并随时进行考核，以考核结果增减工资和决定人员的去留，一改过去的陈法。由于徐建寅管理技术有方，治局有法，所以受到该局总办的重用。

光绪二十年，徐建寅被奏保为道员，奉旨发往直隶。次年冬，光绪帝特旨召见，征询时局，由于徐建寅的对答很称光绪帝的心意，遂被派遣查验天津、威海船械。复命后，被留充督办军务章京。

光绪二十二年，徐建寅被调任福建船政局提调总办。船政大臣裕禄对他的考核评语是："于机器制造情形极为熟悉，堪以充任船局提调"。徐建寅在船局任上，对帝国主义侵略和瓜分中国的危局极为不安，因此，利用公暇，发奋博览群书，编著成《兵学新书》十六卷。书中吸收了当时世界上最新的军事技术研究成果，成为我国近代军事技术家编著的第一部内容崭新的军事技术书籍。

光绪二十六年五月，徐建寅被张之洞调往湖北，任湖北营务处及教吏馆武总教习，从事近代军事教育工作，以自强精神淬励将弁。其时，正值张之洞督办保安火药局，而军用火药又将告匮，于是被张之洞委任为汉阳钢药厂总办。徐建寅当即"指绥众工，自造机器，模仿西制"[1]，赶制黑色火药，其成品的性能和威力，都与进口的不相上下。

为了提高枪炮弹的杀伤威力，徐建寅便着手试制无烟火药。为此，他参照光绪六年五月参观德国胡尔甫火药工厂的记录，严格按照制造硝化棉无烟火药的工艺规定进行。他不顾个人安危，亲自参加试制，终于在光绪二十七年二月，制成了硝化棉无烟火药。经试验，"药力颇称充足"，质量"与外洋来之称善者，几无以辨"[1]。1901年3月31，徐建寅率领工匠，亲临制药房进行批量生产。不幸，由于制药房发生爆炸事故，机器突然炸裂，"屋瓦飞震，地坼十数丈"，徐建寅同在场的16名工匠一起，惨烈献身殉职[1]（一说被人谋害而死）。

徐建寅的一生，除了积极从事兵工产品的研制和各种科学实验活动外，还撰写、翻译了大量科技和军事技术书籍，计有《汽机必以》和《炮弹与铁甲》等译著15部、《兵学新书》等著作4部、专论10篇，校阅书稿1部，共约190万字。他为人"刚直，不少假饰"，刻苦钻研，勤奋实践，以渊博的科学知识，为我国近代军事技术领域的各个方面，作出了卓越的贡献，不愧为我国近代一位杰出的爱国主义的多能军事技术家。

（三）华蘅芳（1833～1902）

晚清著名的军事技术家和数学家。字畹香，号若汀，江苏无锡人。青少年时，他不习时

---

① 杨模，锡金四哲事实汇存·仲虎徐公家传，见《洋务运动》（八）第36页。

文，摒弃科举，不仅钻研中国古代自然科学的丰富知识，而且努力探索西方近代自然科学的奥秘，对数学尤为爱好。14 岁时，便与 29 岁的徐寿结为忘年之交，互相切磋学问，对疑难之处，必至涣然冰消而后止。咸丰初年，华蘅芳与徐寿一起到上海学习数理化知识并与徐寿朝夕研究，互相讨论，颇有长进。

咸丰十一年底，华蘅芳与徐寿同赴安庆投曾国藩军营。同治元年（1862）三月，两江总督曾国藩以"研精器数，博涉多通"的考语，特片保荐他进入安庆内军械所任职。当徐寿试造轮船汽机和"黄鹄"号蒸汽船时，他与徐寿通力合作，"一切推求动理，测算汽机"[1]，多为华蘅芳所作，为中国第一台蒸汽机和第一艘木质蒸汽轮船的制造，作出了杰出的贡献。江南制造总局创建之初，华蘅芳承办了建筑厂房、安置机器等事宜。该局设立翻译馆后，便与徐寿一起，同美国人金楷里（Carl T. Kreyer）、玛高温（Daniel Jerome Macgowan，1814～1893）、英国人傅兰雅等，翻译了《防海新论》和《微积溯源》等西方军事技术和数学等科学技术书籍 12 部 160 多卷，为西方军事技术和数学在中国的传播，作出了重要的贡献。华蘅芳在上海龙华火药厂工作时，能自制硝酸，供配造火药之用，并不顾危险地亲临现场指导试制工作[1]，其所花费用，仅及进口硝酸的 1/3。光绪十三年（1887），他在天津武备学堂任教习时，中国驻德使馆曾购回一部试弹速率机，见者不知如何使用，华蘅芳以微积分方法进行分析理解，终于解开了这些机器之谜，掌握了使用方法。同时，他又为天津武备学堂的学生，试制了一个直径为 5 尺的小气球，并从硝酸中提取氢气充入球中，结果制成了中国第一个氢气球，打击了在场德国教习藐视中国的傲气，为中国官兵争了气。

华蘅芳一生潜心科学事业，处事崇尚谦抑，著述丰富，蜚声遐迩，学生布于四海，终生布衣蔬食，不求世途进取，但求学问精深，光绪二十八年病逝。"身殁之日，家无余财"。

（四）李善兰（1811～1882）

晚清著名的数学家。字壬叔，原名从兰，字竟芳，号秋纫。海宁（今属浙江）人。自幼钻研数学，成年后即成知名的数学家，数学译著甚多。他在咸丰十一年（1861）前后编写的《火器真诀》[2] 中，用抛物线理论探讨了火炮的有效命中精度问题，成为我国第一部从数学角度研究弹道学的著作，对此后军事技术家研究枪炮射击的命中问题，有很大的启发作用。同时，他对安庆内军械所的创建和对所内军事技术人员的指导，也有一定的作用。

（五）魏瀚（1850～1929）

晚清著名的舰船建造家。字季渚，闽侯（今福建福州）人。同治六年（1867）正月，魏瀚考入福建船政局前学堂，学习舰船建造。入校后，认真读书、刻苦钻研，以优异的成绩，学完了数学、透视绘图学、机械学、物理、法语等各项规定的基础课程和专业课程，并在船政局的木工车间实习。同治十年，魏瀚毕业，并在船政局担任技术工作。

光绪元年正月，经船政大臣沈葆桢奏准，魏瀚和陈兆翱、刘步蟾等 5 名船政学生，被派

---

① 杨模，锡金四哲事实汇存·上学部公呈，见《洋务运动》（八）第 15～19 页。
② 清·李善兰撰，《火器真诀》一册，十二款，约千余字。原书著于咸丰九年（一说八年），同治六年（1867），收入《则古昔斋算学》中。河南教育出版社于 1994 年出版的《中国科学技术典籍通汇》时，将其收入该书第五卷第 1337～1340 页中。另有清李善兰撰、清卢靖述：《火器真诀释例》一册，为清光绪十年湖北督抚署刊本。

到英法等国留学①。魏瀚除了在削浦官学学习专业外，又到马赛等处造船厂考察，并参观了比利时兵工厂和德国克虏伯炮厂。由于魏瀚学习成绩优秀，对舰船驾驶和建造的奥妙，都能融汇贯通，"知其所以然之妙"。所以，当时在法国的洋监督称赞魏瀚的考试成绩最为出色，可以同法国水师制造监工并驾齐驱。光绪五年十一月，魏瀚学成回国。李鸿章与其面谈后即上奏朝廷，夸奖魏瀚对舰船建造各项事宜，都能"实力讲求，研究理法"，"参会变通"，"果敢精进"。同时建议赏戴蓝翎，以知县衔任用②。之后被派到福建船政局工程处"总司制造"（类似现在的总工程师），担任舰船建造的指导工作。

光绪六年九月，魏瀚和陈兆翱开始监造中国第一艘巡洋舰"开济"号，于光绪八年十二月三日（1883年1月11日）建成下水，被人称为"中华所未曾有之巨舰"。之后不久，魏瀚又与陈兆翱、郑清廉、李寿田、吴德章等工程技术人员，建成了2艘巡洋舰。为了建造这3艘巡洋舰，魏瀚等人索隐钩沉，专心研究，刻意创新，精心设计，辛勤工作，一年四季，寒暑无间，寝馈胥忘，历四五年如一日。

光绪十一年，署理船政大臣裴荫森奏准朝廷建造钢甲舰。魏瀚、郑清濂、吴德章等人承担了监造船体的任务。从光绪十二年十一月到光绪十三年底，船政局的第一艘钢甲舰建成，取名"龙威"号（即"平远"号）。魏瀚在船政局工程处担任总司期间，还先后监造了"横海"、"镜清"、"寰泰"、"广甲"等舰船，为我国近代舰船建造事业作出了重要的贡献③。

光绪二十五年，魏瀚因不满船政监督法国人杜业尔的专权而离去。光绪二十九年，清廷再次起用魏瀚，赐以四品卿衔会办船政。魏瀚于当年夏赴任后，就成功地处理了杜业尔以船政历年拖欠为名，企图索要百万两白银之事，为国家减少了50万两白银的损失，并迫使法国政府将杜业尔撤回。

光绪三十一年下半年，魏瀚被两广总督岑春煊调到广东，总办黄埔造船所及石井兵工厂，工作甚为出色。宣统二年（1910）八月，魏瀚调任新成立的海军部造船总监。1912年8月，魏瀚被调任福州船政局局长。1915年春，他带领十多名学生，到美国学习飞机和潜艇的制造。1929年，我国近代爱国的舰船建造专家魏瀚去世。

除上述军事技术家外，晚清还出现了许多具有一技之长的专家和工程技术人员。如在江南制造总局任职的参将王荣和，精通外语，翻译了开花炮、火箭制法等书籍，对当时仿制西方枪炮起了重要作用④；该局道员冯焌光、知府郑藻如，对轮机制造等已学有心得⑤；江南制造总局委员候选直隶知州王世绶心灵手敏，对局内仿制栗色火药、研究无烟火药、制造快利枪、铸造火炮、采用新法炼钢等，都有较大的贡献⑥；江南制造总局的总办刘麒祥是悉心仿制毛瑟、曼利夏步枪和阿姆斯特朗火炮的专家⑦；福建船政局的陈兆翱、郑清濂、李寿田、吴德章、杨廉臣等人，都是我国近代第一批蒸汽舰船建造专家。其他各兵工厂也有一些精通军事技术的人员，善于管理兵工厂的生产。

---

① 光绪元年正月三十日总理船政沈葆桢等奏，见《洋务运动》（五）第164页。
② 光绪五年十一月初八日直隶总督李鸿章等奏，见《洋务运动》（五）第236页。
③ 光绪十三年十二月二十四日署理船政大臣裴荫森片，见《洋务运动》（五）第381页。
④ 丁日昌折，《洋务运动》（四）第22页。
⑤ 直隶总督李鸿章片，见《洋务运动》（四）第26页。
⑥ 两江总督刘坤一奏报造成无烟火药片，见《洋务运动》（四）第142页。
⑦ 直隶总督李鸿章片，见《洋务运动》（四）第69页。

上述晚清军事技术家，虽然在专业上各有所长，成就各有不同，但是他们具有共同的特点：其一，他们不迷恋旧学，放弃仕途进取之机，努力学习欧美近代军事技术之长，使它们在中国开始萌芽、扎根和成长；其二，他们在探求西学的过程中，刻苦钻研、舍身忘家，不但初步掌握了欧美自然科学的精粹，而且有所创造。他们不但有坚实的理论功底，而且在实践上取得了较大的成果；其三，他们都具有爱国思想，为了建立初具机械化规模的军事工业体系，为了改善国家的武备和清军的的武器装备，他们不辞辛劳，克服了许多艰难困苦，有的甚至为之奉献了毕生精力。

第三节　机械化炼钢与火药制造

在晚清朝廷创办的几个大型兵工厂中，都把机械化炼钢厂与火药制造厂，作为配套工程一并加以建设。它们的机械化程度随着引进设备的更新而不断提高。产品的质量也逐渐缩小与世界先进水平的差距。

一　机械化炼钢厂及其产品

在兵工厂建立之初，由于设备比较陈旧落后，制造军工产品所用优质钢材都要从国外进口，因而不得不耗费大量白银。据光绪十二年（1886）的《贸易总册》记载，当年用于购买钢材的白银多达 240 万两，两年后增至 280 万两[①]。长此以往，不但国家财政难以为继，而且在战争爆发急需使用时，还会受西方国家的控制，于是一些兴办兵工厂的负责人和经营者，纷纷提出购买新的炼钢设备[②]，采用新技术冶炼优质钢材的建议。

光绪十二年，贵州创办青溪铁厂时，曾从英国购买18座熟铁炉、2座1吨贝什马炼钢炉等新设备，后因资金缺乏，于光绪十九年停办。由于这次引进的规模小，未能形成炼钢能力。

光绪十六年，江南制造总局建成我国第一座大型炼钢厂，安装了从英国购买的一座3吨西门子-马丁炼钢平炉，一座卷制枪筒的机器，可日炼3吨钢材，卷制100支枪筒。十九年四月，制造局炼钢厂建成投产。光绪十六年，湖广总督张之洞主持兴建湖北汉阳铁厂和大冶铁厂。两厂于十九年九月建成，其规模和水平在当时的东亚是首屈一指的。厂内设有大小10个分厂，安有当时世界上最先进的两座百吨化铁炉、两座炼钢用的贝什马式酸性转炉、一座西门子-马丁式炼钢平炉，以及轧制铁轨的设备等。与此同时，天津机器局也建成了安有西门子-马丁炼钢平炉的炼钢厂，冶炼制造枪炮的钢材[③]。

我国三大兵工厂在引进先进的炼钢炉后，即于光绪十九年各自组成流水式生产线，采用新的工艺规程，冶炼制造枪炮管和舰船钢甲用的优质钢材。江南制造总局炼钢厂从原料到成

---

① 韩磊，张之洞与汉阳铁厂，历史知识，1983，（3）：23～24。
② 当时所说的新型炼钢设备有两种：其一是由英国冶金学家．贝什马（Henry Bessemer，1813～1898），于1856年创造的一种采用酸性炉材的转式炼钢炉，即贝什马酸性炼钢转炉。这种炼钢炉能冶炼成硫磷含量在限度以下的优质钢材。用此法炼一炉优质钢只需 15～20 分钟。其二是由英国的热机专家威廉·门子（William Siemmens，1823～1883）和法国的冶金学家比埃尔·马丁（Pierre Martin，1824～1915），于 1865 年创制而成的蓄热式炼钢平炉，即西门子-马丁炼钢平炉。这种炼钢炉能够利用生铁和废钢，冶炼成各种优质钢材。
③ 1893 年 5 月 19 日捷报《天津通讯》，见《中国近代工业史资料》第一辑上册第 365～366 页。

材的主要工序有三：其一是以瑞典生铁，英国海墨太生铁，欧美的锰、铅、镍，以及本厂的钢材下脚料为原料进行冶炼；其二是用轧钢机轧制各种钢坯；其三是按照《英国海部试钢章程》的 7 条规定，对钢板、钢条进行牵力、引长力和退火力等各种试验。凡是经过这些试验合格的钢板、钢条，都是质量精纯坚实的制品，与外国进口的同类产品相差不远[①]。

为了进一步提高钢材的产量和质量，李鸿章又集中精力加强江南制造总局炼钢厂的建设，增购能日炼 15 吨钢材的炼钢炉及其附属设备一套，使日炼钢材的能力增至 20 吨。同时添置 2000 吨的水压机、铸辊、电汽镀镍机等先进设备。利用这些设备后，能比较方便地制成建造舰船用的方钢、圆钢、扁钢、钢板、包角钢、扁方钢、八角钢、钢板、钢皮等钢材；制造各种枪炮及其附件用的钢制半成品等[②]。

这些钢材、钢坯，经过金陵和天津两机器局的化验分析，以及各种力学测验，认为"沪局自炼钢质，精良合用。……所含铁质、碳质、锰质、矽质各分数，亦与外洋钢质之数相同"[③]；"所炼枪钢，质最细腻，炮钢次之"[④]。因此，金陵机器局的技术人员在对钢材进行分析检验后，即表示要购买该局钢材，作为制造枪炮用的原料[④]。

宣统二年（1910），江南制造总局排印了产品说明书目录，刊载了炼制 29 种钢材所用的原料、制造器具、制造方法、沿革、用途、产品获奖等级、附记等内容。其中 29 种钢材是枪钢试条、炮钢试条、镍质包铁试条、钢盂钢试条、汽炉钢试条、船壳桥梁钢试条、炮钢弯式试条、炮钢扁式试条、新式枪胚、缩小百磅子炮管炮箍炮架模型、6.8 厘米钢盂、7.9 厘米钢盂、6.5 厘米钢盂等。这些说明书还称，自光绪十七年（1891）后，该厂便采用新型设备炼制各种钢材，每年能炼 1500 吨优质钢，能轧 5 万支枪坯，能造 75 毫米口径的管退炮坯 150 门，能造各种钢盂 4～6 万磅。所制枪炮等钢坯，曾得到当时陆军部等单位的褒奖[⑤]。

如果上述几个炼钢厂局能得到不断的发展，那么军事工业所需要的钢材是可以得到保证的。但是，由于晚清政府财政短缺和官员经营不善，不能及时更新和扩充设备，因此自炼钢材受到限制，不能满足大批制造枪炮的需要。以江南制造总局炼钢厂为例，该厂自开炉炼钢至光绪三十年的 12 年中，共炼钢材 8075 吨，平均每年炼钢仅 681 吨，年产量最高的光绪二十三年，也只有 2059 吨，若按每年开工 300 天计算，平均每天只能炼 6.8 吨，距离日产 20 吨钢的设计能力竟相差 13 吨多，同建厂时的设想，差距过于悬殊，这是后来长期不能摆脱用进口钢材制造武器装备的一个重要原因。

二　机械化火药厂及其产品

由于后装枪炮使用的增多，用手工配制的火药，已"不能取准而及远"[⑥]，于是采用新设备、新技术配制火药的要求便愈益迫切。

---

① 直隶总督李鸿章等奏，见《洋务运动》（四）第 67～68 页。

② 魏允恭，《江南制造局记》卷十《炼钢略》，上海宝文书局，1905 年版，第 12～17 页。以下引此书时均同此版本。

③ 魏允恭，《江南制造局记》卷三《制造表·公牍》，第 70～71 页。

④ 李濬之，《东隅琐记·记上海制造局》，《洋务运动》（八）第 350 页。

⑤ 《江南制造局出品说明书目录》第三集《钢料》，上海江南制造局，1910 年版，第 62 页。以下引此书时均同此版本。

⑥ 李鸿章，筹议天津机器局片，见《洋务运动》（四）第 244 页。

（一）黑色火药

从同治六年到光绪十年（1867～1884），清廷先后建成天津机器局火药厂、江南制造总局火药厂、山东机器局火药厂，以及金陵机器局火药厂、广州火药局、浙江火药局等专制火药的工厂。其中以天津机器局火药厂、金陵机器局火药厂的规模最大，江南制造总局火药厂的技术最先进，山东机器局火药厂的建设速度最快，从购买设备到建成投产，不超过一年。这几家火药厂，都以蒸气为动力，带动提硝、蒸硫、焙炭、碾硫、碾硝、合药、碾药、碎药、压药、成粒、筛药、光药、烘药、装药等先进设备，按流水线工序，采用新技术进行生产。其中提硝和蒸硫，是用各种锅炉和管道，通过物理和化学反应过程，对硝石和硫黄进行提炼，除去其中的杂质、渣滓，提炼成纯净的硝和硫；焙炭时则选用"质细而轻，性亦较直，且易燃火"[1]的柳条作原料，采用蒸馏设备，将其焙制成炭；用碾磨机将提炼的硝石、硫黄和焙制的木炭碾碎成粉；用拌药机将硝硫炭粉拌成火药；用压药机将火药压成结实而均匀的火药块，使火药具有一定的几何形状和密实性；用造粒机将火药块破碎成一定的药粒；用筛选机筛选不同大小的药粒，供不同口径的枪炮使用；用烘药机将火药成品烘干；用磨光机将火药成品磨光，减少吸湿性，以便保存和运输。这些工序，有的是手工很难甚至是无法进行的。枪和炮所用火药的配制方法和用料基本相同而略有区别，枪用火药要求颗粒细，发火速度快，每次拌碾药料，需用 6 小时。炮用火药要求颗粒稍粗，发火速度慢，每次拌碾药料只用 4 小时便可[1]。如果药粒粗细适当，便能保证枪炮的发射威力和安全。采用新设备、新技术配制火药后，产量和质量都有很大的提高。当时所制火药有两种，其硝硫炭的组配比率分别为 75％：10％：15％和 75％：12.5％：12.5％，都是优质发射火药。

按当时的分工，江南厂所产火药就近使用。金陵厂所产火药最多，除供应南洋清军使用外，还调配其他驻军使用。天津厂所产火药大部分供应北洋各军使用。同治七年，德意志人又创制了呈扁六棱柱形的"六棱药"。棱高 25 毫米，横截面每边长 20 毫米，直径 40 毫米，中间有 7 个圆孔，提高了燃速，是供后装线膛钢炮所用的优良发射火药。清军称其为六角饼药。为了仿制六棱药，天津火药厂在光绪二年便购买这种设备，建造专用厂房，进行试制[2]。之后，金陵火药局也购买设备进行仿制。六棱药的进一步发展，便是 1882 年由德意志人赫德曼（Hedman）创制的栗色六棱火药，简称栗色火药。

（二）栗色火药

栗色火药又称褐色火药，它所用的木炭是选用上好的柳条焙制而成的。焙制时，先将柳条蒸 24 小时，除去柳皮、浆汁，再放入焙炭炉内焙制 12～14 小时。这种木炭含炭分 70％、木质 30％。由于没有完全炭化，所以还能看到稍呈栗色的木质纤维。栗色木炭焙成后，再用轧炭机压成炭粉。按硝 89.5 磅、硫黄 4.5 磅、栗色木炭 18 磅的分量，用拌药机拌和，配制成组配比率为 80％：4％：16％的栗色火药，再经过碾药、压药等工序，送入压药房，制成一定尺寸的栗色六角饼火药，烘干、装箱后配发军队使用。试验表明，由于这种火药中间有火焰通道，所以点火方便，而且在膛内燃烧后膛压较低，药粒的燃速逐渐增大，能使射出炮弹的

---

① 魏允恭，《江南制造局记》卷九《火药铜引子弹略》，第 5，4 页。

② 直隶总督李鸿章奏折，见《洋务运动》（四）第 249 页。

初速加快。由于此后使用的英制阿姆斯特朗和德制克虏伯后装线膛炮逐渐增多，原有的黑色火药已不能满足要求，需要改用德国新创制的栗色火药，所以购买和仿制栗色火药已势在必行。光绪十三年（1887），李鸿章一面派人购买栗色火药，一面订购制造栗色火药的机器设备，建造厂房。光绪十八年，天津机器局的工匠，在德国教习传授下，已学会栗色火药的制造技术，仿制成功。光绪十九年四月，李鸿章为此上奏朝廷，为德国教习请奖，并认为"各海口炮台内新式后膛大炮，并铁舰、快船之巨炮，非用此药施放，不能及远制胜"[①]。于是天津机器局率先制造。不久，江南制造总局也开机制造。据 1893 年 9 月 8 日的《捷报》称："江南制造局最近兴建的新的专制栗色火药的工厂，已于上星期五正式开工"，该厂"制药的机器是从克虏伯厂购来的；发动机、机器、锅炉等物，则是江南制造局工程师邦特（Bunt，英国人）设计制造的。厂房建筑非常坚固，并且互相隔离，以防万一有爆炸的危险"[②]。后来，魏允恭在《江南制造局记·造栗色火药法》中，详述其制造工艺。从历史记载表明，当时中国军队在栗色火药发明后的第十年已开始使用。足见我国近代军事技术家，在追赶世界火药发展新技术的速度上，所作出的巨大努力。

（三）无烟火药

无烟火药是自 19 世纪中叶为提高枪炮弹杀伤力的需要而开始研制的。因为在不改变黑色火药的基础上，要想提高枪炮弹的杀伤力，就必须增加装药量，这样势必增大膛压，膛压增大将会影响枪炮管的使用寿命。为了不使枪炮管受损，只有加长枪炮管，加厚管壁，结果使枪炮变得更加笨重，因而不利于士兵携带和在战场上机动。为了解决这种矛盾，研制新型火药便刻不容缓，于是无烟火药就在 19 世纪 80 年代应运而生。

所谓无烟火药，就是枪炮在发射弹药后不产生烟雾的火药。它是将植物纤维素浸沉在硝酸溶液中，经过化学反应后生成的化合火药，不同于用硝硫炭三种原料拌和的混合火药。它又分为硝化棉无烟火药和硝化甘油无烟火药。

硝化棉无烟火药是由法国化学家布拉孔诺（Henri Braconnot）于 1832 年率先研究的。1846 年，又有德国化学家舍恩拜因（Christian Friedrich Schönbein，1799～1868）深入钻研。1884 年，法国工程师维埃耶（Paul Vieille，1854～1934）在前人研究的基础上，制成了硝化棉无烟火药。硝化棉无烟火药有强弱两种制品，它们在点火燃烧后，可分别用下列两个化学反应方程式表示：

强型制品：$C_{24}H_{29}O_{20}(NO_2)_{11} \longrightarrow 12CO_2 + 12CO + 8.5H_2 + 5.5N_2 + 6H_2O$

弱型制品：$C_{24}H_{32}O_{20}(NO_2)_8 \longrightarrow 6CO_2 + 18CO + 10H_2 + 4N_2 + 6H_2O$

上述两个化学反应方程式表明，硝化棉无烟火药在燃烧后，全部生成 CO_2、CO、H_2、N_2 和水蒸气，所以气体量大，是等量黑色火药燃烧后所生气体的 3 倍，而且没有残渣存留在枪炮膛中，减少了清除枪炮膛的时间，因而提高了射速。硝化棉无烟火药研制成功后，法国军火工厂率先生产，并于 1886 年制成了法国名枪莱贝尔（Lebel）所用的无烟火药枪弹。

硝化甘油无烟火药，首先是由意大利都灵人索布雷罗（Ascanio Sobrero，1812～1888），在 1847 年发现硝化甘油，即三硝酸甘油脂 $[C_3H_5O_3(NO_2)_3]$ 后开始研究的。1862～1864 年

间，瑞典工程师诺贝尔（Alfred bernhard Nobel，1833～1896）在斯德哥尔摩和汉堡，开办了制造硝化甘油的工厂。1867年，诺贝尔制成了一种"甘油炸药"。该炸药是用硅藻土的毛细孔吸收硝化甘油后制成的。后来又在硝化甘油中溶解8％的硝化棉，制成了一种威力较大的胶状炸药，也称爆炸胶。1886年，诺贝尔又将等量的硝化甘油和硝化棉放在一起，然后用滚筒拌和或在两个热筒之间滚压的方法，将原料混合，然后制成角状或所需形状的大小颗粒，用作枪炮的发射火药。1888年，诺贝尔用硝化甘油胶化了二号可溶性硝化棉，制成了被称为巴力斯太（Balliste）型硝化甘油火药，不久被一些国家所采用。

　　历史文献记载表明，我国近代兵工厂最早研制的是硝化棉无烟火药，当时人们称之为棉花药或棉药。它的研究和试制开始于欧洲人试制硝化棉无烟火药的后期。据李鸿章在光绪七年（1881）八月奏称："棉花火药，以镪水（即浓硝酸，又称硝强水）浸渍而成，较硝黄力大二倍。用棉药七两，可轰碎四寸厚铁板，与外国新制者一律"[①]。至光绪十一年七月，"仿造棉花火药已有成效"[②]。李鸿章即于当年提出建造厂房，仿制无烟火药[②]。但因没有制造设备，故此议一时作罢。

　　光绪十八年十二月，江南制造总局总办刘麒祥，同外商谈判购买日产1000磅无烟火药的全套设备，以及设计建造厂房的事宜。按照协议规定，采取边设计、边施工、边购买设备的方法建厂。经过一年多的施工建设，江南制造总局无烟火药厂，于光绪二十年在上海龙华建成，于次年开机制药。据刘坤一奏报：局中原雇洋匠曾多次试制无烟火药，但日久无成。后由该局委员候选直隶州知州王世绶组织试制，终于成功。"洋匠自谓不及。现在每年可造六万余磅，将来添购机器尚可扩充"[③]。首批无烟火药试制成功后，即采用全套机器设备，按技术规程[④]进行批量生产。当时该厂制造的无烟火药产品有：枪用无烟火药，75毫米口径炮用方片无烟火药，57毫米、150毫米、120毫米口径炮用扁条无烟火药等。江南制造局无烟火药厂，在当时制造的无烟火药，不但质量好、品种多，而且产量也比较多。据魏允恭统计，从光绪二十一年到三十年的10年中，总计制造无烟火药40.6万磅[⑤]，供南北洋和其他各省清军作战训练使用。

　　为配合黑色火药、栗色火药和无烟火药的制造，江南制造局火药厂还制订了制造和检验硝酸、浓硝酸、硫酸和雷酸汞快速引爆药的工艺规程等[⑥]。

　　新型黑色火药的大量制造和无烟火药的试制成功，使我国火药制造工业摆脱了手工配制的落后状态，从而在30年的时间内，基本上达到了当时世界无烟火药的制造水平，除了制造规模和产量不及西方的大型兵工厂外，在时间上相差不过10年。

---

　　① 直隶总督李鸿章款，见《洋务运动》（四）第262页。

　　② 直隶总督李鸿章奏，见《洋务运动》（四）第270页。

　　③ 两江总督刘坤一奏报造成无烟火药片，见《洋务运动》（四）第142页。

　　④ 据魏允恭在《江南制造局记·造无烟火药法》记载的规程是：首先，将生棉花用蒸箱蒸去油脂，用清水洗净，放入烘干房内烘干，用撕棉机拉松；其次，将拉松的棉花装入铁箱内用硝酸浸泡，经过充分的化学反应后，取出漂净、蒸透，成为硝化棉；其三，将硝化棉碾成洁净细粉，烘干后即成无烟火药粉；其四，将无烟火药粉放入拌药铁箱中，加入以脱水（英文名ether，即乙醚）、酒精、樟脑油，均匀拌和，轧成药片，剪成小方块，放入光药桶内磨光、烘干；其五，将成品装箱入库，调拨军队使用。

　　⑤ 魏允恭，《江南制造局记》卷三《制造表·器械》，第37～54页。

　　⑥ 魏允恭，《江南制造局记》卷九《火药铜引子弹略》，第1～20页。

第四节　后装击针枪的仿制

在 19 世纪 60～70 年代兴办兵工厂之前，清军除使用引进和仿制的前装击发枪[①] 外，还使用一种改制的击发枪。它们是将欧洲击发枪的发火装置，移植于鸟枪和抬枪上，经过适当的改装而成的。当时称为洋线枪和洋抬枪。但是由于前装枪要从枪口装填弹药，枪身重、口径大、不便携带，而且射速较慢，所以江南制造总局枪厂在同治六年（1867）就开始仿制后装枪。

一　步　枪

后装击针枪的初期制品是单发，尔后又发展为连发。单发枪的仿制至光绪十八年结束。连发枪的仿制自光绪十六年开始。

（一）单发枪

后装单发击针枪从枪管的尾部装填枪弹，由普鲁士人德莱赛（Dreyse）所创制。1840 年，普鲁士军队首先采用。同前装滑膛枪相比，这种枪在机槽内增设了闭锁机（亦称枪机或枪闩）。这种枪机在向前运动时能将子弹推入弹膛，使枪机的机头与枪管尾部密接无隙，火药燃气无法外泄，增大了枪弹的活力和杀伤力。同时，后装击针枪是用长击针撞击定装式枪弹底部的点火药，进行发射的步枪，便于射手灵活装填，射速每分钟可达 6～7 发。19 世纪 70 年代，传入我国的后装枪很多，主要有英国的李恩飞、马梯尼-亨利，美国的斯涅德、林明敦、温彻斯特（Winchesther），德国的毛瑟等。同治六年至十二年间，江南制造总局枪厂，以林明敦边针后装线膛枪为样品进行仿制。光绪十年（1884），江南制造总局枪厂，以林明敦边针后装线膛枪为样品进行仿制。在仿制中，将该枪的长度缩短，口径减小，改用中针击发金属壳定装式枪弹。这种枪虽有所改进，但由于多有走火之弊，故各营未肯领用。光绪十六年便停止仿制，已经仿制的 3 万多支也只好停用。后来设法将积压的 1 万多支，经过改装后作训练枪使用。金陵机器局仿制的一部分也积压在军火库中。天津机器局在光绪三年至六年间，也曾仿制过 520 支，同样未能发挥作用。

江南制造总局枪厂在光绪九年开始仿制美国人黎意（Lee）制造的后装线膛击针枪。光绪十八年便停止制造，总计 9 年制造的后装线膛击针枪不超过 2000 支[②]，没有得到推广。因此，我国仿制单发后装枪的阶段至光绪十八年便告结束。

（二）连发枪

后装线膛击针单发枪在发射时，仍须将子弹逐发装入弹膛，进行逐次发射，射速的提高受到一定的限制。于是自光绪十六年开始，我国便进入仿制射速更快的后装击针连发枪阶段。

---

① 据魏允恭在《江南制造局记·枪略》中记载，江南制造总局枪厂从同治元年至光绪二年，曾仿制前装击发步枪 1487 支、骑枪 5990 支。此后虽仍有使用，但再也没有制造这类枪的记载。

② 魏允恭，《江南制造局记》卷七《枪略·历年仿制各枪表》，第 17～19 页。

欧美一些国家的连发枪初创于19世纪60年代,早期制品有英军在1867年装备的斯潘塞(Spencer)九连发枪、美军在1873年装备的温彻斯特五连发枪等。此后又有改进。1884年,德国将单发毛瑟[①]枪改为连发枪。1886年,奥地利的曼利夏(Mannlicher)枪和法国的莱贝尔枪也都改为连发枪。到19世纪末至20世纪初,各国的连发枪已采用装填无烟火药的枪弹;铅制弹头的外部装有镍钢或软钢制作的被甲,以保护铅制弹头不受高温影响;弹头的长度为口径的3~4倍,并由圆头改为尖头,减少了枪弹在飞行时所受的空气阻力;后又为避免弹头底部因受火药燃气压力而产生的"涨底"现象,又改为流线型或船型弹头,以提高其初速、射程、侵彻力和命中精度;为便于携带和操射,连发枪已向轻巧型发展,枪长减为1.3米、口径减至6.5~8毫米、重量减到4公斤左右。

19世纪80年代,美国的温彻斯特十七连发枪,法国的哈齐开斯(Benjamin Hotchkiss,又译作霍奇基斯)五连发枪纷纷传入我国,一些兵工厂的负责人,也跟随连发枪日新月异的发展形势,不断更新对连发枪的仿制。光绪十六年(1890),江南制造总局总办刘麒祥在呈送上级的报告中,建议购买新式机器仿制新型连发枪。刘麒祥的建议得到批准后,在局内管理枪炮等厂委员、知府衔候选直隶州知州王世绶主持下,厂内的中外造枪工匠密切配合,以英制连发枪为样品,率先制成6支五连发快利枪。该枪口径11毫米、长141厘米、枪重4公斤、弹仓一次可装填5发枪弹、弹重26.5克、装填无烟火药2.1克,射程可达2700米(似夸大)。经打靶试验,在距靶标270米时,可击穿7毫米厚的钢板,并洞穿13.2厘米厚的木板。如果改用同等重量的黑色火药枪弹,仅能击穿7毫米厚的钢板[②]。可见无烟火药枪弹的穿透力要大得多。

光绪十七年(1891),该厂造枪人员,又制成6支五连发新快利枪。此枪采用快利枪的枪管和直柄式枪机。装弹时只要将机柄前后推拉,就可将枪弹送入弹仓,并将发射过的弹壳退出。此枪操作灵便,命中精度高。光绪十八年九月试射时,每分钟22~25发,初速每秒489米,能洞穿180米处5毫米厚的钢板,并击入钢板后的松木5厘米。其主要性能与"购自外洋者无异"[③],部队多愿使用。当年即制成460支,次年又造578支[④]。光绪二十年又制成1224支,产量最多的光绪二十四年已达1980支。自光绪十七年至二十七年,共制成新快利枪11 541支。光绪二十八年,该厂便停造快利枪而全部改制毛瑟枪。

光绪二十三年,当新快利枪正在批量制造时,该厂已仿制成8支德国1888年式毛瑟枪(见图10-1)。该枪除刺刀长1.24米、重3.75公斤、口径7.9毫米、初速每秒600米、表尺射程2000米,采用回转式枪机,开动和关闭枪机时,须将机柄回转90度,以便后拉和前推,闭锁性能较好,不易泄气。枪管外部有一个套筒,与枪管之间有0.5毫米的空隙,以便散热,防止枪管升温过高。除江南制造总局枪厂外,福建机器局、四川机器局、汉阳枪炮厂等,也都仿制过这种枪。汉阳枪炮厂利用从利佛机器厂购买的日产50支连发枪的机器,仿制该枪,

① 毛瑟(Pter Paul Mauser):德国人,1838年生,1868年6月2日获得直动式枪机(即机柄式枪机,亦称枪闩)的专利权。1872年,普鲁士采用了安有毛瑟枪机的步枪,定为M71型毛瑟枪。毛瑟所创机柄式枪机的采用,是步枪史上的一大变革。此后,射手只要通过开闭枪机,便可进行装弹、射击、退弹壳、再装弹的动作,再次提高了步枪的射速。1914年,毛瑟去世。

② 魏允恭,《江南制造局记》卷三《制造表·公牍》,第65页。

③ 直隶总督李鸿章等奏,见《洋务运动》(四)第67~68页。

④ 魏允恭,《江南制造局记》卷三《制造表·器械》,第30,32页。

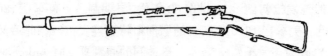

图 10-1 1888 年式毛瑟枪

并去掉其管外的套筒，枪口加了木护盖，表尺为固定弧形式，枪身除刺刀重 4.66 公斤，枪机较坚牢耐用，易于制造，人们都称之为"汉阳式"。从光绪二十一年至宣统二年（1895～1910），该厂共制成 136 100 支"汉阳式"毛瑟枪，供新军使用。

从光绪二十七年至三十二年，江南制造总局枪厂，又先后跟踪仿制成 1888 年式毛瑟枪和 1904 年式小口径毛瑟枪。与此同时，广州机器局和四川机器局，也仿制成这两种步枪。由此可见，在改进步枪性能方面，我国技术人员是作了多种努力的。

自同治六年（1867）江南制造总局枪厂仿制前装枪开始，经过后装击针单发枪、后装连发新快利枪，到光绪二十三年仿制成 1888 年式后装连发毛瑟枪时，前后只用了 30 年。如果从掌握 1888 年式毛瑟枪的制造技术来说，只比研制该枪的德国晚 10 年，这对于本来落后于西方 200 多年的晚清军事工业来说，能用这样的速度，缩小同世界先进枪械技术的差距，确是难能可贵的。此后，江南制造总局枪厂又从原料、设备和工艺三方面入手，提高造枪技术和质量，使枪械制造的技术水平，已与当时的先进国家相距不远。

除步枪外，当时清军还使用过手枪与火箭。手枪有单发和连发两类，多为清末军官防身所用，但未见仿制。火箭有江南制造总局火箭厂和金陵机器局火箭厂制造的 6 磅和 12 磅两种。由火箭筒和 1 米多长的箭杆组成，安于架上发射。因其作用不大，故制造很少，仅在《江南制造局记·制造表》中记有同治年间制造的 6 磅和 12 磅火箭各 300 支，其余未见记载。

二 多 管 枪

19 世纪 60～80 年代，欧美的许多枪械研制者，为了提高轻武器的射速和增大轻武器的杀伤力，除研制各种连发枪外，还研制了各种多管枪（有时也称多管炮），传入我国的有三种：

其一是美国加特林（Richard Jordan Gatling，又译作格林）少校在 1862 年创制的手摇 6 管枪。主要用于保护桥梁和渡口的重要军事设施。该枪传入中国后被称为格林炮。

其二是瑞典人诺登飞制造的 10 管枪。主要安于舰上射击敌舰甲板上的目标，或在野战中控制较宽阔的前沿阵地。

其三是法国枪械师哈齐开斯在 1871 年创制的 5 管枪。法军在光绪十年（1884）七月的中法马尾海战中，曾使用这种多管枪，在 10 多分钟内猛射清军战船，使福建舰队几乎全军覆灭。

加特林和诺登飞多管枪传入我国后，清政府曾于光绪十一年安排金陵机器局进行仿制，并拨给广东、云南、台湾等省，支援当地清军抗击法国侵略军。其中拨给台湾省的就有 10 门 10 管加特林枪，4 门 4 管诺登飞枪[1]。金陵机器局仿制的 10 管加特林枪，单管口径 11 毫米，膛线 12 条，10 支枪管可回转于一固定的中心轴周围，依次轮回发射，每分钟可射 35 发，表尺射程达 2000 米左右。

---

① 曾国荃，扩充机器局疏，见《洋务运动》（四）第 197 页。

　　多管枪是欧美国家在19世纪60～80年代用于作战的高射速军用枪，是单发枪向机枪过渡的速射枪。它的创制和使用，是轻武器发展史上的一次飞跃。但是，由于多管枪枪体笨重，在战场上不便机动，不久便被射速更快、机动性更好的机枪所更新。清政府的兵工厂也在仿制一段时间后作罢。

三　机　枪

　　机枪是带有枪架或枪座，能实施连续射击的单管自动枪械。又称机关枪。最早的机枪系由英籍美国人马克沁（Hiram Stevens Maxim，1840～1916）1884年创制成功（见图10-2），

图10-2　马克沁机枪

枪重27.2公斤。机枪的连续发射原理是：在最初扣动扳机射出第一发枪弹后，其开闩、退弹壳、抛弹壳、再装弹、闭闩、发射等连续动作，都是以火药燃气为动力能源完成的。由于机枪的射速快（每分钟发射50～60发）、射弹多（每次可连射50～250发）、杀伤力大，射程为800～2000米，所以它一经创制后便被各国竞相仿制，并在1899年用于英布战争中。1900年，八国联军侵华时，美军使用勃朗宁（Browning）机枪残杀中国军民。在1905年的日俄战争中，双方都使用了机枪。到第一次世界大战时，机枪已被参战国广泛使用。其中比较著名的有美国的马克沁、科尔特（Colt）、勃朗宁，英国的维克斯（Vickers），法国的哈齐开斯、绍沙（Chauchat），德国的伯格曼（Bergman），意大利的菲亚特-雷维列（Fiat-Revelli），丹麦的马德森（Madsen），捷克的施瓦茨洛斯（Schwarzlose），瑞士的索洛特恩（Solothurn）、启拉利（Kiraly）等，它们有轻重型之别。为防止因连续发射而发热，一般采用空气冷却或水冷却方式散热。

　　清政府的一些官员，对欧美国家创制机枪的消息知道得很及时。据美国人霍巴特（F. W. A. Hobart）于1971年编写的一本《机枪插图史》说，当马克沁机枪创制成功后，李鸿章曾在伦敦观看了试射表演（见图10-3），目睹射击者用机枪将一棵大树射倒。李鸿章借机询问机枪的性能及造价等情况。当他得知一挺机枪每分钟最多可射弹600～700发，耗弹费高达

30 英镑时说，这种枪耗弹过多，太昂贵了，中国不能使用。在这一思想影响下，再加上当时清政府的财政拮据，所以，一时未能向国外购买设备进行仿制。到清朝末期，虽然有个别兵工厂仿制马克沁、马德森等少量的机枪，但是直到清王朝灭亡为止，清军使用的机枪基本上都是从国外购买的。

图 10-3　李鸿章在伦敦观看马克沁机枪的试射

四　枪　弹

晚清兵工厂制造的枪弹，随着步枪的发展而变化[①]。由于制造枪弹的设备和技术比较容易筹备和提高，所以制造枪弹的工厂较多。但从全国范围看，大致在同治年间（1862～1874）以制造前装枪弹为主。光绪初年（1875）至十六年，以制造林明敦、马梯尼-亨利、老毛瑟、黎意等后装枪弹为主。光绪十七年开始制造后装连发枪的无烟火药枪弹，其中有快利枪弹、8 毫米口径的曼利夏枪弹、7.9 毫米口径的 1888 年式和 1898 年式毛瑟枪弹、6.8 毫米口径的小口径毛瑟枪弹等。

由于枪弹是消耗性器材，所以晚清所兴办的各兵工厂几乎都能制造，产量比较多。如江南制造总局自设厂至光绪三十年，所造枪弹可用亿万枚计其数。至 19 世纪末，该厂在制造弹头、弹筒、火帽、装填无烟火药、合拢枪弹、弹夹时，都已用机器完成。天津机器局自同治九年至光绪八年，就制造枪弹 1607 万余枚，光绪二十五年的年产量达 400 多万枚。汉阳枪炮厂自光绪二十一年至宣统元年（1909），共造枪弹 6300 万枚，平均每月制造 80 万枚，最大月产量达 130 万枚。四川机器局自光绪三年设局至十九年，共造枪弹近 330 万枚。吉林机器局在光绪二十二至二十五年中，共造枪弹 621 万枚。至于晚清所建 30 多个兵工厂制造枪弹的总

---

① 继 1812 年法国率先采用将弹头、发射药和底火的纸壳定装式枪弹后。经过 50 年左右的改进，至 19 世纪 60 年代，便创制成铜壳定装式枪弹。这种枪弹的底火用来点燃发射火药；发射药先为黑色火药，后为无烟火药；弹头为铅心钢被甲，其前部先为圆形、蛋形，后改为锐长带尖，有的还带有尾锥，其长度一般不超过弹径的 5.5 倍；弹壳将各个元部件联成一个整体，装填发射药，密封防潮，使枪弹在膛内定位，并能在发射后起到较好的闭气作用。

数已难以统计，不过可以肯定其数当在数亿枚之上。

从 1861 年到 1911 年的半个世纪中，晚清所建 30 多个兵工厂制造的轻武器，以各种步枪为多，总数当在 20 万支左右。这些枪交付使用后，对改善清军的装备、提高清军的战斗力，以及在抗击敌人的入侵中，都发挥了一定的作用。

第五节　后装线膛炮的仿制

采用新技术和新设备仿制欧美火炮，是晚清兴办兵工厂的主要目的之一。同治七年（1868），江南制造总局炮厂建立后，即开始用机器仿制欧美的前装滑膛炮。至同治十二年，已仿制成 12 磅、16 磅、24 磅、32 磅等各型铜铁炮 110 多门。同治十三年，该厂又仿制当时世界上最先进的阿姆斯特朗（简称阿式）[1] 前装直槽式线膛炮（直槽式膛线是为方便装填炮弹所用，与后装炮螺旋式膛线的作用不同）。从同治十三年到光绪十四年（1888 年），共仿制成 91门。其中 12 磅炮 1 门、40 磅炮 27 门、80 磅炮 20 门、120 磅炮 22 门、180 磅炮 19 门、250磅炮 2 门[2]。这些火炮都是当时中国工人自己动手所制，与欧洲兵工厂的制作水平不相上下。当时这些火炮大多安于上海吴松口各炮台。据清末官员姚锡光在其所著《长江炮台刍议》中记载，当时在吴淞口、南石塘、狮子林各炮台安置的海岸炮中，有口径 120 毫米、管长 2.75米的 40 磅炮 6 门，口径 175 毫米、管长 3 米的 120 磅炮 5 门，口径 200 毫米、管长 7 米的 180磅炮 2 门（见照片 13）。这些火炮对加强吴淞要塞的防御能力有一定的作用。

阿式前装线膛炮虽然较前装滑膛炮有较大的改进，但前装炮的缺陷与不足依然无法避免，于是仿制更为先进的后装线膛炮，也就成为当时的统兵大员和造炮专家们所极为关注的大事。

一　后装线膛炮

后装线膛炮是意大利卡瓦利（Cavalli）少校，在 1846 年于炮膛内刻制螺旋膛线后问世的，它的问世使火炮发生了变革性的进步。同前装炮相比，后装线膛炮具有许多优越性：从炮尾装弹，提高了射速；有完善的闭锁炮闩和紧塞具，解决了火药燃气的外泄问题；炮膛内刻制了螺旋膛线，同时发射尖头柱体长形定装炮弹，使炮弹射出后具有稳定的弹道，提高了命中精度，增大了射程；对于岸防炮兵和海军，可以在炮台内（包括陆战中的掩体）和舰舱内装填炮弹，既方便又安全。由于后装炮具有较多的优越性，所以各国著名炮师便争相研制。除阿式后装线膛炮外，克虏伯[3] 于 1854 年创制成精良的后装线膛炮，在 1855 年受到拿破仑三世（Napoleon Ⅲ，1808～1873）的称赞。1864 年，制成后装线膛全钢克虏伯式层成炮和装箍炮。此后，几十种口径的后装克虏伯炮（以下简称克式炮），被包括清王朝在内的许多国家所采用，装备陆海军用于水陆作战，成为与阿式后装炮齐名的世界名炮。1877 年，法国的杜班

---

　　① 阿姆斯特朗（Armstrong William George，1810～1900）是英国造炮专家。1810 年出生于英国的诺森伯兰，成年后即从事机械制造的研究。19 世纪 50 年代前后创制了装箍前装炮。1854 年后，又创制了几十种具有良好闭锁装置的后装线膛炮（简称阿式炮）。其制品与克虏伯炮齐名，销售到世界各国，中国也是该炮及其制造设备的买主之一。

　　② 魏允恭，《江南制造局记》卷三《制造表·器械》，第 3～23 页。

　　③ 克虏伯（Krupp Alfred，1812～1887）是德意志火炮专家。他 14 岁时就在埃森接替他父亲经办的钢厂，后来他又博采各炮厂的技术之长，创制成克虏伯后装线膛炮。

鸠（De Bange）少校也制成用于野战的后装野战炮，通行于各国。

19 世纪 70 年代，欧洲的阿式、克式和格鲁森式（以下简称格式）等后装炮陆续传入我国，晚清兵工厂自 19 世纪 80 年起，即开始仿制后装线膛炮，其间可以分为两个阶段：第一个阶段自光绪十年（1884）至三十年，以仿制架退式后装炮为主；第二个阶段自光绪三十一年至清王朝灭亡，以仿制管退式后装炮为主。

（一）金陵机器局仿制的 2 磅后装炮

光绪十年（1884），金陵机器局率先仿制成格式轻型后装线膛炮，口径 37 毫米，发射 2 磅炮弹，安于炮车上发射，便于机动作战。两江总督曾国荃在光绪十一年五月的《扩充机器局》中，提到了该局为云南提供 4 门、为台湾和北洋驻军分别提供 6 门格式后装炮，支援云南和台湾军民抗法战争之事。至光绪二十五年，该局每年已能制造 48 门 2 磅后装线膛炮、16 门 1 磅后装线膛速射炮。

（二）江南制造局仿制的各型后装炮

由于江南制造总局炮厂在建立之初即开始仿制各种前装炮，经过 20 多年的发展，积累了比较丰富的造炮经验和技术力量，同其他各兵工厂相比，不但在仿制阿式前装炮上独占魁首，而且也在仿制阿式后装炮上名列前茅。据《江南制造局记·制造表》中记载，该局在光绪十四年已仿制成大型阿式后装炮 3 门，以后几乎每年都有制品问世。至光绪三十年，总计制成各型阿式后装炮 400 多门。见于记载的有 800 磅、380 磅、250 磅、180 磅、140 磅、120 磅、100 磅、80 磅等大型火炮，有 40 磅、12 磅等中型火炮，有 7 磅、6 磅、3 磅、2 磅等轻型火炮，以及一部分速射炮。其中主要大型火炮的性能数据如表 10-2 所列。

表 10-2　江南制造总局炮厂制造的几种大型阿式后装炮

炮 名		口 径（厘米）	炮 长（米）	炮 重（吨）	弹 重（磅）	装 药（磅）		射 程（米）
						栗色饼药	黑色饼药	
800 磅		30.4	11.8	50	800	300	200	10000
380 磅		23	8.7	25	380	165	176	11000
250磅炮	长型	23	8.7	25	300	200	150	11000
	中型	23	7	21.5	300	165	120	8000
	短型	23	5.5	19.5	250	100	72	7000
180磅炮	长型	20.3	7.8	17.5	200	100	75	8400
	中型	20.3	5.8	14	200	90	65	7700
	短型	20.3	4.7	8.5	180	60	50	7000
80 磅炮		14.9	4.8	4.5	80	35	25	7500

该表系根据《江南制造局记·炮略·现造五种快炮暨历年铸造各种大炮述略》的记载制

成。装药栏内栗色饼药是指六孔饼形栗色发射火药，黑色饼药是指单孔饼形黑色火药，两者都是该局为大型海岸炮和舰炮制造的发射火药。表中所列的800磅炮、380磅炮、250磅炮，都已在光绪十九年和二十年试射成功，堪称当时最精良的后装海岸炮和舰炮。

除了上述阿式后装炮外，该局还在光绪二十三年后仿制成几种克式后装速射山炮，它们的性能数据如表10-3所列。

表10-3 江南制造总局炮厂制造的几种克式后装炮

| 炮 名 | 口 径
（毫米） | 炮 长
（米） | 炮 重
（磅） | 弹 重
（磅） | 装 药（磅） | | 射 程
（码） |
					栗色 饼药	黑色 饼药	
150 炮	150	4.6	9922.5	80	15.6	25	7500
120 炮	120	5	5138	40	4.5	12	7200
76 炮	76	1.3	1267	12	0.41	8.3	4300
57 炮	57	2.8	1280	6	0.4	1.5	8000
47 炮	47	0.92	248	3	0.15	0.35	3000

该表系根据《江南制造局记·炮略·现造五种快炮暨历年铸造各种大炮述略》的记载制成。表中所列各炮具有钢材质量好、铸造技术先进、采用车轮式炮架，便于机动等优越性。同时由于采用无烟火药作发射火药，炮闩闭气性能好，所以射速快，毁杀威力大。江南制造总局炮厂制造的各种阿式和克式后装炮，大多装备苏南等地驻军使用，其中有相当一部分用作海岸炮，装备长江沿岸的吴淞口、江阴、镇江、南京等各炮台，对加强长江沿岸江防要塞的防御，起了重要的作用。

（三）汉阳枪炮厂仿制的后装炮

如果说江南制造总局炮厂，在19世纪80至90年代以制造大中型阿式海岸炮和舰炮为主，那么汉阳枪炮厂则在19世纪末至20世纪初以制造中小型格式野战炮为主。该厂的铸炮事宜，是在光绪二十年十月，经湖广总督张之洞奏请朝廷批准的。是年，从德国利佛兵工厂订购的制炮机器设备，运至汉阳枪炮厂安装调试。二十一年冬开机试制。二十二年正式投产。至宣统元年（1909），先后制成各类后装炮共988门。其中有口径为37，53，57毫米的格式后装山炮，以及75～120毫米口径的后装野战车炮。清王朝灭亡后，汉阳枪炮厂便成为中国国民党军所用火炮的主要制造厂之一。此外，还有一些兵工厂能仿制后装炮，但是其数量、质量和技术，都与上述几家厂局有很大的差距，所起的作用也不甚明显。

上述晚清兵工厂制造的各种后装炮，炮管都连装于炮架上。这种炮架称为刚性炮架或架退式炮架，安置于炮架上的火炮称为架退式火炮。这种火炮在发射炮弹后，炮管随同炮架一起，在台式或车式底座上滑动后座，存在着不易瞄准，发射后受力大，火炮笨重，操作不便，炮架恢复至原位的时间较长，射速难以进一步提高等弊端。更为先进的管退炮则消除了这些弊端。

二 管 退 炮

管退炮的特点是在发射炮弹后炮架本身不动，只是炮管在炮架上后座一定距离，尔后利用制退复进机,将炮管恢复至发射前的位置,使之仍然处于待发状态。因此,制退复进机是管退炮的关键构件。1879 年前后,法国人莫阿经过多次试验,创制成最初的制退复进机,但因闭气问题没有解决,故未付之使用。1897 年,法国人德维尔和里马尔霍为 75 毫米口径的火炮,试制成液压气体制退式复进机和管退式炮管,较好地解决了闭气问题,制成了最早的管退炮。该炮管长 2.7 米,为口径的 36 倍;前部安有防御盾板,可保护射手的安全;新式瞄准装具可进行俯仰和左右瞄准;射速每分钟 20 发,射程可达6~8 公里。该炮制成后不久,法国便进行批量制造,用以代替杜班鸠、哈齐开斯等火炮。接着,俄、美、奥、日、德等国也在 1900~1905 年之间,纷纷仿制成本国的管退炮。

江南制造总局炮厂也紧跟其后,在 1906 年仿制成克虏伯式管退炮[①]。该炮管长 1.05 米、口径 75 毫米、重 250 磅、炮床重 245 磅、炮架前节和前车轴重 157 磅、炮架后节和车轮重 212 磅、全炮重 864 磅[②]。该炮采用弹簧式制退复进机,前部安有防御盾板,尾部以横楔式炮闩闭气,发射 12 磅炮弹,初速每秒 200 米,射速每分钟 10~20 发,射程 4000 米,发射后炮管后座 44 厘米。行军时可用 4 匹马分别驮载。宣统年间奉命成批制造管退炮,供编练新军之用。

江南制造总局炮厂和汉阳枪炮厂对阿式、克式和格式各型后装炮的仿制成功,表明我国在 19 世纪末的造炮能力与造炮技术已有很大的提高。就江南制造总局炮厂而言,第一门管退炮的仿制成功,仅比法国创制的管退炮晚 8 年,而与有的国家仿制的管退炮仅差二三年,有的则同时起步而难分先后,在赶超世界先进的造炮水平上,取得了显著的成就。该厂在铸炮时选用本局钢厂炼成的含碳 0.3%、镍 3.5% 的优质镍钢为原料,制成的火炮既坚且韧,同克虏伯炮钢不相上下。该厂在铸炮技术上已经从以往的模铸法,经过层成铸炮法,发展为自紧铸炮法。按该厂层成铸炮法的规定,铸造 15 厘米口径后装炮的工艺规程是:先用 40 吨的起重机,将 15 吨重的钢块吊入加热炉内,加温至 870~1040 度时吊出,用 2000 吨的水压机带动五六十吨的汽锤,将其展转锻打成炮管毛胚;经过车、钻等工序,制成火炮的内管;再用加热锻打的方法,在内管外部,逐次紧套二三层依次减短的套筒或套箍,以强固炮身;在套筒尾端螺装炮尾环,构成闩室;最后再安上各种部件,经过调试交付使用。自紧法的工艺规程是:先按上法制成火炮的内管,尔后再造一个内径略小于内管外径的套管,将其加温至 500 度以扩张其内径,使之略大于内管的外径,并立即将其套在内管外部,待冷却收缩后,套管即紧贴于内炮管上。于是一具内层致密,抗压能力强,外层坚韧,不致炸裂的坚固炮管便告制成[②]。由于该厂钢材质量和制造技术的提高,所以制成的管退炮发射方便,射速加快,杀伤威力增强,已接近当时世界上先进的造炮水平。

三　炮　弹

晚清兵工厂制造的炮弹,随着仿制火炮的发展而发展,在 50 年中大致经历了三个发展阶段。咸丰十一年至同治十三年(1861~1874)为第一阶段,在这个阶段中,主要制造前装滑膛炮发射的球形实心弹和球形爆炸弹。光绪元年至三十一年(1875~1905)为第二阶段,在

---

① 《江南制造局产品说明书》第二集《七生五(即 7.5 厘米)管退过山快炮》,第 22 页。
② 魏允恭,《江南制造局记》卷十附《仿造克虏伯炮说》,第 9,1~2 页。

这个阶段中，前装炮弹与后装炮弹同时并造[①]；主要制品有大中型阿式前装炮发射的 40 磅、80 磅、100 磅、120 磅、150 磅、180 磅、250 磅、800 磅等炮弹；轻型克式、格式等后装炮发射的 2 磅、3 磅、6 磅、7 磅等炮弹。光绪三十一年后为第三阶段，在这个阶段中，专造 75 毫米口径的克式管退山炮发射的叠圈开花弹（即榴弹）。制造炮弹的工艺，除在第一个阶段初期尚以手工为主外，其余都采用机器制造。如铸坯时用翻沙机，造弹头钢壳时用车床，钻内膛眼时用钻床，白钢壳时用白机和压机，制造弹头铜箍时用轧床轧成铜皮，再用压机压成铜箍[①]，等等。江南制造总局炮厂，除制造上述两种炮弹外，还使用机器试制过克式 75 毫米陆炮双层开花弹、87 毫米速射炮双层开花弹、格式 57 毫米陆炮常用开花弹、75 毫米陆炮常用开花弹、75 毫米陆炮猛弹、日本式 75 毫米山炮、野炮通用弹、75 毫米山炮、野炮代用榴霰弹[②] 等。

　　晚清各兵工厂大多能够制造炮弹，其中江南制造总局炮弹厂、金陵机器局、天津机器局、山东机器局、汉阳枪炮厂的产量尤为可观。江南制造总局在 1874～1894 年的 20 年中，共制各种炮弹近 41 万枚[③]，1899 年的年产量近 4 万枚[④]。金陵机器局在 1899 年制造的各种炮弹有 6.5 万枚[④]。天津机器局在 1876 年制造前装开花炮弹 6.8 万枚，1877 年制造前装开花炮弹 5.8 万枚、后装炮弹 4000 多枚，1878 年制造前装开花炮弹 6.3 万枚、后装炮弹 5444 枚，到 1880 年已造各种前后装炮弹 36 万多枚[⑤]。汉阳枪炮厂在 1896～1909 年中，共造各种炮弹 66 万枚。从上述记载可知，晚清各兵工厂历年所制炮弹的总数虽无精确统计，但以数百万枚计其数是不为过分的。这些炮弹制成后，为清军的作战训练，提供了一定的补给，减少了向国外购买的数量和花费的白银，具有不可忽视的经济和军事意义。

　　在晚清兴办的兵工厂中，除重点制造枪炮外，江南制造总局水雷厂、天津机器局和福建船政局等兵工厂，还制造了一些地雷和水雷等爆炸火器，作为陆上要地和海口要塞的守御之用。但从总体上说，它们的生产规模不大，在战争中的作用也有限。

　　晚清中央和地方兴办的 30 多个兵工厂，在将近 50 年的时间里，以外军不断更新的武器装备为目标，进行跟踪仿制和改进，先后制成一批前装滑膛和后装线膛枪炮，迈出了用机器设备和先进技术制造军工产品的第一步，摆脱了用手工制造的落后状态。它们所制造的军工产品，虽然在数量和质量上，同当时的世界水平还有较大的差距，但是同鸦片战争前相比，这种差距已大为缩小。如果从掌握制造技术的角度看，有些产品的制成，在时间上也不过比创制国晚 10～20 年左右。这些成就的取得，表明中华民族是一个不甘落后和善于学习的民族，他们在当时艰难困苦的国际、国内条件下，通过不懈的努力，为改善清军的武器装备和国家的防御设施，作出了可贵的贡献，为中国近代军事的变革，提供了一定的物质条件，产生了一定的积极作用和影响。

---

　　① 从炮弹的构造上说，此时制造的后装炮弹，一般是通用的定装式榴霰弹、榴弹、开花弹。它们由弹丸和发射装药组成。弹丸部分包括引信、弹体和装填物。线膛炮弹上压有弹带，发射时嵌入膛线，使弹丸高速旋转，保证弹丸飞行的稳定；滑膛炮弹通过尾翼保持飞行的稳定。引信是控制弹丸起爆的装置，装填物为炸药、烟火药等。发射装药由发射药、药筒、底火及其他辅助物构成。发射药是发射弹丸的能源，多用无烟火药。药筒用来安装底火、盛装发射药和其他辅助元件，平时保护发射药干燥洁净，发射时可密闭火药燃气，当时制造的炮弹都属杀伤弹和爆破弹，其他特种炮弹尚未制造或制造甚少。

　　② 《江南制造局出品说明书目录》第二集《枪炮子弹》，第 35～58 页。

　　③ 见《中国近代工业史资料》第一辑上册第 239，298 页。

　　④ 两江总督刘坤一致总理衙门电，见《中国近代工业史资料》第一辑上册第 234 页。

　　⑤ 见《中国近代工业史资料》第一辑上册第 356～358 页。

第六节　炮台要塞建筑的兴起和发展

19 世纪 70 年代，资本主义各国对我国的侵略日益加剧，原有边海防的城寨、碉垒和旧式炮台要塞，已无法抵御西方巨舰重炮的轰击。于是采用先进技术，在沿海、沿江和沿边各战略要地，建筑新型的炮台要塞已成燃眉之急。

一　炮台要塞的设计原则

光绪元年（1875），清廷召开王公大臣会议，决定在沿海、沿江、沿边建筑炮台要塞。之后，朝中一些大臣和驻外使官，借出使和走访之机，对欧洲国家新式炮台要塞的建筑方法，进行了实地的考察和深入的研究。出使德国的使官刘鸿锡，于光绪五年上呈《访求筑造炮台模式折》、《筑造炮台模式未尽事宜十条呈总署王大臣书》、《附筹办海防画一章程十条折片》等三篇奏书[1]，详细介绍了英、德等国炮台的建筑方法，以及依托炮台守卫要塞的经验，建议朝廷采取德国规制，斟酌变通，建筑各种炮台，凭借炮台建筑群的炮火优势，抗击敌军的进攻，以收守土保国之效。两广总督张之洞，也在光绪十一年九月上书，认为筹办海防，须"台船相辅，其功乃彰"。他指出，建筑炮台要根据地势和使用的需要而定，并提出了建筑炮台的九条设计思想和原则：其一，炮台须建筑在山坳岭曲中，要能隐蔽击敌，不宜孤露在外；其二，炮台外须作坦坡，以减弱敌炮的破坏；其三，连环炮台，要作犬牙形布局，以便在两炮台之间形成交叉火力；其四，炮台后面不宜背山，以免被敌方的炮弹反击；其五，炮台上不宜人多，以免增加伤亡；其六，炮台内的炮堂不宜太宽，以防炸弹坠落；其七，炮台的侧后宜有回击小炮，以防敌人从侧后袭击；其八，炮台旁侧应布置伏兵，装备连发枪，防止敌人乘舢板登陆；其九，炮台建成后要用火炮进行试轰，坏了就要重新修筑[2]。此后，晚清当局大致都按张之洞等人所提出的设计思想和原则，在沿海、沿江要塞和沿边要隘，建筑许多单台、联

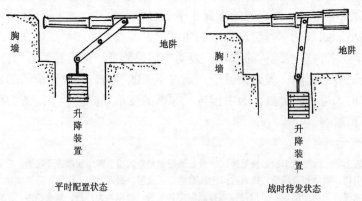

胸墙　　地阱　　　　　胸墙　　　　地阱

升降装置　　　　　　　　升降装置

平时配置状态　　　　　　战时待发状态

图 10-4　地阱炮的隐显炮架

---

① 刘鸿锡，访求筑造炮台模式折等三篇奏书，见《洋务运动》（二）第 469～488 页。
② 张之洞，筹议大冶水师事宜，见《清末海军史料》上第 55～56 页。海洋出版社，1982 年版。以下引此书时同此版本。

台和炮台群,安置各型火炮。当时的要塞,除将海岸炮安于炮台内设置的地面炮架外,还有安置于地阱中的隐显式炮架上(见图10-4)。这种炮架平时远低于地阱的胸墙,使火炮完全隐蔽于地阱之中,避免被敌炮摧毁。待敌舰来犯时,即由隐显炮架中的升降装置,将炮身升起,使其与胸墙等高,对敌舰进行瞄准射击。射毕后,又降回原位。旅顺、大连、威海卫、大沽等要塞,都安有这类地阱炮。它们同其他火炮一起,构成相对完整的要塞火力配系,抗击来犯之敌。

二 沿海和沿江的炮台要塞

清政府在"水陆相依、舰台结合、海口水雷相辅"的海防建设思想指导下,兴起了建设沿海炮台要塞的高潮。自19世纪70年代至甲午战争前,整个沿海从鸭绿江到广东的海口(除少数地段外),各要塞的岸防建设,已经基本迈上一个新的台阶,即从旧式水师与岸防城寨碉垒、旧式炮台相结合的海防体系,发展为以新式海军舰队与要塞炮台群、海口水雷相结合的海防体系。这个体系由北洋、南洋、福建、广东四大海域相应的舰队和要塞炮台群、海口水雷构成,其中以北洋沿海海防体系的建设为重点,而旅(顺)大(连)、威海、大沽口三处尤为突出。

(一)北洋沿海的炮台要塞

北洋沿海有山海关、旅顺、大连、威海卫、大沽、烟台等重要海口,它们是清廷海防建设投资最多的地区。

光绪十年(1884),山海关已建成三合土大炮台1座、土炮台2座,又在营墙濒海的一面堆筑土垣[①],配置海岸炮,增加防御层次。同时还驻有水雷营,配置水雷。

旅顺基地以黄金山和老虎尾为口门锁钥,两侧地势险要,航道狭窄,水深6米,港内分东西2个港湾,冬季不结冰,周长约20里。自光绪六年至二十年(1894),全要塞建成船坞、舰船修理厂、各种仓库、营房和10处炮台群等建筑物。口门东侧自西向东,依次筑有黄金山炮台、黄金山副炮台、摸珠礁炮台、老蛎咀(又称崂峍咀)炮台、老蛎咀后炮台等。口门西侧自东向西,依次筑有老虎尾炮台、威远炮台、蛮子营炮台、馒头山炮台、城头山炮台等。这些炮台附近,还建有若干小炮台,彼此互相策应,形成前卫炮台群。这10处炮台群大多参照德国炮台制式建造,内用大条石砌筑,外用厚土被覆,共配置海岸炮63门,其中有200毫米以上口径的火炮14门。黄金山、老虎尾两处炮台群雄峙海口,分别配置11门和5门火炮,形成交叉火力,控扼海口航道。旅顺要塞除口门两侧外,还在其后东西两侧婉蜒起伏的群山之间,沿金州至旅顺大道之东侧,依次筑有松树山、二龙山、望台北、鸡冠山、大坡山、小坡山等炮台;沿大道之西侧,依次筑有案子山东炮台、西炮台、低炮台等。同时还在两侧建筑一道高2米、厚1米的长墙,将它们有机地连结成后卫炮台群,配置克虏伯等各型火炮近80门,使相邻两台之间形成交叉火力,依次绵延,控扼金旅大道的各个通路,以保卫旅顺口侧后的安全。旅顺口两侧各炮台群海岸炮的装备情况如表10-4所列。

---

① 李鸿章,遵呈海防图说折,见《清末海军史料》上第230页。

表 10-4　旅顺口东西岸各炮台装备的火炮

炮台名称		火炮种类	口径（厘米）	长度（米）	数量（门）	总数（门）
港口东岸	黄金山炮台	克虏伯炮	24	6	3	11
		克虏伯炮	12		4	
		格林炮			4	
	黄金山副炮台	12磅榴弹炮			2	6
		克虏伯白炮	15		4	
	摸珠礁炮台	克虏伯炮	20	5	2	8
		克虏伯炮	15	3	2	
		克虏伯炮	8		4	
	老蛎咀炮台	克虏伯炮	24	6	2	5
		克虏伯炮	24	7.2	2	
		五管格林炮			1	
	老蛎咀后炮台	克虏伯炮	12	4.2	2	2
港口西岸	老虎尾炮台	克虏伯炮	21		2	5
		12磅榴弹炮			3	
	威远炮台和蛮子营炮台	克虏伯炮	15	5.3	6	11
		12磅榴弹炮			5	
	馒头山炮台	克虏伯炮	24		3	5
		克虏伯炮	12		2	
	城头山炮台	克虏伯炮	12		2	10
		克虏伯炮	8		6	
		五管格林炮			2	
总数（门）						63

　　至甲午战争爆发时，旅顺要塞区又增建了不少临时炮台，并增配了相应数量的火炮，从而使20多处炮台群的140门火炮之间，"脉络贯通，首尾相援，恰如常山蛇势"[①]。这些依托坚固炮台群的众多火炮，与海口布设的众多水雷，使旅顺成为一座具有完整火力配系的海军基地。

　　大连湾是旅顺、金州后路要口，建有和尚岛东炮台、和尚岛中炮台、和尚岛西炮台、老龙头炮台、黄山炮台、徐家山6处炮台群，共配置海岸炮22门，其中200毫米以上口径的火炮12门。此外，还驻有水雷营，可在战时布设水雷。据日本人称，大连湾配置的"二十四公分、十五公分克虏伯各炮，均为自动回转式射击炮，可向炮台前后左右八面进行自由自在地射击，实为无双之利器"[②]。它们的配置情况如表10-5所列（见下页）。

　　威海卫位于山东半岛北端，也是北洋海军的一个重要基地。其港湾长约20多公里，南岸（通称南帮炮台）筑有皂埠咀、鹿角咀、龙庙咀3处炮台群；北岸（通称北帮炮台）筑有北山咀、黄泥沟、祭祀台3处炮台群；离岸约4公里处的刘公岛上筑有东泓（见照片14）、迎门洞、

①　［日］川崎紫山，《日清陆战史》卷六第255页。

②　［日］川崎紫山，《日清陆战史》卷五第240页。

表 10-5　大连湾海岸各炮台装备的火炮

炮台名称	火炮种类	口径（厘米）	数量（门）	总数（门）
和尚岛东炮台	克虏伯炮	24	2	4
	克虏伯炮	15	2	
和尚岛中炮台	克虏伯炮	21	2	6
	克虏伯炮	15	2	
	克虏伯炮	8	2	
和尚岛西炮台	格鲁森炮	21	2	4
	格鲁森炮	15	2	
老龙头炮台	格鲁森炮	24	4	4
黄山炮台	克虏伯炮	21	2	4
	克虏伯炮	15	2	
总数（门）				22

　　旗顶山、南咀、公所后、黄岛 6 处炮台群；日岛上建有地阱炮台。各炮台群共配置海岸炮 100 门。其中 200 毫米以上口径的大型火炮 40 门。它们的配置情况如表 10-6 所列（见下页）。除海岸炮外，威海卫南帮后路所城北和扬枫岭、北帮后路合庆滩和威海城北老母顶等地，还建有陆路炮台群 4 处，配置火炮 31 门；临时炮台 8 处，配置火炮 36 门。至甲午战争前，威海卫要塞区各炮台群所配置的海岸炮、陆路火炮近 170 门。此外，南北帮都驻有水雷营，专管布设水雷。

　　大沽口是天津的门户，其要塞火力配系的建设，在第二次鸦片战争后有很大的进展。至光绪年间，大沽口南北两岸共建炮台群 4 处，它们周围的小炮台达 40 多座。南岸主炮台群配置各种火炮 56 门，其南的新炮台群配置各种火炮 21 门；北岸北炮台群配置各种火炮 74 门，西北炮台群配置各种火炮 26 门。总数达 177 门。各炮台周围都建有堤墙，堤墙之外挖有壕沟，树立木桩，加强对炮台的护卫。大沽南岸建有发电所和电信局各 1 处，探照灯 2 具。北岸建有电信局 1 处。大沽口驻有水雷营专管布设水雷。

　　大沽与旅顺、威海卫 3 个要塞区，是渤海湾战略防御的三个支撑点，它们各自的火力配系建成后，构成了渤海湾内的三角形海岸防御体系。这个防御体系又与北洋舰队相依辅，构成渤海湾门户岸舰结合的海防体系。体现了当时岸舰相依、自固藩篱、外御强敌、内卫京师的海防战略思想。

　　烟台是威海卫西侧的重要港口，其北有芝罘岛，东有峟岱山。西边通伸岗上建炮台 8 座，配置新式海岸炮，台外筑围墙 340 丈[①]。

　　此外，在南北洋海域的结合部胶州湾，也是清廷设想筹建的要塞之一，后因甲午战争爆发，未能建成。

（二）南洋沿海及长江沿岸的炮台要塞

　　南洋沿海包括山东南部和江苏沿海各要塞，以及长江沿岸的江苏、安徽、江西、湖北等

---

① 候补知县萨承钰上山东巡抚张曜南北洋各炮台情形书，见《清末海军史料》上第 268 页。

地的江防要塞。其火力配系的建设以吴淞口和江阴要塞为主。

表 10-6　威海各炮台装备的火炮

炮 台 名 称		火 炮 种 类	口径（厘米）	长度（米）	数量（门）	总数（门）
南帮炮台	皂埠咀炮台	克虏伯炮	28	9.8	2	6
		克虏伯炮	24	8.4	3	
		其他火炮	15		1	
	鹿角咀炮台	克虏伯炮	24	8.4	4	4
	龙庙咀炮台	克虏伯炮	21	7.4	2	4
		克虏伯炮	15	5.3	2	
北帮炮台	北山咀炮台	克虏伯炮	24	8.4	6	8
		克虏伯炮	9		2	
	黄泥沟炮台	克虏伯炮	21	7.4	2	2
	祭祀台炮台	克虏伯炮	24	8.4	2	6
		克虏伯炮	21	7.4	2	
		克虏伯炮	15	5.3	2	
刘公岛炮台	东泓炮台	克虏伯炮	24	8.4	2	18
		克虏伯炮	12	3	2	
		中小型火炮			14	
	迎门洞炮台	克虏伯炮	24	8.4	1	1
	旗顶山炮台	克虏伯炮	24	8.4	4	4
	南咀炮台	克虏伯炮	24	8.4	2	14
		中小型火炮			12	
	公所后炮台	阿式地阱炮	24		2	16
		中小型火炮			14	
	黄岛炮台	克虏伯炮	24	8.4		4
		中小型火炮				5
	日岛炮台	阿式速射泡	12		2	8
		阿式地阱炮	20		2	
		小型野战炮	6.5		4	
总数（门）						100

　　吴淞口要塞位于长江入海处，是控制敌舰由海入江的门户，共有 4 处炮台群，每座炮台前挖有深壕，设置排钉木桩，筑有护墙。炮台内建有了望台。要塞区驻有水、旱雷营兵各 1 哨、步兵营 5 哨。由于吴淞口各炮台兼有防海守江的任务，所以它的火力配系更为突出，其配置的海岸炮如表 10-7 所列①（见下页）。

　　吴淞口各炮台群配置的海岸炮，口径在 200 毫米以上的有 16 门，占总炮数的 1/3，大多由江南制造总局炮厂制造。

　　江阴要塞位于县城以北，为长江下游扼要总口，于长江南北两岸分别建筑炮台，火力配

---

① 吴淞口和江阴要塞各炮台的配炮表，是根据 1905 年刊印的姚锡光所编《长江炮台刍议》而拟成。

表 10-7 吴淞口各炮台装备的火炮

炮台名称	火炮种类	口径（厘米）	长度（米）	数量（门）	总数（门）
吴淞口明炮台	阿式前装炮	22	3.65	1	6
	阿式前装炮	20	6.6	1	
	瓦瓦斯前装炮	17	3.8	4	
吴淞口暗炮台	阿式前装炮	17	3.0	5	23
	克虏伯后装炮	17	4.2	2	
	阿式前装炮	17	2.6	4	
	阿式前装炮	12	2.7	6	
	旧式前装炮	10～11	5.8	6	
南石塘明炮台	阿式前装炮	30	7.6	4	11
	克虏伯后装炮	20	4.7	2	
	阿式后装炮	20	7.0	2	
	克虏伯后装炮	12	3.0	3	
狮子林明炮台	阿式后装炮	30	10.6	2	2
	阿式后装炮	22	8.0	4	4
	克虏伯后装炮	12	3.0	2	2
总数（门）					48

系仅次于吴淞口要塞。南岸炮台依山而筑，北岸炮台雄峙江堤，两下锁扼仅 3 里宽的江面。南岸各炮台的配炮情况如表 10-8 所列（见下页）。

江阴南岸东山炮台中的 4 座山顶炮台，以及西山炮台中的小角山顶炮台，建筑新颖，配置新型的江防火炮，具有控制江面的作用。北岸天生港、十圩港等处炮台群，也配有江防火炮 20 门。但其炮台构筑一般，火力配系水平低于南岸各炮台。

除吴淞口、江阴 2 处江防炮台群外，沿江上溯，还有以下各要塞建筑的江防炮台群。其中有江苏镇江的圌山关、东生洲、象山、焦山、都天庙等 5 处炮台群，配置江防火炮 68 门[1]，可炮击从江阴闯入的敌舰；南京的乌龙山、幕府山、狮子山、富贵山、清凉山、雨花台等 7 处炮台群，配置江防火炮近 60 门[1]，控制长江航道和从陆路来犯的敌人；安徽沿江的和县东西梁山、安庆的拦江矶、前江、棋盘山等 4 处炮台群，配置江防火炮 121 门[1]；江西沿江的彭泽县马当矶、湖口县的湖口炮台、九江的金鸡坡和岳师门等 4 处炮台群，配置江防火炮近 50 门[1]；湖北省沿江的田家镇炮台群，配置江防火炮 31 门[2]。

南洋沿海以上海吴淞口和江阴各炮台群的构筑最新颖，配置的海岸炮大多是较先进的克虏伯、阿姆斯特朗、格鲁森等大中型后装炮，哈齐开斯、格林等速射炮，具有较强的江防火力配系。镇江和南京两要塞的江防炮台群，也配置了一定数量的新式江防火炮，具有一定的江防火力配系。安徽、江西、湖北沿江要塞的江防炮台群更新甚少，配置的江防火炮则是旧式居多，火力配系较弱。

---

① 铁良奏密查沿海各省防务折，见《清末海军史料》上第 290～294 页。

② 《清史稿》卷一百三十八《兵九·边防》，《清史稿》十四第 4109 页。

表 10-8　江阴南岸各炮台装备的火炮

炮台名称		火炮种类	口径（厘米）	长度（米）	数量（门）	总数（门）
南岸东山炮台	黄山各炮台	阿式后装炮 阿式速射炮 阿式后装炮	30 12 22	10.6 5.1 9.8	3 2 1	6
	仙人港暗炮台	阿式前装炮 克虏伯后装炮	15 15	3.0 3.8	2 1	3
	黄山港暗炮台	克虏伯后装炮 阿式前装炮	15 15	3.6 3.0	1 1	2
南岸西山炮台	小角山各炮台	阿式后装炮 阿式前装炮 哈齐开斯和 格林速射炮 瓦瓦斯前装炮 克虏伯后装炮	30 30 3.7 15 15	9.4 7.0 1.6 3.7 3.7	1 2 2 4 1	10
	大石湾明炮台	克虏伯后装炮 瓦瓦斯前装炮 阿式前装炮	15 15 15	3.7 3.3 3.3	4 3 4	11
	小石湾明炮台	阿式前装炮 克虏伯后装炮 瓦瓦斯前装炮 勃休马后装炮 勃休马后装炮 克虏伯后装炮	15 15 15 10 10 10	3.3 3.7 3.7 3 3 3	1 3 2 1 1 2	10
总数（门）						42

（三）浙江和福建沿海的炮台要塞

这一带共包括浙江、福建、台湾三省沿海的海口。其中浙江沿海的乍浦海口有炮台群4处，配置海岸炮27门；澉浦营的头围口有炮台群1处，配置海岸炮3门；镇海口两岸有炮台群7处，配置海岸炮74门（其中有明朝万历年间制造的大将军炮8门，其上刻有"皇图永固"等字，与日本所存3门大将军炮的刻字有相似之处）；定海有炮台群4处，配置海岸炮49门；温州有炮台群17处，配置海岸炮140多门[1]。福建沿海的厦门海口两侧炮台群，以及福州海口的10处炮台群，配置有口径为280、210、170、120毫米的海岸炮[2]。台湾的基隆、沪尾各有炮台群2处，安平、旗后各有炮台群1处，各配置海岸炮31门[3]；澎湖有炮台群4处，共配置海岸炮17门[4]。上述各要塞炮台群所配置的海岸炮，在数量和质量上虽不及北洋和南洋，但也具有一定的火力配系和守备能力。

---

① 故宫档案馆藏洋务运动史料光绪朝第23折，《浙江省筹办海防·沿海修筑炮台清单》。
② 候补知县萨承钰上山东巡抚张曜南北洋各炮台情形书，见《清末海军史料》上第269～270页。
③ 刘铭传，英国购炮请奖监办参赞片，见《洋务运动》（二）第605～606页。
④ 刘铭传，修造炮台并枪炮厂急需外机器物料片，见《洋务运动》（二）第606页。

（四）广东沿海的炮台要塞

广东沿海有廉州海口的地角山上下炮台群、打鱼庄北炮台群，琼州海口的镇琼炮台群，珠江入口有虎门和虎门东西两侧靠山的炮台群，东侧头台有沙角明炮台群和岭山、归旗、白鹤鼻湾各暗炮台群，西侧有大角、二角、蒲州各炮台群和上横档、下横档、中流砥柱各炮台群，珠江西路有镇南、绥定、崎崇、苏安山等各炮台群[①]。这些炮台群都配置了口径为240、150、87、75毫米的克虏伯式海岸炮。

综上所述，清廷经过几十年的筹建，在我国沿海和沿江建成了几十至近百处具有近代设施的要塞，它们在建筑上具有如下特点。首先，要塞都选建在大江大河入海口的军事险要之地，上安重炮，控扼要冲，守军进可攻，退可守。其次，在要塞建设的总体布局上，突出了旅顺、威海和大沽等渤海湾的战略防御重点，突出了吴淞和江阴等长江的战略防御重点，并兼顾了一般要塞的建筑。其三，这些要塞都是在"水陆相依、舰台结合、海口水雷相辅"思想指导下建筑的，符合近代海防建设的原则。其四，要塞建筑采用了当时较新的技术和较先进的配套设施；旅顺要塞除炮台外，还建筑了船坞、修船厂、码头；大沽要塞还建筑了发电所、电信局、探照灯等。其五，炮台建筑采用了当时西方最先进的技术，内部构筑坚固，外部防护厚实而周密。其六，炮台大多成群建筑，连环护卫。其七，要塞区一般都具有控扼海口、纵深梯次、左右翼卫、前后策应的守备部署。其八，各要塞的主要炮台，尽可能地装备当时先进的海岸炮。其九，在一些重要的海口要塞都布有水、旱雷，具有辅助海岸炮的守备作用。其十，一般炮台群除驻有守台官兵外，附近还驻有一定数量的步兵和水、旱雷营兵，协助要塞的守备。

综合各重点要塞所装备的海岸炮，可知当时各要塞已经基本上建成了以新建的炮台群为依托，配置了当时世界上几个先进系列的火炮，其中主要有：

克虏伯系列的280、240、210、150、120、90、75毫米等口径的后装炮，其中包括加农炮、榴弹炮和臼炮；

阿姆斯特朗系列的800、500、300、200、180、150、120、80、40磅等前装炮和后装炮；

瓦瓦斯系列的68、60、40、24磅等前装炮；

其他型号的68、32、24、12、9磅等前装炮；

格林系列的10管、5管、4管炮；

诺登飞系列的多管炮；

哈齐开斯系列37毫米口径的速射炮等[②]。

这些火炮是光绪十二年（1886）四月初十日，李鸿章向朝廷奏报北洋驻军维修保养军械费时提到的，反映了北洋驻军火炮的装备情况，它们具有大中小相结合、远中近射程兼有的特点。至甲午战争前，各要塞的海岸炮又有所改进。按当时世界军舰的装甲水平，击穿40厘米厚的钢甲或15～20厘米厚的钢甲旋转炮塔，需用120～400毫米口径的大型加农炮和榴弹炮；对于敌舰上的防御甲板，需用220～300毫米口径的臼炮；对于敌舰甲板上的有生力量，需用100毫米口径以下的速射炮及机关炮或机关枪。晚清所用的海岸炮，虽然300毫米口径

① 候补知县萨承钰上山东巡抚张曜南北洋各炮台情形书，见《清末海军史料》上第269页。
② 李鸿章，北洋月支炮费折，见《李文忠公全集·奏稿五十七》第9～14页。

以上的较少（上海吴淞口炮台安有几门），但 240 毫米口径以下的火炮为数不少，基本上具有守备海口的能力。若再加上海口布设的水雷和水面舰队的舰载火力系统，是能够重创入侵敌军舰队的。

晚清政府经过几十年的经营，使我国的海防和江防具有一定的近代规模，其历史性的进步自然不可忽视。但是，由于晚清政府的腐败，军队缺乏综合治理，所以改善了的海岸防御体系也不能在战争中发挥应有的作用，北洋舰队的舰载火力系统和旅大、威海的要塞火力配系，仍然在甲午风云中被卷灭。这一沉痛的历史教训是值得后人记取的。

三　边防要隘建筑的炮台

同沿海和沿江各要塞的建设相比，沿边各要隘炮台的建设居于次要地位，这是由于晚清政府把国防建设的重点放在沿海的方针决定的。从全国范围看，虽然北、西、南三面边防要隘的炮台建设都有所改善，但是除东北三省和广西沿边外，其他地方改善不大，收效较少。

（一）东北三省边防要隘的炮台

自第二次鸦片战争后，沙俄通过不平等条约，攫取了中国东北 150 多万平方公里的土地，边防安全受到严重威胁。为了改善东北的防务，清廷于光绪六年（1880）初，连发七道谕旨，着令东北各地加强设防，并赏吴大澂三品卿衔，随吉林将军铭安赴吉林帮办一切事宜。吴大澂到达吉林后，即于光绪七年着手创办吉林机器局、整顿练军、在扼要处建筑炮台等三件大事。光绪九年八月，吉林机器局建成，为整顿练军和建筑炮台提供了新式枪炮等重要条件。

吴大澂在吉林边防要隘建筑的炮台群主要有三姓、珲春等处。

三姓位于松花江南岸，西濒牡丹江，东临倭肯河，是吉林北部水陆交通要地。当时选择位于松花江南岸距城东 35 里之巴彦通，建筑新式炮台 5 处，于光绪十年建成。台各长 20 丈、宽 10 丈、高 2 丈，配置 150 毫米口径、管长为口径 20 倍的克虏伯炮 3 门。四周环筑土垣，长 150 丈。这 5 处炮台建成后，改善了三姓的防御。

珲春西濒图门江，北依大盘岭，是与俄、朝接壤的边防要地。为加强守备能力，副都统依克唐阿于光绪十四年奏请朝廷，在城外的外郎屯，阿拉坎两处建筑新式炮台。外郎屯在城西南十余里，筑有 3 处炮台：东炮台长 20 丈、中炮台长 19.5 丈、西炮台长 21.5 丈，高度均为 1.2 丈。共配置 150 毫米口径、管长为口径 20 倍的克虏伯炮 3 门。四周环筑土垣，高 1.2 丈、长 13.5 丈。阿拉坎在城东南十里，筑有东、西、南 3 处炮台：高度均为 2.1 丈。共配置 150 毫米口径、管长为口径 20 倍的克虏伯炮 3 门，四周环筑土垣，高 1.2 丈、长 123.7 丈。这 3 处炮台建成后，对珲春的防御有一定的改善。

由于这些炮台建成后，没有及时进行修缮和扩建，所以效能日益萎缩。光绪十九年，直隶提督聂士成率随员到这两处考察时，三姓地方所建的巴彦通炮台，已被荒火焚烧，不能使用。聂士成虽建议驻军进行修缮和改建，但因损坏过多，已无法修复①。珲春地方所建的炮台大抵也是如此。光绪二十六年，俄军五路侵华，吉林将军长顺妥协不战，三姓炮台形同虚设，很快失陷。珲春东炮台因修筑不固，突然震裂，俄军乘机将其侵占。至于黑龙江省北部边防

---

① 聂士成，《东游纪程》卷二《日历》，四川人民出版社，1986 年版，《近代稗海》①第 170 页。

要隘，都以清初所筑新旧卡伦为防御体系，未建筑新式炮台，没有形成以新式火炮为基础的边防要隘火力配系，因此，也在俄军五路侵华时被突破。

（二）广西边防要隘的炮台

中法战争以后，清廷及广西地方大吏，即加强对广西边防的建设。自光绪十八年四月起，分四批进行，至二十二年三月全部完工，共建成大炮台34座。加上光绪十二至十五年间已开始建筑的中炮台48座、小碉台83座，总计165座，装备各型火炮118门，枪械二三千支①，分布于广西的三关（镇南关、平而关、水口关）、百隘的一千余里边防沿线之中。上述各型炮台的布局、选点、建筑与火力配置，具有明显的特点：

其一，这些炮台分布于具有一定纵深的广西边防前线各关隘附近地区，形成一道具有一定宽度的带形边防阵线。

其二，这道阵线又以各重要关隘、州、县为核心，集中建筑几座大型炮台和若干座中小型辅助炮台，形成一个以大型炮台为核心，大中小型炮台相结合，火力配系相对完整的重点设防区域。根据文献记载，当时形成的重点防御地区有：

龙州地区，包括镇龙一二台、卫龙一二台等4座大炮台，镇龙（3座）中炮台、卫龙三四台等5座中炮台，以及若干座小炮台。

凭祥地区，包括卫连左、右、前、后、中等5座大炮台，以及若干座中小炮台。

镇南关地区，包括镇东、镇南、镇北、镇中、镇隘一至八台等12座大炮台，以及若干座中小炮台。

平尔关地区，包括镇关一至三台等3座大炮台，以及若干座中小炮台。

水口关地区，包括水口关一至三台等3座大炮台，以及若干座中小炮台。

此外，还在宁明州、思陵土州、土思州、明江厅、冻土州、归顺州、镇边县等7个州、厅、县，分别建筑镇宁、镇陵、镇思、镇明、镇东、靖边、镇边等7座大炮台，以及若干座中小炮台②。

这些坚固防御地区炮台所装备的大中小各型火炮与枪械，既可在本区内形成以大炮台的火力为核心，附近各中小炮台的火力为策应的交叉火力网；又可与左右相邻的坚固防御地区密切配合，协同作战。

其三，这些炮台的选点比较得当，它们都因山顺势，居高临下，既易守难攻，又能控扼关隘、通道。

其四，这些炮台都就地取材，用大石砌筑。台外用大石围砌护墙。墙内设有官兵宿舍、弹药库，其间有巷道回环往来，明暗相通，既有利于隐蔽，又可观察敌情，适时炮击入侵之敌。

广西千余里边防关隘建筑的炮台及其配置的各种枪炮，是19世纪末20世纪初，我国陆上周边建设较好的防御地区。当然，由于这些炮台和配置的火炮，都分布于千里边防的崇山峻岭之中，所以炮台的维护，枪炮的维修和弹药的供应，都会出现相当大的困难。

---

① 其中34座大炮台配置120毫米口径的克虏伯长管加农炮20门、大型榴弹炮10门、40磅炮4门、臼炮5门、瓦瓦斯炮2门、小型火炮29门，共70门；枪械若干支。48座中炮台共配置各种中小型火炮48门，枪械若干支。83座碉台共配置各种枪械约1100多支。

② 《督办广西边防、广西提督苏元春奏修筑炮台工程折》，《附清单一、清单二》，光绪二十二年九月二十六日具奏。原折存故宫博物院。

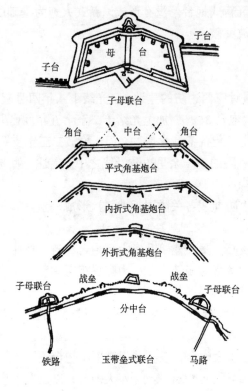

图 10-5　各种明显式炮台

四　野战工事的建筑

19 世纪末叶至 20 世纪初,清军已基本上使用近代枪炮进行作战,野战工事建筑技术得到了普遍的采用。当时所编译的野战工事书籍,都比较详细地叙述了这方面的内容,其中尤以徐建寅所编著的《兵学新书》第十二至十四卷,对野战中的筑垒和望台等,进行了全面系统的阐述。

(一) 应急战壕的建筑

这类战壕大多是在敌军将近或仓卒遇敌时,紧急建筑的临时性单兵或小分队战壕。通常分跪、立两种。跪壕是指能让士兵进行跪式射姿的战壕,壕宽 1.5 米、深 0.5 米,挖壕的土堆在沟前 0.3～0.4 米处,压实后作为胸墙,墙高约 0.3 米,既可作掩护,又可供壕内士兵搁枪射击用。立壕是指能让士兵进行立姿射击的战壕,壕宽 1.5 米、深 0.8 米、胸墙高 0.5 米。战壕挖好后,还可在胸墙前插上树枝等必要的伪装物。在应急战壕已经构成,敌人还未到达时,即可进一步将所挖的战壕加深,胸墙加厚,以加强防护作用。

(二) 大型战壕的建筑

当敌人距离尚远,则应构筑大型战壕。按当时的设计,大型战壕深 2.8 米、上宽 5.7 米、底宽 1.9 米,挡墙高 2.3 米、顶端厚 3.7 米、下部厚 6.6 米,子墙高 1 米、上宽 1.2 米、下宽 2.5 米。这种战壕和挡墙,不但能供士兵进行射击,而且还可以掩护炮台与火炮。

上述两种战壕都应分段建筑,前后错开,或成人字形构筑,或曲折构筑,切不可成一字形长壕。

(三) 镇堡的建筑

凡部队人数较多,驻地范围较大,所占村镇较多时,就要在驻地周围建筑镇堡。镇堡可分为独堡、前堡、旁堡、后堡四种。独堡建筑于离主力部队较远之地,堡的四周建筑沟墙,能独立抗击敌军先头部队的进攻。前堡建筑于阵地前沿,是抗击敌军正面进攻的阵地。旁堡建筑于主力部队的翼侧,有沟墙与主驻地联络,其作用在于防止敌军从侧翼进攻。后堡建筑于主驻地侧后较远之地,屯积全军的军需辎重,或供军队临时休整之用;有时也建筑在桥梁和险隘之地,以便掩护部队撤退。

(四) 了望台的建筑

凡部队人数较多,驻地范围较大,则必须构筑了望台。构造形式多种多样,或在粗大树木的顶部构筑木屋，或用 3 根高大木杆捆连作架，上铺木板；或用 3 个云梯捆连作架，上铺木板；或用搭建脚手架的方式搭建；或用多根大木连接，搭建高层了望台等，借以了望敌军的行动。

自 19 世纪中叶开始的中国近代军事工程，经过战争的检验和工程技术的发展，到 20 世纪初已经基本成熟并得到了广泛的运用。就要塞炮台的建筑而言，除隐显式炮台外，各种明显式炮台虽然各因地形的不同而有差异，但其基本构筑形式不外有方形、长方形、圆形、椭圆形、多角形、单台、联台等（见图 10-5）。如守备得当，便能够起到较好的对敌防御和反击的作用。

第七节　蒸汽舰船的建造

建造蒸汽舰船，是清廷加强海防、改善国家武备的重要举措之一。第一台蒸汽机和第一艘蒸汽轮船"黄鹄"号的试造和试航成功，在理论和实践上，为蒸汽舰船的正式建造，奠定了基础，准备了条件。同治五至六年（1866～1867），福建船政局的创办和江南制造总局造船厂（简称江南造船厂）的设立，标志着我国蒸汽舰船建造工业的诞生。从发展的进程看，晚清蒸汽舰船的建造，大致在同治年间以江南造船厂为主，在光绪年间以福建船政局为主。而明轮蒸汽舰船"恬吉"号的试航成功，则开了我国近代自造蒸汽舰船的先河。

一　明轮蒸汽兵轮船"恬吉"号

同治六年，江南造船厂修筑了第一号长 100 米的船坞。与此同时，局内机器厂和锅炉厂也分别制造船用机器和锅炉。在筹建舰船的关键时刻，主持试造"黄鹄"号蒸汽轮船的徐寿、徐建寅父子，也被调到造船厂，主持蒸汽舰船的建造工作。

在徐寿主持下，厂内的技术人员和工人于同治七年七月，建成我国第一艘木质明轮蒸汽舰船"恬吉"号（后改"惠吉"号）。该船长 185 尺，宽 27.2 尺，吃水 8 尺多，马力 392 匹，排水量 600 吨，备舰炮 9 门，顺水时速 120 里，逆水时速 70 多里。1868 年 10 月 10 日，上海《教会新报》对该船试航盛况作了详细报道："七月二十九日（9 月 15 日），轮船造作完全，即驶入浦江"，"计由陆家咀到吴淞，不过一点零二分钟"。之后又将轮船开出海口，虽风逆浪大，但"船行甚稳"。试航成功后，"上海军民无不欣喜"，因为这是中国自造的第一艘蒸汽兵轮船。从江南造船厂设立到"恬吉"号试航成功，前后不到 2 年，可见该船是以较快的速度建成的。然而当时西方一些人士却极力贬低它的意义，认为它不过是江南造船厂装配的木质船，根本不值得一提。但是，如果我们把中日两国最初建立的近代造船厂，在初期所造舰船的概况列表比较，便可发现江南造船厂所获成就的可贵。

表 10-9 说明，1867 年建立的江南造船厂，在次年便造成第一艘明轮蒸汽船，相隔不到 2 年。1865 年建立的横须贺造船厂，在 1876 年才造成第一艘"清辉"号明轮蒸汽船，相隔 12 年。两者相比，"恬吉"号的建造周期要比"辉清"号短 10 年。在舰船的性能上，江南造船厂在 1870 年建造的"威靖"号，又全面超过了"清辉"号[①]，处于领先地位。由此可见，江

---

① 表中所列"清辉"号的数据，系摘自日本《幕末以来日本军舰图片及史实》第 21 页。

南造船厂在建厂初期建造蒸汽舰船的速度和规模，超过了同期起步的日本横须贺造船厂。可见当时西方某些人的轻视，不过是一种成见而已。

表 10-9　中日两国初造蒸汽舰船比较（一）

国别	造船厂	建造年代	船名	船长（尺）	船宽（尺）	马力（匹）	排水量（吨）	备 炮（门）	吃水（尺）
中国	江南厂	1868	恬 吉	185	27.2	392	600	9	8
中国	江南厂	1870	威 靖	205	30.6	605	1000	13	11
日本	横须贺	1876	清 辉	182	27.3	492	897	9	12

二　螺轮蒸汽兵轮船"操江"号

江南造船厂在建造"恬吉"号的同时，就已开始螺旋桨（简称螺轮）蒸汽兵轮船的设计和建造工作。螺轮蒸汽兵轮船同明轮蒸汽兵轮船相比，有许多改进之处：其一是蒸汽机安于舰船的底舱即在舰船的吃水线之下，使船体的重心降低，既可避免重载时航速过慢，也不会因轻载时航行不稳；其二是由于蒸汽机安于底舱，不占船面的面积，因而可以多载兵员、燃料和作战物资，提高了兵船的战斗力；其三是由于螺轮安于船尾水线之下，具有较好的隐蔽性，减少了被敌舰炮击的危险，增加了兵轮船的安全性。

欧洲的螺轮蒸汽船，初创于 1845～1850 年之间，1850 年以后才用作军舰。可见江南造船厂开始建造螺轮蒸汽兵轮船的时间，不过比欧洲晚 20 多年。据两江总督马新贻在同治八年（1869）六月奏称：江南造船厂在当年 4 月，已将"仿照外国暗轮（即螺轮）兵船式样制造完工"[①]，并取名为"操江"号（见照片 15）。试航时曾往返于上海至舟山之间，后又沿江溯驶南京；在南京又往返采石一次。经过几次试航，船上设备完好无损，灵便如初。该船全系木质结构，长 180 尺、宽 27.8 尺、马力 425 匹、排水量 640 吨（一说 950 吨）、航速 9 节、乘员91 人、备舰炮 8 门（其中 16 磅克虏伯钢制舰炮 2 门、13 磅钢制舰炮 1 门、47 毫米口径的速射炮 4 门、其他舰炮 1 门、机关炮数门），采用螺轮蒸汽机[②]。船体外壳及船上所用的汽炉、螺轮及全套机器，都由该厂设计制造而成。当年九、十月间，由该厂建造的另一艘螺轮蒸汽兵轮船"测海"号也建成下水。可见江南造船厂在同治八年（1869），已具有建造两艘螺轮蒸汽兵轮船的能力，造船能力的提高十分明显。

三　大型兵轮船"海安"号和"驭远"号

通过建造几艘小型兵轮船后，江南造船厂便在同治十年进入建造大型兵轮船的阶段。同治十一至十二年建成下水的"海安（晏）"号和"驭远"号兵轮船，是晚清建造的一对最大的木质兵轮船。该船长 300 尺、宽 42 尺、吃水深各为 19 尺和 21 尺、备炮各为 26 门和 18 门、

① 见《中国近代工业史资料》第一辑上册第 288 页。

② 对"操江"号的数据各说不一，此处依据的是《两江总督马新贻参报第二号轮船工竣》的奏折［载《洋务运动》（四）第 130 页］，以及《幕末以来日本军舰图片及史实》第 57 页的记载。

排水量 2800 吨、马力 1800 匹、采用螺轮卧形蒸汽机、竖三楗、分四层舱、乘员 500 人，两船的船体、锅炉、轮机等大部分机器设备，都由该厂设计制造。李鸿章称这两艘舰船"在外国为二等，在内地为巨擘"[①]。下水试航后受到中外舆论的称赞。同治十二年十一月五日《申报》说"驭远"号试航时，上海市民前往观看者不下万人，都称赞"局中工匠艺精业熟，较之去岁五号入水更为妥贴，真有驾轻就熟，从容不迫，好整以暇之妙，故入水时水不扬波，附近小舟均无碰撞之势"[②]；法国报纸则认为是中国自建的最大舰船，短短五年的时间，造出这样大的舰船，实属不易，建造舰船技术水平的提高可谓惊人。如果将此两舰，同日本横须贺造船厂在明治十七年（1884）至十八年所建的两舰相比，各项性能的领先是显而易见的。

表 10-10　中日两国初造蒸汽舰船比较（二）

国别	造船厂	建造年代	船名	船长（尺）	船宽（尺）	马力（匹）	排水量（吨）	备炮（门）	吃水（尺）
中国	江南厂	1873	海安	300	42	1800	2800	26	19
日本	横须贺	1884	海门	193	27.5	1300	1429	8	14.6
日本	横须贺	1885	天龙	201	27.5	1162	1547	7	14.5

表 10-10 说明，横须贺造船厂在 1884～1885 年所建造的兵轮船，其性能尚未超过江南造船厂在 1873 年建造的兵轮船。也就是说，在自造木质兵轮船的技术水平和规模上，江南造船厂要领先 12 年以上。但是很可惜，正当江南造船厂造船技术日渐成熟，以较快速度建造舰船时，却于"驭远"号下水后，因经费短缺而突然停止建造大型舰船。直到 1884 年，除造几艘小轮船外，一艘大型舰船也未建造，浪费了十多年时间，被横须贺造船厂轻易地赶上。

四　铁肋兵轮船"威远"号

江南造船厂停止建造大型舰船后，造舰的重点便转移至福建船政局。该局自同治五年（1866）建局至十三年，已建成蒸汽舰船 15 艘。这 15 艘舰船，基本上是按照先进的造舰规程进行的：首先是绘制蓝图；其次是铆接钢架；其三是合拢装配；其四是配造各种舰具和武器装备；其五是进行全面装修；其六是下水试航。

由于建造木质兵轮船需要从暹罗、仰光等地进口高级木料，而这种进口又常因木料的稀少而发生困难。于是船政大臣沈葆桢在同治十三年底建议建造铁肋兵轮船，并向法国定造全副铁制船肋[③]。光绪二年（1876）三月，铁肋厂在船政局建成，并于当年开工建造。次年四月，"威远"号铁肋兵轮船建成下水。前后只用了 9 个月的时间。该船长 217.1 尺、宽 31.1 尺、吃水 17.8 尺、马力 750 匹、排水量 1250～1310 吨、航速 12 节、备舰炮 7 门、乘员 110 人。采用英国在 1870 年创制的新型康帮立式和卧式联动蒸汽机，是船政局最早采用这种蒸汽机的舰船。试航证明"船身完固，轮机灵捷，适合成法"。至光绪六年，又造同型的"超武"、"康济"、"澄庆" 3 艘铁肋船。除"康济"用作商船外，其余 2 艘都用作兵轮船。

---

① 光绪元年十月十九日直隶总督李鸿章等奏折，见《洋务运动》（四）第 28 页。
② 见《中国近代工业史资料》第一辑上册第 290 页。
③ 沈葆桢，购大挖上机、铁肋新式轮机片，见《洋务运动》（五）第 149 页。

铁肋兵轮船的建成，不但解决了建船的材料问题，而且反映了造船技术的进步。尤其可贵的是这几艘舰船是在福建船政局遣散洋匠的情况下，由"华工各出所学，悉心仿造"[①] 而成的。

日本横须贺造船厂建造的第一艘铁肋木壳兵轮船"葛城"号，是在 1887 年建成下水的，比"威远"号晚 8 年。

五　快速兵轮船"开济"号

福建船政局的广大工程技术人员和工匠，在设计和建造铁肋兵轮船"威远"号的同时，即已开始设计和建造快速兵轮船（快速巡洋舰），当时清廷官员也称之为巡海快船。1875 年，英国首先建成铁肋快速巡洋舰"谔泊尔"号。法国也在 1876 年建成了同一类型的快速巡洋舰。当年 8 月，李鸿章在得知这一信息后，即致函船政大臣吴赞诚，示意建造巡海快船。

光绪六年，经船政大臣黎兆棠等人向清廷会奏后，即派人向法国地中海造船厂，购买巡海快船的全套图纸和建造 2152 吨巡海快船的主要设备，其中包括 2400 匹马力的轮机。设备购回后，即于次年由留学回国的魏瀚和陈兆翱等人，对轮机图纸进行描绘和翻译，分发各厂人员，按图施工，并由魏瀚、杨廉臣、李寿田等人监造。据黎兆棠报告，建造第一艘快速兵船所用的机器设备，有 30~40％ 由本厂自制。光绪八年十二月初三日，黎兆棠报告了第一艘自建快速兵船"开济"号下水的情形。该舰长 280 尺、宽 36 尺、吃水 17 尺、排水量 2200 吨、装备旋转式舰炮 12 门、航速 15 节，采用 2400 匹马力的康帮卧式蒸汽机。船头水线之下安有碰船铜刀，在必要时可用以冲撞敌舰[②]。

"开济"号快速兵轮船的最大突破是航速的提高，它已从"威远"号的 12 节提高到 15 节。该舰试航后受到南北洋大臣的重视，两江总督左宗棠即建议增造 5 艘巡海快速船。北洋大臣也请求朝廷增造 2 艘巡海快船。光绪十年（1884）和十一年，船政局又为南洋海军建成 2 艘同一型号的巡海快船，航速 15 节，取名为"镜清"号和"寰泰"号。建造铁肋快速兵轮船的速度，几乎已经达到一年一艘的水平。

六　钢甲巡洋舰"平远"号

光绪十一年十一月，船政大臣裴荫森关于建造钢甲巡洋舰的奏议获准。他即派魏瀚、郑清濂、吴德章监造船身，陈兆翱、李寿田、杨廉臣监造船机，按法国提供的双机钢甲舰图纸的要求，进行设计建造。光绪十二年，魏瀚购回钢板、轮机、水缸等原材料，于当年十一月开工，至光绪十三年十二月建成，前后共用了 14 个月。在建造过程中，福建船政局的工程技术人员，竟能"独运精思，汇集新法，绘算图式，累黍无差；其苦心孤诣，直凑奥微。即外国匠师入厂游观，莫不诧为奇能，动色相告"[③]。在全局广大造船职工努力下，第一艘钢甲巡洋舰"平远"号（见照片 16），于光绪十五年四月下水。该舰长 183 尺、宽 36.5 尺、吃水

---

① 督办福建船政吴赞诚奏，见《洋务运动》（五）第 223 页。
② 黎兆棠，创制巡海快船下水并陈厂工情形折，见《中国近代工业史资料》第一辑上册第 412~413 页。
③ 裴荫森，钢甲船安上龙骨请俟船成照异常劳绩奖励折，见《洋务运动》（五）第 354~355 页。

13.1 尺、马力 2400 匹、排水量 2150 吨、采用康帮三联成双基圆罐蒸汽机、航速每小时 45 里、乘员 200 人。舰底两重钢，中间相距 2 尺。舰身前部钢甲厚 5 英寸、后部钢甲厚 6 英寸、舰唇钢甲宽 7 英尺、舰尾钢甲宽 4.2 英尺、舱面钢甲厚 2 英寸、旋转炮塔钢甲厚 8 英寸。全舰备舰炮 18 门（260 毫米口径的克虏伯炮 1 门、150 毫米口径的克虏伯炮 2 门、120 毫米口径的克虏伯炮 1 门、47 毫米口径的速射炮 2 门、37 毫米口径的速射炮 4 门、发射 4 磅炮弹的速射炮 2 门、机关炮 6 门）、鱼雷发射管 4 具。

七　穹甲舰"广乙"号

穹甲舰的舰体，内为铁肋，外加穹甲一层，用以保护轮机、锅炉和药弹舱。光绪十三年十一月至十五年八月，福建船政局建成第一艘穹甲舰"广乙"号，并于十六年十月试航成功。该舰长 235 尺、宽 27 尺、吃水深 13 尺、排水量 1010 吨、马力 2400 匹、航速 15 节、备舰炮 6 门（150 毫米口径克虏伯舰首炮 1 门、120 毫米口径克虏伯舰尾炮 1 门、舷侧炮 4 门）。次年三月又建成同型的穹甲舰"广丙"号。

钢甲巡洋舰和穹甲舰的建成，标志着晚清造舰技术已经达到较高的水平，如能继续前进，则可进一步缩小中外造舰水平的差距。但是，由于晚清政治、经济和军事上的种种原因，此后福建船政局的总体造舰能力已明显下降，到清王朝灭亡时，中外建造蒸汽舰船水平的距离又逐渐拉大。

从 1868 年木质明轮蒸汽舰"恬吉"号试航成功，到 1890 年穹甲舰"广乙"号建成下水的 23 年中，晚清造舰工业有了较大的发展：舰体材料结构从单一木质经铁肋木壳，到铁甲和钢甲；蒸汽机从单机明轮，经螺轮到三联成双基圆罐蒸汽机；航速从不足 10 节到 15 节；排水量从 600 吨到 2800 吨；舰船攻击力从单一的小型前装炮，发展到舰炮和鱼雷相结合的火力配系，可在远中近各种距离上攻击敌舰。如果从蒸汽舰船建造的水平看，江南造船厂和福建船政局在 19 世纪 80 年代中期以前，是走在同期起步学习西方的日本之前的。

第十一章　火器时代的军事变革

火器时代军事技术的全面发展，使晚清军事领域的各个方面发生了较大的变革。这种变革，主要表现在陆军编制装备的更新、海军钢甲舰队的创建、军事训练和作战方式的变革、军事技术教育的兴起、军事技术书籍的翻译和编著等。这些变革所产生的综合效应，是中国军事从古代模式，演变为近代模式。

第一节　陆军编制装备的更新
和近代海军的创建

晚清陆军编制装备的更新，大致可以 1894～1895 年的中日甲午战为界，划分两个发展阶段。第一个发展阶段自 19 世纪 60 年代至甲午战争前。在这个阶段中，清军的编制从八旗、绿营向防军、练军过渡；清军的装备从冷兵器与火绳枪炮向后装线膛枪炮的过渡。第二个发展阶段自甲午战争到清王朝灭亡。在这个阶段中，清军的编制从防军、练军向新式陆军过渡；清军的主力已进入后装线膛枪炮和管退炮的装备阶段，从而在武器装备上进入了火器时代。

一　甲午战争前陆军编制装备的演变

在这个阶段中，清军编制装备的演变在三方面进行：其一是八旗兵进行的西式编练；其二是从绿营兵向练军的演变；其三是从湘淮军向防军的演变。

（一）八旗兵京畿三营的西式编练

八旗兵是清王朝赖以建国的军队，为了防止其继续腐败和提高其战斗力，清王朝试图对其进行改编、换装和按西法操练。同治元年（1862）正月，清廷从驻京的八旗火器营、健锐营、圆明园护军营中，各抽 40 名士兵和 2 名章京，至天津训练洋枪洋炮①。三口通商大臣崇厚从到津的 130 名兵弁中，挑选 108 名分编为 9 队，6 队练洋枪，3 队练洋炮。其余人员跟班轮训，由 18 名英国人当教官①。四月，崇厚又选大沽协兵 500 名、天津镇标兵 120 名，分编洋枪、洋炮、洋马（即骑兵）3 队，同京营共赴大沽受训②。

同治四年，清廷又派神机营和圆明园护军营兵 500 名、威远步队 500 名，赴天津练习洋枪洋炮③。同时还选派一部分八旗兵开赴江苏训练洋枪洋炮。之后，又在各省驻防八旗兵中挑选精壮，编练"洋枪步队"、"洋枪马队"。清廷这一举措的目的是要利用受训后的士兵，返回

---

① 总理各国事务奕訢等片，见《洋务运动》（三）第 433～445 页。
② 通商大臣崇厚奏，见《洋务运动》（三）第 451 页。
③ 总理神机营军奕訢等折、通商大臣崇厚折，见《洋务运动》（三）第 476、478、479 页。

本队扩训其余兵员，使京内外的八旗兵练成能使用洋枪洋炮的劲旅。由于八旗兵积弊太深，训练不力，所以收效甚微。他们的编制装备虽有局部改变，但在总体上没有达到预期目的。

（二）从绿营兵到练军的演变

绿营兵是清王朝另一支重要的正规军，至19世纪60年代，虽仍有60多万人，但因编制散乱，装备落后，训练不良，故战斗力较差。为改变这一状况，清廷便自同治四年（1865）起，先后从直隶额设的绿营兵中挑选一部分精壮，按西法编练。因其以"简器械，勤训练"为口号，故有"练军"之名。同治五年，清廷颁布练兵章程17条，决定在直隶绿营兵中挑选1.5万人，编为直隶六军，分驻天津、易州、通化、宣化、古北口、河间等战略要地，由直隶总督节制，以卫畿辅[①]。按新章程规定，每军编2500人，设总统官1名，文武翼长各1名，其下编前后左右中5营。每营500人，设管带官1名、帮带官1名，分编前后左右中5哨。每哨100人，设哨官1名，分编4队。每队25人，内设队长1名，分编5伍。每伍5人，内设伍长1名。前后左右4哨的装备相同，哨下各队的装备是：一队抬枪12支，二队骑枪24支，三队长矛10支、把刀10把、藤牌4面，四队骑枪8支、弓8张（配箭若干支）、长矛8支。中哨与上述4哨的装备不同，一二队装备洋劈山炮车各4辆，每车配炮2门，每队各8门，每门炮编炮手3名；三队装备洋开花炮车2辆，每车配炮2门，共4门，每门编炮手3名；另有骑枪8支、长矛4支。四队装备骑枪8支、长矛4支，另有士兵12人执掌金鼓旗帜。总计每营共装备抬枪38支、骑枪144支、洋劈山炮16门、洋开花炮4门、长矛80支、把刀40把、藤牌16面、金鼓旗帜若干[②]。按这一装备数量计算，每营大致有300名士兵使用枪炮，约占编制总数的60%左右，较湘军士兵使用枪炮41%的比例有所改善，但冷兵器仍在使用。

据崇厚在同治五年十月二十日奏称，当时曾为这30个营购买了山炮480门、开花炮120门，配用西方榴弹和榴霰弹，装填机制黑色火药。如果将这些火炮按30个营平均分配，每营可装备山炮16门、榴弹炮4门，即每25名士兵装备火炮1门[③]。又据同治七年七月十八日《关于六军购置火器清单》[④]中记载，当时购买的轻武器有：螺丝底式抬枪（即指仿制的近代前装滑膛步枪）1440支、鸟枪（即火绳枪）3360支、骑兵鸟枪1800支，共6600支；省式抬枪（似指清军的旧式抬枪）600支、鸟枪1140支、骑兵鸟枪756支，共2496支；两项共9096支，可装备士兵9096人；再加上600门炮所编制的炮手1800人，共10896人，占编制总人数的61%。符合营制规定装备枪炮的人数。

同治九年后，由于李鸿章的重视，直隶练军装备演变的速度加快，在不到两年的时间里，驻保定、正定、大名等地的练军都装备了洋枪。不久，驻天津的淮军洋枪队4营3哨也改编为练军，该军中营为炮队，装备30门洋开花炮，其余各营、哨均装备洋枪。至19世纪90年代前后，随着购买和自制后装线膛枪炮的增多，直隶练军都已装备了当时世界上比较先进的毛瑟后装枪和克虏伯后装炮，从而成为当时中国陆军装备最精锐的劲旅。

在此期间，各省也在额设兵内挑选精壮编成练军，其中也有一部分装备了后装炮。如丁

---

① 《清史稿》卷一百三十二《兵三·练军》，《清史稿》十四第3390页。
② 关于直隶练军六军的编制装备，可参看刘长佑《刘武慎公全集》卷二十八下。
③ 这是根据上述崇厚奏折中所记载的数量计算的，该折存于故宫清史档案馆中之《洋务运动史料·机器局·第七折》。
④ 此清单存于故宫清史档案馆中之《洋务运动史料·练军类·第一〇三折》。

宝桢于同治七年（1868）在山东登州编成的练军1营500人，江苏巡抚丁日昌于同治八年编成的抚标练军2营1000人，同治十三年江西编成的练军6营3000人。光绪十五年（1889），东北三省编成的练军已拥有克虏伯炮60门、毛瑟后装枪1万支、林明敦后装枪1600支、洋马枪1000支、六连发左轮手枪500支。至此，练军的一部分装备已有很大改善。然而从全国范围看，大部分练军的装备，仍未摆脱新旧枪炮混杂的状况。

（三）从湘淮军到防军的演变

清廷在镇压太平军和捻军起义后，为扼制湘淮军的势力，便将八旗、绿营改为练军。但改编后的练军代替不了湘淮军之类的勇营，于是决定保留部分勇营，编为国家正规军，驻防各大城市和战略要地，故有防军之称。防军初期的营制饷章与湘淮军完全相同，装备的前装滑膛枪炮购自许多国家，种类很多，不但各省之间不同，即使在同一省乃至同一个基层编制单位中，也有十几种，无法统一使用。同治九年，朝廷下令裁汰防军老弱，曾国藩的湘系防军所剩无几。淮系防军保留较多，至光绪四年尚有78营12哨，分驻直隶、江苏、山东等地。

防军的武器装备至19世纪90年代前后，演变的速度逐渐加快。据两江总督刘坤一在光绪十八年九月建议："所有湘军各营及督标亲军、新兵等营，自应一律编立炮队，认真训练，俾成劲旅"[1]。并规定：凡统领5营之军由中营编成炮队者，营内左右前后4哨，每哨配炮6门，共24门；如统领5营分营操练之军，每营配炮4门，共20门；如统领4营分营操练之军，每营配炮4门，共16门。按照这一规定，当时的合字五营、新湘五营两个军，以中营专操火炮，故每军配2磅后装炮24门；老湘五营、督标新兵五营两个军，都分营操练火炮，故每军配后装炮20门；督标亲军四营，也分营操练，故配后装炮16门[1]。这种编制独立炮队集中使用火炮的方法，使清军在按编制使用火炮的方向上迈出了新的一步。

清军上述三种部队在编制装备结构上的演变，除八旗兵收效较少外，其余两种部队大多在19世纪90年代前后，增配了较多的后装枪炮，使过去新旧枪炮混杂、火器与冷兵器并存的状况，有了较大的改观。有的部队已经全部装备后装枪炮，为甲午战争后清军编制装备结构的全面更新奠定了基础。

二　甲午战争后陆军编制装备的更新

在中日甲午战争中，参战的各支清军大部战败，北洋海军舰队也全军覆没，清军的腐败已暴露无遗。于是中外臣工条陈时务，要求进一步改革军队的编制装备，建立一支新式陆军。清廷最高统治者也认为日军在战争中"专以西法制胜"，于是决定采用西法训练新式陆军。议定之后，各地纷纷编练新式陆军。

最早按德军营制操法编练新式陆军的有：张之洞在江南编练的自强军13营，聂士成在直隶选练的武毅军马、步、炮、工兵6军32营[2]，广西按察使胡燏棻（yùfēn）在小站编练的定

---

① 两江总督刘坤一片，见《洋务运动》（三）第583～584页。

② 据聂士成所部的《淮军武毅各军课程·旗帜图说》中记载："今武毅所部马、步、炮暨工程各队，共计六军三十二营"。《清史稿·兵三》称武毅军为三十营，今采纳前说。

武军 10 营。其后各省也纷纷仿照《直隶武毅军新练洋操章程》[①]，编练新式陆军。它们的名称虽不同，但编练的内容和方式大致相同，主要以德军的编制装备为模式，吸取当时欧洲各国之间的战争经验，以及晚清几次抗击外国入侵战争的教训，扩大新式武器装备，编练马、步、炮、工、辎重为一体的合成军，以适应近代战争的需要。其中以聂士成编练的武毅军，在编制装备方面的更新起步最早、规模最大。练兵最具有新意、坚持最好、战斗力提高最快。

（一）武毅军编制装备的更新

武毅军编制 1.3 万人，由聂士成任总统领。其下编总部机关和前后左右中五军两大部分。总部机关编有总理营务处、教习处（附设步、炮、马队随营学堂）、粮饷局、军械局、军医局（设有军中医院）等单位。五军的编制大同小异：中军辖炮队 1 营、步队 6 营（后、中、左、右、中左、中右），前后左右四军各辖炮队 1 营、步队 4 营（前、后、左、右）。各军都设有指挥部，下分营务、粮饷、军医等处、局总办委员。武毅军步营编前后左右四哨，每哨编三排，每排编三棚，每棚编 12 人（包括头目、伙勇各 1 人）。全营共编官长（包括正副营官、正副哨官、排长等）23 人、士兵 500 人、长夫 180 人，共 703 人。炮营与步营编制相同，编四哨 703 人。哨下装备的火炮因口径的大小而有所区别，口径较大者门数少，口径较小者门数多；如装备 75 毫米口径的火炮，则每哨 4 门，每排 2 门，另一排为保护火炮的步兵护勇；每炮编炮目 1 人、什长和兵勇 24 人、辅助人员若干，配正、副车各 1 辆、马 6 匹、辎重和拖炮车若干辆。马队分两部分，除以官兵 262 人、长夫 50 人分编 5 哨外，总统领和各军分统领都辖亲军马队 1 哨。工程营编前后左右中五队，内分桥梁、地垒、雷电、修械、测绘、电报等队。

武毅军装备当时国内最精良的枪炮[②]。其中步枪与骑枪有 11 毫米口径的后装单发和连发毛瑟枪 1 万支、7.9 毫米口径的后装连发毛瑟枪 200 支、8 毫米口径的后装连发曼利夏枪 1 万支、8 毫米口径的后装连发曼利夏骑兵枪 1400 支，还有军官用以护身的六连发左轮手枪和少量温彻斯特、哈齐开斯等型号的步枪与骑枪，以及 7.9 毫米口径的马克沁机枪 2 挺。装备的火炮有 75 毫米口径的 12 磅克虏伯炮 16 门、60 毫米口径的 7 磅后装炮 32 门、57 毫米口径的 6 磅格鲁森速射炮 32 门，还有 37 毫米口径的 2 磅克虏伯速射炮、87 毫米口径的 20 磅后装炮等。这些火炮发射的是购买和部分自造的开花弹、子母弹、葡萄弹等。武毅军装备的步枪分训练和作战两种，总部和各军指挥部都有大量储存。光绪二十四年（1898 年），武毅军被编为武卫军之前军。

（二）定武军（新建陆军）编制装备的更新

定武军由胡燏棻于光绪二十一年组建成军，驻营天津小站。军下编 10 营，计有步队 3000 人、炮队 1000 人、马队 250 人、工程队半营，共 4750 人。是年九月，袁世凯接管该军后，改为新建陆军，并扩充步兵 2000 人、骑兵 250 人，总数达 7000 人，基本上按武毅军章程，编

---

①《清史稿》卷一百三十九《兵十·训练》，《清史稿》十四第 4130 页。此章程的原名是《淮军武毅各军课程》。

②刘凤翰著，《武卫军》第二章第三节三，《武卫前军·武器配备·枪表》，中国台北近代史研究所，1978 年版，《武卫军》第 165～179 页。书中所附《芦阳腾稿》之枪表，详细记载了武毅军装备的各种枪炮。该表系武毅军营务处管文案的汪声玲所抄录。

制总部机关和步炮马工等营。总部机关下设参谋、执法、督操、稽查等四个营务处。另编长夫、马夫、伙夫等勤务兵3800余名。

新建陆军下编步队五营、炮队1营、马队1营、工程队半营。步队每营编官长46名、正副头目72名、正兵864名、号兵24名、护勇96名，共1102人。士兵装备8毫米口径的曼利夏枪1支，配子弹50发。炮队1营编官长46名、正副目69名、正兵828名，共943人。装备各种火炮60门，配马474匹。营下编有左、右、接应3个队。3队的编制各不相同：左队编左、中、右3个哨，每哨编9棚，每棚12人，计324人，装备75毫米口径的克虏伯轻型山炮18门，配马126匹，平均每3棚36人装备火炮2门（作战时1棚操射，1棚警戒，1棚轮换），配马14匹；右队编左、中、右3哨，每哨编8棚，每棚12人，计288人，装备57毫米口径的格鲁森速射山炮24门，配马168匹，平均每2棚24人装备火炮2门（作战时1棚操射，1棚警戒并轮换），配马14匹；接应队编左、中、右3哨，每哨编6棚，每棚12人，计216人，装备57毫米口径的格鲁森速射炮18门，配马126匹，平均每2棚24人装备火炮2门（作战时1棚操射，1棚警戒并轮换），配马14匹。马队1营编官长20名、正副头目48名、正兵384名、号兵2名、护勇26名，共486人。士兵装备8毫米口径的骑枪1支，配弹50发。工程队半营，执行架桥、筑垒、设雷、绘图、修械、电报等军务。各队军官均配六连发左轮手枪1支，佩刀1把。

光绪二十四年，新建陆军改编为武卫五军之右军。其时全军共有装备：8毫米口径的曼利夏五连发步枪6400支、骑枪700支。六连发左轮手枪1000支、57毫米口径的格鲁森速射炮42门、75毫米口径的克虏伯山炮18门、步兵军官佩刀500把、骑兵佩刀500把。

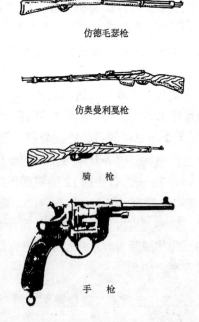

仿德毛瑟枪

仿奥曼利夏枪

骑　枪

手　枪

图11-1　武卫军装备的步枪、手枪

（三）武卫军近代编制装备系统的形成

光绪二十四年，清廷将聂士成编练的武毅军1.3万人、董福祥编练的甘军约1.3万人、宋庆编练的毅军约1.3万人、袁世凯编练的新建陆军1万多人、荣禄统率南苑的驻军1万多人，共约6万人，合编为武卫军，分别称为武卫前后左右中五军。其中武卫中后左三军各自有其编制，与武卫前右二军大同小异，但武器装备不及前右二军。武卫后军拥有7.9毫米口径的毛瑟连发枪3000支、8毫米口径的曼利夏连发枪不下6000支、57毫米口径的速射炮12门。武卫左军拥有毛瑟和曼利夏连发枪约1万多支、75毫米口径和57毫米口径的火炮12~16门。武卫中军因荣禄主张而用国造毛瑟枪，没有装备火炮。武卫军装备的火炮，已可按作战用途，区分为步兵野战炮（亦称行营炮）、炮兵野战炮和野战重炮、攻守城炮、山炮等类型，基本上形成了陆军完整的火炮装备系统。

武卫军是自同治初年后，陆军编制装备结构多次变革的结果，也是我国陆军在19世纪末所达到的近代化水平的标志。清廷为它的建成付出了重大的代价，许多将领为之作出了贡献，本应在抗击外敌入侵中发挥较大的作用。但是由于清王朝已腐败垂危，有些将领恶习不改，所以这支拥有 6 万人左右和装备各种先进枪（见图 11-1）、炮（见图 11-2）的军队的战斗力，并没有在战争中充分发挥出来。只有聂士成统率的武卫前军，在 1900 年抗击八国联军入侵的战争中，担负了主要的作战任务，在保卫天津之战中尽了守土保国之职。聂士成殉职后，部队损失很大，武卫前军的建制被拆散。武卫后军和武卫中军也溃不成军。武卫左军余部由马玉昆接管。唯有袁世凯统率的武卫右军，乘清廷调动混乱之机，迟迟不开赴前线，没有同八国联军作战，部队不仅没有损失，而且趁机扩编，改善装备，逐渐发展为清廷所倚重的一支军队。

仿格鲁森钢制后装速射山炮

仿克虏伯钢制后装炮

仿格鲁森钢制架后装速射炮

光绪二十九年（1903），清廷再次改革军制，淘汰绿营，在京设立练兵处，并计划在全国按统一编制编练新式陆军（简称新军）36 镇（师）。镇的编制系列是：镇（师）、协（旅）、标（团）、营、队（连）、排、棚（班），是综合步、骑、炮、工、辎重五个兵种的合成军。1 镇编有 2 个步协、1 个马标、1 个炮标、1 个工程营、1 个辎重营、1 个军乐队。1 镇有官长及司事 748 人，弁目、士兵 10 436 人、杂役 1328 人，共 12 512 人。同武卫军的

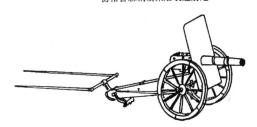

仿格鲁森钢制后装速射山炮

图 11-2　武卫军装备的火炮

编制一样，它能较好地发挥近代枪炮在战争中的作用。

除了清廷在京畿附近编练新军外，各省也编练新军。但是由于人力财力有限，以及各省督抚害怕编练成军后又被朝廷收回，所以纷纷要求放宽编练期限。结果互相拖延，直到清王朝灭亡，清廷在全国编练 36 镇的计划也没有实现，只是"近畿已成六镇，湖北已成两镇，其余各省或甫成一镇，或先成两协及一协一标者"①。

综上所述，由于晚清朝廷购买和设立兵工厂局制造近代枪炮，使陆军编制装备得到了改善，期间经过 50 年的艰难曲折，终于使晚清陆军主要部队的编制装备，基本上实现了近代化。虽然这种近代化的水平较低而且又很不完善，但是它却否定了清朝八旗、绿营的陈腐编制，抛弃了陈旧的装备，这在我国近代军事史上具有一定的意义。

---

① 清·刘锦藻等撰，《清朝续文献通考》卷二百十九《兵考十八·陆军》，浙江古籍出版社，1988 年版，影印本《清朝续文献通考》（三）第 9655 页。

三 近代海军的创建及舰载火器系统的初步形成

由于清廷采取购买和制造并举的方针，使蒸汽舰船及舰载火器不断增加，为创建和发展近代海军，取代帆桨战船的旧式水师，提供了重要的物质条件。经过十几年的筹建，至光绪十一年（1885）十月，清廷设立海军衙门，中国近代海军正式宣告成军。这支海军由福建、广东、南洋、北洋等四支舰队组成，它们各自拥有一定数量的舰艇及舰载火器，分别守备四大海区。

福建舰队在海军衙门建立前已经成军，以福州马尾港为基地，拥有大小舰艇12艘，大多是福建船政局所建造的木质舰船，总排水量约1.1万吨，最大舰船的排水量不超过1600吨。全队装备舰炮60多门，鱼雷发射管3具。守备福建、台湾沿海海域，由闽浙总督指挥。福建舰队规模小，装备水平较低，战斗力较弱。在1884年的马尾海战中，遭到挫折，损失甚大，其后战斗力锐减。

南洋舰队以上海吴淞为基地，拥有大小舰艇16艘，总排水量约1.9万吨，其中钢甲舰占1/3。全队装备舰炮134门，鱼雷发射管4具，其规模仅次于北洋舰队。守备浙江、江苏沿海及长江一带的水域，由两江总督、南洋大臣指挥。

广东舰队以广州黄埔港为基地，拥有舰艇30艘（木质舰艇居多）、鱼雷艇11艘，总排水量约1.4万余吨。全队装备舰炮123门、鱼雷发射管25具，守备广东沿海海域，由两广总督指挥。

北洋舰队以旅顺、威海为基地，至甲午战争前，拥有大小舰艇34艘（其中有镇远、定远等钢甲炮塔舰2艘，致远、济远、靖远、经远、来远、平远、超勇、扬威等巡洋舰8艘，镇中、镇边、镇东、镇西、镇南、镇北等炮舰6艘，福龙、左一、左二、左三、右一、右二、右三、中甲、中乙、定一、定二、镇一、镇二等钢甲鱼雷艇13艘，威远、康济、敏捷、利运、海镜等其他舰船5艘），总排水量约4.1万余吨。它们大多制于19世纪70年代的英德两国，由清廷购于光绪十年至十四年之间。购买舰艇的总排水量约3.3万吨，占全舰队舰艇总吨数的80.5%，占晚清政府向外购买舰艇总吨数的75%。全队舰艇共装备舰炮300余门、鱼雷发射管50余具，具有枪械、舰炮、鱼雷等各种海战火器相结合的比较完整的火器装备系统。其中舰炮火力又由主炮、副炮、辅助炮和轻型陆战炮构成[①]。北洋舰队是晚清规模最大的一支舰队，守备辽东半岛、渤海湾、山东半岛一带海城，由直隶总督、北洋大臣指挥。如果指挥得当，可以起到保卫海疆的作用。然而历史却记载了它在中日黄海海战中樯橹灰飞烟灭的败绩，其教训是极为深刻的。

四 海军兴衰的教训

清廷所创建的四支舰队，自19世纪80年代初，已有一定的规模。它们的建成，终于使

---

① 主炮是安于舰首旋转炮塔内的大威力火炮，口径在250～300毫米之间，管长为口径的45～50倍，发射巨型炮弹，射程达3000米以上，主要用以洞穿敌舰甲板、指挥塔和坚厚的装甲，直至将其击沉。副炮是略小于主炮的速射炮，大多安于舷侧，主要用于击杀敌舰有生力量、削弱敌舰的战斗力。辅助炮大多是轻型速射炮和机关炮，主要用于轰击敌方舰队的鱼雷艇和击杀敌舰的有生力量。小型陆战炮供登陆后作战之用。

旧式外海水师退出历史舞台。但是由于清王朝的腐败，舰队指挥员的无能，使福建舰队在1884年中法马尾海战中覆没。马尾海战后，大臣们再次提出加强海军建设，以防日本海军进攻的建议。国库的空虚使这些建议成为废纸。晚清海军终于在19世纪80年代末至90年代初，因得不到新型钢铁甲舰的补充，而在舰队和舰艇的主要技术和战术性能上，日益落后于日本海军。黄海海战无情地显示了双方舰队在下述几方面的优劣。首先是舰龄，北洋舰队的平均舰龄已达10年，装备陈旧，性能较差；日本舰队的平均舰龄只有5年，装备先进，性能优良。其次是航速，北洋舰队的平均航速是14.3节，日本舰队的平均航速是16.3节；航速快的舰艇，进退回转比较敏捷，能够在战场上迅速占据有利阵位，攻击敌舰。其三是马力，中日双方的比数是1∶1.83，日舰马力大，航速快、机动性好。其四是攻击力，大口径炮中方多日方少，速射炮中方少日方多；大口径炮虽摧毁威力大，但操纵不便，射速慢，命中精度差；速射炮操纵方便，射速快，命中精度高；在相同的时间内，日本舰队的射弹量和命中几率都要高于北洋舰队。其五是海战的炮战战术，北洋舰队采用19世纪80年代以横队舰首炮决战的战术，而日本舰队则采用以纵队舷侧炮击敌的战术。由于北洋舰队在技术和战术上都落后于日本舰队，再加上指挥不当，因而使舰队的整体战斗力没有得到应有的发挥，结果败于敌手，以致最后全军覆没。

由于中日甲午战争对中国社会经济的消耗和破坏，以及战后需要支付巨额的战争赔款，所以清廷再也无法筹集经费，为复建近代海军而建造和购买新型钢铁甲舰，致使中国近代海军的发展又延误了几十年。

清廷兴办造船厂、建造蒸汽舰船和创建近代海军的事业，曾经活跃了20多年，自建的钢铁甲舰和飘着黄龙旗的北洋舰队，也一度在北洋海域劈波斩浪，它在1894年春夏之间受检阅的盛况，似乎曾给人们带来过某种安慰。然而曾几何时，急速变幻的甲午风云，吞噬了这支在当时的世界和东方都屈指可数的舰队。它的覆没，固然有它自身的技术和战术因素，但是最根本的原因还在于清廷的政治腐败。当日本明治天皇决定从宫廷的开支中，紧缩一部分经费向欧洲购买新型的舰船，以及抽取文武官员10%的官俸扩建海军时，极度贪婪、挥霍的慈禧，却挪用海军的建设经费，修建颐和园和庆祝她的六十诞辰。当邓世昌等海军将士沉海殉国之时，正是颐和园内张罗为老佛爷祝寿之日，祝寿的焰火升起，北洋舰队烟囱的浓烟熄灭。这种荒唐与悲壮交织在一起的历史一幕，给人以强烈的震撼，值得后人永远记取。

第二节　军事技术训练和作战方式的变革

晚清陆军编制装备的不断改善与更新，海军的创建与舰艇的增多，既迫切需要军事训练和作战方式进行相应的变革，以充分发挥新式武器装备的作用，同时又为这种变革创造了条件。因此，清廷从咸丰末至其灭亡为止，军事技术训练和作战方式的变革，始终都在进行。陆军军事技术训练的演变开始较早，但时间较长。海军军事技术训练的演变开始虽晚，但进展较快。

一　陆军军事技术训练的变革

陆军军事技术训练的变革可以分为两个发展阶段，从同治初年至甲午战争以前为初步演变阶段，以后为全面变革阶段。

（一）初步演变阶段

在军事学堂尚未开设的情况下，有的统兵大员便从一些部队中抽调部分精壮的兵弁作骨干，组成若干个训练队，聘请西方教官，进行使用洋枪洋炮的训练。尔后再让受训的兵弁返回原部队，辗转传教，扩大训练范围，发展军事技术训练的成果。此法在天津、上海、宁波等地收到了初步的效果，其中尤以李鸿章淮军洋枪队的效果最为显著。至同治末年，训练使用洋枪洋炮的部队，已经扩大到驻守海口炮台的部队。

自光绪年起，新式训练的规模逐步扩大，从训练队发展为训练一部分成建制的营、哨、队。光绪五年（1879），李鸿章首先选拔一哨士兵，学习德国陆军的步兵操法，每日操练料敌应变之术，并在夏秋季节举行大操，合练露营、野战攻守之法，训练有成效后，便在全营和全军内推广。与此同时，还在海防营内挑选7名游击，赴德国学习操法及迎敌、设伏、布阵、绘图等法，三年学成后回国，在亲军营内依法训练，逐渐扩充。光绪十一年，张之洞酌定海防各营训练章程，确定各营改用新操。其训练内容有：站、跪、卧式射击姿势，发射火炮和安放水雷，构筑野战工事和炮台，施放洋式火箭和架设行军电线，散兵战队形和夜战，坚守阵地和快步越壕①。光绪十三年，李鸿章派往德国学习军事技术的留学生回国，当即分配到各营，对官兵进行洋式操法、阵法、电学，以及水雷、旱雷等使用技术的训练①。从训练内容看，已包括近代军事技术和战术的主要科目。这种训练方法，一直进行到甲午战争前。

（二）全面变革阶段

甲午战争后，晚清陆军军事技术训练的内容呈现了全面变革的局面。这一方面是因为陆军编制装备的普遍更新，为军事技术训练的变革创造了条件。另一方面也是清廷统兵将领，在汲取清军于甲午战争中战败教训后的迫切需要。光绪二十一年，张之洞指出清军存在的七大弊病：一是旧营积弊太深，士兵不固定，多为乌合之众，战斗力低；二是军队编制缺额太多，而且承担许多杂差，训练不精；三是士兵的里籍不清，身分不明，良莠不分；四是军中不但扣尅军饷，而且摊派太多；五是装备的新式枪炮维修保养不善，抛弃损坏较多；六是营垒工程的构筑质量差，不按标准进行设计施工；七是营弁讲究奢侈豪华，不习军事技术和战术。此七弊不改，断不能练成精兵。因此，他建议对清军严加整顿，做到军队兵额必须满员，士兵体格必须健壮，粮饷必须充裕，装备必须精良，技术必须熟练，兵丁必须不承担杂差。这几个必须，是训练精兵的必要条件①，也是当时大多数统兵大员的共识，从而推动了甲午战争后军事训练的普遍变革。为了以较快的步伐开展新式训练，一些统兵大员迅速组织人员编写各种新式军训教材。其中比较著名的有聂士成组织编写的《淮军武毅各军课程》②、张之洞组织编写的《自强军西法类编》③和《湖北武学》④、袁世凯组织编写的《训练操法详晰图说》⑤、刘

---

① 《清史稿》卷一百三十九《兵十·训练》，《清史稿》十四第4129～4130页。
② 现存清石印本，6册，有图；李鸿章进呈本，10册，有图。
③ 现存沈敦和撰，光绪二十年左右金陵刻本，18卷；光绪二十四年，上海顺成书局石印本，18册。
④ 现存 ［德］瑞乃详、清·萧涌分述，清·何福满、蒋煦校，光绪二十五年，湖北官书处刊本，24册。光绪二十七年，扫叶山房石印本。
⑤ 现存袁世凯辑，段祺瑞校，光绪二十八年，昌言报馆石印本，12册。

坤一组织编写的《江南陆军学堂武备课程》①。这些教材的内容比较丰富，涉及到军事训练基本内容的各个方面。对官兵进行军事技术和使用先进武器作战的训练，是这些教材的核心内容。它们规定的技术和战术训练科目，都具有一定的新意，归纳起来，大致有如下一些方面。

首先，向官兵说明军事技术训练的意义、要求达到的目的，以及必须遵守的规章制度、注意事项和纪律、赏罚，并规定了步、炮、骑、工各队的训练科目、程序和规则等。

其次，对步、骑、炮、工等官兵进行整队和各种步法、转法、操法的基本训练，学会行军和各种作战队形变换②的训练，在普通科目训练的基础上，再进行各兵种的专业训练。

其三，步队训练的内容有：熟悉毛瑟步枪、曼利夏步枪、骑枪和枪弹的构造、性能及使用方法（包括枪的构造图、枪管所附的表尺图、枪托和弹仓图、枪机和机巢图、枪身各种附件图、枪弹图、装卸和开关枪机的方法），徒手和负枪的各种操法，枪械的操作法（包括搭拆枪架、持枪、举枪、放枪、背枪、挟枪、瞄准、测算射程、用各种姿势进行打靶练习），队、哨、营三级作战队形和阵法、战法等。

其四，炮队训练的内容有：熟悉格鲁森式37毫米口径和57毫米口径的野战炮和山炮、克房伯式75毫米口径的野战炮和各种炮弹的构造、性能及使用方法（包括炮管、膛线、炮耳、瞄准具、表尺、闭锁装置、炮车、炮弹箱、炮弹构造、膛压、弹道、装药、弹壳、弹头、引信），火炮的检查、维修、保养方法，装炮、运炮、卸炮、安炮、发射等方法，队、哨、营三级作战队形和阵法、战法等。

其五，马队训练的内容有：上马下马技术、马下舞刀和射击法、马队队形变换、行军、布阵、御敌法、马队冲锋、追击、与马队互战、与步队或炮队交战法等。

其六，工兵队训练的内容有：桥梁的架设（包括机动桥、窄桥、悬桥和浮桥）、沟垒的构筑和利用（包括沟垒修筑、因地挖沟筑墙、站跪卧各式沟垒的构筑、护炮沟、掩体沟、带形沟、沙袋掩体、沟外障碍、树枝伪装、木栅圈围、陷井设置、铁丝网布设等）、军事通讯技术的掌握（包括熟悉各种电瓶、电表、电线、电台、电报设备的构造和使用、鼓号的用法、旗语和灯语的识别）、地雷的构造性能和使用方法（包括熟悉雷体、雷壳、装药、引信图、地雷布设和引爆）等。

其七，测绘人员训练的内容有：熟悉比例尺、直角器、直角镜、测向罗盘、经纬仪、测绘镜、快测机等测绘仪器的构造和使用，绘制作战草图和正图等。

其八，要求各级带兵的官员，都要熟悉本部士兵所使用的各种武器装备，熟练各种技术和战术。

其九，在基本训练的基础上，以西方近代战术为模式，进行综合训练。这种训练，提倡发扬火力优势，采用灵活机动的战术原则，要求步兵要善于利用地形，选用适当火器，以埋伏、抄袭等方式取胜。接敌时，用"散队起伏"的方式，代替以往的散兵与纵队相结合的方式。进攻时，在距敌500步处，即迅速伏地，逐段跃进，以步枪猛射敌军；近战时，同敌进行拼搏，直至敌军溃退和被歼灭为止；防御时，要以随身携带的兵锹挖掘掩体、堑壕，前后相隔二三百米，形成有一定纵深的多道防御工事。炮兵要学会测算距离，进攻时，要迅速选

---

① 现存［德］特屯禾恩授，清·杨锦堂译，光绪二十五年，江南陆师学堂刊本，16册。

② 各种队形变换在当时的训练教材、章程、条令中都有记载，《淮军武毅各军课程》记有21种，《训练操法详晰图说》列了14种。

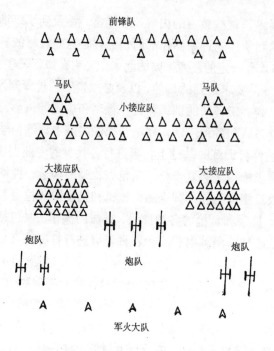

前锋队

马队　　小接应队　　马队

大接应队　　大接应队

炮队　　炮队　　炮队

军火大队

图 11-3　武毅军步、骑、炮兵协同作战的兵力兵器部署

择阵地，安置火炮，实施火力突击，摧毁敌军阵地和杀伤敌军有生力量，掩护步骑兵冲锋；敌军溃退时，要随时前移阵地轰击败残逃敌；防御时，要用火炮进行拦阻射击，猛轰来追之敌，坚守必不可失的阵地。工兵要学会选择敌必经之地布雷设障，杀伤和迟滞敌军的进攻。

其十，要求把训练与实战结合起来，实现练为战的目的。这种训练既包括单一兵种的作战训练，又包括诸兵种协同作战的训练。《淮军武毅各军课程·论步马炮三种队伍接仗之布置暨应如何击敌之法》中，详细论述了这些问题。文中以 20 营（步队 14 营、马队 2 营、炮队 4 营）为一个军的规模进行协同作战的训练，其接敌部署（见图 11-3）是：步队 14 个营分作前锋队、小接应队、大接应队等三个梯次，相互间有一定的间距，形成具有一定宽度和纵深的阵地；马队 2 个营部署在小接应队即第二梯队的两翼；炮队 4 个营部署在大接应队即第三梯队之后，中间 2 个营、两翼各 1 营，3 个营布成犄角阵地。作战时，步队"宜随地跪卧，先隐身躯，再行瞄准。敌现则发，敌隐则停。遇敌人隐身仅露其首，宜瞄准慢击（即点射）。敌若移动，无论进退，必露全身，宜排枪快击"。两翼马队在防御时可防范敌人包抄，若敌溃退时可实施追击。炮队阵地设在全队之后，在作战开始时，可先于步兵开火，实施超越射击，压制敌方火力，摧毁敌方阵地，击杀敌方有生力量。为了检验训练的效果，当时有些部队还经常进行一些不同规模的作战演习，并根据演习中发现的问题，调整训练的内容，使之不断适应新形势的需要。到 20 世纪初，陆军军事技术训练的近代模式已经基本形成。

二　海军军事技术训练的兴起和发展

近代海军的军事技术训练与陆军不尽相同，它随旧式水师的废除和近代海军的筹建而兴起，以左宗棠在同治五年（1866）创办于马尾的福建船政学堂（又称求是堂艺局）为开端①，比陆军正式创办的军事学堂要早好几年。进入光绪年以后，由于廷议加强海防，加速海军建设，所以对海军训练的要求更为迫切。同时，海军训练的方式与陆军不同，它有相当一部分训练科目，必须驾驶军舰在海上进行，对官兵的文化要求更高，所以它经常要同各类海军学堂中的军事教育结合进行，一般是在课堂上学习海军和舰艇制造、驾驶的理论，在舰艇上学习舰艇、舰艇仪器、舰炮和水雷等各种武器装备的构造和使用，并训练海战的技术和战术。甲

① 同治五年十一月初五日左宗棠折，见《洋务运动》（五）第 27～29 页。

午战争以后，由于北洋舰队的覆没，海军的精华被摧，从而使近代海军的训练、教育等各项建设工作，落入低谷。此后，虽作了种种努力，但已无法恢复和重振。

海军的军事技术训练，除了发展过程有所不同外，在下列几个方面同陆军的军事技术训练基本一致。

首先，训练的目的相同。近代海军军事技术训练的目的，是为了培养和造就一批懂得近代海军理论和海战战术，以及掌握舰载火器构造原理和操作技术的海军官兵，以求建成一支能够担负保卫海疆重任的海军。

其次，训练科目设置的指导思想相同。在单兵训练上，除了操练与陆军相同的各种基本的步法、转法、操法、以及枪炮的射击、维修、保养等技术外，还要在舰上进行航海和海战等基本功的操练，掌握鱼雷和各种设备的使用、维修、保养，以及舰船的驾驶、维护等技术。

其三，理论与实战需要相结合和重点在技术、战术训练的方针相同。陆军采用在部队中办随营学堂、在陆军学堂中开设操练科目等方法进行。海军则采用在学堂学习理论，在舰船上实习航海与海战技术、战术等方法进行。按当时的规定，在舰艇上的官兵和在海军学堂学习的学员，要经常登舰实习，"祍习风涛，辨识海道"[1]，使官兵和学员"平时在堂所学者，一一证诸实践，以备娴其法"[2]。为此，当时曾以"扬威"号、"澄庆"号、"广甲"号、"康济"号、"威远"号等舰为练船，由海军官员率领学员历经中国沿海各口岸和涉洋远航。由于清廷重视新建海军的训练，把海军技术和战术训练放在海防建设的重要位置，同时，海军官兵选拔和招募的条件要严于陆军，所以官兵的素质和训练效果都比陆军要好，这些都在中日甲午战争中明显地反映出来。

三　作战方式的变革

随着编制装备的更新和军事训练的变革，清军在各种样式作战中的方式也发生了相应的变革。虽然从总的方面说，这种变革并没有能使清军在水陆作战中打败侵略军，但是在个别战争和一些战争的战役战斗中，也能运用新的作战方式，严惩外国侵略者。这类战例也并不少见。

（一）在攻城战中用枪炮实施火力突击

光绪二年（1876），陕甘总督左宗棠奉命进军新疆，收复被阿古柏匪徒占据的领土和沙俄侵占的伊犁。战前，左宗棠筹集了大量新式枪炮弹药，改善入疆清军的装备，储备了充足的军火。当年六月下旬，清军到达古牧城外。该城为乌鲁木齐的外卫城，城堡坚固。阿古柏军企图凭城顽抗，清军即将其四面包围，并连夜在城外修筑高过城墙1丈的火炮阵地，安炮其上，瞰制城内。炮台竣工后，清军先用火炮猛轰城垣，实施火力突击，打开许多缺口。尔后步骑兵实施冲击，攻入城内，将其占领。乌鲁木齐敌军闻风而逃。清军乘胜收复乌鲁木齐并收复北疆。次年三月上旬，清军采用大致相同的攻城方式，占领了进入南疆的大门—达坂城。

---

①　两江总督左宗棠奏添造兵轮预筹驾驶人才派员教习片，见《清末海军史料》上，第393页。

②　张之洞奏办理水师陆师学堂情形折，见《清末海军史料》上第403页。

（二）在要塞保卫战中用岸防炮轰击敌舰

这类作战在中法战争中较多。光绪十年六月，法舰来犯基隆。基隆炮台的岸防兵先以岸防炮连续轰击法舰，尔后又在法军上岸，远离舰炮射程时，进行三路夹击。法军败退。当年八月中，法舰进犯淡水，守军即以岸防炮轰击法舰达一小时之久，法舰被迫撤退。光绪十一年正月，4 艘法舰入侵镇海海口。清军岸防部队在海口的金鸡山、招宝山炮台上发炮轰击，法舰被迫南撤。

（三）构筑坚固阵地抗击入侵之敌

光绪十一年正月初三日，清廷电令冯子材帮办广西关外军务，抗击法军的入侵。冯子材即驰赴镇南关前线，以关内 8 华里处的关前隘为预设阵地，利用东西两侧高山，构筑多座堡垒，安置重炮；在两岭间可至镇南关的通道上，构筑高 7 尺、厚 4 尺、长 3 华里的石墙，墙外深掘堑壕，构成完整的防御阵地。冯子材又同各路将领商定，将 64 个营的兵力兵器作多方向多层次的部署和配置。二月初七、初八两日，法军两次分兵三路沿东西山岭及通道进攻关前隘。清军以枪炮猛击，法军如坠火网，伤亡数百人后狼狈逃窜。

（四）以海军舰队同敌国舰队进行海上炮战

光绪二十年八月十八日（1894 年 9 月 17 日），北洋舰队在黄海北部大鹿岛（位于大洋口外）以南海域，同日本联合舰队进行了一场海上炮战，以猛烈的舰炮火力，击伤"松岛"、"吉野"等 5 艘日舰，伤毙日军官兵约 600 人；北洋舰队的"致远"、"经远"等 5 舰毁沉，"广甲"自毁，"来远"等 3 舰受伤，阵亡官兵近千人。北洋舰队虽然失利，但是它却为中华民族反抗侵略的历史，写下了悲壮的一页。这场海战的进行，集中地反映了晚清海军在技术和战术上的历史性进步，它以较强的舰载火力系统，同敌驰逐 5 个多小时，成为东方史无前例的一次钢甲舰队大海战，其规模和参战舰艇的性能，在当时实属少见。此战距清军以木质帆桨火攻船同英舰周旋的 1840 年只有 54 年，距北洋舰队正式成军之日，不到 10 年。在这不太长的历史时期内，晚清已经摆脱了落后的水师战船，发展到以舰队鼓轮迎敌，进行海上大规模的炮战，其作战能力和海战技术、战术的提高是极为明显的。

（五）用枪炮在复杂地形中歼敌

光绪二十年（1894）九月底，日军突破鸭绿江防线，甲午战争的烽火蔓延至我国东北。太原镇总兵聂士成，奉命率领 6 营清军约 2000 多人坚守摩天岭。在 4 个多月的坚守中，聂士成指挥清军，使用近代枪炮，在各种样式的作战中，或分散点射，或密集轰击，杀伤日军。十月中下旬，聂士成指挥清军在摩天岭险要之处布设疑阵，枪击炮轰，击杀来犯日军；又乘风雪之夜，收复连山关，毙杀日军中佐富冈山造。十一月初九日，聂士成挑选精锐官兵千余人，分作 3 队，潜伏在分水岭近旁，乘敌无备时，枪炮齐射，突然发起攻击，收复了分水岭。当年中国农历除夕，聂士成作了节日备战部署，命官兵持枪携炮，设伏于来犯日军必经之地的土门岭近侧，日军遭伏击后狼狈逃回。

（六）用火炮对远距离目标实施超越射击

光绪二十六年夏，英、美、法、德、日、意、俄、奥等八国联军侵华。直隶提督聂士成指挥装备各种先进枪炮的武卫前军，承担了保卫天津的主要作战任务。五月下旬，武卫前军在较远的距离上安置火炮，对天津租界内的侵略军实施超越射击。据西方人士报称，聂军炮击的命中精度很高，认为华人此次作战的勇敢是前所未有的。聂军在北仓、穆庄阻击从郎坊（又作廊房）败退天津的西摩尔侵略军时，炮队也不断发炮重创敌军。六月初九日，清军决定对租界内的侵略军发起三面进攻。次日晨，聂士成指挥炮兵在天津小西门砖墙的土台上，安设2门87毫米口径的克虏伯炮，对联军阵地实施超越射击，迫使联军500多人逃往跑马场地道内躲藏，想探头外逃的联军，又被炮弹击杀多人，活命的只得四下乱窜。

上述战例说明，只要在爱国将领指挥下，装备近代枪炮舰船的晚清陆海军，在历次反侵略战争中，是能够在一定程度上起到抗敌保国作用的。

第三节 军事技术教育的兴起和发展

清廷除了在陆海军中对官兵进行近代军事技术训练外，还创办了各类军事学堂，以提高各级武官的军事理论和军事技术素质，并将其作为建设近代化军队的重要举措之一。

一 兴办军事技术教育的目的

经过鸦片战争的沉重打击，朝野上下一致认为，只有创办新型军事学堂，培养适合时用的军事人才，才能达到御外侮、靖内患、维护清王朝统治的目的。同时，一个明显的现实是，随着兵工厂的不断增办、扩建和对西方武器装备购买的日益增多，也必须培养一支懂得近代军事技术的各类人才，才能保持这些兵工厂不断发展壮大的活力。

同治五年（1866），闽浙总督左宗棠从兴办学堂与设局造船关系的角度出发，多次上奏朝廷，申述兴办学堂的重要性。他认为，设局造船固然重要，但不是根本目的。根本目的是兴办学堂，学习西方舰船建造和驾驶技术，让这些技术能在中国广为传播，使中国官兵能熟悉其艺、其法。左宗棠的奏议适应了形势发展的需要，一些爱国知识分子，面对强敌的入侵，纷纷抛弃作为个人"荣身之路"的科举之业，走出书斋，投身兴办近代军事教育的事业中去。力图通过学习西方的长技，使国家逐渐富强起来，摆脱挨打的困境。

由于中国当时特定的历史条件，学习西方科学技术的活动，在军事界显得特别活跃，把学习近代军事技术与救亡图存紧密联在一起，从而使军事技术成为当时科学技术各门类的带头学科而得到优先的发展，并因获得政府的重视和较多的拨款而迅速创办和发展进来。

晚清朝廷兴办的军事学堂，大致可分为海军学堂、陆军学堂和军事技术学堂。其中陆海军学堂的教学重点和基础，也放在近代军事技术上。这些学堂遵循"中学为体，西学为用"的方针，制订规章制度，开展教学活动。在课程设置上，除侧重于外语、格致（物理）、化学、天文学、地学、机械学等基础自然科学和技术课程外，还按各自专业的需要，设立有关的专业理论课和实验、实习课。学制年限也按需要由各学堂自行确定。

二　海军军事技术教育的兴起和发展

海军是清廷创建的一个新技术军种，从同治五年左宗棠创办福建船政学堂后，又先后创办了天津水师学堂、广东黄埔水师学堂、江南水师学堂、烟台海军学校。这五所海军学堂规模较大，课程内容设置较完备，教学制度较严密，办得较好，对中国近代海军的创建与发展所起的作用较大。此外，还有昆明湖水师学堂、威海水师学堂、奉天旅顺口鱼雷学堂等。

（一）福建船政学堂

学堂于同治五年十二月初一（1867年1月6日）开学，分前学堂和后学堂，并附设绘事院和艺圃。学堂制订"艺局章程"8条，对教学内容、教学秩序、生活待遇、节假日制度、学堂纪律等，都有严格而明确的规定。

前学堂即制造学堂，分造船和设计两个专业，学习西方船用机器和舰船建造，学制8年。造船专业的基础课程有算术、几何、透视绘图学（几何作图）、三角、解析几何、微积分、物理、化学、矿学、测绘、机械学、法语等。学完基础课程后进行实习，实习课程有蒸汽机制造和舰体建造。蒸汽机制造实习课程有发动机、机床传动装置（包括传动轴、皮带轮、传动齿轮、传动皮带的阻力部件）、蒸汽锅炉的构造和蒸汽机的操作等。设计专业的基础课程有法语、算术、几何、几何作图、微积分、透视原理、150马力船用蒸汽机结构等。实习课程每天都有几小时。中国近代舰船建造专家魏瀚、吴德章、陈兆翱、郑清廉、林日章等人，都是该学堂的优秀毕业生。

后学堂即驾驶管轮学堂，分驾驶和管轮两个专业，学习西方舰船驾驶和轮机操作技术，学制5年。驾驶专业的基础课程有英语、算术、几何、代数、解析几何、割锥、平面三角、微积分、力学、电学、光学、热力学、声学、化学、地质学、天文学、航海术等。学完基础课程后进行实习，实习课程有舰船驾驶和舰载火器的使用。同治十年（1871），学习驾驶专业的严复、刘步蟾、林泰曾、叶祖珪、方伯谦、林承谟、林永升等18名学生，登上"建威"号作首次航海实习，南至新加坡、槟榔屿各口岸，北至渤海湾和辽东湾各口岸。光绪元年（1875），又有萨镇冰、叶琛、林履中等学生，登上"扬威"号作第二次航海实习，浪迹新加波、小吕宋、槟榔屿各口岸，至日本而还。轮机专业的基础课程有算术、几何、设计、蒸汽机结构、舰用蒸汽机的操作和维修、仪表和监分机的使用等。实习课程是安装蒸汽机和锅炉，实习生先在陆上安装150马力和80马力的蒸汽机，尔后再登上"万年青"号安装150马力蒸汽机，登上"湄云"号、"福星"号、"琛航"号和"靖远"号安装80马力蒸汽机；登上"伏波"号、"海肜云"号安装锅炉。他们在实习中取得经验后，还直接为新建造的舰船安装蒸汽机。据统计，在福建船政局早期建造的15艘舰船中，至少有5艘舰船的蒸汽机是实习生安装的。

绘事院是福建船政局附设于前学堂的教学机构，主要学习绘制舰船构造图和舰用机器图。

艺圃是福建船政局附设的教学机构，主要是培训15～18岁之间的青年艺徒，学制3年。分为艺徒班和匠首班，学习法语、数学、几何入门，常用艺学浅义和画法等课程，并到各厂实习，3年后大考一次，手艺精熟者升为匠人，派往工厂任职。再选拔优秀者，送入匠首班学习制造轮机、汽机，准备升补匠首和管轮手，为建造舰船出力。

学堂对学生的学习有很高的要求，每门课程学完后，都要进行严格的考试，按考试成绩进行赏罚。毕业后，按在学堂学习成绩和品德表现分配工作。福建船政学堂自创办至1911年辛亥革命，历时45年，共招收8届学生，毕业178人，为我国培养了第一代海军将领和舰船建造的工程技术人才，成为中国近代海军技术教育的发祥地。

为了培养舰船建造和驾驶等高级技术人才，船政局还选拔各届优秀毕业生，派往英、法、德等国留学，进行深造。据文献记载，光绪三年、七年、十二年、二十三年各派出一批留学生。之后，还有零星人员出国留学。截至1911年辛亥革命时止，由福建船政学堂出国留学的学生共达107名。他们在英、法、德、比、西、荷、美、日等国家的高级海军院校、造舰厂、兵工厂等参观考察和深造，不但学习了造舰、驾驶、鱼雷、潜艇、飞机、火药、枪炮等军事技术和战术内容，而且还学习了数理化、炼钢、机械制造、无线电、营造、工程、筑路、测量等自然科学和工业技术，有的还学习了国际公法、政治经济学、法律等社会科学。他们学成回国后，虽然因当局政治的腐败而没有能充分发挥他们的专长，但是其中也有相当一部分人，成为国家军事、经济、科学、技术、工业建设的骨干，为中国社会的发展，起了一定的作用。

福建船政学堂为进行军事技术教育而制订的规章制度、学习课程、教学方法、教学经验，为其他海军和陆军学堂的创办，提供了可资借鉴的样板，天津水师学堂就是明显一例。

（二）天津水师学堂

天津水师学堂是在直隶总督李鸿章奏请下，于光绪七年（1881）在天津建成招生的。初创时，仅设驾驶专业。至光绪八年四月与天津水雷和电报学堂组合而成的管轮学堂合并后，便有驾驶和管轮两个专业。二品衔分发补用道吴仲翔奉命担任总办，福建船政学堂第一届留欧学生严守光（后改名严复）为总教习。学堂所设课程分课堂内和课堂外两大部分，课堂内进行各专业课的教育，课堂外进行实习和操练。驾驶学堂的堂内课程有国文、英文、史地、代数、几何、三角、立体几何、天文学、航海学、海上测绘、静力学、静水力学等。管轮专业的堂内课程有英语、地理、代数、几何、三角、化学、物理、重学（力学）术、重学理、物质学、水学、火学、汽学、锅炉学、制造桥梁学、制图学、轮机学、煤质学、画法几何学、绘图学、鱼雷学、手艺工作学等。两个专业的学生学完课堂内课程后，都要进行课堂外的操法、队形教练、营法练习等军事训练科目。在学堂学习4年后，便登上舰船，进行3年的航海训练，经过7年学习和考试全部合格后毕业，分配工作。

天津水师学堂自光绪七年创办，至二十六年（1900）八国联军侵华时停办，学生星散各地，以后也未恢复。在此期间，驾驶专业共毕业8届学生62人，管轮专业共毕业6届学生85人。天津水师学堂虽沿袭福建船政学堂的规制经办，但也有较大的改进，主要表现在数理化等基础课程的增加和专业课程的设置，海军军事教育近代化的程度有一定的提高，毕业生也大多在北洋舰队任职，不失为培养近代海军人才的又一个摇篮。

（三）其他水师学堂

晚清朝廷还兴办了其他几个水师学堂，它们都沿袭和参照福建船政学堂的规制，以海军的需要为依据，设置驾驶和管轮专业，开设以教学海军技术为重点的各种课程，进行教学活动。由于经费等条件的限制，它们在办学的规模和教学的质量上，都有逊于福建船政学堂和天津水师学堂。其中广东黄埔水师学堂、江南水师学堂和烟台海军学校，在1911年辛亥革命后，分别改名为海军学校、南京海军军官学校、烟台海军学校。威海水师学堂和昆明湖水师学堂，都在甲午战争后停办。晚清朝廷兴办的海军学堂，对推动中国近代陆军军事技术教育也起了一定的作用。

三 陆军军事技术教育的变革

陆军军事技术教育起步较晚。光绪十一年五月，李鸿章才奏请朝廷创办天津武备学堂（后改北洋武备学堂）[①]，从各营弁兵中，选择精干灵敏者100多人，经考试合格后，入学堂学习。学制2年，学习的课程有天文、地舆（地理）、格致（物理）、测绘、算术、化学等自然科学知识，以及新式炮台和营垒的构筑方法、行军接仗、设伏、防守等工程技术和兵法。除课堂教学外，学生还要在操场上进行马步炮各队的战术训练。学习过程中，每月和每季都要进行大小规模不同的考试，考试成绩优秀者受到奖励，多次优秀者，即被派回各营进行转习传授，扩大教育范围。考试不合格者要受到处罚。

继天津武备学堂之后，直隶武备学堂和湖北武备学堂，也分别于光绪二十二年（1896）和二十三年，在天津和武汉创办。它们沿袭天津武备学堂的规制，设置课程，开展教习活动。在课程的设置上，军事技术内容明显多于天津武备学堂。湖北武备学堂的军事技术课程有：军械学（包括枪学、炮学）、枪炮机簧理法、枪炮诸件用法、子弹引信药理方法、子弹引信各件用法、算学、测量、绘图、地图学、各国战史、枪队炮队马队营阵之要、营垒桥道建造之法、山川险易攻守进退之机、营阵攻守转运之要等军事技术理论课程，以及进行枪队、炮队、马队、营垒工程队、行军炮台、行军铁路、行军电线、行军旱雷（地雷）、演试、测量、演习、体操等课程的实际操练，具有理论教育和实际操练相结合的特点。

自光绪二十一年至三十年，清廷还在一些省相继设立了江南陆师学堂、浙江武备学堂、陕西武备学堂、四川武备学堂、湖南武备学堂、甘肃武备学堂等比较著名的16所大小规模不同的武备学堂，普遍推广陆军军事技术教育。

陆军军事教育的全面展开和普遍推行，对传统的军事教育是一个巨大的冲击，它一方面促进陆军军事教育体系的形成，另一方面也在制度上确立了自身的地位。光绪二十七年，清廷下令扩充南洋和北洋的武备学堂，加强军事教育，并规定"数年以后，非武备学堂出身者，不得充将弁"[②]。光绪三十年，颁布了《陆军学堂办法》20条，迈出了调整和统一全国军事教育体制的第一步。章程规定，全国陆军军事学堂分为陆军小学堂、中学堂、军官学堂和大学堂四个等级。小学堂设在各省，少年学员可就近入学，尔后逐级考升，直至考入京师陆军大学。学员从少年入学，到学完全部大学军事课程，共需12年时间。学成以后，可以充任军队的参谋人员和军官。这个章程的下达，调动了各省办学的积极性，至清王朝灭亡前，全国兴办的各类军事学堂有七八十所，学员上万人。形成了兴办陆军军事学堂的高潮。

---

① 李鸿章创设武备学堂折（光绪十一年五月初五日），见《李文忠公全集·奏稿五十三》第42～44页。
② 《清史稿》卷一百三十九《兵十·训练》，《清史稿》十四第4132页。

四 军事技术专业教育的兴起

除了在陆海军学堂进行军事技术教育外，晚清朝廷还兴办了各种军事技术专业学堂，培养专业人才。其中有上海江南制造总局附设的操炮学堂和工艺学堂、天津电报学堂、天津医学堂、南京陆军学堂附设铁路学堂等。

（一）操炮学堂

操炮学堂是一所军事工程技术学堂，创办于同治十三年（1874）。入堂学生要学习汉语、外语、算学、绘图、军事、炮法等课程，培养火炮制造和使用人才。光绪七年（1881），学堂改为炮队营。

（二）工艺学堂

工艺学堂是一所军事工程技术学堂，创办于光绪二十四年。初创时有50名学员，参照日本大阪工业学校章程，分设化学工艺和机器工艺两科，学制4年。学生除学习汉语、英语、算学、画法等基础课外，分别学习分化物质诸理法、重力、汽热诸理法等课程，采用当时翻译的西方数理化和工程技术书籍为教课书。由数学家华蘅芳教习数学，化学家徐华封教习化学，军事技术家王世绶教习工艺，工程技术专家华备钰教习机械。此外，还请一些外籍专家教习专业课。实验和实习课都在江南制造总局各分厂进行。学生4年学成毕业后，除少部分调出外，其余都分配在上海、南京两学堂和制造局工作。光绪二十五年，先后改名为工业学堂和兵工学堂，并附设兵工小学。

（三）天津电报学堂

光绪三年，清廷在台湾省铺设了一条自高雄至基隆的电报线路，我国军用电信自此开始。光绪五年，又开通了天津至北塘海口炮台的40公里军用电报线路，试发号令时，各营顷刻响应，极为方便。为了扩大军用电报的使用，李鸿章便于光绪六年八月上奏朝廷，陈述开拓军用电报的重要性。他说："用兵之道，必以神速为贵，是以泰西各国于讲求枪炮之外，水路则有快轮船，陆路则有火车，以此用兵，飞行绝迹。而数万里海洋，欲通军信，则又有电报之法"[①]。要掌握电报之法，培养人才已势在必行。在他的奏议下，天津电报学堂遂于光绪六年九月开学，有学生二三十人，聘请丹麦人波尔森（Valdemar Poulsen，1869~1942，又译作浦耳生）等讲授"电学与电报技术"。1895年，学堂的课程有电报实习、基础电信、仪器规章、国际电报规约、电磁学、电测试、各种电报制度与仪器、铁路电报设备、陆上电线与水下电线的铺设、电报线路测量、材料学、电报地理学、数学、制图、电力照明、英文和中文等。采用的基本教科书是波尔森所著的《电报学》，以及他为该校编写的其他书籍。至光绪二十六年，天津电报学堂的教职员工，已经全部由中国人担任。该学堂的创办和发展，为中国近代培养了第一批军用电报人才。

---

① 李鸿章，请设南北电报片（光绪六年八月十二日），见《李文忠公全集·奏稿三十八》第16~17页。

（四）无线电训练班

1896 年，意大利人马可尼（Guglielmo Marconi，1874～1937）发明了无线电报。1905 年 7 月，北洋大臣袁世凯聘请意大利人格拉斯（Glass）为教师，在天津开办了无线电训练班，并向意大利购买了 7 台马可尼电火花式无线电报机。其中 4 台安于"海圻"号、"海容"号、"海筹"号和"海琛"号等 4 艘军舰上，3 台安于北京南苑、天津和保定的行营中。其中保定行营所安无线电报的收发报能力最强，可达 150 公里。此后，军用无线电报逐渐增多，中国自己培养的无线电报人才，也逐渐成长壮大起来。

（五）天津医学堂

天津医学堂又名北洋医学堂，是一所为北洋陆海军官兵治病的西医学堂，创办于光绪二十年（1894），是我国政府经办的第一所军用西医学堂。由天津西医学堂和施医院、威海卫和旅顺口水师养病院合并而成。学堂由海军提督水师营务处和津海关道会商派员管理，参酌天津水师武备各学堂成案变通办理，选拔优秀生徒入学，在本院分班学习西方医学校的课程。光绪十九年，学校建起新校舍，成为比较正规的一所西医学校。

（六）南京陆军学堂附设铁路学堂

该学堂是两江总督张之洞于光绪二十一年十二月，奏清朝廷创办的一所培养铁路人才的学堂，附设于江南陆师学堂。是年，张之洞从建筑铁路与军事交通的关系出发，以德国大兴铁路建设为例，说明中国也必须大兴铁路建筑，以满足军事和国家建设的需要。他认为，大兴铁路建筑之后，必须要有专门人才进行经营管理，如果自己不兴办铁路学校，势必多用洋人，耗费大量白银。于是便在江南陆师学堂内附设了铁路学堂，聘请洋教授 3 人，招收学生 90 人，除学习数理化等基础课程外，还学习铁路工程设计、铁路管理和维修等课程。军事铁路学堂的兴办，是把铁路教育纳入近代军事技术教育的一个标志。

晚清朝廷兴办的以海军军事技术教育为重点的各类军事技术教育，虽然由于当时政治的腐败和综合国力的衰弱，没有达到御外侮、固海防的应有目的，但是也在推动军事变革和社会发展中，起了一定的作用。

首先是培养了一批军事技术人才。中国近代第一批蒸汽舰船建造专家、工程技术人员，以及熟谙近代海军理论、海军技术和海军战术的将领，如魏瀚、陈兆翱、郑清廉、刘步蟾、林泰曾、邓世昌等人。他们是晚清海军得以创建和发展的骨干力量，在发展国家的舰船建造事业中作出了自己的贡献，在保卫国家的安全和抗击日军舰队入侵的战争中，献出了宝贵的生命。

其次是以科技教育为重点。当时的陆海军学校在课程的设置上，打破了传统军事教育的陈规，把军事技术教育建立在近代自然科学教育的基础上，使学员能在掌握数学、物理、化学、天文、气象、航海等科学知识的前提下，熟练陆海军军事技术，通晓陆海军所装备的各种火器构造原理和使用方法，其中海军军官的军事技术素质，达到了前所未有的水平。

其三是实行理论与实践相结合的教育方针。当时各类学校的全部教学内容，都是通过课堂教育、操场训练和在海军舰艇、军工厂局、医院内实习进行的。

其四是推进了近代中国的科技教育和科技知识的传播。福建船政学堂在设立科技基础课和专业课方面，不但在时间上，而且在科目的广度和深度上，都遥遥领先于其他各学堂。

其五是为其他部门输送了人才。如由福建船政学堂毕业又留学回国的严复，先于光绪七年（1881年）被聘为天津水师学堂总教习，又于光绪二十一年翻译了《天演论》，成为维新变法的思想家。又如19世纪末20世纪初优秀的铁路工程专家、主持京张铁路建筑（1905～1909年筑成）的詹天佑，也是福建船政学堂的毕业生。

晚清朝廷创办的各类军事学堂和军事技术学堂，在数量上有上百所之多，初步形成了高、中、初三级相结合，陆、海军技术相配套的近代军事技术教育体系，这一体系虽然还在某些方面保留有旧的痕迹，但从总体上说，已经基本上实现了新旧军事教育体制的过渡。就亚洲而言，除日本以外，还没有第三个国家在同一时期内实现这种过渡。

第四节 军事技术书籍的译著

晚清朝廷的一些大臣和有识之士，为了使近代军事技术和军事理论的内容，深入广大官兵和军事工程技术人员之心，因此，大力组织中外翻译人员翻译西方有关军事的书籍。他们认为"洋人制器出于算学，其中奥妙皆有图说可寻"，若不攻读其书，"虽曰习其器，究不明夫用器与制器之所以然"[①]。于是自同治年起至清末，出现了翻译西方书籍的高潮。当时全国许多单位都参加了译书活动，其中有江南制造总局翻译馆、北京同文馆、福建船政学堂、天津机器局、天津水师学堂、淮军天津军械所、北洋水师学堂、金陵机器局等几十个比较著名的单位。由这些单位翻译的西方军事、政治、科学技术等各类书籍在四五百种以上，其中江南制造总局翻译的书籍最为可观。

一 军事书籍翻译的概况

中国近代翻译的西方军事书籍，包括军事技术和军事理论两大类，以江南制造总局翻译馆翻译出版者为多。该局于同治七年（1868）设翻译馆，聘请徐寿、华蘅芳、李善兰、徐建寅、郑昌棪（yǎn）、李凤苞、王德钧、赵元益、钟天纬、舒高第、贾步纬等人，以及英国传教士伟烈亚力、傅兰雅，美国传教士玛高温、林乐知（Young John Allen）等人为主要翻译成员，翻译西方各种军事书籍。与此同时，翻译馆还翻译了大量数学、物理学、天文学、地质学、地理学、气象学、生物学、矿物学等自然科学的基础理论书籍，以及采矿、冶炼、铁路、航运、机械制造、测绘、医学等科技应用书籍。据魏允恭在《江南制造局记》中统计，自1868年至1905年，江南制造总局翻译馆共翻译各种书籍达178种之多，其中译于1894年前的就有103种，约占全部译书的60％。这一数字还不能包括该局译书的全部，据吴馨、姚文在《上海县续志》中的记载，魏允恭的统计还遗漏了23种。又据梁启超在《西学书目表》中所收书目，也有20多种为魏允恭所未收。因此，说该馆在此期间译书不下200种是有其依据的。上述各书与军事技术有关的达60多种200多卷，详如表11-1所列。

---

① 曾国藩，调任直隶总督曾国藩折，见《洋务运动》（四）第18页。

表 11-1　晚清时期翻译的军事书籍

序号	书　　　名	原 编 著 者	翻译	笔述	卷数	年代
1	克虏伯炮图说	德国军政局	金楷理	李凤苞	4	1874
2	克虏伯腰箍炮说	德国军政局	金楷理	李凤苞	1	
3	克虏伯炮架说	德国军政局	金楷理	李凤苞	1	
4	克虏伯缠丝炮杂说	德国军政局	金楷理	李凤苞	1	
5	克虏伯炮操法	德国军政局	金楷理	李凤苞	4	
6	克虏伯炮表	德国军政局	金楷理	李凤苞	6	
7	克虏伯炮弹造法	德国军政局	金楷理	李凤苞	2	
8	格林炮操法	美国佛兰克林	傅兰雅	徐建寅	1	1875
9	攻守炮法	德国军政局	金楷理	李凤苞	1	
10	炮法求新	乌理治炮局	舒高第	郑昌棪	6	
11	炮法求新附编	阿姆斯特朗	舒高第	郑昌棪	2	
12	炮乘新法	英国制造局	舒高第	郑昌棪	3	1890
13	炮法画谱	丁乃文				1889
14	炮准心法	德国军政局	金楷理	李凤苞	2	
15	新译淡气爆药新书上编				4	
	新译淡气爆药新书下编				5	
16	制火药法	英国利嘉逊华德斯	傅兰雅	丁权棠		1870
17	爆药纪要	美国水雷局	舒高第	赵元益	6	1879
18	子药准则	丁乃文			1	1888
19	兵船炮法	美国水师书院	金楷理	朱恩锡	6	
20	水雷秘要	英国史理孟	舒高第	赵元益		1880
21	洋枪浅言		颜帮固			
22	兵船海岸炮位炮架图说	德国军政局				
23	前敌须知	英国克利赖	舒高第	郑昌棪	4	1890
24	兵工纪要	英国连提	傅兰雅	赵元益	17	1874
25	临阵管见	德国斯拉弗斯	金楷理	赵元益	9	
26	行军指要	英国哈密	金楷理	赵元益	6	1891
27	营垒图说	比利时伯利牙艺	金楷理	李凤苞	1	
28	营工要览	英国武备工程课则	傅兰雅	汪振声	4	
29	行军铁路工程	英国武备工程课则	傅兰雅	汪振声	2	1886
30	开地道轰药法	英国武备学堂	傅兰雅	汪振声	3	1893
31	营城揭要	英国储意比	傅兰雅	徐建寅	2	
32	营城要说		傅兰雅	徐　寿	2	
33	防海新论	德国布里哈	傅兰雅	华蘅芳	18	1873
34	水师操练	英国战船部	傅兰雅	徐建寅	18	1874
35	水师章程	英国水师兵部	林乐知	郑昌棪	20	1879
36	水师保身法	法国勒罗阿	伯克雷	赵元益	1	
37	海军调度要言	英国奴核甫	舒高第	郑昌棪	3	1890
38	御风要术	英国白尔特撰	金楷理	华蘅芳	3	1873
39	轮船布阵	英国贾密伦	傅兰雅	徐建寅	12	1874
40	铁甲丛谈	英国黎特	舒高第	郑昌棪	5	
41	兵船汽机	英国兵船部总管息尼特	傅兰雅	华备钰	6	1890
42	航海章程				2	
43	航海通书				1	
44	航海简法				4	
45	行船免撞章程				2	
46	汽机新制	英国白尔格	傅兰雅	徐建寅	8	1872

续表 11-1

序号	书　　名	原编著者	翻译	笔述	卷数	年代
47	汽机发轫	英国美以纳、白劳那	伟烈亚力	徐　寿	9	1871
48	汽机必以	英国蒲而捺	傅兰雅	徐建寅	12	1873
49	船坞论略		傅兰雅	钟天伟	2	
50	行海要术		金楷理	李凤苞	4	1890
51	绘地法原				1	
52	测地绘图	英国富路玛	傅兰雅	徐　寿	12	1876
53	海道图说				15	
54	八省沿海全图				1	
55	测绘海图全法	英国华尔敦	傅兰雅	赵元益	8	1890
56	行军测绘	英国连提	傅兰雅	赵元益	10	1874
57	英国水师律例	英国德麟	舒高第	郑昌棪		
58	英国水师考	英国巴那比、美国克理	傅兰雅	钟天伟		
59	美国水师考	英国巴那比、美国克理	傅兰雅	钟天伟		
60	法国水师考	美国杜默能	罗亨利	瞿昂来		
61	俄国水师考	英国百拉西	傅兰雅	李狱衡		
62	列国陆军考	美国欧泼登	林乐知	瞿昂来		1881
63	德国陆军考	法国欧盟	吴宗濂	潘元善		
64	西国陆军军制考略	英国柯理集	傅兰雅	范本礼		1892

二　军事技术译著的分类

表 11-1 所列的各种军事技术译著，内容十分丰富，归纳起来，可以分为武器装备的制造、使用、军事工程、陆海军的技术和战术训练、对各国军事技术的考察等。

（一）武器装备制造类的译著

这类军事技术书籍是当时翻译的重点，数量最多。除专著外，其他书籍也多有涉及。

在《炮法求新》卷一中，对制造枪炮所用的青铜、熟铁、生铁、钢等金属材料的弹性、延性、展性、强度、硬度等，都进行了定量的分析。研究了它们的优劣、使用范围和在战场上使用的价值、工厂的制造价格等内容，并从这些因素的综合平衡上确定它们的产量。这样既能保证所制枪炮的质量，以满足作战的需要，又不致增加不必要的耗费。例如，对于装药量小、射程近的火炮，可用一般金属材料制造，使造价不致过高；对于装药量大，射程远的火炮，即使造价较高，也要用优质的镍钢和铬镍钢制造。

《兵船炮法》二、《水师操练附卷》、《克虏伯炮药弹造法》、《新译淡（氮）气爆药新书》、《爆药记要》、《制火药法》等书，对当时欧美各国制造火药的工序：原料粉碎、药料拌和、压实药饼、造粒、筛选、光药、包装、储藏等，作了全面的叙述。

《兵船炮法》、《克虏伯炮说》、《炮法求新》等书，对铸造火炮的制模、灌铸、锻坯，车钻铣削炮管，火炮各部分的数据，以及检验和试验新炮等程序，作了详细的介绍；对主要的技术关键，作了透彻的剖析，并列有各种图绘和数据表，供工程技术人员参考。

《兵船汽机》是我国近代翻译的第一部有关舰船蒸汽机的书籍，全书共分 6 卷，书末有附卷。主要内容包括蒸汽机和蒸汽舰船创造的历史，蒸汽舰船的概况；蒸汽锅炉的构造与功用，维修与保养，燃料的最佳使用方法；蒸气和蒸汽机的热力学原理；蒸汽机的构造与功用，蒸气动力原理；明轮船与螺旋桨轮船的设计、建造，流体力学知识；建造蒸汽舰船的各种材料，蒸汽舰船的管理与维护；英国商部制定的"汽机锅炉章程摘要"等。

（二）武器装备使用类的译著

这类军事技术书籍以介绍各种武器装备在水陆作战中的使用为主。

《克虏伯炮操法》详细叙述了克虏伯炮及其所用弹药的形制构造和性能特点，规定了炮兵要熟练地掌握火炮的发射及维护、保养、修理等各项技能，熟记炮表的使用等炮兵技术。

《水雷秘要》在详细叙述水雷发明史的基础上，介绍了当时所用各种水雷的构造、施放、维护、保养、修理等各种技术。书中还列举了 1861～1865 年美国南北战争、1870～1871 年普法战争、1877～1878 年俄土战争中使用水雷作战的战例，研究和探讨参战各方在使用水雷技术和战术上的得失，把水雷技术性能的优劣同战术上的得失紧密结合起来，为军事学术研究增添了新的内容。

《防海新论》是一部关于海口要塞防御工程建筑的专著。主要论述了近代海防的重要性，海岸炮和水中障碍器材配合拦阻敌舰的基本内容，同时还详细介绍了各种水雷的构造、性能、布设、使用和排除，用沉物和浮物拦阻敌舰的工程技术问题。此外，在《海军调度要言》、《兵船炮法》、《兵船海岸炮位炮架图说》中，也都有类似的内容。

（三）军事工程类的译著

这类军事技术书籍主要是介绍海口要塞、陆上重要关隘的永备筑城、野战工事、攻城工事的构筑，以及战时军事交通工程、通讯工程等内容。

《防海新论》卷二至卷四，重点论述了海口要塞的永备筑城和各种防御工事的构筑和作用，并以 1861～1865 年美国南北战争和 1877～1878 年的俄土战争的实例，论述了要塞永备筑城的得失，并得出了以下的结论：

其一，要塞的堡垒与炮台，以三合土构筑为佳，守军可依托其坚守要塞。

其二，用三合土构筑的堡垒与炮台，最耐敌舰炮火的轰击。敌舰舰炮必须进行较长时间的持续轰击，才能得手。

其三，守备要塞的火炮如果都是裸露式的，即使在数量上多于敌舰的舰炮，进攻者仍然可以将其轰毁，并夺取进攻要塞的胜利。

其四，守备要塞炮台的炮手，应以铁甲炮房作掩护，铁甲炮房应建在荫蔽之处，免遭敌舰舰炮的轰击。

其五，铁甲炮房或能旋转的铁炮，应以铁甲作屏蔽，其显露之处的铁甲厚度应在 20 英寸以上，这样就能经受住敌舰从任何方向射来的炮弹。即使是上百次的轰击，也不至于被击毁。

其六，炮房前的地面，应筑成斜坡式，使之与敌舰舰炮的轰击线路成一定的斜角而不要成直角，这样才能使敌舰射来的炮弹偏斜下滑，减少对地面的破坏程度。

其七，炮架上的磨盘式轴心，应在炮孔之间，炮孔的直径与海岸炮口径相比，不宜过大。

其八，在单座孤立炮台的附近，须用三合土构筑一道坚厚的壁垒，使之与炮台相连，以加强炮台的守备能力。

其九，堡垒与炮台要交错配置，既能抵挡敌舰的正面进攻，又能从后侧轰击逃窜的敌舰。

其十，堡垒与炮台内的火炮，要疏开交错配置，使火炮能从多角度轰击敌舰，以便充分发扬各炮的火力优势，同时，还能防止被敌舰舰炮集中轰毁。

其十一，堡垒和炮台既要在同一平面上作多角度的疏开配置，又要在不同的高度上作多层次的配置。这样就可以扩大火炮的俯仰度，减少死角，使要塞所配置的火炮能在上下左右不同的角度进行射击。

同时，该书还要求堡垒和炮台的构筑，须根据舰船与舰炮的发展变化，不断进行改建和新建，切不可固守陈法，否则要塞就会在新型舰载火器的轰击下，失去守备能力。

《临阵管见》卷八，以普军在 1870～1871 年普法战争中围攻巴黎为例，全面论述了攻城战中的军事工程。诸如围城沟垒的挖掘和堆砌、火炮阵地的构筑、土城的砌筑、单兵掩体的设置、障碍物的布设等。

此外，当时翻译出版的《营垒图说》、《营工要览》、《营城揭要》等书，也都是从各种不同的角度，论述军事工程技术的书籍。

（四）陆海军技术和战术训练类的译著

这类军事技术书籍的翻译也不少，诸如《前敌须知》、《临阵管见》、《行军指要》、《水师操练》、《船政图说》、《海军调度要言》等。它们以使用近代枪炮舰船为基础，论述新的作战指挥和军事训练的方式，具有明显的时代特色。

（五）军事技术考察类

这类军事技术书籍主要是对西方各国军事考察结果的记载，内容全面而详细。

《西国陆军制考略》、《德国陆军考》、《英国水师考》等书，对欧美各国陆海军的编制人数、指挥系统、军事训练和教育、后勤保障，以及装备的枪炮舰艇，都有详细记载，有的还列了明细表，对晚清进行军事变革，有较大的借鉴和仿效作用。有的还在当时起了直接的现实作用。如聂士成在芦台编练的淮军武毅军，便是仿照德国陆军的军制编写而成的。

三　军事技术书籍的编著

19 世纪 70 年代至 90 年代，在兴办近代兵工厂中勤恳工作几十年的一些军事技术专家，已经积累了丰富的实践经验，为编著适合本国使用的军事技术书籍的条件已经成熟。1895 年中日甲午战争以后，这类书籍便多有出版，其中最有代表性的著作是徐建寅于光绪二十四年（1898）编成出版的《兵学新书》、魏允恭于光绪三十一年编成出版的《江南制造局记》、陆军大学于宣统元年（1909）编成出版的《军械精蕴》等。

（一）《兵学新书》

《兵学新书》刊印于 1898 年戊戌变法期间，是作者于光绪二十二年到福建船政局担任提调总办后，利用公暇，发奋编著而成。该书既是他在兵工厂勤奋耕耘 30 多年实际工作经验的结晶，也是他吸收西方军事技术成就的结果。全书 16 卷，约 20 万字，附图 200 多幅。第一至第十卷以军事训练为主兼及军事给养等内容。第十三卷为军队驻营后的食宿事项。第十一至十二、十四至十六卷论述了军事技术诸方面的内容。

其一，关于各种枪炮的构造和使用。第十一卷《军械》，对当时装备较多的毛瑟步枪、曼利夏步枪和骑兵枪、格鲁森式57毫米口径的速射山炮和高架速射野战炮、克虏伯式75毫米口径的野战炮、江南制造总局制造的37毫米口径的速射山炮、各种火炮配用的炮弹等，论述备极详细，图绘十分清晰，不但对一般的构造和使用方法叙述无遗，而且论理深入至微，具有独到之处。

其二，关于野战沟垒的构筑。第十二卷《沟墙》，对应急性的单兵掩体护沟、哨队壕沟、旗（相当于现在的连）至军的各级堑壕阵地、各种挡墙、火炮阵地、深沟厚墙的构筑方法，作了详细的介绍，并对各种工事的空间大小、挖掘的土方数量、敌我距离与筑墙厚度之间的数量关系，作了精确的计算。

其三，了望哨所的构筑。第十四卷《了望》，具体论述了了望所的构筑问题。徐建寅认为，军队在行军作战时，必须随时构筑了望哨所。建所的基本原则是选择驻营区内的现有地形地物，如高台、高墩、高树和寺庙、宝塔等高层建筑物。如果没有现成地形地物可用，便组织士兵就地取材，迅速构筑。其形式有三柱式哨所、脚手架式哨所、合木式（多根粗木捆绑成大柱）哨所、组合式（用上述几种形式合成）等高百尺以上的哨所等。这些了望哨所都构筑在上述各种高架的顶部，视野开阔，能观察数里以外的敌军行动。守哨士兵必须装备望远镜，并用规定旗语，向指挥所传递敌情信号。

其四，军事铁路工程技术。这是当时新出现的一项军事工程技术，其主要任务是选择交通要道修筑短距离的临时铁路；迅速修复被毁坏的铁路；保证军运火车的及时通过；撤退时迅速拆毁铁路，以免被敌军利用。第十五卷《铁路》，对选择修路地域、测绘地图、修筑路基、铺设铁轨、选择筑路工具、车站和停车场的设置、铁路指挥讯号，以及拆毁铁路等技术问题，都作了详细论述。此外，书中还对铁路的军运事项，作了具体规定。为了保证顺利完成任务，要求把战时军运车厢分为步兵车厢、骑兵车厢、炮兵车厢、粮秣车厢、辎重车厢与弹药车厢，互相之间不可混杂，以免出现意外情况。

（二）《江南制造局记》

此书为江南制造总局总办魏允恭所著，刊印于光绪三十一年（1905）九月。全书正文10卷，附"仿造克虏伯炮说"1卷，共11卷，附图数百幅，虽为记叙体裁的厂史专著，但却是当时中国军工产品最高制造技术的反映，归纳起来，主要有下述几个方面。

其一，书中全面刊载了当时该厂制造的毛瑟枪、150毫米口径的克虏伯炮、铜引、枪弹的构造全图和各种零部件图。其中枪图12幅、炮图42幅、铜引图4幅、枪弹图8幅，生动地记载了厂内工匠按图制造的情况[①]。

其二，书中全面刊载了当时该厂制造步枪、火炮、火药、铜引、枪炮弹的工艺规程。包括制造所用各种机器和车床的性能、操作规程、工料数量和价格、产量，以及所造军工产品

---

① 魏允恭，《江南制造局记》卷一《制造图》第33～65页。

的性能优劣、质量好坏、成品的验收和储藏等内容，所记极为详细①。

其三，书中全面刊载了冶炼军用钢材所用各种原料的性质及其组配分量，炼钢炉、各种工料的价格，以及制造各种钢材所用的压轧、铸辊、镀镍等② 机器设备。

其四，书中全面刊载了制造黑色火药法、提炼硝石和硫黄法、制柳炭法、造栗色火药法、造无烟火药法、造无烟火药硝镪水法、鄂厂制无烟药改良法 20 条、造开花铜帽火与小铜帽火法、造击火法、造拉火法、各种枪子铜壳熔铜法、轧各色铜板法、造快炮铜壳法、造老瑟枪子（及各种枪子）铜壳法、造老毛瑟枪子法、仿造克虏伯炮法、制造 150 毫米口径舰炮法、制造 5 种速射炮法、附录"英国海部试钢章程"等各种工艺的规章制度。这些规章制度的内容，充分反映了当时江南制造总局制造各种军工产品所达到的技术水平，具有明显的时代特色。

（三）《军械精蕴》

《军械精蕴》刊印于宣统元年（1909）五月，是陆军大学编写的军械教科书之一。全书 7 卷，是在一般军事技术教科书的基础上，对枪炮弹药的构造原理作深入阐发的学术著作。内容精辟，体系完备，包括火炮（附图 1 卷）、子弹及火工品、机关炮、携带军器（轻武器）、车辆、火药之学理等方面。全书吸收了当时世界上关于枪械学与火炮学领域中的基本内容，是国内学者首次编写的综合性火器全书。书中在阐述基本理论时，运用数理化知识进行定性和定量的剖析，并配以必要的图表，使人读了耳目一新，可借以掌握近代枪炮制造和使用的基本理论和技术。至今读来仍有一定的学术价值。

晚清翻译和编著的 60 余种 200 多卷近代军事技术著作，与既往的军事技术论著相比，具有创新性、多样性、科学性和实用性等特点，对中国近代军事技术的发展起了重要的推动作用。

中国军事技术发展的历史，自新石器时代晚期石兵器和原始城堡的出现，到 1911 年辛亥革命成功，经历了 5000 多年。在此期间，中华民族在连绵不断的战争和持续的军事建设中，不断发现新材料，创造新技术、新工艺，创造出众多的军事技术成果，为推动中国和世界文明史的发展，作出了应有的贡献，这是炎黄子孙值得引以自豪的。

---

① 魏允恭，《江南制造局记》卷七《考工枪略》第 1～46 页，卷八《考工炮略》第 1～68 页，卷九《考工火药、铜引、弹略》第 1～59 页，卷十附《仿制克虏伯炮说》第 1～27 页。

② 魏允恭，《江南制造局记》卷十《炼钢略》第 1～18 页。

参 考 文 献

本文献包括古今中外有关军事技术的主要典籍和论著。中文文献按作者姓氏汉语拼音字母次序排列。日、韩文文献按作者姓氏汉语笔画次序排列。西文文献，按字母次序排列。

（一）中文文献

B

班固（东汉）撰. 1962. 汉书. 校点本，北京：中华书局

C

陈规（南宋）、汤璹（南宋）撰. 1990. 守城录. 四库兵家类丛书影印本二，上海：上海古籍出版社

陈寿（晋）撰. 1982. 三国志. 校点本，北京：中华书局

D

丁守存（清）撰. 1962. 从军日记. 太平天国史料丛编简辑本，北京：中华书局

F

范晔（南朝宋）撰. 1965. 后汉书. 校点本，北京：中华书局

房玄龄（唐）等撰. 1982. 晋书. 校点本，北京：中华书局

冯家昇著. 1987. 冯家昇论著集粹. 北京：中华书局

G

高凤山、张军武编. 1989. 嘉峪关及明长城. 北京：文物出版社

谷应泰（清）撰. 1977. 明史纪事本末. 校点本，北京：中华书局

关天培（清）撰. 1841. 筹海初集. 清刊本，北京：军事科学院馆藏

管仲（春秋）撰，刘向（汉）校，戴望（清）校正. 1959. 管子校正. 诸子集成本五，北京：中华书局

H

何良臣（明）撰. 1935. 阵纪. 丛书集成初编本，上海：上海商务印书馆

何汝宾（明）撰. 1662. 兵录. 宝勋堂本，宝勋堂

华岳（南宋）撰. 1990. 翠微北征录. 中国兵书集成影印本6，北京：解放军出版社；沈阳：辽沈书社

J

嵇璜（清）等撰. 1988. 清朝通典. 影印本，杭州：浙江古籍出版社

嵇璜（清）等撰. 1988. 清朝文献通考. 影印本，杭州：浙江古籍出版社

焦勖（明）撰. 1936. 火攻挈要. 校点本，上海：商务印书馆

K

孔安国（汉）传，孔颖达（唐）疏. 1980. 尚书正义. 十三经注疏本，北京：中华书局

L

李昉（北宋）等编撰. 1960. 太平御览. 影印本，北京：中华书局

李鸿章（清）撰. 1905. 李文忠公全集，金陵刊本

李林甫（唐）等撰. 1992. 唐六典. 校点本，北京：中华书局

李筌（唐）撰. 1988. 神机制敌太白阴经. 中国兵书集成影印本2，北京：解放军出版社；沈阳：辽沈书社

李善兰（清）撰. 1994. 火器真诀. 中国科学技术典籍通汇技术卷影印本五，郑州：河南教育出版社

李焘（南宋）撰；黄以周（清）等辑补. 1986. 续资治通鉴长编（附拾补）. 影印本，上海：上海古籍出版社

李昭祥（明）撰. 1994. 龙江船厂志. 中国科学技术典籍通汇技术卷影印本五，郑州：河南教育出版社

林则徐（清）撰. 1985. 林则徐集. 校点本，北京：中华书局

刘锦藻（清）等撰. 1988. 清朝续文献通考. 影印本，杭州：浙江古籍出版社

刘效祖（明）撰. 1991. 四镇三关志. 影印本，北京：全国图书馆文献缩微复制中心

刘向（汉）集录. 1978. 战国策. 校点本，上海：上海古籍出版社

刘昫（后晋）等撰. 1975. 旧唐书. 校点本，北京：中华书局

罗哲文等编. 1994. 长城百科全书. 长春：吉林人民出版社

吕不韦（秦）辑，高诱（东汉）注. 1959. 吕氏春秋. 诸子集成本六，北京：中华书局

吕望（托名）：又名姜望，姜尚；西周）撰. 1919. 六韬. 四部丛刊宋抄本，上海：上海商务印书馆

M

马端临（元）撰. 1988. 文献通考. 影印本，杭州：浙江古籍出版社

毛亨（汉）传，郑玄（汉）笺，孔颖达（唐）疏. 1994. 毛诗正义. 四部精要本1，上海：上海古籍出版社

茅元仪（明）辑. 1989. 武备志. 中国兵书集成影印本27～36，北京：解放军出版社；沈阳：辽沈书社

墨翟（战国）等撰；孙诒让（清）著. 1959. 墨子闲诂. 诸子集成本四，北京：中华书局

明代官修. 1962. 明实录. 影印本，中国台北历史研究所

N

聂士成（清）等编. 1993. 淮军武毅各军课程. 中国兵书集成影印本48，北京：解放军出版社；沈阳：辽沈书社

O

欧阳修（北宋）、宋祁（北宋）撰. 1975. 新唐书. 校点本，北京：中华书局

P

潘吉星著. 1987. 中国火箭技术史稿. 北京：科学出版社

Q

戚继光（明）撰. 1990. 纪效新书. 四库兵家类丛书本三，上海：上海古籍出版社

戚继光（明）撰. 1990. 练兵实纪. 四库兵家类丛书本三，上海：上海古籍出版社

丘刚. 1986. 北宋东京外城的城墙和城门. 中原文物. （4）：44～47

清代官修. 1985. 清实录. 影印本，北京：中华书局

S

申时行（明）等修. 1980. 明会典. 万历重修本，北京：中华书局

沈敦和（清）撰. 1993. 自强军西法类编. 中国兵书集成影印本49，北京：解放军出版社；沈阳：辽沈书社

沈括（北宋）撰. 1975. 梦溪笔谈. 元刊本影印本，北京：文物出版社

司马光（北宋）等编，胡三省（元）音注. 1956. 资治通鉴. 校点本，北京：中华书局

司马迁（西汉）撰. 裴骃（南朝宋）集解，司马贞（唐）索隐，张守节（唐）正义. 1973. 史记. 校点本，北京：中华书局

宋濂（明）撰. 1976. 元史. 校点本，北京：中华书局

宋应星（明）撰. 1976. 宋应星佚著四种（野议、论气、谈天. 思怜诗）. 校点本，上海：上海人民出版社

宋应星（明）撰. 1954. 天工开物. 校点本，上海：上海商务印书馆

孙膑（战国）撰. 银雀山汉墓竹简整理小组编. 1975. 孙膑兵法残简翻印本，北京：中国人民解放军战士出版社

孙承宗（明）撰. 1994. 车营扣答合编. 中国兵书集成影印本37，北京：解放军出版社；沈阳：辽沈书社

孙武（春秋）撰. 曹操（三国）等注，郭化若今译. 1978. 十一家注孙子. 校点本，上海：上海古籍出版社

孙元化（明）撰. 1994. 西法神机. 中国科学技术典籍通汇技术卷影印本五，郑州：河南教育出版社

T

唐顺之（明）撰. 1990. 武编. 四库兵家类丛书本二，上海：上海古籍出版社

唐晓峰. 1977. 内蒙古西北部秦汉长城调查记. 文物. （5）：16～22

脱脱（元）等撰. 1975. 金史. 校点本，北京：中华书局

脱脱（元）等撰. 1974. 辽史. 校点本，北京：中华书局

脱脱（元）等撰. 1977. 宋史. 校点本，北京：中华书局

W

王弼（魏）、韩康伯（晋）注，孔颖达（唐）正义. 1980. 周易正义. 十三经注疏本，北京：中华书局

王鸣鹤（明）编辑. 1990. 登坛必究. 中国兵书集成影印本20～24，北京：解放军出版社；沈阳：辽沈书社

王圻（明）撰. 1988. 续文献通考. 影印本，杭州：浙江古籍出版社

王荣撰. 1962. 元明火铳装置复原. 文物. （2）：41～44

王兆春著. 1994. 聂士成. 北京：军事科学出版社

王兆春著. 1991. 中国古代兵器. 天津：天津教育出版社

王兆春著. 1996. 中国古代兵器增订版. 北京：商务印书馆

王兆春著. 1991. 中国火器史. 北京：军事科学出版社

王兆春著. 1996. 中国历代兵书增订版. 北京：商务印书馆王兆春编译. 1992. 中国历代名将传. 北京：国际文化出版公司

王兆春编译. 1992. 中国历代名将传. 北京：军事科学出版社

魏源（清）撰. 1992. 海国图志. 中国兵书集成影印本 47，北京：解放军出版社；沈阳：辽沈书社

魏允恭（清）撰. 1905. 江南制造局记. 石印本，上海：上海文宝书局

魏征（唐）等撰. 1973. 隋书. 校点本，北京：中华书局

X

徐光启（明）撰. 1963. 徐光启集. 北京：中华书局

徐兢（北宋）撰. 1937. 宣和奉使高丽图经. 知不足斋丛书本，上海：上海商务印书馆

徐建寅（清）撰. 1993. 兵学新书. 中国兵书集成影印本 49，北京：解放军出版社；沈阳：辽沈书社

徐梦莘（宋）撰. 1987. 三朝北盟会编. 影印本，上海：上海古籍出版社

徐松（清）辑. 1957. 宋会要辑稿. 影印本，北京：中华书局

荀况（战国）等撰，杨倞（唐）注. 1994. 荀子. 四部精要本 12，上海：上海古籍出版社

Y

杨泓著. 1985. 中国古兵器论丛. 北京：文物出版社

元好问（金）撰. 1984. 续夷坚志. 笔记小说大观本，扬州：江苏广陵古籍刻印社

袁康（东汉）、吴平（东汉）辑录. 1985. 越绝书. 校点本，上海：上海古籍出版社

袁柯校注. 1980. 山海经校注. 上海：上海古籍出版社

袁首乐. 1987. 安庆内军械所及其性质初探. 历史教学问题. (3)：9～14

Z

张立辉著. 1990. 山海关长城. 北京：文物出版社

张廷玉（清）等撰. 1973. 明史. 校点本，北京：中华书局

张侠、杨志本等编. 1982. 清末海军史料. 北京：海洋出版社

赵尔巽等撰. 1976. 清史稿. 校点本，北京：中华书局

赵士桢（明）撰. 1994. 神器谱. 中国科学技术典籍通汇技术卷影印本五，郑州：河南教育出版社

赵万年（南宋）撰. 1983. 襄阳守城录. 丛书集成初编（重印）本，北京：中华书局

赵与裹（南宋）撰. 1959. 辛巳泣蕲录. 丛书集成初编（补印）本，上海：上海商务印书馆

曾公亮（北宋）、丁度（北宋）撰. 1959. 武经总要前集. 明正德刊本影印本，北京：中华书局

郑若曾（明）辑. 1990. 筹海图编. 中国兵书集成影印本 15～16，北京：解放军出版社；沈阳：辽沈书社

郑若曾（明）辑. 1990. 江南经略. 四库兵家类丛书本三，上海：上海古籍出版社

郑樵（南宋）撰. 1988. 通志. 影印本，杭州：浙江古籍出版社

郑玄（汉）注，孔颖达（唐）疏. 1980. 礼记正义. 十三经注疏本，北京：中华书局

郑玄（汉）注，贾公彦（唐）疏. 1980. 周礼注疏. 十三经注疏本，北京：中华书局

钟淑河主编. 1985. 走向世界丛书. 长沙：岳麓书社

周纬著. 1957. 中国兵器史稿. 北京：三联书店

朱有瓛主编. 1983. 中国近代学制史料，第一辑上册. 上海：华东师范大学出版社

庄吉发著. 1982. 清高宗十全武功研究. 中国台北：故宫博物院

左丘明（春秋）撰，杜预（晋）注，孔颖达（唐）疏. 1980. 春秋左传正义. 十三经注疏本，北京：中华书局

左丘明（春秋）撰，韦昭（三国）注. 1978. 国语. 上海：上海古籍出版社

（二）日、韩文文献

六 画

有馬成甫（日本）著. 1962. 火炮の起原とその伝流. 日本東京：吉川弘文館

有饭鉊藏（日本）著. 1937. 兵器考. 日本東京：雄山閣

　九　画

洞富雄（日本）著. 1958. 種子島铳. 日本東京：早稲田大学

　十一　画

莊司武夫（日本）著. 1944. 日本東京：愛之事業社

　十四　画

趙仁福（韓国）编著. 1974. 韓国古火器図鑑. 漢城：大韓公論社

（三）西文文献

A

Alghisi G（意）. 1570. Della fortificationi. Venetia

B

Blackmor H L（英）. 1965. Guns and Rifles of the World. London

H

Hobart F W A（美）. 1971. Pictorial history of the machine gun. London

M

Maggi G（意）. Castriotto J（意）. 1564. Della fortificatione delle citta. Venetia

N

Needham J（英）. 1962. Science and civilisation in China. Vol. 5, Part 7; Vol. 4, Part 1. Cambridge

S

Saintremy P S（法）. 1697. Memoires d'Artillerie. Paris

Smith W H B（美）. 1965. Small arms of the world. New York

Speckle D（德）. 1589. Architectura Von vestungen. Strassburg

Struensee C A（德）. 1960. Anfangsgrunde der artillerie. Liegnitz

附　录

一　人　名　索　引

A

阿尔吉西　242

阿古柏　385

阿老瓦丁　115

阿姆斯特朗　353

阿珠　186

艾格　304

爱新觉罗皇太极　218

爱新觉罗努尔哈赤　216

爱新觉罗玄烨　277

B

贝什马　343

毕方济　213

毕懋康　216

布拉孔诺　346

波尔森　391

伯州犁　52

C

蔡　挺　120

曹　操　67

岑春煊　342

长　庆　314

长　顺　366

常遇春　171

晁　错　66

陈　规　108

陈阶平　310

陈　懋　195

陈友谅　150

陈友定　186

陈兆翱　342

程昌禹　141

程　宽　196

蚩　尤　15

赤盏合喜　108

崇　厚　331

楚共王　51

楚康王　57

楚庄王　52

崔景荣　243

D

达·伽马　197

达礼麻识理　149

戴　梓　286

德克碑　336

德莱赛　348

邓世昌　392

邓廷桢　307

邓　愈　150

狄厔弥　52

帝　喾　17

丁宝桢　331

丁拱辰　307

丁金安　307

丁守存　309

丁日昌　331

董福祥　378

杜班鸠　354

杜　预　92

多尔衮　273

朵思麻　207

E

恩　泽　332

恩格斯　18

F

范　广　196

范 蠡 51
方伯谦 388
方国珍 186
方熊飞 309
费 信 190
冯桂芬 328
冯继昇 100
冯家昇 109
冯焌光 342
冯 胜 157
冯云山 317
冯 湛 140
冯子材 386
风胡子 38
夫 差 57
伏羲氏 17
福赛思 304
傅兰雅 338
傅友德 157
傅 禹 277
妇 好 28

G

干 将 38
高 风 207
高 欢 87
高起潜 220
高 宣 100
哥白尼 197
戈 登 319
格拉斯 392
耿 恭 66
耿仲明 215
龚芸棠 332
龚振麟 308
公沙的西劳 218
公输般（鲁班） 55
勾 践 54
古斯塔夫二世 212
关天培 295
郭 登 193
郭 钧 141
郭 谘 124

H

哈巴罗夫 278
哈齐开斯 349
韩殿甲 331
韩世忠 139
韩 信 91
郝 昭 87
合 信 338
何良臣 254
何孟春 107
何秋涛 279
何汝宾 254
阖 闾 35
赫连勃勃 78
赫胥氏 16
洪承畴 220
洪仁玕 330
洪秀全 317
忽必烈（元世祖） 100
胡大海 149
胡德济 150
胡林翼 323
胡燏棻 376
胡宗宪 207
华备钰 391
华 尔 318
华蘅芳 341
华世芳 332
华 岳 110
黄 帝 15
黄 盖 90
黄怀信 142
黄 冕 309
挥 16
霍巴特 352
霍华德 304

J

计 然 101
伽利略 212
加特林 350
贾兰坡 13
姜尚（吕尚，姜子牙） 46
焦 偓 116

焦 勖 215
金楷里 341
金世昌 274

K

卡瓦利 353
卡斯特里奥托 242
阚 陵 70
柯 荣 198
克虏伯 353
孔彦舟 129
孔有德 215

L

李 宝 141
李 彬 195
李 侃 175
李德明 127
李 定 111
李逢节 218
李凤苞 393
李 纲 106
李 皋 91
李光弼 68
李恒嵩 325
李鸿章 321
李 勣 67
李景隆 228
李 濂 126
李 陵 66
李 密 67
李清臣 127
李 筌 67
李 善 54
李善兰 341
李世民（唐太宗） 81
李世贤 318
李寿田 342
李嗣业 70
李文德 283
李贤（明李贤） 67 (175)
李秀成 318
李 渊 76
李之藻 214
李自成 273

利玛窦 212
黎 意 348
黎兆棠 372
连登伍 287
林承谟 388
林乐知 393
林履中 388
林泰曾 388
林永升 388
林则徐 305
刘邦（汉高祖） 68
刘秉璋 324
刘步蟾 342
刘长佑 375
刘彻（汉武帝） 76
刘鸿锡 358
刘 江 194
刘坤一 331
刘铭传 324
刘麒祥 342
刘 祁 107
刘 胜 68
刘士奇 324
刘树棠 332
刘玉龙 324
刘韵珂 308
刘佐禹 331
柳 升 195
龙华民 213
楼 烦 68
陆若汉 218
卢象升 220
罗宾斯 303
罗 立 218
罗懋登 189
罗荣光 324
罗 文 196
鹿传麟 332
鹿泽长 308
吕 珍 149

M

马 丁 343
马光辉 274

马光远 274

马 吉 242

马克西米利安 303

马克沁 351

马可尼 392

马礼逊 330

马 隆 75

马新贻 370

马玉昆 379

玛高温 341

麦卡特尼 334

毛 瑟 349

茅元仪 254

蒙塔伦伯特 303

蒙 恬 80

孟元老 138

莫 阿 356

莫尔拉 303

莫 邪 38

沐 英 193

N

南怀仁 277

拿破仑三世 353

纳哈出 157

纳速剌丁 149

聂士成 376

诺贝尔 347

诺登飞 350

O

欧冶子 38

P

潘仕成 314

潘 岳 67

庞 涓 29

裴荫森 342

彭簪古 218

蒲察官奴 109

蒲 元 63

Q

戚国祚 232

戚继光 254

綦母怀文 63

耆 英 307

秦始皇（嬴政） 80

秦世辅 143

屈 原 47

瞿式耜 275

R

饶应祺 332

任 福 119

任 伦 164

日意格 336

容 闳 330

荣 禄 378

茹安维尔 303

S

萨镇冰 388

思伦发 195

赛尚阿 307

僧格林沁 326

商 汤 29

尚可喜 274

少 昊 15

舍恩拜因 346

神农氏 17

沈葆靖 333

沈葆桢 336

沈 括 101

圣里米 303

石达开 317

石归宋 111

石 亨 174

石 普 103

石廷柱 274

史可法 275

史思明 68

杼 26

舒高第 393

舜 15

斯佩克尔 242

斯特伦斯 303

司马错 88

司马炎 92

宋 晋 336

宋 庆 378

宋守信 124

宋应星　271
苏保衡　139
苏秦　30
苏轼　98
孙膑　29
孙承宗　254
孙恩　88
孙学诗　216
孙元化　215
孙中山　338
索布雷罗　346

T

塔尔塔利亚　212
太昊　15
太甲　29
泰佩尔霍夫　303
谭青　195
谭纶　237
谭绍光　318
汤若望　213
唐福　100
唐顺之　254
唐正才　321
田茂广　67
铁李　106
佟养性　273

W

完颜阿骨打（金太祖）　100
完颜亮　142
完颜绥可　100
完颜兀术（金兀术）　112
完颜郑家　141
王安石　99
王德钧　393
王浩　190
王骥　171
王继勋　119
王濬　92
王伦　120
王鸣鹤　225
王朴　128
王圻　139
王荣和　342

王世绥　342
王天相　274
王应恩　198
王应麟　213
王彦恢　141
王永胜　324
王征　219
王尊德　218
汪鋐　199
汪仲洋　312
韦昌辉　317
韦孝宽　87
尉迟敬德　69
维加　303
维埃耶　346
伟烈亚力　338
卫青　81
翁万达　203
魏瀚　341
魏胜　114
魏舒　75
魏源　306
魏允恭　398
文康　309
乌延查剌　119
吴大澂　331
吴德章　342
吴革　141
吴嘉廉　332
吴璘　124
吴三桂　277
吴赞诚　372
吴仲翔　389
武丁　28
伍子胥（伍员）　54

X

西门子　343
夏时　332
项羽　66
歇夫列里　304
解扬　52
谢再兴　150
熊文灿　220

徐鹏举　249
徐　达　149
徐鄂云　338
徐光启　213
徐华封　391
徐　兢　143
徐建寅　339
徐勉之　149
徐世谱　91
徐　寿　338
徐　谊　124
徐有壬　309
许祥光　314
荀　吴　75

Y

阎应光　275
严　复　393
炎　帝　15
杨存中　117
杨坚（隋文帝）　89
杨廉臣　343
杨　善　163
杨嗣昌　220
杨　素　89
杨　偕　119
杨　幺　141
阳玛诺　213
姚锡光　362
姚仲友　106
尧　15
耶律阿保机（辽太祖）　100
耶律都心轸　139
叶名琛　327
叶　琛　388
叶子高　207
叶祖珪　388
夷　牟　16
亦思马因　115
奕　山　307
奕　䜣　329
奕　譞　331
羿　16
易开占　184

易长华　314
有蛴氏　15
有马成甫　151
于　谦　196
虞允文　142
禹　15
裕　禄　340
袁崇焕　218
袁　讷　194
袁　尚　78
袁　绍　67
袁世凯　334
岳　飞　118
岳　乐　277
岳　云　118

Z

章秉恬　309
张　辅　196
张　贵　144
张　浩　129
张　浚　125
张士诚　149
张世杰　186
张　顺　140
张　泰　164
张　焘　215
张之洞　331
张仲彦　143
赵匡胤（宋太祖）　138
赵士桢　207
赵武灵王　75
赵与褱　107
赵元昊（西夏景宗）　127
赵元益　393
曾公亮　126
曾国藩　318
曾国荃　354
曾侯乙　33
曾　铣　230
郑昌棪　393
郑成功　276
郑　和　190
郑清廉　342

郑若曾　254

郑藻如　342

钟天纬　393

钟　相　141

周平王　49

周　密　146

周武王　53

周　瑜　92

周昭王　53

朱棣（明成祖）　195

朱　服　143

朱　贵　196

朱　彧　143

朱元璋（明太祖）　149

诸葛亮　87

颛顼　17

左宗棠　329

二 书名索引

B

保越录 149

爆药纪要 394

北齐书 63

避戎夜话 106

汴京遗迹志 128

兵船海岸炮位炮架说 394

兵船炮法 394

兵船汽机 394

兵学新书 397

兵工纪要 394

兵 录 254

兵略纂闻 230

博物新编 338

C

册府元龟 17

测地绘图 395

测绘海图全法 395

城子崖 17

长江炮台刍议 362

朝鲜李朝实录中的中国史料 151

车轮船图 308

车营扣答合编 254

崇祯长编 219

蓬莱县志 245

筹海初集 295

筹海图编 254

船坞论略 395

从军日记 307

翠微北征录 109

D

大铳事宜 269

德国合盟纪事本末 340

德国陆军考 395

德国议院章程 340

登坛必究 254

帝王世系 17

地雷图说 309

电报学 391

东京梦华录 138

东游纪程 366

E

俄国水师考 395

F

法国水师考 395

防海新论 341

仿造战船议 314

范蠡兵法 51

伏尔铿厂管工章程 340

G

格林炮操法 394

格致汇编 338

攻船水雷图说 316

攻守炮法 394

括地志 17

管子校正 16

广州通志 143

归潜志 107

贵县志 317

桂平县志 317

国朝耆献类证初稿 286

国初群雄事略 150

国 榷 199

国 殇 47

国 语 15

H

海道经 191

海国图志 307

海军调度要言 394

海山仙馆丛书 215

汉 书 66

航海简法 394

航海通书 394

航海章程 394

和刻本明清资料集 207

后汉书 66

湖北武学 382

淮军武毅各军课程　382
淮南子　17
绘地法原　395
火攻挈要（则克录）　215
火炮的起源及其流传　151
火炮的时代　329
火器真诀　341

J

几何原本　267
机枪插图史　251
纪效新书　254
计覆用地雷法　309
嘉定县志　215
嘉峪关及明长城　164
甲骨文合集　45
江南经略　246
江南陆军学堂武备课程　383
江南制造局出品说明书目录　344
江南制造局记　398
金　史　107
经武全书　215
旧唐书　69
军　队　106
军器图说　216
军械精蕴　399

K

开地道轰药法　394
考工记　57
考直斋书录　143
克虏伯缠丝炮杂说　394
克虏伯炮表　394
克虏伯炮操法　394
克虏伯炮弹造法　394
克虏伯炮架说　394
克虏伯炮图说　394
克虏伯腰箍炮说　394
癸辛杂识　146

L

礼记正义　29
李文忠公全集　321
李我存集　259
李秀成自述　319

练兵实纪杂集　254
两门新科学的对话　212
辽　史　98
列国陆军考　395
林则徐集　305
临榆县志　181
临阵管见　394
刘武慎公全集　375
龙江船厂志　187
龙城旧文节刊　279
芦阳滕稿　377
六　韬　46
吕氏春秋　6
论车架举重等第　313
论城市筑城　242
论法国海军的现状　303
论炮弹的飞行——假定空气阻
　　力与速度的平方成正比　303
论　气　271
论筑城　242
轮船布阵　394

M

马克思恩格斯全集　106
马克思恩格斯选集　18
孟　子　17
美国水师考　395
明会典　153
明季北略　216
明季南略　273
明经世文编　255
明　史　153
明史纪事本末　150
明世宗实录　199
明思宗实录　215
明太宗实录　159
明太祖实录　149
明熹宗实录　216
明宪宗实录　184
墨子闲诂　55
幕末以来日本军舰图片及史实　370

N

南浦文集　204

O

欧游杂录 340

P

炮兵论文 303

炮兵学理 303

炮乘新法 394

炮弹与铁甲 340

炮法画谱 394

炮法求新 394

炮法求新附编 394

炮术便览 303

炮术新原理 303

炮台旁设重险说 309

炮准心法 394

萍州可谈 143

Q

戚继光研究论集 239

戚少保集 237

戚少保年谱耆编 232

汽机必以 340

汽机发轫 395

汽机新制 394

前敌须知 394

钦定大清会典 275

钦定大清会典事例 290

清朝通典 292

清朝文献通考 274

清朝续文献通考 379

清高宗十全武功研究 299

清会典图 275

清末海军史料 358

清圣祖澄海楼序 240

清圣祖实录 277

清史稿 281

清太宗实录 274

请仿西洋制造火药疏 310

全辽志 244

R

日本军事工业的分析 330

日清陆战史 360

如梦录 128

润土炮台说 315

S

三宝太监西洋记通俗演义 189

三朝北盟会编 106

三国志 90

山海关长城 240

山海关长城志 240

山海经 16

上海县续志 393

尚书正义 26

射击教范（附射表） 303

神机制敌太白阴经 66

神器谱 209

神威图说 278

诗 经 41

史 记 16

世 本 16

守城录 108

水雷秘要 394

水经注 17

水师保身法 394

水师操练 394

水师章程 394

水战兵法内经 56

朔方备乘 279

四库兵家类丛书 252

四镇三关志 168

四洲志 305

宋会要辑稿 99

宋 史 97

宋应星佚著四种 272

隋 书 93

孙膑兵法 16

孙子兵法 29

T

台湾外记 277

太平天国 318

太平天国史料丛编简辑 307

太平天国文书汇编 318

太平御览 17

汤若望传 220

唐六典 65

天体运行论 197

天学初函 215

铁甲丛谈　394
铁模全图　308
铁模铸炮法　308
同文算指　215
通　志　17

W

文献通考　54
吴越春秋　38
武编前集　254
武备志　254
武备志略　277
武经总要　102
武卫军　377

X

西法神机　215
西国陆军军制考略　395
西人铸炮用炮法　312
西学东渐记　330
西学书目表　393
西洋低后曲折炮台图说　314
西洋用炮测量说　313
西洋军火图编　308
西洋人制药用药法　310
西洋圆形炮台图说　314
西洋制火药法　310
西洋自来火铳制法　309
先王实录校注　276
湘军兵志　323
湘军记　323
校邠庐抗议　328
辛巳泣蕲录　107
新法算书　215
新唐书　68
新校正梦溪笔谈　142
新译淡气爆药新书（上下编）　394
星槎胜览　190
行船免撞章程　394
行海要术　395
行军测绘　395
行军铁路工程　394
行军指要　394
行军总要　318
徐光启集　209

续文献通考　139
续夷坚志　107
续资治通鉴长编　106
宣和奉使高丽图经　143
旋转活动炮架图说　313
玄览堂丛书　207
荀　子　65
训练操法详晰图说　382

Y

鸦片战争　305
弇山堂别集　151
演炮图说　307
演炮图说后编　307
演炮图说辑要　307
洋枪浅言　394
洋务运动　328
英国海部试钢章程　344
英国水师考　304
英国水师律例　395
营城揭要　394
营城要说　394
营工要览　394
营垒图说　394
御风要术　394
渊鉴类函　230
元刊本梦溪笔谈　101
元　史　98
远望连弩射法　65
阅克鹿卜（克虏伯）厂造炮记　340
阅微草堂笔记　286
越绝书　16

Z

造化究原　309
造药法　309
贼情汇纂　318
曾国藩全集　318
炸弹飞炮轻炮说　309
战国策　28
昭明文选　67
阵　纪　254
正教奉褒　220
郑和研究资料选编　187
制火药法　394

制铁模法　308

中国古兵器论丛　9

中国火器史　9

中国近代工业史资料　329

种子岛铳　204

周礼（周官）　17

周　书　87

周易正义　16

竹书纪年　17

铸造洋炮图说　312

铸炮弹法　312

铸炮说　312

铸炮铁模图说　308

资治通鉴　84

子药准则　394

自强军西法类编　382

左　传　45

左宗棠全集　329

三　中国历代尺的长度比较简表

朝　代	当时一尺合今公制厘米（cm）	朝　代	当时一尺合今公制厘米（cm）
黄　帝	24.88	北　魏	27.81
虞	24.88	北　魏	27.90
夏	24.88	北　魏　西　魏	29.51
商	31.10	北　魏　东　魏（太和 19 年颁）	29.97
周	19.91	北　齐	29.97
秦	27.65	北　周	29.51
西　汉	27.65	北　周（"天和"时改用）	26.88
新　莽	23.04	北周（调钟律均田度地用尺）	24.51
东　汉	23.04	北　周（建德六年颁）	24.51
东　汉（章帝时溪景造尺）	23.75	隋（"开皇"时用）	29.51
魏	24.12	隋（"开皇"时调钟律用）	24.51
西　晋	24.12	隋（万宝常造"律吕水尺"）	27.19
西晋末	23.01	隋	23.55
东　晋	24.45	唐	31.10
前　赵	24.19	五　代	31.10
宋、齐、梁、陈	24.54	宋	30.72
梁（民间尺）	24.66	元	30.72
梁（法定新尺）	23.30	明	31.10
梁（测影用尺）	23.55	清	32.00

注：1. 此表根据吴承洛《中国度量衡史》改编。

　　2. 近年以出土文物检定，战国至汉，一寸相当于今 2.31～2.35 厘米（据《考古》1977 年第 1 期 139 页）。

　　3. 古代常用步和弓表示长度，一步等于五尺，一弓也等于五尺。

四　中国历代升的容量比较简表

朝　代	当时一升合今公制公升	朝　代	当时一升合今公制公升
周	0.1937	北　周	0.1572
秦	0.3425	北　周	0.2105
西　汉	0.3425	隋	0.5944
新　莽	0.1981	隋	0.1981
东　汉	0.1981	唐	0.5944
魏	0.2023	五　代	0.5944
晋	0.2023	宋	0.6641
南　宋	0.2972	元	0.9488
梁、陈	0.1981	明	1.0737
北魏、北齐	0.3962	清	1.0355

注：1. 根据《中国度量衡史》改编

2. 近年以出土文物检定，春秋末期，一升约合今164～200毫升（据《考古》1977年第1期第41页）。

五　计量单位简表

（一）公制计量单位表

长　度

名称	微米	忽米	丝米	毫米	厘米	分米	米	十米	百米	公里（千米）
等数		10微米	10忽米	10丝米	10毫米	10厘米	10分米	10米	100米	1000米

容　量

名称	毫升	厘升	分升	升（1升＝1立方分米）	十升	百升	千升
等数		10毫升	10厘升	10分升	10升	100升	1000升

重　量

名称	毫克	厘克	分克	克	十克	百克	公斤	公担	吨
等数		10毫克	10厘克	10分克	10克	100克	1000克	100公斤	1000公斤

（二）市制计量单位表

长　度

名称	毫	厘	分	寸	尺	丈	里
等数		10毫	10厘	10分	10寸	10尺	150丈

容　量

名称	撮	勺	合	升	斗	石
等数		10撮	10勺	10合	10升	10斗

重　量

名称	丝	毫	厘	分	钱	两	斤	担
等数		10丝	10毫	10厘	10分	10钱	10两（旧制16两）	100斤

（三）计量单位比较表

（英制单位均为旧制，英国决定自1965年5月采用公制*）

长度比较表

1公里（千米）	＝2市里	＝0.621英里	＝0.540海里
1米	＝3市尺	＝3，281英尺	
1市里	＝0.5公里	＝0.311英里	＝0.270海里
1市尺	＝0.333米	＝1.094英尺	
1英里	＝1.609公里	＝3.218市里	＝0.869海里
1英尺	＝0.305米	＝0.914市尺	
1英寸	＝2.540厘米	＝0.762市寸	
1海里	＝1.852公里	＝3.704市里	＝1.151英里

英制　1英里＝1760码　1码＝3英尺　1英尺＝12英寸
* 　长度单位的公制又称米制。

容量比较表

1升	＝1市升	＝0.220英加仑
1英加仑	＝4.546升	4.546市升
1英蒲氏耳	＝36.368升	36.368市升

英制　1蒲氏耳＝8加仑（干量）
　　　1加仑＝8品脱（液量）
世界平均比重的原油通常以1吨按7.3桶（每桶为42美制加仑）或1.17千升计。

重量比较表　　磅（英制）

1 公斤	＝2 市斤	＝2.205 英磅
1 市斤	＝0.5 公斤	＝1.102 英磅
1 英磅（常衡）	＝0.454 公斤	＝0.907 市斤
1 盎司（英制、常衡）	＝28.8495 克	＝0.567 市两
1 盎司（英制、金药衡）	＝31.1035 克	＝0.6221 市两
1 普特（俄制）	＝16.38 公斤	＝32.76 市斤

英制常衡 1 磅＝金药衡 1.215 磅

英制 金药衡 1 盎司（英两）＝155.5 克拉；1 克拉＝0.2 克

后　记

　　《中国军事技术史》是中国科学院"八五"规划重点基础课题《中国科学技术史》的一个分卷，由中国科学院商请军事科学院组织人员编写。军事科学院领导对此十分重视，于1988年5月指示战略研究部组织实施。战略研究部确定由我承担撰写任务，由谢国良部长担任顾问。在《中国科学技术史》丛书编委会的指导下，在战略研究部及历代军事战略研究室领导和同志们的支持下，我于1991年7月开笔，至1994年10月完成书稿。在撰写过程中，除阅读古代文献典籍外，还得到了许多学者专家的指教，考察了保存在一些单位的实物资料，参考了当代学者专家撰写的论著，以及发表在《考古》、《文物》等刊物上的发掘报告，这些都尽量在参考文献中列出。在定稿时，承蒙《中国社会科学》杂志社蓝永蔚编审、北京科技大学冶金史研究室主任韩汝玢教授、中国社会科学院考古研究所研究员兼《中国军事百科全书·古代兵器分册》主编杨泓、军事科学院军事百科研究部谢储生研究员等诸位先生，进行认真的评审，提出了许多很好的意见。最后又经丛书编委会的常务编委、中国科学院自然科学史研究所研究员戴念祖先生审修，使书稿顺利完成。作者在此一并表示感谢！

　　值此书稿收笔之日，我要特别感谢把我培养成材的母亲佘龙珍。此书与其说是由我执笔写成的，倒不如说是我母亲用几十年心血浇灌和培育出来的成果。谨以此书的出版，告慰她老人家的在天之灵！

王兆春

1996年5月

总　跋

　　凡是听到编著《中国科学技术史》计划的人士，都称道这是一个宏大的学术工程和文化工程。确实，要完成一部30卷本、2000余万字的学术专著，不论是在科学史界，还是在科学界都是一件大事。经过同仁们十年的艰辛努力，现在这一宏大的工程终于完成，本书得以与大家见面了。此时此刻，我们在兴奋、激动之余，脑海中思绪万千，感到有很多话要说，又不知从何说起。

　　可以说，这一宏大的工程凝聚着几代人的关切和期望，经历过曲折的历程。早在1956年，中国自然科学史研究委员会曾专门召开会议，讨论有关的编写问题，但因三年困难、"四清"、"文革"，这个计划尚未实施就夭折了。1975年，邓小平同志主持国务院工作时，中国自然科学史研究室演变为自然科学史研究所，并恢复工作，这个计划又被提到议事日程，专门为此开会讨论。而年底的"反右倾翻案风"，又使设想落空。打倒"四人帮"后，自然科学史研究所再次提出编著《中国科学技术史丛书》的计划，被列入中国科学院哲学社会科学部的重点项目，作了一些安排和分工，也编写和出版了几部著作，如《中国科学技术史稿》、《中国天文学史》、《中国古代地理学史》、《中国古代生物学史》、《中国古代建筑技术史》、《中国古桥技术史》、《中国纺织科学技术史（古代部分）》等，但因没有统一的组织协调，《丛书》计划又半途而废。1978年，中国社会科学院成立，自然科学史研究所划归中国科学院，仍一如既往为实现这一工程而努力。80年代初期，在《中国科学技术史稿》完成之后，自然科学史研究所科学技术通史研究室就曾制订编著断代体多卷本《中国科学技术史》的计划，并被列入中国科学院重点课题，但由于种种原因而未能实施。1987年，科学技术通史研究室又一次提出了编著系列性《中国科学技术史丛书》（现定名《中国科学技术史》）的设想和计划。经广泛征询，反复论证，多方协商，周详筹备，1991年终于在中国科学院、院基础局、院计划局、院出版委领导的支持下，列为中国科学院重点项目，落实了经费，使这一工程得以全面实施。我们的老院长、全国人大副委员长卢嘉锡慨然出任本书总主编，自始至终关心这一工程的实施。

　　我们不会忘记，这一工程在筹备和实施过程中，一直得到科学界和科学史界前辈们的鼓励和支持。他们在百忙之中，或致书，或出席论证会，或出任顾问，提出了许多宝贵的意见和建议。特别是他们关心科学事业，热爱科学事业的精神，更是一种无形的力量，激励着我们克服重重困难，为完成肩负的重任而奋斗。

　　我们不会忘记，作为这一工程的发起和组织单位的自然科学史研究所，历届领导都予以高度重视和大力支持。他们把这一工程作为研究所的第一大事，在人力、物力、时间等方面都给予必要的保证，对实施过程进行督促，帮助解决所遇到的问题。所图书馆、办公室、科研处、行政处以及全所的同仁，也都给予热情的支持和帮助。

　　这样一个宏大的工程，单靠一个单位的力量是不可能完成的。在实施过程中，我们得到了北京大学、中国人民解放军军事科学院、中国科学院上海硅酸盐研究所、中国水利水电科学研究院、铁道部大桥管理局、北京科技大学、复旦大学、东南大学、大连海事大学、武汉交通科技大学、中国社会科学院考古研究所、温州大学等单位的大力支持,他们为本单位参加编撰人员提供了种种方便,保证了编著任务的完成。

为了保证这一宏大工程得以顺利进行,院基础局还指派了李满园,刘佩华二位同志,与自然科学史研究所领导(陈美东、王渝生先后参加)及科研处负责人(周嘉华参加)组成协调小组,负责协调、监督工作。他们花了大量心血,提出了很多建议和意见,协助解决了不少困难,为本工程的完成做出了重要贡献。

在本工程进行的关键时刻,我们遇到了经费方面的严重困难。对此,国家自然科学基金委员会给予了大力资助,促成了本工程的顺利完成。要完成这样一个宏大的工程,离不开出版社的通力合作。科学出版社的领导为使本书成为高质量的出版物,在克服经费困难的同时,组织精干的专门编辑班子,以最好的纸张,最好的质量出版本书。编辑们不辞辛劳,对书稿进行认真地编辑加工,并提出了很多很好的修改意见。因此,本书才能够以高水平的编辑,高质量的印刷,精美的装帧,奉献给读者。

我们还要提到的是,这一宏大工程,从设想的提出,意见的征询,可行性的论证,规划的制订,组织分工,到规划的实施,中国科学院自然科学史研究所科技通史研究室的全体同仁,特别是杜石然先生,做了大量的工作,作出了巨大的贡献。参加本书编撰和组织工作的全体人员,在长达10年的时间内,同心协力,兢兢业业,无私奉献,付出了大量的心血和精力,他们的敬业精神和道德学风,是值得赞扬和敬佩的。

在此,我们谨对关心、支持、参与本书编撰的人士表示衷心的感谢,对已离我们而去的顾问和编写人员表达我们深切的哀思。

要将本书编写成一部高水平的学术著作,是参与编撰人员的共识,为此还形成了共同的质量要求:

1. 学术性。要求有史有论,史论结合,同时把本学科的内史和外史结合起来。通过史论结合,内外史结合,尽可能地总结中国科学技术发展的经验和教训,尽可能把中国有关的科技成就和科技事件,放在世界范围内进行考察,通过中外对比,阐明中国历史上科学技术在世界上的地位和作用。整部著作都要求言之有据,言之成理,经得起时间的考验。

2. 可读性。要求尽量地做到深入浅出,力争文字生动流畅。

3. 总结性。要求容纳古今中外的研究成果,特别是吸收国内外最新的研究成果,以及最新的考古文物发现,使本书充分地反映国内外现有的研究水平,对近百年来有关中国科学技术史的研究作一次总结。

4. 准确性。要求所征引的史料和史实准确有据,所得的结论真实可信。

5. 系统性。要求每卷既有自己的系统,整部著作又形成一个统一的系统。

在编写过程中,大家都是朝着这一方向努力的。当然,要圆满地完成这些要求,难度很大,在目前的条件下也难以完全做到。至于做得如何,那只有请广大读者来评定了。编写这样一部大型著作,缺陷和错讹在所难免,我们殷切地期待着各界人士能够给予批评指正,并提出宝贵意见。

《中国科学技术史》编委会

1997 年 7 月